DSP First - A Multimedia Approach

MATLABによる
DSP入門

ジェームズ・H・マクレラン
ロナルド・W・シェーファー
マーク・A・ヨーダー　著

荒實　訳

ピアソン・エデュケーション

本書に掲載されているシステム名、製品名等は、一般にその開発元の商標または登録商標です。本書では、本書を制作する目的でのみそれらの商品名、団体名を記載しており、出版社としては、その商標権を侵害する意志、目的のないことを申し述べておきます。

目次

第1章 はじめに　　1
1.1 信号の数学的表現　　2
1.2 システムの数学的表現　　5
1.3 システムについての考察　　7
1.4 Next Step　　8

第2章 周期信号　　9
2.1 音叉の実験　　10
2.2 正弦関数と余弦関数の復習　　12
2.3 正弦的信号　　15
2.3.1 周波数と周期の関係　　16
2.3.2 位相シフトと時間シフトの関係　　18
2.4 周期波のサンプリングとプロット　　21
2.5 複素指数関数とフェーザ　　23
2.5.1 複素数の復習　　23
2.5.2 複素指数関数信号　　25
2.5.3 回転フェーザの解釈　　27
2.5.4 逆オイラー公式　　30
2.6 フェーザの加算　　31
2.6.1 複素数の加算　　32
2.6.2 フェーザの加算ルール　　32
2.6.3 フェーザ加算ルール：事例　　34
2.6.4 フェーザのMATLABデモ　　35
2.6.5 フェーザ加算ルールの要約　　36
2.7 音叉の物理　　37
2.7.1 物理法則の方程式　　37
2.7.2 微分方程式の一般解　　40
2.7.3 音を聴く　　41
2.8 時間信号　　41
2.9 要約と関連　　41

第3章 スペクトル表現　　47

3.1 正弦波の和のスペクトル　　47
3.1.1 スペクトルの図的表示　　49
3.2 ビート音　　50
3.2.1 正弦波の乗算　　51
3.2.2 ビート音波形　　51
3.2.3 振幅変調　　54
3.3 周期波形　　56
3.3.1 合成母音　　57
3.4 いろいろな周期信号　　61
3.4.1 フーリエ級数：解析　　61
3.4.2 方形波　　62
3.4.3 三角波　　63
3.4.4 非周期信号の例　　64
3.5 時間－周波数スペクトル　　67
3.5.1 ステップ周波数　　70
3.5.2 スペクトログラム解析　　71
3.6 周波数変調：チャープ信号　　72
3.6.1 チャープ、つまり線形に掃引された周波数　　72
3.6.2 瞬時周波数の考察　　74
3.7 要約と関連　　76

第4章 サンプリングと エイリアシング　　83

4.1 サンプリング　　83
4.1.1 正弦波信号のサンプリング　　85
4.1.2 サンプリングの定理　　87
4.1.3 エイリアシング　　88
4.1.4 折り返し　　89
4.2 サンプリングのスペクトル的考察　　90
4.2.1 オーバーサンプリング　　90
4.2.2 アンダーサンプリングによるエイリアシング　　92
4.2.3 アンダーサンプリングによる折り返し　　93
4.2.4 再構成最大周波数　　94
4.3 ストローブデモンストレーション　　95
4.3.1 スペクトルの解釈　　99
4.4 離散から連続への変換　　101
4.4.1 サンプリングによるエイリアス周波　　101
4.4.2 パルスを用いた補間　　102
4.4.3 ゼロ次保持補間　　103

4.4.4	線形補間	104
4.4.5	双曲線補間	105
4.4.6	補間を援助するオーバーサンプリング	107
4.4.7.	理想的な帯域制限された補間	109
4.5	サンプリング定理	**109**
4.6	要約と関連	**111**

第5章　FIRフィルタ　121

5.1	離散時間システム	**121**
5.2	移動平均フィルタ	**123**
5.3	一般的なFIRフィルタ	**126**
5.3.1	FIRフィルタリングの図示	127
5.3.2	単位インパルス応答	129
5.3.3	コンボリューションとFIRフィルタ	133
5.4	FIRフィルタの実装	**136**
5.4.1	構築ブロック	136
5.4.2	ブロック図	137
5.5	線形時不変システム（LTI）	**140**
5.5.1	時不変	141
5.5.2	線形性	143
5.5.3	FIRの場合	144
5.6	コンボリューションとLTIシステム	**145**
5.6.1	コンボリューション和の導出	146
5.6.2	LTIシステムの特徴	147
5.7	縦続接続のLTIシステム	**149**
5.8	FIRフィルタリングの例	**152**
5.9	要約と関連	**155**

第6章　FIRフィルタの周波数応答　161

6.1	FIRシステムの正弦波応答	**161**
6.2	重ね合わせと周波数応答	**164**
6.3	定常状態と過度応答	**167**
6.4	周波数応答の特性	**170**
6.4.1	インパルス応答と差分方程式との関係	170
6.4.2	$H(\hat{\omega})$の周期性	172
6.4.3	共役対称	172

6.5　周波数応答の図的表現　　　　　　　　　　　　　　**173**
    6.5.1　遅延システム　　　　　　　　　　　　　　　174
    6.5.2　1次差分システム　　　　　　　　　　　　　174
    6.5.3　単純な低域通過フィルタ　　　　　　　　　　178
6.6　縦続接続LTIシステム　　　　　　　　　　　　　　**180**
6.7　移動平均フィルタリング　　　　　　　　　　　　　**183**
    6.7.1　周波数応答のプロット　　　　　　　　　　　184
    6.7.2　振幅と位相の縦続　　　　　　　　　　　　　188
    6.7.3　実験：画像の平滑化　　　　　　　　　　　　189
6.8　サンプルされた連続時間信号のフィルタリング　　　**193**
    6.8.1　実例：低域通過平均器　　　　　　　　　　　195
    6.8.2　遅延の解釈　　　　　　　　　　　　　　　　197
6.9　要約と関連　　　　　　　　　　　　　　　　　　　**200**

第7章　z-変換　　　　　　　　　　　　　　　　　　　**209**

7.1　z-変換の定義　　　　　　　　　　　　　　　　　**210**
7.2　z-変換と線形システム　　　　　　　　　　　　　**212**
    7.2.1　FIRフィルタのz-変換　　　　　　　　　　212
7.3　z-変換の性質　　　　　　　　　　　　　　　　　**215**
    7.3.1　z-変換の重ね合わせの性質　　　　　　　　215
    7.3.2　z-変換の時間遅延の性質　　　　　　　　　216
    7.3.3　一般化z-変換公式　　　　　　　　　　　　217
7.4　演算子としてのz-変換　　　　　　　　　　　　　**218**
    7.4.1　単位遅延オペレータ　　　　　　　　　　　　218
    7.4.2　オペレータ記法　　　　　　　　　　　　　　219
    7.4.3　ブロック図のオペレータ記法　　　　　　　　219
7.5　コンボリューションとz-変換　　　　　　　　　　**220**
    7.5.1　縦続接続システム　　　　　　　　　　　　　223
    7.5.2　z-多項式の因数分解　　　　　　　　　　　225
    7.5.3　逆コンボリューション　　　　　　　　　　　226
7.6　z-領域と$\hat{\omega}$-領域との関係　　　　　　**227**
    7.6.1　z-平面と単位円　　　　　　　　　　　　　228
    7.6.2　$H(z)$のゼロと極　　　　　　　　　　　　　229
    7.6.3　$H(z)$のゼロの重要性　　　　　　　　　　　230
    7.6.4　ヌルフィルタ　　　　　　　　　　　　　　　231
    7.6.5　zと$\hat{\omega}$との図的関係　　　　233
7.7　有効なフィルタ　　　　　　　　　　　　　　　　　**235**
    7.7.1　L-点移動和フィルタ　　　　　　　　　　　236
    7.7.2　複素帯域通過フィルタ　　　　　　　　　　　238
    7.7.3　実係数を持つ帯域通過フィルタ　　　　　　　241
7.8　実際の帯域通過フィルタの設計　　　　　　　　　　**243**

7.9 線形位相フィルタの特性 — 246
7.9.1 線形位相条件 — 246
7.9.2 FIR線形位相システムのゼロ点の配置 — 247
7.10 要約と関連 — 248

第8章 IIR-フィルタ — 257

8.1 一般化IIR差分方程式 — 258
8.2 時間−領域応答 — 259
8.2.1 IIRフィルタの線形性と時不変性 — 262
8.2.2 1次IIRシステムのインパルス応答 — 262
8.2.3 有限長入力の応答 — 264
8.2.4 1次再帰システムのステップ応答 — 266
8.3 IIRフィルタのシステム関数 — 269
8.3.1 一般的な1次式の場合 — 270
8.3.2 システム関数とブロック図構成 — 271
8.3.3 インパルス応答の関係 — 276
8.3.4 この手法の要約 — 277
8.4 極とゼロ点 — 277
8.4.1 原点と無限における極とゼロ点 — 278
8.4.2 極配置と安定性 — 279
8.5 IIRフィルタの周波数応答 — 281
8.5.1 MATLABを使用した周波数応答 — 282
8.5.2 システム関数の3次元プロット — 284
8.6 3つの領域 — 287
8.7 逆z-変換とその応用 — 288
8.7.1 1次システムのステップ応答 — 288
8.7.2 逆z-変換のための一般的手続き — 291
8.8 定常状態応答と安定性 — 293
8.9 2次フィルタ — 297
8.9.1 2次フィルタのz-変換 — 297
8.9.2 2次IIRシステムの構成 — 299
8.9.3 極とゼロ点 — 301
8.9.4 2次IIRシステムのインパルス応答 — 303
8.9.5 複素極 — 306
8.10 2次IIRフィルタの周波数応答 — 310
8.10.1 MATLABによる周波数応答 — 311
8.10.2 3-dB帯域幅 — 313
8.10.3 システム関数の3次元プロット — 314
8.11 IIR低域通過フィルタの例 — 316
8.12 要約と関連 — 319

第9章 スペクトル解析　331

9.1 入門と復習　332
9.1.1 周波数スペクトルの再吟味　332
9.1.2 スペクトルアナライザー　333
9.2 フィルタリングによるスペクトル解析　335
9.2.1 周波数シフト　335
9.2.2 平均値の計測　336
9.2.3 チャンネルフィルタ　336
9.3 周期信号のスペクトル解析　339
9.3.1 周期信号　339
9.3.2 周期信号のスペクトル　340
9.3.3 移動和のフィルタ　341
9.3.4 移動和フィルタリングを使用したスペクトル解析　342
9.3.5 DFT：離散フーリエ変換　345
9.3.6 DFTの例　346
9.3.7 高速フーリエ変換（FFT）　349
9.4 サンプルされた周期信号のスペクトル解析　350
9.5 非周期的信号のスペクトル解析　354
9.5.1 有限長信号のスペクトル解析　355
9.5.2 周波数サンプリング　358
9.5.3 周波数応答のサンプル　360
9.5.4 連続非周期信号のスペクトル解析　362
9.6 スペクトログラム　366
9.6.1 MATLABによるスペクトログラム　368
9.6.2 サンプル周期信号のスペクトログラム　369
9.6.3 スペクトログラムの解像度　370
9.6.4 楽音スケールによるスペクトログラム　373
9.6.5 音声信号のスペクトログラム　375
9.7 フィルタされた音声　380
9.8 高速フーリエ変換（FFT）　383
9.8.1 FFTの導出　383
9.9 要約と関連　387

付録A 複素数　391
付録B MATLABのプログラミング　413
付録C ラボラトリプロジェクト　431
付録D CD紹介　529

索引　539

第1章 はじめに

　本書は信号とシステムに関する書籍である。マルチメディアコンピュータ、オーディオビデオエンターティメントシステムや、デジタル通信システムの現代において、本書の読者らは、信号とシステムという用語の意味に関し何らかの印象を持っているのは明らかであろうし、むしろ、日常の会話においてこれらの用語を使用しているかもしれない。

　読者らのこれらの用語に関する使い方や理解は広い定義においては正しいと言える。たとえば、情報を伝播するあるものを信号と考えてもよい。普通、そのあるものとは、物理的な方法により操作され、格納される物理量の変動パターンのことである。ほんの一例を上げると、音声信号、オーディオ信号、ビデオ信号や画像信号、レーダー信号、そして地震信号などがある。ここで重要な点はこれらの信号はいずれも等価な形式で再表現可能なことである。たとえば、音声信号の場合はアコースティック信号として生成されるが、マイクロフォンによる電気信号へも変換可能である。また、磁気テープ上への磁化パターンとして変換され、あるいはデジタルオーディオレコーディングでは数値列としても変換可能である。

　システムという用語は、さらに曖昧な何かを指し、説明が必要かもしれない。普段このシステムを管理者や機器が処理するような大きな組織、たとえば、社会安全システムや飛行機輸送システムなどに関連付けて使用することがある。しかしながら、著者らは信号に強く関係した狭い定義に関心がある。もっと明確に言うと、本書で目的とするシステムとは、信号の操作、変更、記録、伝播が可能なものを指す。たとえば、オーディオコンパクトディスク（CD）のレコーディングは音楽信号を数列として格納する。CDプレーヤーはこのディスク上に格納されている数値（すなわち、信号の数値的表現）を我々が聞くことのできるアコースティック信号へと変換するためのシステムである。一般に、システムは信号を別の新しい信号や別の新しい信号表現を生み出す働きをする。

　本書の到達点は、信号とシステムの2つに関する正確なステートメントをどのように作成可能か

の枠組みを作ることである。特に、数学は信号とシステムの記述と理解にとって適切な言語であることを示す。さらに、数式による信号とシステムの表現法は、信号とシステムがどのように影響しているか、また、要求された目的を実現するシステムの設計と実装をどのように行うかについての理解を助けることをも明らかにする。

1.1 信号の数学的表現

信号は情報を表し、あるいはコード化する変動パターンである。これらは医用技術や通信分野や、その他の物理系の検出などにおいて、計測への中心的な役割である。

多くの信号は時間に関する変動パターンとして考えるのが自然である。その良い例としては音声信号がある。これはまず、音声管内の空気圧変動のパターンとして発生する。もちろん、このパターンは時間とともに発生する。これは普段我々が時間波形と呼んでいるものが生成される。図1.1には音声波形を示す。図中の縦軸は空気圧を表し、横軸は時間を表す。この図中には音声波形の連続した時間区分に対応した波形が示されていることに注意されたい。つまり、図の第2段目の波形

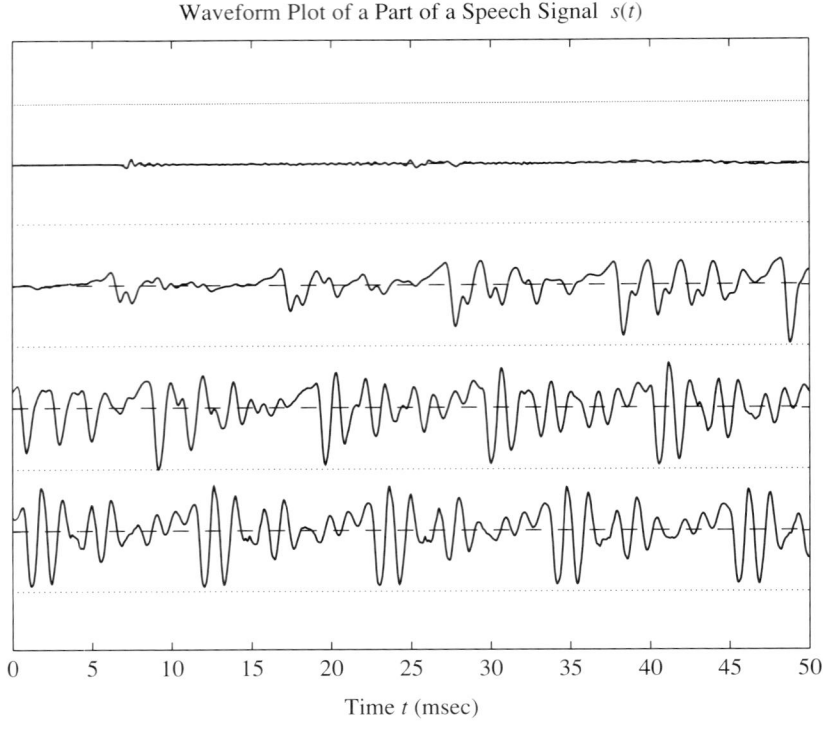

図1.1 単一（時間）変数の関数として表現された信号の例

Sound File

は第1段目の波形の後部に連続している。図中の各段の波形は50ミリ秒（msec）の時間間隔に対応している。

図1.1の音声信号は1次元連続時間信号の例である。このような信号は数学的に単一独立変数、通常はtと表される変数の関数として表現される。特別な場合として、図1.1の波形を使い慣れた数学的関数で記述することは不可能にもかかわらず、この波形を$s(t)$で表す。確かに、この波形そのものは、ある瞬時ごとの数値$s(t)$を割り当てた関数の定義として利用される。

多くの信号は、それが全てではないとしても、連続時間信号として得られる。しかし、本書で順次述べるように次第にはっきりしてくるいろいろな理由から、しばしば信号の離散時間表現を得る必要がある。これは時間軸上で孤立し、等間隔に離れた時間ごとの連続時間信号のサンプリング（sampling）により実現される。この結果が数列であり、この数列は離散値のみをとる指標変数の関数として表現可能である。数学的には$s[n]=s(nT_s)$と表記される。ここでnは整数、{..., -2, -1, $0, 1, 2, ...$} であり、また、T_sはサンプリング周期（sampling peiod）である[注1]。もちろん、これは、グラフ用紙やコンピュータ画面上で関数の値をプロットする時に使用するものである。離散点を除く連続変数のあらゆる取りうる場所での関数値を評価することは不可能である。直感的に、間隔がより狭くまた数列が多いほどオリジナル信号の連続変数関数の形状を保持していることがわかる。図1.2は離散時間信号の短時間区間での一例を示している。これは図1.1の音声波形を$T_s=1/8$のサンプリング間隔でサンプリングして求められたものである。この例に示す先端に丸印の付いた縦線はそれぞれ孤立した数列の大きさである。

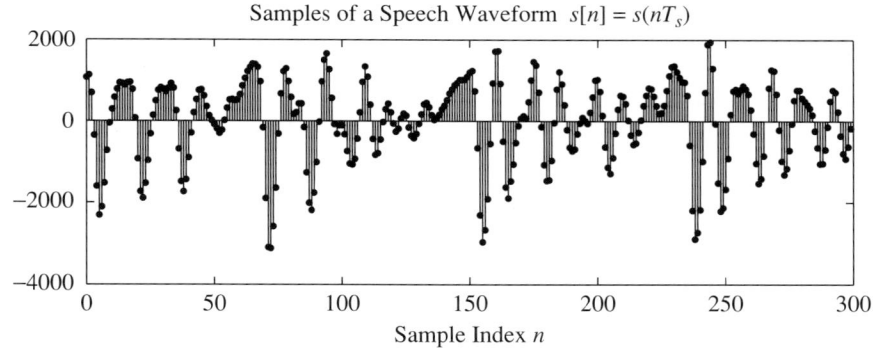

図1.2　離散変数の1次元数列として表現された離散時間信号の例

---

*注1：表記の慣例として、連続変数関数の独立変数を囲むために括弧（ ）を使用する。角括弧は離散変数関数の独立変数を囲む。

多くの信号はある時間におけるパターンを評価するものと考えることができるが、それ以外の信号では時間変動パターンではないものもある。たとえば、レンズを通った光を集光することで形成される画像は特別なパターンであり、それは2つの独立変数の関数として数学的に表現される。例として絵は$p(x, y)$と表してもよいのである。写真は、図1.3に示されるようにグレースケール画像としての例である。この場合の値$p(x_0, y_0)$は、画像の位置(x_0, y_0)における明暗の濃淡値を表している。

図1.3　2つの空間変数の関数により表現可能な信号の例

　図1.3で示すような画像では、我々は普通、空間を連続であると考えていることから、このような画像を一般的には2次元連続変数信号であると考える。他方、サンプリングは連続変数2次元信号から2次元離散変数信号を得るために使用される。このような2次元離散変数信号は2次元数列、つまり数の配列で表現され、$p[m,n]=p(m\Delta_x, n\Delta_y)$と表記される。ここで、$m$と$n$は整数値のみをとり、$\Delta_x$と$\Delta_y$はそれぞれ水平と垂直方向のサンプリング間隔である。

　2次元関数は、時間により変化しないような静止画像に対する適切な数学的表現法である。他方、ビデオ信号は時間軸のための第3の独立変数を必要とする時間変動画像である。つまり、$v(x, y, t)$と書ける。ビデオ信号は本質的には3次元であり、これは、2変数が離散化されるのか、あるいは、3変数が離散化されるのかはビデオシステムに依存する。

　本節の目的は、信号が数学的関数により表現可能であるという考えを簡潔に示すことである。これまで、多くの親しんでいる関数が信号とシステムに対する学習において十分価値があることを見てきたにも関わらず、その事実を確かめることは試みて来なかった。ここでの関心事は関数と信号との間の関連付けを行うことである。この時点での関数は単に、信号の抽象的記号として使用することである。たとえば、「音声信号$s(t)$」また「サンプルされた画像$p[m, n]$」と置くことができる。このことが非常に大切と思えないとしても、次の節において、信号とシステムをシステマッティクに記述することが数学を使用することの到達点に向けての非常に重要なステップであることを示す。

1.2 システムの数学的表現

これまでに示してきたように、システムとは信号を新しい信号表現や異なる信号表現に変換するものである。これは少し抽象的な定義であるが、入門時には有用である。より明らかにするために、1次元連続時間システムは入力信号 $x(t)$ を入力すると、それに対応した出力信号 $y(t)$ が得られる。これは次式のように数学的に表現される。

$$y(t) = \mathcal{T}\{x(t)\} \tag{1.2.1}$$

これは、入力信号がシステムにより出力 $y(t)$ を生ずるように操作されることを意味する（オペレータ $\mathcal{T}$ で記号化される）。初めは非常に抽象的に聞こえるけれども、簡単な例により、これの必要性が不思議ではないことを明らかにする。いま、出力信号は入力信号の2乗であるようなシステムを考える。このシステムの数学的記述は次のようになる。

$$y(t) = [x(t)]^2 \tag{1.2.2}$$

これは、瞬時ごとの出力値が同一時間の入力信号の平方に等しい。このようなシステムは平方システムと呼ばれる。図1.4は図1.1の入力に対する平方出力を示している。平方操作の性質から期待されるように、出力信号は常に正であり、大きな信号値は小さな信号値よりも強調されることを示している。

式 (1.2.2) により定義される平方システムは、連続時間システム、つまり、そのシステムの入力と出力が連続時間信号の例である。ここで平方システムのように動作する物理システムを作ることができるだろうか。その答えは、式 (1.2.2) のシステムが電気回路の適切な回路で近似される。他方、システムの入力と出力は、

$$y[n] = (x[n])^2 \tag{1.2.3}$$

に関係付けられた2つの離散時間信号であるならば、そのシステムは離散時間システムである。離散時間平方システムの実現は簡単である。各離散時間信号値をそれ自身に単に乗ずるだけである。

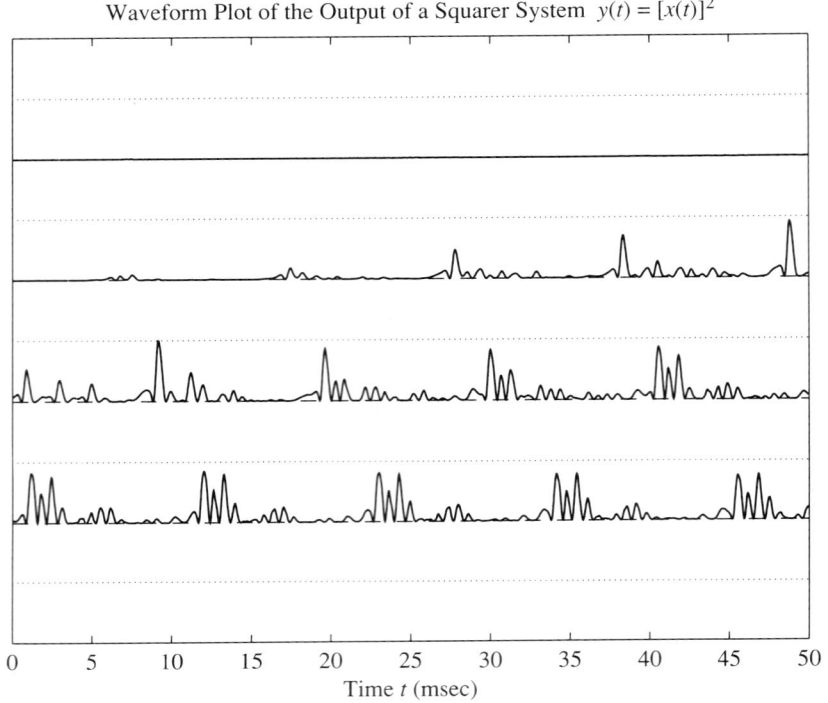

図1.4　図1.1の音声入力のための平方システムの出力

システムに関する考え方と記述に関し、システムを可視的に表現することはしばしば有用である。
その目的に対し、エンジニアはシステムの実装で実行される操作を表すため、また、複雑なシステムの実装で存在する多くの信号間の関連を示すため、ブラックボックス表記を使用する。ブロック図の一般形式の例を図1.5に示す。この図が示すことは、信号$y(t)$はオペレータ$\mathcal{T}\{\ \}$により信号$x(t)$から得られることである。

システムの別の例は、以前に連続時間信号と離散時間信号間でのサンプリング関係を議論した時に示した。

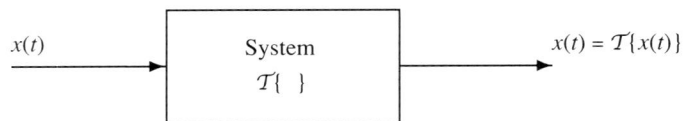

図1.5　連続時間システムのブロック図表現

したがって、システムの入力が連続時間信号$x(t)$とその出力が対応する次式で示すようなサンプル列であるシステム、つまりサンプラーを定義する。

$$x[n] = x(nT_s) \tag{1.2.4}$$

この式は、サンプラーが連続時間入力信号を時間T_s秒ごとに瞬時値を得ることを示している。したがって、サンプリングの操作はシステムの定義に一致し、また、図1.6のブロック図で示されている。しばしば、我々はこのサンプラーシステムを理想的な連続-離散コンバータ、あるいは理想的なC-to-Dコンバータと呼んでいる。平方の場合のように、そのシステムに与える名称はそのシステムが何をするのかを表現している。

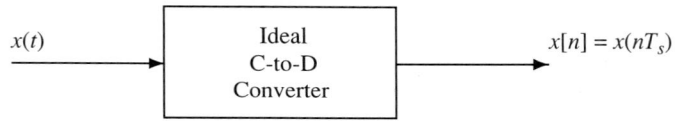

図1.6 サンプラーのブロック図表現

1.3 システムについての考察

ブロック図は、簡単なシステムで複雑なシステムが表現され、このシステムが容易に理解されることに有効である。たとえば、図1.7はオーディオCDのレコーディングや再生の過程をブロック図表現で示したのもである。このブロック図は操作を4つのサブブロック図に分かれている。第1の操作はA-to-D（アナログ-デジタル）変換である。これは式（1.2.4）で定義された理想化されたC-to-D変換器による物理的な近似である。この理想C-to-Dコンバータが無限精度を持つサンプル値を生み出すとしても、現実のA-to-Dコンバータは入力信号のサンプル値に有限精度の数を割り当てる（つまり有限数のビット数で量子化される）。高精度のオーディオシステムで使用される高精度A-to-Dコンバータの場合、A-to-Dコンバータと理想化C-to-Dコンバータとの誤差はわずかではあるが、その特異性は非常に重要である。有限精度で量子化されたサンプル値は有限長でディジタルメモリ内に格納されるだけである。

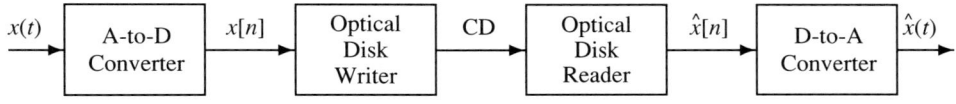

図1.7 オーディオCDのレコーディングと再生のための簡単化したブロック図

図1.7において、A-to-Dコンバータの出力はシステムへの入力であり、数値$\hat{x}[n]$が光ディスクに書き込まれることを示している。これは複雑なシステムであるが、本書の目的に対しては、単一操作として簡単に示すだけで十分であろう。同様に、光ディスクからこれらの数値を読み出すための複雑な機械／光システムも単一操作として示す。最後に、離散時間形式の信号を連続時間の信号への変換はD-to-A（ディジタルからアナログへの）コンバータと呼ぶシステムとして示されている。このシステムは有限精度のバイナリの数列を取り出し、それらサンプル値間を連続時間関数でうめる。その結果得られる連続時間信号は、音へ変換をするために、他のシステム（たとえば、増幅器、ラウドスピーカやヘッドホン）に渡される。

CDオーディオシステムのようなシステムはすべて我々の身近にある。ほとんどの場合、我々はそれらのシステムがどのように動作するかを考える必要はない。しかし、ここでの事例は、階層化された形式を持つ複雑なシステムについて考える価値を示している。このような方法で第1に考えることは個別の部品である。次に、部品間の関係、最後に、全システムについて考える。このような方法でCDオーディオシステムを眺めると、非常に重要な事柄は連続時間から離散時間への変換、または、その逆の変換であることが分かる。またこのような操作をシステムの他の部分とは別々に考察できることが分かる。部分の接続の効果は比較的理解がしやすいことである。ある部分の詳細は他の分野の専門家、たとえば、光ディスクのサブシステムの一層詳細に書き下す専門家にゆだねることができる。

1.4　Next Step

CDオーディオシステムは離散時間システムの良い一例である。図1.7に埋め込まれているブロックは多くの離散時間サブシステムと信号である。ここではCDプレーヤーやその他の複雑なシステムに関する詳細の全てを述べることはしないが、離散時間信号とシステムの理解のための基本知識の構築を期待している。この知識によりさらに複雑なシステムの要素を理解することに役立てることができる。第2章では、基礎的な数学レベルから開始し、良く知られている正弦関数と余弦関数が信号とシステムの理論においてどのような基本的役割を演じているかを示す。続いて、複素数は三角関数の代数を簡単化できることを示す。続く第3章では信号の周波数スペクトルの概念と線形時不変システムにおけるフィルタリングの概念を紹介する。本書の終わりには、問題に取りくみ、デモンストレーションを行い、実験演習を行った勤勉な読者らは、今日急速に普及してきたディジタルマルチメディア情報システムの基盤になっている多くの主要な概念の本質的な理解の助けとなるであろうことを期待する。

第2章 周期信号

　ここでは、一般に余弦信号（cosine signals）やこれと等価な正弦信号（sine signals）と呼ばれる信号の一般的な種類を紹介することから説明する*[注1]。これらをまとめて、このような信号は周期的（sinusoidal）信号、あるいはもっと簡明に周期（sinusoids）波と呼ばれる。周期信号は簡単な数学的表現式であるが、信号とシステムの理論上最も基本的な信号であり、かつ、信号の性質に慣れる上でも重要である。余弦信号に対する最も一般的な数学的公式は、

$$x(t) = A \cos(\omega_0 t + \phi) \tag{2.0.1}$$

ただし、$\cos(\cdot)$は三角関数の学習で慣れ親しんでいるであろう余弦関数を表す。連続信号を定義するとき、通常は時間を表す連続変数tを独立変数に持つ関数を使用する。式（2.0.1）から、$x(t)$は余弦関数の角度が時間tの関数であるような数学的関数であることを示している。パラメータA、ω_0、ϕは特定の余弦信号に対しては固定された値をとる。特に、Aは余弦信号の振幅（amplitude）、ω_0は角周波数（radian frequency）、ϕは位相シフト（phase-shift）である。図2.1は連続時間余弦信号の図である。

$$x(t) = 10 \cos(2\pi(440)t - 0.4\pi)$$

　ここで、$A = 10$、$\omega_0 = 2\pi(440)$、$\phi = -0.4\pi$。$x(t)$はAと$-A$の間を振動し、振動の同形パターンを$1/440 = 0.00227$秒ごとに繰り返すことに注意されたい。この時間間隔は正弦信号の周期時間

---

*[注1]：これは余弦信号や正弦信号を余弦波や正弦波と呼ぶのが普通である。特に、アコスティック信号や電気信号の場合はなおさらである。

（period）と呼ばれている。本章の終わりでは、正弦波波形のほとんどの特徴がパラメータ A、ω_0、ϕ の選択に直接依存していることを示す。

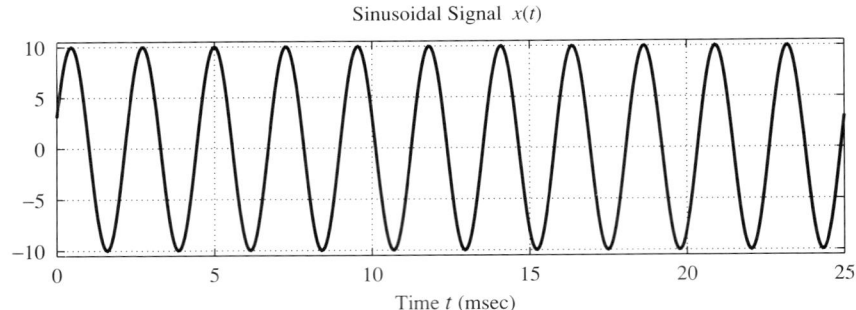

図2.1　正弦波信号　$x(t) = 10\cos(2\pi(440)t - 0.4\pi)$

2.1 音叉の実験

　　余弦波は大変重要である理由は、多くの物理システムでは時間に対する正弦関数か余弦関数で表される（つまり数学的に表された）信号が生成されるからである。これらの中で最も傑出したものは人の耳に聞こえる信号である。楽器で生み出される音高や音色は異なるピッチとして知覚される。音を正弦波に、ピッチを周波数に同等視することは単純化し過ぎではあるが、正弦波の数式は複雑な音信号を理解するための本質的な第1歩である。

　　正弦波学習のための何らかの動機付けを提供するため、ここでは正弦波信号を作成するための非常に単純で慣れているシステムを考察することから始める。このシステムは音叉（tuning fork）である。この例を図2.2に示す。音叉を鋭くたたくと、歯の部分が振動し、純粋な音が発生する。この音高は、普通音叉表面に刻印されてある単一周波数である。通常はA-440に調整された音叉である。それは、この440ヘルツ（Hz）が音階上の中間のCの上に位置するAの周波数だからである。また、この音はしばしば、ピアノや他の楽器に対する標準音高としても使用されるからである。もし読者が音叉を手にできた場合には、次のような実験を試みられたい。

　　まず、音叉を膝に打ち付ける。次いで、音叉を耳に近づける。音叉に刻印されてある周波数特有の「ブーン」という音を聞く。音叉を正しく打鍵したならば、かなりの長時間にわたってその音は存続する。しかしながら、この実験を間違えて行うこともある。もしこの音叉をテーブルのような硬い表面に鋭く打ち付けると、高いピッチの金属音で「チリンチリン」といった音が聞こえてしまう。もし自分の耳近くにこの音叉を持ってくると、2つの音高を聞くことになる。高い周波数の「チリンチリン」といった音は、急速に消滅し、次に低い周波数の「ブーン」といった音が聞こえる。

マイクロフォンとA-Dコンバータの装着したコンピュータとを用いると、音叉から発生した信号のデジタル記録をとることが可能である。

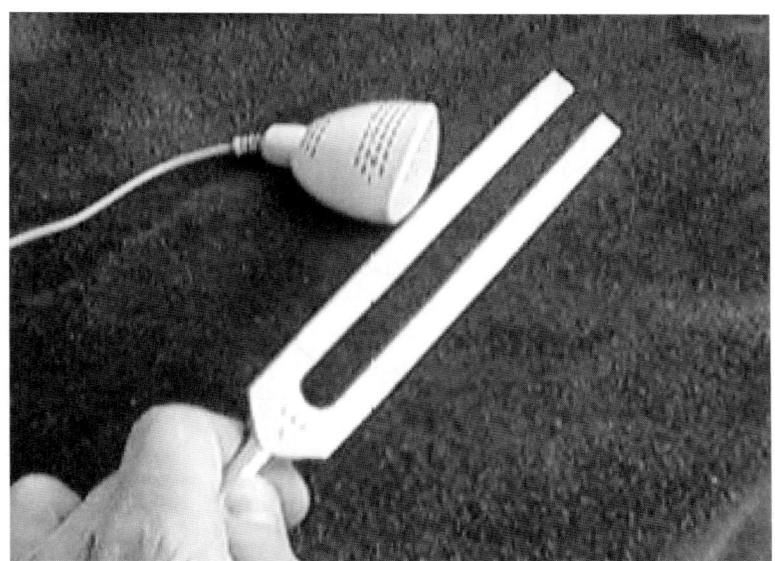

図2.2　音叉とマイクロフォンの写真

マイクロフォンは音を電気信号に変換する。言い換えると、コンピュータに格納される数列に変換されるのである。次に、これらの数列はコンピュータスクリーン上にプロットされる。その代表的なプロットとしてA-440音叉の場合を図2.3に示した。この場合、A-Dコンバータはマイクロフォン出力を5563.6サンプル／秒の速度で取り込んだ[注2]。プロットはサンプル値を直線で結び作成した。図は音叉から発生した信号が図2.1の余弦信号に非常に類似していることを示している。信号は振幅の対称な上限／下限の間で振動しており、しかも約2.27m秒（0.00227秒）の時間間隔で周期的に反復している。2.3.1節で示すように、この周期はω_0の逆数に比例する。つまり、$2\pi/(2\pi(440)) \approx 0.00227$秒である。

この実験は、普通の物理システムで信号を発生し、その信号の図的表現が余弦関数に非常に類似していることを示している。たとえば、式（2.0.1）で定義された数学関数の図的プロットに非常に類似している。後の2.7節において、余弦関数が音叉の歯の運動を記述した（物理法則の）微分方程式の解として与えられることを示し、音叉の正弦的なモデルの信ぴょう性にふれる。音叉の物理を考察する前に、さらに正弦波と正弦的信号に慣れることとする。

[注2]：この速度は、Macintosh コンピュータ上のA-D変換の1/4である。

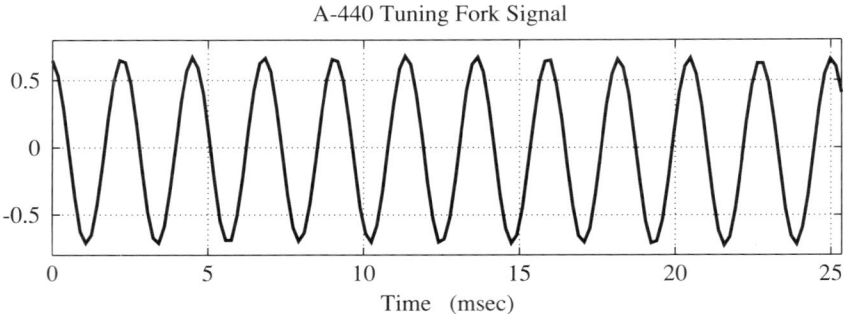

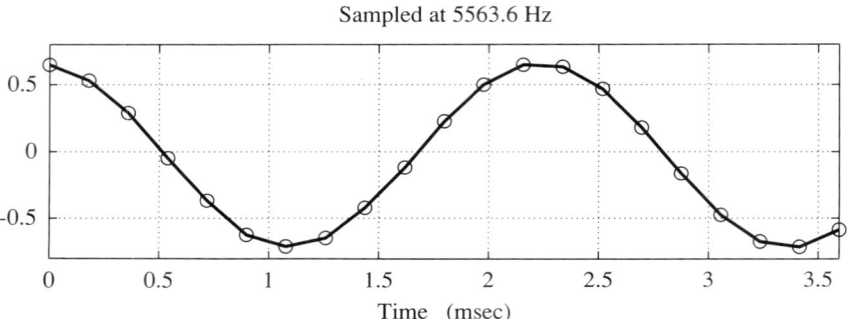

図2.3　A-440の音叉信号のレコーディングは、5563.6サンプル/秒のサンプリング速度でサンプルされた。

2.2　正弦関数と余弦関数の復習

　正弦的信号は親しみのある三角関数の正弦関数と余弦関数で定義される。これらの基本的な三角関数の性質に関する簡単な復習をすることは、これらの関数の性質が正弦的信号の性質を決定することから有効である。

　正弦関数と余弦関数はしばしば図2.4のような図で定義される。三角関数の正弦や余弦は、引数として角度をとる。通常はその角度を度（degree）で考えるが、正弦関数や余弦関数に注目している角度は無次元である。したがって、角度はラジアンで指定される。もし角度 θ が第1象限（$0 \leq \theta < \pi/2$ rad）にあるならば、この θ の正弦は、直角三角形の角度 θ の反対に位置する辺の長さ y を斜辺の長さ r で割算されたものである。同様に、θ の余弦は底辺の長さ x と斜辺の長さとの比である。

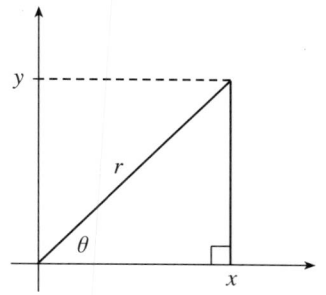

$$\sin\theta = \frac{y}{r} \implies y = r\sin\theta$$

$$\cos\theta = \frac{x}{r} \implies x = r\cos\theta$$

図2.4 直角三角形の角度 θ の正弦と余弦の定義

θ が0から $\pi/2$ へと増加するにつれて、$\cos\theta$ は1から0へと減少することに注意されたい。また、$\sin\theta$ は0から1へと増加する。角度が $\pi/2$ よりも大きくなると、x と y の代数的符号が現れ、x は第2と第3象限では負となり、y は第3と第4象限で負となる。これは、図2.5に示すように、$\sin\theta$ と $\cos\theta$ の値を θ の関数として表示することで簡単に示される*[注3]。

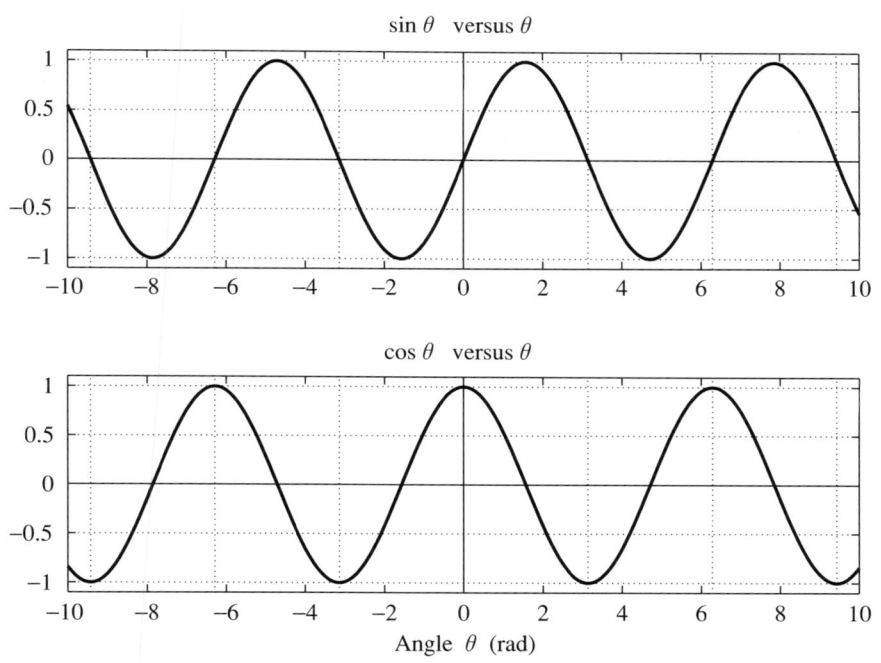

図2.5 角度に対してプロットされた正弦関数と余弦関数、縦の格子線（ドット線）は π の整数倍ごとに描かれている。

---

*注3：これらの図の形状を覚えておき、これを正確にスケッチできるとよい。

これらのプロットのいくつかの特徴については解説する価値がある。2つの関数は正確に同一の形状である。確かに、正弦（sin）関数は$\pi/2$だけ右に移動した余弦（cos）関数である。つまり、$\sin\theta = \cos(\theta - \pi/2)$。これらの2つの関数は＋1と－1の間を振動している。また、周期2πを持つ同一パターンを周期的に反復している。さらに、正弦関数は引数に関して奇（odd）関数であり、余弦関数は偶（even）関数である。これらの要約とその他の特徴を表2.1に示す。

表2.1　正弦関数と余弦関数の基本特性

特徴	式
等価性	$\sin\theta = \cos(\theta - \pi/2)$、$\cos\theta = \sin(\theta + \pi/2)$
周期性	$\cos(\theta + 2\pi k) = \cos\theta$、ただし$k$は整数
余弦関数の偶性	$\cos(-\theta) = \cos\theta$
正弦関数の奇性	$\sin(-\theta) = -\sin\theta$
正弦関数のゼロ値	$\sin(\pi k) = 0$、ただしkは整数
余弦関数の1値	$\cos(2\pi k) = 1$、ただしkは整数

正弦関数と余弦関数は明らかに非常に密接に関係付けられる。これは時折、正弦関数と余弦関数の2つを含む式の簡単化のための機会へと導く。微積分学において、正弦関数と余弦関数はお互い微分されるという興味ある性質が知られている。つまり、

$$\frac{d\sin\theta}{d\theta} = \cos\theta\,、\quad \frac{d\cos\theta}{d\theta} = -\sin\theta$$

余弦関数は正弦関数の傾きを表わし、正弦関数は余弦関数の傾きの負値である。三角関数においては、正弦的信号の組み合わせを含む式を簡単化するための使用可能な多くの恒等式が存在する。表2.2は、今後便利に使用されるであろう三角恒等式の簡単な表を提供している。読者らは、これらの恒等式が独立ではないことを三角関数の学習から思い出されたい。たとえば、恒等式3は恒等式4に$\alpha = \beta = \theta$とおくことにより得られる。しかも、これらの恒等式は他の恒等式を導出するために組み合わせることができる。たとえば、恒等式1に恒等式2を組み合わせると次の式を導出される。

$$\cos^2\theta = \frac{1}{2}(1 + \cos 2\theta)$$

$$\sin^2\theta = \frac{1}{2}(1 - \cos 2\theta)$$

三角恒等式のさらに詳しい表は三角関数に関する書籍や数学一覧表の書籍で多く見つけることができる。

表2.2 基本三角恒等式

恒等番号	式
1	$\sin^2\theta + \cos^2\theta = 1$
2	$\cos 2\theta = \cos^2\theta - \sin^2\theta$
3	$\sin 2\theta = 2\sin 2\theta \cos 2\theta$
4	$\sin(\alpha \pm \beta) = \sin\alpha\cos\beta \pm \cos\alpha\sin\beta$
5	$\cos(\alpha \pm \beta) = \cos\alpha\cos\beta \mp \sin\alpha\sin\beta$

Solution 練習問題2.1 三角恒等式5を使用して、$\cos 9\theta$、$\cos 7\theta$、$\cos\theta$の項で$\cos 8\theta$の式を表しなさい。

2.3 正弦的信号

正弦的時間信号のための最も一般的な数学的表現式は余弦関数の引数（つまり、角度）をtの関数とすることにより得られる。次の2つの式は等価な書式である。

$$x(t) = A\cos(\omega_0 t + \phi) = A\cos(2\pi f_0 t + \phi) \tag{2.3.1}$$

この2つの書式は$\omega_0 = 2\pi f_0$と定義することにより関係付けられている。式（2.3.1）で与えられるこれらいずれの書式においても、3つの独立したパラメータがある。これらのパラメータの名称とその意味を以下に示す。

1. Aは振幅（amplitude）。この振幅は余弦信号の大きさを決定するスケール因子である。関数$\cos\theta$は$+1$と-1の間で振動する。式（2.3.1）の信号$x(t)$は$+A$と$-A$の間で振動する。
2. ϕは位相シフト（phase shift）。位相シフトの単位は、余弦の引数がラジアンで取られることから、ラジアン（rad）である。一般に、位相シフトを定義するときには余弦関数を好んで使用する。もし正弦関数を含む式が現れた場合、つまり、$x(t) = A\sin(\omega_0 + \phi')$のような場合には、表2.1の等価式を用いて、余弦関数でこれを書き直すことができる。その結果は、式（2.3.1）で位相シフトを$\phi = \phi' - \pi/2$と置けるので、

$$x(t) = A\sin(\omega_0 t + \phi') = A\cos(\omega_0 t + \phi' - \pi/2)$$

となる。それゆえ、簡単化のため、また、混乱を避けるために、このような正弦関数の使用を避けることにする。

3. ω_0は角周波数（radian frequency）。余弦関数の引数は次元無しのラジアンであるから、値$\omega_0 t$もまた次元無しである。つまり、時間tがsecの単位を持っていることから、ω_0は

rad/secの単位を持っている。同様に、$f_0 = \omega_0/2\pi$ は周波数であり、f_0 は$\sec^{-1}$の単位を持っている。

例として、図2.6は次の信号をプロットしたものである。

$$x(t) = 20\cos(2\pi(40)t - 0.4\pi) \tag{2.3.2}$$

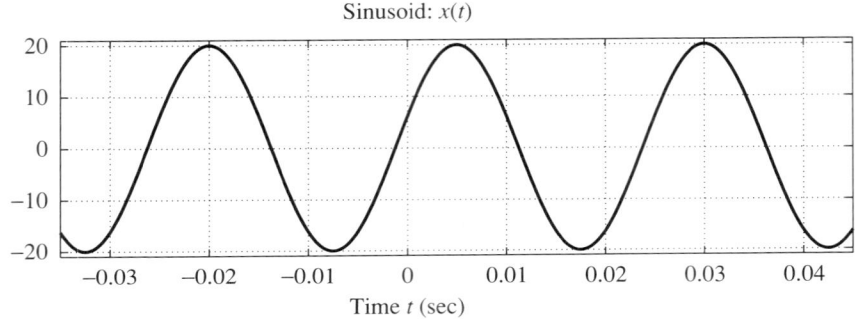

図2.6　パラメータ$A = 20, \omega_0 = 2\pi(40), f_0 = 40, \phi = -0.4\pi$を持つ正弦波信号

これまでの定義から、上記信号は、$A = 20$、$\omega_0 = 2\pi(40)$、$f_0 = 40$、$\phi = -0.4\pi$である。振幅パラメータAの信号への寄与は明らかである。つまり、ピークの最大と最小は$+20$と-20である。その最大は時間$t = ..., -0.02, 0.005, 0.03, ...$で発生し、最小は時間$t = ..., -0.0325, -0.0075, 0.0175, ...$で発生する。この信号の連続した最大値間の時間間隔は$1/f_0 = 0.025$秒である。信号がこのような特徴を持つことを理解するためには、多少の解析が必要になる。

2.3.1　周波数と周期の関係

図2.6の正弦波は明らかに周期信号である。正弦波の周期（period）はT_0で表記され、正弦波の1サイクルの長さである。一般に、正弦波の周波数はその周期を決める。またその関係は次の方程式を試みることで発見できる。

$$x(t + T_0) = x(t)$$
$$A\cos(\omega_0(t + T_0) + \phi) = A\cos(\omega_0 t + \phi)$$
$$\cos(\omega_0 t + \omega_0 T_0 + \phi) = \cos(\omega_0 t + \phi)$$

余弦関数は2πの周期を持っていることから、上の等式はtのすべての値に対して、

$$\omega_0 T_0 = 2\pi \quad \Rightarrow \quad T_0 = 2\pi/\omega_0$$
$$(2\pi f_0)T_0 = 2\pi \quad \Rightarrow \quad T_0 = 1/f_0 \qquad (2.3.3)$$

が成立する。T_0は信号の周期であるので、$f_0 = 1/T_0$は秒当たりの周期の数（サイクル）である。したがって、秒当たりのサイクルはf_0の適切な単位である。これは1960年まで使用されていた*[注4]。ω_0を扱うとき、角周波数の単位はrad/secである。f_0の単位は、秒当たりのサイクルが周期を決定するので、正弦波を表現する時、最も便利なものである。

周波数パラメータの効果を理解することは非常に重要である。図2.7は次の信号におけるf_0のいくつかの値に対する結果を示している。

$$x(t) = 5\cos(2\pi f_0 t)$$

まず、$f_0 = 0$は完全に受け入れられる値である。この値が使用されると、その結果の信号は一定となる。つまり、tの全ての値に対して$5\cos(2\pi \cdot 0 \cdot t) = 5$となる。DC*[注5]と呼ばれるこの一定信号は事実、ゼロ周波数の正弦波である。

図2.7の下の2つのプロットはf_0の増えた結果を示している。期待したように、波形の形状は2つの周波数の値に対して同じである。しかし、高い周波数に対する信号は時間とともに急速に変化している。つまり、繰り返し長がより短い時間間隔となっている。これまでに余弦信号の周期は周波数に反比例（2.3.3）しているのでこの図は正しいことがわかる。周波数を2倍（100→200）にすると、周期は半分になることに注意されたい。周波数がさらに高くなるにつれて、さらに急速な信号波形が時間とともに変化するという一般的な法則を図示したものである。DCの場合、つまり$f_0 = 0$ではこの法則によれば一定となる。周波数は遅くなると信号は全く変化しない。本書においては、時間と周波数の間の逆の関係に関する多くの例を見ることができる。

---

*注4：単位［Hz］はHeinrich Hertzに敬意を表して電気技術委員会において1933年採用された。彼はラジオ波の存在を始めて確かめた。

*注5：電気技術者は、一定の電流である直流（Direct Crrent）を表す略記号DCを使用している。

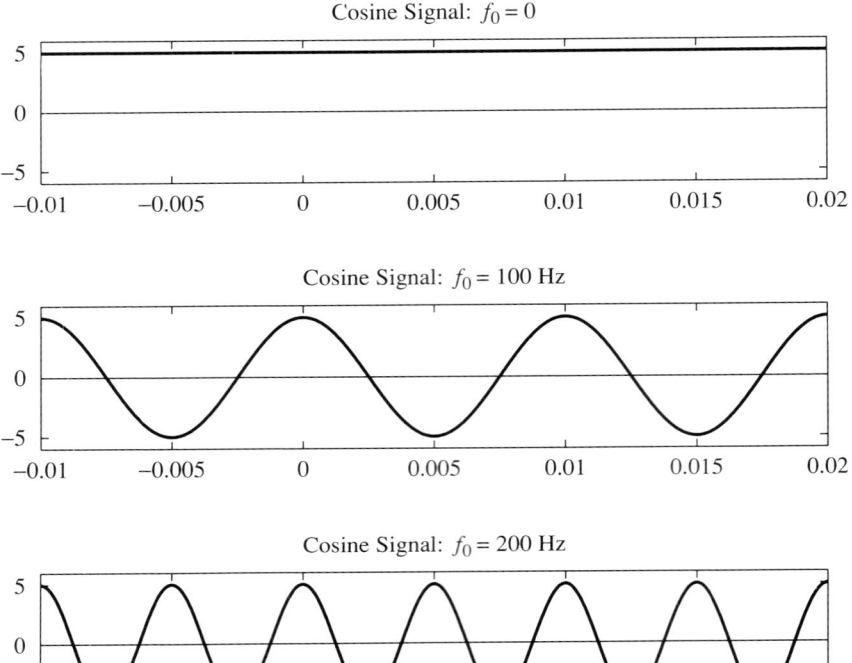

図2.7　いろいろなf_0に対する余弦波信号$x(t) = 5\cos(2\pi f_0 t)$
（上）$f_0 = 0$、（中）$f_0 = 100$Hz、（下）$f_0 = 200$Hz

2.3.2　位相シフトと時間シフトの関係

　（周波数をも含む）位相シフトパラメータϕは余弦波の最大値と最小値の時間位置とを決定する。$\phi = 0$の周期波（2.3.1）は$t = 0$において正のピーク値をとることに注意しておきたい。$\phi \neq 0$のとき、位相シフトは周期信号の最大値が$t = 0$からどの程度シフトしたかを決定する。

　ここで周期波に対してこの点を詳細に確かめる前に、信号の時間シフト（time-shifting）についての一般的な考えに慣れることが有用であろう。信号$s(t)$は既知の公式やグラフで決められるとする。ある簡単な例を次の三角形状関数で示す。

$$s(t) = \begin{cases} t & (0 \leq t \leq 1) \\ (3-t)/2 & (1 \leq t \leq 3) \\ 0 & \text{その他} \end{cases} \quad (2.3.4)$$

この簡単な関数は $0 \leq t < 1$ の区間では傾き1をとり、$1 < t \leq 3$ の区間では負の傾き $-1/2$ をとる。そこで、関数 $x_1(t) = s(t-2)$ を考える。$s(t)$ の定義から $x_1(t)$ は次の区間、

$$0 \leq (t-2) \leq 3 \quad \Rightarrow \quad 2 \leq t \leq 5$$

でゼロでないことは明らかである。時間区間 $[2,5]$ の間で、シフトされた信号の公式は、

$$x_1(t) = \begin{cases} t-2 & (2 \leq t \leq 3) \\ \frac{1}{2}(5-t) & (3 \leq t \leq 5) \\ 0 & \text{その他} \end{cases} \tag{2.3.5}$$

となる。言い換えると、$x_1(t)$ は、2秒右にシフトした原点を持つ $s(t)$ 関数である。同じように、$x_2(t) = s(t+1)$ は1秒左にシフトした $s(t)$ 関数である。これの非ゼロ位置は $-1 \leq t \leq 2$ である。3つの信号 $x(t) = s(t)$、$x_1(t) = s(t-2)$、$x_2(t) = s(t+1)$ を図2.8に示す。

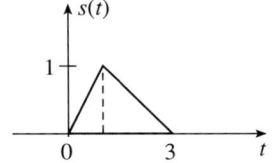 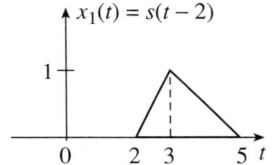 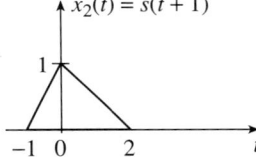

図2.8　時間シフトの様子

練習2.2　シフトされた信号 $x_2(t) = s(t+1)$ の式を導く。

今後、時間シフトされた信号を考察する多くの機会がある。信号が $x_1(t) = s(t-t_1)$ の形式で表現されるときはいつでも、この $x_1(t)$ は $s(t)$ の時間シフトされた信号であると呼ばれる。もし、t_1 が正数であるとき、このシフトは右であり、この時の信号 $s(t)$ が時間に関し遅れ（delayed）と呼ばれる。また、t_1 が負数であるとき、この信号は左シフトであり、信号 $s(t)$ が時間に関し進み（advanced）と呼ぶ。まとめると、時間シフトは本質的に信号の時間原点の再決定である。一般に、$s(t-t_1)$ の形をもつ関数は元の原点位置を $t = t_1$ へ移動した原点を持っている。

余弦信号の時間シフトを決定するひとつの方法は、$t = 0$ の最も近くにある周期波の正のピーク値を発見することである。図2.6のプロットにおいては、このような正ピーク値が現れる時間は $t_1 = 0.005$ 秒である。この場合のピーク位置は正の時間（$t = 0$ の右側）に現れるので、時間シフトはゼロ位相余弦信号の遅れであると呼ぶ。いま、$x_0(t) = A\cos(\omega_0 t)$ がゼロ位相シフトの余弦信号を表すものとする。$x_0(t)$ の遅れは、次のようにして位相シフト ϕ に変更可能である。

$$x_0(t - t_1) = A \cos(\omega_0 (t - t_1)) = A \cos(\omega_0 t + \phi)$$

$$\cos(\omega_0 t - \omega_0 t_1) = \cos(\omega_0 t + \phi)$$

この式が全てのtに対して成立するので$-\omega_0 t_1 = \phi$とおく。これは次のようになる。

$$t_1 = -\frac{\phi}{\omega_0} = -\frac{\phi}{2\pi f_0}$$

時間シフトが正（遅れ）である時に位相シフトは負であることに注意されたい。周期（$T_0 = 1/f_0$）の観点からは、次式のようなより直感的な公式が得られる。

$$\phi = -2\pi f_0 t_1 = -2\pi (t_1/T_0) \quad (2.3.6)$$

これは位相シフトが時間シフトと周期との比で与えられる一周期の分数を2π倍したものである。

SINE DRILL

$t = 0$に最も近い正のピーク値は必ず$|t_1| \leq T_0/2$以内に存在すべきであるから、位相シフトは常に$-\pi < \phi \leq +\pi$を満足するように選ぶ。しかし、位相シフトは、余弦関数の引数に2π倍を追加してもその値が変化しないことからあいまいである。これは余弦関数が周期2πをもつ周期関数であるという事実の直接的な結果でもある。それゆえに、位相シフトを計算する別の方法としては、周期関数のある正のピーク値を見つけ、それに対応した時間を読むことである。この時間位置が式(2.3.6)を使用して位相シフトに変換した後に、$-\pi$と$+\pi$の間に最終結果を配置するように、2πの正数倍が位相シフトに加えたり、減ずることができる。これは、$t = 0$の周期の半分以内に存在するようにピーク値を配置することと等価である。2πの加算や減算の演算は2πの法（modulo）に換算したものである。これは数学でのmodulo約分と同じである。つまり、2πで割り算を行い、その残りの値のことである。$-\pi$と$+\pi$の間に存在する位相シフトの値は位相シフトの主値と呼ばれる。

練習2.3 図2.6において、t_1の正値と負値の両方の測定が可能であり、それに対応した位相シフトを計算することが可能である。どちらの位相シフトが$-\pi < \phi \leq +\pi$の範囲内に存在するか。2つの位相シフトを2πとの差をとり確認してみよ。

練習2.4 図2.6のプロットから開始して、$t_1 = 0.0075$に対する$x(t - t_1)$を描け。また、$t_1 = -0.01$に対しても同様に行う。正しい方向に移動したことを確かめよ。それぞれに対して、シフトした周期関数の位相シフトを計算せよ。

練習2.5 図2.6に示すように$x(t) = 20 \cos(2\pi (40) t - 0.4\pi)$であるとき、$y(t) = G x(t - t_1) = 5\cos(2\pi (40)t)$であるような$G$と$t_1$を求めよ。つまり、$y(t) = 5 \cos(2\pi (40) t)$を$x(t)$の式として表現する。

2.4 周期波のサンプリングとプロット

この章で示す周期波形の全てのプロットは MATLAB を使用して作成された。MATLAB は行配列か列配列で表現された離散信号のみを扱うので注意しなければならない。しかし、ここでは連続関数 $x(t)$ を実際にプロットする。たとえば、図2.6に示されている関数、

$$x(t) = 20 \cos (2\pi (40) t - 0.4\pi)$$

をプロットする場合、$x(t)$ を時間 $t_n = n T_s$ の離散集合として計算しなければならない。ただし、n は整数である。これを実行すると、次のようなサンプル列が得られる。

$$X(n T_s) = 20 \cos (80\pi n T_s - 0.4\pi)$$

ここで、T_s はサンプリング区間あるいはサンプリング周期を呼ばれる。n は整数。MATLAB の plot( ) 関数を使用してこの関数をプロットするときには、行ベクトルの対か列ベクトルの対を用意しなければならない。そのひとつは時間軸であり、他方はプロットされるべく計算された関数値を含んでいる。たとえば、

```
n = -7:5;
Ts = 0.005;
tn = n*Ts;
xn = 20*cos(80*pi*tn － 0.4*pi);
plot(tn,xn)
```

という MATLAB の文は、− 0.035 から 0.025 の間にサンプリング周期 0.005 ごとに分割された 13 個の行ベクトル t_n と、それに対応した $x(t)$ のサンプルである行ベクトル xn を作成する。次に、plot( ) 関数は対応する点を直線で接続しながら描く。この方法によるサンプル点間の曲線による構成は、線形補間と呼ばれる。図2.9上のプロットの実線の曲線はサンプル区間 $T_s = 0.005$ に対する線形補間の結果を示している。直感的に、点が非常に狭ければ滑らかな曲線になることが理解できる。重要な質問は「サンプル区間をいかに小さくするか、それにより、余弦信号が線形補間によるサンプル点間に正しく再構成される」ということである。この質問への定性的な解答は図2.9に示されている。これは3つの異なるサンプリング周期により作られたプロットを示している。

明らかに、$T_s = 0.005$ のサンプル区間は、サンプル点が直線で連結されるとき、正しいプロットを作成するには満足する狭さではない。サンプル点が上2つのプロットでドットで示されていることに注意されたい[注6]。$T_s = 0.0025$ の区間の場合、そのプロットは余弦関数に近づいているが、こ

[注6]：これは MATLAB の hold 関数や stem 関数を使用して第2のプロットに加えることで実現できる。

のプロットは滑らかな余弦関数よりも直線で連結された場所がなおも目立っている。図2.9の下のプロットにおけるスペースは$T_s = 0.0001$の場合で、曲線は余弦関数を忠実に表現していると目に写るだろうか*[注7]。上で提示された質問への正確な答えは、数学的定義の正確さを要求している。ここでの主観的判断では別々の観測者により変化しやすいものである。しかしながら、この事例からサンプリング周期が減少するにつれてより多くのサンプル点が周期的な余弦信号の1サイクルに配置されることを学んだ。$T_s = 0.005$のとき、1サイクル当たり5サンプル点である。$T_s = 0.0025$のときは、1サイクル当たり10サンプル点である。そして、$T_s = 0.001$のときは、サイクル当たり250サンプル点存在する。1サイクル当たり10サンプル点では十分ではない。1サイクル当たり250サンプル点は多分に必要であるが、一般に、1サイクル当たりのサンプル点が多ければ多いほど、より一層滑らかさと正確さを持つ線形補間された曲線となる。

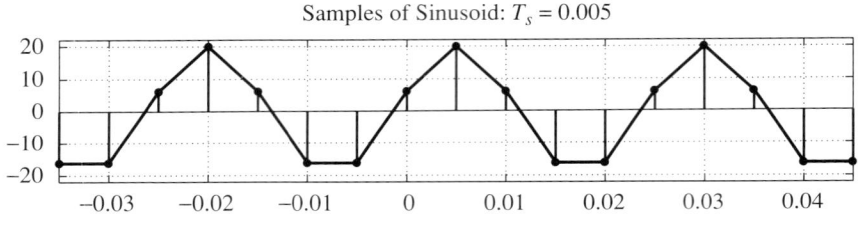

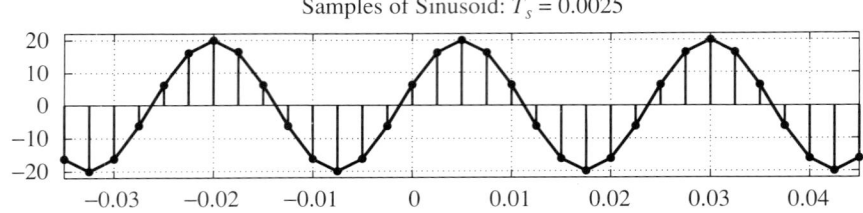

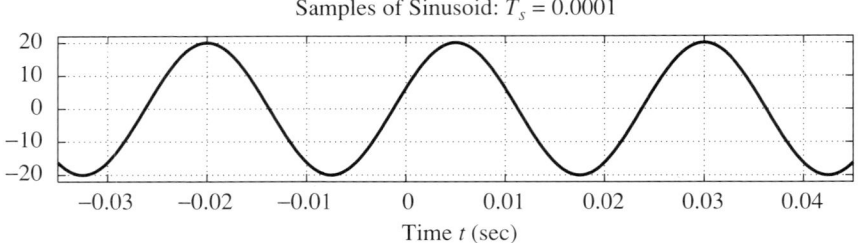

図2.9 いろいろな T_s に対してサンプルされた余弦信号 $x(nT_s) = 20\cos(2\pi(40)nT_s - 0.4\pi)$、上は $T_s = 0.005$秒、中は $T_s = 0.0025$秒、下は $T_s = 0.0001$秒である。

*注7:ここでの点はお互いが近いので、個別の大きなドットとして離散サンプル点を示すのは不可能である。

また、T_sの選択は余弦関数の周波数にも依存する。それゆえ、プロットで問題となるのは1サイクル当たりのサンプル数である。たとえば、余弦関数の周波数が40Hzに代わって2000Hzとした場合、$T_s = 0.0001$のサンプル区間では、1サイクル当たり5サンプル点だけである。正確な再構成の要点は、余弦関数がサンプル点間を大きく変化しないような十分大きなサンプル周波数にすることである。

離散サンプルの組から余弦信号を表示する問題は、使用される補間法に依存する。MATLABの組み込みプロット関数では、線形補間が点と点を直線で連結する。洞察力のある質問は、「より洗練された補間法が使用されるならば、余弦信号をサンプル点から正確に再構成できるようにサンプル区間をどれだけ大きくできるだろうか？」ということである。驚くことに、この質問への理論的な答えは、サンプル区間が周期の半分以下であるならば、余弦関数がそのサンプル点から正確に構成されることである。つまり、1サイクル当たりの平均サンプル数がわずか2個以上を必要とすることである。確かに線形補間はこの結果を実行できないが、サンプリング処理を詳細に述べる第4章において、この驚くべき結果がどのようにして実現されるのかを示すことにする。サンプリング周期が十分小さいとき、滑らかで正確な周期曲線をサンプル点から再構成することが可能であるという結果は、ここでの目的にとって満足するものである。

2.5 複素指数関数とフェーザ

これまで、余弦関数が実際的な設定で発生する信号に対して有用な数学的表現法であることを示してきた。この関数は定義が簡単でかつ理解しやすいものでもあった。しかしながら、周期的信号の解析や操作が複素指数関数信号（complex exponential signal）と呼ばれる信号に関係付けて扱うと、大幅に簡単化されることがわかる。この複素指数関数信号に慣れていないため、また表面的に人意的概念についての最初の段階では、一層の複雑さに入り込んでしまうように思えるかもしれないが、この節では、すぐにでもこの新しい表現法の価値が理解できると思う。複素指数関数信号を導入する前に、複素数に関するいくつかの基本概念を復習しておく[注8]。

2.5.1 複素数の復習

複素数zは実数の順序対である。複素数は$z = (x, y)$で表現される。ただし、$x = \Re e\{z\}$はzの実数部（real part）であり、$y = \Im m\{z\}$は虚数部（imaginary part）である。電気技術者らは$\sqrt{-1}$に対してiの代わりに記号jを使用する。ここでも、複素数を$z = x + jy$と表すこととする。これら2つの表現法は、複素数のCartesian formと呼ばれる。複素数は、図2.10(a)に示すように実数部を水平軸に、虚数部を垂直軸にとった複素平面上の点として表現されることもある。このカーテシアン表記法とjの乗算された任意数は虚数部に含めるという理解を元に、複素加算、複素減算、複素乗算、複素

[注8]：付録Aは複素数の基礎に関する詳細なレビューを提供する。複素数の基礎を知っており、また、それらの操作方法を知っている読者らは付録を一読でき、2.5.2節へスキップしてもよい。

割算の演算が実数部と虚数部に関する実数演算で定義することができる。たとえば、2つの複素数の和は、複素数の実数部は実数部同士の和をとり、虚数部は虚数部同士の和をとった複素数として定義される。

複素数は平面上の点として表現されるので、複素数は2次元空間におけるベクトルと類似している。このことは図2.10(b)に示すベクトルのように、複素数の有効な幾何学的解釈へと導いてくれる。ベクトルは大きさと方向を持っているので、複素数を表現するもうひとつの方法に極形式（polar form）がある。これは複素数をベクトル長rと実軸とのなす角度θとの2つで表現する。ベクトルの長さはzの大きさ（magnitude）（$|z|$とも表記）とも呼ばれ、また、実軸とのなす角度はzのargument（$\arg z$とも表記）と呼ばれる。これは表記法$z \leftrightarrow r\angle\theta$と表現される。ベクトル表記$z$は長さ$r$を持ち、実軸と角度$\theta$をとると言う意味に理解される。

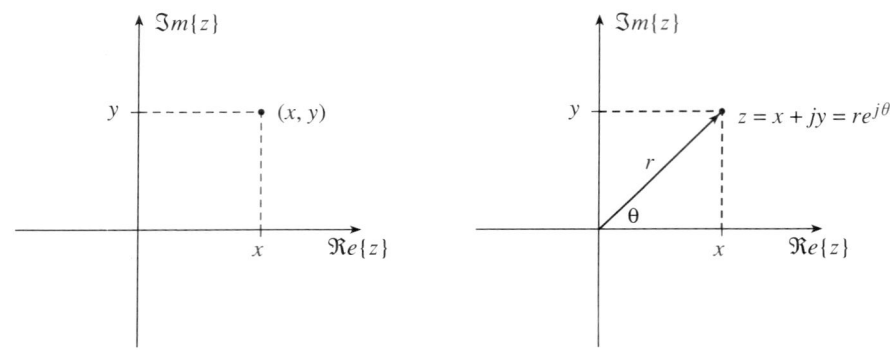

図2.10 複素平面において、複素数の、(a) カーテシアン表示と、(b) 極表示

複素数のカーテシン形式と極形式とは変換可能であることが重要である。図2.10(b)は複素数zとそのカーテシアン表現と極表現の2つの値を示している。この図を使用すると、簡単な三角公式とピタゴラスの定理と同じように、次のようにして、極変数$r\angle\theta$からカーテシアン座標を計算するための方法を導くことができる。

$$x = r\cos\theta, \quad y = r\sin\theta \tag{2.5.1}$$

また、カーテシアン形式から極形式へ移るには、

$$r = \sqrt{x^2 + y^2}, \quad \theta = \arctan\left(\frac{y}{x}\right) \tag{2.5.2}$$

大方の電卓やコンピュータプログラムは、極形式とカーテシアン形式間の変換を簡単でかつ便利に

行ってくれる組込型の式を持っている。

$r \angle \theta$ 表記は扱いにくく、通常の代数公式には適用できない。これより良い極形式は複素指数関数に対してオイラー公式を使用することである。

$$e^{j\theta} = \cos \theta + j \sin \theta \tag{2.5.3}$$

カーテシアン対（$\cos \theta$, $\sin \theta$）は、半径1の上に任意点を表すことができる。それゆえ、式(2.5.3)の一般化は、任意の複素数zに対して正しい表現式を与える。

$$z = r e^{j\theta} = r \cos \theta + j r \sin \theta$$

複素数の複素指数極形式は、複素乗算や除算を計算するには便利である（詳細は付録A）。これは、複素指数関数信号に対する基本として役立つ。これについては次節で紹介する。

2.5.2 複素指数関数信号

複素指数関数信号は次式のように定義される＊注9。

$$\bar{x}(t) = A e^{j(\omega_0 t + \phi)} \tag{2.5.5}$$

複素指数関数信号はtの複素数値関数であることに注目されたい。つまり、$\bar{x}(t)$の振幅は$|x(t)|$であり、$\bar{x}(t)$の角度は$\arg \bar{x}(t) = (\omega_0 t + \phi)$である。オイラーの公式（2.5.3）を使用すると、複素指数関数信号はカーテシアン形式で次のように表すこともできる。

$$\bar{x}(t) = A e^{j(\omega_0 t + \phi)} = A \cos (\omega_0 t + \phi) + j A \sin (\omega_0 t + \phi) \tag{2.5.6}$$

実の周期関数とすると、Aは振幅（amplitude）で正の実数である。ϕは位相シフト（phase shif）、ω_0は角周波数（rad/sec）である。式（2.5.6）において、複素指数関数信号の実部は式（2.3.1）で定義されたと同じ実の余弦波信号であり、虚数部は実の正弦波信号である。図2.11は次の複素指数関数信号のプロットを示している。

$$\begin{aligned}\bar{x}(t) &= 20 \, e^{j(2\pi(40)t - 0.4\pi)} \\ &= 20 \cos(2\pi(40)t - 0.4\pi) + j\, 20 \sin(2\pi(40)t - 0.4\pi) \\ &= 20 \cos(2\pi(40)t - 0.4\pi) + j\, 20 \cos(2\pi(40)t - 0.4\pi - \pi/2)\end{aligned}$$

＊注9：$\bar{x}(t)$の上にバーを設けた、$\bar{x}(t)$は複素関数であることに注意されたい。

時間の関数である複素信号のプロットには2つのグラフが必要である。ひとつは実部で他方は虚部が必要である。複素指数関数信号の実部と虚部は2つとも実の周期信号である。また、これら2つの信号はπ/2ラジアンだけの差がある。

我々が複素指数関数信号を注目する主な理由は、この信号が実の余弦信号の別の表現法だからである。これは常に次式のように書くことができるからである。

$$x(t) = \Re e\{A\, e^{j(\omega_0 t + \phi)}\} = A \cos(\omega_0 t + \phi) \tag{2.5.7}$$

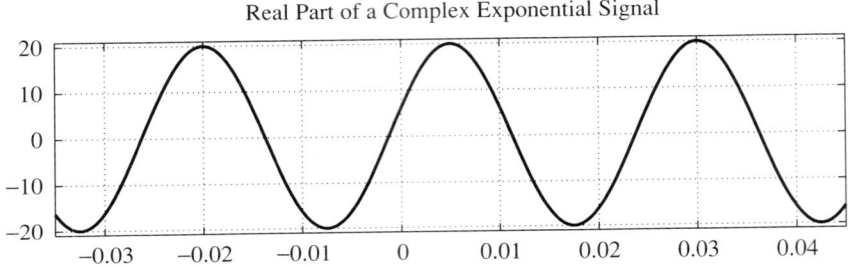

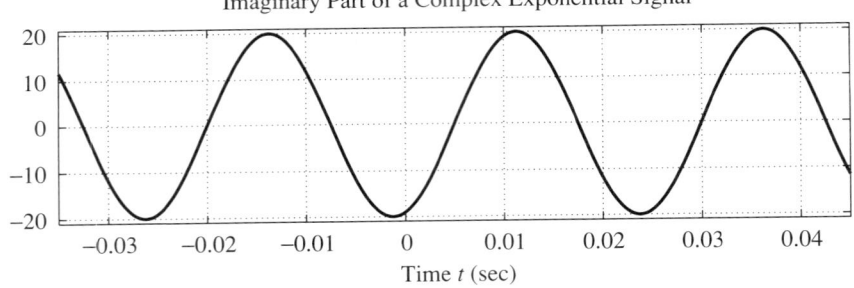

図2.11 複素指数関数信号 $\tilde{x}(t) = 20 e^{j(2\pi(40)t - 0.4\pi)}$ の実部と虚部。
2つの波の位相差は90°つまりπ/2rad。

事実、図2.11に示した複素指数関数信号の実部は図2.6にプロットされた余弦信号に等しい。複素指数信号を求めるには、はじめ虚数部を導入し、次に、これを捨て実部だけを得ることが複雑なことと思えるかもしれないが、多くの計算に指数の特性を利用することで簡単化されることを示す。たとえば、全ての三角関数の演算に代わって指数の代数演算に置き換えることができる。

練習2.6 $e^{j(\alpha+\beta)} = e^{j\alpha} e^{j\beta}$ の実部を拡張することは表2.2における恒等式5へと導くことであることを確かめよ。恒等式4は虚数部から得られることも明らかにされたい。

2.5.3 回転フェーザの解釈

2つの複素数が乗算されるとき、それら2つの数に対する極形式を使用するのが良い。これを示すために、$z_3 = z_1 z_2$ を示す。ただし、$z_1 = r_1 e^{j\theta_1}$、$z_2 = r_2 e^{j\theta_2}$ とおく。すると、

$$z_3 = r_1 e^{j\theta_1} r_2 e^{j\theta_2} = r_1 r_2 e^{j\theta_1} e^{j\theta_2} = r_1 r_2 e^{j(\theta_1 + \theta_2)}$$

2つの複素指数の結合には指数の法則を使用した。

この結果から、2つの複素数の乗算は振幅を乗算し、角度を加算すると結論づけられる。もし、複素平面上にあるベクトルで表現された複素数を考えるなら、第2の複素数による乗算は最初のベクトルの長さを第2の複素数の大きさ分で拡大され、また、第2の複素数の角度だけ回転される。これを図2.12に示す。ここで、$r_1 > 1$ と仮定した。つまり $r_1 r_2 > r_2$ とする。

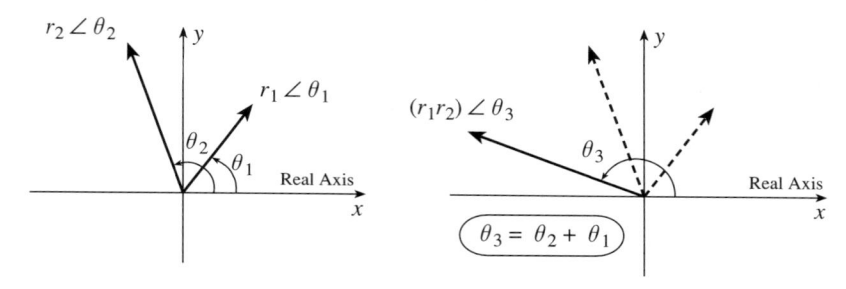

図2.12 複素数乗算 $z_3 = z_1 z_2$ の幾何学的表示

複素数乗算の幾何学的表示は、時間の増加とともに回転する複素ベクトルのような複素指数関数信号に対して有用な解釈へと導いてくれる。もし、複素数を次のように定義すると、

$$X = A e^{j\phi} \qquad (2.5.8)$$

すると、式（2.5.5）は次式で表現される。

$$\tilde{x}(t) = X e^{j\omega_0 t} \qquad (2.5.9)$$

すなわち、$\tilde{x}(t)$ は複素数 X と複素関数 $e^{j\omega_0 t}$ との積である。複素数 X は正しくは複素振幅（complex amplitude）と呼ばれるが、これは複素指数関数信号の振幅と位相から作られた極表示形式である。複素振幅 $X = A e^{j\phi}$ と角周波数 ω_0 は、実の余弦信号が式（2.5.7）を使用して $x(t) = A \cos(\omega_0 t + \phi)$ と求まるように、$\tilde{x}(t)$ を表現するのに十分である。この複素振幅もまたフェーザ（phasor）と呼ばれ

る。この用語の使用は、電気回路理論においても同じである。ここで、複素指数関数信号は回路の解析や設計を大幅に簡単化するのに使用される。複素数であるXは複素平面上にベクトルとして図的に表示することができる。ただし、ベクトルの大きさ（$|X| = A$）は振幅であり、ベクトルの角度（$\angle X = \phi$）は位相シフトである。このテキストの後半で、フェーザと複素振幅と言う用語は、交互に使用される。それは式（2.5.8）で定義されたと同じものをさしている。

式（2.5.9）で定義された複素指数関数信号は次のようにも表現される。

$$\tilde{x}(t) = Xe^{j\omega_0 t} = Ae^{j\phi}e^{j\omega_0 t} = Ae^{j\theta(t)}$$

ただし、
$$\theta(t) = \omega_0 t + \phi \quad [\text{rad}]$$

ある時間tにおいて、複素指数関数信号の値$\tilde{x}$は振幅がA、角度$\theta(t)$を持つ複素数である。任意の複素数と同じく$\tilde{x}$は複素平面上でベクトルとして表現することもできる。この場合、ベクトルの先端は常に円周上に存在する。ここで、もしtが増加すると、複素ベクトル$\tilde{x}$は単に角速度ω_0で決定される一定の速度で回転する。言い換えれば、式（2.5.9）で示すフェーザXと$e^{j\omega_0 t}$との乗算は固定のフェーザXを回転させるのである（$|e^{j\omega_0 t}| = 1$であるので、スケールの変化はない）。つまり、このような複素指数関数信号の別名が回転フェーザ（rotating phasor）である。

角周波数ω_0は正値であれば、$\theta(t)$が時間の増加とともに増加するので、回転の方向は反時計回りである。同様に、ω_0が負のときの角度$\theta(t)$は時間の増加とともに負の方向に変化し、複素フェーザは時計回りに回転する。つまり、回転フェーザが反時計回りに回転する場合を正周波数（positive frequency）を持っていると呼び、また、時計回りのとき負周波数（negative frequency）を持っていると呼んでいる。

回転フェーザは、角度$\theta(t)$が2πラジアン変化する度に完全に1回転する。1回転に要する時間は複素指数関数信号の周期T_0にも等しい。つまり、

$$\omega_0 T_0 = (2\pi f_0) T_0 = 2\pi \quad \Rightarrow \quad T_0 = 1/f_0$$

位相シフトϕは、フェーザが$t = 0$のとき指差している場所を定義していることに注意されたい。たとえば、$\phi = \pi/2$のとき、フェーザは$t = 0$のときに真上を指している。これに対して、$\phi = 0$のときフェーザは、$t = 0$のとき右を指している。

図2.13（a）のプロットは、単一複素回転フェーザと余弦信号波形の間の関係を図示したものである。上左のプロットは複素平面に2つのベクトルを示す。第3象限中に角度を持つベクトルは、次式で表わされる特定の時間$t = 1.5\pi$での信号値を表している。つまり、

$$\tilde{x}(t) = e^{j(t - \pi/4)}$$

2.5 複素指数関数とフェーザ

左を差している水平なベクトルは、特別な時間 $t = 1.5\pi$ におけるベクトル $\tilde{x}(t)$ の実部を示している。つまり、

$$x(1.5\pi) = \Re e\{\tilde{x}(1.5\pi)\} = \cos(1.5\pi - \pi/4) = \cos(5\pi/4)$$

t が増加すると、回転フェーザ $\tilde{x}(t)$ は反時計方向に回転する。また、その実部 $x(t)$ は、実軸に沿って左右に振動する。これは下左のプロットに示されている。図は回転フェーザの実部が $0 \leq t \leq 1.5\pi$ の間でどのように変化しているかを示している(この図の動画バージョンはCD-ROMから使用できる)。

rotating phasor DEMO

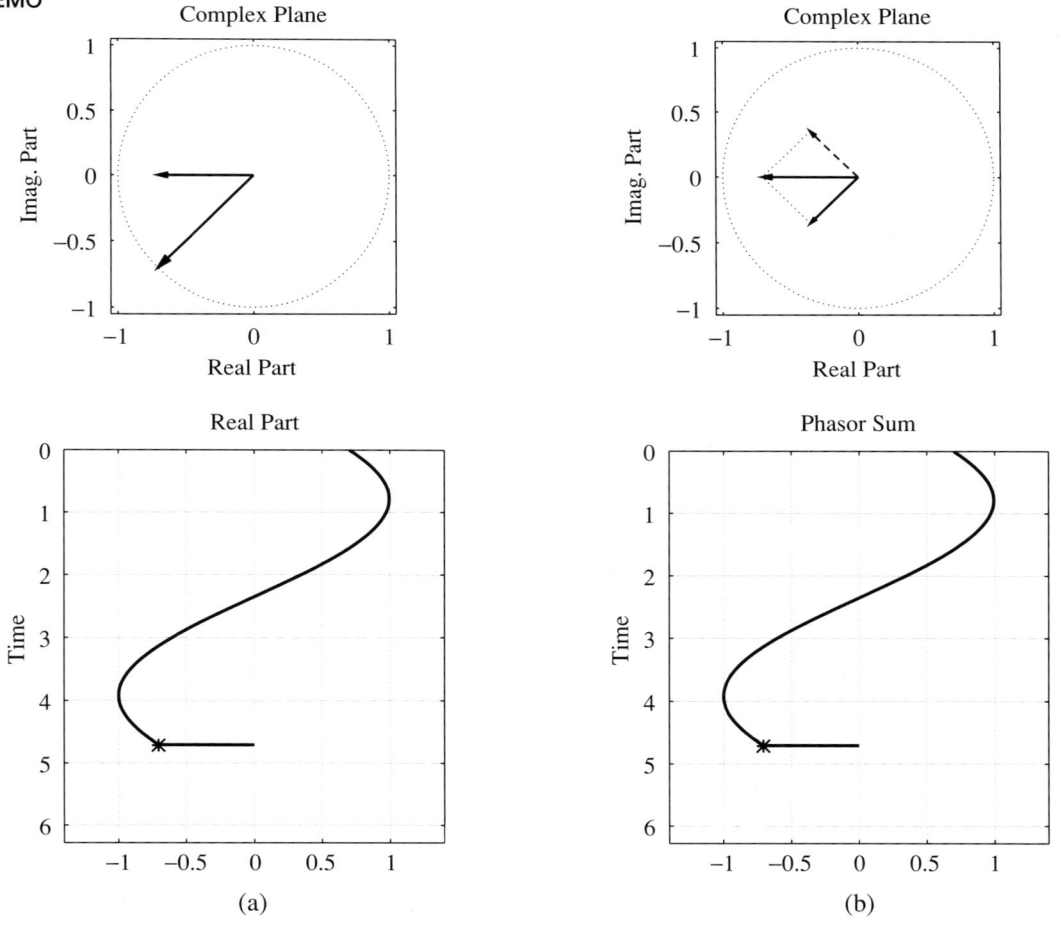

図2.13 回転フェーザ、(a)反時計方向に回転している単一フェーザ、(b)複素共役回転フェーザ

2.5.4 逆オイラー公式

逆オイラー公式は余弦関数を複素指数関数に書き直すことができる。

$$\cos\theta = \frac{e^{j\theta} + e^{-j\theta}}{2} \tag{2.5.10}$$

また、正弦関数に対しては、

$$\sin\theta = \frac{e^{j\theta} - e^{-j\theta}}{2j} \tag{2.5.11}$$

となる（詳細は付録Aを参照されたい）。

式 (2.5.10) は、正の周波数と負の周波数を持つ複素指数関数を用いて$\cos(\omega_0 t + \phi)$を表現するのに使用することができる。つまり、

$$\begin{aligned} A\cos(\omega_0 t + \phi) &= A\left[\frac{e^{j(\omega_0 t + \phi)} + e^{-j(\omega_0 t + \phi)}}{2}\right] \\ &= \frac{1}{2}Xe^{j\omega_0 t} + \frac{1}{2}X^* e^{-j\omega_0 t} \\ &= \frac{\bar{x}(t)}{2} + \frac{\bar{x}^*(t)}{2} \\ &= \Re\{\bar{x}(t)\} \end{aligned}$$

ただし、*は複素共役を表す。

この公式には興味深い解釈ができる。角周波数ω_0を持つ実の余弦信号は、実際には2つの複素指数信号の組合せである。そのひとつは正の角周波数（ω_0）ともうひとつは負の角周波数（$-\omega_0$）を持つ信号である。正の周波数を持つ複素指数関数信号の複素振幅は$\frac{1}{2}X = \frac{1}{2}Ae^{j\phi}$であり、負の周波数複素指数関数信号の複素振幅は$\frac{1}{2}X^* = \frac{1}{2}Ae^{-j\phi}$である。これを言い換えると、実の余弦信号は、お互いが複素共役である2つの複素回転フェーザの和として表現されるのである。

図2.13 (b) は、1/2の振幅をとる2つの複素共役回転フェーザがいかにして実の余弦信号となるかを図示したものである。この場合、第3象限にある角度のベクトルが時間$t = 1.5\pi$のときの複素回転フェーザが$\bar{x}(t)/2$である。tがその時間より大きくなると、角度は反時計方向に増加する。これと同時に、第2象限にあるベクトル（図中でドット線で表示）は、時間$t = 1.5\pi$のときの複素回転フェーザが$\bar{x}^*(t)/2$である。tが増加すると、$\bar{x}^*(t)/2$の角度は時計回り方向に増加する。左を指している水平ベクトルはこれら2つの複素共役回転フェーザの和である。その結果は明らかにプロット中の実のベクトルと同じである。したがって、時間の関数として描かれる実の余弦波は2つの場合とも同じである。下右の図は、時間$0 \leq t \leq 1.5\pi$の間での$\cos(t - \pi/4)$の実値の変化の様子である。

正と負の周波数成分の見地から、実の周期信号に対するこの表現法は、非常に有効な考え方であ

る。複素指数表現によりもたらされる負の周波数は、信号とシステムの問題の解析への多くの簡易化をもたらすきっかけとなる。この表現法を第3章でもさらに発展させる。そこでは、信号のスペクトルのアイディアを紹介する。

練習 2.7 次の表現式が実の正弦信号を導くことができることを示せ。

$$A\sin(\omega_0 t + \phi) = \frac{Xe^{-j\pi/2}e^{j\omega_0 t} + X^* e^{j\pi/2}e^{-j\omega_0 t}}{2}$$

ただし、$X = A e^{j\phi}$である。

この場合、正弦波信号も同じ正と負の周波数を持つ2つの複素指数関数で合成されるが、乗算される複素係数が余弦関数の係数とは異なるということである。特に正弦信号には、複素振幅 X と X^* に適用される追加の $\mp\pi/2$ の位相シフト項が必要である。

2.6 フェーザの加算

2つ以上の周期信号を加算する必要が多く発生する。全ての信号は同じ周波数を持っている場合の問題は簡単になる。この問題は電気回路解析において発生する。これについては、離散時間フィルタリングの考えについて紹介する第5章でも取り上げる。つまり、同一周波数を持つ複数周期信号、しかし、異なる振幅と位相を持った信号の加算のメカニズムを明らかにするのに有用である。本節での到達点は、次式が正しいことを証明することである。

$$\sum_{k=1}^{N} A_k \cos(\omega_0 t + \phi_k) = A\cos(\omega_0 t + \phi) \tag{2.6.1}$$

式（2.6.1）は、振幅と位相は異なるが同一周波数を持ったN個の余弦信号の和は常に同一周波数の単一余弦信号になることを明言している。式（2.6.1）の証明は、次式のような三角恒等式を使用することにより明らかである。

$$A_k \cos(\omega_0 t + \phi_k) = A_k \cos\phi_k \cos(\omega_0 t) - A_k \sin(\phi_k)\sin(\omega_0 t) \tag{2.6.2}$$

ここで、式（2.6.1）の和を正弦項と余弦項に展開する、次に、$\cos(\omega_0 t)$を含む項と$\sin(\omega_0 t)$を含む項とを集める、最後に、恒等式（2.6.2）を反対方向に使用する。しかしながら、これは数値的な計算として実行することには極端に長くて退屈な作業である（練習2.8参照）。もし、一般的な公式を求めようとすれば、これは非常に乱雑な式となってしまう。より単純な手法は余弦信号の複素指数表現法に基づくものである。

練習2.8 次式の和が $A\cos(2\pi(10)t + \phi)$ に縮小されることを示すために式（2.6.2）を使用せよ。

$$1.7\cos(2\pi(10)t + 70\pi/180) + 1.9\cos(2\pi(10)t + 200\pi/180)$$

ただし、$A = \{[1.7\cos(70\pi/180) + 1.9\cos(200\pi/180)]^2 + [1.7\sin(70\pi/180) + 1.9\sin(200\pi/180)]^2\}^{1/2} = 1.532$

また、

$$\phi = \arctan\left\{\frac{1.7\sin(70\pi/180) + 1.9\sin(200\pi/180)}{1.7\cos(70\pi/180) + 1.9\cos(200\pi/180)}\right\} = 141.9\pi/180$$

ラジアンで与えられる ϕ の値は $141.79°$ に一致する。

2.6.1 複素数の加算

2つの複素数を加えるとき、カーテシアン形式を使用する必要がある。もし、$z_1 = x_1 + jy_1$、$z_2 = x_2 + jy_2$ とおくと、$z_3 = z_1 + z_2 = (x_1 + x_2) + j(y_1 + y_2)$ となる。つまり、和の実部と虚部は、それぞれ実部の和と虚部の和である。複素数のベクトル的な説明を利用すると、z_1 と z_2 の2つは原点に尾を持つベクトルのように見えるが、これらの和 z_3 はベクトル加算の結果であり、次のように作成される。

1. z_2 の先頭に z_1 のコピーを描く。これを移動したベクトルを $\hat{z}_1$ とする。
2. 原点から $\hat{z}_1$ の先頭へ新たなベクトルを描く。これが和 z_3 である。

この手順を図2.14に示す。ただし、$z_1 = 4 - j3$、$z_2 = 2 + j5$.

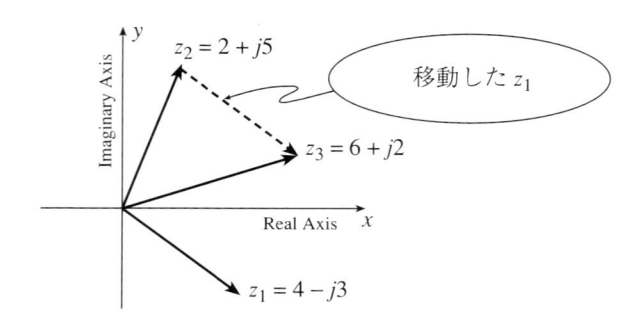

図2.14 複素数加算 $z_3 = z_1 + z_2$ の図的構成

2.6.2 フェーザの加算ルール

余弦信号のフェーザ表現法は次の結果を示すために使用される。

$$x(t) = \sum_{k=1}^{N} A_k \cos(\omega_0 t + \phi_k) = A\cos(\omega_0 t + \phi) \tag{2.6.3}$$

ただし、Nは任意整数である。つまり、同じ周波数は持っているが振幅と位相シフトは異なる2つ以上の余弦信号の和は、単一の等価な余弦信号と同じように表現される。式（2.6.3）の右辺の項の振幅（A）と位相（ϕ）は、複素数の次のような加算を実行することにより左辺に関する個々の振幅（A_k）と位相（ϕ_k）から計算することができる。

$$\sum_{k=1}^{N} A_k e^{j\phi_k} = A e^{j\phi} \tag{2.6.4}$$

式（2.6.4）はフェーザの加算ルールの要点である。フェーザルールの証明には次の2つの知識が必要である。つまり、

1. 任意の周期波は次の形式で記述される。

$$A\cos(\omega_0 t + \phi) = \mathfrak{Re}\{A e^{j(\omega_0 t + \phi)}\} = \mathfrak{Re}\{A e^{j\phi} e^{j\omega_0 t}\}$$

2. 複素数$\{X_k\}$の組に対して、実部の和は和の実部に等しい、つまり、

$$\mathfrak{Re}\left\{\sum_{k=1}^{N} X_k\right\} = \sum_{k=1}^{N} \mathfrak{Re}\{X_k\}$$

フェーザ加算ルールの証明は、次の代数操作を含んでいる。つまり、

$$\begin{aligned}
\sum_{k=1}^{N} A_k \cos(\omega_0 t + \phi_k) &= \sum_{k=1}^{N} \mathfrak{Re}\{A e^{j(\omega_0 t + \phi_k)}\} \\
&= \mathfrak{Re}\left\{\sum_{k=1}^{N} A_k e^{j\phi_k} e^{j\omega_0 t}\right\} \\
&= \mathfrak{Re}\left\{\left[\sum_{k=1}^{N} A_k e^{j\phi_k}\right] e^{j\omega_0 t}\right\} \\
&= \mathfrak{Re}\{(A e^{j\phi}) e^{j\omega_0 t}\} \\
&= \mathfrak{Re}\{A e^{j(\omega_0 t + \phi)}\} = A\cos(\omega_0 t + \phi)
\end{aligned}$$

これで証明を完了する。証明の重要なステップ（証明の第4行目）は式（2.6.4）の定義されたように、括弧内の加算項と$A e^{j\phi}$が置き換えられることに注意されたい。

2.6.3 フェーザ加算ルール：事例

練習2.8の例に戻ることにする。ここで、

$$x_1(t) = 1.7 \cos(2\pi(10)t + 70\pi/180)$$
$$x_2(t) = 1.9 \cos(2\pi(10)t + 200\pi/180)$$

とおき、これらの和は次のようになる。

$$x_3(t) = x_1(t) + x_2(t) = 1.532 \cos(2\pi(10)t + 141.79\pi/180)$$

これらの周期波の周波数は10Hzである。つまり、周期は$T_0 = 0.1$秒となる。3つの信号の波形は図2.15(b)に示されており、この問題を解くために使用されたフェーザは図2.15(a)の左に示されている。余弦信号の最大値の発生する時間は、次の公式、

$$t_m = -\phi T_0/2\pi$$

による位相から導かれることに注意されたい。

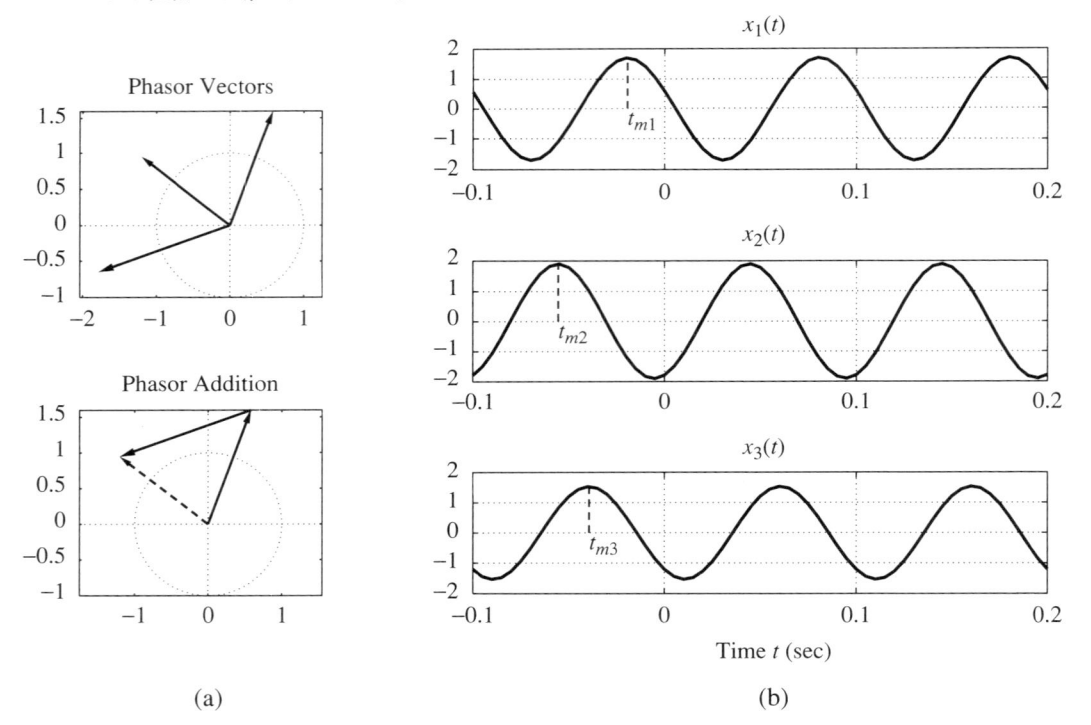

(a)　　　　　　　　　　　(b)

図2.15　(a)図的ベクトル和であるフェーザ加算の実行による周期波の加算（$X_3 = X_1 + X_2$は破線でのベクトルを指す）、(b)信号の最大値の時間は各$x_i(t)$の図中に印がついている。

これより、$t_{m1} = -0.0194$、$t_{m2} = -0.0556$、$t_{m3} = -0.0394$ 秒である。これらの時間は図 2.15(b) 中のそれぞれに対応する波形に垂直な破線で印が付けられている。2 つの信号のフェーザ加算は次の 4 つのステップで計算される。

1. $x_1(t)$ と $x_2(t)$ をフェーザで表現する。

$$X_1 = A_1 e^{j\phi_1} = 1.7 e^{j70\pi/180}、\qquad X_2 = A_2 e^{j\phi_2} = 1.9 e^{j200\pi/180}$$

2. 2 つのフェーザを直交形式に変換する。

$$X_1 = 0.5814 + j1.597、\qquad X_2 = -1.785 - j0.6498$$

3. 実部の加算と虚部の加算を行う。

$$X_3 = X_1 + X_2 = (0.5814 + j\,1.597) + (-1.785 - j\,0.6498) = -1.204 + j\,0.9476$$

4. 極形式に戻す。つまり、$X_3 = 1.532\, e^{j141.79\pi/180}$

したがって、$x_3(t)$ の最終的な式は、

$$x_3(t) = 1.532 \cos(20\pi t + 141.79\pi/180)、$$

あるいは、 $\quad x_3(t) = 1.532 \cos(20\pi(t + 0.0394))$

となる。

2.6.4 フェーザの MATLAB デモ

フェーザ加算の過程は MATLAB を使用して容易に実現できる。フェーザ加算のための MATLAB で求められた答と、関数 zprint による結果が以下に示されている。

```
Z =      X    +    jY      Magnitude    Phase    Ph/pi    Ph(deg)
Z1     0.5814    1.597       1.71       1.222    0.389      70.00
Z2    -1.785    -0.6498      1.9       -2.793   -0.889    -160.00
Z3    -1.204     0.9476      1.532      2.475    0.788     141.79
```

zprint のヘルプは次のように得られる。

```
ZPRINT    printout complex # in rect and polar form
 Usage: zprint(z)
   Z = vecor of complex numbers
```

図2.15を作成するためのMATLABのコードは、最初のラボラトリ（付録C）の中で与えられる。このベクトル図を作成するには、特別なMATLAB関数 zprint、zvect、zcat、ucplot、zcoords を使用する。

2.6.5 フェーザ加算ルールの要約

この節では、実の余弦信号が複素指数信号（複素回転フェーザ）の実部として表現されることを示す。また、同一周波数の複数の余弦信号の加算の過程をどのように簡単化するかを示すため、次の表現式を適用する。

$$x(t) = \sum_{k=1}^{N} A_k \cos(\omega_0 t + \phi_k) = A\cos(\omega_0 t + \phi)$$

要約として、和の余弦信号の表現式を得るために実行すべき項目を以下に示す。

1. 各信号のフェーザ表現式 $X_k = A_k e^{j\phi_k}$ を求める。
2. $X = X_1 + X_2 + \cdots = A e^{j\phi}$ を得るために個別の信号のフェーザを加算する。これには極からカーテシアン、カーテシアンから極への形式変換を必要とする。
3. $\tilde{x}(t) = A e^{j\phi} e^{j\omega_0 t}$ を得るために、上の結果に $e^{j\omega_0 t}$ を乗ずる。
4. $x(t) = \Re e\{A e^{j\phi} e^{j\omega_0 t}\} = A\cos(\omega_0 t + \phi) = x_1(t) + x_2(t) + \cdots$ を得るめに、上式の実部だけを取る。

言い換えると、A と ϕ は X_k フェーザの全てのベクトル和を実行するように計算しなければならない。

練習2.9　2つの周期波を次式のようにおく。

$$x_1(t) = 5\cos(2\pi(100)t + \pi/3)$$
$$x_2(t) = 4\cos(2\pi(100)t - \pi/4)$$

上の2つの信号に対するフェーザ表現式を求めよ。次に、このフェーザを加算し、複素平面上に2つのフェーザとそれらの和を表示せよ。また、2つの信号の和が次式となることを示せ。

$$x_3(t) = 5.536\cos(2\pi(100)t + 0.2747)$$

位相は15.74°である。余弦波$x_1(t)$、$x_2(t)$と$x_3(t) = x_1(t) + x_2(t)$を見分けることができるかどうかを試すため図2.16中のプロットを調べよ。

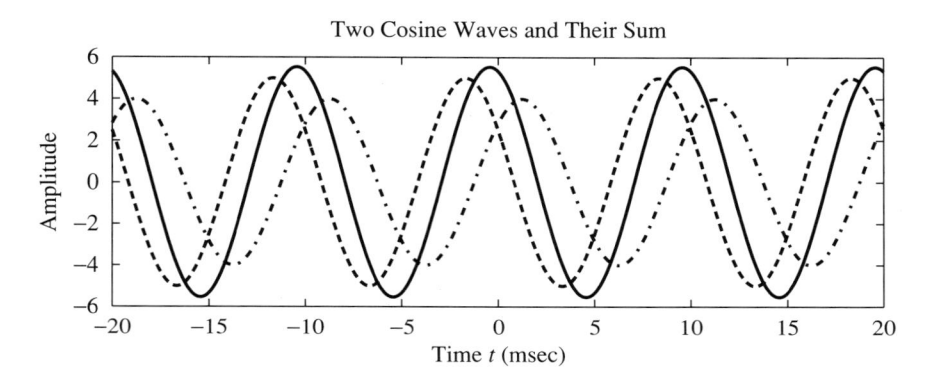

図2.16　2つの周期波とそれらの和の信号波形

2.7 音叉の物理

　2.1節において、音叉はその波形が正弦信号の形状に非常に類似した信号として発生することを簡単な実験で示した。現時点では、正弦信号についての多くの事柄を知り得たので、ここでもう一度この項目を取り上げることには意義があろう。音叉の信号は正弦波的に見えることが偶然一致している。あるいは、信号と正弦波形との間には深い関係が存在するのだろうか。この節では、この音叉システムの簡単な解析を示すことにする。この音叉は平衡位置からの変位を与えたとき確かに正弦的な振動をすることを明らかにする。音叉の正弦運動は囲りの空気粒子に伝搬するので、我々が聞こえるアコスティクな信号を発生するのである。この簡単な例を基本的な物理原理から導かれた物理システムの数学モデルが、物理現象とその結果の信号が簡潔な数学で記述されることを論述する。

2.7.1 物理法則の方程式

　音叉の概略図を図2.17に示す。実験的に知られているように、音叉の堅い表面を打鍵すると、音叉の歯は振動して純粋な音（tone）を発生する。ここでは、音が発生する基本的なメカニズムを理解できるように、音叉の物理的な挙動を記述する方程式の導出に関心がある[注10]。ニュートンの第2法則である、$F = ma$は、解が正弦関数か余弦関数、あるいは複素指数関数をとるような微分方程式の解を満たす。

---

*注10：音の発生と伝搬は普通、大学での物理教科書で扱っている。

(a) (b)

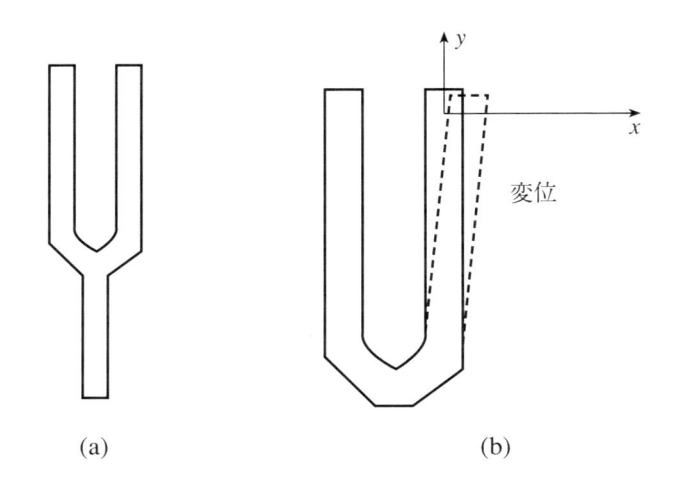

図2.17 (a)、(b)音叉。(b)歯の振動のための方程式を記述するに必要な座標系を示す。

音叉が打鍵されたとき、歯のひとつは、図2.17(b)に図示するように、静止位置から僅かに変形する。この変形がメタルを壊すか曲げてしまうほど大きくしない限り、音叉は元の位置に戻るという性質があることが経験的に知られている。このような運動を支配している物理法則はフックの法則（Hooke's law）である。音叉は非常に堅いメタルで作られているにも関わらず、変形が小さければ弾性材料であるかのように考えることができる。フックの法則では、反発力は変形の大きさに直接比例することを示している。もし図2.17(b)で示すような直交座標系を設定すると、変形はx軸に沿って起り、次のように記述できる。

$$F = -kx$$

ただし、パラメータkは材料の弾性係数（つまり剛さ：stiffness）である。マイナスの符号は、歯の変位を正のx方向にとるとき、弾性力は負の方向に働くことを示している。つまり、この力は音叉の歯を静止位置に戻すように働く。

剛さによる弾性力は、ニュートンの第2法則で記述されるような加速度を発生する。つまり、

$$F = ma = m\frac{d^2x}{dt^2}$$

mは歯の質量であり、また位置xの時間に対する2回微分はx軸に沿う質量の加速度である。これら2つの力はお互いにつり合わなければならないので（つまり、力の総和はゼロ）、時間tの全ての区間において、歯の運動位置$x(t)$を記述する次のような2次微分方程式が求まる。

$$m\frac{d^2x(t)}{dt^2} = -kx(t) \tag{2.7.1}$$

上式の微分方程式の解は予想しやすいので、解くのが容易である。正弦関数と余弦関数の微分の性質から、ここでは次の関数を解として試みることにする。

$$x(t) = \cos \omega_0 t$$

ここで、パラメータ ω_0 は求めるべき定数である。$x(t)$ の 2 回微分は、

$$\begin{aligned}\frac{d^2x(t)}{dt^2} &= \frac{d^2}{dt^2}(\cos\omega_0 t) \\ &= \frac{d}{dt}(-\omega_0 \sin \omega_0 t) \\ &= -\omega_0^2 \cos \omega_0 t\end{aligned}$$

余弦関数の 2 回微分は、定数 $(-\omega_0^2)$ を乗じた余弦関数に等しいことに注意されたい。したがって、$x(t)$ を式 (2.7.1) に入れると、次式を得る。

$$m\frac{d^2x(t)}{dt^2} = -kx(t)$$
$$-m\omega_0^2 \cos \omega_0 t = -k\cos\omega_0 t$$

この方程式は全ての t に対して満足することから、$\cos \omega_0 t$ の係数は等しくなければならない。このことから、次のような代数式が導かれる。

$$-m\omega_0^2 = -k$$

この式より、ω_0 に対して解くと、次式を得る。

$$\omega_0 = \pm\sqrt{\frac{k}{m}} \tag{2.7.2}$$

したがって、微分方程式の1つの解は、

$$x(t) = \cos\left(\sqrt{\frac{k}{m}}\, t\right)$$

これまでのモデルから、$x(t)$ は音叉の運動を表現している。したがって、音叉の歯は正弦的に振

動していると結論付けることができる。この運動は、アコスティック波を作る音圧に僅かな変化を生じるように歯の側にある空気粒子に次々に伝搬される。周波数の公式は次の2つの結論を導いてくれる。

1. 同一質量をもつ2つの音叉の場合。剛い音叉ほど高い周波数を発生する。この理由は、周波数が $\sqrt{k}$（式2.7.2の分子）に比例するからである。
2. 同じ剛さをもつ2つの音叉の場合。重いほどより低い周波数を発生する。これは周波数が質量の平方根（式2.7.2の分母にある $\sqrt{m}$ ）に逆比例するからである。

2.7.2 微分方程式の一般解

音叉の微分方程式（2.7.1）に対して多くの可能な解が存在する。次の関数

$$x(t) = A \cos(\omega_0 t + \phi)$$

を式（2.7.1）に代入し、微分を取ることで式（2.7.1）の微分方程式を満足していることが明らかである。ここで、角周波数は $\omega_0 = \sqrt{k/m}$ である。ここでの簡単なモデルにおいて、角周波数 ω_0 は定数とする。一方、パラメータ A と ϕ の値は重要視しない。このことから、次のように結論できる。つまり、正しい周波数を持ち、任意の大きさと時間シフトした正弦波は音叉の歯の運動を記述した微分方程式を満足する。これは、無限個の異なる正弦波が音叉実験で生ずることを暗示している。実験において、A と ϕ は初めの位置で歯に与える鋭い力の正確な強さと時間とにより決定される。他方、これら全ての正弦波の周波数は音叉メタルの質量と剛さによってのみ決定される。

練習 2.10 複素指数信号は次の音叉の微分方程式の解にもなりうる k を示せ。

$$\frac{d^2 x(t)}{dt^2} = -\frac{k}{m} x(t)$$

$\tilde{x}(t)$ と $\tilde{x}^*(t)$ を微分方程式の両辺に代入することにより、方程式が全ての t に対して成立することを示せ。

$$\tilde{x}(t) = X e^{j\omega_0 t} \quad \tilde{x}^*(t) = X^* e^{-j\omega_0 t}$$

この微分方程式を満足するための ω_0 の値を決定せよ。

2.7.3 音を聴く

観測は物理実験における重要な一部である。特に実験で作成した音の聴音を含む場合はなおさらである。音叉実験の場合は、ピッチ（周波数に関係）と強さ（振幅に関係）を持つ音を試聴する。人間の耳と神経の処理システムは、音叉から発生する持続音の周波数と振幅には応答するが位相には応答（知覚）しない。これは、事実、位相が正弦波の開始時間の曖昧な定義によるからである。つまり、持続音はたとえ5分前の音でも同じく響いているからである。一方、この音をマイクロフォンで取り込み、オシロスコープ上にその信号を表示する。この場合、周波数と振幅の正確な計測をすることができるが、位相はサンプラーやオシロスコープの時間ベースに関してのみ正確に計測される。

2.8 時間信号

この章の目的は正弦信号の概念を紹介し、正弦信号が実際の場においてどのように発生するかを示すことにあった。これまで明らかにしてきた信号は、通常は物理システムの状態や挙動に関する情報の伝搬や変動パターンであった。音叉は正弦信号として数学的に表現可能な信号を発生することを理論と観測の両面から明らかにした。音叉の内容において、余弦波は音叉の運動状態の情報を伝え表現している。正弦波形へのコード化されたものは、音叉が振動しているのかあるいは静止しているときの情報、つまり、もし振動しておれば、振動の周波数と振幅に関する情報である。この情報は試聴者により信号から抽出される。あるいは、人間かコンピュータによる後処理のために記録しておくことも可能である。

音叉の微分方程式 (2.7.1) の解が余弦関数であるにも関わらず、その結果の数学的公式は音叉の理想的なモデルの簡略化されたものである。信号はこの公式から別の実体であることを思い出すことは重要である。音叉で作られる実際の波形はたぶん正確な正弦波ではない。この信号は数学的な公式、$x(t) = A\cos(\omega_0 t + \phi)$ で表される。これは物理原理に基づく理想化されたモデルから導かれる。このモデルは現実に対する良き近似ではあるが、近似でしかない。

2.9 要約と関連

この章では正弦波信号を紹介してきた。これらの信号は単純な物理処理の結果として自然に得られたものであり、また、親しみのある数学関数、しかも複素指数関数で表現できることを示すよう務めてきた。信号の数学的表現には2つの価値がある。第1に、数学的表現は信号を一貫して記述するために便利な公式を提供することである。たとえば、余弦関数はたった3つのパラメータで完全に記述される。第2に、信号とシステムの両方を数式で表現することにより、信号とシステムの間の関連について正確な表現をすることができることである。

この章に関連する2つの実験（以後Labと記す）を付録Cに示す。Lab C.1にはMATLABプログラミング環境の基本要素に関するいくつかの入門的な例題を含んでいる。また、複素数の操作と正弦

波の表示の使い方をも含んでいる。付録BではMATLABに関する本質的な考え方の概要を知ることができる。LabC.2(a)は正弦波とフェーザ加算を扱っている。ここでの実験において、学生らは図2.15と同じようなフェーザ加算のデモを作らなければいけない。実験の詳細はCD-ROM上にもある。CD-ROMには次のような内容が含まれている。

1. 音叉の打鍵とその音の録音に関する実験を示す音叉の動画。異なる音叉から録音した音が使用可能である。たとえば、土笛など。
2. 正弦波の振幅、位相、周波数で動作させるためのMATLABで記述されたプログラム
3. 回転フェーザと、その実部オペレータからどのようにして正弦波を作るかを示す動画

最後に、このCD-ROMには練習や自学習に使用できるように、豊富な解答付き宿題を含んでいる。

問題

2.1 $x(t)$を次式のように定義する。

$$x(t) = 3\cos(\omega_0 t - \pi/4)$$

$\omega_0 = \pi/5$のとき、$-10 < t < 20$の範囲で$x(t)$をプロットせよ。

2.2 次のそれぞれの関数に、注意深く名札をつけたスケッチをしなさい。
(a) $0 < \theta < 6\pi$の範囲でθに対する$\cos\theta$の関数を描け。
(b) 3周期が表示されるように、tの値に対する$\cos(0.2\pi t)$を描け。
(c) 関数の3周期が表示されるように、tの値に対する$\cos(2\pi t/T_0)$を描け。また、パラメータT_0に関して水平軸にラベル付けしなさい。
(d) 関数の3周期が表示されるように、tの値に対する$\cos(2\pi t/T_0 + \pi/2)$を描け。

2.3 次図は正弦波のプロットである。このプロットから、次の表現式で必要な振幅(A)、位相(ϕ)、周波数(ω_0)の値を求めなさい。

$$x(t) = A\cos(\omega_0 t + \phi)$$

数値で解答し、単位を含めるのが適切である。

Sinusoid: $x(t)$

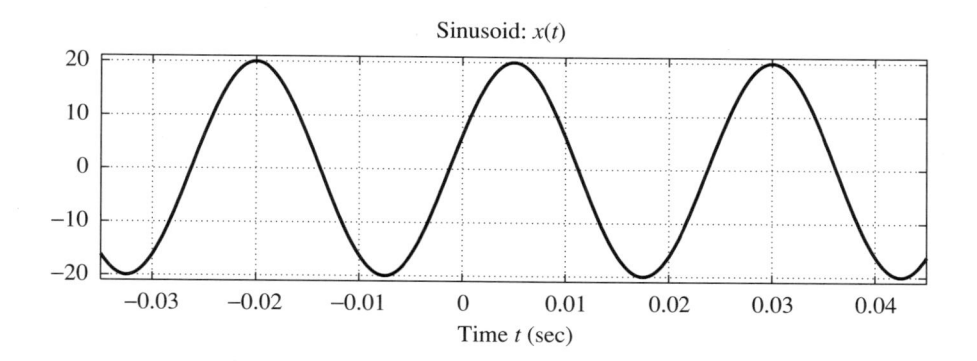

2.4 オイラー公式を示すために与えられる e^x、$\cos(\theta)$、$\sin(\theta)$ の級数展開を使用せよ。

$$e^x = 1 + x + \frac{x^2}{2!} + \frac{x^3}{3!} + \cdots$$

$$\cos(\phi) = 1 - \frac{\theta^2}{2!} + \frac{\theta^4}{4!} + \cdots$$

$$\sin(\phi) = \theta - \frac{\theta^3}{3!} + \frac{\theta^5}{5!} + \cdots$$

2.5 次の三角恒等式を示すため、複素指数関数（つまりフェーザ）を使用せよ。

(a) $\cos(\theta_1 + \theta_2) = \cos(\theta_1)\cos(\theta_2) - \sin(\theta_1)\sin(\theta_2)$

(b) $\cos(\theta_1 - \theta_2) = \cos(\theta_1)\cos(\theta_2) + \sin(\theta_1)\sin(\theta_2)$

2.6 次の公式を証明するため複素指数関数のためのオイラー公式を使用せよ。

$$(\cos\theta + j\sin\theta)^n = \cos n\theta + j\sin n\theta$$

この公式はDeMoivreの公式と呼ばれている（付録Aを参照）。これを使用して $(3/5 + j4/5)^{100}$ を評価せよ。

2.7 次の複素式を簡単にせよ。

(a) $3e^{j\pi/3} + 4e^{-j\pi/6}$

(b) $(\sqrt{3} - j3)^{10}$

(c) $(\sqrt{3} - j3)^{-1}$

(d) $(\sqrt{3} - j3)^{1/3}$

(e) $\Re e\{je^{-j\pi/3}\}$

2.8 MATLABは正弦波信号をプロットするために使用されると仮定する。次のMATLABコードは信号を発生させ、プロットを作成する。この信号の公式を導け。次に、MATLABで実行されるプロットのスケッチを描きなさい。

```
dt = 1/100;
tt = -1:dt : 1;
Fo = 2;
xx = 300*real( exp( j*(2*pi*Fo*(tt-0.75) ) ) );
%
plot( tt, xx ), grid
title( 'SECTION of a SINUSOID' ), xlabel( 'TIME  (sec)' )
```

2.9 $x(t)$を次のように定義する。

$$x(t) = 2\sin(\omega_0 t + 45) + \cos(\omega_0 t)$$

(a) $x(t)$を$x(t) = A\cos(\omega_0 t + \phi)$に変形せよ。
(b) $\omega_0 = 5\pi$ と仮定する。$x(t)$を$-1 \leq t \leq 2$の範囲で表示せよ。表示には何サイクル存在するか。
(c) $x(t) = \Re e\{\tilde{x}(t)\}$となるように、複素指数関数信号$\tilde{x}(t)$を求めよ。

2.10 $x(t)$を次のように定義する。

$$x(t) = 5\sin(\omega_0 t + 90°) + 5\cos(\omega_0 t - 30°) + 5\sin(\omega_0 t - 120°)$$

$x(t)$を標準形$x(t)=A\cos(\omega_0 t + \phi)$に変形せよ。代数的に実行するためフェーザを使用する。また、3つのフェーザを表現するベクトルプロットを示せ。

2.11 θに対する次式の解を求めよ。

$$\Re e\{(1+j)e^{j\theta}\} = -1$$

答えはラジアンで示す。可能なすべての解を求めよ。

2.12 次のような微分方程式の複素数値解を求めよ。

$$\frac{d^2 x(t)}{dt^2} = -100 x(t)$$

2.13 複素指数関数信号を次のように定義する。

$$s(t) = 5e^{j\pi/3} e^{j10\pi t}$$

(a) $s_i(t) = \Im\{s(t)\}$をプロットせよ。信号の正確な3周期を含む範囲の値を示せ。

(b) $q(t) = \Im\{\dot{s}(t)\}$をプロットせよ。ただし、ドットの意味は時間tに関する微分である。再度、この信号の3サイクルを表示せよ。

2.14 下図に示す正弦波形に対して、次の複素フェーザ表現を決定せよ。

$$X = Ae^{j\phi}$$

つまり、この波形が次式で表現できるように、ω_0、ϕ、Aを求める。

$$x(t) = \Re e\{X e^{j\omega_0 t}\}$$

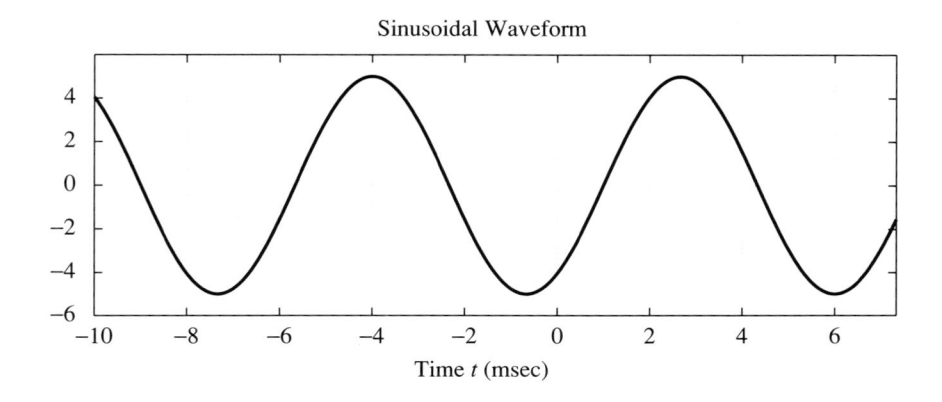

Sinusoidal Waveform

2.15 $x(t)$を次式のように定義する。

$$x(t) = 5\cos(\omega_0 t + \pi/3) + 7\cos(\omega_0 t - 5\pi/4) + 3\cos(\omega_0 t + 3\pi/2)$$

この $x(t)$ を $x(t) = A\cos(\omega_0 t + \phi)$ の形式で表現せよ。答えを得るためには複素フェーザ操作を使用せよ。また、答えをフェーザダイアグラムで説明せよ。

2.16 正弦波の位相は次式のような時間位相に関係付けることができる。

$$x(t) = A\cos(2\pi f_0 t + \phi) = A\cos(2\pi f_0(t - t_1))$$

ここで、正弦波の周期は $T_0 = 8$ 秒とする。
(a) 「$t_1 = -2$ 秒のとき、位相は $\phi = \pi/2$」である。これの真偽を説明せよ。
(b) 「$t_1 = 3$ 秒のとき、位相は $\phi = 3\pi/4$」である。これの真偽を説明せよ。
(c) 「$t_1 = 7$ 秒のとき、位相は $\phi = \pi/4$」である。これの真偽を説明せよ。

2.17 $x(t)$ を次のように定義する。

$$x(t) = 5\cos(\omega_0 t + 3\pi/2) + 4\cos(\omega_0 t + 2\pi/3) + 4\cos(\omega_0 t + \pi/3)$$

(a) A と ϕ の数値を求めてから $x(t)$ を $x(t) = A\cos(\omega_0 t + \phi)$ の形式で表現せよ
(b) (a)の問題を解くために使用されるフェーザのすべてを複素平面上にプロットせよ。

2.18 フェーザ手法を使用して、次の連立方程式を解け。A_1, A_2, ϕ_1, ϕ_2 に対する答えは一意的であるか？ その答えを説明するために幾何学的な図を示せ。

$$\cos(\omega_0 t) = A_1 \cos(\omega_0 t + \phi_1) + A_2 \cos(\omega_0 t + \phi_2)$$
$$\sin(\omega_0 t) = 2A_1 \cos(\omega_0 t + \phi_1) + A_2 \cos(\omega_0 t + \phi_2)$$

2.19 M と ψ に関する次式を解く。すべての可能な解を求めよ。フェーザ法を使用する。また、答えの説明には幾何学的図を使用する。

$$5\cos(\omega_0 t) = M\cos(\omega_0 t - \pi/6) + 5\cos(\omega_0 t + \psi)$$

ヒント：ψ が $0 \leq \psi \leq 2\pi$ の範囲にある集合 $\{z : z = 5e^{j\psi} - 5\}$ で与えられる z 平面に示す。

第3章 スペクトル表現

本章では、信号の周波数を含む図的表現であるスペクトル（spectrum）の概念を紹介する。第2章では、次のような正弦波形の性質について学習した。

$$x(t) = A\cos(2\pi f_0 t + \phi) = \Re e\,\{Xe^{j2\pi f_0 t}\}$$

ただし、$X = Ae^{j\phi}$はフェーザである。すでに、フェーザは同一周波数の正弦波の加算をいかに簡単にするかを説明した。この章では、より複雑な正弦波形が次のような形式の正弦波の和で構成されることを示す。

$$x(t) = A_0 + \sum_{k=1}^{N} A_k \cos(2\pi f_k t + \phi_k) = X_0 + \Re e\left\{\sum_{k=1}^{N} X_k\, e^{j2\pi f_k t}\right\}$$

ただし、$X_0 = A_0$は定数であり、$X_k = A_k e^{j\phi_k}$は周波数f_kの複素指数に対する複素振幅（つまり、フェーザ）である。このスペクトルは、信号を構成する個々の正弦波成分の図的表現である。このような可視的な形式は異なる周波数成分およびそれぞれの相対振幅の間の相互関係を素早くしかも分かりやすく示してくれる。

3.1 正弦波の和のスペクトル

正弦波がここでの学習に非常に重要である理由のひとつは、それらが複雑な信号を形作るための

基本的な構成要素だということである。本章の後半で、基本余弦波のより単純な組み合わせから構成できる極端に複雑な波形を示すことにする。正弦波から新しい信号を作るための最も一般的で強力な方法は付加的線形結合である。この信号は定数と、個々の周波数、振幅および位相を持つ N 個の正弦波を加えて作られる。数学的にはこの信号は次のような式で表現される。

$$x(t) = A_0 + \sum_{k=1}^{N} A_k \cos(2\pi f_k t + \phi_k) \tag{3.1.1}$$

ただし、各振幅、位相、周波数[注1]は独立に選択してよい。このような信号は独立した正弦波成分のフェーザ表現に注目して表現することもできる。つまり、

$$x(t) = X_0 + \sum_{k=1}^{N} \Re e \left\{ X_k e^{j2\pi f_k t} \right\} \tag{3.1.2}$$

ただし、$X_0 = A_0$ は実の定数成分を表わし、また、各フェーザは、

$$X_k = A_k e^{j\phi_k}$$

これは、周波数が f_k であるときの回転フェーザの振幅と位相を表す。

逆オイラー公式は $x(t)$ を別の形式で表現する方法を与える。

$$x(t) = X_0 + \sum_{k=1}^{N} \left\{ \frac{X_k}{2} e^{j2\pi f_k t} + \frac{X_k^*}{2} e^{-j2\pi f_k t} \right\} \tag{3.1.3}$$

個別の正弦波の場合と同じように、この形式は、複素数の実数部が複素数とその複素共役との和の 1/2 に等しいと言う事実から導かれる。式 (3.1.3) は、和のそれぞれの正弦波は2つの回転フェーザ、つまり、正の周波数 f_k と負の周波数 $-f_k$ を持つフェーザに分解されるという興味ある特徴を持っている。

式 (3.1.3) で表現される信号を記述するため、$2N+1$ 個の複素フェーザと $2N+1$ 個の周波数の組であるように、正弦波の信号合成の両側スペクトルを定義する。これは多少不格好な表現ではあるが、このスペクトルの定義は次のような対となる。

$$\left\{ (X_0, 0), \left(\tfrac{1}{2} X_1, f_1\right), \left(\tfrac{1}{2} X_1^*, -f_1\right), \left(\tfrac{1}{2} X_2, f_2\right), \left(\tfrac{1}{2} X_2^*, -f_2\right), \ldots \right\} \tag{3.1.4}$$

それぞれの対 $\left(\tfrac{1}{2} X_k, f_k\right)$ は、周波数 f_k において寄与する正弦波成分の大きさと相対位相を示して

[注1] 本章では、角周波数 $\omega_k = 2\pi f_k$ より周期周波数 f_k を使う。それは、音楽的な音のように物理的量を Hz で記述するのが容易だからである。

いる。このスペクトルを信号の周波数領域表現として表すのが普通である。時間波形に代わり（つまり、時間領域表現）、周波数領域表現は単に式（3.1.3）を用いて波形を合成するために必要な情報を与える。

例3.1 例として、定数と2つの余弦波との和を考える。

$$x(t) = 10 + 14\cos(200\pi t - \pi/3) + 8\cos(500\pi t + \pi/2)$$

逆オイラー公式（3.1.3）を適用すると、次の5つの項を得る。

$$x(t) = 10 + 7e^{-j\pi/3}e^{j2\pi(100)t} + 7e^{j\pi/3}e^{-j2\pi(100)t}$$
$$+ 4e^{j\pi/2}e^{j2\pi(250)t} + 4e^{-j\pi/2}e^{-j2\pi(250)t} \quad (3.1.5)$$

式（3.1.4）で示されるリスト形式において、この信号のスペクトルは次式で表現される5つの回転フェーザの組である。

$$\{(10, 0), (7e^{-j\pi/3}, 100), (7e^{j\pi/3}, -100), (4e^{j\pi/2}, 250), (4e^{-j\pi/2}, -250)\}$$

信号の定数成分、つまり、「DC成分」と呼ばれる項は、ゼロ周波数を持つ複素指数関数信号として表現される。つまり、$10e^{j0t} = 10$である。 ◇

3.1.1 スペクトルの図的表示

スペクトルのプロットは、$(X_k/2, f_k)$ の対よりも多くのことを明らかにしてくれる。各周波数要素は適切な周波数に対する垂直線で表現され、その線の長さが振幅 $|X_k/2|$ に比例した大きさで描かれる。これは式（3.1.5）の信号に対して図3.1に描かれたものである。各スペクトル線には、スペクトルの定義に必要とされる情報を完全なものとするために、$X_k/2$の値が記されている。この簡単で効果的なプロットは、次の2つを容易に理解させてくれる。つまり、正弦波成分のある周波数の相対的な位置と振幅が示される。このことはスペクトラムが信号の図的表現として広く使用されている理由である。第4章と第6章で示すように、周波数領域が非常に有効である別の理由は、信号がシステムを伝播するとき、信号スペクトルに何が発生したかを知ることによりシステムが信号にどのような影響を及ぼすかを非常に容易に知ることが可能となる。これはスペクトルがラジオ、テレビジョン、CDプレーヤなど、非常に複雑な処理システムを理解する上でのキーである。

Chapter2
ROTATING
PHASOR
DEMO

図3.1の例の場合、負の周波数成分の複素振幅はそれに対応する正の周波数成分の複素共役であることに注意されたい。これは、$x(t)$が実の信号であるときはいつもスペクトルの一般特徴である。それは正の周波数と負の周波数とを持つ複素回転フェーザが実の信号を形成するように組み合

わせをする必要がある（図2.13（b）とCD中の動画を参照されたい）。

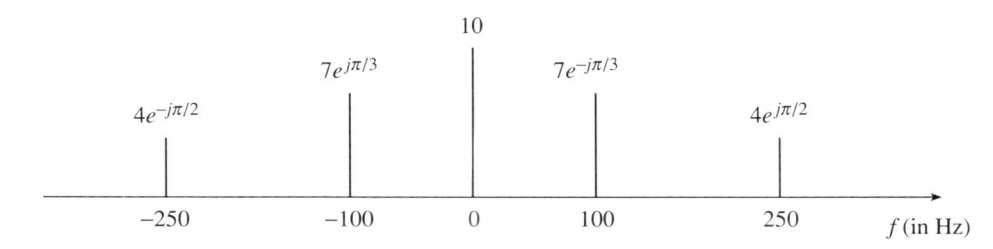

```
                        10
        7e^{jπ/3}              7e^{-jπ/3}
4e^{-jπ/2}                              4e^{jπ/2}
   |        |         |         |         |
 -250     -100        0        100       250      f (in Hz)
```

図3.1　信号 $x(t) = 10 + 14\cos(200\pi t - \pi/3) + 8\cos(500\pi t + \pi/2)$ のスペクトラム、負の周波数成分は正の周波数成分の共役であるとしても正の周波数と負の周波数成分とを含む必要がある。

　任意の信号に対するスペクトルを計算しプロットするための一般的な手順には、フーリエ解析の学習が必要である。そこでは、定数、正弦波、あるいは、正弦波の合成を含む信号を中心に考えることには厳しい制約はないことを発見することになろう。そのような信号に対する手順は分かりやすい。つまり、（逆オイラー公式を用いて）余弦関数と正弦関数を複素指数関数で表現し、次に、対応する周波数に対し正の周波数成分と負の周波数成分の複素振幅をプロットすることである。言い換えれば、信号のスペクトル成分を見つけるための信号解析の過程では、信号を式（3.1.3）の形式による方程式を求め、また、夫々の回転フェーザ成分の振幅、位相、周波数を取り出すことを含んでいる。

　それ以外の多くの例として、スペクトル解析はさほど単純ではないが可能である。たとえば、周波数が基本周波数（fundamental frequency）と呼ばれる共通周波数の整数倍の全項からなる複素指数信号の和として任意の周期波形を表現することができる。同じように、ほとんどの（非周期）信号は複素指数信号の重ね合わせとして表現される。この解析を実行するための数学的な道具は、フーリエ級数およびフーリエ変換と呼ばれている。第9章においてこの技法を紹介するが、フーリエ解析の厳格な計算については後の問題とする。式（3.1.1）で示すような余弦波と正弦波の有限項の和に対して容易に適用可能な有効な考え方としてスペクトル解析を扱うこととする。

3.2　ビート音

　異なる周波数を持つ2つの正弦波の積をとるとき、ビート音（beat note）と呼ぶ興味あるオーディオ効果を得ることができる。震え音のような音と思われるこの現象は、非常に小さな周波数の音（たとえば、10Hz）を取り出すことで聴くことができる。もう一方の音は1kHz付近で発生する。いくつかの音楽楽器でも自然にこのようなビート音を発生している。複数正弦波の乗算のこれ以外の利用はラジオ放送の変調である。AMラジオ放送はこの手法を使っており、これは振幅変調

（amplitude modulation）と呼ばれる。

3.2.1 正弦波の乗算

スペクトル表現は信号が複素指数関数信号の加算の線形結合として表現されることを要求している。正弦波の別の組み合わせでは、それらのスペクトル表現を表すには加算形式で書き直さなければならない。たとえば、もし次の2つの周期波の積としてビート信号を定義すると、

$$x(t) = \sin(10\pi t)\cos(\pi t) \tag{3.2.1}$$

この $x(t)$ をスペクトルが決定される前に和として書き直すことが重要である。これを実行するための技法は逆オイラー公式を使う。つまり、

$$x(t) = \left(\frac{e^{j10\pi t} - e^{-j10\pi t}}{2j}\right)\left(\frac{e^{j\pi t} + e^{-j\pi t}}{2}\right)$$

$$= \tfrac{1}{4}e^{-j\pi/2}e^{j11\pi t} + \tfrac{1}{4}e^{-j\pi/2}e^{j9\pi t} - \tfrac{1}{4}e^{-j\pi/2}e^{-j9\pi t} - \tfrac{1}{4}e^{-j\pi/2}e^{-j11\pi t}$$

$$= \tfrac{1}{2}\cos(11\pi t - \pi/2) + \tfrac{1}{2}\cos(9\pi t - \pi/2)$$

ここでは、付加的な組み合わせにおいて4つの項の存在が明らかであり、この4つのスペクトル成分は周波数5.5、4.5、-4.5、-5.5Hzの位置に存在する。$x(t)$ を決定するために使用した元の周波数はスペクトル上にひとつも存在しないことに注目することが重要である。

練習3.1 いま、$x(t) = \sin^2(10\pi t)$ とおく。この $x(t)$ に対して式（3.1.3）の形式で付加的な組み合わせを求め、スペクトルをプロットせよ。スペクトル中の周波数要素を求めよ。また、$x(t)$ 中に含まれる最高周波数はいくらか？ 三角恒等式ではなく逆オイラー公式を用いる。

3.2.2 ビート音波形

ビート音は近接した同一周波数を持つ2つの正弦波を加える、たとえば、2つの近接したピアノ鍵を弾くことにより発生する。例として式（3.2.1）を考える。2つの正弦波の和は積として書くこともできる。次式で示す2つの近接正弦波の付加的な結合から開始した場合のビート信号間の一般的関係つまりそのスペクトル、および積形式を導くことにする。

$$x(t) = \cos(2\pi f_1 t) + \cos(2\pi f_2 t) \tag{3.2.2}$$

いま、中心周波数（center frequency）を $f_c = \tfrac{1}{2}(f_1 + f_2)$ とし、差周波数を $f_\Delta = \tfrac{1}{2}(f_2 - f_1)$、この値は概して f_c よりも小さい値をとる場合、2つの周波数は $f_1 = f_c - f_\Delta$ と $f_2 = f_c + f_\Delta$ として表現できる。

このビート信号のスペクトラムは図3.2に示す。

$$
\begin{array}{c|ccccccc}
& \frac{1}{2} & & \frac{1}{2} & & \frac{1}{2} & & \frac{1}{2} \\
\hline
& -f_2 & -f_c & -f_1 & 0 & f_1 & f_c & f_2 \\
\end{array} \quad f
$$

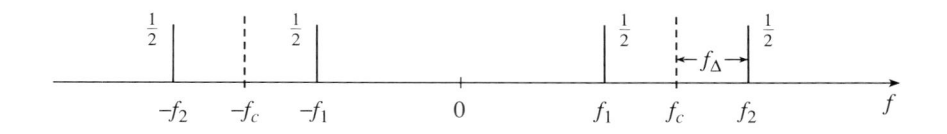

図3.2　式（3.2.2）のビート信号のスペクトル

2つの余弦信号の複素指数表現式を使うと、$x(t)$を2つの余弦関数の積として書き直すことができる。また、時間領域でプロットするのが一層容易になる形式である。

$$
\begin{aligned}
x(t) &= \Re e\left\{e^{j2\pi f_1 t}\right\} + \Re e\left\{e^{j2\pi f_2 t}\right\} \\
&= \Re e\left\{e^{j2\pi(f_c - f_\Delta)t} + e^{j2\pi(f_c + f_\Delta)t}\right\} \\
&= \Re e\left\{e^{j2\pi f_c t}\left(e^{-j2\pi f_\Delta t} + e^{j2\pi f_\Delta t}\right)\right\} \\
&= \Re e\left\{e^{j2\pi f_c t}\left(2\cos(2\pi f_\Delta t)\right)\right\} \\
&= 2\cos(2\pi f_\Delta t)\cos(2\pi f_c t)
\end{aligned}
\tag{3.2.3}
$$

数値例として、$f_c = 200\mathrm{Hz}$また、$f_\Delta = 20\mathrm{Hz}$とおくと、

$$
x(t) = 2\cos(2\pi(20)t)\cos(2\pi(200)t) \tag{3.2.4}
$$

この信号のプロットを図3.3に示す。図3.3の上図は、式（3.2.4）の積を作るための2つの正弦波成分$2\cos(2\pi(20)t)$と$\cos(2\pi(200)t)$である。ビート音のプロットは、まず、後で高い周波数を描くための外側境界を決定するために、$2\cos(2\pi(20)t)$とこれの負のバージョン$-2\cos(2\pi(20)t)$とを描き作成される。その結果のビート音は図3.3の下図に示されている。これは高い周波数正弦波（200Hz）と低い周波数正弦波（20Hz）の乗算した結果が高い周波数波形の振幅包絡線を変化させたと見ることもできる。もしこのような$x(t)$を聴いてみると、図3.3下に示すように信号の包絡が大きくなったり小さくなったりしていることから、f_Δ変動が信号を次第に大きくしたり小さくしたりするのを聴くことができる。これは音楽における音の「ビート」と呼ばれる現象である。

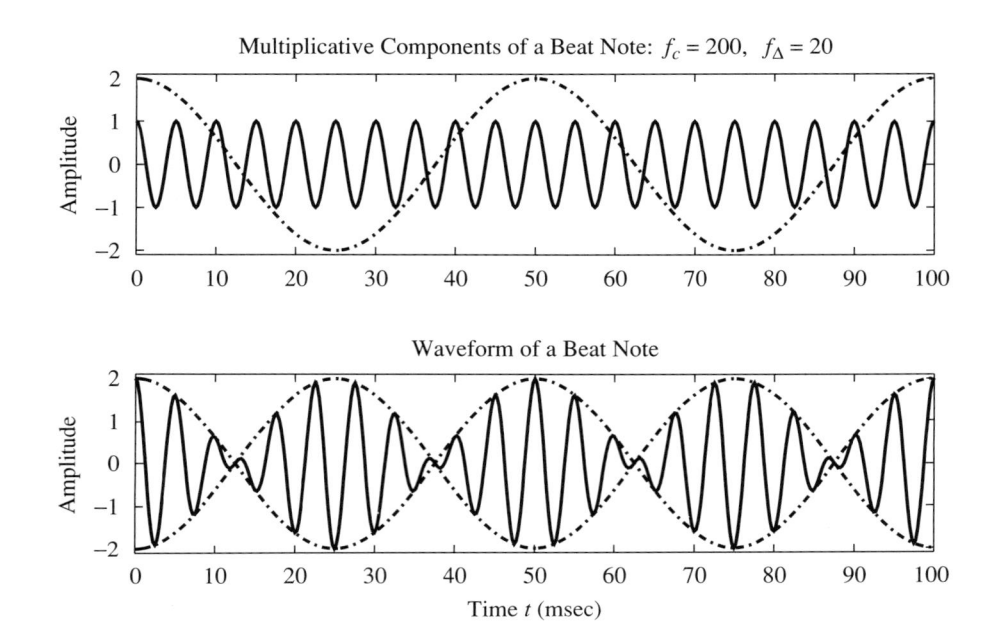

Multiplicative Components of a Beat Note: $f_c = 200$, $f_\Delta = 20$

Waveform of a Beat Note

Time t (msec)

図3.3 $f_c = 200$Hz、$f_\Delta = 20$Hzのビート音。ヌル区間の時間間隔は$\frac{1}{2}(1/f_\Delta) = 25$msecである。これは周波数差により決定される。

もし、f_Δが数Hzに減少すると、200Hz音の包絡は非常にゆっくりと変化することを図3.4（下）に示す。包絡線のヌル区間の時間間隔は$\frac{1}{2}(1/f_\Delta)$である。それゆえ、2つの正弦波が一層接近すればするほど、よりゆっくりとした包絡変動となる。これらの図は式（3.2.2）の2つに対し余弦関数を使用することにより幾分簡単化されるが、他の位相関係は同様なパターンを与える。最後に図3.3の$x(t)$のためのスペクトルには±220Hzと±180Hzにおける周波数成分を含んでいることを思い出されたい。他方、図3.4のスペクトルは周波数±209Hzと±191Hzとを含んでいる。

　音楽家は2つの楽器を同一ピッチに調整する時の助けとしてこの現象を使用する。2つの音の周波数が近いけれども同一ではないとき、ビート音を聴く。あるピッチがもう一方のピッチに近付くように変化すると、この効果は消失する、すると、2つの楽器は「同調」状態になる。

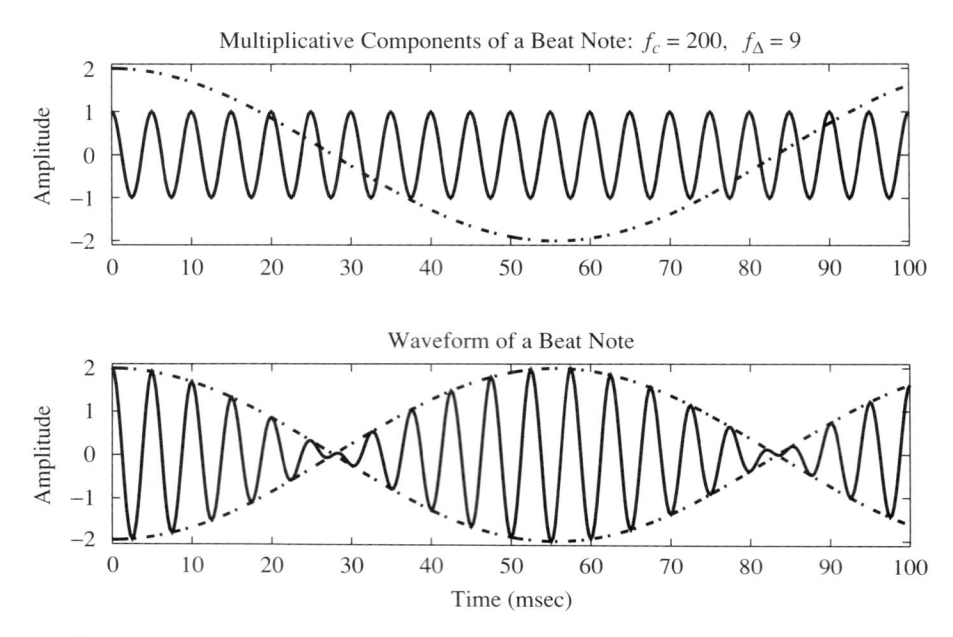

Multiplicative Components of a Beat Note: $f_c = 200$, $f_\Delta = 9$

Waveform of a Beat Note

図 3.4 　f_c = 200Hz、f_Δ = 9Hz のビート音。ヌル間隔は $\frac{1}{2}$ ($1/f_\Delta$) = 55.6msec である。

3.2.3 振幅変調

正弦波の乗算は、通信システムの変調にも有効である。振幅変調（Amplitude Modulation）は、低い周波数に高い周波数を乗算するプロセスである。これはAMラジオ放送に使用されている技術である。事実、AMは振幅変調（Amplitude Modulation）の短縮形である。AM信号は、余弦項の周波数（f_c Hz）が伝播される音声信号や音楽信号を表す$v(t)$中に含まれているどの周波数よりも高い周波数であることを仮定した次式による積である。

$$x(t) = v(t)\cos(2\pi f_c t) \tag{3.2.5}$$

式（3.2.5）中の余弦波は搬送波（carrier signal）と呼ばれ、その周波数は搬送周波数（carrier frequency）と呼ばれている。

これまでの限定された知識を用いて、式（3.2.5）中の$v(t)$の形は正弦波の和に制限されなければならない。しかし、ここでは変調のプロセスがどのように動作するかを理解することで十分である。もし、$v(t) = 5 + 2\cos(40\pi t)$と$f_c = 200$Hzとすると、AM信号は次のビート信号に類似した積である。

$$x(t) = (5 + 2\cos(40\pi t))\cos(400\pi t) \tag{3.2.6}$$

この信号のプロットを図3.5に示す。ここで、高周波数正弦波（200Hz）と低周波正弦波（20Hz）との積の効果は搬送波形の振幅包絡を変調（つまり、変化）させることであると見ることができる。このように、信号$x(t)$の名称が振幅変調である。AM信号とビート信号との主な相違は、その包絡線が決してゼロにはならないことである。搬送周波数は図3.6で示すように$v(t)$の周波数に比較して非常に高いとき、包絡信号を明示的に描かなくても変調された余弦波の概形を見ることが可能である。AMラジオにおける変調信号$v(t)$を検出するとき、これの特徴が実現を単純にしてくれる。

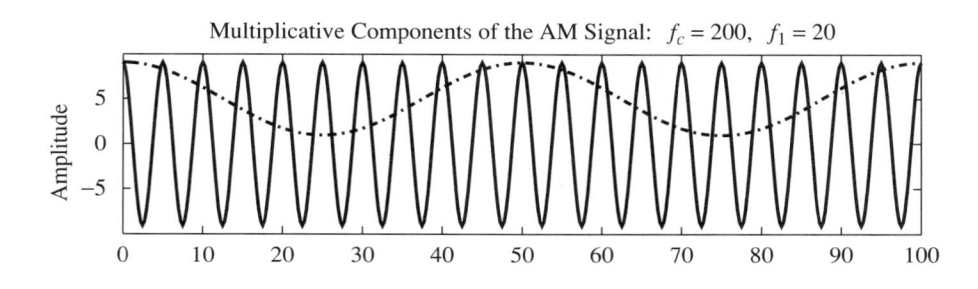

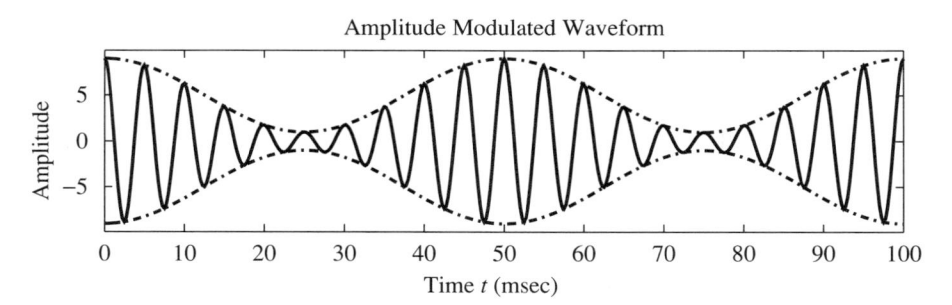

図3.5 AM信号、f_c = 200Hz, f_Δ = 20Hz. 変調信号は、はっきりとわかる。

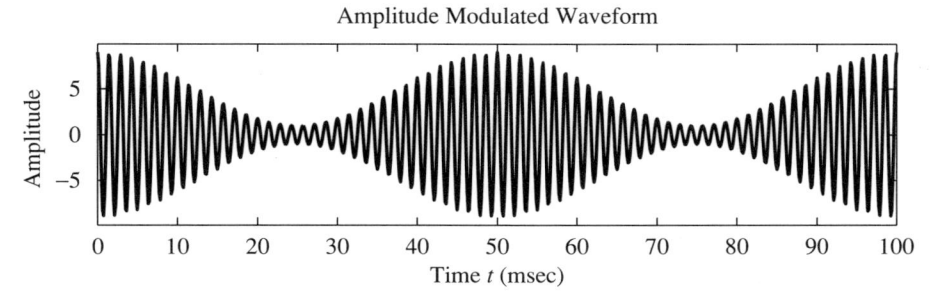

図3.6 AM信号、f_c = 700Hz, f_Δ = 20Hz. 高い搬送波周波数は、包絡線を描くことなく、変調余弦波の概形を見やすくしてくれる。

周波数領域において、AM信号のスペクトルはビート信号とほぼ同じ程度に近く、$f = f_c$で大きな項が存在するだけの差である。このスペクトルは、まず時間領域信号を、

$$x(t) = 5\cos(400\pi t) + 2\cos(40\pi t)\cos(400\pi t) \tag{3.2.7}$$

という2つの項に分割し、次に、スペクトルのための次のような加算結合を得るために、ビート信号に関して得た知識を利用することにより導出できる。

$$x(t) = \frac{5}{2}e^{j400\pi t} + e^{j440\pi t} + e^{j360\pi t} + \frac{5}{2}e^{-j400\pi t} + e^{-j440\pi t} + e^{-j360\pi t} \tag{3.2.8}$$

したがって、周波数±220Hz、±180Hzと搬送周波数±200Hzのそれぞれの位置に6つのスペクトル成分が存在する（図3.7）。$x(t)$のスペクトルは、ひとつは$f = f_c$を中心に、また、もうひとつは$f = -f_c$を中心に2組の同一サブセットが存在することに注目されたい。これらのサブセットの夫々には3つのスペクトル線を含み、これらは$v(t)$の両側スペクトルの周波数シフト版にすぎないことがわかる。

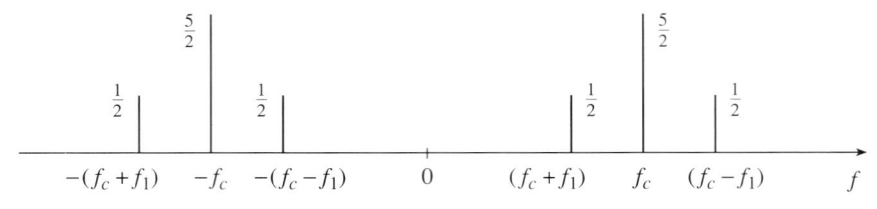

図3.7 式（3.2.8）におけるAM信号のスペクトル、ただし、$f_c = 200$Hz、$f_\Delta = 20$Hz

練習3.2 $v(t) = 5 + 2\cos(2\pi(20)t)$のスペクトルを導出し、周波数対振幅のプロットを求めよ。この結果と図3.7のAM信号に対するスペクトルプロットと比較せよ。

3.3 周期波形

以前、同一周波数を持つ2つの余弦波を加算したとき、その結果は同じ周波数の余弦波となることを示した。さらに信号の加算は、まず対応する複素フェーザの加算を行い、次に余弦波形式に変換することにより実行される。また、正弦波どうしの積は異なる周波数における要素の加算に等価であることも示した。これとは別の関心事としては、次式で示すような高調波的な周波数を持つ2つ以上の余弦波を加算することである。

$$x(t) = A_0 + \sum_{k=1}^{N} A_k \cos(2\pi k f_0 t + \phi_k) \tag{3.3.1}$$

3.3 周期波形

すなわち、$x(t)$は、波の周波数がf_0の正数倍であるような$N+1$個からなる余弦波の和である[注2]。式（3.3.1）におけるk番目の余弦波成分の周波数f_kは、

$$f_k = k f_0 \quad \text{（高調波周波数）}$$

この周波数は、基本周波数f_0（これは基本周波数 fundamental frequencyと呼ばれる）の整数倍であることから、f_0の高調波と呼ばれる。

余弦波のフェーザ表現を使用すると、次のように書き直せる。

$$x(t) = X_0 + \Re e \left\{ \sum_{k=1}^{N} X_k e^{j2\pi k f_0 t} \right\} \tag{3.3.2}$$

ここで、$X_0 = A_0$、また、

$$X_k = A_k e^{j \phi_k} \tag{3.3.3}$$

$x(t)$の周期はいくらか？ $T_0 = 1/f_0$であるとき、全てのtに対して$x(t + T_0) = x(t)$となることが容易にわかる。ここでT_0は基本周波数の逆数であるので、基本周期（fundamental perod）と呼ばれる。

3.3.1 合成母音

例として、次の信号を考察する。

$$x(t) = \Re e \left\{ X_2 e^{j2\pi 2 f_0 t} + X_4 e^{j2\pi 4 f_0 t} + X_5 e^{j2\pi 5 f_0 t} + X_{16} e^{j2\pi 16 f_0 t} + X_{17} e^{j2\pi 17 f_0 t} \right\} \tag{3.3.4}$$

ここで、基本周波数をf_0=100Hzとおき、複素振幅を表3.1[注3]に一覧提示する。この信号は人が母音の「あー」と発音したときに生ずる波形に近い。この信号の両側スペクトルは図3.8にプロットされている。ここで、全ての周波数が、100Hzでのスペクトル成分が存在しないにも関わらず、100Hzの倍になっていることに注目されたい。また、負周波数成分は、これに対応する正周波数成分の位相角の負であるような位相角持っていることにも注意されたい。つまり、負周波数の複素フェーザはそれに対応する正周波数のフェーザの複素共役になっている。

---

*注2：DC成分はゼロ周波数での余弦波である。
*注3：この式を簡単化するために，式（3.3.4）と表3.1の"片側"スペクトル表現を使用したことに注意されたい。

第3章 スペクトル表現

k	f_k (Hz)	X_k	Mag	Phase (rad)
1	100	0	0	0
2	200	$(771 + j12202)$	12,226	1.508
3	300	0	0	0
4	400	$(-8865 + j28048)$	29,416	1.876
5	500	$(48001 - j8995)$	48,836	-0.185
6	600	0	0	0
⋮	⋮	⋮	⋮	⋮
15	1500	0	0	0
16	1600	$(1657 - j13520)$	13,621	-1.449
17	1700	$4723 + j0$	4,723	0

表3.1 母音「あー」に近似した高調波信号の複素振幅

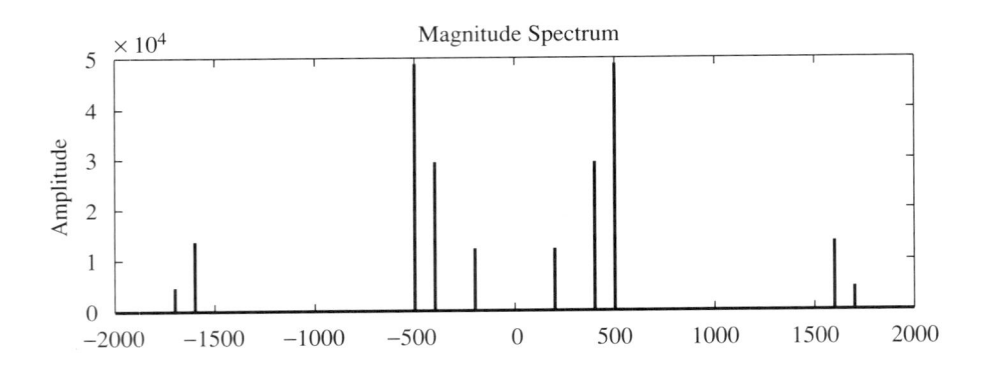

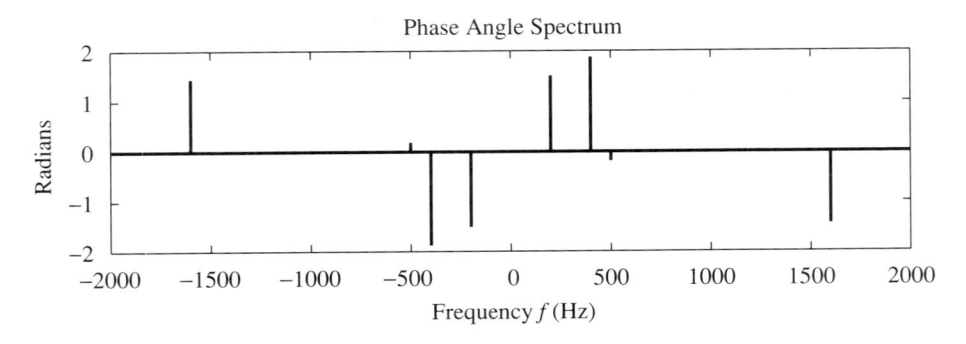

図3.8 信号（3.3.4）式のスペクトル。振幅は $f = 0$ に対して偶関係、位相は奇関係にある。

合成の母音信号は10個のスペクトル成分を持っているが、実部をとるのは式（3.3.4）に示すように5つだけである。それぞれの実成分の寄与を確かめることには興味がある。これは、まず、第1項だけに対応した波形を表示し次に第2項の波形を表示し、これを繰り返すことで実現できる。図3.9（上）は、式（3.3.4）だけの第1項のプロットを示している。この成分の周波数は$2f_0$ = 200Hzであるから、波形は周期1/200 = 5msecであることに注意されたい。図3.9（下）は最初の2つの項の和のプロットを示している。

2つの周波数は200Hzの倍数であるので、その波形の周期は5msecのままであることに注意されたい。図3.10（上）は最初の3項和のプロットを示す。波形の周期は10msecに増加したことがわかる。これは3つの周波数、200、400、500Hzは100Hzの正数倍だからである。つまり、基本周波数は100Hzである。図3.11は式（3.3.4）の全ての項の和である。

周波数f_0を持つ成分は存在しないにもかかわらず、波形は周期T_0 = 10msecの周期的であることに注意されたい。さらに、波形は、16次と17次高調波が追加されるにつれてさらに複雑でより高い周波数成分により急速な変化をする。図3.11の波形は母音の代表的な波形である。

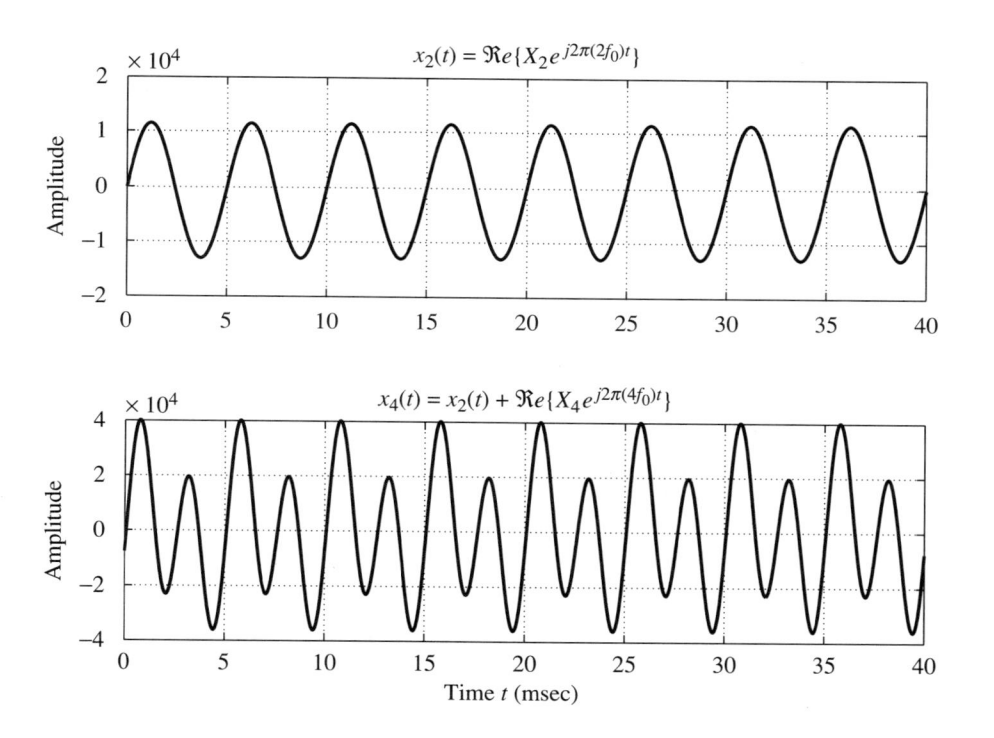

図3.9　（上）式（3.3.4）第1項、（下）最初の2項和

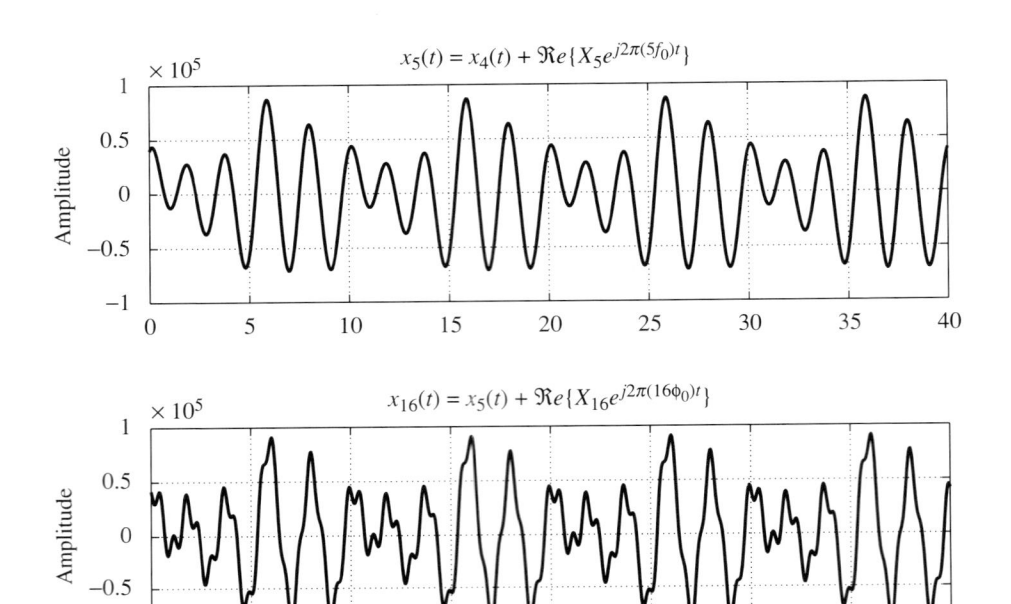

$$x_5(t) = x_4(t) + \Re e\{X_5 e^{j2\pi(5f_0)t}\}$$

$$x_{16}(t) = x_5(t) + \Re e\{X_{16} e^{j2\pi(16f_0)t}\}$$

図3.10 （上）式（3.3.4）の最初の3項和、（下）最初の4項和

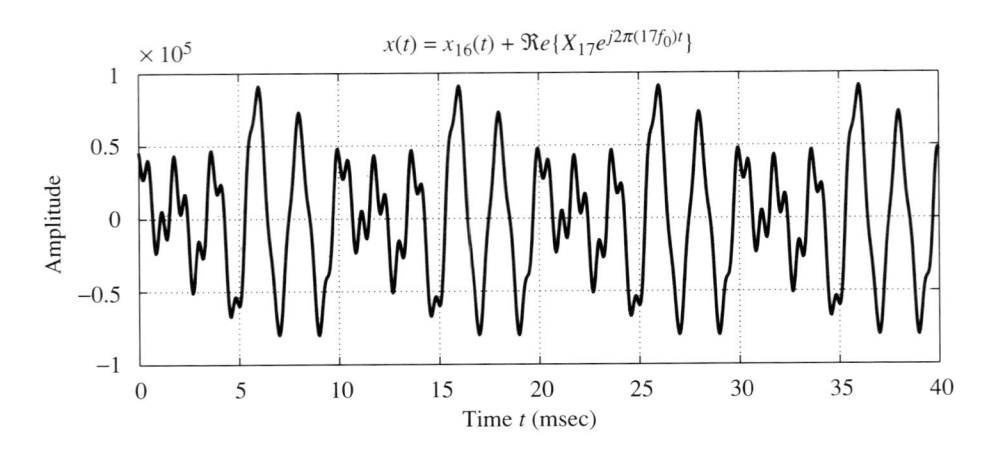

$$x(t) = x_{16}(t) + \Re e\{X_{17} e^{j2\pi(17f_0)t}\}$$

図3.11　式（3.3.4）の全項の和。周期は $1/f_0$ に等しい10msecであることに注意。

3.4 いろいろな周期信号

周波数を高調波と関係付ければ、正弦波の和による周期波形が合成可能である。事実、フーリエ級数の基本をなす理論は、いかなる周期信号も正弦波の高調波の和で近似される。たとえ、この和が無限の項を必要としたとしても可能である。つまり、一般的な合成の式を考える。

$$x(t) = A_0 + \sum_{k=1}^{\infty} A_k \cos(2\pi k f_0 t + \phi_k) = X_0 + \Re e\left\{\sum_{k=1}^{\infty} X_k e^{j2\pi k f_0 t}\right\} \tag{3.4.1}$$

ただし、全ての周波数 kf_0 は基本周波数 f_0 の倍数である。式 (3.4.1) における複素振幅 $X_k = A_k e^{j\phi_k}$ のうまい選択を行えば、多くの興味ある波形、たとえば、方形波、三角波などを近似できる。不連続な方形波は大量の正弦波で近似可能であるとの事実は、1807年のフーリエの有名な論文の驚くような一部である。

正弦波に見えないような波形の高調波合成を試すため、X_k に対する簡単な式から合成可能な2つの場合を示す。もし、読者が MATLAB を使用できるなら、周波数と複素振幅の一覧を持つ関数を記述し、次に式 (3.4.1) と同じような複数の余弦波か複素指数関数の和として信号を作るのは簡単に実現できる。これは Lab C.2 の練習でもある。

3.4.1 フーリエ級数：解析

高調波の和である式 (3.4.1) の係数はどのようにして導出されるのか、つまり、$x(t)$ から X_k をどのようにして求めるのか？ その答えはフーリエ級数（Fourier series）を用いることである。$x(t)$ から開始して X_k を計算するのがフーリエ解析（Fourier analysis）である。

X_k から $x(t)$ を求める逆のプロセスはフーリエ合成（Fourier synthesis）と呼ばれる。これまでにいくつかの合成の例を示してきた。解析問題は多少困難であるので、ここではその手順は示さず、答だけを示す。任意周期信号の複素振幅は次式のようなフーリエ積分により算出される。

$$X_k = \frac{2}{T_0} \int_0^{T_0} x(t) e^{-j2\pi k t/T_0} dt \tag{3.4.2}$$

ただし、T_0 は $x(t)$ の基本周期である*[注4]。DC成分は次式により得られる。

$$X_0 = \frac{1}{T_0} \int_0^{T_0} x(t) dt \tag{3.4.3}$$

この式は1周期にわたる信号の平均値である。多く出版物にはフーリエ級数の注意深い説明がある。

---

*注4：式 (3.4.2) 中の因子2は余弦の和としてフーリエ級数の表現によるものもある。別のテキストでは，この因子は係数の異なる定義のため，無いこともある。

ここではフーリエ級数表現の詳細な内容を示すことはしないで、ある信号を正弦波成分に分解することが可能であることを示すだけにとどめる。次の2つの事例はこの点を示す。

積分式（3.4.2）は $x(t)$ のための公式を使えば便利である。他方、もし $x(t)$ がデータとして記録されている場合は数値解法が必要となる。これのいくつかは第9章で議論する。

3.4.2 方形波

最も簡単な例は周期的な方形波である。以下に1周期分を定義する。

$$x(t) = \begin{cases} 1 & 0 \leq t < \tfrac{1}{2}T_0 \\ -1 & \tfrac{1}{2}T_0 \leq t < T_0 \end{cases} \tag{3.4.4}$$

練習 3.3 式（3.4.4）で定義された方形波を $T_0 = 0.04\,\mathrm{sec}$ に対してプロットせよ。

複素振幅 X_k の公式を計算するために式（3.4.2）を使用する。第1に、この信号の平均値はゼロであることが分かる、つまり、$X_0 = 0$。次に、$x(t)$ の定義式を積分式（3.4.2）に代入する。そして、この積分を次式で与えられる2つの項に分割する。

$$X_k = \frac{2}{T_0} \int_0^{\frac{1}{2}T_0} (1) e^{-j2\pi kt/T_0}\, dt + \frac{2}{T_0} \int_{\frac{1}{2}T_0}^{T_0} (-1) e^{-j2\pi kt/T_0}\, dt$$

すると、次式が得られる[注5]。

$$X_k = \frac{2}{T_0} \frac{e^{-j2\pi k(\frac{1}{2}T_0)/T_0} - e^{-j2\pi k(0)/T_0}}{-j2\pi k/T_0} + \frac{(-2)}{T_0} \frac{e^{-j2\pi kT_0/T_0} - e^{-j2\pi k(\frac{1}{2}T_0)/T_0}}{-j2\pi k/T_0}$$

$$= \frac{e^{-j\pi k} - 1}{-j\pi k} + \frac{e^{-j\pi k} - e^{-j2\pi k}}{-j\pi k}$$

$$= \frac{2 - 2e^{-j\pi k}}{-j\pi k} = \frac{2(1 - (-1)^k)}{j\pi k}$$

X_k の最後の形式の分子は、（k が偶数なら）0、また（k が奇数なら）4のいずれかをとる。それゆえ、方形波のフーリエ級数係数のための最終解が得られる。つまり、

$$X_k = \begin{cases} \dfrac{4}{j\pi k} & k = \pm 1, \pm 3, \pm 5, \ldots \\ 0 & k = 0, \pm 2, \pm 4, \pm 6, \ldots \end{cases} \tag{3.4.5}$$

[注5]：k を整数とするとき、$e^{-j2\pi k} = 1$ が成立することを利用する。

これらの係数の大きさを図3.12に示す。位相角は$k>0$に対して$-\pi/2$、$k<0$に対して$\pi/2$である。もし$f=1/T_0=25$Hzの場合、$\pm25, \pm75, \pm125, ...$の周波数はスペクトル中にだけ存在することに注意されたい。

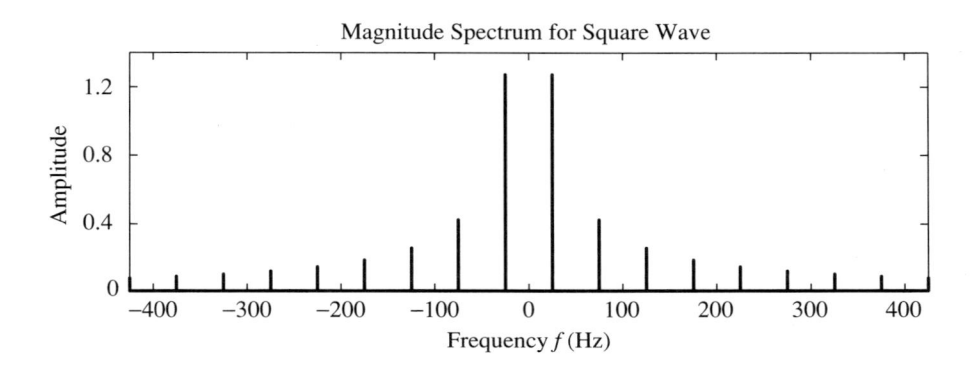

図3.12　$f_0 = 1/T_0 = 25$Hzにおける、方形波信号のフーリエ級数係数が式（3.4.5）で与えられる波形のスペクトル

簡単なMATLABのM-ファイルを使用すると、合成は基本周波数$f_0 = 25$Hzと$f_k = kf_0$を用いて実行される。図3.13には、和の項数が$N=3, 7, 17$であるような3つの異なる場合に対するプロットが示されている。合成される波形の周期は常に同じであることに注意されたい、それは基本周波数に関係しているからである。

明らかに、方形波信号の波形は、多くの余弦波の増加にともなって近づいていく。しかしながら、Nが増加するにつれ何が起こるかに注意されたい。余弦波の和は一定値＋1と－1とに収束する、その収束は一様に良いのではない。不連続ステップの部分は、完全に一致はしない。このような波形の不連続部分で発生するこの挙動はギブスの現象（Gibbs phenomenon）と呼ばれ、高度な扱いにおいて広く学習されるフーリエ理論の興味ある部分のひとつである。

3.4.3　三角波

興味ある別の集合は、式（3.4.5）で与えられる複素振幅を2乗したり縮尺したりすることによって得られる。

$$X_k = \begin{cases} \dfrac{-8}{\pi^2 k^2} & k \text{ は奇整数} \\ 0 & k \text{ は偶整数} \end{cases} \tag{3.4.6}$$

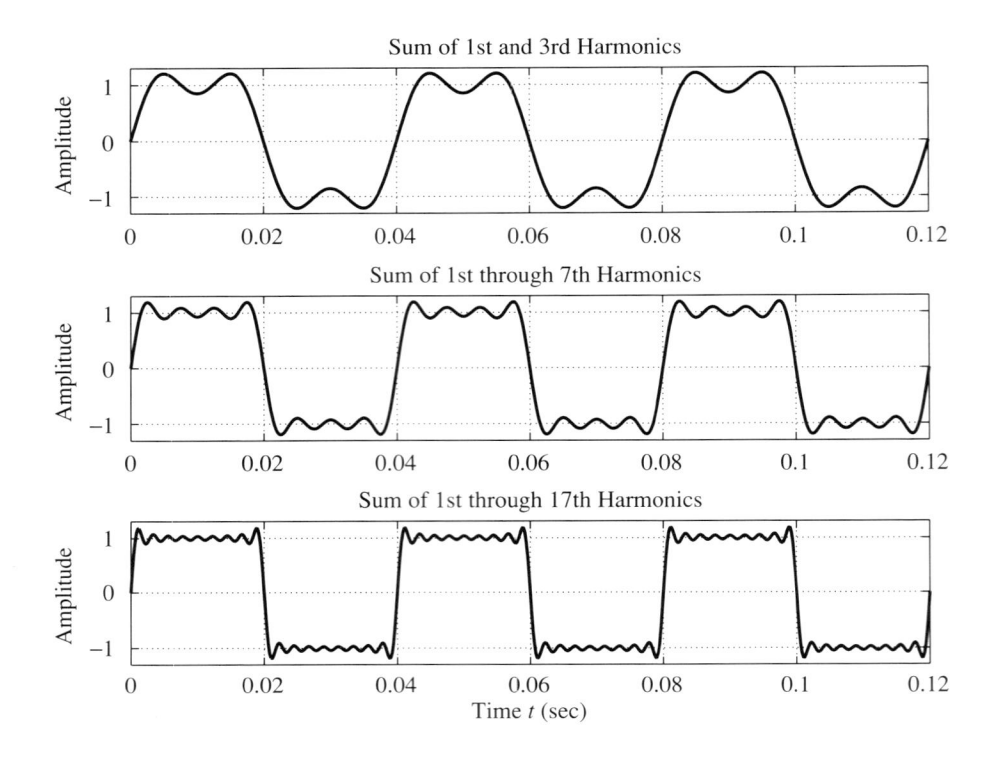

図3.13 高調波成分の加算。3（上）、7（中）、17（下）。

$f_0 = 25$Hzに等しい基本周波数を持つ2つのケース（$N=3$と11）は図3.14に示されている。この係数の組は三角形状の波形に近似されたように見える。周期的三角波は不連続ではなく、この場合の近似はより滑らかであることに注意されたい。確かに、三角波は方形波の積分である。フーリエ級数の理論は、方形波の係数の2乗が三角波に帰結することが確証されている。

3.4.4 非周期信号の例

高調波の関係を持つ複素指数関数の加算をすると周期的信号が得られる。周波数が相互に単純な関係にないとき、何が起こるのかを調べる。周期的な合成の公式は、

$$x(t) = A_0 + \sum_{k=1}^{N} A_k \cos(2\pi f_k t + \phi_k)$$
$$= A_0 + \sum_{k=1}^{N} \left(\tfrac{1}{2} A_k e^{j\phi_k} e^{j2\pi f_k t} + \tfrac{1}{2} A_k e^{-j\phi_k} e^{-j2\pi f_k t} \right)$$

3.4 いろいろな周期信号

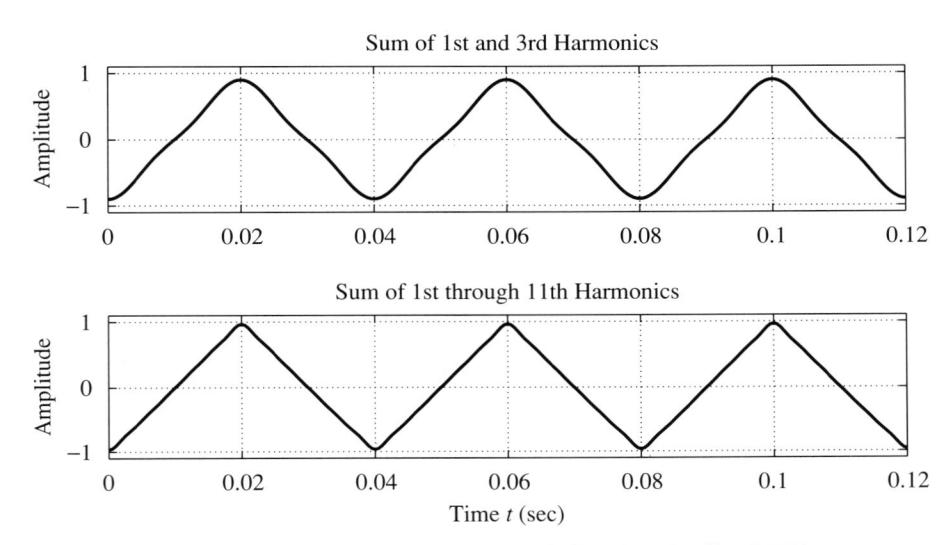

Sum of 1st and 3rd Harmonics

Sum of 1st through 11th Harmonics

図3.14 三角波のための高調波成分の和、（上）第1高調波と第3高調波、（下）第1高調波から第11高調波まで。

上式は効果的であるが、ここでは個別の周波数 f_k に関して何の仮定もしていない。ここでは特別な例を取り上げて実行する。高調波信号 $x_h(t)$ は基本周波数 $f_0 = 10\text{Hz}$ の方形波の第1、第3、第5高調波から作られる。

$$x_h(t) = 2\cos(20\pi t) - \frac{2}{3}\cos(20\pi(3)t) + \frac{2}{5}\cos(20\pi(5)t)$$

$x_h(t)$ のプロットは、「strip chart」を使用して図3.15に示す。このプロットは3行から成っており、それぞれは2秒間の信号である。第1行目の信号は $t = 0$ から、第2は $t = 2$ から、第3は $t = 4$ から開始する。この表示法は信号の長い区間を観測できるようにしている。この場合には明らかに周期的であり 1/10 秒の周期を持っている。

次に、最初の信号よりわずかな乱れを持つ第2の信号を作成する。$x_2(t)$ を次に3つの周期信号の和と定義する。つまり、

$$x_2(t) = 2\cos(20\pi t) - \frac{2}{3}\cos(20\pi\sqrt{8}\,t) + \frac{2}{5}\cos(20\pi\sqrt{27}\,t)$$

この信号の振幅は同じであるが、周波数がわずかに異なっている。図3.16のプロットは $x_2(t)$ が周期的でないことを示している。

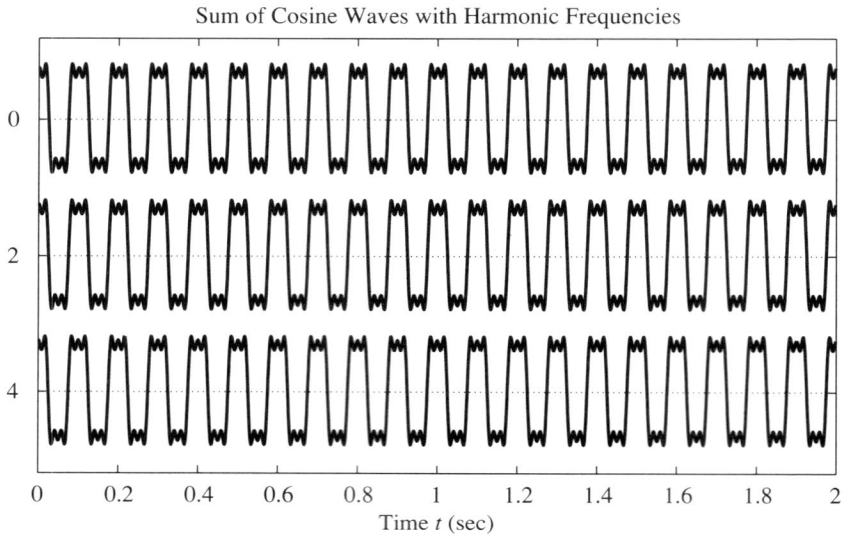

Sum of Cosine Waves with Harmonic Frequencies

図3.15　高調波周波数の余弦波の和信号

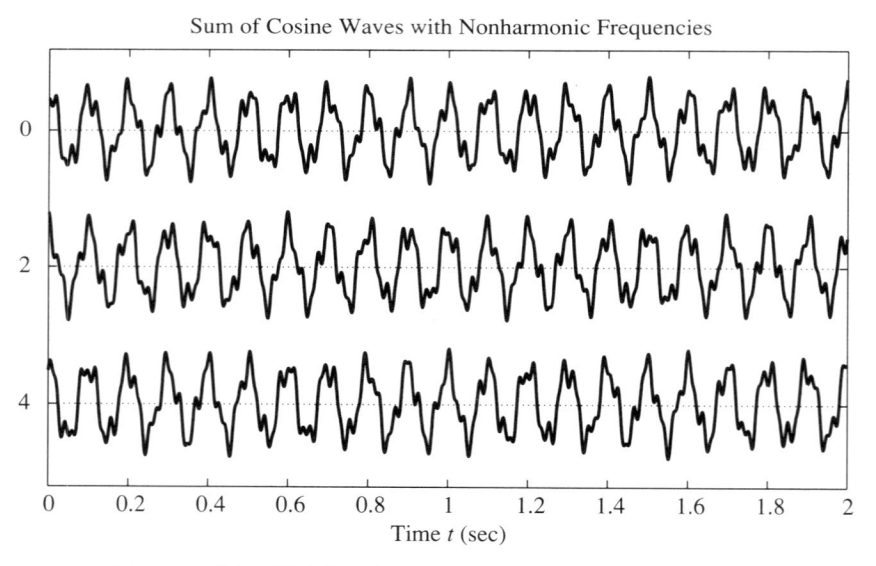

Sum of Cosine Waves with Nonharmonic Frequencies

図3.16　異なる周波数の余弦波の和信号。この信号中に繰り返しを発見することはできない。

図3.17は図3.16と図3.15の間の相違を示している。図3.15の周波数は共通周波数 $f_0 = 10$ の正数倍

であるので、その波形の周期は周期$T_0 = 1/10$である。図3.16の波形は非周期（nonperiodic）波形である。図3.17では、図3.16と図3.15における2つの信号のどちらのスペクトルを示しているかがわかる。このスペクトルは和信号中に余弦波がいくつか存在し、また、これらが非常に類似していることを示しているが、周波数は異なる。つまり、$10\sqrt{8} \approx 28.28\ldots = 30$、$10\sqrt{27} = 51.96\ldots \approx 50$となる。このような周波数のわずかのシフトが時間波形においては大きな相違をもたらす。

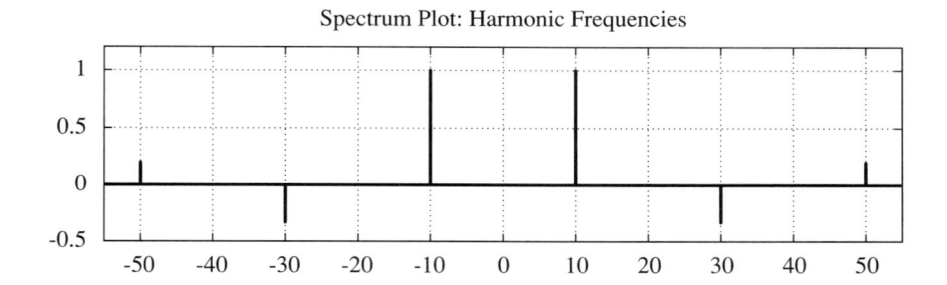

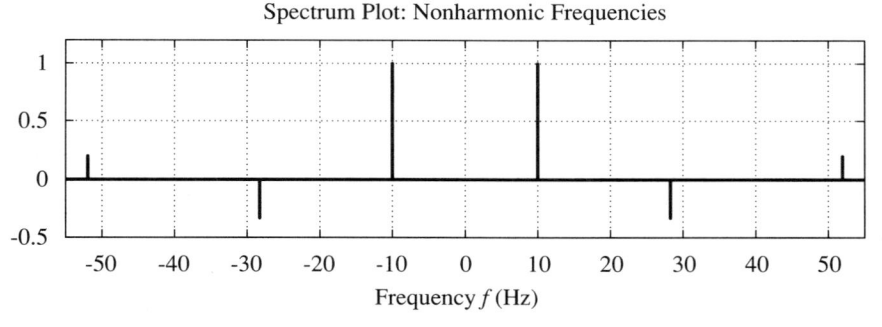

図3.17 （上）1/10秒の周期を持つ高調波波形のスペクトル、
（下）周期的でない非高調波のスペクトル

3.5 時間－周波数スペクトル

興味ある種々の波形が次式で合成可能であることを示される。

$$x(t) = A_0 + \sum_{k=1}^{N} A_k \cos(2\pi f_k t + \phi_k) \tag{3.5.1}$$

これらの波形は定数、余弦波形、一般的な周期波形、周期的でない複雑そうに見える波形へと広範囲に応用される。これまで作成してきたひとつの仮定は、式（3.5.1）の振幅、位相、周波数が時間と共に変化しないことである。しかしながら、ほとんどの現実の信号は、時間とともに周波数が変化するものがある。非常な短時間の場合、音楽信号は一定のスペクトルを持っているが、長時間

にまたがると、その音楽に含まれる周波数は、ダイナミックに変化する。確かに、周波数スペクトルの変化は音楽の重要なエッセンスである。人間の音声も良い事例である。母音が長時間の発生を保持しているとき、音声管がある特徴的な周波数成分で共鳴しているため一定となる。しかしながら、我々が異なる単語を発生する場合の周波数内容は連続的に変化する。いずれにしても、周波数、振幅、それに位相が時間と共に変化する場合でもほとんどの興味ある信号は、正弦波の和としてモデル化されることである。したがって、このような時間－周波数変動を記述するための方法が必要である。このことは、我々を時間－周波数スペクトル、つまりスペクトログラム（spectrogram）の概念へと導いてくれる。

　時間－周波数スペクトルの数学的な概念は複雑なアイディアであるが、この様なスペクトルの直感的な概念はよくある日常的な事例で確認される。よく引き合いに出される例は音楽表記（図3.18の楽譜）である。楽譜は、演奏される音高、各音の持続時間、そして各音の開始時間を与えることにより、そのピース（楽譜）に演奏方法が記入されている。表記そのものは完璧ではないが、図3.18中の水平軸は時間であり一方垂直軸は周波数である。各音符の持続時間は全音符、2分音符、4分音符、8分音符、16分音符などに対応して変化する。図3.18において最も多い音符は16分音符であり、このピースはきびきびと演奏されることを意味している。もし持続時間を16分音符に代入したとすると、全ての16分音符は同じ持続時間を持つことになる。8分音符は16分音符の2倍の持続時間を持っている。また、4分音符は8分音符の2倍の持続時間を持っている。

図3.18　音楽表記シートは時間－周波数ダイアグラムである。

3.5 時間−周波数スペクトル

垂直軸は周波数を決定するための複雑な表記法である。もし、図3.18を注意深く観察すると、音符に印のついて黒丸は水平線の真上か2線間の間のいずれかに置かれているのが分かる。これは、図3.19に示すピアノキーボードの白鍵を意味する。ピアノの黒鍵はシャープ（#）あるいはフラット（b）で表現される。図3.18にはシャープ付きの音符が少しある。楽譜は高音部のセクション（上の五線）と低音部セクション（下の五線）とに分割されている。音符のための垂直参照点は、ミドルCであり、これは高音部と低音部セクションの間の新たな水平線上に置かれる（図3.19の鍵盤番号40）。つまり、高音セクション中の最下にある水平線は、ミドルCの2つ上に位置する白鍵（E）を表す。つまり、図3.19中の鍵盤番号44である。

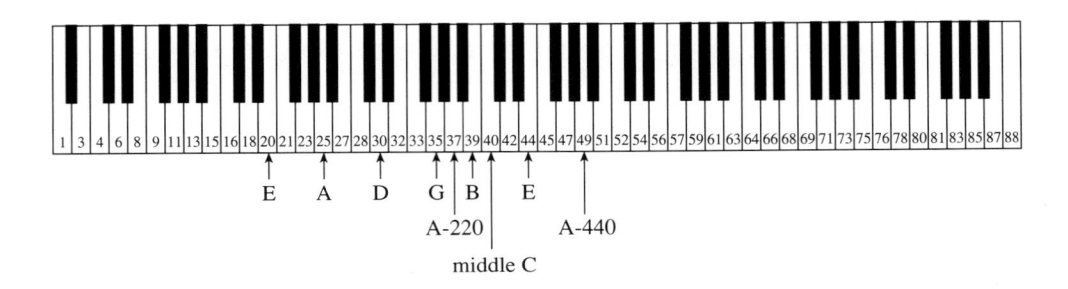

図3.19　ピアノ鍵盤には1から88まで番号が付けられている。
中央Cはキー40である。A-440は鍵盤49である。

楽譜からピアノ鍵盤への写像が実行されると、その周波数は数学的な公式で記述できる。88鍵をもつピアノは、12個の鍵盤を含むオクターブごとに分割される。用語オクターブは周波数の2倍を意味する。ひとつのオクターブ内の近接キーは一定の周波数比になっている。オクターブ当たり12個のキーがあり、その比rは、

$$r^{12} = 2 \quad \Rightarrow \quad r = 2^{1/12} = 1.0595$$

この比とひとつのリファレンス音が与えられた場合、全てのキーの周波数が計算可能となる。このリファレンス音として、A-440と呼ばれるミドルCの上にあるAキーは440Hzである。A-440は鍵盤番号49であり、ミドルCは鍵盤番号40である。ミドルCの周波数は、

$$f_{\text{middle C}} = 440 \times 2^{(40-49)/12} \approx 262 \text{Hz}$$

である。

LAB:CHIRP SYNTHESIS

ここでは楽譜の読み方を説明することが目的ではないが、2つのラボラトリプロジェクトでは、

歌と音楽を作成するための波形合成方法を調べる。楽譜表記についての関心事は、時間とともに変化する周波数成分を表す2次元表示を使用することにある。もし同様な表記を採用した場合、我々は時間推移周波数成分に基づく正弦波を合成する方法を明記することが可能である。この表記法を図3.20に示す。

3.5.1 ステップ周波数

時間推移周波数成分の最も簡単な事例として、周波数が短時間だけ保持された後、高い周波数（あるいは、低い周波数）へステップするような周波数を作ることである。音楽の例は、連続音を1オクターブに渡っての順次変化させるスケールを演奏することである。たとえば、C-major（ハ長調）のスケールは、ミドルC音から開始して {C, D, E, F, G, A, B, C} の音を順次演奏することである。このスケールは白鍵上でだけ演奏される。これらの音の周波数は、

Middle C	D	E	F	G	A	B	C
262Hz	294	330	349	392	440	494	523

図3.20は次のように解釈される。周波数262Hzを200msec時間、次に周波数294Hzを200msec、というように作成する。全波形の期間は1.6秒である。音楽表記では、音は図3.21(上)のように、夫々の音を4分音符として記される。

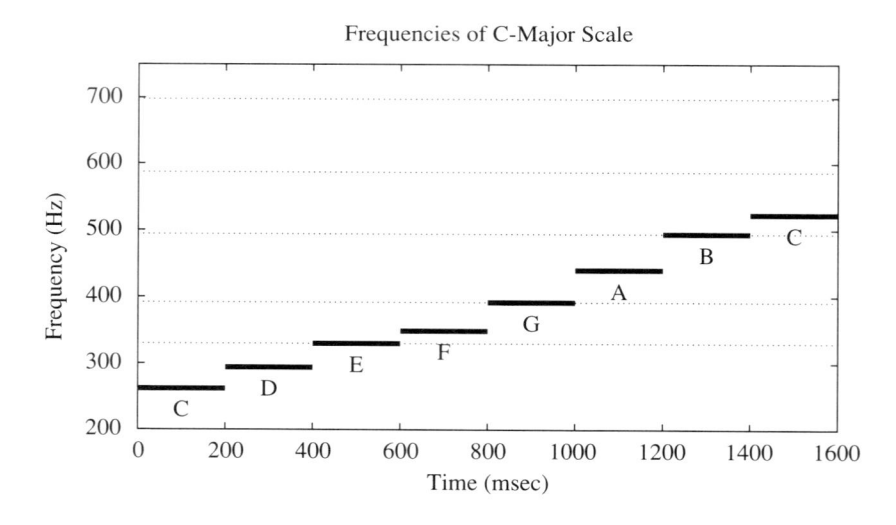

図3.20 ハ長調のスケールを演奏するための理想的な時間―周波数ダイアグラム。図中の水平のドット線は、ト音記号の5線符に対応している。

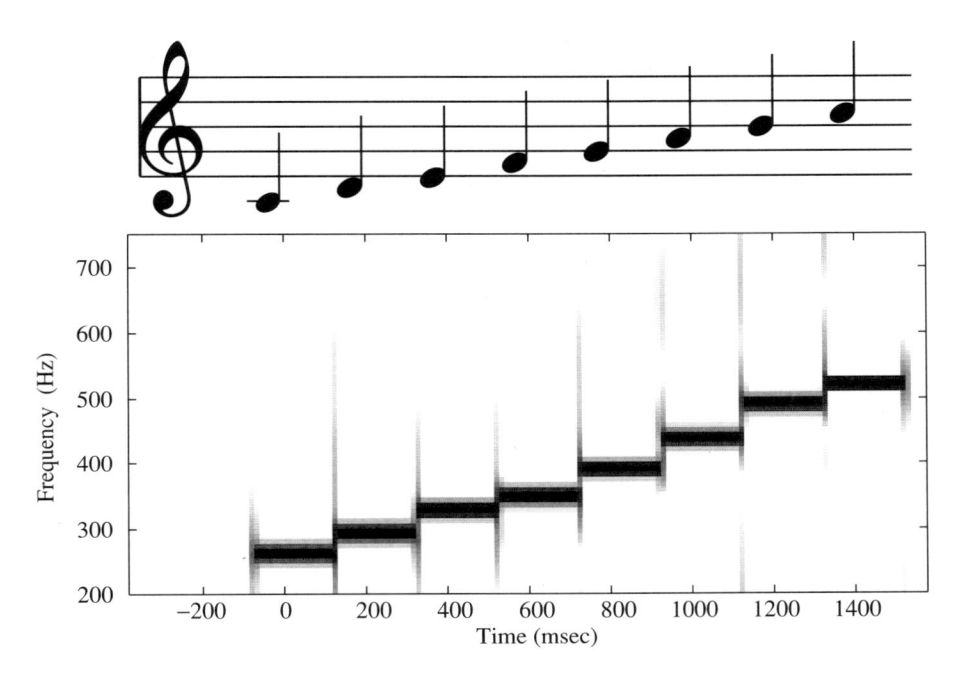

図3.21　（上）ハ長調のスケールのための音楽的な表記法。（下）それに対応したスペクトログラム（MATLABのspecgram関数を使用して計算された）。

3.5.2　スペクトログラム解析

　信号の周波数成分は、解析と合成という2つの観点から考察される。これまでは合成を扱ってきた。たとえば、図3.20の理想的な時間－周波数ダイアグラムはハ長調のスケールを合成するためのルールを示している。解析は3.4.1節で示したように、フーリエ級数解析の公式から与えられるような挑戦的問題である。

　時間推移周波数のための解析は普通、上級コースのために残されるべき問題と考えている。そのひとつの理由は、解析をするためにフーリエ級数積分のような簡単な数学的公式を記述できないことである。もうひとつの理由は、優れた数値解析ルーチンが時間－周波数解析に使用可能となったからである。特に、スペクトログラムの計算が可能である。これは信号のスペクトル成分の時間変化を表示する時間－周波数2次元関数である。

　MATLABの関数specgramはスペクトログラムを計算する。デフォルト値はほとんどの信号に対して良い結果をもたらす[注6]。

　したがって、出力の整列がspecgram関数により作られることを見るのが妥当である。図3.21

---

*注6：DSP Firstのツールボックスには，spectgrと呼ぶ同様な関数がある。

はspecgramをハ長調のスケールを構成しているステップ正弦波に適用した結果を示す。計算は、信号の短時間区間に対する周波数解析を実行し、その時間の結果をプロットしたものである。この方法を時間の僅かの区間ごとに繰り返すことにより2次元配列が作成される。水平軸を時間、垂直軸を周波数の位置において、振巾をグレースケールの濃淡画像として表示した。時間軸は、解析時間と解釈される必要がある。それは周波数計算が瞬間のそれに対するものではなく、むしろ信号の有限区間（ここでは25.6msec）に対する値だからである。

各音の周波数成分を識別することは十分容易であるが、理想と異なり図3.21のスペクトログラムのように不要な人工音も混在する。第9章において、スペクトログラムがどのように計算されるのか、また、良い結果を得るための解析パラメータをどのように選択すべきかを明らかにするために周波数解析の議論を再度取り上げることにする。スペクトログラムは信号解析においてかなり高度なアイディアであるとしても、その応用は比較的容易であり直感的である。とりわけ、スペクトログラムと非常に類似した表記法によって記述される音楽信号はなおさらである。

3.6 周波数変調：チャープ信号

3.5節では、注目している音信号が、周波数が時間の関数として変化する場合に対しても作成可能であることを扱った。この節では、周波数が時間変化するような信号を作成するための数学公式を使用する。このアイディアはLab C.4でも考察する。

3.6.1 チャープ、つまり線形に掃引された周波数

チャープ信号は、周波数をある低い周波数から高い周波数へと線形に変化させたときの周波数掃引信号である。たとえば、オーディオ領域では、220Hzから2320Hzまで変化できる。このような信号を作るためのひとつの方法は、短時一定周波数信号を低いほうから高いほうへ数多くの周波数ステップを連結することである。このアプローチには顕著な利点はない。短時正弦波間の境界において、それぞれの正弦波の初期位相を注意深く調整しないかぎり不連続となる。図3.22は周波数がステップ状に変化している時間波形である。$t = 1, 2, 3, 4, 5$ における波形の飛躍は、各正弦波区間において $\phi = 0$ を使用したことによるものである。

もう少し良いアプローチとしては正弦波の式に対し時間推移周波数を得るように変更することである。このような式は複素指数の観点から導出される。もし、複素（回転）フェーザの実部を一定周波数正弦波とすると、

$$x(t) = \Re e \left\{ A e^{j(\omega_0 t + \phi)} \right\} = A \cos(\omega_0 t + \phi) \tag{3.6.1}$$

この信号のフェーザ[注7]は、明らかに時間とともに直線的に変化する $(\omega_0 t + \phi)$ のexponentである。

---

*注7：ここでは，余弦波の角度を意味する用語「位相」を使用する。定数 ϕ は位相シフトであることを思い出されたい。

位相の時間微分は ω_0 であり、これは一定角周波数でもある。

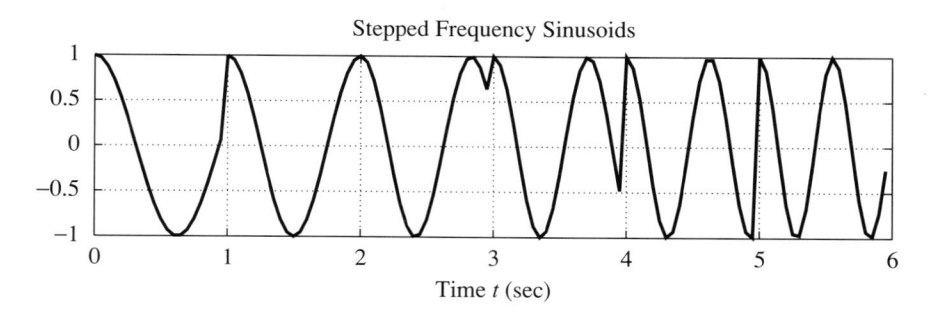

Stepped Frequency Sinusoids

図3.22　周波数が1Hz、2Hz、1.2Hz、1.3Hz に対するステップ周波数正弦波。周波数は秒当たり1個変化している。

したがって、ここでは位相[注8]時間と共に変化する信号を次のように表記する。

$$x(t) = \Re e\left\{Ae^{j\psi(t)}\right\} = A\cos(\psi(t)) \tag{3.6.2}$$

ただし、$\psi(t)$ は時間の関数である位相を表す。たとえば、次式の定義による2次形式の位相信号を作成する。

$$\psi(t) = 2\pi\mu t^2 + 2\pi f_0 t + \phi \tag{3.6.3}$$

そこで、これらの信号に対する瞬時周波数を位相の傾き（つまり微分）として定義できる。

$$\omega_i(t) = \frac{d}{dt}\psi(t) \quad (\text{rad/sec}) \tag{3.6.4}$$

ただし、$\omega_i(t)$ の単位は rad/sec である。あるいは、これを 2π で割って、

$$f_i(t) = \frac{1}{2\pi}\frac{d}{dt}\psi(t) \quad (\text{Hz}) \tag{3.6.5}$$

とした場合の単位は、Hz となる。もし $x(t)$ の位相が2次であれば、そのときの周波数は時間とともに線形に変化する。つまり、

---

*注8：時間推移位相と呼ぶ

$$f_i(t) = 2\mu t + f_0$$

時間推移位相によって作られる周波数変化は周波数変調と呼ばれ、また、このような信号は「FM信号」とも呼ばれる。最後に、線形に変化する周波数はサイレンや泣き声に類似したオーディオ音を作ることができることから、線形FM信号は「チャープ」信号や単に「チャープ」とも呼ばれる。

このプロセスの逆も可能である。もしある線形周波数掃引を希望する場合、式（3.6.2）で必要な実際の位相は $\omega_i(t)$ の積分から求められる。上の例に戻ると、時間 $t = 0$ から $t = T_2 = 3$ 秒までの時間区間に渡り、$f_1 = 220$Hz から $f_2 = 2320$Hz まで掃引された周波数を作ることができる。それにはまず、瞬時周波数のための次のような公式を作る。

$$f_i(t) = \frac{f_2 - f_1}{T_2} t + f_1 = \frac{2300 - 220}{3} t + 220,$$

次に、位相関数を得るために積分をとる。

$$\begin{aligned}\psi(t) &= \int_0^t \omega_i(u)du \\ &= \int_0^t 2\pi\left(\frac{2300 - 220}{3} u + 220\right) du \\ &= \int_0^t 2\pi(700u + 220) \, du \\ &= 700\pi t^2 + 440\pi t + \phi\end{aligned}$$

ただし、位相シフト ϕ は任意定数である。

3.6.2 瞬時周波数の考察

位相の微分はなぜ瞬時周波数となるかを調べるのは困難である。次の実験はある手がかりを与えてくれる。

1. 「チャープ」信号を定義するために次のようなパラメータを使用する。

$$f_1 = 100\text{Hz}$$
$$f_2 = 500\text{Hz}$$
$$T_0 = 0.04\text{sec}$$

言い換えると、ある特定の周波数範囲を掃引するように $x(t)$ を定義するために、μ と f_0 を決定せよ。

2. 1.で作られた信号をプロットせよ。図3.23において、このプロットは中央にある。
3. このチャープ信号が正しい周波数成分を持っているかどうかを確かめることは困難である。しかしながら、この実験の残りで、位相の微分が瞬時周波数の正しい定義であることを確かめる。まず、図3.23（上）の示すような300Hz正弦波 $x_1(t)$ をプロットせよ。
4. 最後に、図3.23（下）に示すような500Hz正弦波を作成しプロットせよ。
5. 図3.23の3つの信号とチャープの周波数成分と比較せよ。時間が $0.019 \leq t \leq 0.021$ の範囲でのチャープ周波数に限定する。この領域での理論的な $f_i(t)$ を評価せよ。チャープ周波数が500Hzに等しい（部分的な）領域を探せ。

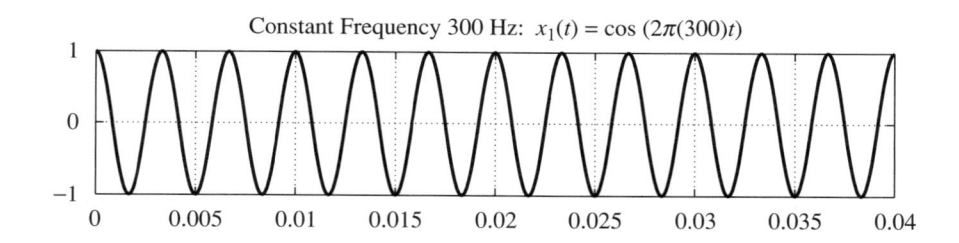

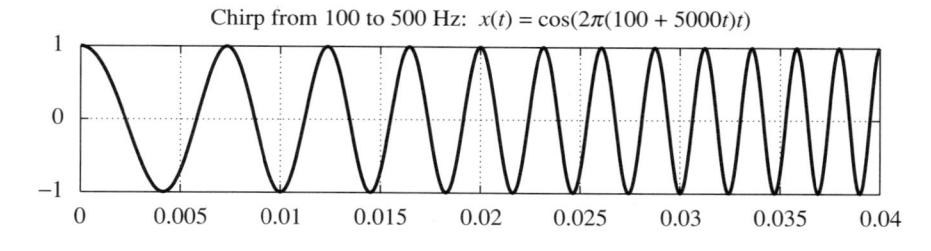

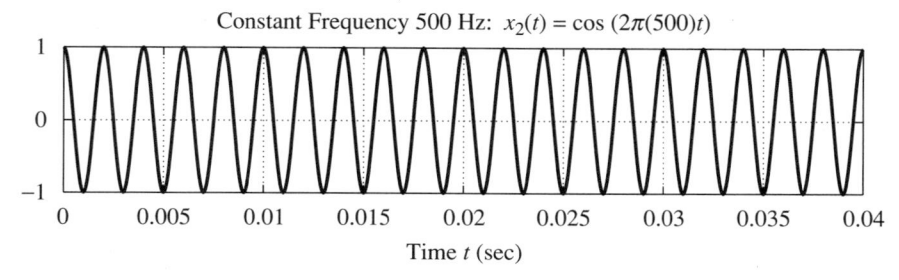

Constant Frequency 300 Hz: $x_1(t) = \cos(2\pi(300)t)$

Chirp from 100 to 500 Hz: $x(t) = \cos(2\pi(100 + 5000t)t)$

Constant Frequency 500 Hz: $x_2(t) = \cos(2\pi(500)t)$

Time t (sec)

図3.23 チャープ信号と一定周波数正弦波との比較。チャープの部分周波数は正弦波の周波数に等しくなる場所に注目されたい。

信号 $x(t) = A\cos(\psi(t))$ の形式を持つ信号に対して、信号の瞬時周波数は位相 $\psi(t)$ の微分であることを見てきた。もし、$\psi(t)$ が定数であれば、周波数はゼロである。また、$\psi(t)$ が線形であれば、

FM SYNTHESIS

$x(t)$ はある一定周波数の正弦波である。もし、$\psi(t)$ が2次的であれば、$x(t)$ は、その周波数が時間に対して線形に変化するようなチャープ信号である。もっと複雑に変化する $\psi(t)$ は、幅広く変化にとむ信号を作ることもできる。FM信号応用のひとつは音楽合成である。この応用はCD-ROMのデモやLab C.4でも示す。

3.7 要約と関連

この章では、ある信号を正弦波成分で表現するというスペクトルの概念を紹介した。このスペクトルは信号の各周波数成分に対応する複素振幅の図的表現である。複雑な信号が比較的単純なスペクトルから形成可能であることを示した。最後は、スペクトルが時間と共にいかに変化するかをも議論した。

LINKS

この点において、いろいろなデモンストレーションやプロジェクトは、リストの幾分かを制限する形で実行した。付録Cの実験プロジェクトの中で、CD-ROMに3つ提供している。Lab C.2（b）では方形波とのこぎり波のフーリエ級数表示に関する練習を含んでいる。Lab C.3は、学生にBachの「Jesu, Joy of Man's Desiring」のようなピースを演奏できるような、音楽合成プログラムの作成を求めている。この合成は正弦波で実行される必要があるが、徐々に小さくなる振幅包絡のような特別な方法を用いて上品に作ることもできる。Lab C.4では、ビート音、チャープ信号、スペクトログラムを扱う。このLabの第2部では、周波数変調に基づいた音楽合成法を含んでいる。FM-合成アルゴリズムはクラリネットやドラムのような楽器のための現実の音を作ることができる。さらに、Lab C.7では、プッシュホンのように、正弦波を使用して動作するいくつかの実際的なシステムを含んでいる。これ以降のLabでは、フィルタリングの知識が幾分要求される。Labの内容はCD-ROMにもある。

また、CD-ROMには、多くの音声のデモンストレーションとそのスペクトログラムとを含んでいる。その内容を以下に示す。

1. 正弦波、方形波、高調波のような簡単な音のスペクトログラム
2. 現実の音、ピアノ、合成のスケール音、また、本書の前半でとりあげた学生の1人により作られた合成音楽のパッセージのスペクトログラム。
3. 周波数の変化する速さが聴いている音にどのように影響するかを示すチャープ信号のスペクトログラム
4. 楽器音をエミュレートするためのFM-合成法の説明。いくつかのサンプル音が試聴として含まれている。

最後に、読者らはCD-ROMの復習や練習のために利用可能な非常に多くの解答付き宿題にも注意

されたい。

問題

3.1 余弦信号の「ビート」の簡単な例を3.2.2節で議論してきた。この問題において、より一般的な場合を考察する。まず、

$$x(t) = A\cos[2\pi(f_c - f_\Delta)t] + B\cos[2\pi(f_c + f_\Delta)t]$$

3.2.2節での議論では、$A = B = 1$とした。

(a) 次式となる複素信号 $\tilde{x}(t)$ を求めるためにフェーザを使用せよ。

$$x(t) = \Re e\{\tilde{x}(t)\}$$

(b) $\tilde{x}(t)$ の表現式を操作して、その実数部を取る。このより一般的場合として、$x(t)$ が次式のように表現され、C と D を A と B で表現されることを示せ。

$$x(t) = C\cos(2\pi f_\Delta t)\cos(2\pi f_c t) + D\cos(2\pi f_\Delta t)\cos(2\pi f_c t)$$

この答えを $A = B = 1$ とおいて確かめよ。

(c) 次式が成立する A と B の値を求めよ。

$$x(t) = 2\sin(2\pi f_\Delta t)\sin(2\pi f_c t)$$

この信号のスペクトルをプロットせよ。

3.2 正弦波で合成される信号は次式で与えられる。

$$x(t) = 10\cos(800\pi t + \pi/4) + 7\cos(1200\pi t - \pi/3) - 3\cos(1600\pi t)$$

(a) この信号のスペクトルをスケッチせよ。各周波数成分の大きさを示せ。各周波数における複素振幅の実数部／虚数部、あるいは、振幅／位相を別々にプロットせよ。

(b) $x(t)$ は周期的か？ もしそうであれば、その周期はいくらか？

(c) 信号 $y(t) = x(t) + 5\cos(1000\pi t + \pi/3)$ を考える。スペクトルはどのように変化するか？

第3章 スペクトル表現

$y(t)$ は周期的か？ もしそうであれば、その周期はいくらか？

3.3 信号 $x(t)$ は以下に示す両側スペクトル表現である。

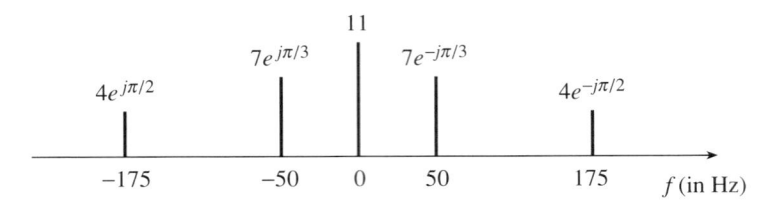

```
         4e^{jπ/2}    7e^{jπ/3}   11   7e^{-jπ/3}   4e^{-jπ/2}
            |            |        |        |           |
     ———————|————————————|————————|————————|———————————|————————→
          -175         -50        0       50          175      f (in Hz)
```

(a) 余弦波の和として $x(t)$ の式を書け。
(b) $x(t)$ は周期信号か？ もしそうであればその周期はいくらか？
(c) スペクトルになぜ「負の周波数」が必要かを説明せよ。

3.4 いま $x(t)$ を次式のように置く。

$$x(t) = \sin^3(27\pi t)$$

(a) 複素指数関数の和の実部となるように、$x(t)$ の式を求める。
(b) $x(t)$ の基本周期はいくらか？
(c) $x(t)$ のスペクトルをプロットせよ。

3.5 次の信号を考察する。

$$x(t) = 10 + 20\cos(2\pi(100)t + \pi/4) + 10\cos(2\pi(250)t) \tag{3.8.1}$$

(a) Euler の関係式を使用して、式 (3.8.1) で定義された信号 $x(t)$ は次のような複素指数関数信号の和として表現される

$$x(t) = X_0 + \Re e\left\{\sum_{k=1}^{N} X_k e^{jk2\pi f_0 t}\right\} \tag{3.8.2}$$

ここで ω_0 はいくらか？ また、X_k の値はいくらか？ X_k を得るための任意積分を評価する必要はない。信号 $x(t)$ は周期的か？ もしそうであれば、その周期はいくらか？
(b) この信号のスペクトルをプロットせよ。

3.6 振幅変調された（AM）余弦波は次式で表現される。

$$x(t) = [12 + 7\sin(\pi t - \pi/3)]\cos(13\pi t)$$

(a) フェーザを使用して $x(t)$ が次式で表現されることを示せ。

$$x(t) = A_1\cos(\omega_1 t + \phi_1) + A_2\cos(\omega_2 t + \phi_2) + A_3\cos(\omega_3 t + \phi_3)$$
ただし、$\omega_1 < \omega_2 < \omega_3$

つまり、A_1、A_2、A_3、ϕ_1、ϕ_2、ϕ_3、ω_1、ω_2、ω_3 を求めよ。

(b) 周波数軸上に、この信号の両側スペクトルをスケッチせよ。プロットの重要な特性にラベル付けせよ。A_i、ϕ_i、ω_i の数値でのラベル付けをせよ。

3.7 次のような式の信号 $x(t)$ を考察する。

$$x(t) = 2\cos(\omega_1 t)\cos(\omega_2 t) = \cos[(\omega_2 + \omega_1)t] + \cos[(\omega_2 - \omega_1)t]$$
ただし、$0 < \omega_1 < \omega_2$

(a) $x(t) = x(t + T_0)$ となるように、つまり、$x(t)$ は周期 T_0 を持つ周期信号となるような、$\omega_2 - \omega_1$ と $\omega_2 + \omega_1$ を満たすべき一般的な条件とはなにか？

(b) (a)の結果は ω_1 と ω_2 に関して何を暗示しているのか？

3.8 音楽のトーン（音）は正弦波信号により数学的にモデル化されていることを見てきた。もし読者が楽譜を読むかピアノを弾くならば、ピアノキーボードはオクターブに分割されていることが分かる。しかも、オクターブ内の各音はすぐ下のオクターブに対応する音周波数の2倍となっている。この周波数スケールをキャリブレートするには、参照音を中央C音の上のAを使う。これは普通、その周波数が440Hzであることから、A-440と呼ばれている。それぞれのオクターブには12の音が含まれている。連続する音の周波数間の比は一定である。つまり、その比は $2^{1/12}$ でなければならない。中央CはA-440の9音下にあるので、その周波数はほぼ $(440)2^{-9/12} \approx 261$Hz である。中央Cから始まり上のCに至るそれぞれのオクターブの音の名称を以下の表に示す。

Note Name	C	C#	D	Eb	E	F	F#	G	G#	A	Bb	B	C
Note Number	40	41	42	43	44	45	46	47	48	49	50	51	52
Frequency													

(a) 中央Cから始まるオクターブ音の周波数テーブルを作成せよ。ただし、中央Cの上のAの周波数は440Hzに調整されていると仮定する。

(b) ピアノの音は40から52まで番号づけられている。もし、n が Note Number を表し、f がそれに対応した音の周波数を表すとすれば、音周波数を音番号（Note Number）の関数として示せ。コード（chord）は同時複合音である。Triadは3音のコードである。D-majorコードはD、$F\#$、Aの同時音である。

(c) (a)で決定された周波数の組から、それぞれの音が単一の正弦波音で作られると仮定して、D-majorコードのスペクトルの本質的な特徴をスケッチせよ。（複合フェーザを正確に示すことはない）

3.9 周期信号は次式で与えられている。

$$x(t) = 2 + 4\cos(40\pi t - \pi/5) + 3\sin(60\pi t) + 4\cos(120\pi t - \pi/3)$$

(a) 次式による基本周波数ω_0、周期T_0、係数を決定せよ。

$$x(t) = X_0 + \Re e\left\{\sum_{k=1}^{N} X_k e^{jk\omega_0 t}\right\}$$

ただし、積分を行うことなくこの問題が実行されることを思い出されたい。

(b) 各周波数成分の大きさを表す信号スペクトルをスケッチせよ。実数部／虚数部あるいは振幅／位相に対する別々のプロットを描いてはならない。適切な周波数において、複合フェーザ値を示せ。

(c) 新しい信号 $y(t) = x(t) + 10\cos(50\pi t - \pi/6)$ を考察する。このときスペクトルはどのように変化するか。$y(t)$も周期的であるか。もしそうであれば、周期はいくらか。

3.10 周期信号 $x(t) = x(t+T_0)$ は1周期 $-T_0/2 \leq t \leq T_0/2$ に渡って次式のように記述されている。

$$x(t) = \begin{cases} 1 & |t| < t_c \\ 0 & t_c < |t| \leq T_0/2 \end{cases}$$

ただし、$t_c < T_0/2$

(a) $t_c = T_0/4$ の場合、周期関数$x(t)$を $-2T_0 < t < 2T_0$ の区間だけスケッチせよ。

(b) DC 係数の X_0 を求めよ。

(c) 次式における Fourier 係数 X_k の式を求めよ。

$$x(t) = X_0 + \Re e\left\{\sum_{k=1}^{\infty} X_k e^{jk\omega_0 t}\right\}, \quad \text{ただし、} X_k = \frac{2}{T_0}\int_{-T_0/2}^{T_0/2} x(t)e^{-jk\omega_0 t}\,dt$$

最終結果は t_c と T_0 に依存する。

(d) $\omega_0 = 2\pi(100)$、$t_c = T_0/4$ の場合の $x(t)$ のスペクトルを、$-10\omega_0$ から $+10\omega_0$ までの周波数区間に渡って描け。

(e) $\omega_0 = 2\pi(100)$、$t_c = T_0/10$ の場合の $x(t)$ のスペクトルを、$-10\omega_0$ から $+10\omega_0$ までの周波数区間に渡って描け。

(f) (d)、(e)の結果から、t_c と $x(t)$ の高周波の相対的な大きさとの関係の結論とは何か？

3.11 チャープ信号は時間が $t = 0$ から $t = T_2$ まで変化する時、$\omega_1 = 2\pi f_1$ から $\omega_2 = 2\pi f_2$ までの周波数を掃引したものである。チャープの一般的な式を以下に示す。

$$x(t) = A\cos(\alpha t^2 + \beta t + \phi) = \cos(\psi(t)) \tag{3.8.3}$$
$$\text{ただし、} y(t) = \alpha t^2 + \beta t + \phi$$

$\psi(t)$ の微分は瞬時周波数であり、その周波数がオーディオ範囲であれば可聴周波数でもある。

$$\omega_i(t) = \frac{d}{dt}\psi(t) \quad \text{ラジアン} \tag{3.8.4}$$

(a) 式（3.8.3）のチャープにおいて、開始周波数（ω_1）と停止周波数（ω_2）に対する式を α、β、T_2 で求めよ。次のチャープ信号において、

(b) 時間に対する瞬時周波数の式を求めよ。

$$x(t) = \Re e\left\{e^{j(40t^2 + 27t + 13)}\right\}$$

(c) $0 \leq t \leq 1$ 秒の範囲での時間に対する瞬時周波数（Hz）をプロットせよ。

3.12 位相の微分がなぜ瞬時周波数になるかを調べることは難しいかもしれない。次の実験はその手がかりを提供してくれる。

(a) チャープ信号を決定するために次のパラメータを使用する。

$$f_1 = 1\text{Hz}$$
$$f_2 = 9\text{Hz}$$
$$T_2 = 2\text{sec}$$

指定された周波数範囲を掃引できる $x(t)$ を決定するため、式 (3.8.3) の α、β を求めよ。

(b) このチャープ信号は正しい周波数成分を持っているかどうかを確かめることは困難である。しかしながら、この問題の残りは位相の微分が瞬時周波数の"正確"な定義であることを確かめる実験に委ねることとする。その最初に、時間に対する瞬時周波数 f_i [Hz] をプロットせよ。

(c) (a)で合成した信号をプロットせよ。そのプロットが非常に滑らかであるように十分小さな時間サンプリング区間を求めよ。このプロットを 3×1 サブプロットのの中央パネル、つまり subplot(3,1,2) に挿入せよ。

(d) そこで、4-Hz 分の正弦波を作成しプロットせよ。このプロットを 3×1 サブプロットの上パネル、つまり subplot(3,1,1) に挿入せよ。

(e) 最後に、8-Hz の正弦波を作成しプロットせよ。このプロットを 3×1 サブプロットの下パネル、つまり subplot(3,1,3) に挿入せよ。

(f) これら3つの信号を比較し、チャープの周波数成分についてコメントせよ。チャープ周波数を時間範囲 $1.6 \leq t \leq 2$ に集中させる。この時間範囲においてチャープはどの正弦波に一致するか。この領域での期待されている $f_i(t)$ を 4Hz と 8Hz に比較せよ。

第4章 サンプリングとエイリアシング

本章はアナログ（連続時間）領域とデジタル（離散時間）領域の間の信号変換に関する内容である。ここに示す主要な目的はサンプリングの定理（sampling theorem）を理解することである。これは、サンプリング速度はアナログ信号のスペクトル中に含まれている最高周波数の2倍以上であることを指している。オリジナル信号はこれらのサンプルから正確に再構成可能である。

デジタルからアナログへの逆変換のプロセスは再構成（reconstruction）と呼ばれる。オーディオCDがその良い例である。音楽は、CDプレーヤーで我々が聴くことができるような連続波（アナログ）に再構成可能なデジタル形式で記録されている。この再構成のプロセスは基本的には補間のひとつである。言い換えれば、適当なサンプル時間t_nで離散時間サンプル値$x(t_n)$の間を滑らかな曲線で描くことによりドットを連結しなければならない。このプロセスは時間領域での補間として学習できるが、周波数領域での見方がサンプリングの重要さを理解する上で非常な助けとなることを示す。

4.1 サンプリング

次式の正弦波は連続時間（continuous-time）信号の例である。

$$x(t) = A\cos(\omega t + \phi) \tag{4.1.1}$$

このような信号を表すのにアナログ（analog）信号という用語を使用する。連続時間信号は数学的には時間の関数$x(t)$として表現される。ただし、tは連続変数である。前の章ではMATLABを使用したアナログ波形をプロットする。しかし、実際にはそのような波形をプロットしてはいない。そう

ではなく、実際は、時間の分離した（離散）点での波形をプロットし、直線でこれらの点を連結したのである。確かに、コンピュータは連続時間信号を直接に扱うことはできない。そのような信号をコンピュータは、記号的（Mathematicaの場合）に、あるいは、数値的（MATLABの場合）に表現し操作するのである。しかし、重要な点はどのようなコンピュータ表現も離散ということである（2.4節の議論を思い出されたい）。

離散時間（discrete-time）信号は、数学的には添字付きの数列により表現される。信号がデジタルコンピュータに格納されるとき、その数値はメモリ位置に保持されるので、メモリアドレスの添字が付けられる。このような数列の値を$x[n]$と表す。ただし、nは数列中でその値の順番を指す整数の添字である。引数nを囲んでいる角括弧[ ]は、連続時間信号$x(t)$と離散時間信号$x[n]$の間の相違を明らかにする*[注1]。

次の方法のいずれかで離散時間信号を得ることができる。

1. 連続時間信号$x(t)$をサンプルできる。ただし、$x(t)$は音声やオーディオのような任意の連続的に変化する信号を表している。この場合、数列$x[n]$は一定の等間隔時間ごとに$x(t)$の値を記録することで取得される。つまり、

$$x[n] = x(nT_s) \qquad -\infty < n < \infty$$

結果は数列となり、その個々の値がアナログ信号のサンプルである。出力$x[n]$を取得するために$x(t)$に課している変換として眺めることのできるサンプリング操作とは、入力が連続時間信号であり、出力が離散時間信号となるようなシステムのことである。サンプリングの操作は図4.1のようなブロックダイアグラムで表現される。図4.1のシステムは、連続-離散（C-to-D）変換器と呼んでいる数学的な理想システムである。この操作を実行するための実際的なハードウェアシステムは、アナログ-デジタル（A/D）変換器であり、これは連続-離散変換器の完全なサンプリングを近似しているが、12ビットあるいは16ビットの量子化語長、サンプリング時間中のジッター、その他の要因などの現実問題により品質がいくぶん落ちる。

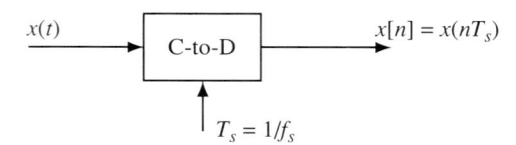

$$x(t) \longrightarrow \boxed{\text{C-to-D}} \longrightarrow x[n] = x(nT_s)$$
$$\uparrow$$
$$T_s = 1/f_s$$

図4.1　理想的な連続-離散変換器のブロックダイアグラム表現。パラメータT_sは、T_s秒ごとの入力一定なサンプリングを指している。

---

*[注1]：離散時間信号のための用語は一般的ではない。それは、x[n]を指すのに、信号の代わり「数列」を、また、離散時間に代わり「デジタル」を使用することもある。

2. 離散時間信号の値を公式から直接に計算することもできる。添え字 $n = 0, 1, 2, 3, 4, ...$ に対応する数列 $\{3, -1, -3, -3, -1, 3, 9, ...\}$ を決定する簡単な式を以下に示す。

$$\omega[n] = n^2 - 5n + 3$$

このような事例において、サンプルされるべき明らかな連続関数が存在しないけれども、それでもなお、数列の個々の値をサンプル値と呼ぶ。公式で示された離散時間信号は離散時間信号とシステムの学習ではありふれたものである。

図4.2のように、離散時間信号をプロットするのがしばしば有効である。これは数列 $\omega[n]$ の8個の値（サンプル）を表している。このようなプロットは、時々「lolly pop」や「tinker-toy」と呼ばれ、信号は整数の添え字に対してのみ値を持っていることを明らかにしている。つまり、それらの間では離散時間信号は定義されない。

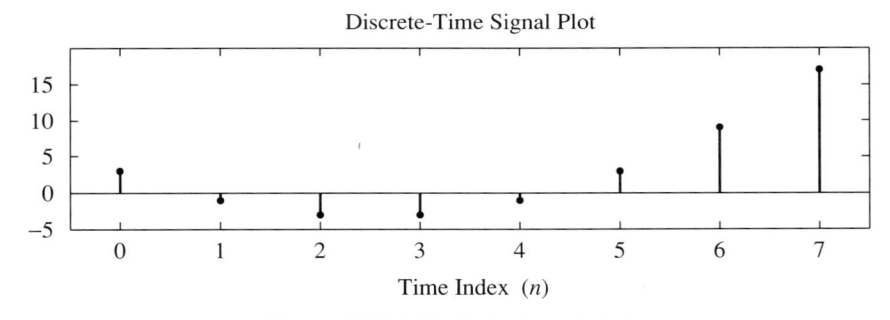

図4.2 離散時間信号のプロット書式

4.1.1 正弦波信号のサンプリング

正弦波は簡単な数学式で記述される連続時間信号である。これまでに、実際の信号の良いモデルを示した。さらに一般的連続時間信号は正弦波の和として表現でき、また、サンプリングの効果は正弦波に対して容易に理解されるので、サンプリング学習の基礎として正弦波を使用する。

もし式（4.1.1）の信号をサンプリングすると、次式を得る。

$$x[n] = x(nT_s) = A\cos(\omega nT_s + \phi) = A\cos(\hat{\omega}n + \phi) \tag{4.1.2}$$

ただし、$\hat{\omega}$ を次のように定義する。

正規化された角周波数
$$\hat{\omega} = \omega T_s \tag{4.1.3}$$

式 (4.1.2) の信号 $x[n]$ は離散時間余弦信号であり、$\hat{\omega}$ は離散時間角周波数である。周波数変数の上付記号「ハット」は連続時間角周波数がサンプリング周期で規格化されていることを示すのに使用される。ω は rad/sec の単位であるから、$\hat{\omega} = \omega T_s$ は rad の単位を持つ。つまり、$\hat{\omega}$ は次元無しの量であることに注意されたい。これは $x[n]$ の添え字が次元無しであるという事実に完全に調和している。サンプルが一度 $x(t)$ から取り出されると、時間スケールの情報は失われる。離散時間信号は単なる数列となり、これらの数値は、時間スケールを再構築する際に要求される情報であるサンプリング周期に関する情報を持っていない。この観測の直接で密接な関係は、無限個ある連続時間正弦波信号がサンプリングによってある離散時間正弦波に変換されることである。この実行に必要なことは、連続時間正弦波の周波数の変化に伴うサンプリング周期の変更である。たとえば、$\omega = 200\pi$ rad/sec と $T_s = 1/2000$ sec の場合の規格化角周波数は $\hat{\omega} = 0.1\pi$ rad となる。他方、$\omega = 20000\pi$ と $T_s = 1/20000$ sec の場合、$\hat{\omega}$ はなおも 0.1π に等しいのである。

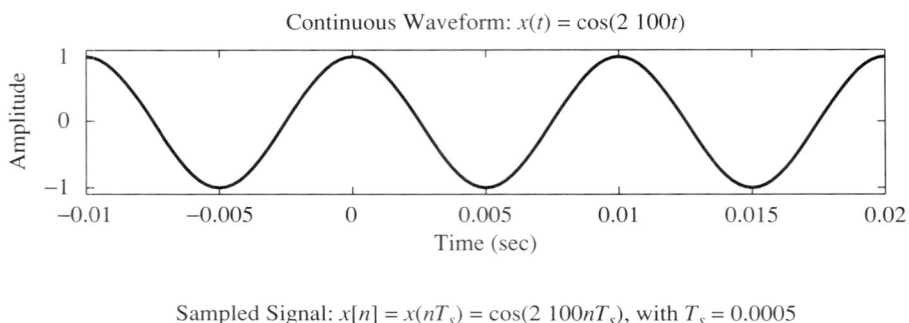

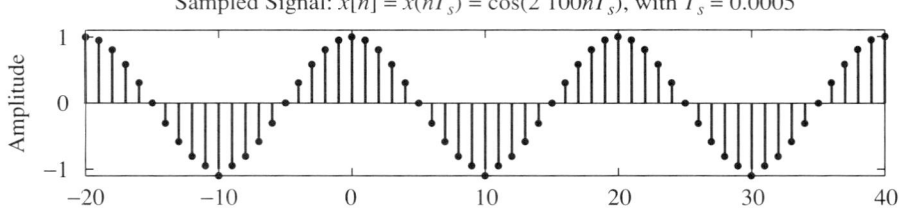

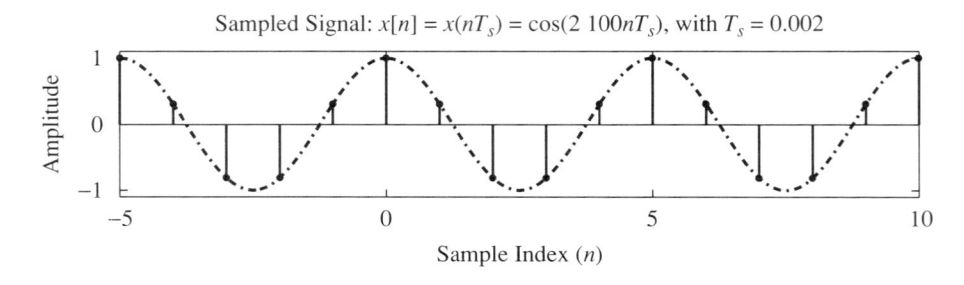

図4.3 （上）100Hz 正弦波、（中）$f_s = 2000$ サンプル／秒でのサンプル波形、（下）$f_s = 500$ サンプル／秒でのサンプル波形

図4.3の上図は、周波数 $f_0 = 100$Hzの連続時間正弦波 $x(t) = \cos(200\pi t)$ を示す。図4.3（中）は、サンプリング周期 $T_s = 0.5$m秒で取り出されたサンプルを示す。この数列は、離散時間角周波数が $\hat{\omega} = 0.1\pi$ であるので、式 $x[n] = x(nT_s) = \cos(0.1\pi n)$ で与えられる。（$\hat{\omega}$ は次元なしであるから、radの単位を指定し続ける必要はない）。サンプルを取得するための速度（サンプリング速度）は $f_s = 1/T_s$ であることに注意されたい。たとえば、この例では $f_s = 2000$ サンプル／秒である。サンプル値は図4.2に示す離散点と同様にプロットされる。これらの点は、サンプル値間の関数に関する直接的な情報を持っていないので、連続的な曲線で接続することはできない。この例では、信号の1周期当たり20個のサンプル値がある。それはサンプリング周波数（2000サンプル／秒）が連続信号の周波数（100Hz）よりも20倍高い周波数だからである。離散時間のプロットから、孤立した複数サンプル値は連続時間余弦波を可視的に再構成するのに十分である。しかし、サンプリング速度の情報が無い場合には、信号周波数がいくらであるかを言うことはできないのは明らかである。

サンプリングの別の例を図4.3の下図に示す。この場合、100Hzの正弦波は低いサンプル速度（$f_s = 500$ サンプル／秒）でサンプルされた。その結果は $x[n] = \cos(0.4\pi n)$ のサンプル列となる。この離散時間角周波数は $\hat{\omega} = 0.4\pi$ rad である。サンプル間の時間は $T_s = 1/f_s = 2$msec であるので、連続時間信号の1周期当たり僅か5サンプルだけである。元の波形に重ね合わせをしない限り、元の連続時間正弦波の波形を見分けることは困難であるとを示している。

4.1.2 サンプリングの定理

図4.3に示すプロットは、元の連続時間信号をサンプル値から再構成するために十分な情報を得るには、どれほどの頻度でサンプルすべきかと言う質問が自然と発生する。驚くほど単純な解答が次のステートメントに示される。これがシャノンのサンプリング定理（Shannon sampling theorem）のステートメントである。これは現代のデジタル通信、デジタル制御、デジタル信号処理における理論的な柱のひとつである。

シャノン（Shannon）のサンプリング定理

サンプルが $2f_{max}$ よりも高いサンプリング速度 $f_s = 1/T_s$ で取得される場合には、f_{max} よりも高い周波数を持たない連続時間信号 $x(t)$ はそのサンプル $x[n] = x(nT_s)$ から正確に再構成される。

サンプリング定理には2つの内容を含んでいることに注意されたい。第1は、再構成のためのアルゴリズムを何ら指定することなく、信号をサンプル値から再構成される。第2は、連続時間信号 $x(t)$ の周波数成分に依存する最小サンプリング速度を与える。この最小サンプリング速度はナイキスト（Nyquist）速度と呼ばれる[注2]。ここで多くのコマーシャル商品の中にサンプリング定理の事

---

*注2：Harry Nyquist と Claude Shannon は Bell Telephone Laboratories の研究者であった。彼らは1920年から1950年までの間サンプリングの理論とデジタル通信に関する基本的な寄与を行った。

例を見ることができる。たとえば、オーディオCDはデジタルオーディオ信号の保存のために44.1kHzのサンプリング速度を使用している。この数値は20kHzの2倍よりわずかに大きい値である。この値は、楽音に対する人間のヒアリングと知覚力の受容可能な上限である。

4.1.3 エイリアシング

シャノンの定理は、正弦波の再構成には我々が少なくとも1周期当たりに2個のサンプル値を持っているならば実現可能であることを明言している。もし十分早いサンプルをしなかった場合何が発生するだろうか。このことは、連続時間正弦波（4.1.4）式に対するより詳細な考察により信号周波数f_0とサンプリング速度f_sとの間にある相互関係を与える式を導くことが可能である。

$$x(t) = A\cos(2\pi f_0 t + \phi) \tag{4.1.4}$$

もしサンプリング周期T_sで$x(t)$をサンプルするならば、次式のような数列$x[n]$を得る。

$$x[n] = x(nT_s) = A\cos(2\pi f_0 nT_s + \phi) \tag{4.1.5}$$

ここで、振幅と位相は同じとするが、周波数は$f_0 + \ell f_s$を持つ正弦波を考える。ただし、ℓは整数、$f_s = 1/T_s$とする。

$$y(t) = A\cos(2\pi(f_0 + \ell f_s)t + \phi)$$

第2の波形$y(t)$は周期T_sでサンプルされると、次式を得る。

$$\begin{aligned}y[n] &= y(nT_s) = A\cos(2\pi(f_0 + \ell f_s)nT_s + \phi)\\&= A\cos(2\pi f_0 nT_s + 2\pi \ell f_s nT_s + \phi)\\&= A\cos(2\pi f_0 nT_s + 2\pi \ell + \phi)\\&= A\cos(2\pi f_0 nT_s + \phi)\\&= x[n]\end{aligned}$$

言い換えると、$y[n]$は$x[n]$と同一サンプル値を持っている。つまり、$x[n]$との区別がつかないのである。ℓは（正か負の）整数のみであると指定されているから、これは$x[n]$と同様な数列を与える正弦波が無限組存在することを意味する。周波数$f_0 + \ell f_s$は、サンプリング周波数f_sに関して周波数f_0のエイリアス（aliases）と呼ばれる。なぜならそのような信号の全てが速度f_sでサンプルされたとき同じに出現するからである。

4.1.4 折り返し

エイリアス信号の第2の発生源は余弦波の負の周波数成分からも実際に得られる。その周波数とは $-f_0 + \ell f_s$ である。ただし、ℓ は正か負の整数。そこで、次のような第3の信号 $\omega(t)$ を考える。

$$\omega(t) = A \cos(2\pi(-f_0 + \ell f_s)t - \phi)$$

この信号の初期位相は式（4.1.4）の位相の負値である。もし、サンプリング周期 T_s で $\omega(t)$ をサンプルすると、次式を得る。

$$\begin{aligned}
\omega[n] = \omega(nT_s) &= A \cos(2\pi(-f_0 + \ell f_s)nT_s - \phi) \\
&= A \cos(-2\pi f_0 nT_s + 2\pi \ell f_s nT_s - \phi) \\
&= A \cos(2\pi f_0 nT_s + \phi) \\
&= x[n]
\end{aligned}$$

上の式の第4行は余弦関数が偶関数との理由から正しい。つまり、$\cos(-\theta) = \cos\theta$。

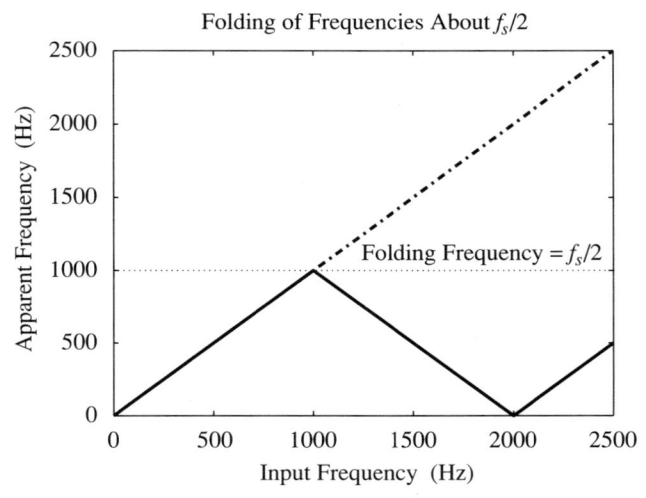

図4.4 $f_s = 2000$ サンプル／秒でサンプルされた正弦波の折返し。見かけ周波数は入力正弦波と全く同じサンプル値を取るような正弦波の最小周波数である。

ここで再度、サンプル $\omega[n]$ と $x[n]$ とは一致する。用語「折返し（holding）周波数」は次のような実験から得られる。正弦波周波数 f_0 を $f_s/2$ と f_s の間に取るような信号を考える。これを f_s の速度でサンプルすると、正弦波は周波数 $f_1 = f_s - f_0$ と同じ位置での周波数の信号となって出現する。これを図4.4に示す。いま入力周波数 f_0 に対する見かけの周波数 f_1 のプロットにおいて、f_0 が $f_s/2$ か

ら f_s まで変化すると、f_1 は $f_s/2$ から 0 に減少する。言い換えると、2つの周波数は $f_s/2$ に関して反射鏡の形になっている。また、もしこの図が図4.4に示す $f_s/2$ の線に関して折り返されている場合、もう一方の先頭に位置する。

要約として、信号がサンプル速度 $f_s = 1/T_s$ でサンプルされとき、$x(t)$ と区別できない2種類のエイリアス信号、$y(t)$ と $\omega(t)$ が存在することを明らかにした。

4.2 サンプリングのスペクトル的考察

ここでは、サンプリング過程の周波数スペクトルの解釈について論ずる。サンプリング過程は、信号を構成しているいろいろなスペクトル成分の位置を変更する。周波数の折返しとエイリアシングが、正弦波とそれのエイリアシングの全スペクトル線を含むスペクトル・ダイアグラムを用いて調べられる。

図4.5から図4.8までの図は、サンプリング過程に含まれるスペクトル成分の位置を表示しMATLABのM-ファイルを用いて作成された。試験信号は、$x(t) = \cos(2\pi(100)t + \phi)$ の形式による連続時間100Hzの正弦波である。サンプリング周期は、異なるサンプリング速度においてなにが起こるかを示すために変化させる。

4.2.1 オーバーサンプリング

一般に、我々は最高周波数の2倍よりも高いサンプリング速度でサンプリングすることにより、エイリアシングと折返しの問題を避けるように務める。これはオーバーサンプリング (oversampling) と呼ばれている。たとえば、100Hzの正弦波、$x(t) = \cos(2\pi(100)t + \phi)$ を $f_s = 1000$ サンプル／秒のサンプリング速度でサンプルすると、図4.5に示す時間一周波数領域でのプロットが得られる。

図4.5の上図は、100Hz正弦波の周波数領域スペクトル表示を示す。周波数軸はサンプリング周波数で規格化 (normalize) されている (あるいは、サンプリング周期を乗算された) ことに注意されたい。以前に、規格化角周波数の変数 $\hat{\omega} = \omega T_s$ を紹介したことを思い出されたい。角周波数に代わって繰り返し周波数を使用することがこの章においての議論には便利であることが分かるので、規格化離散時間繰り返し周波数を次のように定義する。

規格化繰り返し周波数 (Normarized Cyclie Frequency)
$$\hat{f} = \hat{\omega}/(2\pi) = fT_s = f/f_s \tag{4.2.1}$$

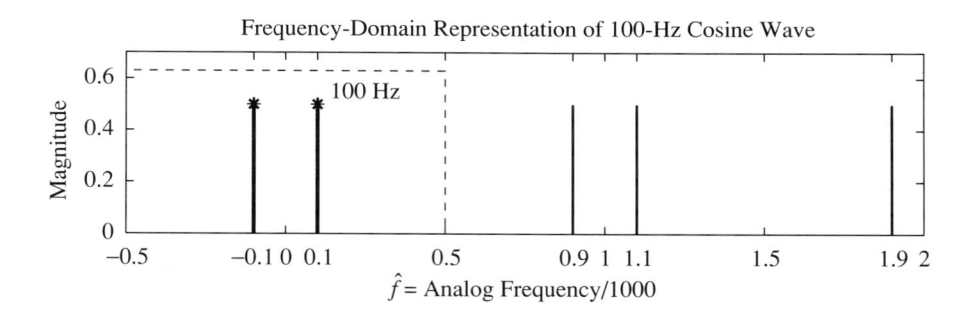

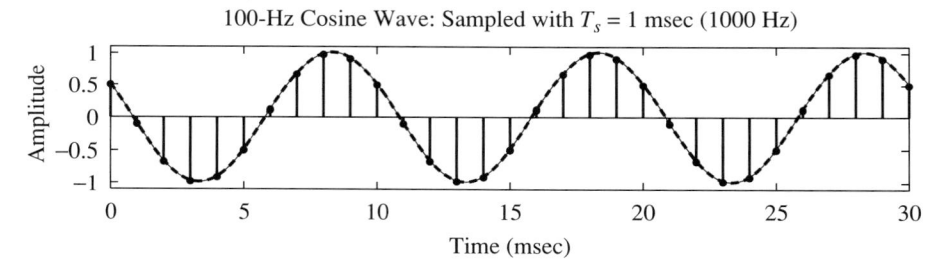

図4.5　$f_s = 1000$ サンプル／秒で100Hzの正弦波をサンプリングする。（上）スペクトル図は、オリジナル正弦波の正と負周波数成分とだけでなくエイリアス・スペクトル成分をも表示。（下）時間領域プロットはサンプル値をドットで、また、オリジナル信号は細い実線で、再構成された信号はダッシュ線で表示。

離散時間角周波数の場合と同様に、変数の上付のハット記号は、サンプリング周期で規格化されていることを示す。離散時間繰り返し周波数軸（$\hat{f}$）に沿って、全ての周波数はサンプリング周波数との比でプロットされている、したがって、$\hat{f}$ は次元無しの量である。これはエイリアス周波数が $\hat{f}$ 軸に沿って $\pm1, \pm2, \pm3, \ldots$ で表示されるために便利である。オリジナル信号のスペクトラムは、頭上に＊印を持つ $\hat{f} = \pm 0.1 = \pm(100/1000)$ の場所での垂線により表示されている。$\hat{f} = 0.9, 1.1, 1.9$ の場所での垂線は、1000Hzのサンプリング周波数に対する100Hzのエイリアスを示す。

サンプリング定理は、あるプロセスがサンプルから信号を再構成するためにあることを暗示している。4.4節で試すように、この（D-to-C変換と呼ぶ）プロセスは常に、図4.5（上）内に示す点線の内側に存在する周波数のみを構成する。つまり、$-f_s/2$ と $+f_s/2$ の間の周波数である。したがって、オリジナル周波数 f_0 は $f_0 < f_s/2$（あるいは、$\hat{f} < 1/2$）であるなら、オリジナル波形は再構成可能である。図4.5の例において、$f_0 = 100$Hz、$f_s = 1000$Hzであるから、サンプリング定理の条件は満足しており、オリジナル信号は理想的D-C変換プロセスにより再構成可能である。図4.5（下）は、$x(t)$ の波形に重ね書きされたサンプルとともに、細い実線でプロットされた時間領域再構成を示す。濃いダッシュ曲線は、入力として与えられたサンプル（データ）を使用して理想的な再構成システムにより再構成した信号を表している。サンプリング定理を満足しているので、再構成された信号

はサンプラーのオリジナル信号に一致している。この場合、信号は周期当たり10個のサンプルが存在するので明らかにオーバーサンプルされている。

4.2.2 アンダーサンプリングによるエイリアシング

$f_s < f_0$ のとき、信号はアンダーサンプルされる。たとえば、$f_s = 80$Hzなら、エイリアシングひずみが発生する。図4.6の上図において、信号の正の周波数成分は $\hat{f} = 1.25 = (100/80)$ の位置にだけ示される。負周波数成分は後ろのスケールからはみ出ている。図4.6の下図における100Hz正弦波（薄い実線）は非常にまれにサンプルされる。事実、同じサンプル値は、$(f_0 - f_s)/f_s = (100 - 80)/80 = 0.25$ であるから、20Hzの正弦波からでも得られる。再構成のプロセスでは常に $-f_s/2$ から $+f_s/2$ までの帯域内での周波数を使用するので、再構成される信号は、図4.6（下）の太いダッシュ線のように見える20Hzの正弦波である。

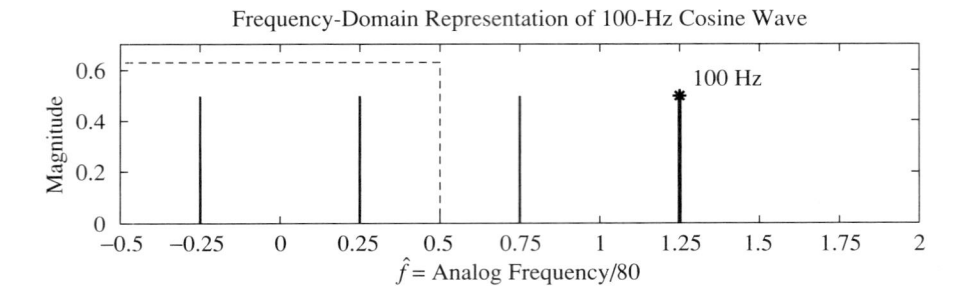

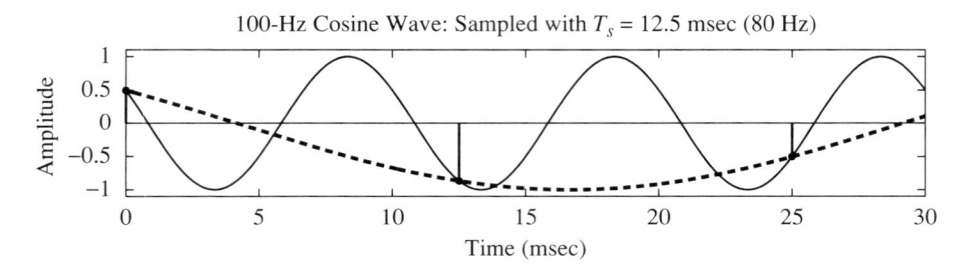

図4.6　$f_s = 80$ サンプル／秒で100Hz正弦波をサンプリングする。（下）時間領域のプロットはサンプルをドットで示し、オリジナル正弦波を薄い実線で、再構成された信号をダッシュ線で示した。ダッシュ線のカーブは同一サンプル点を通過する20Hz正弦波である。

正弦波成分のこのエイリアシングはドラマチックな効果を持っている。図4.7は、サンプリング速度と正弦波の周波数が同じである場合を示す。明らかに起こりうることは、サンプルはいつも波形の同じ場所を捕らえることである。それゆえ、ゼロ周波数をもつ正弦波と同じ、定数（DC）のサンプリングに等しくなる。

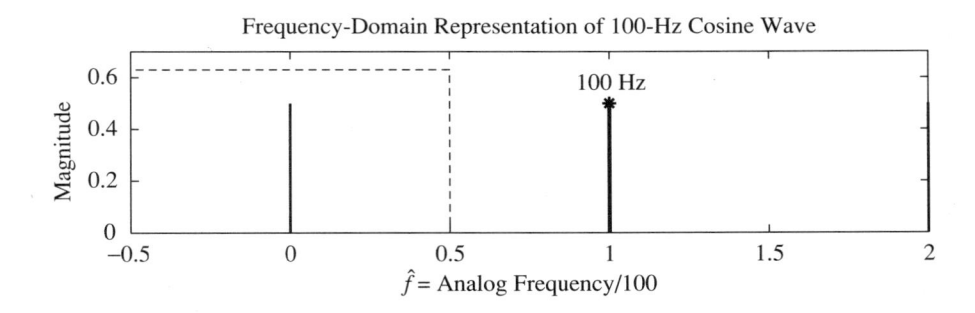

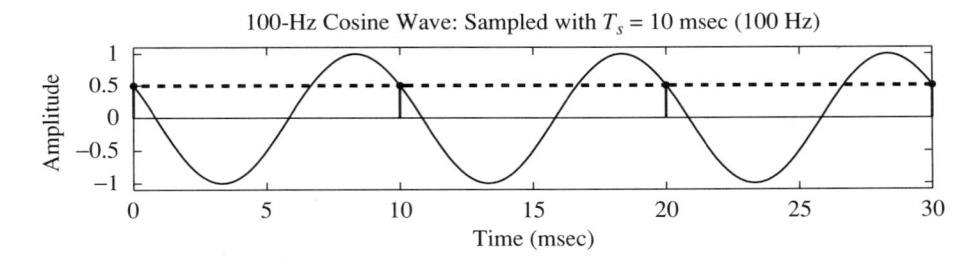

4.2 サンプリングのスペクトル的考察

Frequency-Domain Representation of 100-Hz Cosine Wave

100-Hz Cosine Wave: Sampled with T_s = 10 msec (100 Hz)

図4.7 f_s = 100サンプル／秒での100Hz正弦波をサンプリングする。（下）時間領域プロットはサンプルをドットで、オリジナルの正弦波を細い実線で、再構成された信号をダッシュ線で示す。

4.2.3 アンダーサンプリングによる折り返し

図4.8は、アンダーサンプリングが折り返しをもたらす場合を示している。ここでのサンプリング速度はf_s = 125サンプル／秒である。信号の正周波数成分は$\hat{f}$ = 0.8 = (100/125)に示される。負周波数成分は左からはみ出している。ここで興味あることが発生している。オリジナル周波数は、$-f_s/2 < f < f_s/2$の範囲の外にあるが、2つのエイリアスはこの領域内に存在するのである。これらは、$-f_0 + f_s$ = －100 + 125 = 25Hzと$-f_s + f_0$ = －125 + 100 = －25Hzである（規格化周波数では$\hat{f}$ = ±0.2）。これの意味することは、サンプリング速度125サンプル／秒で100Hzの正弦波をサンプルすると、25Hzの正弦波をサンプリングして得られたと同じサンプルを得られるのである。これは折返しの場合である。(100Hz－125Hz)は、－25Hzだからである。図4.8（下）において、25 = 125－100でのエイリアス成分はオリジナル周波数での負周波数－100に対応している理由を引き起こしている位相反転を見ることができる。

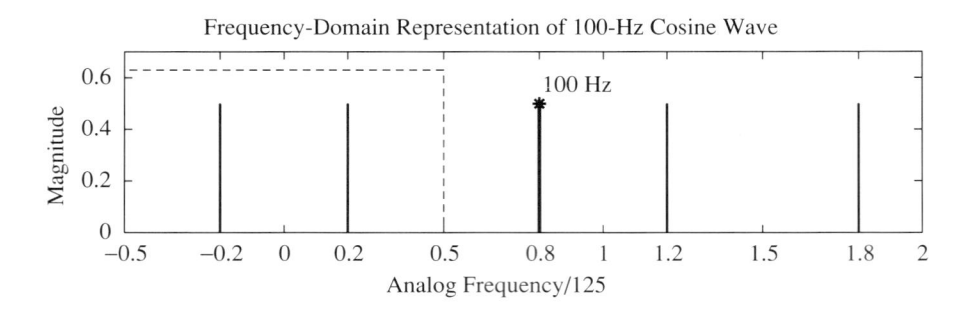

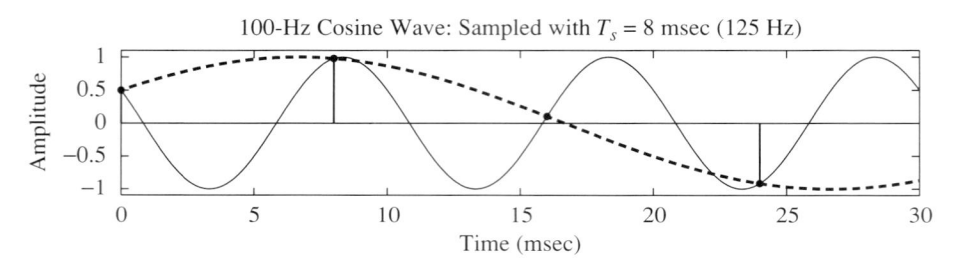

Frequency-Domain Representation of 100-Hz Cosine Wave

100-Hz Cosine Wave: Sampled with T_s = 8 msec (125 Hz)

図 4.8　$f_s = 125$ サンプル／秒における 100Hz 正弦波のサンプリング。（下）時間領域のプロットはサンプル点をドットで、オリジナルの正弦波を実線の細い線で、再構成された正弦波をダッシュ線で示す。ダッシュ曲線は同じサンプル点を通過する 25Hz の正弦波である。

4.2.4　再構成最大周波数

　最後に、再構成プロセス、つまり、波形のサンプルから連続時間信号へ戻すためのプロセスについて何らかの定義をするができる。もしこれを実行するデバイスを仮定すると、理想的な離散-連続（D-to-C）変換器と論理上呼ぶことができる。D-to-C 変換器への入力はサンプルで構成されている離散時間信号である。また、D-to-C 変換器は特定のサンプリング速度 f_s で動作する。曖昧さはサンプリング過程において内在しているから、出力信号の最大周波数はサンプリング周波数の半分以下であるという仮定を除いてはオリジナル信号の再構成は不可能である。もしこれが真であるなら、D-to-C 変換器はサンプル間の $x(t)$ の正しい値を作成する補間（interpolate）を行う。もし信号がアンダーサンプルされた場合でも、理想化 D-to-C 変換器は出力信号を再構成するが、その出力信号は $-f_s/2 < f < f_s/2$ の周波数範囲内に落ちるエイリアススペクトル成分に対応したものである。4.4 節に示す D-to-C 変換器の実際的な実装は、いくつかの場合に非常に理想的なパフォーマンスへ近付けることができる。

4.3 ストローブデモンストレーション

エイリアシングを試すためにひとつの効果的な方法は、回転している対象物を照射するストローブ光を使用することである。事実、このプロセスは自動車のエンジンのタイミングを設定するためのルーチンを使用する。また、エイリアシングが希望しない効果の実際的な例を示す。この場合、一定の角速度で回転している電気モーターの軸に取り付けたディスクを使用する（図4.9）。白いディスクの上には、ストローブ光が発光するたびに容易に見えるように黒い点が描かれている。実際の場合、モータの回転速度はほぼ750rpmであり、また、ストローブ光のフラッシュ速度は広範囲にわたり変化する。

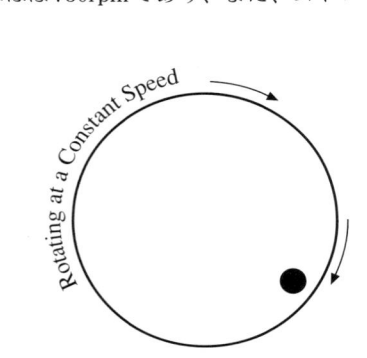

図4.9　モータの軸に取り付けられたディスクは一定速度で時計方向に回転している。

フラッシュの速度は非常に速いと仮定し回転速度の9倍とする。つまり、$9 \times 750 = 6750$. この場合のディスクはフラッシュ間に非常に大きく回転することはない。事実、9×の場合、ディスクは、図4.10のように、1回のフラッシュ当たり僅か$360°/9 = 40°$移動する。運動は時計回りであるから、ひとつのフラッシュから次のフラッシュへの角度変位は$-40°$である。

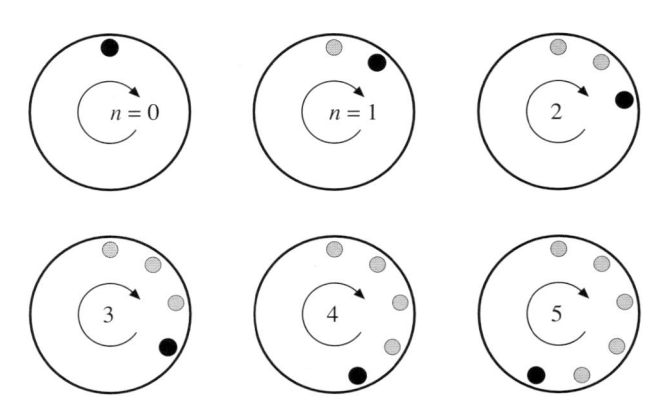

図4.10　非常に高速なフラッシュ速度の間の黒点の6つの連続した位置。グレイの点は前の黒点位置をさす。ディスクは時計方向に回転している。スポットは同じ方向に移動するように見える。角度変化はフラッシュ当たり$-40°$である。

もし、ストローブのフラッシュ速度をディスクの回転速度に等しくする、たとえば、750フラッシュ／分に設定すると、黒点はその場に止まったように見える。これは黒点がフラッシュ間に正確に1回転し、ストローブで照射されたとき、黒点がいつも同じ位置にあるからである。これは、エイリアス正弦波の周波数がゼロである図4.7に図示した状態そのものである。これは、黒点がそこに止まるには1つのフラッシュ速度だけでない。事実、フラッシュ間に2回か3回、あるいは整数回の回転を許すような低いフラッシュ速度でも同様な効果をもたらす。750rpmのモータ回転の場合、フラッシュ速度を375、250、$187\frac{1}{2}$、150、125としても同様に動作する。

これらの数に近いフラッシュ速度を使用すると、黒点をゆっくりと移動させることができる。また、運動の方向（時計回りか反時計回りか）を制御することもできる。たとえば、もしフラッシュ速度を回転速度よりほんの僅か高くなるようにストローブを設定するならば、エイリアシング効果を観測できる。フラッシュ速度が806フラッシュ／分と仮定すると、そのときのディスクはフラッシュ間の完全な1回転より僅かに少ない回転となる。もし1回転を1/750分としたことが分かれば、移動量を次のように計算できる。

$$\Delta\theta = -360° \times \frac{1/806}{1/750} = -360° \times \frac{750}{806} = -335° = +25°$$

マイナス符号は時計方向への回転を表す。しかし、角度変化はほとんど$-360°$であるが、それよりも小さな正の角度変化を観測できる。そして黒点は図4.11に示すように反時計方向に移動するように見える。時計方向と反時計方向の回転の区別が可能であるという事実は、正の周波数と負の周波数が別々の物理的意味を持っていると言うことに等価である。

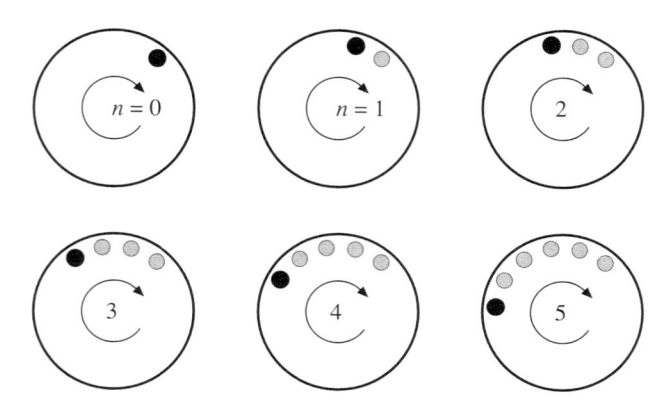

図4.11 黒点運動と異なるフラッシュ速度による黒点の6個の連続した位置。グレーの点は黒点のひとつ前の位置を示している。ディスクは時計方向に回転しているが、点は反時計方向に移動するように見える。角度変化はフラッシュ当たり$+25°$である。

このストローブの実験を数学的に解析するため、黒点の運動を時間の関数として表記する必要が

ある。黒点はx-y座標系で運動する。それにより、簡明な表記は実数部をxとし虚数部をyとした複素数で与える。黒点の位置は、

$$p(t) = x(t) + jy(t)$$

さらに、黒点の運動は半径rの円上にあるので、$p(t)$の正しい公式は一定周波数をもつ複素指数関数である。

$$p(t) = re^{-j(2\pi f_m t - \phi)} \tag{4.3.1}$$

指数のマイナス符号は時計方向回転を表している。また、初期位相ϕは$t = 0$における黒点の位置を表わしている（図4.12参照）。モーターの回転周波数f_mは一定である。その半径はrである。公式が乱雑しないように、$r = 1$と設定するのが便利である。

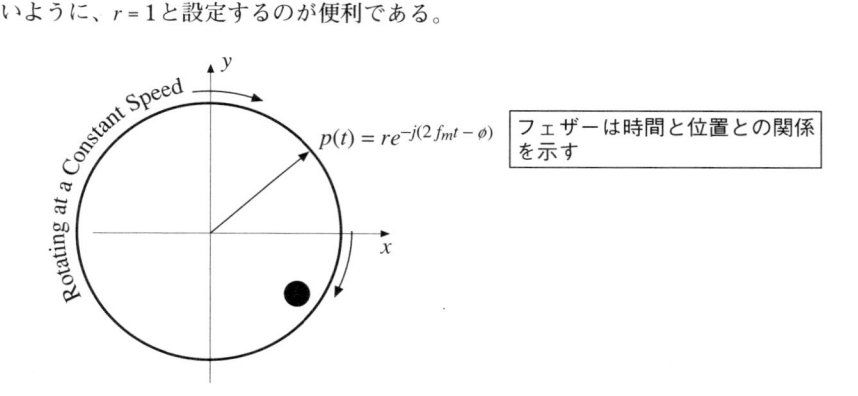

図4.12 ディスク上の黒点の位置は時間に対する回転フェーザ$p(t) = x(t) + jy(t)$として表現できる。周波数f_mはモーターの回転速度[rpm]である。

ストローブ光の働きは、$p(t)$をフラッシュ速度f_sにより与えられる一定速度のサンプルを得ることである。つまり、n番目のフラッシュ時の黒点位置は、離散時間信号$p[n]$として表現される。

$$p[n] = p(t)|_{t=nT_s} = p(nT_s) = p(n/f_s)$$

これを複素指数関数の式（4.3.1）に代入すると、次式を得る。

$$p[n] = re^{-j(2\pi(f_m/f_s)n - \phi)} \tag{4.3.2}$$

もしサンプリング定理の条件（つまり、$f_s > 2|f_m|$）を満たしておれば、実験において何らのエイリアシングも発生しない。事実、1サンプル時間から次のサンプル時間までの角度変化は、－180°と0°の間に存在し、黒点は時計方向へ回転するよう見える。

　フラッシュ速度が$2|f_m|$以下になったときに、興味深いことが発生する。ディスクをフラッシュ間に1回転以上を回転させる。これでエイリアシングの現象を紹介する。サンプルされた位置の式（4.3.2）を使用すると、次のような種類の問題を解くことができる。黒点がフラッシュ当たり25°の速度で反時計方向に移動するように全ての可能なフラッシュ速度を見つけよ。ただし、黒点速度は14.4フラッシュごとに1回転する。一定モーター速度をf_m[rpm]と仮定する。この問題のねじれた点は、2つの回転速度が異なる単位で指定されたことである。

　ℓが常に整数のとき、$e^{j2\pi\ell} = 1$の性質を使用するならば、以下のようなアプローチが可能である。黒点の希望する回転は、次式で表現される。

$$d[n] = r\, e^{+j(2\pi(25/360)n + \psi)}$$

ただし、因子$2\pi(25/360)$ラジアンは25°に等しい。初期位相ψは$p[n]$のϕに等しく設定される。つまり$d[0] = p[0]$、ここで$p[n]$と$d[n]$は等しいとおける。ここに因子$e^{j2\pi\ell n}$は落されている。これは1を乗算しただけである。つまり、

$$p[n] = d[n]\, e^{j2\pi\ell n}$$

ここで、フラッシュ速度を求める方程式が作られる。

$$re^{-j(2\pi(f_m/f_s)n - \phi)} = re^{+(2\pi(25/360)n + \phi)}\, e^{j2\pi\ell n}$$

$$-\left(2\pi\frac{f_m}{f_s}n - \phi\right) = +\left(2\pi\frac{25}{360}n + \phi\right) + 2\pi\ell n$$

$$-\frac{f_m}{f_s} = \frac{25}{360} + \ell$$

$$\implies \quad -f_m = f_s\left(\frac{25}{360} + \ell\right)$$

最後に、フラッシュの速度は、

$$f_s = \frac{-f_m}{(5/72) + \ell} \tag{4.3.3}$$

となる。ℓは任意の整数である。フラッシュ速度は正の値を希望しており、また、モーターの時計

方向の回転速度（$-f_m$）はマイナス符号であることから、解を得るには、$\ell = -1, -2, -3, ...$ を選択する。たとえば、モーターのrpmが750のとき、次のようなフラッシュ速度（フラッシュ／分）は希望する黒点移動となる。

ℓ	-1	-2	-3	-4
f_s	805.97	388.49	255.92	190.81

練習4.1 この概念の学習結果をテストするために、黒点が9回のフラッシュで1回転する速度で時計回りに運動するように、フラッシュ速度の可能な解全てを求めよ。モーターの回転速度は750rpmで時計方向にあると仮定する。この場合の最大フラッシュ速度はいくらか。

4.3.1 スペクトルの解釈

ストローブのデモには、複素指数関数のサンプリングを含んでいるので、前節と同様に、方程式を使用することなくスペクトル・ダイアグラムの形から結果を示すことができる。回転ディスクは、$f = -f_m$ サイクル／分の位置に単一周波数成分で与えられるアナログスペクトルがくる（図4.13参照）。

図4.13 f_m [rpm] の場所に、時計方向に回転しているディスクを表すアナログスペクトル。f の単位は「サイクル／分」である。

ストローブ光が1分当たり f_s のフラッシュ速度であるとき、離散時間信号 $p[n]$ のスペクトルでは、次の周波数をとる無限個の周波数線スペクトルが存在する。

$$\hat{f}_\ell = \frac{-f_m + \ell f_s}{f_s} = -\hat{f}_m + \ell \qquad \ell = 0, \pm 1, \pm 2, \pm 3, ... \tag{4.3.4}$$

式 (4.3.4) は、離散時間信号のスペクトルを作るためには次の2つのステップがあることを示している。

1. 第1に、アナログスペクトルの各スペクトル線をサンプリング周波数の正数倍ごとにシフ

2. 第2に、周波数軸をf_sで除算し再スケールする。これはデジタルスペクトルをサンプリング周波数で規格化する。つまり、デジタル周波数$f_s = 1/4$は、$f_s/4$に対応する。

図4.13から導かれた離散時間スペクトルは図4.14に示されている。

離散時間スペクトルにおいて、$\hat{f} = 0$に最も近い周波数成分だけがD-to-C再構成に用いられる。それゆえ、ストローブ信号$p[n]$は最低規格化周波数で回転しているのが観測される。しかしながら、最後の変換だけはアナログ回転速度[rpm]を得るようにしなければならない。つまり、離散時間周波数（$\hat{f}$）をアナログ周波数（f）へ逆変換しなければならない。

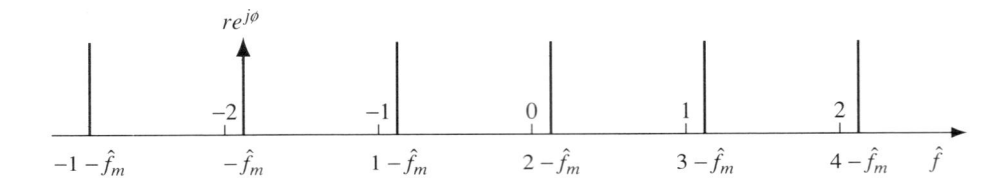

図4.14 f_m[rpm]で時計方向に回転しているディスクの1分当たりf_sフラッシュでサンプルされたディジタルスペクトル。水平軸は規格化周波数：$\hat{f} = f/f_s$である。規格化モータ周波数$\hat{f}_m = (f_m/f_s)$は、ℓを整数としてエイリアス$\hat{f}_\ell = \ell - \hat{f}_m$の位置に出現する。

図4.14において、$\ell = 2$のエイリアスはゼロ周波数に最も近いものである。それに対応するアナログ周波数は、

$$f_{\text{spot}} = (\hat{f}_2)f_s = (2 - \hat{f}_m)f_s = 2f_s - f_m$$

である。黒点の回転速度は$-f_m$とサンプリング速度の整数倍だけ異なるが、相対的な周波数位置を図示する。最後に、スペクトル図は、最小離散時間周波数が「再構成」される周波数であることが明らかである。4.4節でこれが正しいことを説明する。

サンプリング速度が可変でありf_mが固定されている場合、解を得るのは少し困難であるが、ストローブディスクの実験にとって現実的である。その場合でも図的アプローチは可能である。求める黒点周波数は離散時間スペクトル中のスペクトル線$\hat{f}_d$を決定するからである。この線はオリジナルに最も近いものであるので、規格化されたモーター回転周波数に合わせるためには$\hat{f}_d$に整数ℓを加えるべきである。つまり、

$$\hat{f}_d + \ell = \hat{f}_m = \frac{-f_m}{f_s}$$

この式よりフラッシュ速度 f_s が求められるが、最終解答は整数 ℓ に依存する。これはすでに式 (4.3.3) で見てきたように f_s に対して多くの解答の存在が予測される。

4.4 離散から連続への変換

理想的な離散-連続（D-to-C）変換を図4.15に示す。この目的は入力信号 $y[n]$ を滑らかな連続時間関数に変換することである。つまり、特別な場合として、$y[n] = A\cos(2\pi f_0 nT_s + \phi)$ とし、また、サンプリング定理に従って $f_0 < f_s/2$ なら、変換は次式となる。

$$y(t) = A\cos(2\pi f_0 t + \phi) \tag{4.4.1}$$

サンプルされた余弦信号に対する理想的な D-to-C 変換器は実際には、n を $f_s t$ で置き換える。他方 $f_0 > f_s/2$ ならば、エイリアシングや折返しひずみが発生することが分かる。また、理想的 D-to-C 変換器は $f_s/2$ より小さなエイリアス周波数に等しい周波数を用いて余弦波を再構成する。

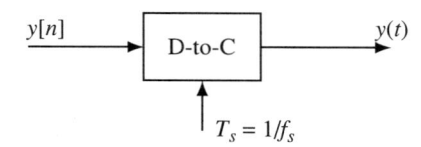

図4.15 サンプル区間 T_s に対する理想的な離散-連続（D-to-C）変換器のブロック図

4.4.1 サンプリングによるエイリアス周波数

理想的連続離散（C-to-D）変換器は図4.16に再度示す。次式の余弦波に対して、

$$x(t) = A\cos(2\pi f_0 t + \phi) \tag{4.4.2}$$

サンプルの数列は次式となる。

$$x[n] = A\cos(2\pi f_0 nT_s + \phi) \tag{4.4.3}$$

以前、サンプリング速度が f_s であるとき、無限個のエイリアス周波数（alias frequency）$\pm f_0 + \ell f_s$ が存在し、それらの周波数をもった余弦波は同一のサンプル値となることを示した。たとえば、

$$x_1(t) = A\cos(2\pi(f_s + f_0)t + \phi) \tag{4.4.4}$$

と

$$x_2(t) = A\cos(2\pi(f_s - f_0)t - \phi) \tag{4.4.5}$$

の2式は、式（4.4.2）の$x(t)$と同一サンプル値を与える。つまり、

$$x[n] = x(nT_s) = x_1(nT_s) = x_2(nT_s)$$

このような曖昧さはC-to-D変換器によってもたらされた。それゆえ、D-to-C変換器はこの曖昧さによって制限される。それはたったひとつの出力を再構成するからである。出力は、$f_0 < f_s/2$であれば唯一正しい出力となる。

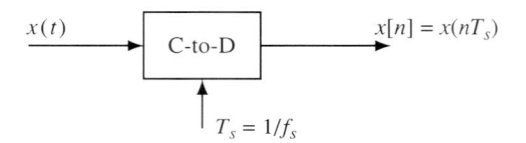

図4.16 理想的な連続-離散（C-to-D）変換器のブロック図

4.4.2 パルスを用いた補間

D-to-C変換器はどのように動作するのだろうか。この節では、D-to-C変換器がどのように補間するかを述べる。次に、この理想的なD-to-C変換器にほぼ同様な実際上のシステムをも示す。デジタル／アナログ（D-to-A）変換器と呼ばれる実際上のハードウェアシステムは理想的なD-to-Cシステムの動作に近いものである。

D-to-C変換器の大雑把な働きを記述した一般的な式は次式で与えられる。

$$y(t) = \sum_{n=-\infty}^{\infty} y[n]p(t - nT_s) \tag{4.4.6}$$

ただし、$p(t)$は変換器の特性パルス波形である。式（4.4.6）は、出力信号が時間シフトごとに多くのパルスを一緒に加算されて作成されることを示している。言い換えると、各サンプル時間$t_n = nT_s$におけるパルス$p(t - nT_s)$は、その時間に対応したサンプル値$y[n]$に比例した振幅を得る[注3]。全てのパルスは$p(t)$で指定された共通の波形をもっていることに注意されたい。もしこのパルスがT_sより大きい持続区間を持っている場合、サンプル間の間隔は重なり合ったパルスを加えることになる。

ここで明らかに重要なことはパルス波形$p(t)$の選択である。不幸にして、この時点ではまだサンプル$y[n] = y(nT_s)$から$y(t)$波形の正確な再構成に要求される最適パルス形状を導くために必要な数学

---

*注3：このパルス（pulse）はある時間に集中している連続時間波形である。普通、パルスは有限な時間区間だけ非ゼロである。

的ツールを持ち合わせていない。この最適パルス形状はサンプリング定理の数学的な証明により構成可能である。しかしここでは、いくつかの単純な（準最適な）例を考察することにより式 (4.4.6) のもっともらしさを試してみることにする。図4.17は $f_s = 200$Hz のときの D-to-C 変換器の4つの可能なパルス波形を示す。

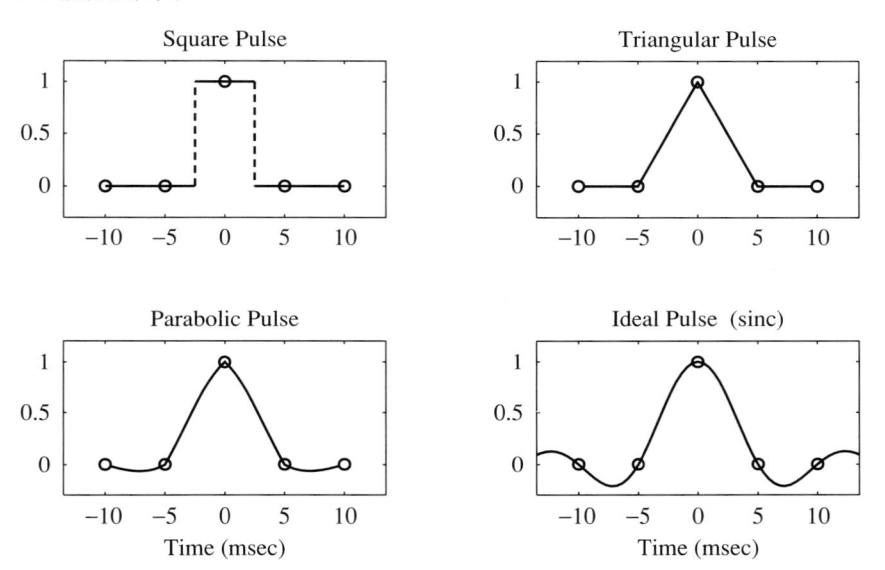

図4.17 D-to-C（離散-連続）変換器の4つの異なるパルス。サンプリング周期は $T_s = 0.005$、つまり、$f_s = 200$Hz である。各パルスの期間はほぼ T_s の1から2倍である。

4.4.3 ゼロ次保持補間

ここで提案する最も単純なパルス形状は次式で示す対称方形パルスである。

$$p(t) = \begin{cases} 1 & -\frac{1}{2}T_s < t \leq \frac{1}{2}T_s \\ 0 & その他 \end{cases} \tag{4.4.7}$$

このパルスは図4.17の上図左に描かれている。

図4.17から、方形パルスの全幅は $T_s = 5$ms であり、振幅は1である。したがって、和式 (4.4.6) 中の各 $y[n]p(t - nT_s)$ の項は $t = nT_s$ に中心をとる振幅 $y[n]$ の平らな領域を作る。これは図4.18の上図に示されている。この図には、オリジナルの83Hz余弦波、200サンプル／秒のサンプリング速度で取得されたサンプル値、個々にシフトされ調整されたパルス $y[n]p(t - nT_s)$ （ダッシュ曲線）が示されている。シフトされ調整されたパルスの総和は、図4.18の下図に示すように、「階段」波形となっている。ここでドット曲線はオリジナルの余弦波 $x(t)$ であり、実線の曲線は方形パルスを使用

して再構成された波形を示している。

Sampling and Zero-Order Reconstruction: $f_0 = 83$ $f_s = 200$

Original and Reconstructed Waveforms

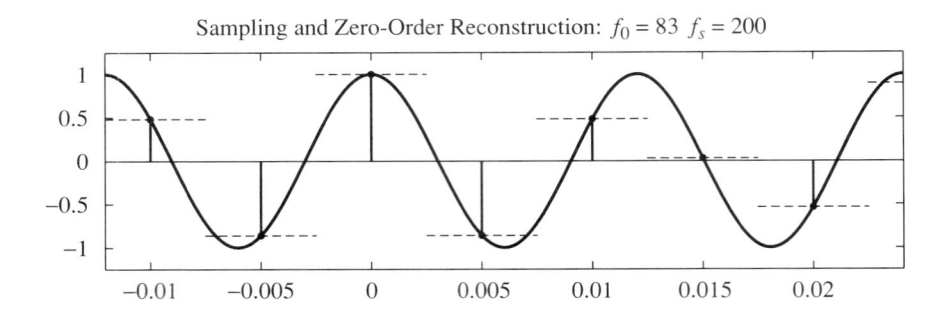

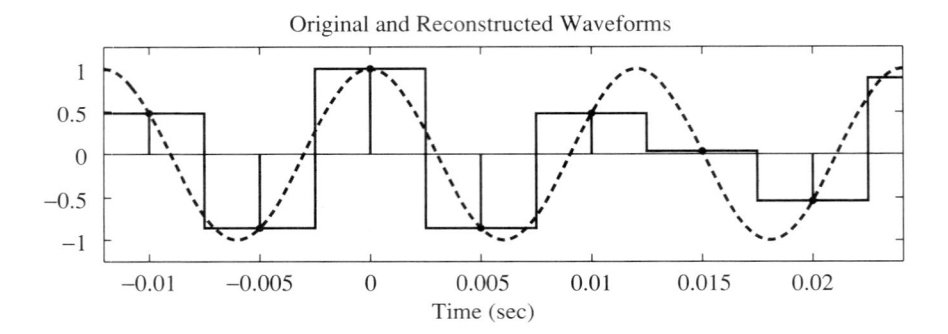

Time (sec)

図4.18　方形パルスを使用したD-to-C変換器。平坦部はゼロ次保持の特性である。

　サンプル間の隙間は、実際には連続時間波形で埋められる。しかしながら、方形パルスによる再構成波形はオリジナル余弦波の近似には程遠いことが、図4.18（下）から明らかである。したがって、式（4.4.6）に方形パルスを使用することはD-to-C変換ではあっても、理想的なD-to-C変換ではない[注4]。しかしこれは、多くの物理的に実現可能なデジタル／アナログ（D-to-A）変換器が正確にこのような出力を作り出すことから有効なモデルである。

4.4.4　線形補間

　図4.17の上図右に示す三角形パルスは1次多項式セグメントを構成するパルスを次のように定義する。

[注4]：定数はゼロ次の多項式であり、また、平坦なパルスの効果はT_s秒の間各サンプル値を「保持」する、つまり、複製することから、平坦パルスの使用はゼロ次保持再構成（zero-order hold reconstruction）と呼ばれる。

$$p(t) = \begin{cases} 1 - |t|/T_s & -T_s \leq t \leq T_s \\ 0 & その他 \end{cases} \quad (4.4.8)$$

図4.19（上）には再度オリジナル83Hzの余弦波とそのサンプルと三角パルス形状に対して調整されたパルス $y[n]p(t-nT_s)$ とを一緒に示す。この場合、ある時間 t におけるD-to-C変換器の出力 $y(t)$ は、その瞬時の位置で重なりあっている調整されたパルスの和である。パルスの期間は $2T_s$ であり、T_s の整数倍シフトされることから、2パルス以上はどの時間でも重なりあうことはない。その結果の出力は図4.19下図の実線曲線として示されている。この結果はサンプルどうしが直線で接続されたものであることに注意されたい。$t = nT_s$ の時の値が正しいことにも注意されたい。これは三角パルスが $\pm T_s$ のときゼロであり、また、たったひとつの（$t = nT_s$ の時の $y[n]$ の値で）調整されたパルスは、$t = nT_s$ のときの値に寄与しないからである。この場合の連続時間波形はサンプル間を線形補間（linear interpolation）により得られた。この波形は一層滑らかでありオリジナル波形（ドット曲線）に良く近似している。それでもこの信号にはなおも大きな再構成誤差が存在する。

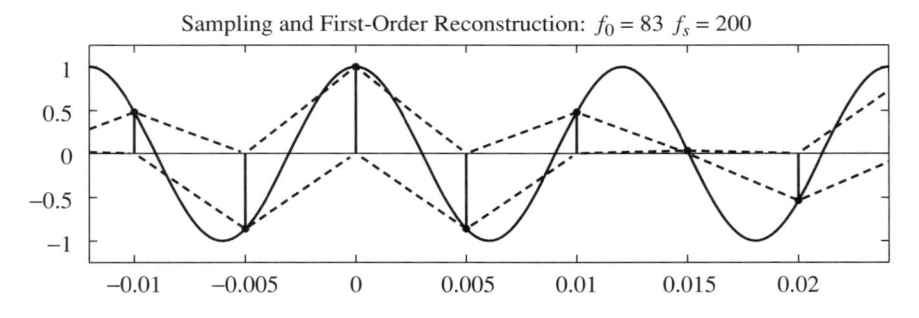

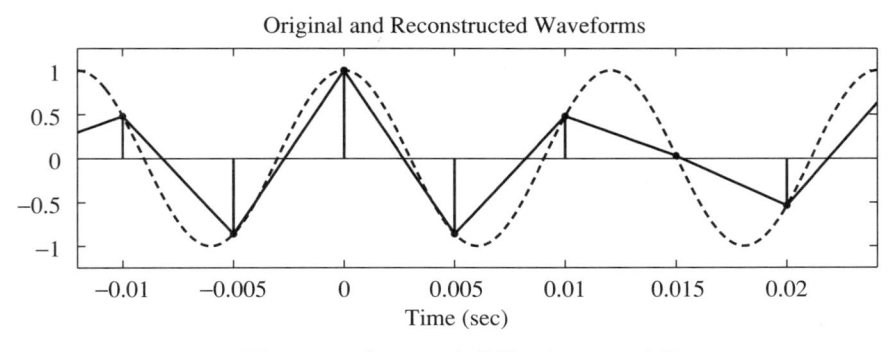

図4.19 三角パルスを使用したD-to-C変換

4.4.5 双曲線補間

第3のパルス波形を図4.17の下図左に示す。このパルスは4つの双曲（2次多項式）セグメント

からなる。このパルスの期間は、三角パルスの2倍、方形パルスの4倍の期間であることに注意されたい。しかも、このパルスはある重要な位置でゼロ値であることにも注意されたい。つまり、

$$p(t) = 0 \qquad t = \pm T_s, \pm 2T_s$$

双曲パルスによる再構成は図4.20に示されている。図4.20（上）には、オリジナル波形（f_0 = 83Hz）とそのサンプル（f_s = 200サンプル/秒）とシフト及び調整されたパルス $y[n]p(t - nT_s)$ の波形が示されている。2つのサンプル時間の間の t の値に対して、4つのパルスが重なり合い、和の式（4.46）で一緒に加え合わせる必要があるとに注意されたい。これは、ある特定の瞬時時間において、お互いが重なり合っているパルスの和として再構成される信号が、その時間の前にある2つのサンプルと後ろにある2サンプルとに依存していることを意味する。図4.20（下）には、オリジナル波形（ダッシュ）とサンプルと双曲パルス補間によるD-to-C変換器の出力（実線）を示す。近似はさらに滑らかとなり良くなっていることがわかる。しかし、完全な一致からはほど遠い。その理由はサンプリングが最高周波数のわずか2.4倍にすぎないことにある。

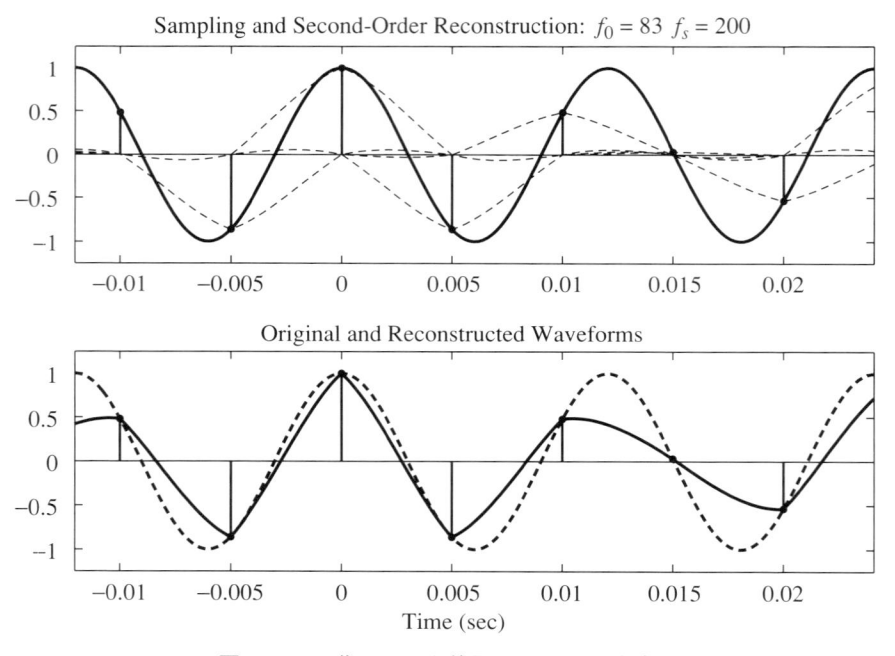

図4.20 双曲パルスを使用したD-to-C変換

4.4.6 補間を援助するオーバーサンプリング

前に述べた3例から、正弦波のような滑らかな波形再構成を実現するひとつの方法は、$p(t)$が滑らかであり長い期間を持っていることである。補間式には夫々の出力値$y(t)$の計算において複数の近傍サンプルを含む。しかしながら、サンプリング速度はもうひとつの重要な要素である。もし、オリジナル波形が$p(t)$の期間を大幅に超えることはないとすると、良い再構成が可能である。

これを確かめるひとつの方法はオーバーサンプリングにより行う。つまり、余弦波の周波数よりも大幅に高いサンプリング速度を使うことである。これを、図4.21、図4.22、図4.23に示す。余弦波の周波数はf_0 = 83Hzである、しかし、サンプリング周波数はf_s = 800サンプル／秒に上げてある。そこで、再構成のパルスは図4.17と同じ波形とするが、T_s = 5msecに代わって1.25msecと非常に短いパルスである。この信号は1パルスの期間にほんの僅かしか変化しないので、波形はより滑らかに見え、かつ、数個のパルスだけを使用して正確に再構成することを一層容易にしている。方形パルスの場合であっても（図4.21）、最良な近似が得られる。また、双曲パルスは、図4.23のプロット上のオリジナル信号と区別がつかない再構成を与える。

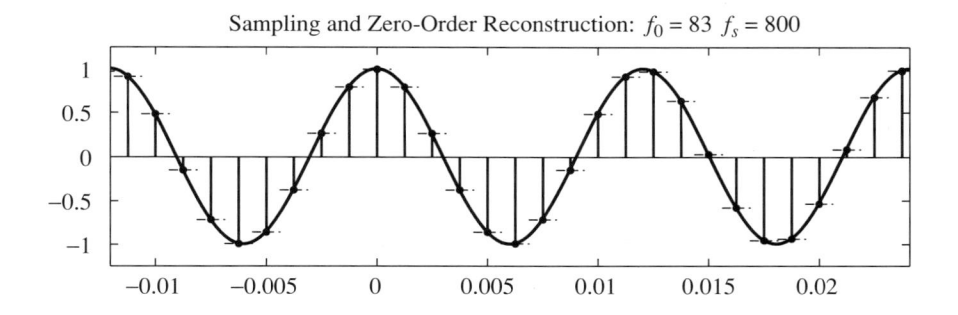

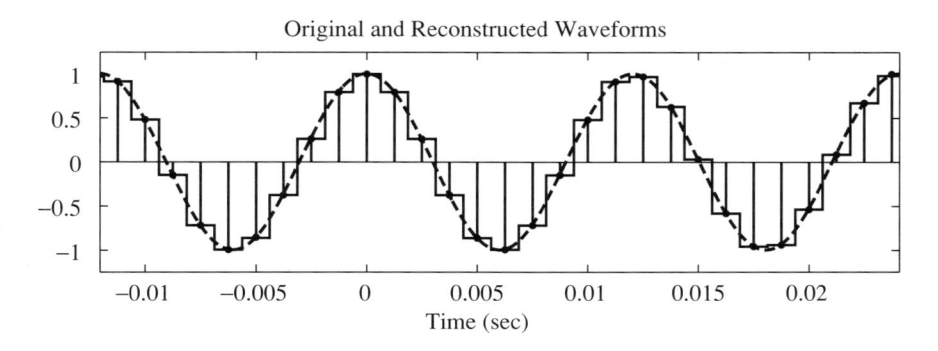

図4.21　方形パルスを使用したD-to-C変換。オリジナルの83Hz正弦波はf_s = 800サンプル／秒でオーバーサンプルされる。

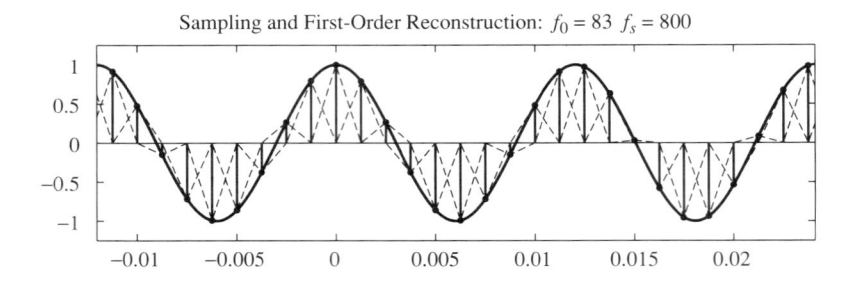

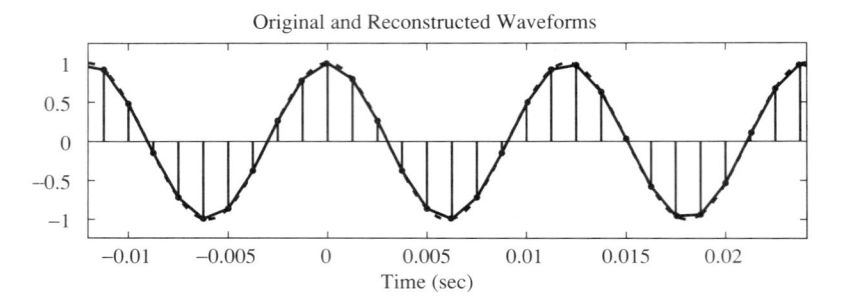

図4.22 三角パルスを使用したD-to-C変換

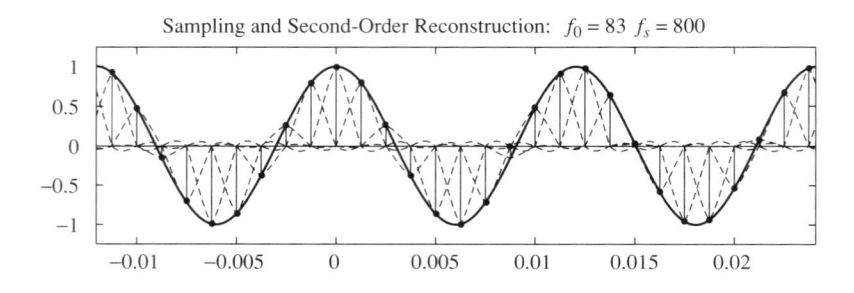

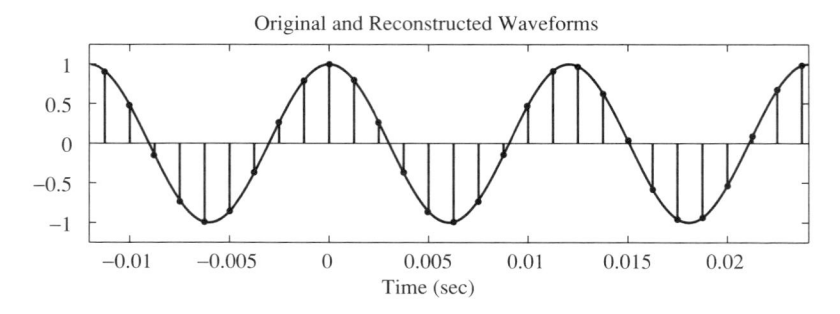

図4.23 双曲パルスを使用したD-to-C変換

図4.21、図4.22、図4.23における、オーバサンプリングは波形をサンプル値から再構成することが容易であることを示している。確かに、このことはオーディオCDにオーバサンプルD-toA変換器が使用されていることの理由である。CDの場合、4×、2×のオーバーサンプリングはサンプルをD-to-A変換器に転送する前にサンプリング速度を増やすために使用される。これは、CDプレーヤから正確な出力の再構成に簡単な（つまり安い）D-to-A変換器を使用可能としている。

4.4.7 理想的な帯域制限された補間

この節では、これまで離散－連続変換の基本原理を確かめてきた。また、このプロセスがパルスの和式 (4.4.6) により非常に良い近似であることをも示した。次のようなひとつの質問が残された。理想的なD-to-C変換を得るようなパルス波形とは何か。いま、次の式が与えられている。

$$p(t) = \frac{\sin \frac{\pi}{T_s} t}{\frac{\pi}{T_s} t} \qquad -\infty < t < \infty \qquad (4.4.9)$$

これは非常に長いパルスである。この無限長は、時間 t のときの信号をサンプルから正確に再構成するため、その時間前後のサンプル値だけでなく全サンプルが要求されていることを示している。図4.17の下右図は、このパルスの期間が $-2.6T_s < t < 2.6T_s$ にまたがることを示している。この期間の外側では減少しているが、決してゼロに達したりゼロに留まることはない。このパルスは T_s の倍数のときだけゼロであるから、この種の再構成は補間プロセスであり帯域制限補間と呼ばれる。余弦波のサンプルから再構成のためにこのパルスを使用することは、常に正確な余弦波が作られる。もしサンプル速度がサンプリング定理の条件を満足しているならば、再構成される余弦波はオリジナル信号に等しくなる。もしエイリアシングがサンプリングで発生すると、理想的なD-to-C変換器はfs/2よりも低いエイリアス周波数に対する余弦波を再構成する。

4.5 サンプリング定理

この章では、連続時間信号をサンプリングする際に発生する事柄について議論してきた。連続時間余弦信号の例を使用してエイリアシングの現象を示した。また、オリジナルの連続時間余弦波信号が補間によりどのように再構成されるかを示した。この章の議論の全ては、シャノンのサンプリング定理における信頼性を確立することが到達点である。デジタル信号処理の学習において中心的な重要事であるのでここにそれを再び示す。

第4章　サンプリングとエイリアシング

シャノンのサンプリング定理

f_{max} よりも高くない周波数を持つ連続時間信号 $x(t)$ は、もし、サンプルが $2f_{max}$ より大きな速度 $f_s = 1/T_s$ で取り出されるならば、そのサンプル $x[n] = x(nT_s)$ から正確に再構成することが可能である。

サンプリング定理のブロック図表現は、この章で定義された理想的な C-to-D 変換器と D-to-C 変換器を図4.24に示す。サンプリング定理は、図4.24に示すサンプリングと再構成システムにおける入力信号が周波数の組を $0 < f < f_{max}$ の範囲に限定された正弦波信号で構成されるなら、再構成される信号はオリジナル信号に等しくなる。つまり $y(t) = x(t)$。

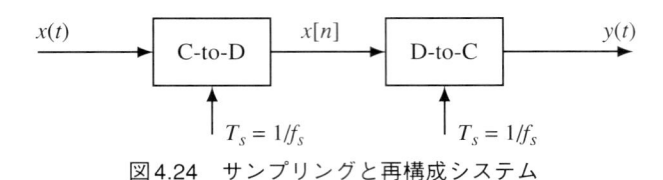

$$x(t) \xrightarrow{} \boxed{\text{C-to-D}} \xrightarrow{x[n]} \boxed{\text{D-to-C}} \xrightarrow{y(t)}$$

$T_s = 1/f_s \qquad T_s = 1/f_s$

図4.24　サンプリングと再構成システム

全ての周波数が $0 < f < f_{max}$ という周波数帯域に限定された正弦波で作られる信号は、帯域制限信号 (bandlimited signal) と呼ばれる*注5。このような信号は次式で表現される。

$$x(t) = \sum_{k=1}^{N} x_k(t) \qquad (4.5.1)$$

ただし、個々の信号は、

$$x_k(t) = A_k \cos(2\pi f_k t + \phi_k) \qquad (4.5.2)$$

である。また、これらの周波数は $f_0 \geq 0$、かつ $f_N \leq f_{max}$ のように整列されてあると仮定している。第3章で見てきたと同様に、このような余弦波信号の加算結合は周期的信号波と非周期的信号波の両方の無限個の種類を作ることができる。もし、式 (4.5.1) と式 (4.5.2) で表現される信号をサンプルすると、次式を得る。

$$x[n] = x(nT_s) = \sum_{k=0}^{N} x_k(nT_s) = \sum_{k=0}^{N} x_k[n] \qquad (4.5.3)$$

---

*注5：これに対応する複素指数信号は、$-f_{max} < f < f_{max}$ の範囲に帯域制限される。

ただし、$x_k[n] = A_k \cos(2\pi \hat{f}_k n + \phi_k)$、$\hat{f}_k = f_k/f_s$ である。つまり、連続時間信号の和をサンプルすると、サンプリング速度が十分高くなければエイリアシングの影響を受けたサンプル余弦波の和となる。

図4.24のサンプリングに続く再構成プロセスの最後のステップは、次式のを用いた補間による離散-連続変換である。

$$y(t) = \sum_{n=-\infty}^{\infty} x[n] p(t - nT_s) \tag{4.5.4}$$

ただし、完璧な再構成のための$p(t)$は式（4.4.9）で与えられる。この再構成される出力の式は、サンプル$x[n]$の線形操作である。式（4.5.3）を式（4.5.4）に代入することで次のような出力が得られる。

$$y(t) = \sum_{n=-\infty}^{\infty} \left(\sum_{k=0}^{N} x_k[n] \right) p(t - nT_s) = \sum_{k=0}^{N} \left(\sum_{n=-\infty}^{\infty} x_k[n] p(t - nT_s) \right) \tag{4.5.5}$$

さて、個々の正弦波はサンプリング定理の条件を満たしていると仮定しているので、D-to-C変換器は夫々の成分を完璧に再構成し、次の結果となる。

$$y(t) = \sum_{k=0}^{N} x_k(t) = x(t)$$

つまり、シャノンのサンプリング定理が、正弦波の帯域制限された和として表現可能であり、どのような信号に対しても適用されることを示している。また、ほとんどの現実の信号は帯域制限された信号として表現されるので、サンプリング定理は全ての種類の信号をサンプリングするための非常に一般的な基準であると言うことができる。

4.6 要約と関連

本章では、サンプリングとその対にある再構成の操作の概念を紹介した。サンプリングを用いると、エイリアシングの可能性が常に内在している。また、このよう概念を示すため、直接に、また直感的方法でストローブのデモを行った。

この章と直接的に関連付けられるlabはない。サンプリングのある側面はすでに第3章で関係付けた音楽合成実験で使用されている。音はD-to-A変換器で演奏する前にコンピュータでサンプルが作成されてなければならない。

CD-ROMには以下のようなサンプリングとエイリアシングの多くのデモンストレーションを含まれている。

1. 秒当たり30フレームの時間でビデオカメラの自然なストローブを使用することによるス

トローブ動画。
2. MATLAB動画として作られた合成ストローブデモ
3. 異なるパルス形状と異なるサンプリング速度に対する補間プロセスを示す再構成動画

CD-ROMには復習と練習のために多くの解答付き宿題がある。

問題

4.1 次の余弦波を考察する。

$$x(t) = 10\cos(880\pi t + \phi)$$

等時間間隔nT_sにおける波形をサンプリングすることにより数列を得るものと仮定する。この場合、結果の数列は次のような値である。ただし、$T_s = 0.0001$とおく。

$$x[n] = x(nT_s) = 10\cos(880\pi n T_s + \phi) \quad -\infty < n < \infty$$

(a) 余弦波の1周期中のサンプル数はいくつか？
(b) 次式のような別の波形$y(t)$を考察する。

$$y(t) = 10\cos(\omega_0 t + \phi)$$

すべての整数nに対して$y(nT_s) = x(nT_s)$であるような周波数$\omega_0 > 880\pi$を求める。
ヒント：nが整数であるとき、$\cos(\theta + 2n\pi) = \cos(\theta)$を使用する。
(c) (b)で求めた周波数に対して、$x(t)$の1周期当りのサンプル数はいくらか？

4.2 離散時間信号$x[n]$は次式の正弦波で与えられている。

$$x[n] = A\cos(2\pi \hat{f}_0 n + \theta)$$

$x[n]$の値は$n = 0, 1, 2, 3, 4, 5$に対して下表で与えられる。

n	1	2	3	4	5	6	7
$x[n]$	2.5000	0.5226	−1.5451	−3.3457	−4.5677	−5.0000	−4.5677

(a) nに対する$x[n]$をプロットせよ。

(b) 余弦信号のための次のような恒等式を証明せよ（フェーザを使用）。

$$\beta = \frac{\cos(n+1)2\pi\hat{f}_0 + \cos(n-1)2\pi\hat{f}_0}{\cos n2\pi\hat{f}_0} \qquad \text{すべての } n \text{ に対して}$$

この定数 β を求めよ。

ヒント：β は n に依存しないが、$\hat{f}_0$ の関数であるかもしれない。

(c) A、ϕ、$\hat{f}_0$ の数値を求めよ。（これには $\hat{f}_0$ を、前もって求めれば容易である）

4.3 離散時間信号 $x[n]$ は次式のとおりである。

$$x[n] = A\cos(2\pi\hat{f}_0 n + \phi)$$

$x[n]$ の値は $n = 0, 1, 2, 3, 4, 5$ に対して下表で与えられる。

n	0	1	2	3	4	5
$x[n]$	2.4271	2.9002	2.9816	2.6603	1.9798	1.0318

$x[n]$ をプロットせよ。次に、A、ϕ、$\hat{f}_0$ の値を求めよ。

4.4 $x(t) = 7\sin(11\pi t)$ とする。離散時間信号 $x[n]$ は周波数 f_s でサンプリングにより得られる。その結果は次のようになる。

$$x[n] = A\cos(2\pi\hat{f}_0 n + \phi)$$

次に各設問に対して、A、ϕ、$\hat{f}_0$ を求めよ。さらに、信号はオーバーサンプルされたのかアンダーサンプルされたのかを示せ。

(a) サンプリング周波数 $f_s = 10$ サンプル／秒の場合
(b) サンプリング周波数 $f_s = 5$ サンプル／秒の場合
(c) サンプリング周波数 $f_s = 15$ サンプル／秒の場合

4.5 離散時間信号 $x[n]$ が次式で与えられると仮定する。

$$x[n] = 2.2\cos(0.3\pi n - \pi/3)$$

また、連続時間信号 $x(t) = A\cos(2\pi \hat{f}_0 t + \phi)$ をサンプリング周波数 $f_s = 6000$ サンプル／秒でのサンプルにより得られたものと仮定する。これらの連続時間信号のすべては 8kHz 以下の周波数を持っている。これらの式を示せ。

4.6 振幅変調（AM）余弦波は次式で表現される。

$$x(t) = [10 + \cos(2\pi(2000)t)]\cos(2\pi(10^4)t)$$

(a) この信号の両側スペクトルをスケッチせよ。このプロットの重要な特徴に印を付けよ。
(b) この波形は周期的か。もしそうであれば、その周期はいくらか。
(c) 次のようなシステムにおいて $y(t) = x(t)$ となるように、サンプリング周波数 fs が満足すべき関係とは何か。

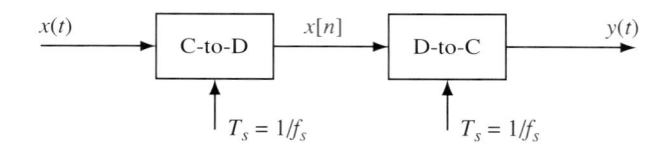

$x(t)$ → [C-to-D] → $x[n]$ → [D-to-C] → $y(t)$
    $T_s = 1/f_s$ $T_s = 1/f_s$

4.7 離散時間信号 $x[n]$ は、次式で与えられると仮定する。

$$x[n] = 10\cos(0.2\pi n - \pi/7)$$

また、連続時間信号をサンプリング周波数 $f_s = 1000$ サンプル／秒でのサンプリングにより得られたものと仮定する

(a) サンプル値は $x[n]$ に等しくなるような2つの異なる連続時間信号 $x_1(t)$ と $x_2(t)$ を求めよ。つまり、Ts = 0.001 のとき、$x[n] = x_1[nT_s] = x_2[nT_s]$ となる $x_1(t)$ と $x_2(t)$ を求めよ。これら2つの信号の周波数は 1000Hz 以下である。これらの信号に対する式を求めよ。
(b) もし、$x[n]$ が上式で与えられるとき、2000 サンプル／秒のサンプリング速度で動作する理想的な D-to-C コンバータによりどのような信号が再構成されるか。つまり、$x[n]$ が上式で与えられるとき、次図中の出力 $y[n]$ はいかなるものであるのか？

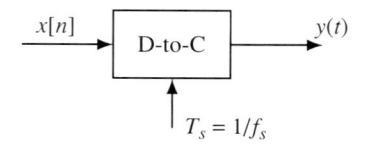

$x[n]$ → [D-to-C] → $y(t)$
         $T_s = 1/f_s$

4.8 理想的でない D-to-C コンバータは入力に列 $y[n]$ をとる。また、次の関係にしたがって連続時間出力 $y(t)$ を作る。

$$y(t) = \sum_{n=-\infty}^{\infty} y[n] p(t - nT_s)$$

ただし、$T_s = 0.1$ 秒である。入力列は次式のようにおく。

$$y[n] = \begin{cases} (0.8)^n & 0 \le n \le 5 \\ 0 & その他 \end{cases}$$

(a) パルス波形の場合、

$$p(t) = \begin{cases} 1 & -0.05 \le t \le 0.05 \\ 0 & その他 \end{cases}$$

この出力波形 $y(t)$ を注意深くスケッチせよ。

(b) 三角波形の場合、

$$p(t) = \begin{cases} 1 - 10|t| & -0.1 \le t \le 0.1 \\ 0 & その他 \end{cases}$$

この出力波形 $y(t)$ を注意深くスケッチせよ

4.9 $x[n]$ は次式のような複素指数関数であるとする。

$$x[n] = 7e^{j(0.22\pi n - 0.25\pi)}$$

もし、新しい信号 $y[n]$ が次の 2 階差分式であるとき、

$$y[n] = x[n+1] - 2x[n] + x[n-1]$$

$y[n]$ を次の書式で表すことができる。

$$y[n] = Ae^{j(2\pi \hat{f}_0 n + \phi)}$$

A、ϕ、$\hat{f}_0$ の数値を求めよ。

4.10 MATLAB は正弦波信号をプロットするために使用されると仮定して、次の MATLAB コードは信号 $x[n]$ とそのプロットを作る。不運にも、プロットの時間軸は適切なラベル付けがさ

れていない。

```
Ts = 0.01;
Duration = 0.3;
tt=0 : Ts : Duration;
Fo = 394;
xx = 9*cos( 2*pi*Fo*tt + pi/2 );
%
stem( xx )     %     <--- OOPS! There is no time axis
```

(a) stem に信号のプロットをさせよ。それをスケッチするか、MATLAB を使用してプロットせよ。

(b) 上のプロットにおいて、次式における離散時間信号に対する正しい式を求めよ。

$$x[n] = A\cos(2\pi \hat{f}_0 n + \phi)$$

(c) エイリアシングが観測しているプロットにどのように影響しているかを説明せよ。

4.11 スペクトル図は信号の周波数成分を示す。
(a) 次のスペクトルを描け。

$$x(t) = \cos(50\pi t)\sin(700\pi t)$$

周波数と各成分の複素振幅にラベルをつけよ。

(b) 信号成分にエイリアシングを含むことなく $x(t)$ をサンプルするのに使用される最小サンプリング速度（周波数）を求めよ。

4.12 スペクトル図は信号の周波数成分を与える。
(a) 次式のスペクトルをスケッチせよ。

$$x(t) = \sin^3(400\pi t)$$

各成分の周波数と複素振幅にラベル付けせよ。

(b) 信号成分にエイリアシングを含むことなく $x(t)$ のサンプルに使用される最小サンプリング速度（周波数）を求めよ。

4.13 次のMATLABプログラムのねらいは13Hzの正弦波の内、13サイクル分をプロットすることである。しかしこれにはバグが含まれている。

```
Fo = 13;
To = 1/Fo;      %-- Period
Ts = 0.07;
tt = 0 : Ts : (13*To);
xx = real( exp( j*(2*pi*Fo*tt - pi/2) ) );
%
stem( tt, xx ), xlabel('TIME   (sec)'), grid
```

(a) MATLABが作成したプロットをスケッチせよ。エイリアシングあるいはホールディングがプロットにどのように影響したかを述べよ。特に、観測は何回の周期があるか。

(b) 希望する13Hzの信号の非常に滑らかなプロットを得るためにT_sの許容値を求めよ。

4.14 振幅変調された（AM）余弦波は次式で表現される。

$$x(t) = [3 + \sin(\pi t)] \cos(13\pi t + \pi/2)$$

(a) フェーザを使用して、$x(t)$が次式で表現されることを示せ。

$$x(t) = A_1 \cos(\omega_1 t + \phi_1) + A_2 \cos(\omega_2 t + \phi_2) + A_3 \cos(\omega_3 t + \phi_3)$$
$$\text{ただし、} \omega_1 < \omega_2 < \omega_3。$$

そこで、A_1、A_2、A_3、ϕ_1、ϕ_2、ϕ_3、ω_1、ω_2、ω_3を求めよ。

(b) この信号の両側スペクトルを周波数軸に関してスケッチせよ。プロットの重要な特徴にラベル付けせよ。また、A_i、ϕ_i、ω_iを数値でラベル付けせよ。

(c) 信号成分にエイリアシングを含むことなく$x(t)$をサンプルするのに使用される最小サンプリング速度（周波数）を求めよ。

4.15 理想的なC-to-DコンバータとD-to-Cコンバータとを用いた次のようなシステムを考察する。
(a) 離散時間信号$x[n]$が次式で与えられると仮定する。

$$x[n] = 10 \cos(0.13\pi n + \pi/13)$$

もし、サンプリング周波数がf_s = 1000サンプル／秒であるなら、上のシステムへの入力である2つの異なる連続時間信号$x(t) = x_1(t)$と$x(t) = x_2(t)$を求めよ。つまり、$T_s = 0.001$であるとき、$x[n] = x_1(nT_s) = x_2(nT_s)$となるような$x_1(t)$と$x_2(t)$とを求める。

(b) もし、入力$x(t)$が以下に示すような両側スペクトル表現で与えられるならば、f_s = 700サンプル／秒のときの$y(t)$の式を求めよ。

4.16 回転ディスクとストローブのデモにおいて、ストローブ光の異なるフラッシュ速度はディスク上のスポット光を静止させるか異なる方向へ移動することを観測する。

(a) ディスクは一定速度13rev/secで時計方向に回転していると仮定する。もし、フラッシュ速度が秒当り15回とすると、ディスク上のスポットの移動を複素フェーザ$p[n]$で表現せよ。この$p[n]$はn番目フラッシュのときのスポット位置を表す。このスポットは$n = 0$（第1回目のフラッシュ）のときは最上位にあると仮定する。

(b) (a)の条件において、ストローブスポットの可視速度（回転数／秒）と移動方向とを求めよ。ディスクの回転速度は未知とする。

(c) もし、フラッシュ速度が13回／秒であり、また、ディスク上のスポットは時計方向にフラッシュごとに15度ずつ回転するとき、そのディスクの回転速度（回転／秒）を求めよ。もし、答えが一意的でなければ、すべての可能な回転速度を示せ。

4.17 回転ディスクとストローブのデモにおいて、ストローブ光の異なるフラッシュ速度はディスク上のスポット光を静止させた状態で観測している。

(a) ディスクは時計方向回転を一定速度720rpmで回転していると仮定する。複素フェーザの回転と同様にディスク上のスポットの移動を表現せよ。

(b) もし、ストローブ光が1秒当りn回のフラッシュの速度で発光できるならば、このディスクが静止状態となるようなすべての可能なフラッシュ速度を求めよ。注意：可能なフラッシュ速度は1秒当り1、2、3、.....である。

(c) もし、フラッシュ速度が秒当り13回であれば、そのスポットはどのように移動するかを示せ。また、各フラッシュ時に、そのスポットの位置を示す複素フェーザを求めよ。

4.18 次の複素信号はフェーザである。ただし、$\theta[n]$は位相である。

$$z[n] = e^{j\theta[n]}$$

(a) この位相がnに対して一定量だけ変化するとき、フェーザは一定速度で回転する。次のフェーザにおいて、

$$z[n] = e^{j(0.08\pi n - 0.25\pi)}$$

$n = 0, 1, 2, 7, 10, 17, 20, 33, 50, 99$ におけるフェーザ位置をプロットせよ。

(b) $z[n]$ の周期はいくらか。

(c) 次のチャープ信号に対応する複素フェーザを反復せよ。

$$c[n] = e^{j0.1\pi n^2}$$

この場合、$n = 0, 1, 2, 3, 4, 7$ に対するフェーザ位置をプロットせよ。

4.19 デジタルチャープ信号は次の式に従って合成される。

$$x[n] = \Re e\{e^{j\theta[n]}\} = \cos(\pi(0.7 \times 10^{-3})n^2) \qquad n = 0, 1, 2, ..., 200$$

(a) 回転フェーザ $e^{j\theta[n]}$ を $n = 10, 50, 100$ に対してプロットせよ。

(b) この信号がサンプリング速度8kHzのD-to-Aコンバータで演奏されるとき、アナログ信号の時間に対する瞬時アナログ周波数（Hz）をプロットせよ。

(c) もし、一定周波数のデジタル信号 $v[n] = \cos(0.7\pi n)$ がサンプリング速度8kHzのD-to-Aコンバータを通して演奏されるとき、その（アナログ）周波数はどのように聞こえるか。

第5章 FIRフィルタ

これまでは、信号とその数学的表現法に注意を集中してきた。この章では、システムつまりフィルタ（filter）を強調する。厳密に言えば、フィルタはある信号のいくつかの成分を削除したり、ある特性を変更するように設計されたシステムである。しかし、これら2つの言葉はしばしば交替で使用される。この章においては、FIR（finite impulse response）システム、つまり時折そう呼んでいるFIRフィルタを紹介する。これらのフィルタは、各出力が入力数列の有限数サンプルの重み平均となるシステムのことである。ここでは、FIRフィルタの基本的入力-出力構成を、フィードフォワード差分方程式に基づいて時間領域での計算と同じように定義する。フィルタの単位インパルス応答はフィルタを定義する。また、そのフィルタの特徴も示す。線形と時不変の一般的な概念についても示す。これらの特性は、連続時間と離散時間の場合の両方において非常に重要である幅広いフィルタの種類を特徴付ける。

本章の目的は、離散時間システムの基本的アイディアを紹介し、これ以後の学習のための出発点を提供することである。離散時間と連続時間システムの解析は、数学表現と操作に基づいた重要な学習課題である[注1]。この章で紹介するシステムは解析が最も簡単にできるものである。テキストの後半ではこの章の考えを別の種類のシステムへの拡張と、別の離散時間システムを解析するための開発ツールについて述べる。

5.1 離散時間システム

離散時間システムは、入力信号（input signal）と呼ばれる数列を出力信号と呼ばれる別の数列

---

*注1：システムはフーリエ解析の数学的手法により効果的に解析される。これについては第9章で紹介する。また、さらに高度な信号とシステムのテキストを広範囲に網羅している。

に変換するための計算プロセスである。前にも述べてきたように、システムはしばしば図5.1で示すようなブロック図で描かれる。第4章でも、サンプリングと再構成の操作を表現するために同様なブロック図を使用した。サンプリングする場合の入力信号は連続時間信号であり、出力は離散時間信号である。他方再構成の場合はこれの反対となる。さて、入出力が共に離散時間信号であるような離散時間システムについての学習を始めることにする。この様なシステムはデジタル計算機で実現可能であり、また、いくつもの便利な方法で信号を変更できるように設計が可能であるという理由から非常に興味深いシステムである。

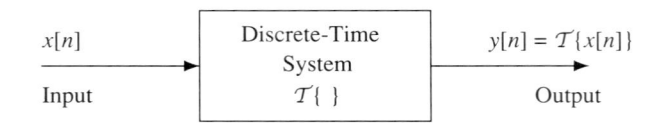

$$x[n] \longrightarrow \boxed{\begin{array}{c}\text{Discrete-Time}\\ \text{System}\\ \mathcal{T}\{\ \}\end{array}} \longrightarrow y[n] = \mathcal{T}\{x[n]\}$$

図5.1　離散時間システムのブロック図表現

一般に、次の表記によるシステムの操作を表す。

$$y[n] = \mathcal{T}\{x[n]\}$$

ただし、出力数列は数学的にオペレータ $\mathcal{T}$ で記述されたプロセスにより入力信号と関係付けられていると仮定する。離散時間信号は単に数値の羅列であるから、このようなオペレータは、入力列の値から出力列の値を計算するための公式を与えることにより記述可能である。たとえば、次の関係式、

$$y[n] = (x[n])^2$$

は出力列の値が対応する入力列値の2乗であるようなシステムである。さらに複雑な例は次のシステムの定義である。

$$y[n] = \max\{x[n], x[n-1], x[n-2]\}$$

この場合、出力は3つの連続した入力値に依存している。これは明らかに、離散時間システムを定義するためには無限の可能性が存在する。離散時間システムを有効な方法で学習するために、この可能性の幅を学習するシステムの特性にいくつかの制約を設けることが必要がある。したがって、この章においては、「FIRフィルタ」と呼ばれる離散時間システムの非常に重要な種類を紹介することから、離散時間システムの学習を開始する。特に、ここでは離散時間FIRシステムの表現方法、実装、解析について議論する。また、このようなシステムがどのようにして信号を変更するために

使用されるかも議論する。

5.2 移動平均フィルタ

　離散時間信号の単純ではあるが有用な変換は、2つ以上の数列の「移動平均」あるいは「走行平均」の計算を行い、それにより平均値という新たな数列を形成する。FIRフィルタは移動平均というアイディアの一般化である。平均化（averaing）は、データが変動しており、データを解釈する前に平滑にしなければならない時は常に使用されるのが普通である。たとえば、株式市場価格は日々、あるいは、時々刻々と目まぐるしく変動する。したがって、株価のある傾向を見つける前に、数日間の株価平均を求めることもある。別の日ごとの例としては、金利が「平均」日バランスで請求されるようなクレジットカードバランスに関係している。

　この種のFIRシステムの一般的な定義の動機付けとして、ある出力列が作られるように入力列を処理するシステムの例として簡単な移動平均を考察することにする。その内容を明確にするため、ここでは3点平均法を考える。つまり、出力列の値は3で除算された3つの連続した入力列の和である。もし、このアルゴリズムを図5.2に示す三角形状の数列に適用するなら、平均化オペレータの出力である$y[n]$と呼ばれる新しい列が計算される。図5.2の列は有限長（finite-length）信号の例である。このような数列のサポート（support）とは、その列が非ゼロである区間の値の組である。この場合の列のサポートは、有限な区間、$0 \leq n \leq 4$ である。$\{x[0], x[1], x[2]\} = \{2, 4, 6\}$ なる値の3点平均は、$\frac{1}{3}(2+4+6) = 4$ という答えを得る。この結果は出力値のひとつを明らかにした。次の出力値は$\{x[1], x[2], x[3]\} = \{4, 6, 4\}$を平均することにより得られ、14/3という値となる。先へ進む前に、出力の添え字について明らかにしておこう。たとえば、値4と14/3は$y[0]$と$y[1]$とに代入される。しかしこれは数ある可能性のひとつに過ぎないのである。その添え字を用いると、出力を入力から計算するための式は、

$$y[0] = \tfrac{1}{3}(x[0] + x[1] + x[2])$$
$$y[1] = \tfrac{1}{3}(x[1] + x[2] + x[3])$$

となる。

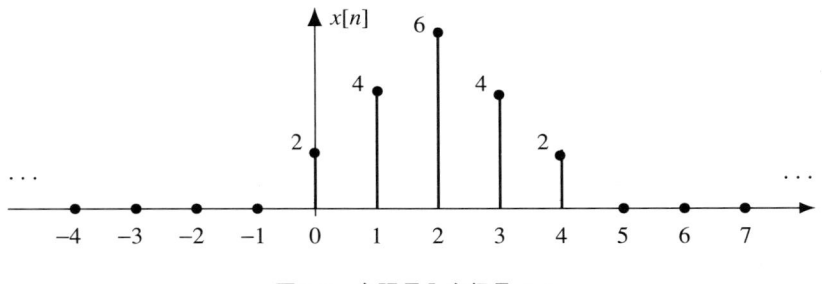

図5.2　有限長入力信号 $x[n]$

これは次の入出力式に一般化される。

$$y[n] = \frac{1}{3}(x[n] + x[n+1] + x[n+2]) \qquad (5.2.1)$$

式（5.2.1）の式は差分方程式（difference equation）と呼ばれる。式（5.2.1）は全ての添え字$-\infty < n < \infty$に対して全出力信号を計算するのに使用可能であるという理由からFIRシステムの完全な記述である。図5.2の三角入力に対して、その結果は次のような表で示される信号$y[n]$となる。

n	$n < -2$	-2	-1	0	1	2	3	4	5	$n > 5$
$x[n]$	0	0	0	2	4	**6**	**4**	**2**	0	0
$y[n]$	0	$\frac{2}{3}$	2	4	$\frac{14}{3}$	4	2	$\frac{2}{3}$	0	0

$x[n]$行の太字で示した数値は$y[2]$の計算に含まれる数列であることに注意されたい。また、有限区間$-2 \leq n \leq 4$の外側では、$y[n]=0$であることにも注意されたい。つまり、出力は有限なサポートである。出力列を図5.3に示す。出力列は入力列よりも長く、また、出力は入力を幾分丸めたように見える、つまり、入力列よりも「一層滑らか」であることが観測される。この動作は移動平均FIRフィルタの特徴である。

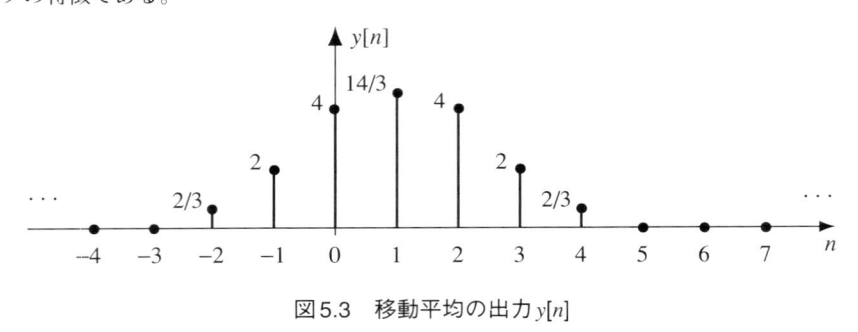

図5.3　移動平均の出力$y[n]$

出力の添字の付け方は任意であるが、フィルタの特性に関係付けて言うならば問題がある。たとえば、式（5.2.1）で定義されたフィルタは、その出力が入力開始よりも前に発生するという性質を持っている。もし入力信号値が、オーディオ信号処理アプリケーションで普通になっているようにA-to-D変換器から直接に得られる場合には、確かに好ましくない。この場合のnは時間を表している。式（5.2.1）の$y[n]$は、3つの入力信号に基づいた出力の「現在」値の計算結果として解釈される。これらの入力はn、$n+1$、$n+2$のように数えられる。この内の2つは「未来値」である。一般に、「過去」か「未来」のいずれかの値、あるいはその両方の値は、図5.4で示されるような計算に使用されるかもしれない。3点移動平均の全ての例において、3つのサンプルの「移動窓（sliding window）」は、3つのサンプルが$y[n]$の計算に使用されるように決定する。

5.2 移動平均フィルタ

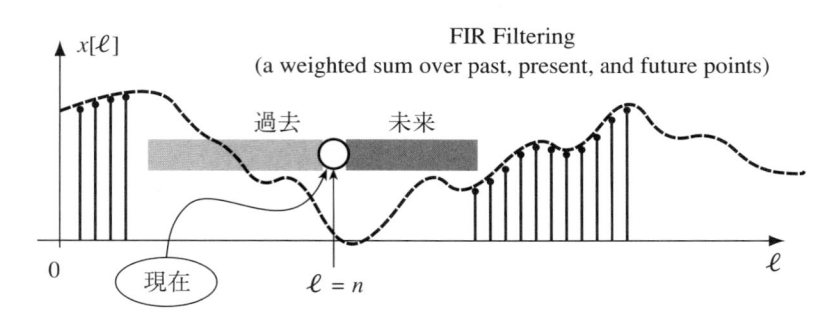

FIR Filtering
(a weighted sum over past, present, and future points)

図5.4 時間指標nの時点における移動平均フィルタの計算は移動窓内の値を使用する。濃い影部分は未来（$\ell > n$）を表し、薄い影部分は過去を表す（$\ell < n$）。

入力の現在値と過去の値のみを使用するフィルタは因果的（causal）フィルタと呼ばれ、原因はそれに対応する結果より前に先立つことはないことを暗示している。したがって、入力の未来値を使用するフィルタは非因果的（noncausal）フィルタと呼ばれる。非因果的システムは、出力が計算されるとき入力がまだ使用不可能であるので、実時間アプリケーションにおいては実現不可能である。これ以外に、格納されたデータ群がコンピュータ内部において操作されるような場合、因果性の事項は重要ではなくなる。

出力指標系は、因果的な3点平均化フィルタを作ることができる。この場合、出力値$y[n]$は、n（現在値）、$n-1$（ひとつ前のサンプル）、$n-2$（2つ前のサンプル）の平均である。このフィルタの差分方程式を以下に示す。

$$y[n] = \frac{1}{3}(x[n] + x[n-1] + x[n-2]) \tag{5.2.2}$$

式（5.2.2）で与えられる形式は因果的移動平均である。つまり、バックワード平均（backward average）とも呼ばれる。差分方程式（5.2.2）を使用すると、$-\infty < n < \infty$の範囲にわたる全ての出力値の表を作ることができる。（表中、$x[n]$の太字の数値は、$y[2]$ではなく$y[4]$を計算するために使用されたことに注意されたい）。結果の信号$y[n]$は、以前の値と同じであるが、サポータは指標間隔$0 \leq n \leq 6$である因果的フィルタの出力はこれまでの非因果的フィルタ出力の単なる移動バージョンである。このフィルタは、出力が現在の入力と2つ前までの（過去の）値だけに依存しているので因果的である。したがって、入力がゼロから変化する前に出力がゼロから変化することはない。

n	$n<-2$	-2	-1	0	1	2	3	4	5	6	7	$n>7$
$x[n]$	0	0	0	2	4	**6**	**4**	**2**	0	0	0	0
$y[n]$	0	0	0	$\frac{2}{3}$	2	4	$\frac{14}{3}$	4	2	$\frac{2}{3}$	0	0

練習 5.1 図5.2の入力に対する中央平均化の式、

$$y[n] = \tfrac{1}{3}(x[n+1] + x[n] + x[n-1])$$

の出力を求めよ。このフィルタは因果的か、非因果的か。この入力に対する出力のサポートを示せ。出力プロットを図5.3と比べよ。

5.3 一般的な FIR フィルタ

式 (5.2.2) は一般的な式、

$$y[n] = \sum_{k=0}^{M} b_k\, x[n-k] \tag{5.3.1}$$

つまり、$M = 2$、$k = 0, 1, 2$ に対して $b_k = 1/3$ のとき、式 (5.3.1) は式 (5.2.2) の因果的移動平均となる。もし、係数 b_k がすべて同じではないとき、式 (5.3.1) は「$M+1$ サンプルの重み付き移動平均」の定義と言うことができる。$y[n]$ の計算は、$\ell = n, n-1, n-2, ..., n-M$ に対応したサンプル $x[\ell]$、つまり、$x[n], x[n-1], x[n-2], ...$ を含んでいることは式 (5.3.1) から明らかである。式 (5.3.1) のフィルタには、未来の入力を含んでいないので、このシステムは因果的である。したがって、その出力は、入力が非ゼロになる前に開始することはできない*注2。図5.5の、因果的 FIR フィルタは、出力を計算するために $x[n]$ と過去の M 点を使用する。図5.5は、もし入力が有限個のサポート（$0 \le \ell \le N-1$）を持っている場合、最初の M 個のサンプル区間での計算は、フィルタの移動窓が入力を取込むまで $M+1$ 個のサンプルよりも少ないサンプル点である。また、フィルタの移動窓が入力列から取り込まない最後でも M サンプル区間存在する。図5.5から出力数列が入力数列よりも長い M サンプルとできることを示している。

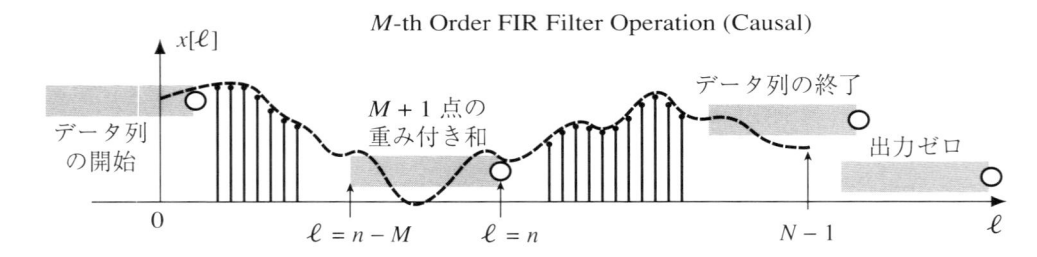

図5.5 重み付き平均が計算されるための $M+1$ 点移動窓の色々な位置で観測した M 次因果的 FIR フィルタの演算。入力信号 $x[\ell]$ は有限長（N 点）であるとき、移動窓は入力データの取り込みを開始し、また終了する。その結果、出力信号もまた有限長となる。

---

*注2：非因果的システムは、和の座標 k に負の値をも許すことで式 (5.3.1) の表現が可能であることに注意されたい。

例 5.1 FIR フィルタは、フィルタ係数 $\{b_k\}$ がひとたび既知になれば完全に決定される。たとえば、$\{b_k\}$ が、

$$\{b_k\} = \{3, -1, 2, 1\}$$

であるとき、$M = 3$、長さ 4 のフィルタであり、式（5.3.1）は 4 点差分方程式、

$$y[n] = \sum_{k=0}^{3} b_k \, x[n-k] = 3x[n] - x[n-1] + 2x[n-2] + x[n-3]$$

と展開される。 ◇

パラメータ M は FIR フィルタの次数（order）である。フィルター係数の数はフィルタ長（L）とも呼ばれる。この長さは次数より 1 大きい $L = M + 1$ となる。この用語は第 7 章の z 変換を紹介した後でも掘り下げる。

練習 5.2 フィルタ係数が $\{b_k\} = \{3, -1, 2, 1\}$ を持つ長さ 4 のフィルタの出力 $y[n]$ を計算せよ。図 5.2 で与えられた入力信号を使用する。ここに示す解答表が正しいことを確かめよ。また、欠損値を埋めよ。

n	$n < 0$	0	1	2	3	4	5	6	7	8	$n > 8$
$x[n]$	0	2	4	6	4	2	0	0	0	0	0
$y[n]$	0	6	10	18	?	?	?	8	2	0	0

5.3.1 FIR フィルタリングの図示

これまで学習してきたいくつかを図示するため、また、FIR フィルタが数列をどのように変更するかを示すために、次の信号を考察する。

$$x[n] = \begin{cases} (1.02)^n + 0.5\cos(2\pi n/8 + \pi/4) & 0 \le n \le 40 \\ 0 & \text{その他} \end{cases}$$

この信号は図 5.6 の上図のように示される。この形をした実際の信号を時折手にすることがある。つまり、関心のある信号成分（ここでは、ゆっくりと変化している指数成分 $(1.02)^n$）と関心のない信号成分との和の形をしている。たしかに、第 2 成分は、しばしば、希望信号の観測を乱す雑音と考えられる。この場合は、正弦波成分 $0.5\cos(2\pi n/8 + \pi/4)$ を削除したい雑音と考えている。図 5.6 のプロットで示されている実線で示す指数関数的に増大する曲線は、他の 2 つのプロットに対して

第5章 FIRフィルタ

も参照のために直線で希望信号$(1.02)^n$のサンプル値を連結した。

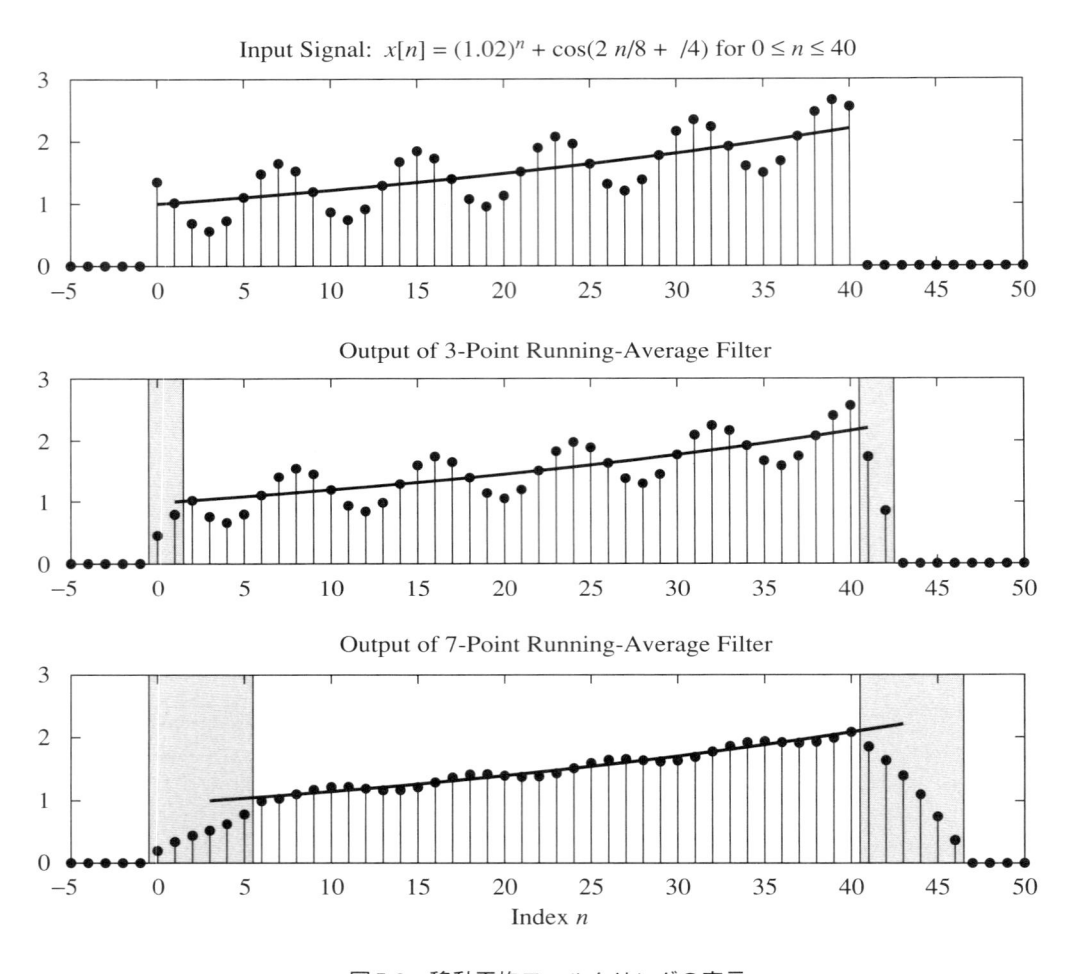

Input Signal: $x[n] = (1.02)^n + \cos(2\pi n/8 + \pi/4)$ for $0 \leq n \leq 40$

Output of 3-Point Running-Average Filter

Output of 7-Point Running-Average Filter

Index n

図5.6 移動平均フィルタリングの表示

$x[n]$は因果的3点移動平均処理への入力とする。つまり、

$$y_3[n] = \frac{1}{3}\left(\sum_{k=0}^{2} x[n-k]\right) \tag{5.3.2}$$

この場合、$M = 2$、全ての係数は1/3に等しい。このフィルタの出力は図5.6の中央に示されてある。これらのプロットに関していくつかの事柄に気付く。つまり、

1. 入力列 $x[n]$ は $n = 0$ より以前はゼロであり、式（5.3.2）から出力は $n < 0$ に対してゼロでなければならない。
2. 出力は $n = 0$ において非ゼロとなる。出力列の非ゼロ部分の先頭で、長さ $M = 2$ サンプルの網掛け区間は、3点平均処理が入力列に「遭遇」する区間である。$2 \leq n \leq 40$ の区間において、3点平均化窓の内側にある入力サンプルはすべて非ゼロである。
3. サンプル40の後ろの末尾にも、長さ $M = 2$ サンプルの網掛け区間がある。これはフィルタ窓が入力列を退去する区間である。
4. 正弦波成分の大きさは小さくなっているが、この成分はフィルタよって削除されていない。指数成分の値を示す実線は、因果フィルタによってもたらされたシフトのために $M/2 = 1$ サンプル右へ移動している。

明らかに、3点移動平均処理は入力信号中の変動のいくらかを削除しているが、希望成分をリカバリーしてはいない。直感的に、長い区間の平均化は良い結果をもたらすと考えられる。図5.6下のプロットは次式で定義された7点移動平均処理の出力を示す。

$$y_7[n] = \frac{1}{7} \left(\sum_{k=0}^{6} x[n-k] \right) \qquad (5.3.3)$$

この場合、$M = 6$, また、全ての係数は $1/7$ に等しいので、次のことが分かる。

1. 出力の先頭と末尾の網掛け領域は、$M = 6$ サンプル長である。
2. 正弦波成分の大きさは入力正弦波にくらべ大幅に減少している。また、指数成分は、（$M/2 = 3$ サンプルのシフトの後に）入力の指数成分に非常に近づいている

この例から何か結論を出せるだろうか。第1に、FIRフィルタリングは信号を有効と思われる方法で変更できる。第2に、平均化区間の長さは出力結果に大きな影響をもたらすように見える。第3に、移動平均フィルタは $M/2$ サンプルだけシフトをしているように見える。これらの観測の全ては、式（5.3.1）で定義された一般的なFIRフィルタへの適用のために示された。しかしながら、この例の詳細を完全に理解する前に、FIRフィルタの性質をより詳細に調べなければならない。第6章の終了とともにこの例の完全な理解を得ることになる。

5.3.2 単位インパルス応答

この節において、3つの新しいアイディアとして、単位インパルス列、単位インパルス応答、コンボリューション和を紹介する。インパルス応答はフィルタの完全な特性を明らかにすることを示す。それは単位インパルス応答を既知とするとき、コンボリューション和が入力から出力を計算するための公式を与えるからである。

5.3.2.1 単位インパルス応答

単位インパルスは、$n = 0$で発生するたったひとつの非ゼロ値しかもたないので、最も単純な列である。数学的な記法は次式のような、クロネッカのデルタ関数の記法$\delta[n]$である。つまり、

$$\delta[n] = \begin{cases} 1 & n = 0 \\ 0 & n \neq 0 \end{cases} \tag{5.3.4}$$

これは、下表で2行に示されている。

n	...	-2	-1	0	1	2	3	4	5	6	...
$\delta[n]$	0	0	0	1	0	0	0	0	0	0	0
$\delta[n-3]$	0	0	0	0	0	0	1	0	0	0	0

$\delta[n-3]$のようにシフトされたインパルスは、その引数がゼロであるとき非ゼロとなる。つまり、$n - 3 = 0$、$n = 3$. 表の第3行はシフトされたインパルス$\delta[n-3]$の値が与えられ、図5.7にはその数列のプロットを示す。

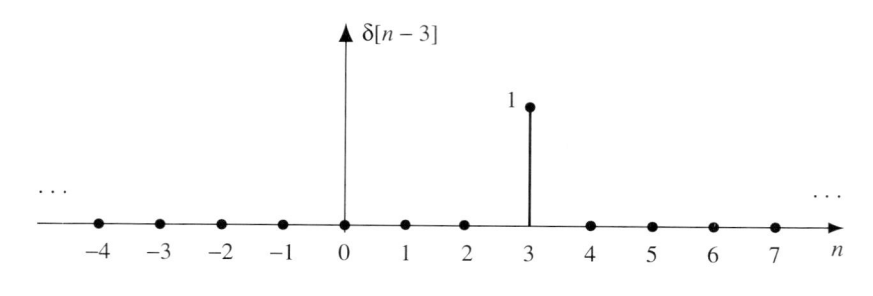

図5.7 シフトされたインパルス応答 $\delta[n-3]$

シフトされたインパルスは、信号とシステムの表現に非常に有効な概念である。たとえば、次の信号を考察する。

$$x[n] = 2\delta[n] + 4\delta[n-1] + 6\delta[n-2] + 4\delta[n-3] + 2\delta[n-4] \tag{5.3.5}$$

式 (5.3.5) を理解するために、列に数を乗算する適当な定義は、列の各値にその数を乗ずることである。2つ以上の列の和は、対応する位置（時間）の数列の値を加えることとして定義される。次の表は、式 (5.3.5) の個々の列とそれらの和を示す。

5.3 一般的なFIRフィルタ

n	...	–2	–1	0	1	2	3	4	5	6	...
$2\delta[n]$	0	0	0	2	0	0	0	0	0	0	0
$4\delta[n-1]$	0	0	0	0	4	0	0	0	0	0	0
$6\delta[n-2]$	0	0	0	0	0	6	0	0	0	0	0
$4\delta[n-3]$	0	0	0	0	0	0	4	0	0	0	0
$2\delta[n-3]$	0	0	0	0	0	0	0	2	0	0	0
$x[n]$	0	0	0	2	4	6	4	2	0	0	0

明らかに、式 (5.3.5) は図5.2の信号の表現である。確かに、任意の列はこの方法で表現される。次式、

$$\begin{aligned} x[n] &= \sum_k x[k]\delta[n-k] \\ &= \ldots x[-1]\delta[n+1] + x[0]\delta[n] + x[1]\delta[n-1] + \ldots \end{aligned} \quad (5.3.6)$$

は、k が列 $x[n]$ の全非ゼロ値をカバーする範囲にあるなら正しい。式 (5.3.6) は次のように言える。列は、正しい位置に正しい数のサンプルを配置するように、大きさとシフトしたインパルスを使用することにより作られる。

5.3.2.2 単位インパルス応答列

FIRフィルタの式 (5.3.1) への入力は単位インパルス列であるとき、つまり、$x[n] = \delta[n]$ であるとき、その出力は定義により、単位インパルス応答 (unit impulse response) である。これは $h[n]$[注3] で表記される。これを図5.8のブロック図に描く。$x[n] = \delta[n]$ を式 (5.3.1) に代入すると、次の出力が得られる。

$$y[n] = h[n] = \sum_k^M b_k \delta[n-k] = \begin{cases} b_n & n = 0, 1, 2, \ldots, M \\ 0 & \text{その他} \end{cases}$$

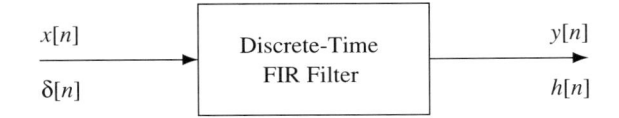

図5.8 インパルス応答の定義を示すブロック図

---

*注3：普段は、unit はよく理解されているので、これをインパルス応答 (impulse response) と短縮する。

これまで観測してきたように、各$\delta[n-k]$は$n-k=0$つまり$n=k$のときだけ非ゼロであるので、和は、nの各値に対して単一項となる。表形式でインパルス応答を示す。

n	$n<0$	0	1	2	3	...	M	$M+1$	$n>M+1$
$x[n]=\delta[n]$	0	1	0	0	0	0	0	0	0
$y[n]=h[n]$	0	b_0	b_1	b_2	b_3	...	b_M	0	0

言い換えると、FIRフィルタのインパルス応答$h[n]$は、単なる、差分方程式係数の列である。$N<0$, $n>M$に対して、$h[n]=0$であるから、インパルス応答列$h[n]$の長さは有限である。これはシステム式 (5.3.1) が有限インパルス応答（FIR）システムと呼ばれる理由である。図5.9は因果的3点移動平均フィルタの場合のインパルス応答の図を示した。

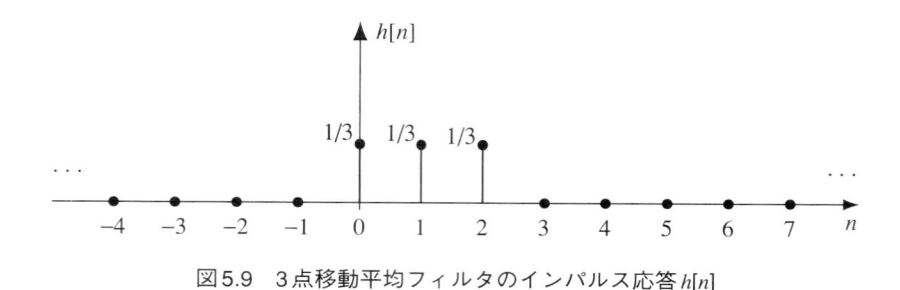

図5.9 3点移動平均フィルタのインパルス応答$h[n]$

練習5.3 次のFIRフィルタのインパルス応答を求め図示せよ。

$$y[n] = \sum_{k=0}^{10} kx[n-k]$$

5.3.2.3 単位遅延システム

ひとつの重要なシステムには、ある量n_0による遅延つまりシフトを行うオペレータがある。つまり、

$$y[n] = x[n-n_0] \tag{5.3.7}$$

$n_0=1$のとき、このシステムは単位遅延と呼ばれる。この単位遅延の出力はとりわけ可視化が容易である。プロットにおいて$x[n]$の値は単位時間ごとに右へ移動する。たとえば、$y[4]$は$x[3]$の値をとり、$y[5]$は$x[4]$の値を、$y[6]$は$x[5]$の値へと次々に移動する。

遅延システムは実際の、最も簡単なFIRフィルタである。これはたったひとつの非ゼロの係数を持っている。たとえば、「3だけ遅延」を生成するシステムでは、フィルタ係数$\{b_k\} = \{0, 0, 0, 1\}$を持っている。このFIRフィルタの次数は$M = 3$であり、その差分方程式は、

$$\begin{aligned} y[n] &= b_0 \cdot x[n] + b_1 \cdot x[n-1] + b_2 \cdot x[n-2] + b_3 \cdot x[n-3] \\ &= 0 \cdot x[n] + 0 \cdot x[n-1] + 0 \cdot x[n-2] + 1 \cdot x[n-3] \\ &= x[n-3] \end{aligned}$$

となる。

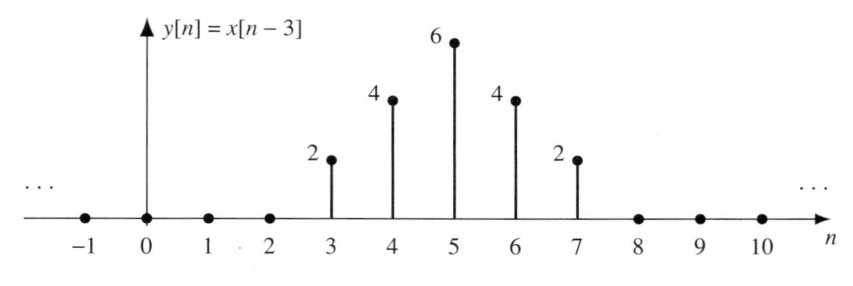

図5.10　図5.2の入力信号に対する遅延有限長入力信号、$y[n] = x[n-3]$

図5.10は、図5.2の入力に対する3つの遅れをもつ遅延システムの出力を示す。この遅延システムのインパルス応答は、$\delta[n]$を式 (5.3.7) の$x[n]$に代入すると得られる。3個の遅延に対して、

$$h[n] = \delta[n - n_0] = \delta[n - 3] = \begin{cases} 1 & n = 3 \\ 0 & n \neq 3 \end{cases}$$

このインパルス応答は図5.7で示した信号である。

5.3.3　コンボリューションとFIRフィルタ

FIRフィルタ出力の式 (5.3.1) のための一般的な表現はインパルス応答の見地から導出される。式 (5.3.1) のフィルタ係数はインパルス応答の値に等しいので、次式は式 (5.3.1) のb_kを$h[k]$で置き換えた。

$$y[n] = \sum_{k=0}^{M} h[k]\, x[n-k] \tag{5.3.8}$$

FIRフィルタの入出力の関係は、式 (5.3.8) のように入力とインパルス応答で表されるとき、これは有限なコンボリューションの和（Convolution Sum）と呼ばれ、この出力は$x[n]$と$h[n]$列の畳み込み（Convolving）により得られる。

5.3.3.1 コンボリューション出力の計算

FIRフィルタ出力に対する表作成の方法は短い信号に対し機能するが、複雑な問題における必要性には一般性が欠けている。しかしながら、コンボリューションを実行するための良いアルゴリズムへと導いてくれる式（5.3.8）の簡単な説明をする。このアルゴリズムは信号値の相対的な位置を移動する様子を示した図5.11のテーブルを使用して実現可能である。図5.11の例は、$x[n] = \{2, 4, 6, 4, 2\}$と$h[n] = \{3, -1, 2, 1\}$との畳み込みの方法を示す。最初に、信号$x[n]$と$h[n]$を別々の行に書く。次に、出力をシフト行の和として表現するために、「多項式の積の合成」に類似した方法を使用する。各シフト行は$x[n]$行と$h[k]$のひとつとの積をとり、その結果が$h[k]$の位置に並ぶように右へ移動することで作成される。最終の答は、列方向に加算することで得られる。

```
    n        |  0    1    2    3    4    5    6    7    8
-------------+-------------------------------------------------
    x[n]     |  2    4    6    4    2
    h[n]     |  3   -1    2    1
             |-------------------------------------------------
 h[0]x[n-0]  |  6   12   18   12    6
 h[1]x[n-1]  |      -2   -4   -6   -4   -2
 h[2]x[n-2]  |            4    8   12    8    4
 h[3]x[n-3]  |                 2    4    6    4    2
             |-------------------------------------------------
    y[n]     |  6   10   18   16   18   12    8    2
```

図5.11　有限長信号のコンボリューション

コンボリューション和を評価するためのこのようなアルゴリズムの正当性は、式（5.3.8）の和を記述することから来る。つまり、

$$y[n] = h[0]x[n] + h[1]x[n-1] + h[2]x[n-2] + h[3]x[n-3] + \ldots$$

$x[n-2]$のような項は、右へ2個シフトされた値をとる$x[n]$信号である。乗数$h[2]$は、シフト信号$x[n-2]$を$h[2]x[n-2]$の項が寄与すうように調整される。

練習 5.4 フィルタ係数が$\{b_k\} = \{1, -2, 2, -1\}$であるような長さ4のフィルタに対する出力$y[n]$を計算するため、「積和」コンボリューション・アルゴリズムを使用する。図5.2で与えられる入力信号を使用すること。

5.3 一般的な FIR フィルタ

この章の後半において、コンボリューションは、特別な場合として FIR をも含むような大きな種類の非常に有用なフィルタに対して基本的な入力-出力アルゴリズムであることを明らかにする。無限長信号に適用される一般的形式のコンボリューションが次式で与えられることを示す。

$$y[n] = \sum_{k=-\infty}^{\infty} h[k]\, x[n-k] \tag{5.3.9}$$

このコンボリューション和（5.3.9）は無限遠点であるが、$n < 0$、$n > M$ に対し $h[n] = 0$ なるとき、式（5.3.8）へと変形される。

5.3.3.2 MATLAB によるコンボリューション

MATLAB の場合、conv( ) 関数を用いて FIR システムを実現する。たとえば次の MATLAB 文、

```
xx = sin(0.07*pi*(0:50));
hh = ones(11,1)/11;
yy = conv(hh, xx);
```

は、51 点正弦波列 xx と 11 点列 hh とのコンボリューションを評価する。MATLAB ベクトル hh の適当な選択は、実際的な 11 点移動平均システムのインパルス応答である。

$$h[n] = \begin{cases} 1/11 & n = 0, 1, 2, \ldots \\ 0 & \text{その他} \end{cases}$$

つまり、全部で 11 個のフィルタ係数は同じで、1/11 である。

練習 5.5 MATLAB では、有限長信号のコンボリューションのみを計算できる。上の MATLAB コンボリューションにより計算された出力信号の長さを求めよ。

コンボリューションと呼ばれるオペレーションは多項式乗算に等価であることをすでにほのめかした。第 7 章において、この一致が正しいことを明らかにする。この点に関し、MATLAB では多項式を乗算するための関数は存在しないことに注意されたい。それに代わり、コンボリューションは多項式乗算に等価であることを知らねばならない。係数の列で多項式を表現し、それらの畳み込みに関数 conv( ) を使用する。つまり、多項式乗算が求まる。

練習 5.6 MATLAB を使用して、次のような多項式の積を計算せよ。

$$P(x) = (1 + 2x + 3x^2 + 5x^4)(1 - 3x - x^2 + x^3 + 3x^4)$$

5.4 FIRフィルタの実装

FIRフィルタの一般的な定義は、

$$y[n] = \sum_{k=0}^{M} b_k x[n-k] \tag{5.4.1}$$

であることを思い出されたい。FIRフィルタの出力を計算する式（5.4.1）を使用するために、次のような手段が必要であることに気が付く。(1) 遅延入力信号とフィルタ係数との乗算、(2)調整された列値の加算、(3) 入力列の遅延。式（5.4.1）の操作をブロック図のように表すのが便利であることが分かる。そのような表現は、システムの性質やシステムを実装するための別の方法に関する新しい識見を明らかにしてくれる。

5.4.1 構築ブロック

ここで必要としている基本的な構築ブロックシステムは、図5.12に図示するような乗算器、加算器、単位遅延オペレータである。

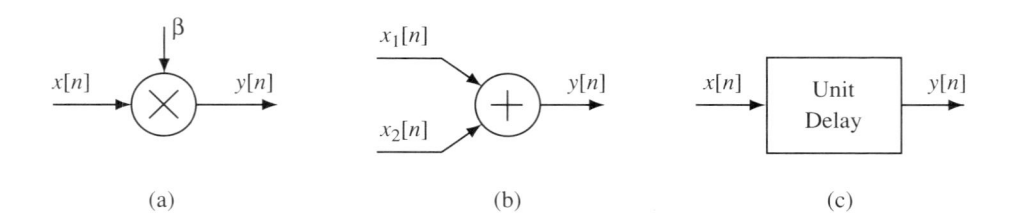

図5.12　任意のLTI離散時間システムを作るための構築ブロック。(a) 乗算器、$y[n] = \beta x[n]$、(b) 加算器、$y[n] = x_1[n] + x_2[n]$、(c) 単位遅延、$y[n] = x[n-1]$

5.4.1.1 乗算器

最初の基本システムは信号と定数の積を実行する（図5.12(a)参照）。出力信号 $y[n]$ は次のルールで与えられる。

$$y[n] = \beta x[n]$$

ただし、係数 β は定数である。このシステムはコンピュータ内のハードウェア乗算器ユニットである。DSPマイクロプロセッサに対して、この乗算器の速さはデジタルフィルタリング処理のスループットに関する基本的な限界のひとつである。画像コンボリューションのようなアプリケーションの場合、1秒間当たり膨大な乗算回数が、良いフィルタを実現するために実行されねばならない。かなり多くの技術的作業がDSPアプリケーションの高速乗算器の設計に向けられてきた。さ

らに、フィルタの多くは同一シーケンスの乗算を繰り返し要求するため、乗算器をパイプライン化することで、フィルタリング処理の劇的なスピードアップを行っている。

ところで、式（5.3.1）で $M = 0$、$b_0 = \beta$ を持つ単純な乗算器もまた FIR フィルタであることに注意されたい。この乗算器システムのインパルス応答は単に $h[n] = \beta\delta[n]$ である。

5.4.1.2 加算器

図5.12（b）に示す第2の基本システムは2つの信号の加算を実行する。これは、2つの入力とひとつの出力を持つシステムである。ハードウェアにおいて、加算器は単にコンピュータ内のハードウェア加算器ユニットである。多くの DSP 操作では乗算の直後に加算を必要とすることから、「MADD」ユニットや「MAC」ユニットと呼ばれる特別な積和ユニットを構築するのが DSP マイクロプロセッサにおいては普通である。

加算器は2つの入力列の点対応の値を組み合わせたものである。それは複数の入力列を持っているので、FIR フィルタではない。しかしながら、これは FIR フィルタの重要な構築ブロックである。多くの入力を持つ加算器は多入力加算器として描くことができる。しかし、デジタルハードウェアの場合、この加算は同時に2つの入力を実行するのが普通である。

5.4.1.3 単位遅延

第3の基本システムは1単位時間だけの遅延を実行する。これは図5.12（c）に示すようにブロック図で表現されている。離散時間フィルタの場合、時間次元は整数で表される。この遅延はシステムクロックの1と「数え上げ」る。単位遅延のハードウェア実装は実際には、サンプル値の取得、これを1クロックサイクルの間にメモリーに記録、次に、これを出力へ放出することにより実現される。式（5.4.1）を実現するために必要とされている1以上の時間単位遅延は、いくつかの単位遅延を列に接続することにより実現される。したがって、M-単位遅延には、シフトレジスタとして構成される M 個のメモリセルが必要である。これはコンピュータメモリ内の環状バッファとして実現可能である。

5.4.2 ブロック図

ハードウェア構成にとって有効な図的表現を作成するために、ブロック図表記法を使用する。これは複雑な構造を作成するために3つの基本構築ブロックの相互関係を定義するものである。このような直接的な図により、ノード（つまり接続点）は和ノード、分岐ノードあるいは、入出力ノードのいずれかである。ノード間の接続は遅延ブランチか乗算ブランチのいずれかである。図5.13は3次 FIR デジタルフィルタ（$M = 3$）のための一般的なブロック図を示す。この構造は FIR フィルタがフィードフォワード型差分方程式とも呼ばれている理由を示している。つまり、全てのパス（経路）は入力から出力へと前向きに流れているので、このブロック図内でループは存在しない。第8章においてはフィードバック型のフィルタを議論する。そこでの入力と過去の出力値の両者が出力の計算に使用される。

```
                    x[n]  ┌───────┐ x[n-1]  ┌───────┐ x[n-2]  ┌───────┐ x[n-3]
                     ───┬─│ Unit  │────┬────│ Unit  │────┬────│ Unit  │────┬───
                        │ │ Delay │    │    │ Delay │    │    │ Delay │    │
                        │ └───────┘    │    └───────┘    │    └───────┘    │
                        ↓              ↓                 ↓                 ↓
                  b₀ → ⊗         b₁ → ⊗            b₂ → ⊗            b₃ → ⊗
                        │              │                 │                 │
                        └──────→ ⊕ ←───┘                 │                 │  y[n]
                                 └──────────→ ⊕ ←────────┘                 │
                                              └────────────────→ ⊕ ←───────┘ ──→
```

図 5.13 M 次 FIR フィルタのためのブロック図構成

はっきりと言えば、図 5.13 の構造は次式のブロック図表現である。

$$y[n] = (((b_0 x[n] + b_1 x[n-1]) + b_2 x[n-2]) + b_3 x[n-3])$$

この式は明らかに、式（5.4.1）と同様な式に展開される。入力信号は縦続接続された単位遅延により遅延され、各遅延信号はフィルタ係数と乗算される。つまり、これは FIR フィルタのブロック図と差分方程式（5.4.1）の間で 1 対 1 対応していることが容易に分かる。それは両者がフィルタ係数 $\{b_k\}$ で定義されているからである。有効なスキルはひとつの表現から開始し、別の表現を生み出すことである。図 5.13 の構造は、長いフィルタの定義を簡単に行えるように規則的に表示されている。縦続接続の遅延要素の数は、M まで増やされ、フィルタ係数 $\{b_k\}$ は図中にも配置されている。この標準的な構造は直接形式と呼ばれている。ブロック図から差分方程式に戻ることは、この直接形式に固守している限り容易である。ここに対応した簡単な練習を示す。

練習 5.7 次のブロック図のための差分方程式を示せ。

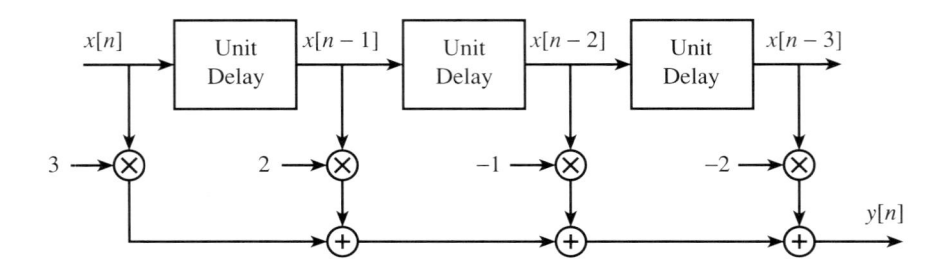

```
                    x[n]  ┌───────┐ x[n-1]  ┌───────┐ x[n-2]  ┌───────┐ x[n-3]
                     ───┬─│ Unit  │────┬────│ Unit  │────┬────│ Unit  │────┬───
                        │ │ Delay │    │    │ Delay │    │    │ Delay │    │
                        │ └───────┘    │    └───────┘    │    └───────┘    │
                        ↓              ↓                 ↓                 ↓
                   3 → ⊗          2 → ⊗            -1 → ⊗            -2 → ⊗
                        │              │                 │                 │
                        └──────→ ⊕ ←───┘                 │                 │  y[n]
                                 └──────────→ ⊕ ←────────┘                 │
                                              └────────────────→ ⊕ ←───────┘ ──→
```

5.4.2.1　その他のブロック図

多くのブロック図は、入力から出力への外的挙動は同じという意味において、同じ FIR フィルタを"実装"している。直接形式は一つの可能性である。これ以外のブロック図では異なる内部計算

や、計算の異なる次数をとる。いくつかの別の場合において、内部乗算器は異なる係数を使用することもある。第7章と第8章でz変換を学習した後で、多くの異なる実装を行うためのツールを示す。任意のブロック図に遭遇するとき、次のような4ステップの手続きはブロック図から差分方程式を導くのに使用される。

1. それぞれの単位遅延ブロックの入力に対し一意的な信号名を与える。
2. 単位遅延の出力はそれの入力で記述できることに注意されたい。
3. 構造のそれぞれの和ノードの位置において、信号の式を記述する。ステップ1と2で導入した信号名を使用する。
4. この時点で、$x[n]$、$y[n]$と内部信号名を含むいくつかの式が得られる。これらは、連立方程式で実行されると同じく変数を消去することにより$x[n]$と$y[n]$だけにを含むひとつの式に縮小できる。

図5.14に示す単純で有用な例に対して、この手続きを試みる。最初に、内部信号変数$\{v_1[n], v_2[n], v_3[n]\}$は3つの遅延器への入力として図5.14で定義されている。次に、遅延出力は左から右へ、$v_3[n-1]$、$v_2[n-1]$、$v_1[n-1]$とする。$v_3[n]$は入力$x[n]$の振巾調整された値である。さらに、3つの加算ノードの出力点での3つの式を記述する。

$$y[n] = b_0 x[n] + v_1[n-1]$$
$$v_1[n] = b_1 x[n] + v_2[n-1]$$
$$v_2[n] = b_2 x[n] + v_3[n-1]$$
$$v_3[n] = b_3 x[n]$$

ここでは、5つの「未知数」に対して4つの式がある。式の集合が直接形式に等価であることを示すため、式の組み合わせにより$v_i[n]$を消去する。

$$y[n] = b_0 x[n] + b_1 x[n-1] + v_2[n-2]$$
$$v_2[n] = b_2 x[n] + b_3 x[n-1]$$
$$\Rightarrow \quad y[n] = b_0 x[n] + b_1 x[n-1] + b_2 x[n-2] + b_3 x[n-3]$$

つまり、前と同様な差分方程式が導かれた。この新しい構造は、同じことを計算するための異なる方法でなければならない。事実、これは広く使用されており、FIRフィルタの転置形式 (transposed form) と呼ばれる。

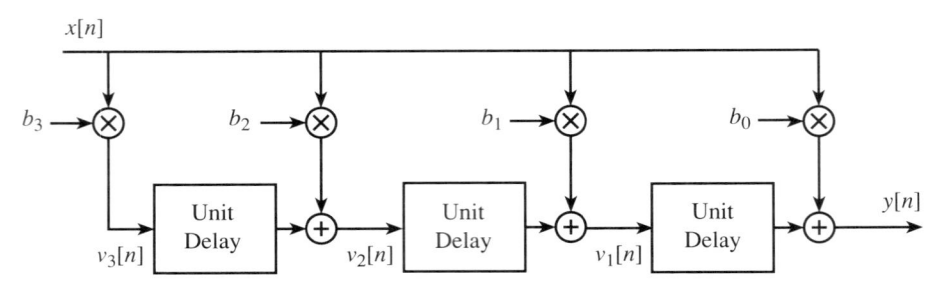

図5.14 M次FIRのための転置形式のブロック図構造

練習5.8 図5.14は図5.13の直接形式の転置形式と呼ばれるのはなぜかを考えよ。

5.4.2.2 ハードウェア内部の詳細

ブロック図は異なる信号変数間における依存性を示している。したがって、同一の入出力オペレーションを実装する異なるブロック図は、内部挙動が許される限り劇的に異なる特性を表すかもしれない。いくつかの事項が考えられる。

1. 計算の次数はブロック図により指定される。並列化やパイプライン化が活用すべき高速なアプリケーションの場合、ブロック図の依存性は計算に対する束縛を表している。
2. VLSIチップのためのフィルタの区分化は、ブロック図ごとに実行される。同様に、特別なDSPアーキテクチャーにマップされるべきアルゴリズムは、ブロック図をDSPチップのための最適化コードに翻訳する特別なコンパイラを用いたブロック図を使用することにより管理される。
3. 有限語長の効果は、フィルタが固定少数点演算を使用して構築される場合に重要である。この場合、丸め誤差とオーバーフローは、計算の内部順序に依存する重要な現実問題である。

ここでは、FIRフィルタのコンボリューションと実装について幾分かを示したので、次に、より一般的な方法での離散時間システムを考察することとする。次の節において、FIRフィルタは線形時不変システムの一般的なクラスの特別なケースであることを示す。FIRフィルタについて学習してきた多くはより一般的な種類のシステムに適用できる。

5.5 線形時不変システム（LTI）

この節では、システムの2つの一般的特性を議論する。これらの特性としての、線形と時不変は、数学的解析を簡単化し、システム動作のより深い見識と理解へと導くものである。これらの特徴の議論を容易にするために、一般的な離散時間システムのブロック図表現が図5.15に示されていることを思い出すのが便利である。このブロック図は入力信号$x[n]$を出力信号$y[n]$への変換を示してい

5.5 線形時不変システム（LTI）

る。この変換を表すために、次の記法を導入するのが便利である。

$$x[n] \longmapsto y[n] \tag{5.5.1}$$

特別な場合として、システムは入力列の値から出力列の全ての値を計算するための公式やアルゴリズムを与えることにより定義される。特別な例として、次のルールで定義された「2乗則」システムがある。

$$y[n] = (x[n])^2 \tag{5.5.2}$$

別の例は式（5.3.7）であり、これは一般的な遅延システムを定義した。もうひとつは式（5.4.1）である。これは一般化FIRフィルタを定義し、これには特別な場合として遅延システムを含んでいる。これらのFIRフィルタは線形で時不変であることを示す。しかし、2乗則システムは線形ではない。

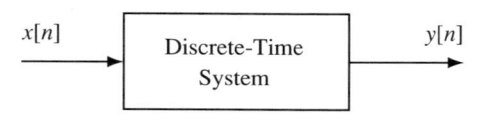

図5.15　離散時間システム

5.5.1　時不変

離散時間システムは、入力がn_0だけ遅延しているとき、その出力も同じ量だけ遅延するならば、時不変（time-invariant）であるという。上で導入した記法を使用すると、この条件を次のように表せる。

$$x[n - n_0] \longmapsto y[n - n_0] \tag{5.5.3}$$

ただし、$x[n] \longmapsto y[n]$である。条件は、シフトされる大きさを決定する整数n_0の任意の値に対して真でなければならない。

時不変特性のブロック図からの観点は図5.16で与えられる。上への分岐した入力はシステムの前でシフトされる。下の分岐においては、出力がシフトされている。つまり、このシステムは、図5.16において、$w[n] = y[n - n_0]$かどうかを調べることにより時不変に対するテストである。

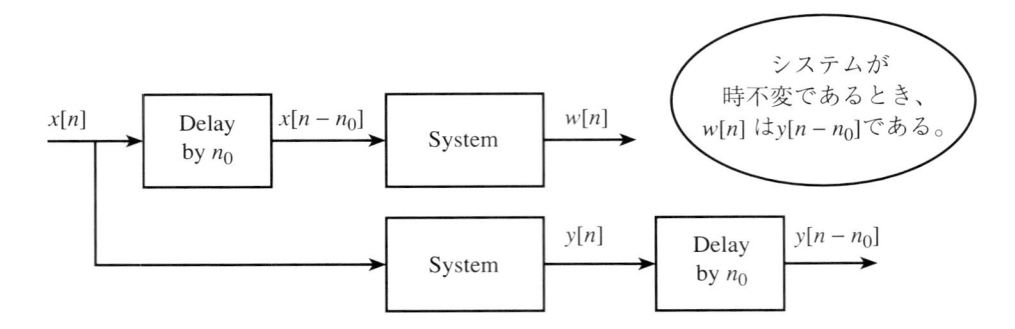

図5.16 オペレーションの変換を調べることにより時不変と特性をテストする。

式（5.5.2）で定義された2乗則システムの例を考察する。もし、2乗則システムへの入力として遅延入力を使用するならば、次式を得る。

$$w[n] = (x[n-n_0])^2$$

もし、$x[n]$が2乗則システムへの入力であるならば、$y[n] = (x[n])^2$となり、また、

$$y[n-n_0] = (x[n-n_0])^2 = w[n]$$

となる。それゆえ、この2乗則システムは時不変である。

第2の簡単な例は「時間フリップ」システムである。これは次式で定義される。

$$y[n] = x[-n]$$

このシステムは、単に、入力列を原点に関してその順序を反転する（フリップ）。もし、入力を遅らせ、原点に関して順序を反転するならば、次式を得る。

$$w[n] = x[(-n)-n_0] = x[-n-n_0]$$

しかしながら、もし入力列をはじめにフリップし、次にそれを遅らすならば、$w[n]$とは異なる列を得る。たとえば、$y[n] = x[-n]$であるから、

$$y[n-n_0] = x[-(n-n_0)] = x[-n+n_0]$$

つまり、時間フリップシステムは時不変ではない。

練習 5.9 次式で定義されたシステムが時不変システムであるかどうかを確かめよ。

$$y[n] = nx[n]$$

5.5.2 線形性

線形システムは、もし、$x_1[n] \longmapsto y1[n]$、$x_2[n] \longmapsto y_2[n]$ であれば、

$$x[n] = \alpha x_1[n] + \beta x_2[n] \quad \longmapsto \quad y[n] = \alpha y_1[n] + \beta y_2[n] \tag{5.5.4}$$

であるという性質を持っている。この数学的条件は任意の α と β に対して真でなければならない。式 (5.5.4) は、もし入力がスケール調整された列の和からなるとき、対応する出力は個々の入力列に対応したスケール調整された出力の和であることを表している。線形特性のブロック図的観点は、図 5.17 に与えられている。これは、システムが $w[n] = y[n]$ であるかないかを調べることにより線形特性がテストされることを示している。

式 (5.5.4) における線形条件は、重畳の原理に等価である。もし入力が 2 つ以上のスケール調整された列の和（重畳）であるならば、単独に作用しているそれぞれの列による出力を求め、次に、個別にスケール調整された出力の加算（重畳）をとることができる。ときには、式 (5.5.4) を 2 つの条件に分離することは便利である。$\alpha = \beta = 1$ と設定すると、次の条件を得る。

$$x[n] = x_1[n] + x_2[n] \quad \longmapsto \quad y[n] = y_1[n] + y_2[n] \tag{5.5.5}$$

また、たった 1 だけスケール調整された入力を使用すると、次式を得る。

$$x[n] = \alpha x_1[n] \quad \longmapsto \quad y[n] = \alpha y_1[n] \tag{5.5.6}$$

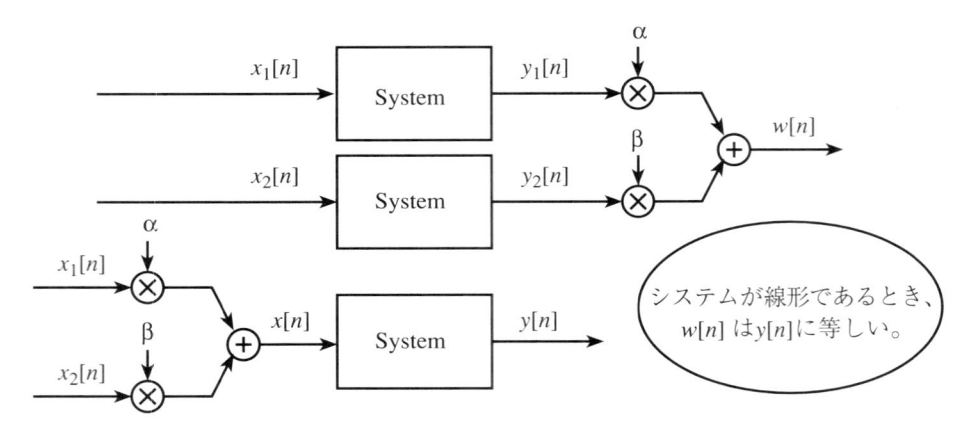

図5.17 オペレーションの変更による線形性のテスト

式（5.5.4）が真であるゆえに、式（5.5.5）と式（5.5.6）も、真でなければならない。

式（5.5.2）で定義された2乗則システムの例を再考する。そのシステムの図5.17における出力$w[n]$は、

$$w[n] = \alpha(x_1[n])^2 + \beta(x_2[n])^2$$

他方、

$$y[n] = (\alpha x_1[n] + \beta x_2[n])^2 = \alpha^2(x_1[n])^2 + 2\alpha\beta x_1[n]x_2[n] + \beta^2(x_2[n])^2$$

つまり、$w[n] \neq y[n]$であり、2乗則システムは、線形システムではないことを示している。線形でないシステムは非線形システムと呼ばれている。

練習5.10 時間フリップシステム$y[n] = x[-n]$は線形システムであることを示せ。

5.5.3 FIRの場合

式（5.3.1）で記述されるシステムは、線形性と時不変条件の両方を満足する。時不変の数学的証明は図5.16で示す手続きを使用して構成される。もし、信号$v[n]$を$x[n - n_0]$であると定義するならば、図5.16の上分岐の$v[n]$と$w[n]$とを関係付ける差分方程式は、

$$w[n] = \sum_{k=0}^{M} b_k v[n-k] = \sum_{k=0}^{M} b_k x[(n-k) - n_0] = \sum_{k=0}^{M} b_k x[(n-n_0) - k]$$

となる。比較のために、下分岐の $y[n-n_0]$ を構成すると、

$$y[n] = \sum_{k=0}^{M} b_k x[n-k] \quad \Rightarrow \quad y[(n-n_0)] = \sum_{k=0}^{M} b_k x[(n-n_0)-k]$$

を得る。これら2つの式は等しい。つまり、$w[n] = y[n-n_0]$である。また、FIRフィルタは時不変であることも明らかである。

線形性条件の証明は一層易しい。差分方程式（5.3.1）に代入し、項を集めると、

$$\begin{aligned} y[n] &= \sum_{k=0}^{M} b_k x[n-k] \\ &= \sum_{k=0}^{M} b_k (\alpha x_1[n-k] + \beta x_2[n-k]) \\ &= \alpha \sum_{k=0}^{M} b_k x_1[n-k] + \beta \sum_{k=0}^{M} b_k x_2[n-k] = \alpha y_1[n] + \beta y_2[n] \end{aligned}$$

となる。つまり、FIRフィルタは重畳の原理に従っている。したがって、これは線形システムである。

2つの特性を満足するシステムは線形時不変システム（linear time-invariant）、あるいは、単に、LTIと呼ばれる。LTI条件は一般的な条件であることを強調しておく。FIRフィルタは、LTIシステムのひとつの例である。全てのLTIシステムが式（5.3.1）で記述されるのではないが、式（5.3.1）で記述される全てのシステムはLTIシステムである。

5.6 コンボリューションとLTIシステム

図5.18に図示するようなLTI離散時間システムを考察する。LTIシステムのインパルス応答$h[n]$は、入力が単位インパルス列$\delta[n]$であるときの出力である。この節において、インパルス応答は任意のLTIシステムに対する完全な特徴であり、また、コンボリューションは任意のLTIシステムのための入力から出力を計算できるようにする一般式であることを示す。コンボリューションのはじめの議論として、有限長入力列とFIRフィルタのみを考える。ここでは完全な一般的表現式を示す。

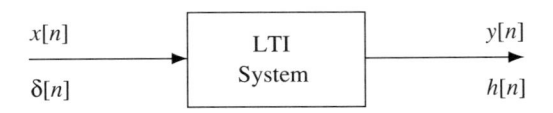

図5.18 インパルス入力を持つ線形時不変システム

5.6.1 コンボリューション和の導出

任意の信号 $x[n]$ はスケール調整とシフトされたインパルス信号の和として表現されるという5.3.2節での議論を思い出すことから開始する。信号 $x[n]$ の非ゼロのサンプルはそれぞれ、そのサンプルの指標だけシフトされたインパルス信号と乗算される。とくに、$x[n]$ を次のように記述する。

$$x[n] = \sum_{\ell} x[\ell]\delta[n-\ell] \tag{5.6.1}$$

$$= \ldots + x[-2]\delta[n+2] + x[-1]\delta[n+1] + x[0]\delta[n] + x[1]\delta[n-1] + x[2]\delta[n-2] + \ldots$$

さらに一般的な場合、式(5.6.1)の和の範囲は $-\infty$ から $+\infty$ となる。式(5.6.1)の範囲は不定のままであり、和が入力列の全ての非ゼロサンプルを含むものと考える。

式(5.6.1)のようなスケール調整された列の和は、普通、「線形和」つまり、スケール調整列の重ね合わせと呼ばれる。つまり、式(5.6.1)は、スケール調整とシフトされたインパルスの線形結合として列 $x[n]$ を表現している。LTIシステムは信号の和やシフトされた信号に対して単純で予測どおりの方法で応答するので、この表現式は、LTIシステムの出力に関する一般的な公式を導出したいという我々の目的に対してとりわけ有効である。

図5.18の入力 $\delta[n]$ の応答は、定義によりインパルス応答 $h[n]$ であることを思い出されたい。時不変は次のような付加情報を与えてくれる。つまり $\delta[n-1]$ による応答は $h[n-1]$ である。事実、入出力対の全ファミリを示すこともできる。

$$\delta[n] \longmapsto h[n] \Rightarrow \delta[n-1] \longmapsto h[n-1]$$
$$\Rightarrow \delta[n-2] \longmapsto h[n-2]$$
$$\Rightarrow \delta[n-(-1)] \longmapsto h[n-(-1)] = h[n+1]$$
$$\Rightarrow \delta[n-\ell] \longmapsto h[n-\ell] \quad \ell\text{は任意の整数}$$

式(5.6.1)は一般的な入力信号をシフトされたインパルス信号の線形結合として表すことから、いま、我々は線形を使用する段階に進んだ。2、3のケースを書き下してみると。

$$x[0]\delta[n] \longmapsto x[0]h[n]$$
$$x[1]\delta[n-1] \longmapsto x[1]h[n-1]$$
$$x[2]\delta[n-2] \longmapsto x[2]h[n-2]$$
$$x[\ell]\delta[n-\ell] \longmapsto x[\ell]h[n-\ell] \quad \ell\text{は任意の整数}$$

そこで、これらすべてをひとつにするために重ね合わせを使用する。

5.6 コンボリューションとLTIシステム

$$x[n] = \sum_{\ell} x[\ell]\delta[n-\ell] \quad \longmapsto \quad y[n] = \sum_{\ell} x[\ell]h[n-\ell] \tag{5.6.2}$$

式（5.6.1）の導出は、$x[n]$か$h[n]$のいずれかが有限区間の列であると仮定してはいない。それゆえ、一般に、和に関して無限極限を必要とする。この変形から次式を得る。

コンボリューション和の公式
$$y[n] = \sum_{\ell=-\infty}^{\infty} x[\ell]h[n-\ell] \tag{5.6.3}$$

この表現式は、最も一般的なコンボリューションの演算を表している。それゆえ、「全てのLTIシステムはコンボリューション和により表現される」ことを明らかにできた。無限極限は、列の一方かあるいは両方が有限長であるような場合をも含めて、全ての可能性を処理する。

例5.2 もし$h[n]$が、区間$0 \le n \le M$においてだけ非ゼロであるならば、式（5.6.3）は次式となる。

$$y[n] = \sum_{\ell=n-M}^{n} x[\ell]h[n-\ell] \tag{5.6.4}$$

引数$n-\ell$は、$0 \le n-\ell \le M$の範囲に存在しなければならない。それゆえ、式（5.6.3）のℓは、$(n-M) \le \ell \le n$に限定される。　◇

練習5.11 （5.6.3）で$k = (n-\ell)$と置きかえるとき、$y[n]$は、次のような良く見なれた形式で表現できることを示せ。

$$y[n] = \sum_{k=0}^{M} h[k]x[n-k]$$

5.6.2 LTIシステムの特徴

コンボリューションの特徴はLTIシステムの特徴でもある。つまり、これらの特徴を明らかにし、LTIシステムの特徴と関係付けることに興味がある。

5.6.2.1 演算子としてのコンボリューション

コンボリューションの興味深い点は、2つの信号間の演算として代数的特性である。$x[n]$と$h[n]$のコンボリューションは、*で表記される演算である。つまり、

$$y[n] = x[n] * h[n] = \sum_{\ell=-\infty}^{\infty} x[\ell]h[n-\ell] \tag{5.6.5}$$

列$x[n]$は出力$y[n]$を作成するために列$h[n]$と畳み込みが実行される。

表記、$x[n]*h[n]$は、演算過程において、コンボリューション問題を考えさせるので便利である。簡単な例として、理想的な遅延システムはインパルス応答$h[n] = \delta[n-n_0]$であることを思い出されたい。理想的な遅延システムの出力は$y[n] = x[n-n_0]$であることが解る。したがって、次式が導かれる。

インパルスとのコンボリューション
$$x[n] * \delta[n-n_0] = x[n-n_0] \qquad (5.6.6)$$

これは、非常に重要であり有用な結果である。式(5.6.6)は、"任意の列$x[n]$と$n = n_0$の位置におけるインパルスとの畳み込みをとる"ことを意味している。我々が必要としていることは、$x[n]$の原点をn_0に変換することである。

さらに、代数演算として、式(5.6.5)のコンボリューションは、乗算の可換則と結合則に類似した可換則と結合則とを満足している。つまり、

$$x[n] * h[n] = h[n] * x[n] \qquad \text{(可換則)}$$
$$(x_1[n] * x_2[n]) * x_3[n] = x_1[n] * (x_2[n] * x_3[n]) \qquad \text{(結合則)}$$

第7章のz変換を紹介するとき、これら2つの特性を再考する。

5.6.2.2 コンボリューションの可換則

コンボリューションは2つの列間において可換演算であることを明らかにするのは比較的容易である。事実、可換則の正しさは、図5.11の計算アルゴリズムから明らかである。$x[n]$か$h[n]$の何れかが最初の行で記述されることは明らかである。この$x[n]$と$h[n]$は交換可能である。次の代数操作において、変数の変換$k = n - \ell$を行い、新しいダミー変数kに関しての和をとる。

$$y[n] = x[n] * h[n] = \sum_{\ell=-\infty}^{\infty} x[\ell]h[n-\ell]$$
$$= \sum_{k=+\infty}^{-\infty} x[n-k]h[k] \qquad (k = n-\ell)$$
$$= \sum_{k=-\infty}^{\infty} h[k]x[n-k] = h[n] * x[n]$$

この方程式の第2行において、和の限界は影響されずに交換できる。数は任意順序で加算されるからである。つまり、コンボリューションは可換演算であることを明らかである。

$$y[n] = x[n] * h[n] = h[n] * x[n]$$

5.6.2.3 コンボリューションの結合則

可換則よりは明らかでない結合則は、3つの信号のコンボリューションをとるとき、それらの2つの畳み込みをとり、次に、その結果と第3の信号との畳み込みをとることである。この結合則を明らかにするために必要な代数操作は退屈であるが、コンボリューション表現がどのような異なる形式で操作されるを示すことにする。$x_1[n]$、$x_2[n]$、$x_3[n]$ は畳み込まれるべき3つの任意列であると仮定する。

$$\begin{aligned} x_1[n] * (x_2[n] * x_3[n]) &= \sum_{\ell=-\infty}^{\infty} x_1[\ell] \left(\sum_{k=-\infty}^{\infty} x_2[k] x_3[(n-\ell)-k] \right) \\ &= \sum_{\ell=-\infty}^{\infty} x_1[\ell] \sum_{q=-\infty}^{\infty} x_2[q-\ell] x_3[n-q] \\ &= \sum_{q=-\infty}^{\infty} \sum_{\ell=-\infty}^{\infty} x_1[\ell] x_2[q-\ell] x_3[n-q] \\ &= \sum_{q=-\infty}^{\infty} \left(\sum_{\ell=-\infty}^{\infty} x_1[\ell] x_2[q-\ell] \right) x_3[n-q] \\ &= (x_1[n] * x_2[n]) * x_3[n] \end{aligned}$$

第2行において、変数の変換 $q = \ell + k$ を使用する。これはコンボリューションが可換な演算であることを明らかにしている。縦続接続されたシステムに対するこのような特性の影響については5.7節で明らかにする。

5.7 縦続接続のLTIシステム

2つのシステムの縦続接続において、最初のシステムの出力は第2システムの入力である。縦続システムの全体の出力は第2のシステムの出力になる。図5.19は、縦続の2つのLTIシステム (LTI1、LTI2) を示している。LTIシステムは、縦続の2つのLTIシステムはいずれかの順序でも実装可能であるという注目すべき性質を持っている。この性質は、コンボリューションの可換則と結合則を適用することで得ることのできる次の3つの等価な表現において示されるように、コンボリューションの可換則と結合則の直接的な結果である。

$$\begin{aligned} y[n] &= (x[n] * h_1[n]) * h_2[n] & (5.7.1) \\ &= x[n] * (h_1[n] * h_2[n]) & (5.7.2) \\ &= x[n] * (h_2[n] * h_1[n]) & (5.7.3) \\ &= (x[n] * h_2[n]) * h_1[n] & (5.7.4) \end{aligned}$$

式（5.7.1）は第2のシステムが第1の出力$w[n] = x[n] * h_1[n]$を処理するための数学的式である。式（5.7.2）は、出力$y[n]$は入力と新しいインパルス応答$h_1[n] * h_2[n]$とのコンボリューションである。これは、$h[n] = h_1[n] * h_2[n]$を持つ図5.20上図に対応している。式（5.7.3）は$h[n] = h_1[n] * h_2[n] = h_2[n] * h_1[n]$であることを示すためにコンボリューションの可換則を使用する。結合則を適用すると式（5.7.4）が導かれる。これは図5.20の下図における縦続接続を暗示している。縦続のLTIシステムの順序変換は、同様な最終出力を与える。つまり、図5.19と図5.20の3つのシステム全部の出力に同じ記号でラベル付けすることは正しい。たとえ、中間信号、$w[n]$、$v[n]$が異なっていたとしても正しいのである。

```
x[n] ─→ ┌─────┐ w[n] ─→ ┌─────┐ y[n]
        │LTI 1│          │LTI 2│
δ[n] ─→ │h₁[n]│ h₁[n] ─→ │h₂[n]│ h₁[n] * h₂[n]
        └─────┘          └─────┘
```

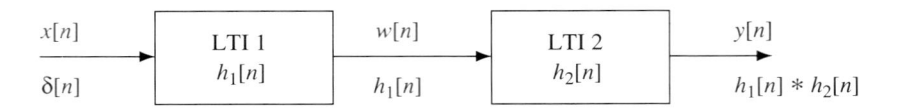

図5.19　2つのLTIシステムの縦続

```
x[n] ─→ ┌─────┐ y[n]
        │ LTI │
δ[n] ─→ │h[n] │ h[n] = h₁[n] * h₂[n]
        └─────┘

x[n] ─→ ┌─────┐ v[n] ─→ ┌─────┐ y[n]
        │LTI 2│          │LTI 1│
δ[n] ─→ │h₂[n]│ h₂[n] ─→ │h₁[n]│ h₂[n] * h₁[n]
        └─────┘          └─────┘
```

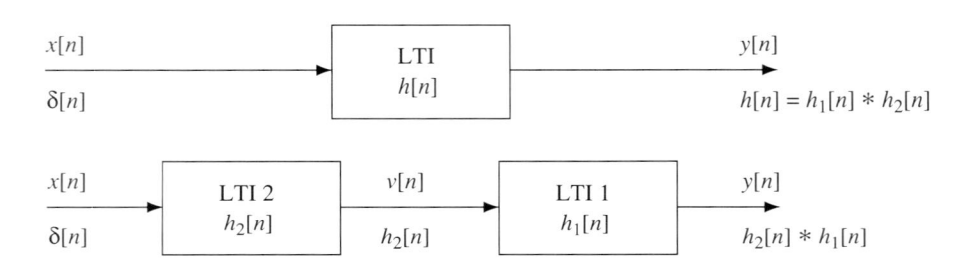

図5.20　縦続LTIシステムの順序を変更する。

縦続LTIシステムの順序が全システムの応答に影響しないことを示す別の方法は、2つの縦続システムのインパルス応答は同じであることを証明することである。図5.19において、インパルス入力とその出力は矢印の下に示されている。第1システムへの入力がインパルスであるとき、LTI1の出力はインパルス応答$h_1[n]$であり、これはLTI2への入力となる。したがって、LTI2の出力は、入力$h_1[n]$とインパルス応答$h_2[n]$とのコンボリューションである。したがって、図5.19のインパルス応答は、$h_1[n] * h_2[n]$である。同様にして、図5.20のある別の縦続システムのインパルス応答は、$h_2[n] * h_1[n]$である。コンボリューションは可換であるから、2つの縦続システムは同一のインパルス応答を持っている。

$$h[n] = h_1[n] * h_2[n] = h_2[n] * h_1[n] \tag{5.7.5}$$

これは、等価システムのインパルス応答$h[n]$でもある。また、インパルス応答は図5.19と図5.20

5.7 縦続接続のLTIシステム

における3つのシステムで同じであるから、出力は同じ入力に対して3つのシステムともすべて同じである。

例5.3 縦続LTIシステムで得られる結果の有用性を示すために、次式で定義される2つのシステムの縦続を考察せよ。

$$h_1[n] = \begin{cases} 1 & 0 \leq n \leq 3 \\ 0 & その他 \end{cases} \qquad h_2[n] = \begin{cases} 1 & 0 \leq n \leq 2 \\ 0 & その他 \end{cases}$$

この節の結果は、縦続システムは次のインパルス応答を持っていることを示す。

$$h[n] = h_1[n] * h_2[n]$$

したがって、インパルス応答を得るには、$h_1[n]$と$h_2[n]$の畳み込みをとらなければならない。これは、5.3.3.1節の多項式乗算アルゴリズムを使用して実行される。この場合、計算は次のように行われる。

```
              n        |   0    1    2    3    4    5
    -------------------+-------------------------------
              h_1[n]   |   1    1    1    1
              h_2[n]   |   1    1    1
                       |  -------------------------------
    h_1[n]h_2[n-0]     |   1    1    1    1
    h_1[n]h_2[n-1]     |        1    1    1    1
    h_1[n]h_2[n-2]     |             1    1    1    1
                       |  -------------------------------
              h[n]     |   1    2    3    3    2    1
```

したがって、等価なインパルス応答は、

$$h[n] = \sum_{k=0}^{5} b_k \delta[n-k]$$

ただし、$\{b_k\}$は、数列$\{1, 2, 3, 3, 2, 1\}$である。

この結果より、インパルス応答$h[n]$を持つシステムは、次のような単一の差分方程式で実現されることを意味している。

$$y[n] = \sum_{k=0}^{5} b_k x[n-k] \tag{5.7.6}$$

ただし、$\{b_k\}$ は任意数列である。あるいは、次の差分方程式対によっても実現される。

$$w[n] = \sum_{k=0}^{3} x[n-k] \qquad y[n] = \sum_{k=0}^{2} w[n-k] \tag{5.7.7}$$

◇

例5.3は、重要な点を示している。式（5.7.6）と式（5.7.7）の間には重要な相違がある。式（5.7.7）における実装は出力列の各値を計算するために5つの加算の和を要求している。他方、式（5.7.6）は、5つの加算と係数が1に等しくない4つの項との乗算を必要とする。大きなスケール（長いフィルタ）の場合、計算の量と種類の相違は、FIRフィルタの現実のアプリケーションにおいて非常に重要となる。つまり、同一フィルタの別の等価的な実装の存在が重要である。

5.8 FIRフィルタリングの例

実信号に関するFIRフィルタリング使用の例をもってこの章を完結する。信号として観測可能なサンプルデータの例は、ダウジョウンズ工業平均である。DJIAは、選択された代表的な株数の終値を平均化することにより得られる数列である。これは1897年から計算されている。また、これは投資者と経済専門家によりいろいろな方法で使用されている。1897年までの全数列は正値であり、指数的に増加している信号を作成する。満足のいく細部が見えるような例を得るために、信号 $x[n]$ である週間終値平均を1950年から1970年の区間で選択する[注4]。

この信号は図5.21の高い変化性を示すものである、各週間値は別個の恬としてプロットされている。図5.21の滑らかな曲線は、51点因果的移動平均操作の出力である。つまり、

$$y[n] = \frac{1}{51} \sum_{k=0}^{50} x[n-k] = x[n] * h[n]$$

ただし、$h[n]$ は、因果的51点移動平均のインパルス応答である。

[注4]：1897年から1997年までの期間でサンプルされた一週ごとのデータの完全な集合には5000サンプル以上が含まれており、約40から8000までの範囲にある。この全データ列のプロットを効果的に示すことはできない。

5.8 FIRフィルタリングの例

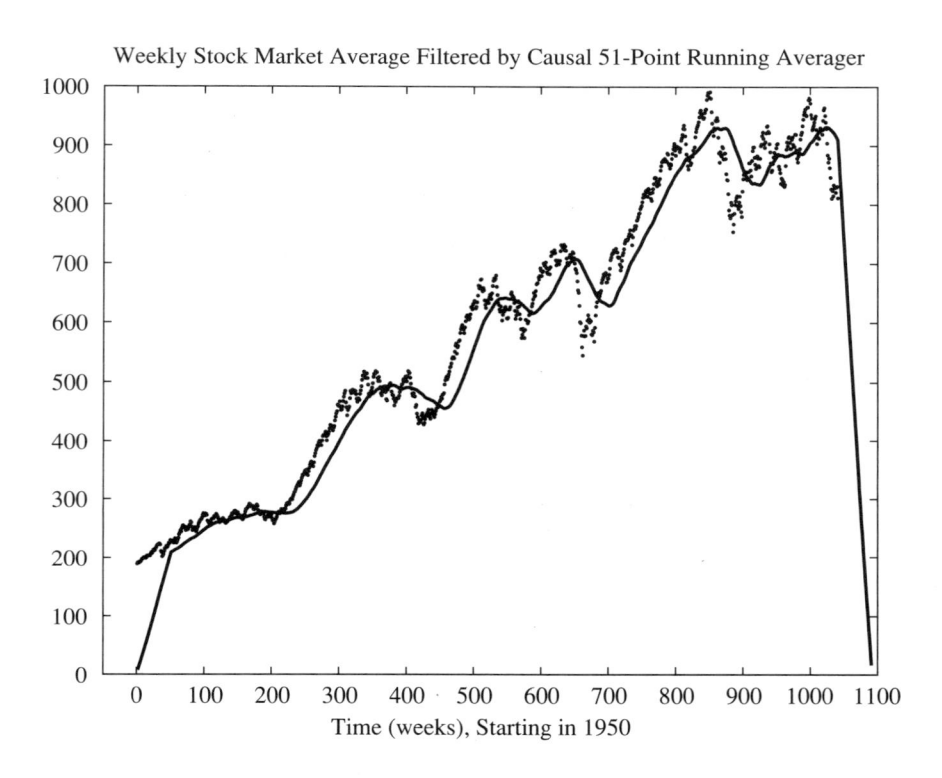

Weekly Stock Market Average Filtered by Causal 51-Point Running Averager

図5.21 入力（プロットされた個別サンプル）と51点移動平均の出力
（入力との区別のために、直線で接続されたサンプル点）

5.3.1節で見てきたように、フィルタが入力信号を取り込み始める先頭領域と、取り込まなくなる終了領域（この場合は50サンプル）が存在することに注意されたい。しかも、広いスケールを持つ変動部分がフィルタにより減少されることに注意されたい。最後に、出力は入力と相対的にシフトされることにも注意されたい。第6章において、このフィルタによるシフト量は正確に$M/2=25$サンプルであることを示すような手法を示す。

この例においては、入力とシフト無し出力とを比較できることが重要である。非因果的「中心」移動平均がよく使用される。

$$\tilde{y}[n] = \frac{1}{51}\sum_{k=-25}^{25} x[n-k] = x[n] * \tilde{h}[n]$$

ただし、$\tilde{h}[n]$は、中心移動平均のインパルス応答である。出力$\tilde{y}[n]$は、因果的移動平均を左に25サンプルシフトすることにより得られる。因果的FIRシステムの前の議論において、システムのイ

ンパルス応答が $\delta[n + 25]$ であるシステムを持つ因果的システムの縦続として中央化システムを考える。つまり、*注5

$$\begin{align}
\tilde{y}[n] &= (y[n] * \delta[n + 25]) \\
&= (x[n] * h[n]) * \delta[n + 25] \\
&= x[n] * (h[n] * \delta[n + 25]) \\
&= x[n] * h[n + 25]
\end{align}$$

つまり、$\tilde{h}[n] = h[n + 25]$ であることを見つける。つまり、中央移動平均のインパルス応答は、因果的移動平均のインパルス応答のシフトバージョンである。インパルス応答をシフトすることにより、因果システムによりもたらされる遅延を取り除くことができる。

練習5.12 51点因果的移動平均のインパルス応答 $h[n]$ を決定せよ。また、51点中央移動平均のためのインパルス応答 $\tilde{h}[n]$ を決定せよ。

中央移動平均の縦続表現は図5.22に描かれている。図5.22のシステムを記述する別の方法は、第2のシステムが最初の遅延を補償するか、遅延補償移動平均フィルタとして中央移動平均を記述することである。

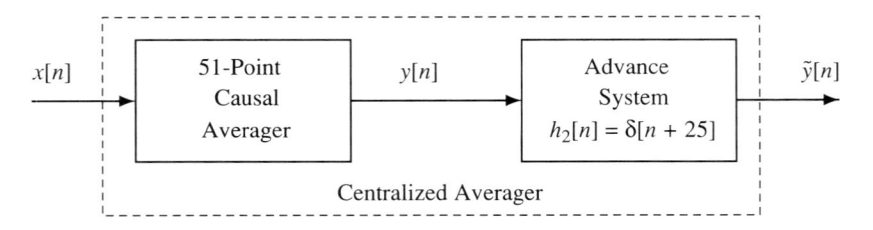

図5.22 遅延補償を持つ縦続移動平均による中央移動平均の縦続的理解

図5.23は遅延補償移動平均フィルタのための入力 $x[n]$ とその出力 $\tilde{y}[n]$ を示す。入力と出力の対応する結果がよく調整されているのがよくわかる。

この節の例で示すように、FIRフィルタは信号中の急激な変動を除去するために使用される。さらに、この例は、これらの性質がそれらのシステムの動作方法を理解するための助けに有効であるので、このようなシステムの基本的な数学的性質を明らかにすることに価値がある。

第6章では、FIRシステムの理解をさらにはっきりさせる。

---

*注5：式（5.6.6）において $y[n]$ とインパルスとのコンボリューションは、数列の原点をインパルス位置にシフトするだけである（ここでは $n = -25$ の位置）ことを思い出されたい。

5.9 要約と関連　155

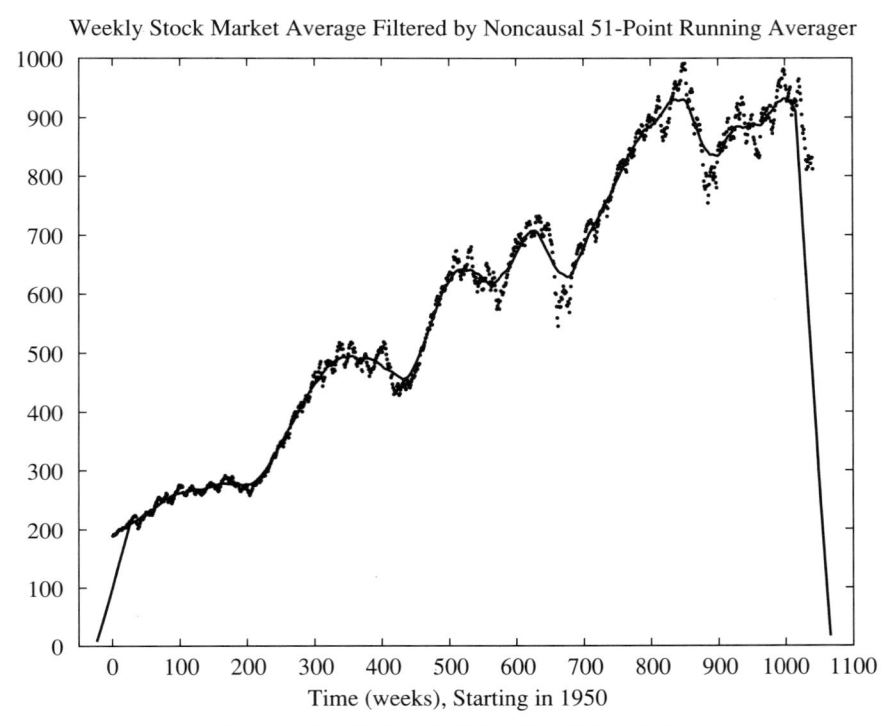

Weekly Stock Market Average Filtered by Noncausal 51-Point Running Averager

図5.23　遅延補償51点移動平均の入力／出力

5.9 要約と関連

この章ではFIRフィルタリングの概念を紹介した。付録Cの実験プロジェクトにおいて、正弦波のフィルタリングとフィルタの周波数応答を扱う問題が3つ（Labs　C.5, C.6, C.7）用意されている。周波数応答はFIRフィルタの動作を理解するために必要であるから、これらのLabでは第6章の後で実行するのが良いであろう。CD-ROMには2つのデモンストレーションを含んでいる。線形性と時不変の性質が、縦続によるフィルタの結合を使用して説明される。最後に、読者らは、CD-ROMの復習や練習のために有用である数多くの解答つき宿題を思い出されたい。

問題

5.1 次のような単位ステップ入力信号 $x[n]$ に対して"移動"平均 $y[n]$ を求める。

$$y[n] = \frac{1}{L}\sum_{k=0}^{L-1} x[n-k]$$

$$x[n] = u[n] = \begin{cases} 0 & n < 0 \\ 1 & n \geq 0 \end{cases}$$

(a) $y[n]$ の解答を求める前に、$u[n]$ をプロットせよ。
(b) L = 5 として、$y[n]$ を $-5 \leq n \leq 5$ の範囲で計算せよ。
(c) L = 5 として、$y[n]$ を $-5 \leq n \leq 5$ の範囲でスケッチせよ。もし、必要があれば MATLAB を使用する。しかし、同時に手で作業することで学習されたい。
(d) 最後に、長さ L、および、指標範囲が $n \geq 0$ に対して適用した $y[n]$ の一般的な式を求めよ。

5.2 線形時不変システムが次の差分式で表現される。

$$y[n] = 2x[n] - 3x[n-1] + 2x[n-2]$$

(a) このシステムへの入力が次式であるとき、つまり、

$$x[n] = \begin{cases} 0 & n < 0 \\ n+1 & n = 0, 1, 2 \\ 5-n & n = 3, 4 \\ 1 & n \geq 5 \end{cases}$$

そこで、$0 \leq n \leq 10$ の範囲において、$y[n]$ の値を計算せよ。
(b) $x[n]$ と $y[n]$ をプロットせよ。
(c) 単位インパルス入力に対するこのシステムの応答を求めよ。つまり、入力が $x[n] = \delta[n]$ であるときの出力 $y[n] = h[n]$ を求めよ。そして、$h[n]$ を n の関数としてプロットせよ。

5.3 線形時不変システムが次の差分方程式で与えられる。

$$y[n] = 2x[n] - 3x[n-1] + 2x[n-2]$$

(a) このシステムの実現を直接形でのブロック図で表示せよ。
(b) 同じ実現を転置直接形のブロック図で示せ。

5.4　次式で定義されたシステムを考察する。

$$y[n] = \sum_{k=0}^{M} b_k x[n-k]$$

(a) 入力 $x[n]$ が $0 \leq n \leq N-1$ の区間だけ非ゼロであると仮定する。つまり、サンプル N をサポートしている。$y[n]$ が $0 \leq n \leq P-1$ の有限区間でほぼ非ゼロであることを示せ。また、M、N の記号で P および $y[n]$ のサポートを求めよ。

(b) 入力 $x[n]$ が $N_1 \leq n \leq N_2$ の区間だけで非ゼロと仮定する。$x[n]$ のサポートはいくらか。$y[n]$ が $N_3 \leq n \leq N_4$ の有限区間においてほぼ非ゼロであることを示せ。N_1、N_2、M の記号を使って N_3、N_4 および $y[n]$ のサポートを求めよ。ヒント：図5.3と同じようなスケッチを描く。

5.5　単位ステップ信号は $n=0$ でオンになり、これを普通は $u[n]$ で表現する。以下にその式を示す。

$$u[n] = \begin{cases} 0 & n < 0 \\ 1 & n \geq 0 \end{cases}$$

(a) $u[n]$ をプロットせよ。

(b) $n < 0$ でゼロであるような別の数列を表現するために単位ステップ列を使用できる。数列 $x[n] = (0.5)^n u[n]$ をプロットせよ。

(c) L点移動平均が次式のように定義されている。

$$y[n] = \frac{1}{L} \sum_{k=0}^{L-1} x[n-k]$$

入力列 $x[n] = (0.5)^n u[n]$ に対して、$y[n]$ の値を $-5 \leq n \leq 10$ の範囲で計算せよ。ただし、$L = 4$ とする。

(d) 入力列が $x[n] = a^n u[n]$ であるとき、任意の値 a、長さ L、指標範囲 $n \geq 0$ に対して $y[n]$ の一般式を導出せよ。これを行うにあたっては、次式を使用する。

$$\sum_{k=M}^{N} \alpha^k = \frac{\alpha^M - \alpha^{N+1}}{1 - \alpha}$$

5.6　FIRデジタルフィルタの時間領域での応答に関する次の質問に答えよ。

$$y[n] = \sum_{k=0}^{M} b_k x[n-k]$$

(a) インパルスの入力信号 $x[n] = \delta[n]$ を使用してテストしたとき、そのフィルタからの観測

出力は次図に示すような信号 $h[n]$ である。

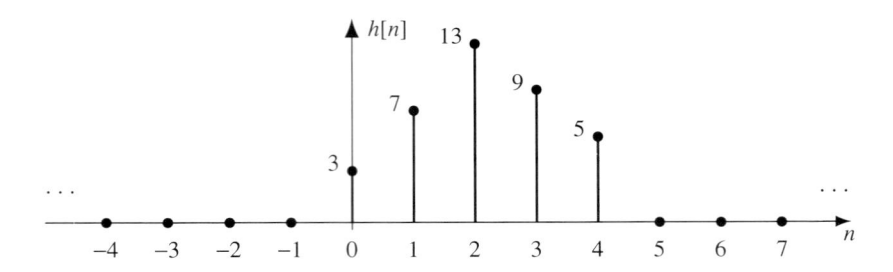

```
       h[n]
              13
           7      9
                      5
        3
... ● ● ● ● ●                     ● ● ● ...
  -4 -3 -2 -1  0  1  2  3  4  5  6  7   n
```

FIR フィルタのための差分方程式のフィルタ係数 $\{b_k\}$ を求めよ。

(b) もし、フィルタ係数が $\{b_k\} = \{13, -13, 13\}$ であり、また、入力信号が次式で与えられたとき、

$$x[n] = \begin{cases} 0 & n \text{ は偶数} \\ 1 & n \text{ は奇数} \end{cases}$$

すべての n に対する出力信号 $y[n]$ を求めよ。答えをプロットにするか、または、式で示せ。

5.7 次のようなシステムに対して、そのシステムが (1) 線形、(2) 時不変、(3) 因果的であるかどうかを示せ。

(a) $y[n] = x[n] \cos(0.2\pi n)$
(b) $y[n] = x[n] - x[n-1]$
(c) $y[n] = |x[n]|$
(d) $y[n] = A\,x[n] + B$、ただし、A と B は定数。

5.8 システム S は線形、時不変システムであるが、その正確な形状は未知であると仮定する。そのシステムに信号を入力し、また、その出力信号を観測することによりテストされる。次のような入力-出力対がテスト結果であると仮定する。

$$x[n] = \delta[n] - \delta[n-1] \longmapsto y[n] = \delta[n] - \delta[n-1] + 2\delta[n-3]$$
$$x[n] = \cos(\pi n/2) \longmapsto y[n] = 2\cos(\pi n/2 - \pi/4)$$

(a) $y[n] = \delta[n] - \delta[n-1] + 2\delta[n-3]$ をプロットせよ。
(b) 入力が次式で与えられたときのシステムの出力を得るために、線形時不変を使用せよ。

$$x[n] = 7\delta[n] - 7\delta[n-2]$$

5.9 線形時不変システムは次のようなインパルス応答を持っている。

$$h[n] = 3\delta[n] - 2\delta[n-1] + 4\delta[n-2] + \delta[n-4]$$

(a) このシステムの実現を直接形でのブロック図として描け。
(b) これを転置直接形のブロック図として描け。

5.10 特別なLTIシステムにおいて、入力が次のように与えられるとき、

$$x_1[n] = u[n] = \begin{cases} 1 & n \geq 0 \\ 0 & n < 0 \end{cases}$$

これに対応する出力は次式である。

$$y_1[n] = \delta[n] + 2\delta[n-1] - \delta[n-2] = \begin{cases} 0 & n < 0 \\ 1 & n = 0 \\ 2 & n = 1 \\ -1 & n = 2 \\ 0 & n \geq 3 \end{cases}$$

LTIシステムへの入力が $x_2[n] = 3u[n] - 2u[n-4]$ であるとき、その出力を求めよ。既知の数列で $y_2[n]$ を表現した式として示せ。あるいは、$-\infty < n < \infty$ の区間における値の列として示せ。

5.11 3つのシステムが縦続接続されていると仮定する。いいかえれば、S_1 の出力は S_2 の入力であり、S_2 の出力は S_3 の出力である。3つのシステムは次のように定義されている。

$$S_1 : y_1[n] = x_1[n] - x_1[n-1]$$
$$S_2 : y_2[n] = x_2[n] + x_2[n-2]$$
$$S_3 : y_3[n] = x_3[n-1] + x_3[n-2]$$

つまり、$x_1[n] = x[n]$、$x_2[n] = y_1[n]$、$x_3[n] = y_2[n]$、$y[n] = y_3[n]$ である。入力 $x[n]$ から出力 $y[n]$、つまり、S_3 の出力までが単一演算となるような等価的なシステムを求めよ。
(a) 個別システム S_i に対するインパルス応答 $h_i[n]$ を求めよ。
(b) 全システムのインパルス応答 $h[n]$ を求めよ。つまり、$y[n] = x[n] * h[n]$ のときの $h[n]$ を求めよ。
(c) $x[n]$ と $y[n]$ の項だけで全システムを決定する1つの差分方程式で表現せよ。

5.12 次のようなMATLABプログラムで実現されるシステムを考察せよ。

```
Load xx      % xx.bat file contains vector of input samples
yy1 = conv(ones(1,4),xx);    % xx is name of input vector
yy2 = conv([1, -1, -1, 1],xx);
ww = yy1 + yy2;
yy = conv(ones(1,3),ww);
```

入力xxから出力yyまでの全システムは3つのLTIシステムを合成したLTIシステムである。

(a) 上で示したプログラムにより実現されるシステムのブロック図を描け。各要素のシステムのインパルス応答と差分方程式とを示せ。全システムはLTIシステムである。

(b) インパルス応答はいくらか。また、入力$x[n]$と出力$y[n]$により満足する差分方程式を示せ。

第6章 FIRフィルタの周波数応答

　第5章ではFIR離散時間システムの種類を紹介した。有限数の入力列値の重み付き移動平均は離散時間システムを定義することを示した。また、このようなシステムは線形で時不変であることも示した。FIRシステムのインパルス応答はシステムを完全に定義することをも示した。この章では、線形時不変FIRフィルタの周波数応答（frequency response）の概要を紹介し、また、周波数応答とインパルス応答が一意的に関係付けられていることを示す。線形時不変システムのために、入力が複素正弦波であるとき、それに対応する出力信号はそれと全く同じ周波数を持つが、振幅と位相は異なる複素正弦波であることにも注目する。全周波数にわたる周波数応答関数は全ての可能な正弦波により確かめられ、振幅と位相の変化を得ることによりLTIシステムの応答を要約される。さらに、線形時不変システムは重畳の原理に従うので、周波数応答関数は正弦波の和として表現される任意の入力に対するシステムの挙動の完全な特性である。ほとんどの任意の離散時間信号は正弦波の重ね合わせにより表現されるので、その周波数応答は任意信号のシステムを表現するのに十分である。

6.1　FIRシステムの正弦波応答

　線形時不変システムは、入力が離散時間複素指数関数であるとき、とりわけ簡単な方法で動作する。これを調べるため、次のFIRシステムを考察する。

$$y[n] = \sum_{k=0}^{M} b_k x[n-k] = \sum_{k=0}^{M} h[k] x[n-k] \tag{6.1.1}$$

また、入力は規格化された角周波数$\hat{\omega}$を持つ複素指数関数であると仮定する。

$$x[n] = A\,e^{j\varphi}\,e^{j\hat{\omega}n} \qquad -\infty < n < \infty$$

もし、$x[n] = x(nT_s)$、ω と $\hat{\omega}$ は $\hat{\omega} = \omega T_s$ で関係付けられるとき、ただし、T_s はサンプリング周期とするとき、対応する出力は、

$$\begin{aligned}
y[n] &= \sum_{k=0}^{M} b_k A e^{j\varphi} e^{-j\hat{\omega}(n-k)} \\
&= \left(\sum_{k=0}^{M} b_k e^{-j\hat{\omega}k}\right) A e^{j\varphi} e^{j\hat{\omega}n} \\
&= \mathcal{H}(\hat{\omega}) A e^{j\varphi} e^{j\hat{\omega}n} \qquad -\infty < n < \infty
\end{aligned} \qquad (6.1.2)$$

ただし、

$$\mathcal{H}(\hat{\omega}) = \sum_{k=0}^{M} b_k e^{-j\hat{\omega}k} \qquad (6.1.3)$$

複素指数関数信号の周波数を一般化した記号 $\hat{\omega}$ として表してきたので、$\hat{\omega}$ の関数である式（6.1.3）を得た。つまり、式（6.1.3）は任意周波数 $\hat{\omega}$ の複素指数関数信号でLTIシステムの応答を記述する。したがって、式（6.1.3）で定義される大きさ $\mathcal{H}(\hat{\omega})$ は、システムの周波数応答関数（frequency-response function）と呼ばれる。（一般的に、これを周波数応答と短縮する）。

FIRフィルタのインパルス応答列はフィルタ係数の列と同じであることから、周波数応答をフィルタ係数 b_k かインパルス応答 $h[k]$ のいずれかを使用して周波数応答を表すことができる。つまり、

LTIシステムの周波数応答

$$\mathcal{H}(\hat{\omega}) = \sum_{k=0}^{M} b_k e^{-j\hat{\omega}k} = \sum_{k=0}^{M} h[k] e^{-j\hat{\omega}k} \qquad (6.1.4)$$

いくつかの重要な点は、式（6.1.2）と式（6.1.4）に明示する。第1に、式（6.1.2）の正確な考えを次に示す。入力は離散時間複素指数関数信号であるときLTI-FIRフィルタの出力は、異なる複素振幅であるが、同一周波数を持つ離散時間複素指数関数信号となる。周波数応答は、複素振幅の変化している信号を乗算する。この事実が数学的表現式 $y[n] = \mathcal{H}(\hat{\omega})x[n]$ により表現されることを導くとは言え、この数学的表現式は周波数 $\hat{\omega}$ の複素指数関数信号に対してのみ正しいことをいとも容

易に忘れてしまうので、これは決して実行されないことを強く忠告しておく。式 $y[n] = \mathcal{H}(\hat{\omega})x[n]$ は、$x[n] = A\,e^{j\phi}e^{j\hat{\omega}n}$ なる形式の正確な信号以外の如何なる信号に対しても意味を持たない。これは、この点を理解する上で非常に重要である。

第2の重要な点は、周波数応答 $\mathcal{H}(\hat{\omega})$ が $\mathcal{H}(\hat{\omega}) = |\mathcal{H}(\hat{\omega})|e^{j\angle\mathcal{H}(\hat{\omega})}$ か $\mathcal{H}(\hat{\omega}) = \mathfrak{Re}\{\mathcal{H}(\hat{\omega})\} + j\,\mathfrak{Im}\{\mathcal{H}(\hat{\omega})\}$ のいずれかで表現されるような複素数ということにある。入力複素指数関数信号の振幅と位相に関するLTIシステムの効果は、周波数応答関数 $\mathcal{H}(\hat{\omega})$ により完全に決定される。とりわけ、入力が $x[n] = A\,e^{j\phi}e^{j\hat{\omega}n}$ であるとき、$\mathcal{H}(\hat{\omega})$ の極形式の使用により、次の結果を得る。

$$\begin{aligned}y[n] &= |\mathcal{H}(\hat{\omega})|e^{j\angle\mathcal{H}(\hat{\omega})} \cdot A e^{j\phi}\,e^{j\hat{\omega}n} \\ &= (|\mathcal{H}(\hat{\omega})|A) \cdot e^{j(\angle\mathcal{H}(\hat{\omega})+\phi)}\,e^{j\hat{\omega}n}\end{aligned} \tag{6.1.5}$$

周波数応答の振幅と位相の形式は、乗法が極形式で最も簡便に実行されることから、便利な形式である。周波数応答の角度は、単に、入力の位相に加算される。つまり、複素指数関数信号における付加的な位相シフトを作る。周波数応答の振幅は複素指数関数信号の振幅を乗算するので、周波数応答のこの部分は、出力の大きさを制御する。つまり、$|\mathcal{H}(\hat{\omega})|$ はシステムの利得（gain）とも呼ばれる。

例6.1 差分方程式の係数、$\{b_k\} = \{1, 2, 1\}$ であるLTIシステムを考察する。これを式（6.1.3）に代入すると次式を得る。

$$\mathcal{H}(\hat{\omega}) = 1 + 2e^{-j\hat{\omega}} + e^{-j\hat{\omega}\cdot 2}$$

このFIRフィルタの周波数応答の振幅と位相に対する公式を得るため、次のような式に変形する。

$$\begin{aligned}\mathcal{H}(\hat{\omega}) &= 1 + 2e^{-j\hat{\omega}} + e^{-j\hat{\omega}\cdot 2} \\ &= e^{-j\hat{\omega}}(e^{j\hat{\omega}} + 2 + e^{-j\hat{\omega}}) \\ &= e^{-j\hat{\omega}}(2 + 2\cos\hat{\omega})\end{aligned}$$

周波数 $-\pi < \hat{\omega} \leq \pi$ に対して $(2 + 2\cos\hat{\omega}) \geq 0$ であるから、その振幅は $|\mathcal{H}(\hat{\omega})| = (2 + 2\cos\hat{\omega})$ であり、位相は $\angle\mathcal{H}(\hat{\omega}) = -\hat{\omega}$ である。 ◇

例6.2 複素入力 $x[n] = 2\,e^{j\pi/4}\,e^{j\pi n/3}$ を考察する。もしこの信号は例6.1のシステムへの入力であるとき、$|\mathcal{H}(\pi/3)| = 2 + 2\cos(\pi/3) = 3$、$\angle\mathcal{H}(\hat{\omega}) = -\pi/3$ となる。したがって、ある入力に対してのこのシステムの出力は、

$$y[n] = 3e^{-j\pi/3} \cdot 2e^{j\pi/4} \, e^{j\pi n/3}$$
$$= (3 \cdot 2) \cdot e^{(j\pi/4 - j\pi/3)} e^{j\pi n/3}$$
$$= 6e^{-j\pi/12} e^{j\pi n/3} = 6e^{j\pi/4} e^{j\pi(n-1)/3}$$

つまり、このシステムと与えられた入力 $x[n]$ に対して、出力は、入力に3が乗じられ、1サンプルの遅れに対応した位相シフトに等しくなる。

練習6.1 係数列が対称（つまり、$b_0 = b_M$, $b_1 = b_{M-1}, \ldots$）であるとき、その周波数応答は例6.1で示したように計算される。その例のスタイルにしたがって、係数 $\{b_k\} = \{1, -2, 4, -2, 1\}$ を持つFIRフィルタの周波数応答は次のように表されることを示せ。

$$\mathcal{H}(\hat{\omega}) = [4 - 4\cos(\hat{\omega}) + 2\cos(2\hat{\omega})] \, e^{-j2\hat{\omega}}$$

6.2 重ね合わせと周波数応答

重ね合わせの原理により、もし入力が複素指数関数信号の和であるならば、線形時不変システムの出力を求めるのが非常に容易となる。これは、周波数応答がLTIシステムの解析と設計に非常に重要な理由である。

たとえば、LTIシステムの入力は、ある規格化された周波数 $\hat{\omega}_1$ の余弦信号にDCレベルの加算されたものであると仮定する、

$$x[n] = A_0 + A_1 \cos(\hat{\omega}_1 n + \phi_1)$$

もし、複素指数関数で信号を表現すると、その信号は、$\hat{\omega} = 0$、$\hat{\omega}_1$、$-\hat{\omega}_1$ の周波数からなる3つの複素指数関数信号で構成される。

$$x[n] = A_0 e^{j0n} + \frac{A_1}{2} e^{j\phi_1} e^{j\hat{\omega}_1 n} + \frac{A_1}{2} e^{-j\phi_1} e^{-j\hat{\omega}_1 n}$$

重ね合わせにより、$x[n]$ に対応した出力を得るために、各項別の出力を決定し、次に、それらを加算する。入力信号の成分はすべて複素指数関数信号であるから、あらかじめシステムの周波数応答を知っている場合、それぞれの出力を求めることは容易である。各成分を対応する周波数で評価された $\mathcal{H}(\hat{\omega})$ を乗算するだけである。つまり、

$$y[n] = \mathcal{H}(0) A_0 e^{j0n} + \mathcal{H}(\hat{\omega}_1) \frac{A_1}{2} e^{j\phi_1} e^{j\hat{\omega}_1 n} + \mathcal{H}(-\hat{\omega}_1) \frac{A_1}{2} e^{-j\phi_1} e^{-j\hat{\omega}_1 n}$$

一定信号は$\hat{\omega} = 0$の複素指数関数と言う事実が使用されていることに注意されたい。もし、$\mathcal{H}(\hat{\omega}_1)$を$\mathcal{H}(\hat{\omega}_1) = |\mathcal{H}(\hat{\omega}_1)|e^{j\angle\mathcal{H}(\hat{\omega}_1)}$と表現すると、次の演算ステップ[注1]は、$y[n]$が最終的に余弦関数として表現されることを示している。

$$\begin{aligned}
y[n] &= \mathcal{H}(0) A_0 e^{j0n} + \mathcal{H}(\hat{\omega}_1)\frac{A_1}{2} e^{j\phi_1} e^{j\hat{\omega}_1 n} + \mathcal{H}^*(\hat{\omega}_1)\frac{A_1}{2} e^{-j\phi_1} e^{-j\hat{\omega}_1 n} \\
&= \mathcal{H}(0) A_0 + |\mathcal{H}(\hat{\omega}_1)| e^{j\angle\mathcal{H}(\hat{\omega}_1)}\frac{A_1}{2} e^{j\phi_1} e^{j\hat{\omega}_1 n} \\
&\quad + |\mathcal{H}(\hat{\omega}_1)| e^{-j\angle\mathcal{H}(\hat{\omega}_1)}\frac{A_1}{2} e^{-j\phi_1} e^{-j\hat{\omega}_1 n} \\
&= \mathcal{H}(0) A_0 + |\mathcal{H}(\hat{\omega}_1)| \frac{A_1}{2} e^{j(\hat{\omega}_1 n + \phi_1 + \angle\mathcal{H}(\hat{\omega}_1))} \\
&\quad + |\mathcal{H}(\hat{\omega}_1)| \frac{A_1}{2} e^{-j(\hat{\omega}_1 n + \phi_1 + \angle\mathcal{H}(\hat{\omega}_1))} \\
&= \mathcal{H}(0) A_0 + |\mathcal{H}(\hat{\omega}_1)| A_1 \cos(\hat{\omega}_1 n + \phi_1 + \angle\mathcal{H}(\hat{\omega}_1))
\end{aligned}$$

余弦入力信号の振幅と位相の変化は、$\mathcal{H}(\hat{\omega})$の正の周波数部分から得られることに注意されたい。しかし、$x[n]$を複素指数関数の和として表現するのが重要であり、各成分による出力を別々に見つけるために周波数応答を使用することが重要であることにも注意されたい。

練習6.3 係数$\{b_k\} = \{1, 2, 1\}$を持つFIRフィルタに対して、入力が次式で与えられたときの出力を求めよ。

$$x[n] = 2\cos\left(\frac{\pi}{3} n - \frac{\pi}{2}\right)$$

システムの周波数応答は、例6.1で次のように決定された。

$$\mathcal{H}(\hat{\omega}) = (2 + 2\cos\hat{\omega})e^{-j\hat{\omega}}$$

$\mathcal{H}(-\hat{\omega}) = \mathcal{H}^*(\hat{\omega})$であることに注意されたい。ただし、$\mathcal{H}(\hat{\omega})$は共役対称である。この問題の解は、周波数$\hat{\omega} = \pi/3$において、$\mathcal{H}(\hat{\omega})$のたったひとつの計算だけを要求している。つまり、

$$\begin{aligned}
\mathcal{H}(\pi/3) &= e^{-j\pi/3} (2 + 2\cos(\pi/3)) \\
&= e^{-j\pi/3} (2 + 2(\tfrac{1}{2})) = 3e^{-j\pi/3}
\end{aligned}$$

---

*注1:$\mathcal{H}(\hat{\omega})$は"共役対称"つまり、$\mathcal{H}(-\hat{\omega})=\mathcal{H}^*(\hat{\omega})$の性質を持っている。これは、フィルタ係数が実であるかぎり常に正しい。(6.4.3節を参照)

したがって、振幅は $|\mathcal{H}(\pi/3)| = 3$ であり、位相は $\angle \mathcal{H}(\pi/3) = -\pi/3$ である。この時の出力は、

$$y[n] = (3)(2)\cos\left(\frac{\pi}{3}n - \frac{\pi}{3} - \frac{\pi}{2}\right) = 6\cos\left(\frac{\pi}{3}n - \frac{5\pi}{6}\right)$$

$$= 6\cos\left(\frac{\pi}{3}(n-1) - \frac{\pi}{2}\right)$$

周波数応答の振幅には余弦信号の振幅を乗算し、また、周波数応答の位相角には、余弦信号の位相を加算することに注意されたい。　　　　　　　　　　　　　　　　　◇

もし入力信号が多くの複素指数関数信号から構成されているならば、周波数応答は各成分による出力が別々に求められ、その結果は、全出力を得るために加算される。これは重ね合わせの原理である。もし、複素指数関数で信号を表現するならば、その周波数応答より、LTIシステムが入力信号に何をしたのかを決定するための単純で直感的な意味を示してくれる。たとえば、もしLTIシステムへの入力が実の信号で、次のように表現される場合、

$$x[n] = X_0 + \sum_{k=1}^{N}\left(\frac{X_k}{2}e^{j\hat{\omega}_k n} + \frac{X_k^*}{2}e^{-j\hat{\omega}_k n}\right)$$

$$= X_0 + \sum_{k=1}^{N}|X_k|\cos(\hat{\omega}_k n + \angle X_k)$$

$\mathcal{H}(-\hat{\omega}) = \mathcal{H}^*(\hat{\omega})$ であるならば、対応する出力は、次式となる。

$$y[n] = \mathcal{H}(0)X_0 + \sum_{k=1}^{N}\left(\mathcal{H}(\hat{\omega}_k)\frac{X_k}{2}e^{j\hat{\omega}_k n} + \mathcal{H}(-\hat{\omega}_k)\frac{X_k^*}{2}e^{-j\hat{\omega}_k n}\right)$$

$$= \mathcal{H}(0)X_0 + \sum_{k=1}^{N}|\mathcal{H}(\hat{\omega}_k)||X_k|\cos(\hat{\omega}_k n + \angle X_k + \angle \mathcal{H}(\hat{\omega}_k))$$

つまり、個別の複素指数関数成分は、その成分の周波数で評価された周波数応答により変更される。

例6.4 係数 $\{b_k\} = \{1,2,1\}$ を持つFIRフィルタに対して、入力が次式で与えられたときの出力を求めよ。

$$x[n] = 4 + 3\cos\left(\frac{\pi}{3}n - \frac{\pi}{2}\right) + 3\cos\left(\frac{20\pi}{21}n\right) \tag{6.2.1}$$

このシステムの周波数応答は例6.1で決定されてある。例6.3の周波数応答と同じである。この例の入力は例6.3のそれとは異なる。それは定数（DC）と周波数 $20\pi/21$ の余弦波が付加されている分

異なる。したがって、重ね合わせによる解は、周波数が0、$\pi/3$、$20\pi/21$における$\mathcal{H}(\hat{\omega})$を評価することが要求されている。

$$\mathcal{H}(0) = 4$$
$$\mathcal{H}(\pi/3) = 3e^{-j\pi/3}$$
$$\mathcal{H}(20\pi/21) = 0.0223\, e^{-j20\pi/21}$$

したがって、出力は、

$$y[n] = 4 \cdot 4 + 3 \cdot 3 \cos\left(\frac{\pi}{3}n - \frac{\pi}{3} - \frac{\pi}{2}\right) + 0.0223 \cdot 3 \cos\left(\frac{20\pi}{21}n - \frac{20\pi}{21}\right)$$

$$= 16 + 9 \cos\left(\frac{\pi}{3}(n-1) - \frac{\pi}{2}\right) + 0.067 \cos\left(\frac{20\pi}{21}(n-1)\right)$$

となる。

この場合、DC成分は4倍され、周波数$\hat{\omega} = \pi/3$での成分は3倍される。しかし、周波数$\hat{\omega} = 20\pi/21$での成分は0.0223倍であることに注意されたい。周波数応答振幅（利得）は、周波数$\hat{\omega} = 20\pi/21$において大変に小さいので、この周波数での成分は、本質的には入力信号の「除去 (filtered out)」である。　　　　　　　　　　　　　　　　　　　　　　　◇

この節の例は、周波数領域（frequency-domain）アプローチと呼ばれる問題解決へのアプローチ法を示す。これらの例が示すように、入力が複素指数関数信号であるときシステムの時間領域 (time-domain)（たとえば、差分方程式やインパルス応答）記述で扱う必要はない。もし、信号のスペクトルが入力信号の個々のサンプルに何が発生するかを考察するよりもむしろ、システムによりどのように変更されたかについて考える場合には、周波数領域記述でもっぱらの作業をする。この章の終わりでは時間領域と周波数領域の両方を考察する多くの機会を持つことにする。

6.3　定常状態と過度応答

6.1節において、もし入力が、

$$x[n] = Xe^{j\hat{\omega}n} \qquad -\infty < n < \infty \tag{6.3.1}$$

ただし、$X = A\,e^{j\phi}$とする。これに対するLTI FIRシステムの出力は、

$$y[n] = \mathcal{H}(\hat{\omega})\, X\, e^{j\hat{\omega}n} \qquad -\infty < n < \infty \tag{6.3.2}$$

ただし、

$$\mathcal{H}(\hat{\omega}) = \sum_{k=0}^{M} b_k e^{-j\hat{\omega}k} \tag{6.3.3}$$

式（6.3.1）において、$x[n]$が$-\infty < n < \infty$にわたって実在する複素指数関数信号であることの条件は重要である。この条件が無いと、式（6.3.2）の単純な結果を得ることができない。しかしながら、この条件は不必要にも思われる。多くの実際的な実装においては、$-\infty$にまで存在する実際の入力信号は所有していない。幸いにして、複素指数関数は2つの無限区間にわたって定義される条件を緩和でき、また、式（6.3.2）の利便性の利点を得られる。これを調べるため、$n = 0$から開始し、$n > 0$に対してのみ非ゼロである次式のような「突発的に適用される」複素指数関数信号を考察する。

$$x[n] = Xe^{j\hat{\omega}n}u[n] = \begin{cases} Xe^{j\hat{\omega}n} & 0 \le n \\ 0 & n < 0 \end{cases} \tag{6.3.4}$$

これは、単位ステップ信号との乗算は突然に適用するという条件を課すための便利な方法であることに注意されたい。このような入力に対するLTI FIRシステムの出力は、

$$y[n] = \sum_{k=0}^{M} b_k Xe^{j\hat{\omega}(n-k)}u[n-k] \tag{6.3.5}$$

ここで、異なるn値と$k > n$に対して$u[n-k] = 0$という事実を考慮すると、式（6.3.5）の和は次式のように表現される。

$$y[n] = \begin{cases} 0 & n \le 0 \\ \left(\sum_{k=0}^{n} b_k e^{-j\hat{\omega}k}\right) Xe^{j\hat{\omega}n} & 0 \le n \le M \\ \left(\sum_{k=0}^{M} b_k e^{-j\hat{\omega}k}\right) Xe^{j\hat{\omega}n} & M \le n \end{cases} \tag{6.3.6}$$

つまり、複素指数関数信号が突然適用されるとき、その出力は3つの別々の領域に渡って定義されるように考慮される。第1領域$n < 0$において入力はゼロである。したがって、出力もゼロとなる。第2領域は、長さがMサンプル（たとえば、FIRシステムの次数（order））をもつ過渡領域である。この領域において、$e^{j\hat{\omega}n}$の複素乗数はnに依存している。この領域はしばしば出力の過渡部分

(transient) と呼ばれる。第3領域 $M \leq n$ において、出力は、入力が2つの無限区間にわたり定義されている場合に取得される出力に等しくなる。つまり、

$$y[n] = \mathcal{H}(\hat{\omega}) X e^{j\hat{\omega}n} \qquad M \leq n \qquad (6.3.7)$$

出力のこの部分は一般に定常状態部分と呼ばれている。定常状態が $n > M$ の全てに対して存在することを明記するかぎり、式（6.3.7）は入力信号が $Xe^{j\hat{\omega}n}$ に等しい間だけ保持されることは明らかである。ある時間 $n > M$ において、入力は周波数が変化し、やがてゼロになるならば、これ以外の過渡領域も発生する。

例6.5 簡単な例を上の議論で示す。練習6.1のシステムを考察する。このフィルタ係数は列 $\{b_k\}$ = $\{1, -2, 4, -2, 1\}$ である。このシステムの周波数応答は、

$$\mathcal{H}(\hat{\omega}) = [4 - 4\cos(\hat{\omega}) + 2\cos(2\hat{\omega})]e^{-j2\hat{\omega}}$$

もし入力が突然適用された余弦信号とすると、

$$x[n] = \cos(0.2\pi n - \pi) u[n]$$

2つの突然適用された複素指数関数信号の和としてこのように表現する。したがって、周波数応答は、次のような定常状態出力を決定するため6.2節で議論されたように使用できる。

$$y[n] = [4 - 4\cos(0.2\pi) + 2\cos(0.4\pi)]\cos(0.2\pi n - 2(0.2\pi) - \pi)$$
$$= 1.382 \cos(0.2\pi(n-2) - \pi) \qquad n \geq 4$$

周波数応答は、定常状態領域でのあらゆる出力を単純な式で得ることができる。もし、過渡状態にある出力値を期待するならば、そのシステムのための別の差分方程式を使用してそれらを計算できる。
◇

　この例の入力と出力は、図6.1で示される。このシステムに対して $M = 4$ であるから、過渡領域は $0 < n \leq 3$ である（グレー領域で示されている）、また、定常状態は $n \geq 4$ である。定常状態解析により示したように、定常領域における信号は、単に、入力のスケール調整され、また、シフト（2サンプル）された信号である。

Suddenly Applied Input: $x[n] = \cos(0.2\,n - \pi)u[n]$

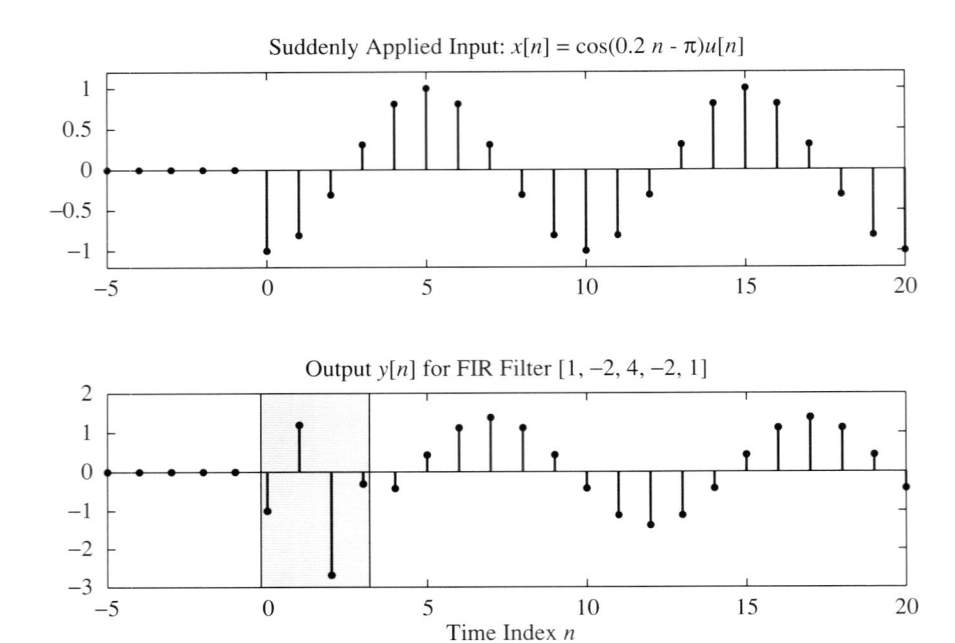

Output $y[n]$ for FIR Filter $[1, -2, 4, -2, 1]$

Time Index n

図6.1　（上）入力 $x[n] = \cos(0.2\pi n - \pi)u[n]$、（下）係数$\{1, -2, 4, -2, 1\}$を持つ FIR フィルタからの出力 $y[n]$。過渡領域は下図のグレー領域である。

6.4　周波数応答の特性

周波数応答関数 $\mathcal{H}(\hat{\omega})$ は規格化された周波数変数 $\hat{\omega}$ の複素数関数である。この関数は解析を簡単にするために使用されるような興味ある特性を持っている。

6.4.1　インパルス応答と差分方程式との関係

$\mathcal{H}(\hat{\omega})$ はフィルタ係数 $\{b_k\}$ から直接に計算可能である。もし、式 (6.1.1) を式 (6.1.4) と比較すると、与えられた差分方程式において、式 (6.1.1) の $b_k\,x[n-k]$ の各項は式 (6.1.4) の $b_k e^{-j\hat{\omega}k}$ か $h[k]e^{-j\hat{\omega}k}$ の項に対応していることに注目すると $\mathcal{H}(\hat{\omega})$ の式を書き下すことは容易である。このように、$\mathcal{H}(\hat{\omega})$ は、FIRシステムのインパルス応答がフィルタ係数の列から構成されているので、たとえば、$k = 0, 1, ..., M$ に対して $h[k] = b_k$ のように、インパルス応答から直接に決定される。この点を強調するために、次のように書くことができる。

6.4 周波数応答の特性

$$
\begin{array}{ccc}
\text{時間領域} & \Longleftrightarrow & \text{周波数領域} \\
h[n] = \sum_{k=0}^{M} h[k]\delta[n-k] & \Longleftrightarrow & \mathcal{H}(\hat{\omega}) = \sum_{k=0}^{M} h[k] e^{j\hat{\omega}k}
\end{array}
$$

差分方程式やインパルス応答から周波数応答へのプロセスは、FIR フィルタに対して分かりやすい。また、$\mathcal{H}(\hat{\omega})$ を $e^{-j\hat{\omega}}$ のべき乗の項で表現するならば、周波数応答から差分方程式やインパルス応答も容易に求まる。これらの要点を次の例で示す。

例6.6 次のインパルス応答で定義された FIR フィルタを考察する。

$$h[n] = -\delta[n] + 3\delta[n-1] - \delta[n-2]$$

これより、フィルタ係数は $\{b_k\} = \{-1, 3, -1\}$ である。これのインパルス応答に対応した差分方程式は、明らかに次のようになる。

$$y[n] = -x[n] + 3x[n-1] - x[n-2]$$

また、このシステムの周波数応答は、

$$\mathcal{H}(\hat{\omega}) = -1 + 3e^{j\hat{\omega}} - e^{-2j\hat{\omega}}$$

◇

例6.7 周波数応答が次式で与えられると仮定する。

$$\mathcal{H}(\hat{\omega}) = e^{-j\hat{\omega}}(3 - 2\cos\hat{\omega})$$

$\cos\hat{\omega} = (e^{j\hat{\omega}} + e^{-j\hat{\omega}})/2$ であるから、次式を得る。

$$\mathcal{H}(\hat{\omega}) = e^{-j\hat{\omega}}\left[3 - 2\left(\frac{e^{j\hat{\omega}} + e^{-j\hat{\omega}}}{2}\right)\right] = -1 + 3e^{-j\hat{\omega}} - e^{-j\hat{\omega}2}$$

これは次の FIR 差分方程式に対応している。

$$y[n] = -x[n] + 3x[n-1] - x[n-2]$$

このようなインパルス応答は $\mathcal{H}(\hat{\omega})$ から直接に決定するのが容易である。

◇

問題 6.2 逆オイラーの公式を用いて、$\mathcal{H}(\hat{\omega}) = 2j \sin(\hat{\omega}/2) e^{-j\hat{\omega}/2}$ のインパルス応答と差分方程式を求めよ。

6.4.2 $\mathcal{H}(\hat{\omega})$ の周期性

離散時間LTIシステムの重要な性質は、それの周波数応答 $\mathcal{H}(\hat{\omega})$ が常に周期 2π を持つ周期関数であることである。これは、$\hat{\omega}$ が任意の周波数として、周波数 $\hat{\omega} + 2\pi$ を考察することでわかる。式 (6.1.3) を置き換えると、k が整数であるとき $e^{-j2\pi k} = 1$ であるから、次式を得る。

$$\mathcal{H}(\hat{\omega} + 2\pi) = \sum_{k=0}^{M} b_k e^{-j(\hat{\omega} + 2\pi)k}$$

$$= \sum_{k=0}^{M} b_k e^{-j\hat{\omega} k} e^{-j2\pi k} = \mathcal{H}(\hat{\omega})$$

$\mathcal{H}(\hat{\omega})$ がこの性質を持っていることは驚くことではない。第4章でも見てきたように、入力周波数の 2π の変化は検知できないからからである。つまり、

$$x[n] = X e^{j(\hat{\omega} + 2\pi)n} = X e^{j\hat{\omega} n} e^{j2\pi n} = X\ e^{j\hat{\omega} n}$$

言い換えると、2π だけ異なる周波数を持つ2つの複素指数関数信号はサンプルからは区別不可能である。それゆえ、このような2つの周波数に対し別々に動作するような離散時間システムを予期する理由は何もない。この理由から、1周期の区間だけの、つまり、$-\pi < \hat{\omega} \leq \pi$、の区間に対しての周波数応答を明らかにすることで十分である。

6.4.3 共役対称

周波数応答 $\mathcal{H}(\hat{\omega})$ は複雑であるが、普通、プロットするとき周期の丁度半分を中央に置くようにすると、振幅と位相は対称となる。これは共役対称の性質である。

$$\mathcal{H}(-\hat{\omega}) = \mathcal{H}^*(\hat{\omega}) \tag{6.4.1}$$

これは、フィルタ係数が $b_k = b_k^*$ であるように実であるかぎり正しい。FIRに対するこの性質を明らかにする。

$$\mathcal{H}^*(\hat{\omega}) = \left(\sum_{k=0}^{M} b_k e^{-j\hat{\omega}k}\right)^*$$

$$= \sum_{k=0}^{M} b_k^* e^{+j\hat{\omega}k}$$

$$= \sum_{k=0}^{M} b_k e^{-j(-\hat{\omega})k} = \mathcal{H}(-\hat{\omega})$$

共役対称の性質は、振幅関数が $\hat{\omega}$ の偶関数であり、位相は奇関数であることを示している。つまり、

$$|\mathcal{H}(-\hat{\omega})| = |\mathcal{H}^*(\hat{\omega})|$$
$$\angle \mathcal{H}(-\hat{\omega}) = -\angle \mathcal{H}(\hat{\omega})$$

同様に、実部は、$\hat{\omega}$ の偶関数であり、虚部は奇関数である。つまり、

$$\Re e\{\mathcal{H}(-\hat{\omega})\} = \Re e\{\mathcal{H}(\hat{\omega})\}$$
$$\Im m\{\mathcal{H}(-\hat{\omega})\} = -\Im m\{\mathcal{H}(\hat{\omega})\}$$

以上の結果より、周波数応答のプロットは、1周期の半分、$0 \leq \hat{\omega} \leq \pi$、だけが表示されることがある。それは、負の周波数領域は対称に構成できるからである。これらの対称性は6.5節のプロットでも示す。

問題6.3 共役対称周波数応答に対して、振巾は $\hat{\omega}$ に関し偶関数であり、位相は奇関数であることを証明せよ。

6.5 周波数応答の図的表現

2つの重要なポイントが、LTIシステムの周波数応答に関して強調されるべきである。その第1は、あるシステムにおいて、周波数応答は普通周波数とともに変化するので、異なる周波数の正弦波は、システムにおいて別々に扱われる。第2の重要なポイントは、係数 b_k の適切な選択により、多くの種類の周波数応答形状が実現される。周波数による周波数応答の変化を可視化するために、$\hat{\omega}$ に対する $\mathcal{H}(\hat{\omega})$ をプロットするのが有効である。このプロットは、システムは異なる周波数の複素指数関数信号と正弦波でどうなっているかを一目で示してくれることが分かる。いくつかの例は、周波数応答をプロットする値を示すため、この節において明らかにする。

6.5.1 遅延システム

遅延システムは差分方程式で与えられる単純なFIRフィルタである。つまり、

$$y[n] = x[n - n_0]$$

これは非ゼロ、$b_{n0} = 1$ のフィルタ係数だけを持っているので、その周波数応答は、

$$\mathcal{H}(\hat{\omega}) = e^{-j\hat{\omega}n_0} \tag{6.5.1}$$

このフィルタにおいて、周波数応答のプロットを示すのが容易である。振幅応答は全周波数に対して1、また、位相は図6.2で示すように、$-n_0$ の傾きを持つ直線である。時間遅延は断定的な方法で信号の時間原点に影響するので、しばしば、理想的位相応答として直線位相を考える。

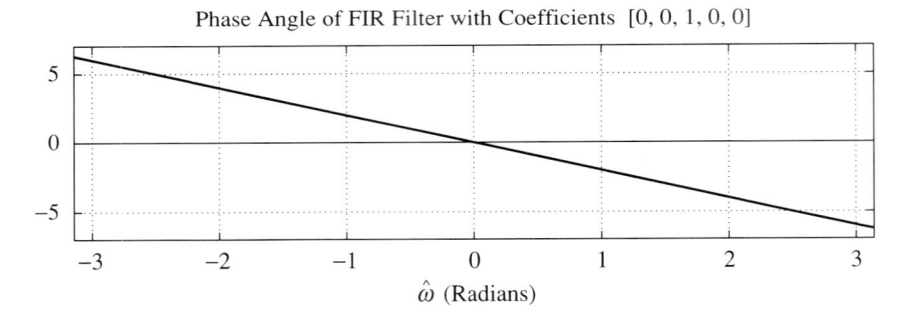

図6.2 遅延（$n_0 = 2$）システム、$\mathcal{H}(\hat{\omega}) = e^{-j2\hat{\omega}}$ の位相応答

6.5.2 1次差分システム

これ以外の単純な例として、1次差分システムを考察する。

$$y[n] = x[n] - x[n-1]$$

このLTIシステムの周波数応答は、

$$\mathcal{H}(\hat{\omega}) = 1 - e^{-j\hat{\omega}} = 1 - \cos\hat{\omega} + j\sin\hat{\omega}$$

である。複素表現のそれぞれの成分は、

$$\Re e\{\mathcal{H}(\hat{\omega})\} = (1 - \cos\hat{\omega})$$
$$\Im m\{\mathcal{H}(\hat{\omega})\} = \sin\hat{\omega}$$
$$|\mathcal{H}(\hat{\omega})| = [(1 - \cos\hat{\omega})^2 + \sin^2\hat{\omega}]^{1/2} = [2(1 - \cos\hat{\omega})]^{1/2} = 2|\sin(\hat{\omega}/2)|$$
$$\angle\mathcal{H}(\hat{\omega}) = \arctan\left(\frac{\sin\hat{\omega}}{1 - \cos\hat{\omega}}\right)$$

この例の実部と虚部は図6.3にプロットされている。振幅と位相は図6.4にプロットされている。全ての関数は$-3\pi < \hat{\omega} < 3\pi$の間でプロットされている。普通は、$-\pi < \hat{\omega} < \pi$か$0 \leq \hat{\omega} < \pi$（共役対称のゆえに）の間だけ離散時間システムの周波数応答をプロットする必要があった。これらの拡張したプロットは$\mathcal{H}(\hat{\omega})$が周期$2\pi$で周期的であることを確かめるためであり、また、6.4.3節において議論した共役対称の性質をも明らかにしている。

Real Part of Frequency Response of First-Difference Filter

Imaginary Part of Frequency Response of First-Difference Filter

$\hat{\omega}$ (Radians)

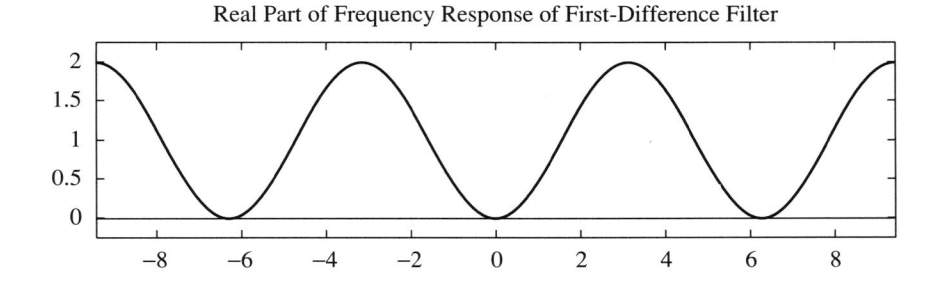

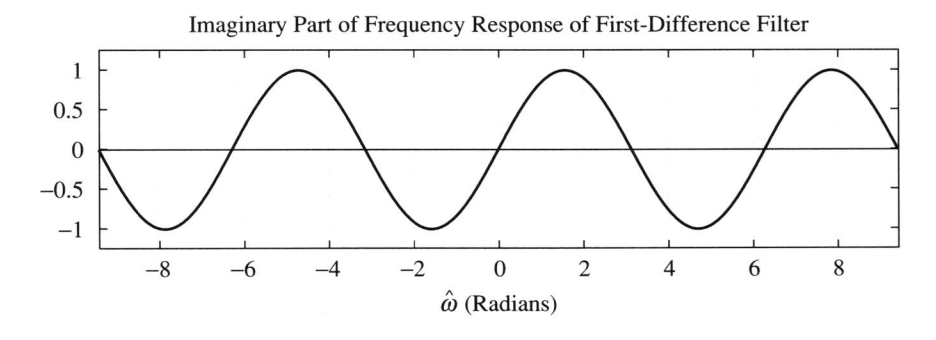

図6.3　$\mathcal{H}(\hat{\omega})$の周期性と共役対称を示すため3周期にわたる$\mathcal{H}(\hat{\omega}) = 1 - e^{-j\hat{\omega}}$に対する実部と虚部

$\mathcal{H}(\hat{\omega})$の振幅と位相のプロットの有益性は、この単純な例に対しても見受けられる。図6.4において、$\mathcal{H}(0) = 0$から、このシステムは完全に$\hat{\omega} = 0$（つまり、DC成分）の成分を削除してい こ

とが容易に分かる。さらに、このシステムは低い周波数よりも高い周波数（$\hat{\omega} = \pi$付近）を強調していることも分かる。それゆえ、これは高域通過フィルタ（highpass filter）と呼ばれる。周波数領域でシステムを考察する別の方法もある。

Magnitude of Frequency Response of First-Difference Filter

Phase-Angle of Frequency Response of First-Difference Filter

$\hat{\omega}$ (Radians)

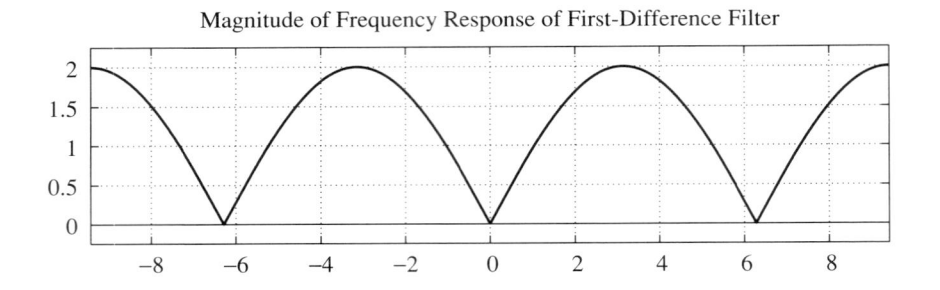

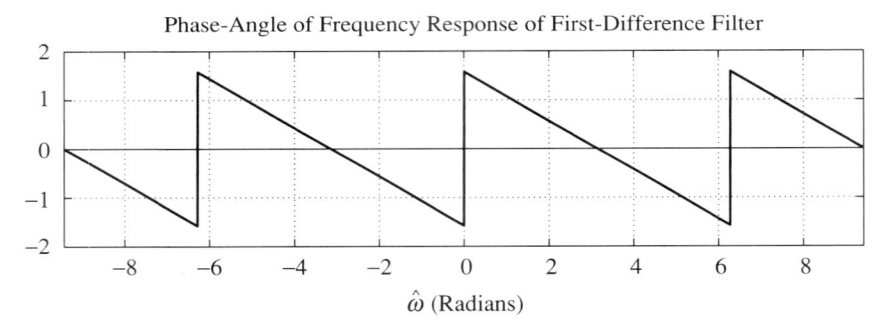

図6.4　$\mathcal{H}(\hat{\omega})$の周期性と共役対称を示すため3周期わたる$\mathcal{H}(\hat{\omega}) = 1 - e^{j\hat{\omega}}$の振幅と位相

実部と虚部、および振幅と位相は、複素数の標準的な操作によって上でも実行されたように決定される。しかしながら、係数列が中心から対称か非対称のいずれかによって振幅と位相を得るためのより簡単なアプローチがある。$\mathcal{H}(\hat{\omega})$の次のような代数操作は、係数$\{b_k\}$が対称条件、

$$b_k = -b_{M-k}$$

を満足しているので可能となる。例6.1ですでに使用してきたこの方法は、位相がフィルタ次数の半分の$\hat{\omega}$倍した指数に分解することである。つまり、

6.5 周波数応答の図的表現

$$\mathcal{H}(\hat{\omega}) = 1 - e^{-j\hat{\omega}}$$
$$= e^{-j\hat{\omega}/2}\left(e^{j\hat{\omega}/2} - e^{-j\hat{\omega}/2}\right)$$
$$= 2je^{-j\hat{\omega}/2}\sin(\hat{\omega}/2)$$
$$= 2\sin(\hat{\omega}/2)e^{j(\pi/2 - \hat{\omega}/2)}$$

$\mathcal{H}(\hat{\omega})$を導出する形式は、有効な極形式である。しかし、$\sin(\hat{\omega}/2)$は$-\pi < \hat{\omega} < 0$の区間で負であり、$|\mathcal{H}(\hat{\omega})| = 2|\sin(\hat{\omega}/2)|$とすべきである。また代数符号[注2]を、$-\pi < \hat{\omega} < \pi$の区間の位相応答に含めなければならない。つまり、

$$\angle\mathcal{H}(\hat{\omega}) = \begin{cases} \pi/2 - \hat{\omega}/2 & 0 < \hat{\omega} < \pi \\ -\pi + \pi/2 - \hat{\omega}/2 & -\pi < \hat{\omega} < 0 \end{cases}$$

位相のこの公式は、線形な部分を示している図6.4の位相プロットと一致している。位相プロットは$\hat{\omega} = 0$と$\hat{\omega} = \pm 2\pi$で不連続であることにも注意されたい。不連続の大きさはπであり、$\mathcal{H}(\hat{\omega})$の符号変化に対応している。

例6.8 一階差分システムへの入力は$x[n] = 4 + 2\cos(0.3\pi n - \pi/4)$と仮定する。出力は式$y[n] = x[n] - x[n-1]$で入力と関係付けられ、次式が得られる。

$$y[n] = 4 + 2\cos(0.3\pi n - \pi/4) - 4 - 2\cos(0.3\pi(n-1) - \pi/4)$$
$$= 2\cos(0.3\pi n - \pi/4) - 2\cos(0.3\pi(n-1) - \pi/4)$$

この結果から、一階差分システムは定数を除去し、同一周波数の2つの余弦信号が残っていることが分かる。これはフェーザ加算により結合される。しかしながら、周波数応答関数を使用した解はもっと簡単である。1階差分システムは次の周波数応答を持っている。

$$\mathcal{H}(\hat{\omega}) = 2\sin(\hat{\omega}/2)e^{j(\pi/2 - \hat{\omega}/2)}$$

与えられた入力信号に対するシステムからの出力は、

$$y[n] = 4\mathcal{H}(0) + 2|\mathcal{H}(0.3\pi)|\cos(0.3\pi n - \pi/4 + \angle\mathcal{H}(0.3\pi))$$

---

*注2：$-1 = e^{\pm j\pi}$であるので、$-\pi < \hat{\omega} < 0$区間の位相からπラジアンを加えるか減算することができる。この場合、結果の位相曲線は全ての$\hat{\omega}$に対して$-\pi$か$+\pi$の間に入るようにπを減ずる。

したがって、$\mathcal{H}(0) = 0$であるから、その出力は、

$$y[n] = (2)(2)\sin(0.3\pi/2)\cos(0.3\pi n - \pi/4 + \pi/2 - 0.3\pi/2)$$
$$= 1.816\cos(0.3\pi n + 0.1\pi)$$

◇

6.5.3 単純な低域通過フィルタ

例6.1、6.3、6.4において、システムは次のような周波数応答を持っている。

$$\mathcal{H}(\hat{\omega}) = 1 + 2e^{-j\hat{\omega}} + e^{-j2\hat{\omega}} = (2 + 2\cos\hat{\omega})e^{-j\hat{\omega}}$$

全ての$\hat{\omega}$に対して、因子$(2 + 2\cos\hat{\omega}) \geq 0$であるので、次式を得る。

$$|\mathcal{H}(\hat{\omega})| = (2 + 2\cos\hat{\omega})$$

また、

$$\angle\mathcal{H}(\hat{\omega}) = -\hat{\omega}$$

これらの関数は、$-\pi < \hat{\omega} < \pi$の区間に対して図6.5にプロットされている。図6.5において、システムは1サンプル遅れを持ち、低い周波数（$\hat{\omega} = 0$近く）に行くほど高い利得を持つ傾向が、一方、（$\hat{\omega} = \pi$に近い）高い周波数では抑圧される傾向のあることが一見して分かる。この場合、$\hat{\omega} = 0$から$\hat{\omega} = \pi$への利得が次第に減少している。中間周波数での利得は、高い周波数でのそれよりは大きく、低い周波数でのそれよりは小さい。高い周波数成分を抑圧する振幅応答を持つフィルタは、低域通過フィルタと呼ばれる。

例6.9 例6.4の入力、

$$x[n] = 4 + 3\cos\left(\frac{\pi}{3}n - \frac{\pi}{2}\right) + 3\cos\left(\frac{20\pi}{21}n\right) \tag{6.5.2}$$

は低域通過フィルタへの入力である。フィルタの周波数応答を図6.5に示す。そこで、周波数0、$\pi/3$、$20\pi/21$での$\mathcal{H}(\hat{\omega})$を次のようになる。つまり、

$$\mathcal{H}(0) = 4$$
$$\mathcal{H}(\pi/3) = 3\,e^{-j\pi/3}$$
$$\mathcal{H}(20\pi/21) = 0.0223\,e^{-j20\pi/21}$$

Magnitude of Frequency Response of FIR Filter with Coefficients [1, 2, 1]

Phase Angle of Frequency Response of FIR Filter with Coefficients [1, 2, 1]

$\hat{\omega}$ (Radians)

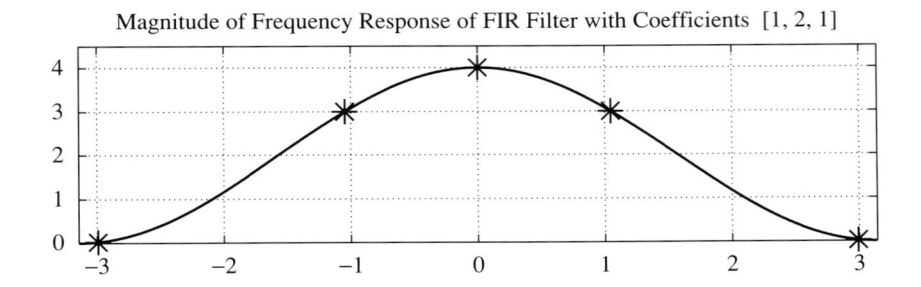

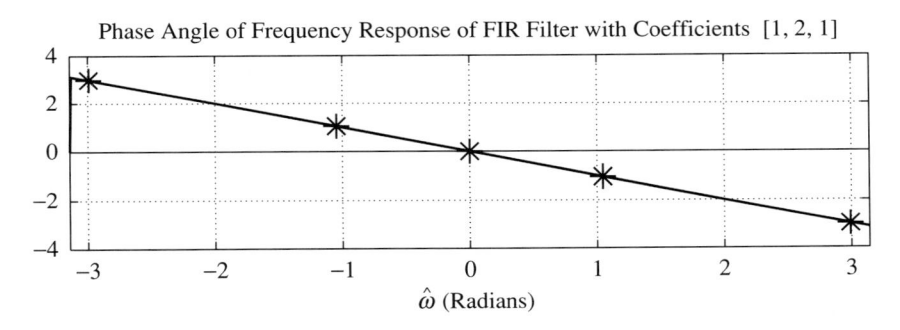

図6.5　周波数応答 $\mathcal{H}(\hat{\omega}) = (2 + 2\cos\hat{\omega})e^{-j\hat{\omega}}$ をもつシステムの振幅（上）と位相（下）。＊印は周波数応答が例6.9での正弦波応答を計算するために評価された点を表示している。

これらの値は図6.5のグラフ上の星（＊）で示された点である。例6.4のように、出力は、

$$y[n] = 4 \cdot 4 + 3 \cdot 3\cos\left(\frac{\pi}{3}n - \frac{\pi}{3} - \frac{\pi}{2}\right) + 0.0223 \cdot 3\cos\left(\frac{20\pi}{21}n - \frac{20\pi}{21}\right)$$

$$= 16 + 9\cos\left(\frac{\pi}{3}(n-1) - \frac{\pi}{2}\right) + 0.067\cos\left(\frac{20\pi}{21}(n-1)\right)$$

となる。この周波数応答のプロットは、$\hat{\omega} = \pi$付近の全周波数がこのシステムにより大きく減衰していることを示している。しかも、−1の勾配を持つ線形位相の図は全周波数が1サンプルの時間遅れをも示している。

信号の時間波形上での単純な低域通過フィルタの効果は、図6.6に示されている。上図は、式(6.5.2) で与えられる信号 $x[n]$ の1部分であり、また、下図は、それに対応した出力の1部分を示した。DC成分は図の両方にドット水平線で示されていることにも注意されたい。出力は定数16と振幅9と周期6の周期性をもつ余弦波の和から構成されている。つまり、出力は周波数 $\hat{\omega} = 20\pi/21$ の成分は阻止され、DC成分と周波数 $\hat{\omega} = \pi/3$ の成分だけが残されたのである。　◇

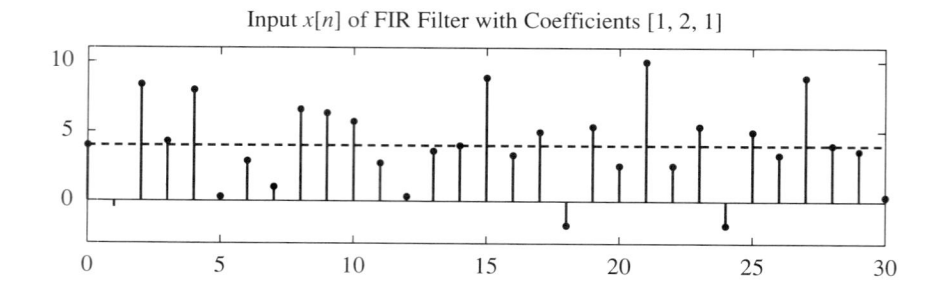

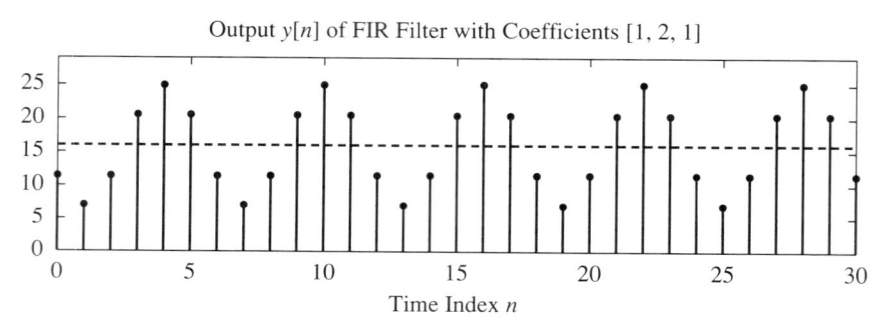

Input $x[n]$ of FIR Filter with Coefficients [1, 2, 1]

Output $y[n]$ of FIR Filter with Coefficients [1, 2, 1]

Time Index n

図6.6 周波数応答 $\mathcal{H}(\hat{\omega}) = (2 + 2\cos\hat{\omega})e^{-j\hat{\omega}}$ をもつシステムの入力（上）と出力（下）

6.6 縦続接続LTIシステム

CASCADING LTI SYSTEM

　第5章において示したように、もし2つのLTIシステムが縦続に接続されたとき、全インパルス応答は2つの個別インパルス応答のコンボリューションであり、縦続接続システムは、それのインパルス応答が2つの個別のインパルス応答のコンボリューションからなるひとつのシステムに等価である。この節では、2つのLTIシステムの縦続接続の周波数応答は、単に、個別の周波数応答の積であることを明らかにする。

　図6.7の上図は、縦続にある2つのLTIシステムを示す。全システム（入力 $x[n]$ から出力 $y_2[n]$ まで）の周波数特性を求めるため、

$$x[n] = e^{-j\hat{\omega}n}$$

と置く。次に、第1段LTIシステムの出力は、

$$\omega[n] = \mathcal{H}_1(\hat{\omega})e^{-j\hat{\omega}n}$$

6.6 縦続接続LTIシステム

また、第2段LTIシステムの出力は、

$$y_2[n] = \mathcal{H}_2(\hat{\omega})(\mathcal{H}_1(\hat{\omega})e^{-j\hat{\omega}n}) = \mathcal{H}_2(\hat{\omega})\mathcal{H}_1(\hat{\omega})e^{-j\hat{\omega}n}$$

図6.7の中央の図も同様な解析から、次のようになる。

$$y_1[n] = \mathcal{H}_1(\hat{\omega})(\mathcal{H}_2(\hat{\omega})e^{-j\hat{\omega}n}) = \mathcal{H}_1(\hat{\omega})\mathcal{H}_2(\hat{\omega})e^{-j\hat{\omega}n}$$

乗算の可換性から$\mathcal{H}_2(\hat{\omega})\mathcal{H}_1(\hat{\omega}) = \mathcal{H}_1(\hat{\omega})\mathcal{H}_2(\hat{\omega})$となるため、$y_1[n] = y_2[n]$が導かれる。つまり、2つの縦続システムは同じ複素指数関数入力に対し等価であり、両者は次の周波数応答を持つ単一LTIシステムと等価である。

$$\mathcal{H}(\hat{\omega}) = \mathcal{H}_2(\hat{\omega})\mathcal{H}_1(\hat{\omega}) = \mathcal{H}_1(\hat{\omega})\mathcal{H}_2(\hat{\omega}) \tag{6.6.1}$$

周波数応答$\mathcal{H}(\hat{\omega})$を持つ任意のシステムの出力$y[n]$は、$y_1[n]$か$y_2[n]$のいずれにも等しい。これは図6.7の下図に示した。

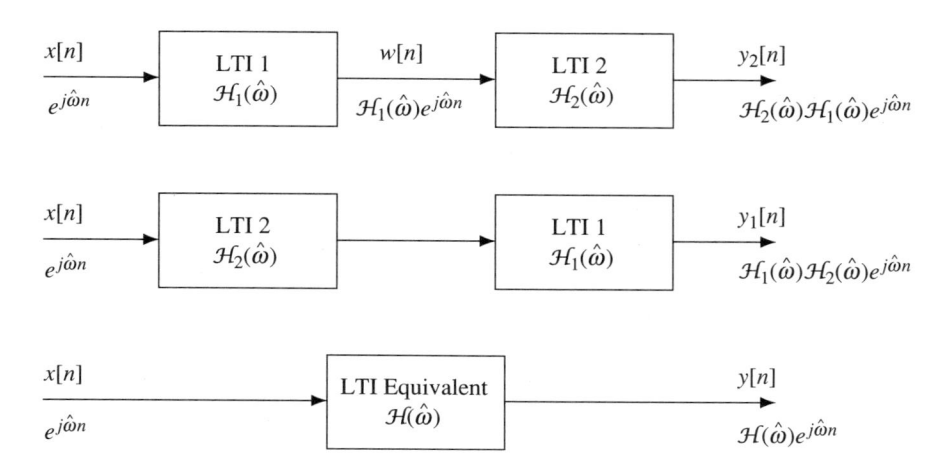

図6.7 3つの等価な縦続LTIシステムの周波数応答。これら3つのシステムは同一入力$x[n]$に対して$y[n] = y_1[n] = y_2[n]$であることから同一周波数応答を持っている。

全周波数応答は$h_1[n] * h_2[n]$であることを第5章から思い出されたい。ここに要約しておく。

$$
\begin{array}{ccc}
\text{コンボリュージョン} & \Longleftrightarrow & \text{乗算} \\
h_1[n] * h_2[n] & \Longleftrightarrow & \mathcal{H}_1(\hat{\omega})\mathcal{H}_2(\hat{\omega})
\end{array}
\qquad (6.6.2)
$$

つまり、インパルス応答のコンボリュージョンは、縦続システムの周波数応答の乗算に対応する。式（6.6.2）に示す対応関係は、LTIシステムの表現や操作の異なる方法を提供してくれるため有用である。これを次の例でしめす。

例6.10 2つのシステムの縦続における第1のシステムは係数の組$\{2, 4, 6, 4, 2\}$で定義され、また、第2のシステムは係数$\{1, -2, 2, -1\}$で定義されると仮定する。システムのそれぞれの周波数応答は、

$$\mathcal{H}_1(\hat{\omega}) = 2 + 4\,e^{-j\hat{\omega}} + 6\,e^{-j\hat{\omega}2} + 4\,e^{-j\hat{\omega}3} + 2\,e^{-j\hat{\omega}4}$$

と、

$$\mathcal{H}_2(\hat{\omega}) = 1 - 2\,e^{-j\hat{\omega}} + 2\,e^{-j\hat{\omega}2} - e^{-j\hat{\omega}3}$$

となる。全周波数応答は、

$$\begin{aligned}
\mathcal{H}(\hat{\omega}) &= \mathcal{H}_1(\hat{\omega})\mathcal{H}_2(\hat{\omega}) \\
&= \left(2 + 4\,e^{-j\hat{\omega}} + 6\,e^{-j\hat{\omega}2} + 4\,e^{-j\hat{\omega}3} + 2\,e^{-j\hat{\omega}4}\right)\left(1 - 2\,e^{-j\hat{\omega}} + 2\,e^{-j\hat{\omega}2} - e^{-j\hat{\omega}3}\right) \\
&= 2 + 0\,e^{-j\hat{\omega}} + 2\,e^{-j\hat{\omega}2} - 2\,e^{-j\hat{\omega}3} + 2\,e^{-j\hat{\omega}4} - 2\,e^{-j\hat{\omega}5} + 0\,e^{-\hat{\omega}6} - 2\,e^{-j\hat{\omega}7}
\end{aligned}$$

したがって、全等価インパルス応答は、

$$h[n] = 2\delta[n] + 2\delta[n-2] - 2\delta[n-3] + 2\delta[n-4] - 2\delta[n-5] - 2\delta[n-7]$$

である。 ◇

この例より、2つのインパルス応答のコンボリュージョンは対応する周波数応答の積をとることに等価である。FIRシステムの周波数応答は変数$e^{-j\hat{\omega}}$の多項式であることに注意されたい。つまり、2つの周波数応答の乗算は、多項式乗算となる。これの結果は第5章で議論した「統合的」多項式乗算アルゴリズムのための理論的基礎を明らかにしている。

練習6.4 2つのシステムが縦続であると仮定する。第1のシステムは係数の組$\{1, 2, 3, 4\}$で定義さ

れ、第2のシステムは係数{−1, 1, −1}で定義されている。縦続システム全体の周波数応答とそのインパルス応答を求めよ。

6.7 移動平均フィルタリング

単純な線形時不変システムは次式で定義されている。

$$\begin{aligned} y[n] &= \frac{1}{L}\sum_{k=0}^{L-1} x[n-k] \\ &= \frac{1}{L}\left(x[n] + x[n-1] + \ldots + x[n-L+1]\right) \end{aligned} \quad (6.7.1)$$

このシステム式（6.7.1）は、L-点移動平均と呼ばれる。これは、時間nのときの出力が$x[n]$と入力の$L-1$点前までのサンプルとの平均として計算されるからである。式（6.7.1）で定義されたシステムは、$L = 11$として MATLAB に実装する。

```
bb = ones(11,1)/11;
yy = conv(bb, xx);
```

ただし、xxは入力サンプルを含むベクトルである。ベクトルbbは11個のフィルタ係数である。この場合はすべて同じ値である。

L-点移動平均の周波数応答は、

$$\mathcal{H}(\hat{\omega}) = \frac{1}{L}\sum_{k=0}^{L-1} e^{-j\hat{\omega}k} \quad (6.7.2)$$

である。幾何級数の最初のL項に対する和の公式を使用することにより平滑器の振幅と位相を求める簡単な公式を導くことができる。

$$\sum_{k=0}^{L-1}\alpha^k = \frac{1-\alpha^L}{1-\alpha} \quad (6.7.3)$$

最初に、$e^{-j\hat{\omega}}$をαと置き、次のようなステップを実行する。

$$\mathcal{H}(\hat{\omega}) = \frac{1}{L}\sum_{k=0}^{L-1} e^{-j\hat{\omega}k} = \frac{1}{L}\left(\frac{1-e^{-j\hat{\omega}L}}{1-e^{-j\hat{\omega}}}\right)$$

$$= \frac{1}{L}\left(\frac{e^{-j\hat{\omega}L/2}(e^{j\hat{\omega}L/2}-e^{-j\hat{\omega}L/2})}{e^{-j\hat{\omega}/2}(e^{j\hat{\omega}/2}-e^{-j\hat{\omega}/2})}\right)$$

$$= \left(\frac{\sin(\hat{\omega}L/2)}{L\sin(\hat{\omega}/2)}\right)e^{-j\hat{\omega}(L-1)/2} \tag{6.7.4}$$

分子と分母はsinの逆オイラーの公式を使用することで簡単にされた。式（6.7.4）を次の形式に表すのが便利である。

$$\mathcal{H}(\hat{\omega}) = \mathcal{D}_L(\hat{\omega})e^{-j\hat{\omega}(L-1)/2} \tag{6.7.5}$$

ただし、

$$\mathcal{D}_L(\hat{\omega}) = \frac{\sin(\hat{\omega}L/2)}{L\sin(\hat{\omega}/2)} \tag{6.7.6}$$

関数 $\mathcal{D}_L(\hat{\omega})$ は、しばしばDirichlet関数と呼ばれる。下付き文字 L は L 点平滑器の次数を表わす。MATLABでは、diric関数で評価される。

6.7.1 周波数応答のプロット

11点移動平均フィルタの周波数応答は次式で与えられる。

$$\mathcal{H}(\hat{\omega}) = \mathcal{D}_{11}(\hat{\omega})e^{-j\hat{\omega}5} \tag{6.7.7}$$

ただし、この場合の $\mathcal{D}_{11}(\hat{\omega})$ は式（6.7.6）で $L=11$ としたときのディレクレ関数である。つまり、

$$\mathcal{D}_{11}(\hat{\omega}) = \frac{\sin(11\hat{\omega}/2)}{11\sin(\hat{\omega}/2)} \tag{6.7.8}$$

式（6.7.7）から明らかなように、周波数応答関数 $\mathcal{H}(\hat{\omega})$ は実の振幅関数 $\mathcal{D}_{11}(\hat{\omega})$ と複素指数関数因子 $e^{-j5\hat{\omega}}$ との積として表現される。後者の振幅は1、位相角は $-5\hat{\omega}$ である。図6.8（上）は振幅関数 $\mathcal{D}_{11}(\hat{\omega})$ のプロットである、下図は位相関数の $-5\hat{\omega}$ である。ここでは大きさという用語よりも振幅と表現する。それは $\mathcal{D}_{11}(\hat{\omega})$ は負にもなるからである。$\mathcal{D}_{11}(\hat{\omega})$ の絶対値をとることで大きさ $|\mathcal{H}(\hat{\omega})|$ のプロットを得ることができる。ここでは最初に振幅の表現を考慮することとする。それは、振幅関数と位相関数の性質を確かめるのが容易となるからである。図6.8には1周期、$-\pi < \hat{\omega} < \pi$、を示す。もちろん、周波数応答は周期 2π を持つ周期である。それゆえ、図6.8のプロットはこの周

期で単純に繰り返しているのである。

Dirichlet Function for L = 11

Linear-Phase Function for 11-Point Running Averager

$\hat{\omega}$ (Radians)

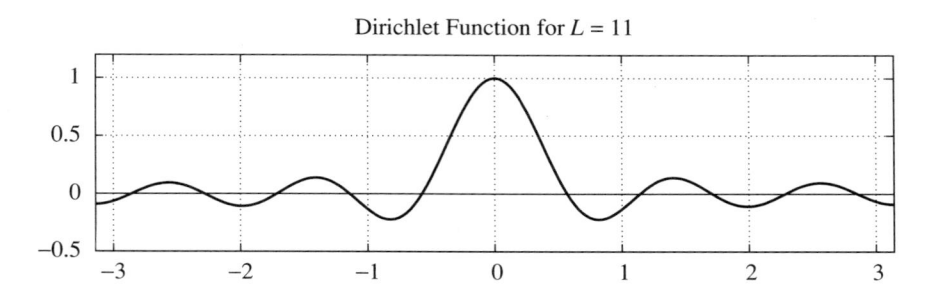

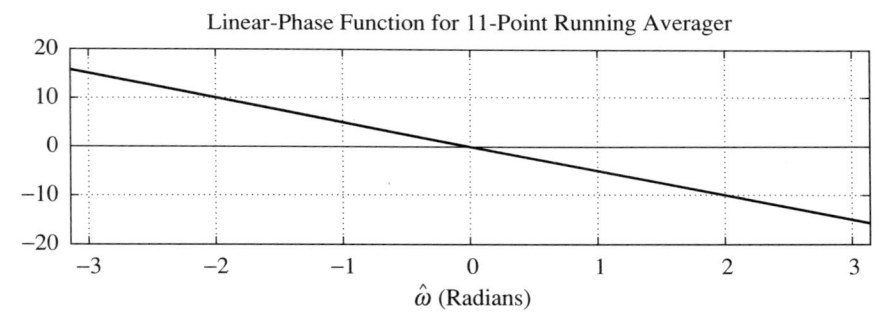

図6.8　11点移動平均フィルタの周波数応答の振幅関数と位相関数

　　11点移動平滑器の場合、位相因子は傾き-5の直線であるので、そのプロットは容易である。振幅因子は少し複雑である。第1に、$\mathcal{D}_{11}(-\hat{\omega}) = \mathcal{D}_{11}(\hat{\omega})$であることに注意されたい。つまり、$\mathcal{D}_{11}(\hat{\omega})$は、2つの奇関数の比であるため$\hat{\omega}$の偶関数となる。$\mathcal{D}_{11}(\hat{\omega})$は偶関数でかつ周期$2\pi$の周期的であるから、区間$0 < \hat{\omega} < \pi$の値を考慮するだけでよい。その他のすべての値は対称性と周期性から推定できる。$\mathcal{D}_{11}(\hat{\omega})$の分子は$\sin(11\hat{\omega}/2)$である。これはもちろん$+1$と$-1$の間で振動しており、$11\hat{\omega}/2 = 2\pi k$ではゼロとなる。ただし、$k$は整数。$\hat{\omega}$に関する解を求めると、$\mathcal{D}_{11}(\hat{\omega})$は、$k$が非整数であるとき、$\hat{\omega} = 2\pi k/22$なる周波数でゼロとなる。$\mathcal{D}_{11}(\hat{\omega})$の分母は$11\sin(\hat{\omega}/2)$である。これは$\hat{\omega} = 0$のときゼロとなる。また、この関数は$\hat{\omega} = \pi$のときの最大値1まで増加する。したがって、$\mathcal{D}_{11}(\hat{\omega})$は$\hat{\omega} = 0$付近で大きい、つまり、分子は小さいのである。$\hat{\omega}$が$\pi$まで増加すると、振幅が減少しつつ振動しているのである。$\hat{\omega} = 0$での挙動は、この周波数において、$\mathcal{D}_{11}(\hat{\omega})$は不定となるので、とりわけ興味深い。つまり、

$$\mathcal{D}_{11}(0) = \frac{0}{0}$$

しかしながら、l'Hôpital'sルールにより、$\lim_{\hat{\omega} \to 0} \mathcal{D}_{11}(\hat{\omega}) = 1$となることが容易にわかる。したがって、関数$\mathcal{D}_{11}(\hat{\omega})$は次のような性質を持っている。

1. $\mathcal{D}_{11}(\hat{\omega})$は周期$2\pi$の周期性をもつ$\hat{\omega}$の偶関数である。
2. $\mathcal{D}_{11}(\hat{\omega})$は$\hat{\omega} = 0$において最大値1をとる。
3. $\mathcal{D}_{11}(\hat{\omega})$は、$\hat{\omega}$の増加とともに$\hat{\omega} = \pm\pi$で最小となる非ゼロ振幅に達するまで減少する。
4. $\mathcal{D}_{11}(\hat{\omega})$は$2\pi/11$の非ゼロ整数倍でゼロとなる。(一般に、$\mathcal{D}_L(\hat{\omega})$のゼロは$2\pi/L$の非ゼロの整数倍の場所にある)

図6.8の振幅と位相プロットは共に、11点移動平均フィルタの周波数応答を完全に表している。しかしながら、普通、周波数応答は次の形式で表される。

$$\mathcal{H}(\hat{\omega}) = |\mathcal{H}(\hat{\omega})|e^{j\angle\mathcal{H}(\hat{\omega})}$$

これは$\hat{\omega}$の関数として$|\mathcal{H}(\hat{\omega})|$と$\angle\mathcal{H}(\hat{\omega})$をプロットするのに必要である。これは、$|\mathcal{H}(\hat{\omega})| = |\mathcal{D}_{11}(\hat{\omega})|$であることから、式(6.7.7)から調べるのが容易である。図6.9の上図は、11点移動平均フィルタの$|\mathcal{H}(\hat{\omega})| = |\mathcal{D}_{11}(\hat{\omega})|$である。一方、位相応答$\angle\mathcal{H}(\hat{\omega})$は図6.8の下に示した直線関数より少しプロットするのが複雑である。これには2つの理由がある。

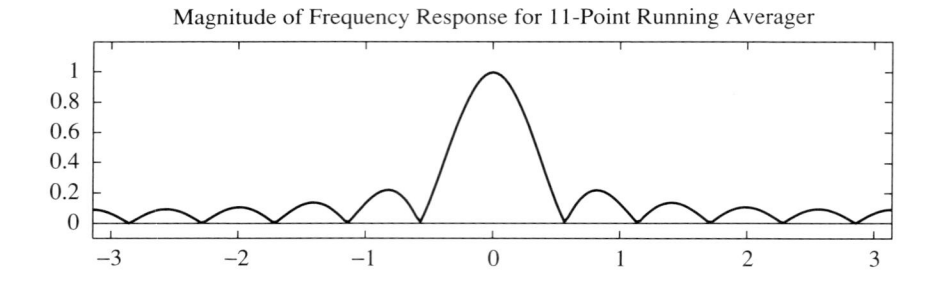

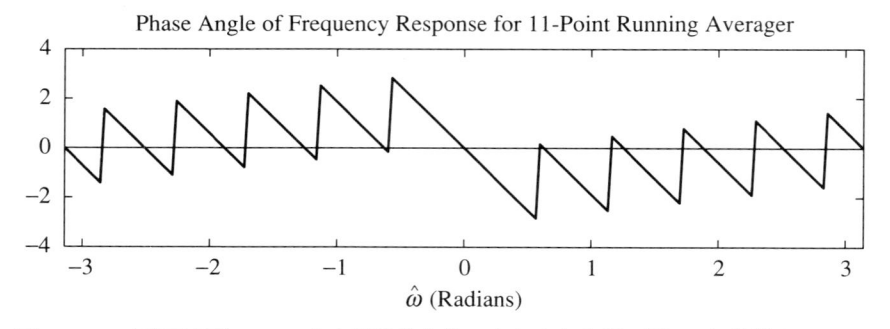

図6.9 11点移動平均フィルタの周波数応答の大きさと位相。図6.8と比較されたい。

1. $\mathcal{D}_{11}(\hat{\omega})$の代数符号は位相関数に出現する。$|\mathcal{H}(\hat{\omega})| = |\mathcal{D}_{11}(\hat{\omega})|$は$\mathcal{D}_{11}(\hat{\omega})$の符号に無関係だからである。
2. 位相関数の主値（principal value）をプロットするのが一般には最も容易である。

$\mathcal{D}_{11}(\hat{\omega})$の符号は、$\mathcal{D}_{11}(\hat{\omega}) < 0$であるときはいつも$\mathcal{D}_{11}(\hat{\omega}) = |\mathcal{D}_{11}(\hat{\omega})|e^{\pm j\pi}$であることに注意して、位相に組み込むことができる。複素数の角度の主値は、$-\pi$と$+\pi$ラジアンの間の角度として定義される。この結果を使用すると、

$$e^{j(\theta \pm 2\pi k)} = e^{j\theta} e^{\pm j2\pi k} = e^{j\theta}$$

ただし、kは任意整数である。この式は、複素数の値を変更することなく複素数の値から2πの正数倍との和や差をとることができることを示している。θとの和や差をとるとき、その結果が$-\pi < \theta < +\pi$の範囲内に生ずるような2πの正数倍を見つけることが可能である。

これは、「θのモジュロ2πによる縮少」とよばれる。主値は一般に逆正接関数がMATLABや他のコンピュータで評価されるときに計算された値のことである。図6.8においては、角度に関する方程式を所有しているので、主値の範囲外にある値（角度）をプロットすることが可能であった。図6.9は次のMATLABコードを使用したプロットした。

```
omega=-pi:(pi/500):pi;
bb=ones(1,11)/11;
H=freqz(b,1,omega);
subplot(2,1,1),      plot(omega,abs(H))
subplot(2,1,2),      plot(omega,angle(H))
```

MATLAB関数`angle()`は、ベクトルHの要素の実部と虚部によって決定される角度の主値を返す逆正接関数を使用する。

図6.9に示す位相曲線は、$\mathcal{D}_{11}(\hat{\omega})$の値がゼロの位置で不連続であるように見える。これらの不連続は、区間$2\pi/11 < |\hat{\omega}| < 4\pi/11$, $6\pi/11 < |\hat{\omega}| < 8\pi/11$, $10\pi/11 < |\hat{\omega}| < \pi$において$\mathcal{D}_{11}(\hat{\omega})$の負符号をもつため位相に$\pi$ラジアンの倍数との結合によるものであり、また、主値の計算において暗黙的に加えられるべき2πの倍数との和に起因するものである。図6.9にプロットされた位相曲線の式は、周波数$0 \leq \hat{\omega} \leq \pi$区間で次のようになる。

$$\angle \mathcal{H}(\hat{\omega}) = \begin{cases} -5\hat{\omega} & 0 \leq \hat{\omega} < 2\pi/11 \\ -5\hat{\omega} + \pi & 2\pi/11 \leq \hat{\omega} < 4\pi/11 \\ -5\hat{\omega} + 2\pi & 4\pi/11 \leq \hat{\omega} < 6\pi/11 \\ -5\hat{\omega} + \pi + 2\pi & 6\pi/11 \leq \hat{\omega} < 8\pi/11 \\ -5\hat{\omega} + 4\pi & 8\pi/11 \leq \hat{\omega} < 10\pi/11 \\ -5\hat{\omega} + \pi + 4\pi & 10\pi/11 \leq \hat{\omega} < \pi \end{cases}$$

$-\pi < \hat{\omega} < 0$ 区間における値は、$\angle \mathcal{H}(-\hat{\omega}) = -\angle \mathcal{H}(\hat{\omega})$ である事実を使用して記述できる。

練習6.5 $\angle \mathcal{H}(\hat{\omega})$ の主値は11点移動平滑器に対して図6.9で示されるものと同じである理由を理解するために自分でテストしてみよ。

6.7.2 振幅と位相の縦続

$\mathcal{H}(\hat{\omega})$ は2つの関数の積であることを式 (6.7.4) から見てきた。つまり、$\mathcal{H}(\hat{\omega}) = \mathcal{H}_2(\hat{\omega})\mathcal{H}_1(\hat{\omega})$、ただし、

$$\mathcal{H}_1(\hat{\omega}) = e^{-j\hat{\omega}(L-1)/2} \tag{6.7.9}$$

および、

$$\mathcal{H}_2(\hat{\omega}) = \mathcal{D}_L(\hat{\omega}) = \frac{\sin(\hat{\omega}L/2)}{L\sin(\hat{\omega}/2)} \tag{6.7.10}$$

ただし、$\mathcal{H}_2(\hat{\omega})$ は、以前に定義したディリクレ関数である。要素 $\mathcal{H}_1(\hat{\omega})$ は $\mathcal{H}(\hat{\omega})$ の位相だけをに寄与する。この位相寄与は $\hat{\omega}$ の線形関数であることが分かる。すでに、$\angle \mathcal{H}_1(\hat{\omega}) = -\hat{\omega}(L-1)/2$ のような線形位相は $(L-1)/2$ サンプルの時間遅れに対応していることも見てきた。線形位相寄与 $(-(L-1)/2 = -5$ の勾配をもつ）は、図6.8の下図を見れば明らかである。第2システム $\mathcal{H}_2(\hat{\omega})$ の周波数応答は実数である。これは $\mathcal{H}(\hat{\omega})$ の大きさに寄与する。これが負のときは、$2\pi/11$ の倍数の場所で不連続性の原因となっている $\mathcal{H}(\hat{\omega})$ の位相に $\pm\pi$ だけ寄与する。

積の表現は図6.10のブロック図を提案する。移動平均は遅延に続き、高周波に比べて低周波を強調する「低域通過フィルタ」との縦続組み合わせとして考えられる。全移動平均システムは式 (6.7.1) により実装される。しかしながら、ブロック図はこのシステムを考えるのに有効で便利である。このシステムは、$\mathcal{H}(\hat{\omega}) = \mathcal{D}_L(\hat{\omega})$ をそれ自身で実現できないので、縦続で実現することは不可能である。$(L-1)/2$ は整数であるとき、$\omega[n] = x[n-(L-1)/2]$ は図6.10の遅延である。$(L-1)/2$ が整数でないときには、特別な解釈が要求される。これは6.8.2節で明らかにする。現在の議論にお

いて、Lは奇数の整数であると仮定すると、$(L-1)/2$ も整数となる。

$$x[n] \rightarrow \boxed{\mathcal{H}_1(\hat{\omega}) = e^{-j\hat{\omega}(L-1)/2}} \xrightarrow{w[n]} \boxed{\mathcal{H}_2(\hat{\omega}) = \frac{\sin(\hat{\omega}L/2)}{L\sin(\hat{\omega}/2)}} \rightarrow y[n]$$

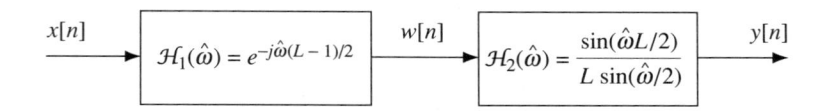

図6.10 遅延と実周波数応答との縦続としてL点移動平均の表現

6.7.3 実験：画像の平滑化

移動平均システムのフィルタリングの効果を示すための簡単な実験として図6.11の上にある画像を考察する。画像は、サンプル $x_i[m,n]$ の2次元配列として表現可能な2次元離散信号である。画像中の各サンプル値は、ピクセル（pixel）と呼ばれている。これは画素（picture element）の短縮形である。単一の水平スキャン線（$m = 40$ での）は、図6.11の下図に示されているように1次元信号 $x[n] = x_i[40, n]$ をもたらす画像から取り出される。$x[n]$ が抽出される画像の位置は画像中の黒い(実)線で示されている。画像信号の値は、$0 \leq x_i[m, n] \leq 255$ の範囲で全て正の整数である。これらの数は8ビットの2進数で表現される[注3]。もし1次元プロットと線付近領域のグレーレベルと比較するならば、画像中の黒い領域が大きな（255付近）値および、明るい領域は小さな（ゼロ付近）値を持っていることが分かる。これは実際は「あまり良くない」画像であるが、手書きのスキャンを考えれば適切である。

---

*注3：このような画像値のダイナミック範囲を8ビットと呼ぶことが多い。

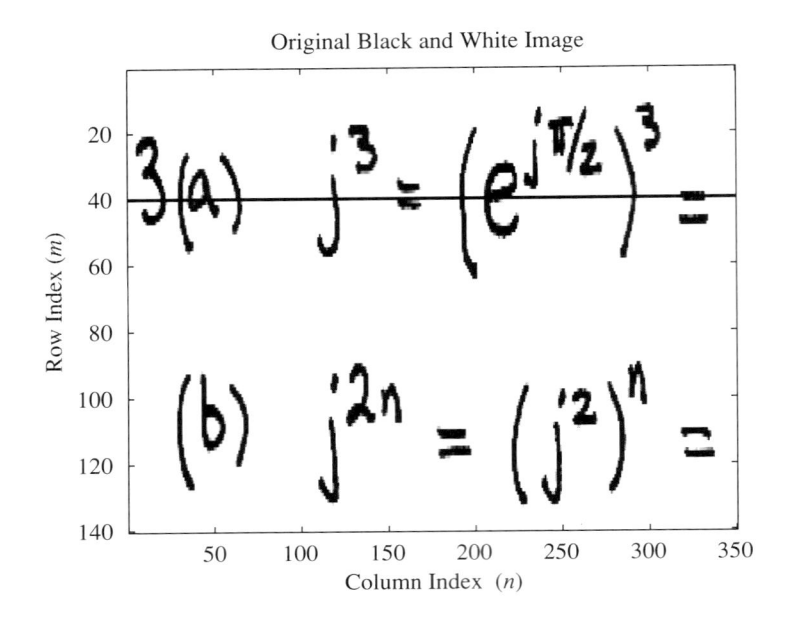

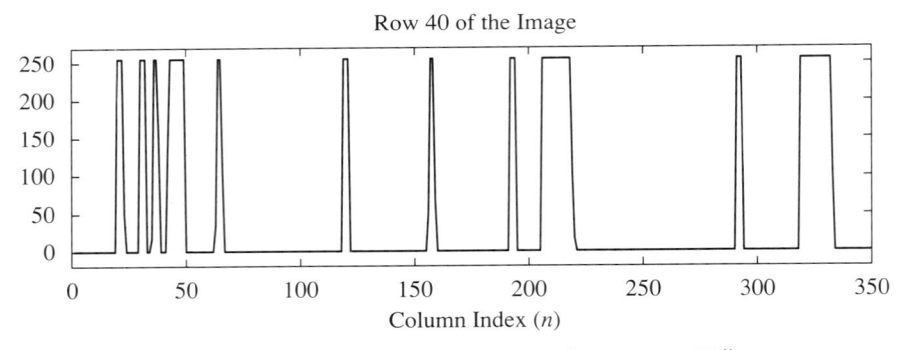

図6.11 「手書き」画像と40行目の水平スキャン画像

　11点移動平滑器は$x[n]$に適用される。そのときの入出力は図6.12中にプロットされている。出力$y[n]$は、$x[n]$の平滑器出力を右にわずかにシフトしたものである。このシフトは、11点移動平滑器で予期した5サンプル遅れである。滑らかさは画像中の手書き文字の縁に対応した信号の高い周波数において比較的大きな減衰をもたらす。システムの遅延効果を明らかにするため、図6.13は$\omega[n] = x[n-5]$と$y[n]$のプロットを示している。出力は入力と並んで出現しているのが分かる。

6.7 移動平均フィルタリング

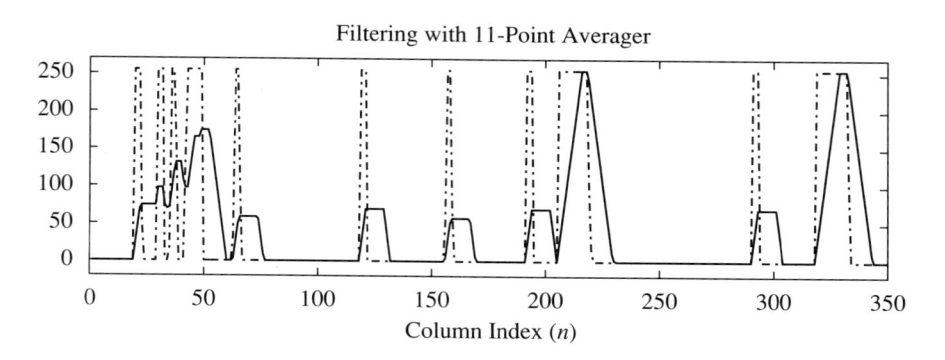

Filtering with 11-Point Averager

図6.12 11点移動平均器の入力と出力。実線は出力、ドット・ダッシュ線は入力である。

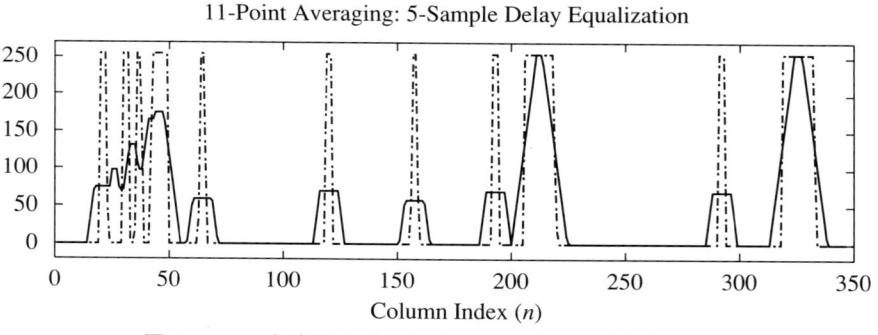

11-Point Averaging: 5-Sample Delay Equalization

図6.13 11点移動平均器の（5サンプル）遅延入力と出力。
実線は出力、ドット・ダッシュ線は入力

　11点平均器は、低域通過フィルタ操作の可視的な評価を得るために、最初画像の全ての行に対して適用され、次いで列に対して適用される[注4]。各行は1次元の平均器を用いてフィルタされ、次に処理される画像の各行が処理される。その結果を図6.14に示す。低域通過フィルタがこの画像をぼかしたことが明らかである。これで分かるように、フィルタは画像の高い周波数成分が減衰している。つまり、画像中の鋭いエッジ部は高い周波数で構成されているとの結論が得られる。

[注4]：MATLABの関数 `filter2()` は、この2次元フィルタリングを実行する。

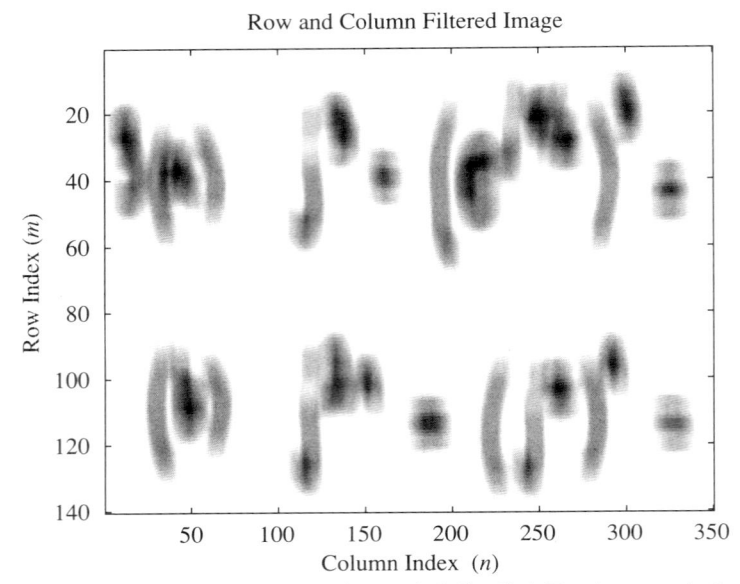

図6.14 「手書き」画像の行と列の両方に対し11点移動平均を用いたフィルタリングの結果。処理された画像は、その値が全グレースケールの範囲内に収まるように再構成された。

フィルタリング効果のもうひとつの例として、画像信号は新しい信号を作成するため、余弦信号を付加する。つまり、

$$x_1[n] = x[n] + 100\cos(2\pi n/11)$$

この外乱信号$x_1[n]$は11点移動平均器でフィルタされる。遅延入力$x_1[n-5]$とそれに対応する出力が図6.15に示されている。図6.13と図6.15とを比較すると、出力は$x[n]$と$x_1[n]$に対して同じ結果であることが明らかである[注5]。この理由は明らかである。$2\pi n/11$は、$\mathcal{H}(2\pi/11) = 0$であるので、平均フィルタにより完全に除去される周波数のひとつである。このシステムはLTIであり重ね合わせの理に従うので、$x_1[n]$による出力は$x[n]$による出力と同じでなければならない。もし余弦波が画像の各行に加えられるならば、出力は垂直な縞として見える（図6.16 (a)）。各行が11点平均フィルタで処理すると余弦波は除去されるが、画像は水平方向にぼける（図6.16 (b)）。

---

*注5：注意深く比較すると、立ち上がり領域$0 \leq n \leq 9$においてわずかに異なることに気が付く。

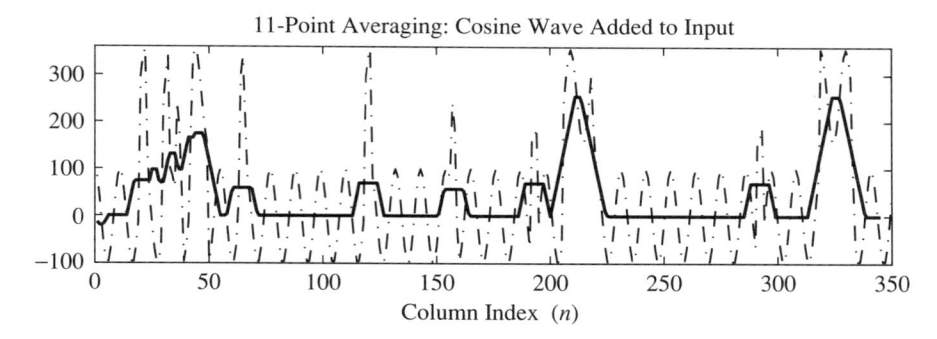

図6.15 画像スキャン線に加えられた$\cos(2\pi n/11)$に対する11点移動平均器の結果。実線は出力、ドット・ダッシュ線は入力。

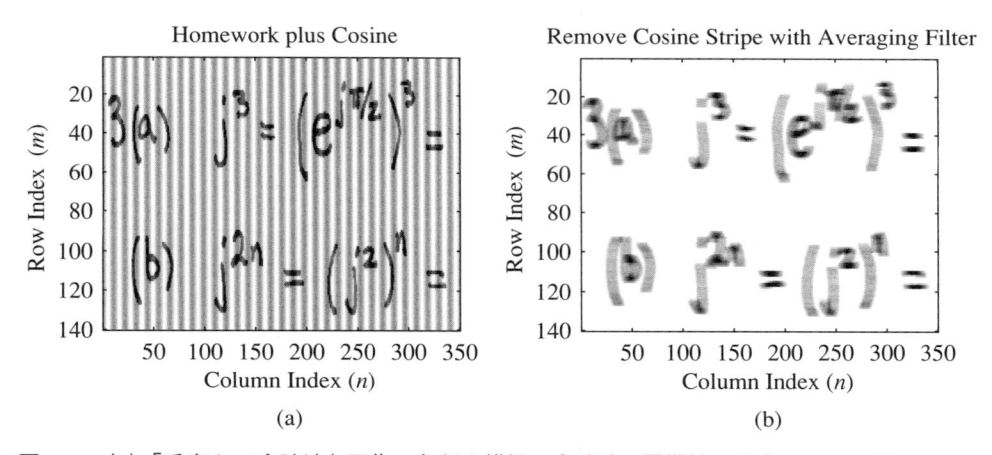

図6.16 (a)「手書き + 余弦波」画像、各行を横切る余弦波の周期性は垂直じまの原因である。
(b)「手書き + 余弦波」画像の行を11点移動平均器でフィルタリングした後、処理された画像はぼけるが、余弦波じまの痕跡はない（入力と出力の両方とも8ビット画像表示に再スケールされている）。

6.8 サンプルされた連続時間信号のフィルタリング

離散時間フィルタは、すでにサンプルされた連続時間信号をフィルタするために使用される。この節では離散時間フィルタの周波数応答と連続時間信号に適用される実効周波数応答との関係を調べる。離散時間システムへの入力は連続時間信号のサンプリングにより取得された数列であるとき、オリジナルの連続時間信号に関するフィルタの効果を調べるためには、サンプリングと再構成に関する知識を使用できる。

図6.17に示すシステムを考察する。また、入力は複素信号であると仮定する。

つまり、$X = Ae^{j\phi}$として、

$$x(t) = X e^{j\omega t}$$

サンプリングした後、離散時間フィルタへの入力列は、

$$x[n] = x(nT_s) = X e^{j\omega nT_s} = X e^{-j\hat{\omega}n}$$

離散時間周波数$\hat{\omega}$と連続時間周波数ωの間の関係は、

$$\hat{\omega} = \omega T_s$$

もし、連続時間信号の周波数はサンプリングの定理、$|\omega| < \pi/T_s$の条件を満足するなら、エイリアシングは発生せず離散時間周波数は$|\hat{\omega}| < \pi$となる。

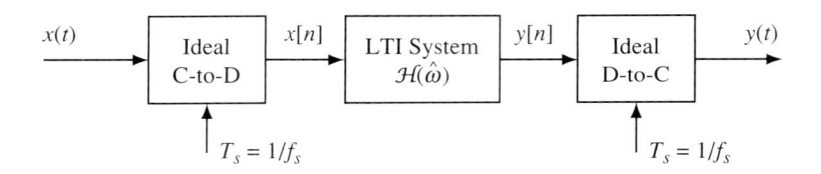

図6.17　連続時間信号の離散時間フィルタリングを実行するためのシステム

離散時間システムの周波数応答は図6.17の出力$y[n]$を計算するための素早い方法を提供している。

$$y[n] = \mathcal{H}(\hat{\omega}) X e^{-j\hat{\omega}n}$$

もし、$\hat{\omega} = \omega T_s$で置き換えると、$y[n]$をアナログ周波数$\omega$に関して記述可能となる。

$$y[n] = \mathcal{H}(\omega T_s) X e^{j\omega T_s n}$$

最後に、オリジナルのサンプリングにおいてエイリアシングが発生しないので、理想D-to-C変換器はオリジナル周波数を再構成する。つまり、

$$y(t) = \mathcal{H}(\omega T_s) X e^{j\omega t}$$

$y(t)$ の式は、$-\pi/T_s < \omega < \pi/T_s$ の範囲の周波数に限って成立することを記憶されたい。また、理想 D-to-C 変換器は、$|\omega| < \pi/T_s$ の帯域でのアナログ周波数と同じく $|\hat{\omega}| < \pi$ の帯域において全てのデジタル周波数成分を再構成することにも注意されたい。エイリアシングは存在しない限り、入力信号 $x(t)$ の周波数帯域は、出力 $y(t)$ の周波数帯域に一致する。つまり、図 6.17 の全システムはあたかもそれが周波数応答 $\mathcal{H}(\omega T_s)$ を持つ LTI 連続時間システムであるかのように動作する。

図 6.17 のシステム解析を理解することは非常に重要である。図 6.17 のシステムは連続時間信号の LTI フィルタリング操作を実現するために使用可能であることを示してきた。これは 2 つの方法で真である。第 1 に、ある離散時間信号に対して、サンプリング周期 T_s の変更が可能で、新しいシステムを得ることができる。反対に、サンプリング周期が固定ならば、全体の周波数応答を変更するために離散時間システムの変更が可能である。特別な場合として、なすべきことは、エイリアシングを避けるべくサンプリング速度を選択することである。そして、希望する周波数選択特性をもった周波数応答 $\mathcal{H}(\omega T_s)$ の離散時間 LTI フィルタを設計することである。

練習 6.6 一般に、図 6.17 のシステムを使用するとき、連続時間信号をフィルタするためには、可能な限り低いサンプリング周波数 $f_s = 1/T_s$ の選択を希望する。その理由を述べよ。

6.8.1 実例：低域通過平均器

例として、図 6.17 中のフィルタとして、次のような 11 点移動平均器を使用する。

$$y[n] = \frac{1}{11} \sum_{k=0}^{10} x[n-k]$$

この離散時間システムの周波数応答は、

$$\mathcal{H}(\hat{\omega}) = \frac{\sin(\hat{\omega} \, 11/2)}{11 \sin(\hat{\omega}/2)} e^{-j\hat{\omega}5}$$

この周波数応答の大きさは図 6.18（上）に示す。

このシステムは、サンプリング周波数 $f_s = 1000$ で、図 6.17 の離散時間システムとして使用されるとき、「等価なアナログ周波数応答とは何か？」、「次の信号

$$x(t) = \cos(2\pi(25)t) + \sin(2\pi(250)t)$$

はこのシステムでどのように処理されるのか？」、という 2 つの質問に答えたいと思う。

周波数応答の質問は容易である。等価なアナログ周波数応答は、

$$\mathcal{H}(\omega T_s) = \mathcal{H}(\omega/1000) = \mathcal{H}(2\pi f/1000)$$

である。ここでfの単位はHzである。fに対する等価連続時間周波数応答のプロットを図6.18（下）に示す。全システムの周波数応答において、理想D-to-C変換器は$f_s/2$以上の周波数を再構成しないので、$|f| = f_s/2 = 500$Hzで不意に停止することに注意されたい。

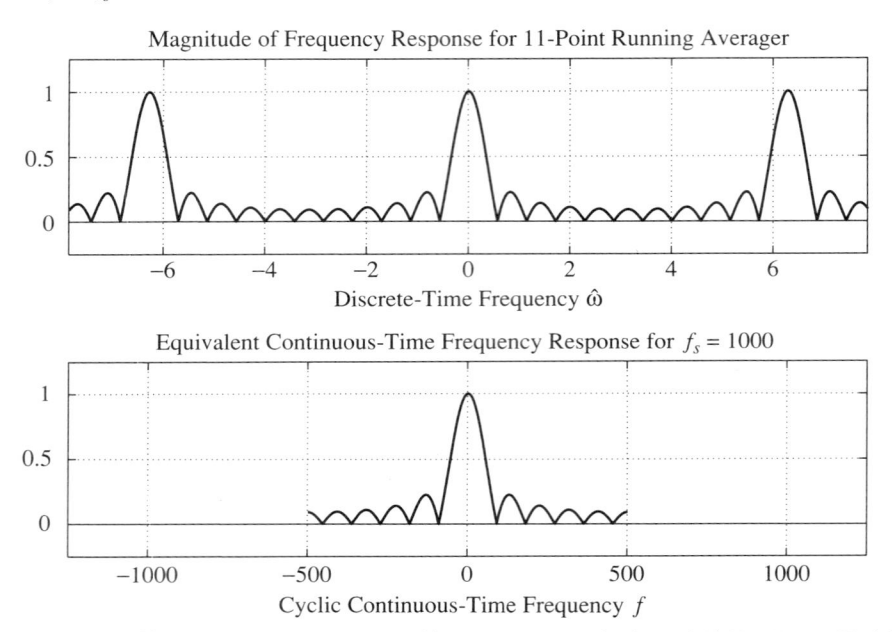

図6.18 アナログ信号をフィルタするために使用されたとき、（上）11点移動平均器の周波数応答、と（下）等価アナログ周波数応答。サンプリング周波数は$f_s = 1000$Hzであるから、処理可能な最大アナログ周波数応答は500Hzである。

第2の質問も、図6.17の3つのシステムを通過する入力信号の2つの周波数を追跡する場合には容易である。入力$x(t)$には、2つの周波数応答、$\omega = 2\pi(25)$と$\omega = 2\pi(250)$を含んでいる。$f_s = 1000 > 2(250) > 2(25)$であるから、エイリアシングは発生しないので[注6]、同一周波数成分は、出力信号$y(t)$中にも出現する。大きさと位相の変化は、25Hzと250Hzにおける等価周波数応答を評価することで求められる。つまり、

[注6]：エイリアシングがあるとき、出力信号$y(t)$は入力とは異なる周波数成分を持つことから、この種の問題はわかりにくくなる。

$$\mathcal{H}(2\pi(25)/1000) = \frac{\sin(\pi(25)(11)/1000)}{11\sin(\pi(25)/1000)} e^{-j2\pi(25)(5)/1000} = 0.8811 e^{-j\pi/4}$$

$$\mathcal{H}(2\pi(250)/1000) = \frac{\sin(\pi(250)(11)/1000)}{11\sin(\pi(250)/1000)} e^{-j2\pi(250)(5)/1000} = 0.0909 e^{-j\pi/2}$$

これらの値は図6.18中のプロットに対して調べられる。つまり、最終出力は、

$$y(t) = 0.8811\cos(2\pi(25)t - \pi/4) + 0.0909\sin(2\pi(250)t - \pi/2)$$

である。このフィルタの低域通過特性は250Hz成分を大きく減衰させ、他方、25Hz成分は、フィルタの通過帯域が0Hz付近にあることから、わずかの減衰を受けるだけである。

練習6.7 同一入力信号と同一離散時間システムを仮定して、この節の例を再度実行してみる。ただし、サンプリング速度は$f_s = 500$Hzを使用する。

6.8.2 遅延の解釈

$\mathcal{H}(\hat{\omega}) = e^{-j\hat{\omega}n_0}$の形をもつ周波数応答は$n_0$サンプルの時間遅延を暗示していることを見てきた。整数n_0に対して、これの解釈は分かりやすい。もし、システムへの入力が$x[n]$であるならば、対応する出力は$y[n] = x[n - n_0]$である。しかしながら、もしn_0が整数でないとすると、その解釈は明らかでない。これが発生するような例は、L点移動平均器システムである。その周波数応答は、

$$\mathcal{H}(\hat{\omega}) = \mathcal{D}_L(\hat{\omega}) e^{-j\hat{\omega}(L-1)/2}$$

となる。だたし、$\mathcal{D}_L(\hat{\omega})$は次のような実関数である。

$$\mathcal{D}_L(\hat{\omega}) = \frac{\sin(\hat{\omega}L/2)}{L\sin(\hat{\omega}/2)}$$

つまり、L点移動平均器には$(L-1)/2$サンプルの遅延を含んでいる。もし、Lが奇整数ならば、この遅延は入力に関して$(L-1)/2$サンプルだけシフトされた出力をもたらす。しかしながら、Lが偶整数ならば、$(L-1)/2$は整数ではない。この節の解析はこのような遅延因子の有効な解釈を提供する。

理想C-to-D変換器への入力は、

$$x(t) = Xe^{j\omega t}$$

であり、エイリアシングはないものと仮定する。すると、L点移動平均器へのサンプル入力は、

$$x[n] = Xe^{j\omega nT_s} = Xe^{j\hat{\omega}n}$$

ただし、$\hat{\omega} = \omega T_s$とする。ここで、$L$点移動平均器フィルタの出力は、

$$y[n] = \mathcal{H}(\hat{\omega}) X e^{j\hat{\omega}n} = \mathcal{D}_L(\hat{\omega}) e^{-j\hat{\omega}(L-1)/2} X e^{j\hat{\omega}n}$$

最後に、もし$\omega < \pi/T_s$ならば、(つまり、サンプリング操作でエイリアシングの発生が無い)、理想D-to-C変換器は複素指数関数信号を再構成する。

$$\begin{aligned} y(t) &= \mathcal{D}_L(\hat{\omega}) X e^{-j\hat{\omega}(L-1)/2} e^{j\omega t} \\ &= \mathcal{D}_L(\omega T_s) X e^{-j\omega T_s(L-1)/2} e^{j\omega t} \\ &= \mathcal{D}_L(\omega T_s) X e^{j\omega(t - T_s(L-1)/2)} \end{aligned}$$

つまり、$(L-1)/2$が整数であるかないかに関わらず、遅延因子$e^{-j\hat{\omega}T_s(L-1)/2}$は、サンプリング周期$T_s$でサンプルされた連続時間信号に関して$T_s(L-1)/2$秒の遅延に対応する。

例6.11 移動平均フィルタを用いて非整数遅延の効果を示すため、余弦信号$x[n] = \cos(0.2\pi n)$を考察する。この信号は、サンプリング速度$f_s = 1000$Hzで信号$x(t) = \cos(200\pi t)$のサンプリング結果を図6.17に示されている。図6.19(上)は$x(t)$と$x[n]$である。もし、$x[n]$は5点移動平均フィルタへの入力であるなら、その出力の定常状態部分は、

$$y_5[n] = \frac{\sin(0.2\pi(5/2))}{5\sin(0.2\pi/2)} \cos(0.2\pi n - 0.2\pi(2)) = 0.6472 \cos(0.2\pi(n-2))$$

遅延は2サンプルである。他方、もし、同じ信号$x[n]$が4点移動平均システムへの入力であるとすると、出力の定常状態部分は、

$$y_4[n] = \frac{\sin(0.2\pi(4/2))}{4\sin(0.2\pi/2)} \cos(0.2\pi n - 0.2\pi(3/2)) = 0.7694 \cos(0.2\pi(n - \frac{3}{2}))$$

である。そこでの遅延は3/2サンプルであるので、入力列に関する整数シフトとして$y_4[n]$を記述することは不可能である。この場合、このフィルタにより得られた「3/2サンプル」遅延は、図6.17のD-to-C変換器の出力として理解される。この場合、

$$y_4(t) = 0.7694 \cos(200\pi(t - 0.0015))$$

6.8 サンプルされた連続時間信号のフィルタリング 199

図6.19には、入力（上）、それに対応する出力、$y_5[n]$、$y_5(t)$（中）、$y_4[n]$、$y_4(t)$（下）が示されている。全てにおいて、実線の曲線はある離散時間信号の理想D-to-C変換器によって再構成された連続時間余弦信号である。次のような特別なポイントがこの例から得られる。

1. 2つの出力は入力よりも小さい。それは2つの場合 $\mathcal{D}_L(0.2\pi) < 1$ からである。
2. 下図の2つのあるダッシュでの垂直線は、$n = 0$ での入力のピークに対応する出力余弦信号のピークを示す。遅延は5点平均では $(5 - 1)/2 = 2$、4点平均では $(4 - 1)/2 = 3/2$ であることに注意されたい。
3. 有理数遅延の効果は、オリジナルサンプル間の半分の位置において、余弦信号の補間を実現することである。

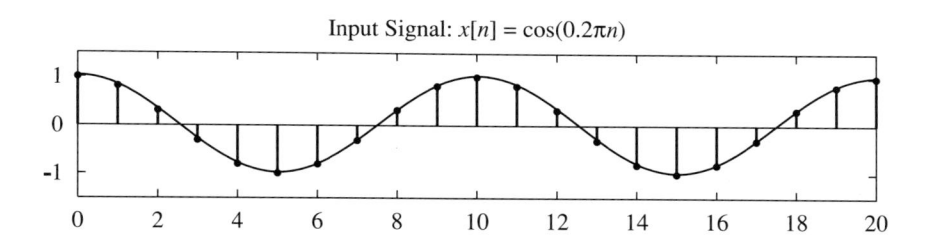

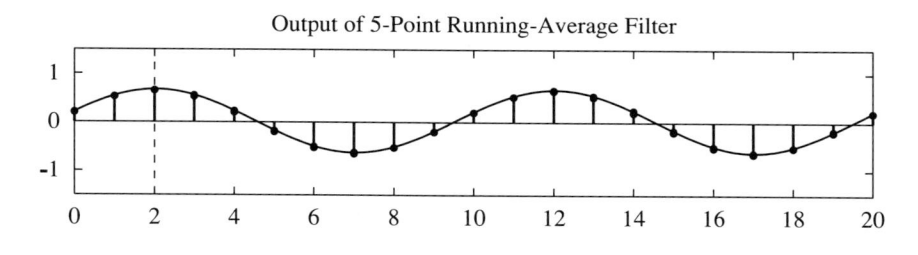

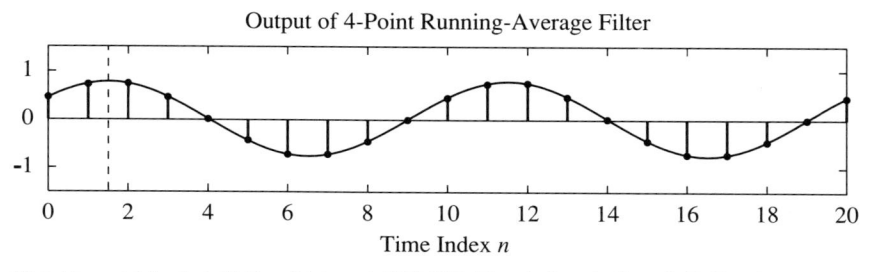

◇

図6.19 （上）入力信号、（中）5点移動平均器の出力、（下）4点移動平均器の出力

6.9 要約と関連

この章では、FIRフィルタに対する周波数応答の概念を紹介した。周波数応答は任意の線形時不変システムに適用する。これについては次章でも示す。

この章は、FIRフィルタリングの基本を紹介した第5章の議論を発展させた。特に、labsは学生に2つの章に慣れることを要求している。付録Cのラボラトリ・プロジェクトについては、CD-ROMで4つを提供する。Lab C.5は正弦波形のFIRフィルタリングを扱う。正弦波応答は周波数応答の考え方に自然と導いてくれる。Lab C.6は1次差分とL点平均器のような共通するフィルタを扱う。Labs C.7とC.8において、FIRフィルタはタッチトーンレコーダや画像スムージングのような実際的なシステムで使用される。LabはCD-ROM中にもある。CD-ROMには、次のような低域通過と高域通過フィルタリングのデモンストレーションが入っている。

1. 低域通過フィルタリングはぼかしであり、高域通過フィルタリングは画像強調であることを示すための写真画像のフィルタリング
2. 高域通過フィルタリングは低域通過フィルタリングのぼかし効果をundo（取り消す）できることを示すための画像の縦続処理
3. 低域と高域強調を示すための音声信号のフィルタリング

最後に、読者らは、CD-ROMの復習と練習のための解答付き宿題の多くを思い出されたい。

問題

6.1 FIRシステムへの入力信号を $x[n]$ とする。

$$x[n] = e^{j(0.4\pi n - 0.5\pi)}$$

新たな信号 $y[n]$ を1階差分方程式 $y[n] = x[n] - x[n-1]$ と定義するとき、$y[n]$ を次の形で表現できる。

$$y[n] = A\, e^{j(\hat{\omega}_0 n + \phi)}$$

A、ϕ、$\hat{\omega}_0$ の数値を求めよ。

6.2 離散時間システムは次のような入力-出力関係で記述されると仮定する。

$$y[n] = (x[n])^2$$

(a) 入力が次のような複素指数関数信号であるときの出力を求めよ。

$$x[n] = A\,e^{j\phi}\,e^{j\hat{\omega}n}$$

(b) 出力は次式となるか？

$$y[n] = \mathcal{H}(\hat{\omega})\,A\,e^{j\phi}\,e^{j\hat{\omega}n}$$

もしそうでないとすれば、それはなぜか？

6.3 離散時間システムは次のような入力-出力関係で記述されると仮定する。

$$y[n] = x[-n]$$

(a) 入力が次のような複素指数関数信号であるときの出力を求めよ。

$$x[n] = A\,e^{j\phi}\,e^{j\hat{\omega}n}$$

(b) 出力は次式となるか？

$$y[n] = \mathcal{H}(\hat{\omega})\,A\,e^{j\phi}\,e^{j\hat{\omega}n}$$

もしそうでないとすれば、それはなぜか？

6.4 線形時不変システムが次の差分方程式で記述されている。

$$y[n] = 2x[n] - 3x[n-1] + 2x[n-2]$$

(a) 周波数応答 $\mathcal{H}(\hat{\omega})$ を求めよ。これを極形式（振幅と位相）の数式として表現せよ。
(b) $\mathcal{H}(\hat{\omega})$ は $\hat{\omega}$ の周期関数である。その周期を求めよ。
(c) $\mathcal{H}(\hat{\omega})$ の振幅と位相を $\hat{\omega}$ の関数として、$-\pi < \hat{\omega} < \pi$ の範囲でプロットせよ。これを手で行い。次に MATLAB 関数 freqz を使用してこれを調べよ。
(d) 入力 $e^{j\hat{\omega}n}$ の出力応答がゼロとなるすべての周波数 $\hat{\omega}$ を求めよ。

(e) システムの入力が $x[n] = \sin(\pi n/13)$ であるとき、その出力信号を求め、それを $y[n] = A\cos(\pi n + \phi)$ 形式で表現せよ。

6.5 線形時不変フィルタは次の差分方程式で記述されている。

$$y[n] = x[n] + 2x[n-1] + x[n-2]$$

(a) このシステムの周波数応答の式を求めよ。
(b) これの周波数応答（振幅と位相）を周波数の関数としてスケッチせよ。
(c) 入力が $x[n] = 10 + 4\cos(0.5\pi n + \pi/4)$ であるとき、その出力を求めよ。入力が次式の単位インパルス列であるとき、出力を求めよ。

$$x[n] = \delta[n] = \begin{cases} 1 & n = 0 \\ 0 & n \neq 0 \end{cases}$$

(b) 入力が次式の単位ステップ列であるときの出力を求めよ。

$$x[n] = u[n] = \begin{cases} 0 & n < 0 \\ 1 & n \geq 0 \end{cases}$$

6.6 線形時不変フィルタは次の差分方程式で記述されている。

$$y[n] = x[n] - x[n-2]$$

(a) このシステムの周波数応答のための式を求めよ。
(b) 周波数応答（振幅と位相）を周波数の関数としてスケッチせよ。
(c) もし、入力が $x[n] = 4 + \cos(0.25\pi n - \pi/4)$ であるとき、出力はいくらか。
(d) もし、入力が $x_1[n] = (4 + \cos(0.25\pi n - \pi/4))u[n]$ である場合、(c) で得られた出力に等しい。

6.7 線形時不変フィルタの周波数応答は次式で与えられている。

$$\mathcal{H}(\hat{\omega}) = (1 + e^{-j\hat{\omega}})(1 - e^{j2\pi/3}e^{-j\hat{\omega}})(1 - e^{-2\pi/3}e^{-j\hat{\omega}})$$

(a) 入力 $x[n]$ と出力 $y[n]$ の関係を与える差分方程式を示せ。
(b) もし入力が $x[n] = \delta[n]$ であるときの出力はいくらか？
(c) もし入力が $x[n] = A e^{j\phi} e^{j\hat{\omega}n}$ の形式であるとき、区間 $-\pi \leq \hat{\omega} \leq \pi$ においてすべての n に対する $y[n] = 0$ となる値はいくらか？

6.8 線形時不変フィルタの周波数応答は次式で与えられている。

$$\mathcal{H}(\hat{\omega}) = (1 + e^{-j\hat{\omega}})(1 - 0.5\, e^{j\pi/6}\, e^{-j\hat{\omega}})(1 - 0.5\, e^{-j\pi/6}\, e^{-j\hat{\omega}})$$

(a) 入力 $x[n]$ と出力 $y[n]$ の関係を与える差分方程式を示せ。
(b) もし入力が $x[n] = \delta[n]$ であるときの出力はいくらか？
(c) もし入力が $x[n] = A\, e^{j\phi}\, e^{j\hat{\omega} n}$ の形式であるとき、区間 $-\pi \leq \hat{\omega} \leq \pi$ においてすべての n に対する $y[n] = 0$ となる値はいくらか？

6.9 S は線形時不変システムであるが、正確な形式は未定であると仮定する。複数の異なるテスト入力に対する出力信号を観測することによりテストされる。次のような入力-出力対が得られると仮定する。

$$x[n] = \delta[n] \longmapsto y[n] = \delta[n] - \delta[n-3]$$
$$x[n] = \cos(2\pi n/3) \longmapsto y[n] = 0$$
$$x[n] = \cos(\pi n/3 + \pi/2) \longmapsto y[n] = 2\cos(\pi n/3 + \pi/2)$$

(a) 信号 $x[n] = 3\delta[n] - 2\delta[n-2] + \delta[n-3]$ をプロットせよ。
(b) 入力が $x[n] = 3\delta[n] - 2\delta[n-2] + \delta[n-3]$ であるとき、システムの出力を求めよ。
(c) 入力が $x[n] = \cos(\pi(n-3)/3)$ であるとき、その出力を求めよ。
(d) 次の式は正しいか、間違いか？

$$\mathcal{H}(\pi/2) = 0$$

6.10 Dirichlet関数は次のように定義されている。

$$\mathcal{D}_L(\hat{\omega}) = \frac{\sin(L\hat{\omega}/2)}{L\sin(\hat{\omega}/2)}$$

$L = 8$ の場合、
(a) $\mathcal{D}_L(\hat{\omega})$ を $-3\pi \leq \hat{\omega} \leq 3\pi$ の範囲でプロットせよ。ゼロ交叉する点すべてにラベル付けせよ。
(b) $\mathcal{D}_8(\hat{\omega})$ の周期を求めよ。
(c) 関数の最大値を求めよ。

6.11 線形時不変フィルタは次の差分方程式で記述されている。

$$y[n] = 2x[n] - 3x[n-1] + 3x[n-2] - x[n-3]$$

(a) このシステムの周波数応答に対する式を求めよ。また、$(1-\alpha^3) = 1 - 3\alpha + 3\alpha^2 - \alpha^3$ の関係式を使用して、$\mathcal{H}(\hat{\omega})$ が次式のように表現されることを示せ。

$$\mathcal{H}(\hat{\omega}) = 8(\sin(\hat{\omega}/2)3)\, e^{j(-\pi/2 - 3\hat{\omega}/2)}$$

(b) これの周波数応答を周波数の関数としてスケッチせよ。
(c) 入力が $x[n] = 10 + 4\cos(0.5\pi n + \pi/4)$ であるとき、出力はいくらか。
(d) 入力が $x[n] = \delta[n]$ であるとき、出力はいくらか？
(e) $x[n] = 10 + 4\cos(0.5\pi n + \pi/4) + 5\delta[n-3]$ のとき、重ね合わせの理を用いて出力を求めよ。

6.12 3つのシステムが縦続接続されていると仮定する。つまり、S_1 の出力は S_2 の入力、S_2 の出力は S_3 の入力である。これら3つのシステムは次のように定義されている。

$$S_1 : y_1[n] = x_1[n] - x_1[n-1]$$
$$S_2 : y_2[n] = x_2[n] + x_2[n-2]$$
$$S_3 : y_3[n] = x_3[n-1] + x_3[n-2]$$

ただし、S_i の出力は $y_i[n]$ であり、その入力は $x_i[n]$ である。

(a) (S_i への) 入力 $x[n]$ から (S_3 の) 出力 $y[n]$ までの単一演算であるような等価なシステムを求めよ。つまり、$x[n]$ は $x_1[n]$ であり、$y[n]$ は $y_3[n]$ である。
(b) 周波数応答を使用して、全システムを $x[n]$ と $y[n]$ だけの項で定義するための1つの差分方程式を記述せよ。

6.13 LTI フィルタは次の差分方程式で記述されている。

$$y[n] = \frac{1}{4}(x[n] + x[n-1] + x[n-2] + x[n-3]) = \frac{1}{4}\sum_{k=0}^{3} x[n-k]$$

(a) このシステムのインパルス応答は何か。
(b) このシステムの周波数応答のための式を求めよ。
(c) 周波数応答（振幅と位相）を周波数の関数としてスケッチせよ。
(d) 次のような入力を仮定する。

$$x[n] = 5 + 4\cos(0.2\pi n) + 3\cos(0.5\pi n + \pi/4) \qquad -\infty < n < \infty$$

出力を $y[n] = A + B\cos(\hat{\omega}_0 n + \phi_0)$ の書式で表現せよ。

(e) 次のような入力を仮定する。

$$x_1[n] = 5 + 4\cos(0.2\pi n) + 3\cos(0.5\pi n + \pi/4)\, u[n]$$

ただし、$u[n]$は単位ステップ列である。出力$y_1[n]$が(d)の場合の$y[n]$に等しくなるnの値はいくらか。

6.14 連続時間信号のフィルタリングのためのシステムを下図に示す。

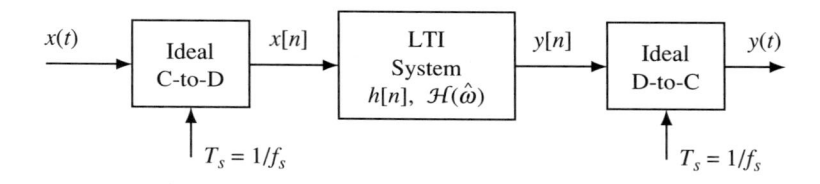

このシステムのC-to-Dコンバータへの入力は$x(t)$とする。

$$x(t) = 10 + 8\cos(200\pi t) + 6\cos(500\pi t + \pi/4) \qquad -\infty < t < \infty$$

LTIシステムのインパルス応答は$h[n]$である。

$$h[n] = \frac{1}{4}\sum_{k=0}^{3}\delta[n-k]$$

もし、$f_s = 1000$サンプル/secとするとき、D-to-Cコンバータの出力である$y(t)$の式を求めよ。ヒント：問題6.13の結果をこれに適用できる。

6.15 図は2つの線形時不変システムの縦続接続を表している。1段目のシステムは3点移動平均を、2段目のシステムは1階差分である。

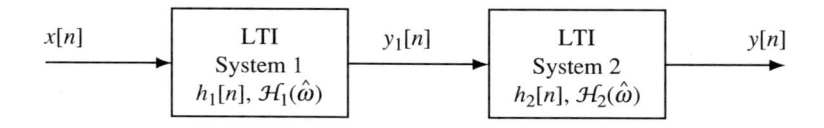

(a) 入力が $x[n] = 10 + x_1[n]$ であるとき、システム全体の出力 $y[n]$ は $y[n] = y_1[n]$ の書式である。ただし、$y_1[n]$ は $x_1[n]$ だけに基づく出力である。これがなぜ true であるかを説明せよ。
(b) 全縦続接続されたシステムの周波数応答関数を求めよ。
(c) 個別システムと全縦続接続システムの周波数応答（振幅と位相）を、$-\pi \leq \hat{\omega} \leq \pi$ の範囲でスケッチせよ。
(d) 全縦続接続システムにおいて、$y[n]$ を $x[n]$ に関係付ける単一の差分方程式を求めよ。

6.16 線形時不変システムは差分方程式で表現される。つまり、

$$y[n] = -x[n] + 2x[n-2] - x[n-4]$$

(a) インパルス応答 $h[n]$ を求め、それをプロットせよ。
(b) 周波数応答 $\mathcal{H}(\hat{\omega})$ の式を求め、それを次の書式で表現せよ。

$$\mathcal{H}(\hat{\omega}) = \mathfrak{R}(\hat{\omega}) e^{-j\hat{\omega}n_0}$$

ただし、$\mathfrak{R}(\hat{\omega})$ は実の関数であり、n_0 は整数である。
(c) $|\mathcal{H}(\hat{\omega})|$ のプロットを $-\pi \leq \hat{\omega} \leq \pi$ の区間で注意深くスケッチし、又、ラベル付けせよ。
(d) $\angle \mathcal{H}(\hat{\omega})$ の主値を $-\pi \leq \hat{\omega} \leq \pi$ の範囲でプロットし注意深くスケッチし、ラベル付けせよ。

6.17 線形時不変システムは次のような周波数応答を持っている。

$$\mathcal{H}(\hat{\omega}) = (1 - e^{j\pi/2} e^{-j\hat{\omega}})(1 - e^{j\pi/2} e^{-j\hat{\omega}})(1 + e^{-j\hat{\omega}})$$

このシステムへの入力を、

$$x[n] = 5 + 20\cos(\pi n/2 + \pi/4) + 10\delta[n-3]$$

とする。これに対応する LTI システム出力 $y[n]$ を $-\pi < n < \infty$ の範囲で重ね合わせの理を用いて求めよ。

6.18 次のような縦続接続システムを考察する。

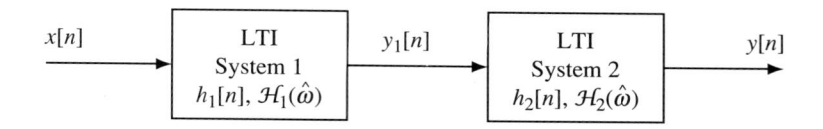

```
   x[n]      ┌─────────┐  y₁[n]  ┌─────────┐   y[n]
  ─────────►│   LTI   ├────────►│   LTI   ├────────►
            │ System 1│         │ System 2│
            │h₁[n],ℋ₁(ω̂)│      │h₂[n],ℋ₂(ω̂)│
            └─────────┘         └─────────┘
```

ただし、

$$\mathcal{H}_1(\hat{\omega}) = 1 + 2e^{-j\hat{\omega}} + e^{-j\hat{\omega}2}$$

$$h_2[n] = \delta[n] - \delta[n-1] + \delta[n-2] - \delta[n-3]$$

(a) （入力 $x[n]$ から出力 $y[n]$ までの）全縦続接続システムに対する周波数応答 $\mathcal{H}(\hat{\omega})$ を求めよ。また、その答えをできる限り簡潔にまとめよ。

(b) 全縦続接続のインパルス応答 $h[n]$ を求め、プロットせよ。

(c) $y[n]$ を $x[n]$ に関係付けた差分方程式を求めよ。

6.19 次のシステムにおける C-to-D コンバータへの入力を $x(t)$ とする。

$$x(t) = 10 + 20\cos(\omega_0 t + \pi/3) \quad -\infty < t < \infty$$

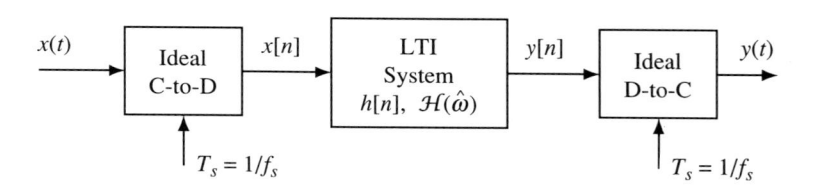

```
  x(t)   ┌────────┐ x[n]  ┌─────────┐ y[n]  ┌────────┐ y(t)
 ──────►│ Ideal  ├──────►│   LTI   ├──────►│ Ideal  ├──────►
         │C-to-D  │       │ System  │       │D-to-C  │
         └────┬───┘       │h[n],ℋ(ω̂)│       └────┬───┘
              │           └─────────┘            │
           Tₛ = 1/fₛ                         Tₛ = 1/fₛ
```

(a) LTI システムのインパルス応答は $h[n] = \delta[n]$ であると仮定する。もし、$\omega_0 = 2\pi(500)$ のとき、$y(t) = x(t)$ が true である $f_s = 1/T_s$ の値はいくらか？

(b) LTI システムのインパルス応答は $h[n] = \delta[n-10]$ に変化したと仮定する。全システムの出力が、

$$y(t) = x(t - 0.001) = 10 + 20\cos(\omega_0(t - 0.001) + \pi/3) \quad -\infty < t < \infty$$

となるようなサンプリング周波数 $f_s = 1/T_s$ と ω_0 の範囲を求めよ。

(c) LTI システムが次のような周波数応答を持つ 5 点移動平均であると仮定する。

$$\mathcal{H}(\hat{\omega}) = \frac{\sin(5\hat{\omega}/2)}{5\sin(\hat{\omega}/2)} e^{-j\hat{\omega}2}$$

もし、サンプリング周波数が $f_s = 2000$ サンプル／秒であるとき、出力が一定、つまり、

$-\infty < t < \infty$ において $y(t) = A$ となるような ω_0 の全ての値を求めよ。しかも、この場合の定数 A を求めよ。

6.20 LTI システムの周波数応答は以下のようにプロットされている。

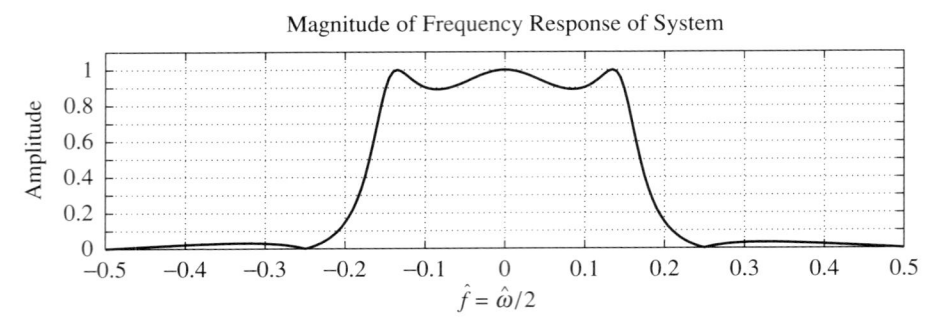

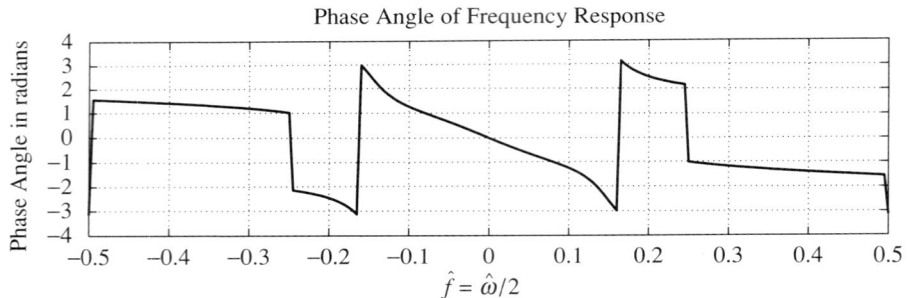

Magnitude of Frequency Response of System

Phase Angle of Frequency Response

(a) もし、入力が次式で与えられるとき、これらのプロットを使用して、システムの出力を求めよ。

$$x[n] = 10 + 10\cos(0.2\pi n) + 10\cos(0.5\pi n)$$

(b) 位相応答曲線が $\hat{f} = \hat{\omega}/(2\pi)$ と $\hat{f} = 0.25$ 付近の周波数で不連続となることについて説明せよ。

第7章
z-変換

　この章では、線形離散システムの解析に多項式と有理関数を導入したz変換を紹介する。さらにコンボリューションは多項式乗算と等価であり、また、乗算、除算、多項式の因数分解などのような通常の代数演算が結合された、あるいは分解されたLTIシステムとして理解されることを示す。良く知られているz変換は有理関数である。つまり、分子多項式を分母多項式で除算された形の関数である。これらの多項式の根は重要である。理由は、デジタルフィルタの多くの性質がこれらの根の配置に関係しているからである。

　z変換法は、FIRフィルタと一般的な有限長数列に関するこの章において紹介する。FIRの場合は、離散時間信号とシステムの表現の領域（Domain）の重要な概念を紹介する。本書において、信号とシステムの3つの表現領域を考察する。n-領域つまり時間領域（列の領域、インパルス応答と差分方程式）、$\hat{\omega}$-領域つまり周波数領域（周波数応答の領域、スペクトラム表現）、そして、z領域（z変換の領域、演算子、極とゼロ点）の3つである[注1]。表現の3つの異なる領域が存在することの価値は、ひとつの領域では困難な解析が他の領域においては容易になることがしばしばある。したがって、理解を進めるにつれて、ある表現法から別の表現法へ移動するための開発スキルが得られる。たとえば、LTIシステムの縦続接続の場合、n-領域においてはコンボリューションの新しい（余り慣れていない）手法を要求されるように思われるが、z-領域においてはより親しみのある多項式乗算の代数演算に変換される。しかしながら、実つまり現実の領域は信号が発生し処理され、

[注1]：伝統的に、信号とシステムのテキストでは時間領域と周波数領域という2つの領域を同一視してきた。多くの著者達は我々が使う$\hat{\omega}$-領域とz-領域をも「周波数領域」として一緒に考えている。この主な理由は、我々も本章で示すように$\hat{\omega}$-領域がより一般的なz-領域の特別な場合として見なすことが可能だからである。しかしながら、著者らは、これら2つの領域に含まれている数学関数の明らかに異なる特性の理由から、$\hat{\omega}$-領域とz-領域を個別に考えることが明らかに有益であると感じている。

また、フィルタの実装が行われるn-領域であることを注意することは重要である。周波数領域は音を解析するときには物理的重要さを持っているが、実装する場合にはめったに使用されない。z-領域は主に数学的解析や合成における便利さのゆえに存在している。

7.1　z-変換の定義

有限長信号$x[n]$は次の関係式で表現される。

$$x[n] = \sum_{k=0}^{N} x[k]\delta[n-k] \tag{7.1.1}$$

また、このような信号のz-変換は次の式で定義される。

$$X(z) = \sum_{k=0}^{N} x[k]z^{-k} \tag{7.1.2}$$

ここで、zは任意の複素数を表すものと仮定している。つまり、zはz-変換$X(z)$の独立な（複素）変数である。式（7.1.2）はz-変換の伝統的な定義ではあるが[注2]、$X(z)$が次式で記述されることに注意するのが教育的であろう。

$$X(z) = \sum_{k=0}^{N} x[k](z^{-1})^{k}$$

これは、$X(z)$が単に、変数z^{-1}のN次多項式であることを強調している。

　信号$x[n]$のz-変換を決定するために式（7.1.2）を使用するとき、$x[n]$を新たな表現式$X(z)$に変換する。確かに、これはしばしば「$x[n]$のz-変換をとる」と呼ばれる。$X(z)$を得るためになすべきことは、列$x[n]$の値を係数に持つ多項式を構成することである。特に、k番目の列値は多項式$X(z)$中のz^{-1}のk乗の係数になる。明らかに、式（7.1.2）から式（7.1.1）に戻るのは容易である。$x[n]$は$X(z)$からz^{-1}のk乗の係数を取り出し、列$x[n]$のk番目の位置にこの係数を置くことにより復元することができる。この操作は、ときどき「逆z-変換をとる」と呼ばれる。列$x[n]$とそのz-変換との間のこのような一意的対応を強調するために、次のような表記法を使用する。つまり、

n-領域		z-領域	
$x[n] = \sum_{k=0}^{N} x[k]\delta[n-k]$	$\Longleftrightarrow$	$X(z) = \sum_{k=0}^{N} x[k]z^{-k}$	(7.1.3)

[注2]：ある著者達はz-変換の定義にzに関する正の累乗を使用するが、信号処理の場合、この変換はあまり使用されない。

一般に、「z-変換対」は列とそれのz-変換である。これは次のように記述される。

$$x[n] \iff X(z)$$

nは列$x[n]$の独立変数であることに注意されたい。つまり、式（7.1.1）はn-領域における信号を表す。nはしばしばサンプルされた時間波形における時間を数えるための指標（index）であるから、式（7.1.1）を信号の時間領域表現式とも呼ばれる。同様に、zはz変換$X(z)$の独立変数であることに注意されたい。つまり、式（7.1.2）は信号をz領域で表現する、また、信号の「z変換をとる」という場合には時間領域からz領域に移動する。

単純ではあるが、非常に重要なz変換対の例として、$x[n] = \delta[n - n_0]$を仮定する。そこで、定義式（7.1.2）から、$X(z) = z^{-n_0}$なることを導出する。この対応を強調するために、以下の記法を使用する。

n-領域	$\iff$	z-領域	
$x[n] = \delta[n - n_0]$	$\iff$	$X(z) = z^{-n_0}$	(7.1.4)

列が数値で定義される時、z変換をとり多項式が得られる。

例7.1 次の表で与えられた列$x[n]$を考察する。

n	$n < -1$	-1	0	1	2	3	4	5	$n > 5$
$x[n]$	0	0	2	4	6	4	2	0	0

この列のz変換は、

$$X(z) = 2 + 4z^{-1} + 6z^{-2} + 4z^{-3} + 2z^{-4}$$

◇

この例は列のz変換をどのように見つけるかを示している。次の例は逆z変換操作を示している。つまり、z変換が与えられた場合の列を見つける。

例7.2 次式で与えられたz変換$X(z)$を考察する。

$$X(z) = 1 - 2z^{-1} + 3z^{-3} - z^{-5}$$

例7.1と同様に、表形式で$x[n]$を得ることができる。つまり、列のための式をnの関数として得

ることができる。

$$x[n] = \begin{cases} 0 & n < 0 \\ 1 & n = 0 \\ -2 & n = 1 \\ 0 & n = 2 \\ 3 & n = 3 \\ 0 & n = 4 \\ -1 & n = 5 \\ 0 & n > 5 \end{cases}$$

また、インパルス応答の項の表現式（7.1.1）を使用すると、対応する列$x[n]$は、

$$x[n] = \delta[n] - 2\delta[n-1] + 3\delta[n-3] - \delta[n-5]$$

◇

以上では、z変換の定義を求めた。また、与えられた列に対してz変換の求め方と、z変換を与える列の求め方とを見てきたが、n領域からz領域に変換しようとするのはなぜか。これは、この時点で明らかにすべき質問である。この章の後半でそれに答えるよう試みる。

7.2　z-変換と線形システム

z-変換はLTIシステムの設計と解析において必要不可欠である。その基本的な理由は、LTIシステムが$-\infty < n < \infty$の区間で特別な入力信号z^nに応答するように実行されるからである。

7.2.1　FIRフィルタのz-変換

FIRフィルタの一般的な差分方程式は次式となることを思い出されたい。

$$y[n] = \sum_{k=0}^{M} b_k x[n-k] \tag{7.2.1}$$

入出力関係の別の表現式はコンボリューション和である。つまり、

$$y[n] = x[n] * h[n]$$

ここで、$h[n]$はFIRフィルタのインパルス応答である。このインパルス応答$h[n]$は次の表に示すような差分方程式の係数b_nの列に等しいことを思い出されたい。

n	$n<0$	0	1	2	$\ldots$	M	$n>M$
$h[n]$	0	b_0	b_1	b_2	$\ldots$	b_M	0

これは、よりコンパクトな記法で表現できる。

$$h[n] = \sum_{k=0}^{M} b_k \delta[n-k] \qquad (7.2.2)$$

z-変換がFIRフィルタに対し興味深いのはなぜかを調べるために、式（7.2.1）のシステムへの入力が次のような信号とする。

$$x[n] = z^n \qquad \text{全ての}n\text{に対して、}$$

ただし、zは任意の複素数である。これまでに第6章においてこのような信号を考察してきたことを思い出されたい。そこでは$z = e^{j\hat{\omega}}$を使用した。これまで議論してきた周波数応答のように、「全てのnに対する」という制限は非常に重要な細目である。$n = 0$のような出発点において発生するかもしれないいかなる理由をも避けることを希望しているので、我々は入力が$n = -\infty$で開始するように考える。また、nの有限値に対して、スタートアップの影響は現れないと仮定する。つまり、出力の定常状態だけを考慮する。より一般的な複素指数関数入力z^nに対し、それに対応する出力信号は、

$$y[n] = \sum_{k=0}^{M} b_k x[n-k] = \sum_{k=0}^{M} b_k z^{n-k} = \sum_{k=0}^{M} b_k z^n z^{-k} = \left(\sum_{k=0}^{M} b_k z^{-k} \right) z^n$$

括弧内の項は多項式であり、その形式はFIRフィルタの係数に依存している。これはFIRフィルタのシステム関数（system function）と呼ばれている。z-変換の前の定義から、この多項式はインパルス応答列のz-変換であることが明らかである。前の節において、紹介した記法を使用すると、FIRフィルタのシステム関数は次式のように定義される。

$$H[z] = \sum_{k=0}^{M} b_k z^{-k} = \sum_{k=0}^{M} h[k] z^{-k} \qquad (7.2.3)$$

したがって、次のような重要な結果を得る。

> システム関数$H(z)$はインパルス応答のz-変換である。
>
> $$h[n] = \sum_{k=0}^{M} b_k \delta[n-k] \quad \Longleftrightarrow \quad H[z] = \sum_{k=0}^{M} b_k z^{-k} \qquad (7.2.4)$$

FIRフィルタに対して、もし入力が$-\infty < n < \infty$においてz^nであるならば、これに対応する出力は、

$$y[n] = h[n] * z^n = H(z) \, z^n \qquad (7.2.5)$$

となる。列$h[n]$と列z^nとのコンボリューション演算は$H(z)z^n$である。ここで$H(z)$は$h[n]$のz-変換である。これは非常に一般的なステートメントである。第8章において、これを、FIRフィルタだけでなく、一般的なLTIシステムに適用することを示す。つまり、LTIシステムの定義と同義語でもあるコンボリューションの演算は、z-変換と強く関係付けられるように見える。

　式（7.2.3）はFIRフィルタの「z-変換表現」を見つけるのに十分である。それは、多項式の係数がFIRフィルタの差分式（7.2.1）からのフィルタ係数$\{b_k\}$と正確に同じであるか、あるいは、等価的に式（7.2.2）からのインパルス応答列と同じである。つまり、FIRフィルタ差分方程式は、「kだけの遅延」（つまり、式（7.2.1）の$x[n-k]$）を単純にz^{-k}と置くことにより、z-領域における多項式に容易に変換される。

　システム関数$H(z)$は複素変数zの関数である。すでに述べてきたように、式（7.2.3）の$H(z)$はインパルス応答のz-変換である。また、FIRの場合、これは変数z^{-1}によるM次多項式である。したがって、$H(z)$は、（代数学の基本定理にしたがって）乗数を含む多項式を完全に定義するM個のゼロ点（つまり、$H(z_0) = 0$となるM個のz_0）を持っている。

例7.3 次のFIRフィルタを考察する。

$$y[n] = 6x[n] - 5x[n-1] + x[n-2]$$

z-変換システム関数は、

$$H(z) = 6 - 5z^{-1} + z^{-2} = (3 - z^{-1})(2 - z^{-1}) = 6\frac{(z - \frac{1}{3})(z - \frac{1}{2})}{z^2}$$

つまり、$H(z)$のゼロ点は、$\frac{1}{3}$、$\frac{1}{2}$である。次のフィルタは、

$$w[n] = x[n] - \frac{5}{6}x[n-1] + \frac{1}{6}x[n-2]$$

同じゼロ点をもつシステム関数であるが、全定数は6ではなく1である。これは単に、$w[n] = y[n]/6$を意味している。

◇

練習 7.1 インパルス応答が次式であるようなFIRフィルタのシステム関数$H(z)$を求めよ。

$$h[n] = \delta[n] - 7\delta[n-2] - 3\delta[n-3]$$

練習 7.2 システム関数が次式であるようなFIRフィルタのインパルス応答$h[n]$を求めよ。

$$H(z) = 4(1 - z^{-1})(1 + z^{-1})(1 + 0.8z^{-1})$$

ヒント：多項式を得るため因子を乗算し、「逆z-変換」によるインパルス応答を決定する。

7.3　z-変換の性質

7.1節において、z-変換の一般的な定義を示した。また、有限長列に対して、その列とz-変換の間を一意的に行き来可能であることを示した。この意味において、z-変換は、（FIRフィルタのインパルス応答を含む）任意の有限長列の一意的な表現であることを明らかにしてきた。7.2節のz-変換は、インパルス応答と列z^nとのコンボリューションから自然と得られることを示した。この節では、z-変換式のいくつかの性質を明らかにし、また、z-変換がどのようにして無限長へ拡張可能であるを示す。

7.3.1　z-変換の重ね合わせの性質

z-変換は線形変換である。これは列$x[n] = ax_1[n] + bx_2[n]$を考察することで理解される。ただし、$x_1[n]$と$x_2[n]$は共に、N以下かNに等しい長さをもつ有限長であると仮定している。式（7.1.2）の定義を使用すると、次式を得る。

$$\begin{aligned} X(z) &= \sum_{n=0}^{N}(ax_1[n] + bx_2[n])z^{-n} \\ &= a\sum_{n=0}^{N}x_1[n]z^{-n} + b\sum_{n=0}^{N}x_2[n]z^{-n} \\ &= aX_1(z) + bX_2(z) \end{aligned}$$

つまり、z-変換のための重ね合わせの性質を見てきた。

$$\boxed{\begin{array}{c}\text{z-変換は線型変換である。}\\ ax_1[n]+bx_2[n] \iff aX_1(z)+bX_2(z) \hspace{2em} (7.3.1)\end{array}}$$

この性質は、例7.4で示すように、有限長列のz-変換を解釈するための別の方法を導く。

例7.4 ある有限長列$x[n]$が次式のように、スケール変更とシフトされたインパルス列の和として表現される。

$$x[n] = \sum_{k=0}^{N} x[k]\delta[n-k] \hspace{2em} (7.3.2)$$

さらに、式（7.1.4）から、単一のシフトされた単位インパルス列に対して、

$$\delta[n-k] \iff z^{-k} \hspace{2em} (7.3.3)$$

が成立する。つまり、式（7.3.3）を式（7.3.2）の各インパルスに適用して、式（7.3.1）にしたがって個々のz-変換を加算することにより、次式が得られる。

$$X(z) = \sum_{k=0}^{N} x[k] z^{-k}$$

◇

7.3.2　z-変換の時間遅延の性質

z-変換のこれ以外の重要な性質はz-領域での大きさz^{-1}はn-領域の1単位の時間シフトに対応することである。この性質を数値例で示す。次の表で定義された長さ6の信号$x[n]$を考察する。

n	$n<0$	0	1	2	3	4	5	$n>5$
$x[n]$	0	3	1	4	1	5	9	0

$x[n]$のz-変換は、z^{-1}の多項式である。

$$X(z) = 3 + z^{-1} + 4z^{-2} + z^{-3} + 5z^{-4} + 9z^{-5}$$

信号値$x[n]$は多項式$X(z)$の係数であり、また、指数はその値の時間位置に対応していることに注意されたい。たとえば、$4z^{-2}$の項は$n=2$の時の信号値は4、つまり、$x[2]=4$となる。

そこで、多項式にz^{-1}を乗算することの働きを考察する。

$$\begin{aligned} Y(z) &= z^{-1}X(z) \\ &= z^{-1}(3 + z^{-1} + 4z^{-2} + z^{-3} + 5z^{-4} + 9z^{-5}) \\ &= 0z^0 + 3z^{-1} + z^{-2} + 4z^{-3} + z^{-4} + 5z^{-5} + 9z^{-6} \end{aligned}$$

多項式 $Y(z)$ の結果は、信号 $y[n]$ の z-変換表現である。これは、全ての時間位置における $y[n]$ の値を決定するは多項式係数と $Y(z)$ の指数を使用して計算される。その結果は次の $y[n]$ の表である。

n	$n<0$	0	1	2	3	4	5	6	$n>6$
$y[n]$	0	0	3	1	4	1	5	9	0

それぞれの信号サンプルは、表中において、すべてひとつ移動している。つまり、$y[n] = x[n-1]$ である。一般に、ある有限長列に対して、z-変換と z^{-1} との乗算は多項式の各指数から1を引くことであり、それによって、1サンプル遅延を発生することである。したがって、次のような基本関係を得る。

---

z-変換と z^{-1} との乗算の1サンプル遅延
$$x[n-1] \iff z^{-1}X(z) \tag{7.3.4}$$

これを z-変換の単位遅延 (unit-delay) の性質と呼ぶ。

単位遅延の性質は、式 (7.3.4) に n_0 時間を適用するだけで、サンプルを1以上シフトする場合に対しての一般化が可能である。一般化の結果は、

---

z-変換と z^{-n_0} との乗算の n_0 サンプル遅延
$$x[n-n_0] \iff z^{-n_0}X(z) \tag{7.3.5}$$

7.3.3　一般化 z-変換公式

これまでは、有限長信号に対してだけの z-変換を定義してきた。つまり、

$$X(z) = \sum_{k=0}^{N} x[n]z^{-n} \tag{7.3.6}$$

この定義は、列が $0 < n < N$ の区間だけ非ゼロであると仮定している。これは、上限と下限をそれぞれ $+\infty$ と $-\infty$ に拡張するだけで、無限長の信号への定義に拡張することができる。つまり、

$$X(z) = \sum_{n=-\infty}^{\infty} x[n] z^{-n} \tag{7.3.7}$$

しかしながら、無限の和は重大な数学的困難さをもたらすこともあるので、特別な注意も要求される。無限個の複素数の和は無限という結果になる。数学的用語で、和は収束しないかもしれない。第8章において無限長を考察するけれども、信号とシステムの解析のための完全な z-変換理論の注意深い数学的展開は別のコースに残して置く。

7.4 演算子としての z-変換

7.3.2節から説明を始めた単位遅延システム z^{-1} はある意味で遅延、つまり時間シフトに等価であることを提案している。この観点は、オペレータとして z-変換の解釈に有益であるが潜在的に混乱を招く。この解釈がどうして生ずるのかを調べるために、単位遅延システムのシステム関数を考察する。

7.4.1 単位遅延オペレータ

単位遅延システムはFIR差分方程式のための基本構成ブロックのひとつである。時間領域において、単位遅延オペレータ $\mathcal{D}$ は次式で定義される。

$$y[n] = \mathcal{D}\{x[n]\} = x[n-1] \tag{7.4.1}$$

このシステムの z-変換表現を見つけるには、単位遅延システムへの入力に次の信号を置く。

$$X[n] = z^n \quad \text{全ての} n \text{に対して}$$

ここで z は複素数。この z^n 入力信号を用いると、単位遅延の出力は次式となる。

$$\begin{aligned} y[n] = \mathcal{D}\{x[n]\} &= \mathcal{D}\{z^n\} \\ &= z^{n-1} = z^{-1} z^n = z^{-1} x[n] \end{aligned} \tag{7.4.2}$$

言い換えると、$x[n] = z^n$ という特別な場合の出力信号は、入力信号に z^{-1} が乗算されたものである。

厳密に言えば、式 (7.4.2) における式 z^{-1} は間違いやすい。理由は $x[n] = z^n$ に対してのみ成立することを覚えなければならないからである。しかしながら、大きさ z^{-1} を単位遅延オペレータ記号 $\mathcal{D}$ と交換して使用するのが普通である。それゆえ、任意の入力信号 $x[n]$ に対して、この単位遅延システムの動作はオペレータ z^{-1} で表現されると言うことができる。つまり、

$$y[n] = z^{-1}\{x[n]\} = x[n-1]$$

括弧は、式（7.4.1）のようにz^{-1}で演算される信号を囲む。つまり、もし解釈に注意深いのであれば、記号z^{-1}を遅延オペレータとして使用可能である。$\mathcal{D}$とz^{-1}を交換して使用することもできる。

もし$y[n] = x[n-1]$であるなら、$Y(z) = z^{-1}X(z)$、つまり任意の有限長列に対して、$Y(z)$を得るためにz^{-1}を$X(z)$に掛け算することを7.3.2節の遅延特性から分かる。これはz^{-1}が単位遅延を表していることの厳密な方法である。つまり、これはz-領域とn-領域とを混ぜることから、$x[n]$の回りの括弧無しに$z^{-1}x[n]$を記述することは適切ではない。

7.4.2 オペレータ記法

2つの連続した信号値の1次差分方程式を計算するシステムを考察する。

$$y[n] = x[n] - x[n-1]$$

1次差分システムを表すz-変換オペレータは$(1 - z^{-1})$である。それゆえ、「オペレータ」式を次のように記述できるので、

$$y[n] = (1 - z^{-1})\{x[n]\} = x[n] - x[n-1] \tag{7.4.3}$$

この式（7.4.3）は次のように解釈できる。オペレータ「1」は$x[n]$を変更されないままにしておく。また、オペレータz^{-1}は$x[n]$から引き算する前に$x[n]$を遅延する。

これ以外の簡単な例は1サンプル以上、たとえば、n_dサンプル遅延されるシステムである。

$$y[n] = x[n - n_d] \qquad n_d\text{は整数}$$

この場合、システム関数は$H(z) = z^{-n_d}$である、また、オペレータはz^{-n_d}である。これは明らかに単位遅延の場合の一般化である。

練習7.3 入力$x[n]z^n$を1次差分システムに動作させることにより、このシステムのためのz-変換オペレータを導く。$y[n]$を$y[n] = H(z)\{x[n]\}$と記述する。

7.4.3 ブロック図のオペレータ記法

遅延オペレータの概念は、LTIシステムのブロック図においてとりわけ有効である。FIRフィルタのブロック図表現において、z-変換は次のように動作する。単位遅延の全ては変換領域においてz^{-1}オペレータとなる。また、z-変換の重ね合わせの特性に従って、スカラー乗算子と加算子は時間

領域表現において同じである。図7.1（b）は遅延オペレータを表現するために、z^{-1}オペレータを使用して2点FIRフィルタのブロック図表現を示している。

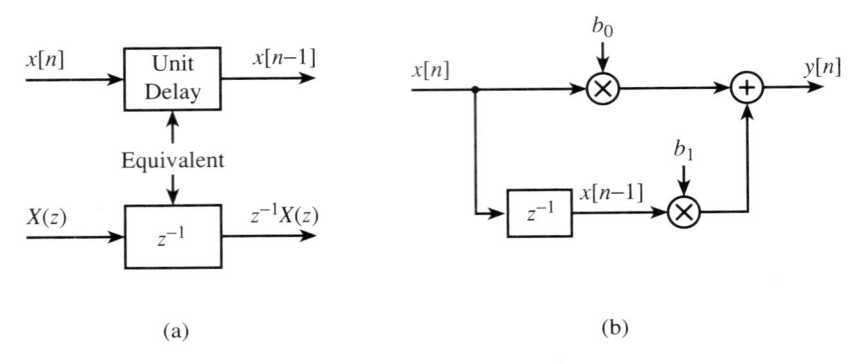

図7.1 1次FIRフィルタのための計算構造：（a）z^{-1}と単位遅延との等価性、（b）差分方程式は$y[n] = b_0 x[n] + b_1 x[n-1]$である1次フィルタのブロック図

練習7.4 1次差分システム、$y[n] = (1 - z^{-1})\{x[n]\}$のための図7.1（b）に類似したブロック図を描きなさい。

7.5 コンボリューションとz-変換

7.3.2節において、n-領域における信号の単位遅延は、z-領域におけるz-変換のz^{-1}の乗算に等価であることを確かめた。単位遅延システムのインパルス応答は、

$$h[n] = \delta[n-1]$$

1サンプルの遅延は次のコンボリューションに等価である。

$$y[n] = x[n] * \delta[n-1] = x[n-1]$$

単位遅延システムのシステム関数は、インパルス応答のz-変換である。つまり、

$$H(z) = z^{-1}$$

さらに、単位遅延特性（7.3.4）は、1サンプルの遅延がz-変換とz^{-1}との積であることを表している。つまり、

7.5 コンボリューションと z-変換

$$Y(z) = z^{-1} X(z)$$

したがって、単位遅延の場合において、出力の z-変換は LTI システムのシステム関数と入力の z-変換の積に等しいことが分かる。つまり、

$$Y(z) = H(z)X(z) \tag{7.5.1}$$

さらに重要なこととして、(7.5.1) の結果は任意の LTI システムに対しても真である。

コンボリューションは z-変換 (7.5.1) の積に変換されることを示す。2 つの有限長列 $x[n]$ と $h[n]$ の離散コンボリューションは次の公式により与えられることを思い出されたい。

$$y[n] = x[n] * h[n] = \sum_{k=0}^{M} h[k]x[n-k] \tag{7.5.2}$$

ただし、M は FIR フィルタの次数である。希望する結果を明らかにするめために、式 (7.5.2) によって与えらるような $y[n]$ の z-変換を得るために、重ね合わせの式 (7.3.1) と一般的な遅延特性 (7.3.5) を適用する。これは次式となる。

$$Y[z] = \sum_{k=0}^{M} h[k](z^{-k}X(z)) = \left(\sum_{k=0}^{M} h[k]z^{-k}\right)X(z) = H(z)\,X(z). \tag{7.5.3}$$

もし、$x[n]$ が有限長列であるならば、$X(z)$ は多項式となる。それゆえ、式 (7.5.3) はコンボリューションが多項式乗算と等価であることを明らかにしている。この結果を次の例で示す。

例 7.5 いま次式を仮定する。

$$x[n] = \delta[n-1] - \delta[n-2] + \delta[n-3] - \delta[n-4]$$
$$h[n] = \delta[n] + 2\delta[n-1] + 3\delta[n-2] + 4\delta[n-3]$$

列 $x[n]$ と $h[n]$ の z-変換は、

$$X(z) = 0 + 1z^{-1} - 1z^{-2} + 1z^{-3} - 1z^{-4}$$
$$H(z) = 1 + 2z^{-1} + 3z^{-2} + 4z^{-3}$$

である。$X(z)$ と $H(z)$ は共に z^{-1} の多項式であるので、これら 2 つの多項式を乗算することによりコン

ボリューションのz-変換を計算できる。つまり、

$$\begin{aligned}
Y(z) &= H(z)X(z) \\
&= (1 + 2z^{-1} + 3z^{-2} + 4z^{-3})(z^{-1} - z^{-2} + z^{-3} - z^{-4}) \\
&= z^{-1} + (-1 + 2)z^{-2} + (1 - 2 + 3)z^{-3} + (-1 + 2 - 3 + 4)z^{-4} \\
&\quad + (-2 + 3 - 4)z^{-5} + (-3 + 4)z^{-6} + (-4)z^{-7} \\
&= z^{-1} + z^{-2} + 2z^{-3} + 2z^{-4} - 3z^{-5} + z^{-6} - 4z^{-7}
\end{aligned}$$

あるz-多項式の係数は、(z^{-1})の累乗で示される列の位置にある列値そのものであるので、次式は$Y(z)$の逆変換より得られる。

$$\begin{aligned}
y[n] &= \delta[n-1] + \delta[n-2] + 2\delta[n-3] + 2\delta[n-4] \\
&\quad - 3\delta[n-5] + \delta[n-6] - 4\delta[n-7]
\end{aligned}$$

ここで、出力を計算するためにコンボリューション和を調べる。いくつかの項を記述してみると、z-変換多項式乗算に類似したパターンを見ることができる。

$$\begin{aligned}
y[0] &= h[0]x[0] = 1(0) = 0 \\
y[1] &= h[0]x[1] + h[1]x[0] = 1(1) + 2(0) = 1 \\
y[2] &= h[0]x[2] + h[1]x[1] + h[2]x[0] = 1(-1) + 2(1) + 3(0) = 1 \\
y[3] &= h[0]x[3] + h[1]x[2] + h[2]x[1] + h[3]x[0] = 1(1) + 2(-1) + 3(1) = 2 \\
y[4] &= h[0]x[4] + h[1]x[3] + h[2]x[2] + h[3]x[1] = 1(-1) + 2(1) + 3(-1) + 4(1) = 2 \\
&\vdots
\end{aligned}$$

$h[k]$の指標と$x[n-k]$の指標の和は、$y[n]$に寄与している全ての積項において同じ値（つまりn）であることに注意されたい。このことは、指数和のため多項式乗算においても起こる。

第5章において、$x[n]$と$h[n]$とのコンボリューションを評価するために乗算表を示した。ここでも、多項式$X(z)$と$H(z)$の乗算の過程であることを示す。手続きはこの節の数値例に対して示すことにする。

```
x[n], X(z)      0    +1   -1   +1   -1
h[n], H(z)      1     2    3    4
                ---------------------------------------
                0    +1   -1   +1   -1
                      0   +2   -2   +2   -2
                            0   +3   -3   +3   -3
```

```
                               0   +4   -4   +4   -4
                        ---------------------------------
        y[n], Y(z)       0   +1   +1   +2   +2   -3   +1   -4
```

z-変換 $X(z)$ と $H(z)$ と $Y(z)$ において、z^{-1} の累乗は表中の係数水平位置に暗に位置付けされている。各列は $x[n]$ 行と $h[n]$ 値のひとつが乗算され、ついで、その結果を暗黙の累乗 z^{-1} により右へシフトされて作成される。最終解は列方向への加算により得られる。最下行は $y[n] = x[n] * h[n]$ の列値である。つまり、多項式 $Y(z)$ の係数に等価な値でる。

この節において、コンボリューションと多項式乗算とは本質的に同じ内容であることを明らかにした[注3]。事実、z-変換理論の最も重要な結果は、

---

n-領域におけるコンボリューションは z-領域における乗算に等価である

$$y[n] = h[n] * x[n] \quad \Longleftrightarrow \quad Y(z) = H(z)X(z)$$

この結果は、コンボリューションの理解と、実現するための基本として使用されること以上に多くの密接な関係があることを示している。

練習 7.5 入力 $x[n] = \delta[n-1] - \delta[n-2] + \delta[n-3] - \delta[n-4]$ の z-変換とシステム関数 $H(z) = 1 - z^{-1}$ を用いて、$x[n]$ が入力したときの1次差分フィルタの出力を求めよ。多項式乗算を用いて答えを計算するか、次の差分方程式を使用して計算することもできる。

$$y[n] = x[n] - x[n-1]$$

$y[n]$ で表現される z-変換多項式の次数はいくらか。

7.5.1 縦続接続システム

システム設計における z-変換の主要なアプリケーションのひとつは、正確な同一入出力動作を持つ可換なフィルタを作成する時使用することである。重要な例は2つ以上のLTIシステムの縦続接続である。ブロック図形式において、縦続は第1システムの出力を第2の入力に接続した図を描くことである。入力信号は $x[n]$ であり、全体の出力は $y[n]$ である。列 $w[n]$ は一時的な格納として考えられる中間信号である。

---

*注3：MATLABにおいて、多項式乗算のための特別な関数は存在しない。その代わり、多項式乗算にコンボリューション関数 conv を使用できる、これは多項式乗算が係数列の離散コンボリューションに等しいからである。

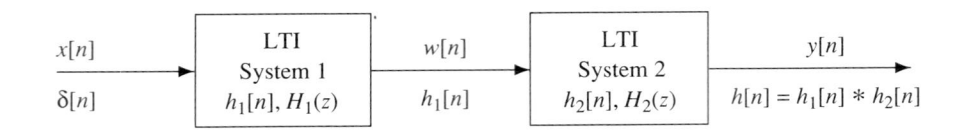

```
  x[n]          ┌─────────────┐   w[n]    ┌─────────────┐   y[n]
────────▶       │    LTI      │ ────────▶ │    LTI      │ ────────▶
                │  System 1   │           │  System 2   │
  δ[n]          │ h₁[n], H₁(z)│   h₁[n]   │ h₂[n], H₂(z)│  h[n] = h₁[n] * h₂[n]
────────▶       └─────────────┘ ────────▶ └─────────────┘ ────────▶
```

図7.2　2つのLTIシステムの縦続

　第5章ですでに見てきたように、$h_1[n]$と$h_2[n]$が第1と第2のシステムのそれぞれのインパルス応答である場合、図7.2で示したように、入力$x[n]$から出力$y[n]$への全インパルス応答は$h[n]=h_1[n]*h_2[n]$である。したがって、2システムの縦続の全インパルス応答は、2つのインパルス応答のそれぞれのz-変換の積である。つまり、

2つのLTIシステムの縦続でのシステム関数は、個別システム関数の積である

$$h[n] = h_1[n] * h_2[n] \quad \Longleftrightarrow \quad H(z) = H_1(z)H_2(z) \qquad (7.5.4)$$

　この結果の重要な帰結は、乗算は可換的であるという事実から容易に導かれる。これはコンボリューションは可換演算でなければならない。また、2つのシステムは全体システム応答と同じ結果を得るために、この順序でも縦続可能であることを暗示している。つまり、$H(z) = H_1(z)H_2(z) = H_2(z)H_1(z)$である。

例7.6　上の考え方の簡単な例を示すために、次の差分方程式によって表現されたシステムを考察する。

$$w[n] = 3x[n] - x[n-1] \qquad (7.5.5)$$
$$y[n] = 2w[n] - w[n-1] \qquad (7.5.6)$$

　これは図7.2と同様に2つの1次システムの縦続を表している。1次システムの出力$w[n]$は、第2システムへの入力である。また、全体の出力は、第2システムの出力である。式（7.5.5）の中間信号$w[n]$は、式（7.5.6）で使用される前に計算されなければならない。第1システムからの$w[n]$を第2のシステムのそれに置き換えることにより、2つのフィルタを単一の差分方程式に結び付けことができる。その結果は、

$$\begin{aligned} y[n] &= 2w[n] - w[n-1] \\ &= 2(3x[n] - x[n-1]) - (3x[n-1] - x[n-2]) \end{aligned}$$

$$= 6x[n] - 5x[n-1] + x[n-2] \qquad (7.5.7)$$

を得る。つまり、2つの1次システムの縦続は単一の2次システムに等価であることを明らかにした。差分方程式（7.5.7）は、式（7.5.5）と式（7.5.6）の両者で指定されたアルゴリズムと異なる$y[n]$の計算のためのアルゴリズムを定義することに注意すべきである。しかしながら、上の解析は完全に正確な計算を示しているので、2つの異なる実現からの出力は全く等しくなることを示している。

これまで実行したと同じく、全体の差分方程式の詳細を調べることは、そのシステムが高次である場合には、極端なほど飽き飽きするものとなる。z-変換はこれらの演算を多項式の乗算にする。1次システムは次のシステム関数を持っているとする。

$$H_1(z) = 3 - z^{-1} \qquad \text{および} \qquad H_2(z) = 2 - z^{-1}$$

すると、全システム関数は、

$$H(z) = (3 - z^{-1})(2 - z^{-1}) = 6 - 5z^{-1} + z^{-2}$$

これは式（7.5.7）の差分方程式に一致する。このような簡単な例でさえ、z-領域での解法はn-領域での解法よりも一層分かりやすい。 ◇

練習7.6 次の縦続システムを、$x[n]$に関する$y[n]$のための単一の差分方程式と結び付けるためにz-変換を使用せよ。

$$w[n] = x[n] + x[n-1]$$
$$y[n] = w[n] - w[n-1] + w[n-2]$$

7.5.2 z-多項式の因数分解

高次システムを得るためにz-変換の積をとることができるなら、大きなシステムを小さくするために、z-変換多項式を小さなモジュールに因数分解する。縦続システムは、それぞれのシステム関数を乗算することに等価であるので、高次多項式$H(z)$の因数は$H(z)$を縦続接続で作り上げる要素システムを表している。

次の例を考察する。

$$H(z) = 1 - 2z^{-1} + 2z^{-2} - z^{-3}$$

$H(z)$ の根のひとつは、$z = 1$ であるので、$H(z) = (1 - z^{-1})$ は $H(z)$ の因数である。他の因数は次の除算で求められる。

$$H_2(z) = \frac{H(z)}{H_1(z)} = \frac{H(z)}{1 - z^{-1}} = 1 - z^{-1} + z^{-2}$$

$H(z) = (1 - z^{-1})(1 - z^{-1} + z^{-2})$ としての $H(z)$ の因数分解は、図7.3のブロック図に示される縦続を与える。縦続の差分方程式は、

$$w[n] = x[n] - x[n - 1]$$
$$y[n] = w[n] - w[n - 1] + w[n - 2]$$

$x[n] \longrightarrow \boxed{H_1(z) = 1 - z^{-1}} \xrightarrow{w[n]} \boxed{H_2(z) = 1 - z^{-1} + z^{-2}} \longrightarrow y[n]$

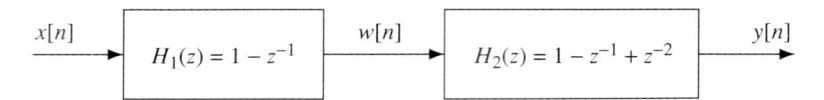

図7.3　$H(z) = 1 - 2z^{-1} + 2z^{-1} + 2z^{-2} - z^{-3}$ を1次システムと2次システムの積に因数分解。

7.5.3　逆コンボリューション

縦続化の特徴は実際のアプリケーションでの次のような興味ある質問へ導く。第1フィルタの効果を打ち消すために縦続中の第2フィルタを使用することは可能か。第1フィルタへの入力と等しい第2フィルタの出力を得るために何をすべきか。もう少し厳密にいえば、2つのフィルタ $H_1(z)$ と $H_2(z)$ の縦続されていると仮定する。また、$H_1(z)$ は既知とする。全システムが入力に等しい出力となるような $H_2(z)$ を見つけることは可能であろうか。もしそうであれば、z-変換解析は、そのようなシステム関数は $H(z) = 1$ でなければならないことを教えてくれる。つまり、

$$Y(z) = H_1(z) H_2(z) X(z) = H(z) X(z) = X(z)$$

第1システムは入力をコンボリューションで処理するので、第2のフィルタはコンボリューションを取り消そうとする。このようなプロセスは逆コンボリューション（deconvolution）と呼ばれる。このための別の言葉は、逆フィルタリング（inverse-filtering）である。もし、$H_1(z)H_2(z) = 1$ であるとき、$H_2(z)$ は $H_1(z)$ の逆（inverse）である呼ばれる（これの逆もある）。

例7.7　もし、特別な例として、z-変換に関して解を求めることとする。いま、$H_1(z) = 1 - z^{-1} + \frac{1}{2} z^{-2}$ と仮定する。そこで、

$$H(z) = 1 \quad \Rightarrow \quad H_1(z)H_2(z) = 1$$

としたい。$H_1(z)$ は既知であるから、$H_2(z)$ を得るためには、

$$H_2(z) = \frac{1}{H_1(z)} = \frac{1}{1 - z^{-1} + \frac{1}{2}z^{-2}}$$

となる。

◇

この例から何を作るのだろうか。FIRフィルタのための逆コンボリューションは多項式ではなく、これに代わる有理関数（2つの多項式の比）のシステム関数を持たなければならない。これはFIRフィルタのための逆フィルタがFIRフィルタにはなり得ないことを意味している。逆コンボリューションは見かけほど単純ではないのである。多項式システム関数の可能性を考察しているので、差分方程式の形での解を得ることはできない。しかしながら、第8章において、有理数システム関数を持つ別の種類のLTIシステムが存在することを示す。したがって、第8章での逆フィルタリング問題に戻すことにする。

7.6 z-領域と $\hat{\omega}$-領域との関係

システム関数 $H(z)$ は、周波数応答 $\mathcal{H}(\hat{\omega})$ の形式に等しい関数の形を持っている。これは、システム関数（7.2.3）の公式と周波数応答（6.1.3）の公式とを並べて復習すると、FIRフィルタを調べるのが十分容易である。つまり、

$$\begin{array}{ccc} \hat{\omega}\text{-領域} & \Longleftrightarrow & z\text{-領域} \\ \mathcal{H}(\hat{\omega}) = \sum_{k=0}^{M} b_k e^{-j\hat{\omega}k} & \Longleftrightarrow & H(z) = \sum_{k=0}^{M} b_k z^{-k} \end{array}$$

もし $H(z)$ 中で $z = e^{j\hat{\omega}}$ の置換を行うならば、z-領域と $\hat{\omega}$-領域間の明確な調和が存在する。特に、$\mathcal{H}(\hat{\omega})$ と z-変換 $H(z)$ の間の関係は次式であることに注意することは非常に重要である。

$$\mathcal{H}(\hat{\omega}) = H(e^{j\hat{\omega}}) = H(z)\big|_{z=e^{j\hat{\omega}}} \tag{7.6.1}$$

z-領域と $\hat{\omega}$-領域との関係は、次のような重要な公式で結びついている。

$$z = e^{j\hat{\omega}} \tag{7.6.2}$$

この関係がなぜキーになるのかを調べる。もし信号 z^n がLTIフィルタへの入力であるとき、結果の

出力は、$y[n] = H(z)z^n$ であることを思い出すことが必要である。もし z の値が $z = e^{j\hat{\omega}}$ ならば、

$$y[n] = H(e^{-j\hat{\omega}})e^{j\hat{\omega}n}$$

ただし、$H(e^{j\hat{\omega}})$ は明らかに、これまで周波数応答と呼んできたものであり、明らかに $\mathcal{H}(\hat{\omega})$ と記述したものと同じである。

7.6.1 z-平面と単位円

これからは、$\hat{\omega}$-領域と z-領域の間の関係を強調するために $\mathcal{H}(\hat{\omega})$ に代わって $H(e^{j\hat{\omega}})$ を使用する。この記法を使用するとき、z の値の特別なセットに対して $H(z)$ を評価することにより、周波数応答 $H(e^{-j\hat{\omega}})$ はシステム関数 $H(z)$ から得られることを示す。周波数応答は周期 2π の周期的であるから、$-\pi < \hat{\omega} < \pi$ の1周期のみを評価する必要があることを思い出されたい。もし、$\hat{\omega}$ のこれらの値を式 (7.6.2) に置き換えると、対応する全ての z の値は単位大きさであり、また、角度 $\hat{\omega}$ は $-\pi$ から π まで変化することを示す。言い換えると、$z = e^{-j\hat{\omega}}$ の値は半径1の円周上に存在し、$z = -1$ から円周まわりを全部を一周し $z = -1$ に戻る。$z = e^{-j\hat{\omega}}$ の全ての値をとる曲線は単位円（unit circle）と呼ばれる。これは図7.4に示されている。これは単位円と代表的な点 $z = e^{-j\hat{\omega}}$ を示している。この点は、原点からの距離が1であり z-平面の実軸に関して $\hat{\omega}$ の角度である。

図7.4の図的表現は、$\hat{\omega}$-領域と z-領域の間の関係を可視化する便利な方法である。$\hat{\omega}$-領域は z-領域の特別な部分である単位円に存在するので、周波数応答の多くの性質は z-平面におけるシステム関数の性質のプロットから明らかである。たとえば、周波数応答の性質は、図7.4から明らかであ

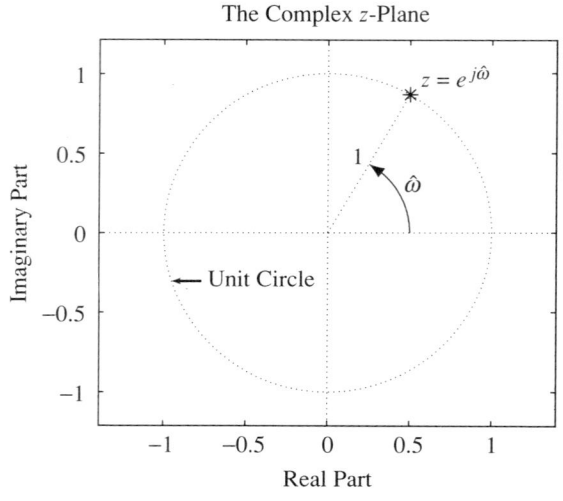

図7.4 単位円を含む複素 z-平面、$z = e^{-j\hat{\omega}}$

る。この図は、単位円上の全ての点におけるシステム関数の評価は、角度2πラジアン移動することを要求している。周波数$\hat{\omega}$はz-平面上の角度に等しいので、z-平面の2πラジアンは周波数応答における2πラジアンの区間に対応している。単位円回りを複数回転することは、周波数応答の複数周期を繰り返す。

7.6.2 $H(z)$のゼロと極

FIRシステムのシステム関数はゼロ点で基本的に決定されることをすでに見てきた。これを次の例で示す。

例7.8 システム関数$H(z) = 1 - 2z^{-1} + 2z^{-2} - z^{-3}$を考察する。これは次の異なる形式で表現できる。

$$H(z) = 1 - 2z^{-1} + 2z^{-2} - z^{-3} \tag{7.6.3}$$
$$= (1 - z^{-1})(1 - e^{j\pi/3}z^{-1})(1 - e^{-j\pi/3}z^{-1}) \tag{7.6.4}$$

あるいは、もし、$H(z)$にz^3/z^3を乗算すると、次のような2つの等価な式が得られる。

$$H(z) = \frac{z^3 - 2z^2 + 2z - 1}{z^3} \tag{7.6.5}$$
$$= \frac{(z-1)(z - e^{j\pi/3})(z - e^{-j\pi/3})}{z^3} \tag{7.6.6}$$

式（7.6.3）から式（7.6.6）は$H(z)$に対する4つの異なる等価式である。式（7.6.6）の因数分解形式は、$H(z)$のゼロ点がz-平面上の$z_1 = 1$、$z_2 = e^{j\hat{\omega}/3}$、$z_3 = e^{-j\hat{\omega}/3} = z_2^*$の位置に存在することが明らかである。式（7.6.6）は、$z \to 0$に対して$H(z) \to \infty$となることも示している。$H(z)$が確定しない（無限大になる）zの値は、$H(z)$の極（pole）と呼ばれる。この場合、z^3の項は$z = 0$において3つの極をもつという、あるいは、$H(z)$は$z = 0$点において3次の極を持つと言う。

極点とゼロ点はシステム関数を決定することを述べてきた。図示したように、多項式$\frac{1}{2}H(z) = 0.5 - z^{-1} + z^{-2} - 0.5z^{-3}$は、式（7.6.3）の$H(z)$と同じ極とゼロ点を持っていることに注意されたい。

◇

極とゼロ点の位置は、$H(z)$を式（7.6.4）の書式で記述したとき明らかとなる。それは、$(1 - az^{-1})$形式の因数が、

$$(1 - az^{-1}) = \frac{(z - a)}{z}$$

のように表現され、$(1 - az^{-1})$の形式をもつ因数は$z = a$でゼロ点、$z = 0$で極点を表している。$H(z)$

に z の負の累乗のみを含んでいるとき、z の負の累乗は差分方程式とインパルス応答に直接的に対応しているので、式（7.6.3）と式（7.6.4）の書式の表現を使用した方がより便利である。

$H(z)$ のゼロと極を複素 z-平面の点として表示するのが便利である。図7.5のプロットは、例7.9の3つのゼロ点と3つの極点を示している。このようなプロットは極-ゼロプロットと呼ばれる。このプロットは MATLAB の zplane 関数を使用して作成される。各ゼロ位置は小さな円で記述され、$z = 0$ での3つの極はひとつの×とその側に数字3を付けて示される。一般に、全ての極が $z = 0$ に集中していなければ、×印はそれぞれの極の位置に置かれる。単位円は、$H(z)$ というシステム関数をもつLTIシステムの周波数応答を得るために評価される場所であるから、図7.5には、参考のためドットの円として示した。

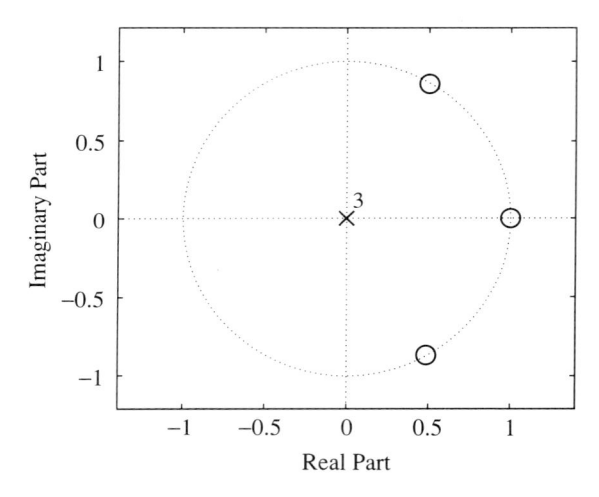

図7.5　単位円を含む z-平面上に印のついた $H(z)$ のゼロと極

7.6.3　$H(z)$ のゼロの重要性

7.6.2節において、多項式システム関数のゼロ点は定数乗数を除く $H(z)$ を決定するために十分であることを見てきた。このシステム関数は、$H(z)$ の多項式係数が差分方程式の係数であることから、フィルタの差分方程式を決定する。差分方程式は入力 $x[n]$ と対応する出力 $y[n]$ とを直接的に連結している。しかしながら、ゼロ位置の知識が差分方程式を使用してこれを実際に計算することなく出力に関する正確なステートメントを作成するのに十分であるようないくつかの入力が存在する。このような信号は全ての n に対して $x[n] = z_0^n$ の書式を持っている。ただし、下付き文字は、z_0 が特別な複素数であることを意味している。この場合、出力は、

$$y[n] = H(z_0)z_0^n$$

大きさ $H(z_0)$ は複素定数である。これは、複素乗算により入力信号 z_0^n の振幅と位相に変化をもたらす。特に、z_0 が $H(z)$ のゼロ点のひとつであるとき、出力はゼロで $H(z_0) = 0$ となる。

例7.9　$H(z) = 1 - 2z^{-1} + 2z^{-2} - z^{-3}$ であるとき、その根は、

$$z_1 = 1$$
$$z_2 = \tfrac{1}{2} + j\tfrac{1}{2}\sqrt{3} = 1e^{j\pi/3}$$
$$z_3 = \tfrac{1}{2} - j\tfrac{1}{2}\sqrt{3} = 1e^{-j\pi/3}$$

図7.5に示すように、これらのゼロ点は単位円上にすべて存在する。それゆえ、周波数 0、$\pi/3$、$-\pi/3$ の複素正弦波はシステムによりゼロに設定される。つまり、次の3つの信号のそれぞれからの出力結果は、ゼロとなる。

$$x_1[n] = (z_1)^n = 1$$
$$x_2[n] = (z_2)^n = e^{j\pi n/3}$$
$$x_3[n] = (z_3)^n = e^{-j\pi n/3}$$

$\Diamond$

この例で示すように、単位円上に存在するシステム関数のゼロ点はシステムの利得がゼロである周波数に対応する。つまり、これらの周波数における複素正弦波は、このシステムにより阻止され、つまり、「ヌル」となる。

練習7.7　例7.10で決定された入力 $x_1[n]$、$x_2[n]$ と $x_3[n]$ は、差分方程式、$y[n] = x[n] - 2x[n-1] + 2x[n-2] - x[n-3]$ にこれらの信号を入力すると出力がゼロになることを示せ。それにより、複素フェーザは n の全ての値に対して相殺することを示せ。フィルタは線形であるので、$x_2[n]$ と $x_3[n]$ の和である $2\cos(\pi n/3)$ のような信号は、ヌルとなることを示せ。

7.6.4　ヌルフィルタ

もし、$H(z)$ のゼロ点が単位円上に存在すると、ある正弦波入力信号はフィルタにより阻止され、つまり、ヌルとなることを示したばかりである。したがって、特定の正弦波をヌルにできるFIRフィルタの設計には、この結果を使用することができる。このような機能はレーダや通信システムにおける不要な信号を取り除くのに必要となる。同じく、電力線からの60Hz干渉は、正しい周波数に対してヌルを置くことにより除去される。

z-平面でのゼロ点は、$x[n] = z_0^n$ という特別な形を持つ信号だけを除去する。もし正弦波入力信号を除去したければ、事実、$z_1^n + z_2^n$ という形の2つの信号を除去しなければならない。つまり、

$$x[n] = \cos(\hat{\omega}n) = \tfrac{1}{2} e^{j\hat{\omega}n} + \tfrac{1}{2} e^{-j\hat{\omega}n}$$

それぞれの複素指数関数成分は1次FIRフィルタを用いて除去できる。また、2つのフィルタは余弦波を削除する2次ヌルフィルタを形成する。2次FIRフィルタは$z_1 = e^{j\hat{\omega}}$と$z_2 = e^{-j\hat{\omega}}$において2つのゼロを持っている。信号z_1^nは次のシステム関数をもつフィルタでヌルとなる。

$$H_1(z) = 1 - z_1 z^{-1}$$

ここで、$z = z_1$において、$H_1(z_1) = 0$、つまり、

$$H_1(z_1) = 1 - z_1(z_1)^{-1} = 1 - 1 = 0$$

同様に、$H_2(z) = 1 - z_2 z^{-1}$はz_2^nを削除する。つまり、2次ヌルフィルタは、これらの積となる。

$$\begin{aligned}
H(z) &= H_1(z)H_2(z) \\
&= (1 - z_1 z^{-1})(1 - z_2 z^{-1}) \\
&= 1 - (z_1 + z_2)z^{-1} + (z_1 z_2)z^{-2} \\
&= 1 - (e^{j\hat{\omega}_0} + e^{-j\hat{\omega}_0})z^{-1} + (e^{j\hat{\omega}_0} e^{-j\hat{\omega}_0})z^{-2} \\
&= 1 - 2\cos(\hat{\omega}_0)z^{-1} + z^{-2}
\end{aligned}$$

図7.6において、2つのゼロ点は、$z = e^{\pm j\pi/4}$での成分を削除するのに必要であることを示している。図7.6に示された例における、$H(z)$の係数の値は、

$$H(z) = 1 - 2\cos(\pi/4)z^{-1} + z^{-2} = 1 - \sqrt{2}\, z^{-1} + z^{-2}$$

つまり、入力から信号$\cos(0.25\pi n)$を削除するヌルフィルタは、次の差分方程式となるFIRフィルタである。

$$y[n] = x[n] - \sqrt{2}\, x[n-1] + x[n-2] \tag{7.6.7}$$

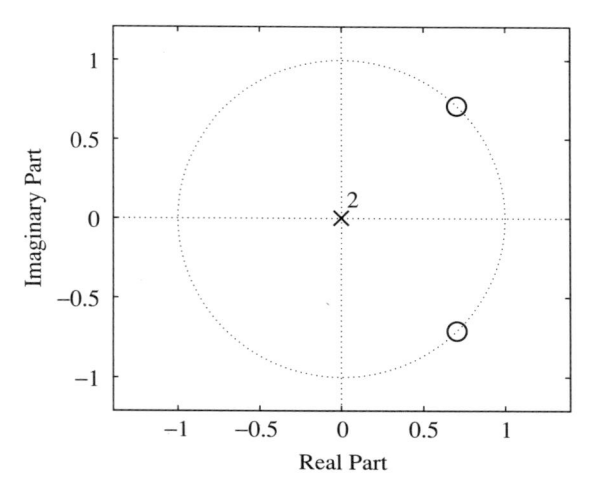

図7.6 $\hat{\omega}_0 = \pm\pi/4$ のとき、正弦波成分を除去する2次ヌルフィルタのための単位円周上のゼロ点。原点には2つの極がある。

7.6.5 z と $\hat{\omega}$ との図的関係

式 $z = e^{j\hat{\omega}}$ は z-領域と $\hat{\omega}$-領域の間の関連を明らかにする。式（7.6.1）で見てきたように、周波数応答は、z-平面の単位円上でシステム関数を評価することにより得られる。この対応は有効な図的理解を得ることができる。システム関数の極-ゼロ点プロットを考察することにより、$\mathcal{H}(\hat{\omega}) = H(e^{j\hat{\omega}})$ の周波数応答が単位円上の $H(z)$ の評価からどのような結果になるか、また、$H(z)$ の極とゼロ点にどのように依存しているかを可視化できる。例として、単位円の内側と外側の両方、および、単位円を含む z-平面の領域において z-変換の大きさ $|H(z)|$ を評価した結果のプロットを図7.7に示す。この場合のシステムは11点移動加算である。つまり、係数がすべて1に等しいFIRフィルタである[注4]。このフィルタのシステム関数は、

$$H(z) = \sum_{k=0}^{10} z^{-k} \qquad (7.6.8)$$

7.7節では、このフィルタのシステム関数のゼロが角度 $\hat{\omega} = 2\pi k/11$、$(k = 1, 2, ..., 10)$ における単位円上に存在することを示す。これは式（7.6.8）の多項式が次式のように表現されることを意味している。

$$H(z) = (1 - e^{j2\pi/11} z^{-1})(1 - e^{j4\pi/11} z^{-1}) \cdots (1 - e^{j20\pi/11} z^{-1}) \qquad (7.6.9)$$

---

*注4：これは6.7節で詳細に議論した11点移動平均フィルタの利得定数1/11を削除したことを除けば同じシステムである。

$(1 - e^{j2\pi k/11} z^{-1})$ の書式を持つ各因子は $z = e^{j2\pi k/11}$ においてゼロ、$z = 0$ において極を表していることを思い出されたい。つまり、式 (7.6.9) は $z = e^{j2\pi k/11}$、$k = 1, 2, \ldots, 10$ において $H(z)$ の10個のゼロと $z = 0$ において10個の極を表している。

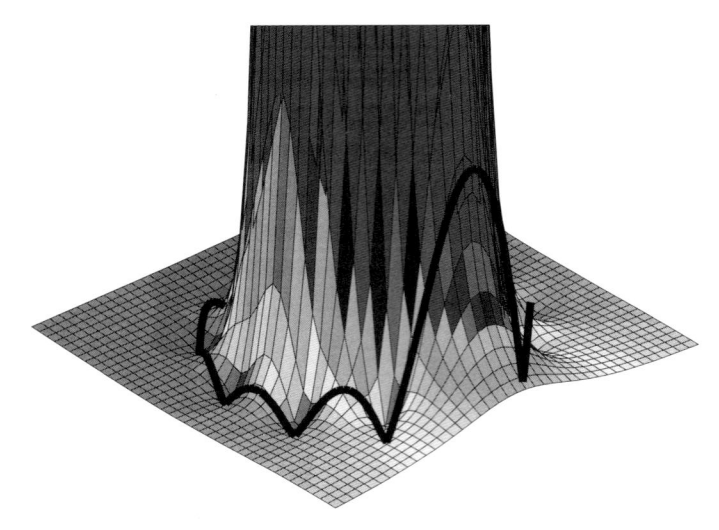

図7.7 単位円を含む z-平面の領域 $[-1.4 \leq \Re e\{z\} \leq 1.4] \times [-1.4 \leq \Im m\{z\} \leq 1.4]$ において評価された FIR フィルタの z-変換。単位円に沿った値は周波数応答（大きさ）が評価された場所を黒い線で示した。図は第4象限から見たもので、点 $z = 1$ は右方向にある。

Z-to-FREQ
FLYING
THRU
Z-PLANE

図7.7の大きさのプロットにおいて、ゼロ点は単位円の回りの3次元プロットを縛り付けていることが観測される。単位円の内側における $H(z)$ の値は、$z = 0$ の極によって非常に大きくなる。周波数応答 $\mathcal{H}(\hat{\omega}) = H(e^{j\hat{\omega}})$ は、図7.7の単位円に沿って z-変換の値を選択することにより求めることができる。$\hat{\omega}/2\pi$ 対 $|H(e^{j\hat{\omega}})|$ のプロットは図7.8である。周波数応答の形は、図7.9に示されているゼロ配置で説明することができる。つまり、図より、$z = 0$ での極は $H(e^{j\hat{\omega}})$ を持ち上げ、他方、単位円に沿ったゼロは $\hat{\omega} = 0$ 付近（つまり、$z = 1$ 付近）領域を除く正規区間においては $H(e^{j\hat{\omega}}) = 0$ となることが分かる。単位円上の値は、$\hat{\omega}$ が $|z| = 1$ を保ちつつ $-\pi$ から $+\pi$ へ進むにつれて $H(z)$ の上昇した後に下降する。

この例において、LTIシステムの周波数応答の直感的な図はシステム関数 $H(z)$ の極とゼロ点のプロットから可視化可能であることを示唆している。ここでは単に、極は周波数応答を「上昇させ」、ゼロは「下降させ」ることを覚えておく必要がある。さらに、単位円上のゼロは、周波数応答がゼロの角度位置に対応した周波数においてゼロになるよう強制する。

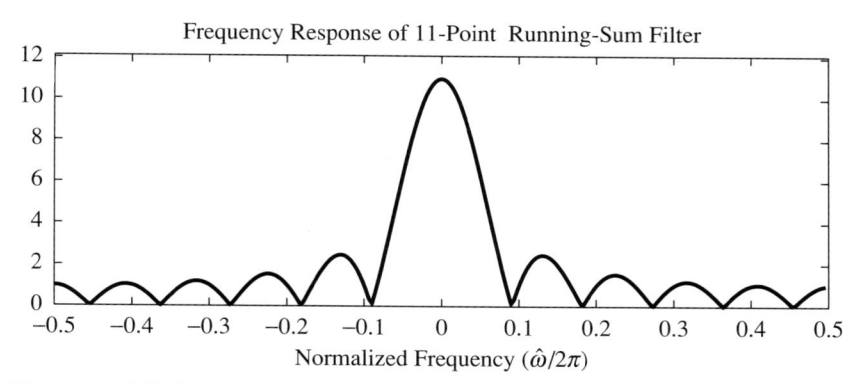

Frequency Response of 11-Point Running-Sum Filter

図7.8 11点移動和のための周波数応答（大きさのみ）。これらはz-平面内で単位円に沿った値である。周波数軸に沿って一様に広がった10個のゼロ点である。

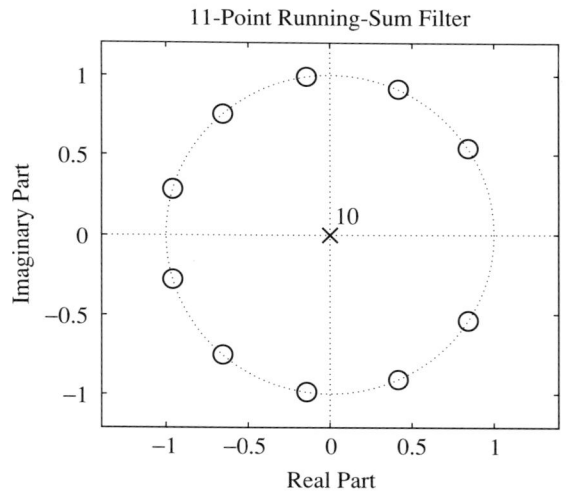

11-Point Running-Sum Filter

図7.9 11点移動和のゼロと極の分布。単位円に沿って一様に広がる10個のゼロ点と原点での10個の極。

7.7 有効なフィルタ

これまでに、z領域と$\hat{\omega}$領域の間の結びつきを理解した。そこで、希望する特性を持つフィルタを設計するためにその知識が活用できる。この節では、移動和フィルタに共通する帯域通過（bandpass filter：BPF）フィルタの特別な種類を調べる。

7.7.1 L-点移動和フィルタ

前の節からの一般化として、L-点移動和フィルタ、

$$y[n] = \sum_{k=0}^{L-1} x[n-k]$$

は、次のシステム関数を持っている。

$$H(z) = \sum_{k=0}^{L-1} z^{-k}$$

幾何数列のL項の和の公式（6.7.3）を思い出されたい。$H(z)$は次の書式で表現される。

$$H(z) = \sum_{k=0}^{L-1} z^{-k} = \frac{1-z^{-L}}{1-z^{-1}} = \frac{z^L - 1}{z^{L-1}(z-1)} \tag{7.7.1}$$

$H(z)$の最後の書式は、分子多項式がz^L-1であり、分母が$z^{L-1}(z-1)$の有理関数である。$H(z)$のゼロは分子多項式の根により決定される。つまり、

$$z^L - 1 = 0 \quad \Rightarrow \quad z^L = 1 \tag{7.7.2}$$

となるzの値である。kが整数のとき、$e^{j2\pi k} = 1$ となるので、

$$z = e^{j2\pi k/L} \qquad k = 0, 1, 2, ..., L-1 \tag{7.7.3}$$

となる各値は式（7.7.2）を満足する、また、これらのL個は式（7.7.2）にL次方程式の根である。式（7.7.3）の値は方程式$z^L = 1$を満足するので、「1のL次根」(Lth roots of unity) と呼ばれる。$z = 0$（$L-1$次の）、あるいは、$z = 1$のいずれかである式（7.7.1）の分母のゼロは、$H(z)$の極である。しかしながら、1のL次根のひとつは、$z = 1$である。つまり、式（7.7.3）の$k = 0$の場合である。これは分子のゼロが分母のゼロをキャンセルするので、z^{L-1}の項だけが実際の$H(z)$の極となる。したがって、$H(z)$は次のような因数分解された書式で表現される。

$$H(z) = \sum_{k=0}^{L-1} z^{-k} = \prod_{k=1}^{L-1} (1 - e^{j2\pi k/L} z^{-1}) \tag{7.7.4}$$

例7.10 10点移動和フィルタ（$L = 10$）において、システム関数は、

$$H(z) = \sum_{k=0}^{9} z^{-k} = \frac{1 - z^{-10}}{1 - z^{-1}} = \frac{z^{10} - 1}{z^9 (z - 1)} \tag{7.7.5}$$

この場合の極－ゼロ図は、図7.10であり、移動和フィルタの周波数応答は図7.11である。分子の因子は、1の10個の根であり、$z = 1$におけるゼロは分母の対応する項とキャンセルする。これは、$z = 1$でギャップを持つ単位円の回りには9個のゼロがあることを示している。図7.10の単位円上の9個のゼロは、図7.11における$\hat{\omega}$軸に沿って、$\hat{\omega} = 2\pi k/10$の場所にゼロとして明示されている。また、周波数応答を$\hat{\omega} = 0$において大きくするのは、$z = 1$でのギャップである。単位円の回りのこれ以外のゼロは、$H(e^{j\hat{\omega}})$を小さくしている。それによって、図7.11に示されている「低域通過」フィルタが作成される。($H(e^{j\hat{\omega}})$は図7.11において、$\hat{\omega}/2\pi$に対してプロットされていることに注意されたい)

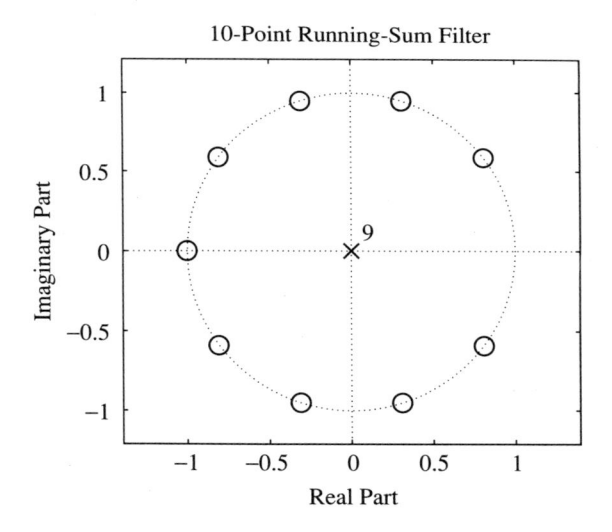

図7.10　10点移動和フィルタのゼロと極。単位円に沿って9個のゼロが広がっている。原点には9個の極がある。

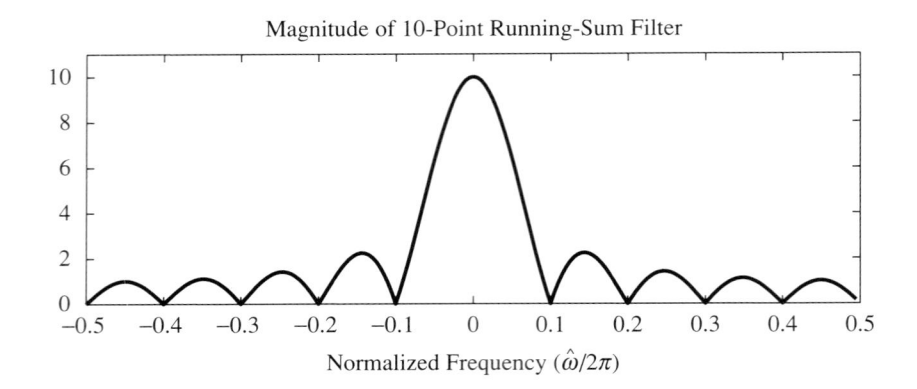

Magnitude of 10-Point Running-Sum Filter

図7.11 10点移動和フィルタの周波数応答（大きさのみ）。z-平面内の単位円に沿って値が存在する。周波数応答軸に沿って一様に広がった9個のゼロ点が存在する。

◇

7.7.2 複素帯域通過フィルタ

ここでは、FIRフィルタに周波数応答が単位円上にゼロを配置することによりどのように制御されるかを述べる段階にきた。通過帯域の位置を制御する別のFIRフィルタの作成が簡単に実現できることを示す。もし、通過帯域を$\hat{\omega} = 0$から別の周波数に変更すると、周波数成分の狭い帯域を通過するフィルタ、つまり、帯域通過フィルタ（BPF）を得る。

通過帯域を移動する方法は、FIRフィルタのゼロ点である1の根の中からひとつを除く全部の根を使用することである。このような新たなフィルタの式は、

$$H(z) = \prod_{\substack{k=0 \\ k \neq k_0}}^{L-1} (1 - e^{j2\pi k/L} z^{-1}) \tag{7.7.6}$$

ただし、指標k_0は$z = e^{j2\pi k_0/L}$において削除される根のひとつを表している。例は、$k_0 = 2$、$L = 10$に対して図7.12に示されている。一般的な場合として、システム関数が式（7.7.6）で与えられるようなフィルタの通過帯域は、$\hat{\omega} = 0$の付近の区間を

$$\hat{\omega} = \frac{2\pi k_0}{L}$$

付近に移動すべきである。ゼロはその周波数において欠損しているからである。図7.13より、$k_0 = 2$のときのピークの規格化周波数は$\hat{\omega}/2\pi = k_0/L = 2/10$である。$\hat{\omega} = 0.4\pi$付近の狭帯域周波数外のフィルタ利得は通過帯域内の利得よりも小さいことから、このフィルタは、帯域通過フィルタ（bandpassfilter）である。

7.7 有効なフィルタ

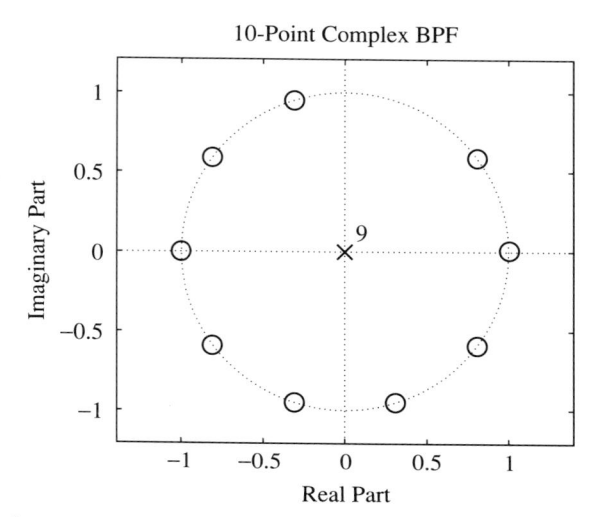

10-Point Complex BPF

図7.12 10点複素BPFのゼロと極分布。角度$2\pi k_0/L = 2\pi(0.2)$におけるゼロは1の10乗根から外された。残り9個のゼロ点は単位円回りに等しい角度（$2\pi k/10$）で配置されている。原点には9つの極が存在する。

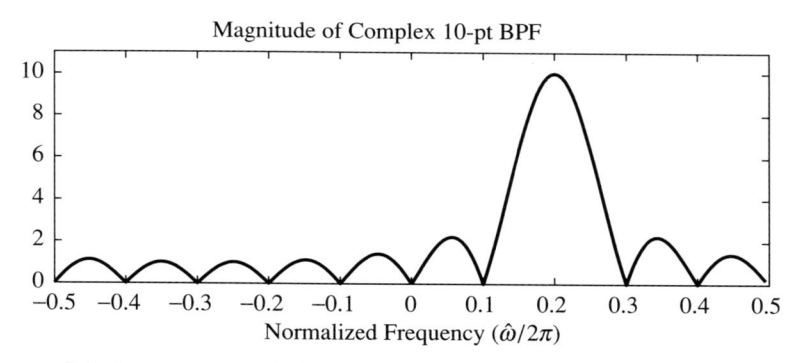

Magnitude of Complex 10-pt BPF

図7.13 10点複素BPFのための周波数応答応答（大きさのみ）。これらはz-平面の単位円に沿った値である。周波数軸に沿って一様に広がる9つのゼロが存在する。

式（7.7.6）の式は、BPFの周波数応答を作成する方法を調べるには良いが、帯域通過フィルタのフィルタ係数を計算するためには有用でない。もし、式（7.7.6）の因子の直接乗算を行おうとすると、9つの複素項が組み合わされなければならない。すべての代数演算が終了したとき、その結果のフィルタ係数は複素数となる。この事実は、図7.12のゼロ点が全て複素共役対としてグループ化されるのではないことに直面した場合、明らかとなる。

フィルタ係数を得るためには別の戦略が必要である。ひとつの考えは、図7.12のゼロ点分布を図7.10の移動和フィルタのゼロ点の回転として眺めることである。z-平面表現の回転は、$\hat{\omega}$軸に沿っ

ての周波数応答を回転の大きさに応じてシフトする効果を持っている。この場合の希望回転角度は、$2\pi k_0/L$である。そこで、質問は多項式の根を回転に応じて移動する方法である。答えは、k番目のフィルタ係数b_kに$e^{-jk\theta}$を乗算することである。ただし、θは希望する回転角度である。

多項式$G(z)$の一般的演算を考察する。

$$H(z) = G(z/r)$$

多項式$G(z)$における変数zの出現の度に、zをz/rで置き換える。$G(z)$の根に関する置換の効果は、根にrを乗算し、$H(z)$の根をこれから得ることである。簡単な例として、$G(z) = z^2 - 3z + 2 = (z - 2)(z - 1)$を考える。

$$H(z) = G(z/r) = (z/r)^2 - 3(z/r) + 2 = \frac{z^2 - 3rz + 2r^2}{r^2} = \frac{(z - 2r)(z - r)}{r^2}$$

$H(z)$の2つの根は、新たに$z = 2r$と$z = r$となる。

複素帯域通過フィルタの場合、$G(z)$は移動和システム関数、つまり、

$$G(z) = \sum_{k=0}^{L-1} z^{-k}$$

である。また、パラメータrは複素指数関数$r = e^{j2\pi k_0/L}$である。複素指数関数の乗算は、複素数を角度$2\pi k_0/L$だけ回転することを思い出されたい。いま、新しいフィルタ係数を得ることは容易である。

$$H(z) = G(z/r) = G(ze^{-j2\pi k_0/L}) = \sum_{k=0}^{L-1} z^{-k} e^{j2\pi k_0 k/L}$$

つまり、複素帯域通過フィルタのフィルタ係数は、

$$b_k = e^{j2\pi k_0 k/L} \qquad k = 0, 1, 2, ..., L - 1 \tag{7.7.7}$$

複素帯域通過フィルタの周波数応答を決定する別の方法は直接に計算することである。つまり、

$$H(e^{j\hat{\omega}}) = \sum_{k=0}^{L-1} e^{j2\pi k_0 k/L} e^{-j\hat{\omega} k} = \sum_{k=0}^{L-1} e^{-j(\hat{\omega} - 2\pi k_0/L)k} = G(e^{j(\hat{\omega} - 2\pi k_0/L)}) \tag{7.7.8}$$

この式は、フィルタ係数が式（7.7.7）で与えられるシステムの周波数応答がL-点移動和フィルタの周波数応答の（$2\pi k_0/L$）だけシフトしたバージョンであることを示している。

7.7.3 実係数を持つ帯域通過フィルタ

前の戦略の明らかに不利な点はフィルタ係数（7.7.8）が複素数であるということである。もし複素BPF係数の実部を得るならば、実係数を持つ帯域通過フィルタを得るように戦略を変更することができる。つまり、k番目のフィルタ係数は、

$$b_k = \cos(2\pi k_0 k/L) \qquad k = 0, 1, 2, ..., L-1$$

である。このような実のフィルタ係数を持っている時、新しいBPFは2つの複素BPFの和として記述される。z^{-k}の係数を複素指数関数の項に拡張すると、次式を得る。

$$\begin{aligned}
H(z) &= \sum_{k=0}^{L-1} (\cos(2\pi k_0 k/L)) z^{-k} \\
&= \sum_{k=0}^{L-1} z^{-k} \left(\tfrac{1}{2} e^{j2\pi k_0 k/L} + \tfrac{1}{2} e^{-j2\pi k_0 k/L}\right) \\
&= \tfrac{1}{2} \sum_{k=0}^{L-1} z^{-k} e^{j2\pi k_0 k/L} + \tfrac{1}{2} \sum_{k=0}^{L-1} z^{-k} e^{-j2\pi k_0 k/L} \\
&= H_1(z) + H_2(z)
\end{aligned}$$

ただし、$H_1(z)$は周波数$2\pi k_0/L$に中心を持つ複素帯域通過フィルタであり、$H_2(z)$は周波数$(-2\pi k_0/L)$に中心を持つ複素帯域通過フィルタである。図7.14は、$L = 10$、$k_0 = 2$に対する周波数応答である。両方の要素フィルタが$(\pm 2\pi k_0/L)$を除く全ての周波数においてゼロであるゆえに、周波数$\hat{\omega} = 2\pi k_0/L$のいくつかの場所に周波数応答のゼロがある。任意の実数値フィルタを持つ場合と同様に、周波数応答の大きさは、$\hat{\omega} = 0$に関して対称になる。

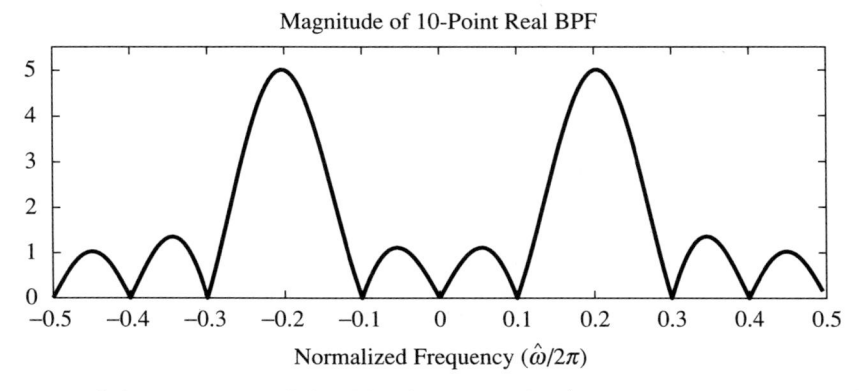

図7.14 10点実BPFのための周波数応答（大きさのみ）。$\hat{\omega}/2\pi = \pm 2/10$での2つの通過帯域に注意されたい。ひとつは正の周波数であり、もう一方は負の周波数である。

図7.14の周波数応答は、$\hat{\omega} = \pm 4\pi/10$で2つのピークを持っているので、角度$\pm 4\pi/10$において単位円上のゼロに2つの欠損が存在しなければならない。図7.15において、$z = e^{j4\pi/10} = e^{j2\pi(2)/10}$と$z = e^{-j4\pi/10} = e^{j2\pi(8)/10}$における2つのゼロ点は、ひとつの実のゼロ点で置き換えられたことを示している。つまり、単位円上には8個のゼロ点と全部で9個のゼロ点のうち実軸上にひとつが存在する。これは、z-変換多項式の次数である。この新たなゼロ点の配置は、$z = \cos(2\pi k_0/L) = \cos(0.4\pi) = 0.309$に存在する。これは欠損した単位円上のゼロ点の実部でもある。

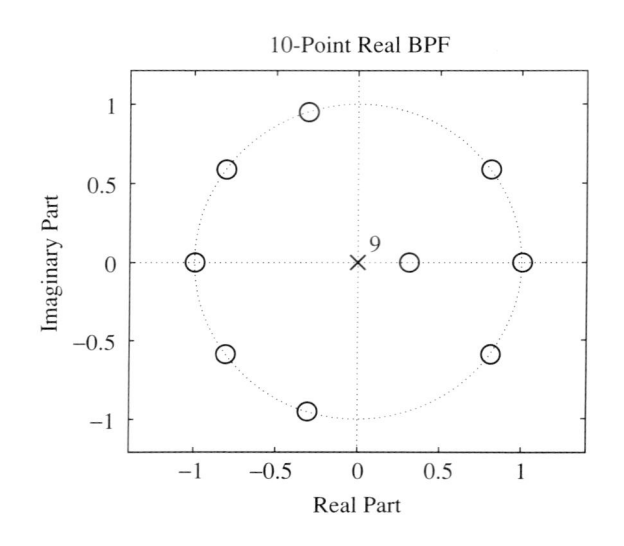

10-Point Real BPF

図7.15 10点実BPFの極-ゼロ分布。1のオリジナルの10個の根のうち、2つが角度 $\pm 4\pi/10$において単位円から外れているが、新たな根は実軸上に出現している。原点には9個の極が存在する。

代数的な操作は新たなゼロの抽出位置を明らかにする。ここでは、分子-分母表現式を使用し、共通分母の2つの項を結び付ける。分子をより簡単にするため、$p = e^{j2\pi k_0/L}$とすると、その共役は$p^\star = e^{-j2\pi k_0/L}$となる。すると、

$$\begin{aligned} H(z) &= H_1(z) + H_2(z) \\ &= \tfrac{1}{2}\frac{z^L - 1}{z^{L-1}(z-p)} + \tfrac{1}{2}\frac{z^L - 1}{z^{L-1}(z-p^\star)} \\ &= \tfrac{1}{2}\frac{(z^L-1)(z-p^\star) + (z^L-1)(z-p)}{z^{L-1}(z-p)(z-p^\star)} \\ &= \frac{(z^L-1)(z - \tfrac{1}{2}(p+p^\star))}{z^{L-1}(z-p)(z-p^\star)} \end{aligned}$$

分母の2つの因子 $(z-p)(z-p^*)$ は、分子多項式 z^L-1 の対応する因子を打ち消し、1の L 次根の ($L-2=8$ の場合) $L-2$ 個を残す。$(z-(p+p^*)/2)$ の項は、

$$z = \tfrac{1}{2}(p+p^*) = \tfrac{1}{2}(e^{j2\pi k_0/L} + e^{-j2\pi k_0/L}) = \cos(2\pi k_0/L)$$

において新たなゼロ点となる。これはキャンセルされたゼロ点の実部である。

7.8 実際の帯域通過フィルタの設計

より良いフィルタは一層複雑な方法で設計が可能ではあるが、7.7節で議論してきた帯域通過フィルタの例は、このような問題の解析を簡単にするために z-変換の能力の有益な表示である。$H(z)$ のゼロ (また、極) によるフィルタの特性は、フィルタ設計と実現に使用される。基本となる理由は、z-変換はコンボリューションと周波数応答を含む困難な問題を多項式の乗算と因数分解に基づく簡単な代数的考えでカバーしていることである。つまり、基本代数の持つスキルが設計の本質的なツールとなっている。

FIRフィルタの最後の例として、コンピュータ支援フィルタ設計プログラムによって設計される高次FIRフィルタを示す。ほとんどのデジタルフィルタ設計は、7.7節の簡単な解析で達することのできることよりも、通過帯域と阻止帯域特性の一層複雑な制御を可能とするようなソフトウェアツールにより実現される。`remez` と `fir1` のような設計プログラムは MATLAB ソフトウェア中にも発見される。これらの方法やどのように使用されるかの議論に集中はしないけれども、複雑な設計手法で何を実現できるのかを知るために、プログラム `fir1` からの出力を試みることには興味がある。

このソフトウェアは通過帯域の周波数範囲を指定する。次に、通過帯域では1の利得を、また、阻止帯域では0の利得を持つ理想フィルタへの最良近似を計算する。例を図7.16, 7.17、また、長さ–24 FIR帯域通過フィルタに対しては図7.18に示す。

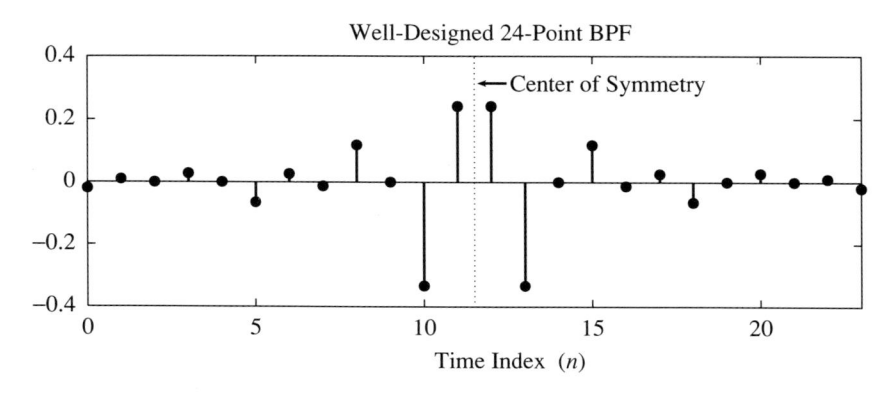

図7.16 MATLABの `fir1` 関数で設計された24-点BPFのインパルス応答。これらはFIRフィルタの係数、$\{b_k\}$、$k=0, 1, 2, ..., 23$ である。この係数は差分方程式の実現にも必要である。

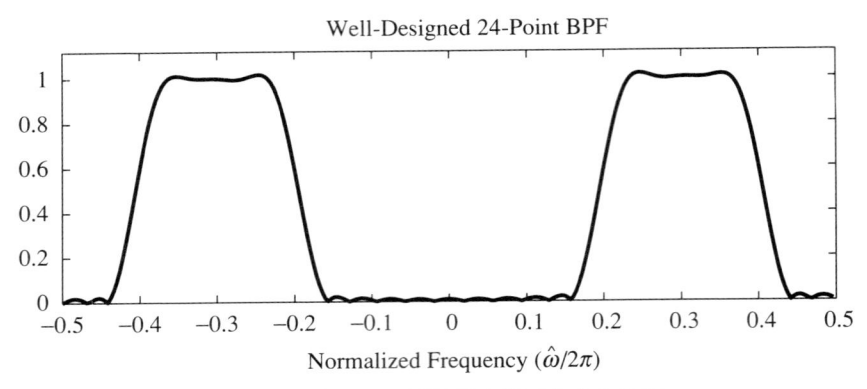

Well-Designed 24-Point BPF

図7.17　24点BPFの周波数応答（大きさのみ）。

24-点FIR帯域通過フィルタのインパルス応答は、図7.16に与えられている。この係数は$\{b_k\}$, $k = 0, 1, 2, ..., 23$でラベル付けされていることに注意されたい。プロットは$n = 23/2$の中間点に関して明らかに対称である。確かに、インパルス応答とフィルタ係数に対しては、以下のとおりである。

$$
\begin{aligned}
b_0 &= -0.0193 = b_{23} \\
b_1 &= 0.0099 = b_{22} \\
b_2 &= -0.0003 = b_{21} \\
b_3 &= 0.0276 = b_{20} \\
b_4 &= 0.0000 = b_{19} \\
b_5 &= -0.0649 = b_{18} \\
b_6 &= 0.0264 = b_{17} \\
b_7 &= -0.0126 = b_{16} \\
b_8 &= 0.1188 = b_{15} \\
b_9 &= 0.0000 = b_{14} \\
b_{10} &= -0.3331 = b_{13} \\
b_{11} &= 0.2422 = b_{12}
\end{aligned}
$$

これらは、周波数応答が図7.17に示さたフィルタを実現するために、次の差分方程式で使用される係数である。

$$y[n] = \sum_{k=0}^{23} b_k x[n-k]$$

$2\pi(0.24) < |\hat{\omega}| < 2\pi(0.36)$に対応する周波数応答範囲の広域な通過帯域に注意されたい。この区間に

おけるフィルタの利得は1からわずかに外れるだけであるので、これらの周波数を持つ正弦波信号の振幅はこのフィルタにより影響されない。このフィルタは線形位相であるので、これらの周波数は遅れをもたらすだけであることを7.9節で示す。また、領域 $|\hat{\omega}| < 2\pi(0.16)$ 以内と、$2\pi(0.44) < |\hat{\omega}| < 2\pi(0.5)$ において、利得はゼロに非常に近い。これらの領域は、フィルタの「阻止帯域」である。それゆえ、これらの周波数を持つ正弦波の振幅は非常に小さな利得と乗算されるのでその出力は阻止される。周波数応答は通過帯域から阻止帯域まで滑らかに変化していることも明らかである。これらの過渡領域における正弦波は図7.17に示されている利得にしたがって振幅が減少する。多くのアプリケーションでは、このような過渡領域が非常に狭くなることを希望している。理想的には、幅がゼロにさえしたいのである。これは理論的には実現可能ではあるが、高価になってしまう。FIR周波数選択（低域通過、帯域通過、高域通過）フィルタに対して、この過渡領域の幅は、システム関数多項式の次数であるMに逆比例する。この次数Mを大きくすればするほど、過渡領域はより狭くできる。また、$M \rightarrow \infty$になると、過渡領域はゼロに狭まる。不幸にも、Mを増加することは出力の各サンプルを計算するために要する計算量が増加するため、実際のアプリケーションにおいてはトレードオフが常に要求される。

図7.18はFIRフィルタの極-ゼロプロットである。ゼロ配置の特有なパターンに注意されたい。特に、単位円からずれたゼロは4つのゼロのグループにまとめられるように思われる。確かに、単位円上にないゼロに対して、共役な配置で対称な位置、また、共役対称位置でのゼロでもある。これら4つのゼロのグループは、フィルタの通過帯域を形成するために設計過程で戦略的に配置されたものである。同じように、設計過程は、フィルタの利得が周波数軸の阻止帯域の領域で小さくなるように、単位円上にゼロを配置する。しかも、全ての複素ゼロは共役対であることに注意されたい。また、システム関数は23次多項式であるから、$z = 0$に23個の極が存在する。7.9節における極-ゼロ分布のこのような性質はフィルタ係数の対称性の直接的な結果である。

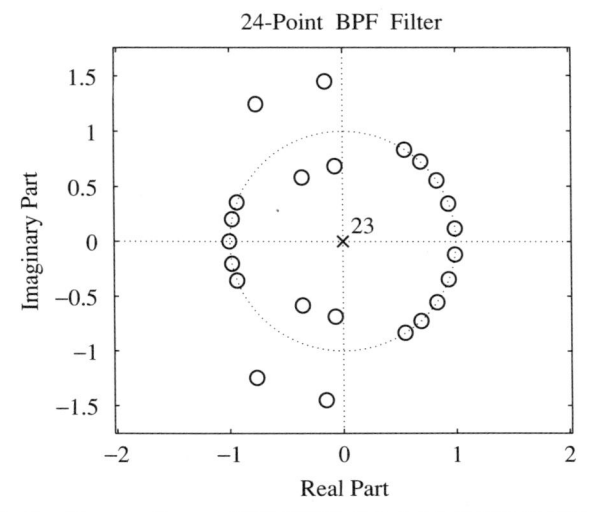

図7.18 MATLABの fir1 関数で設計された24点BPFのゼロと極分布

7.9 線形位相フィルタの特性

7.8節で議論したフィルタは、係数の列が $b_k = b_{M-k}$, $k = 0, 1, ..., M$ の形の対称性をもつシステムの例であった。このようなシステムは z-領域表現で示すのが容易であり、多くの興味ある特性を持っている。

7.9.1 線形位相条件

対称なフィルタ係数（したがって、対称なインパルス応答）を持つFIRシステムは、線形位相をもつ周波数応答を持っている。これまでに学んだ例では、L-点移動平均器がある。これの係数はすべて同じ値であり、したがって、$b_k = b_{M-k}$, $k = 0, 1, ..., M$ の条件を明らかに満足している。7.8節の例も同じ対称条件を満足しているので、線形位相を持っている。線形位相がこの対称性から得られることを調べるために、システム関数が次の形をしている簡単な例を考察する。

$$H(z) = b_0 + b_1 z^{-1} + b_2 z^{-2} + b_1 z^{-3} + b_0 z^{-4} \tag{7.9.1}$$

つまり、$M = 4$ と列の長さは $L = M + 1 = 5$ サンプルである。この特別な場合の周波数応答を求めたのち、一般化を明らかにする。第1に、$H(z)$ は次のように記述できる。

$$H(z) = [b_0(z^2 + z^{-2}) + b_1(z^1 + z^{-1}) + b_2]z^{-2}$$

もし、M がさらに大きくなった場合には、$(z^k + z^{-k})$ の形の因数のグループを作る。次に、$z = e^{j\hat{\omega}}$ で置き換えると、これらのそれぞれの因数は、余弦の項となる。つまり、

$$H(e^{j\hat{\omega}}) = [2b_0 \cos(2\hat{\omega}) + 2b_1 \cos(\hat{\omega}) + b_2] e^{-j\hat{\omega}M/2}$$

この例において、$H(e^{j\hat{\omega}})$ は次の形になることを示す。

$$H(e^{j\hat{\omega}}) = R(e^{j\hat{\omega}}) e^{-j\hat{\omega}M/2} \tag{7.9.2}$$

ここで、$M = 4$、また $R(e^{j\hat{\omega}})$ は実関数である。

$$R(e^{j\hat{\omega}}) = [2b_0 \cos((2\hat{\omega}) + 2b_1 \cos(\hat{\omega}) + b_2]$$

一般化のためにこの解析のスタイルに従うと、式 (7.9.2) が $b_k = b_{M-k}$, $k = 0, 1, ..., M$ に対して、成立することを示すのは容易である。一般的な場合として、次のようになる。

$$R(e^{j\hat{\omega}}) = \begin{cases} b_{\frac{M}{2}} + \sum_{k=0}^{\frac{M-2}{2}} 2b_k \cos[(\frac{M}{2}-k)\hat{\omega}] & M \text{ が偶数の場合} \\ \sum_{k=0}^{\frac{M-1}{2}} 2b_k \cos[(\frac{M}{2}-k)\hat{\omega}] & M \text{ が奇数の場合} \end{cases} \quad (7.9.3)$$

式（7.9.2）に示す任意の対称フィルタの周波数応答は、実の振幅関数$R(e^{j\hat{\omega}})$を線形位相因子$e^{-j\hat{\omega}M/2}$倍された書式であることを示している。第6章で見てきたような後ろの因子は、$M/2$サンプルの遅延に対応している。つまり、移動平均フィルタのための6.7節で示した解析は、一般的な対称FIRの場合において発生したものの代表である。主な相違は、7.8節と同様に、フィルタ係数の注意深い選択により、関数$R(e^{j\hat{\omega}})$をさらに選択的な周波数応答を持つようにすることが可能である。

7.9.2 FIR 線形位相システムのゼロ点の配置

もし、フィルタ係数が$b_k = b_{M-k}$, $k = 0, 1, ..., M$を満足するならば、次式が得られる。

$$H(1/z) = z^M H(z) \quad (7.9.4)$$

線形位相フィルタのこのような「相補的特性」を試すために、式（7.9.1）の書式の5点システムを再度考察する。

$$\begin{aligned} H(1/z) &= b_0 + b_1(1/z)^{-1} + b_2(1/z)^{-2} + b_1(1/z)^{-3} + b_0(1/z)^{-4} \\ &= b_0 + b_1 z^1 + b_2 z^2 + b_1 z^3 + b_0 z^4 \\ &= z^4(b_0 + b_1 z^{-1} + b_2 z^{-2} + b_1 z^{-3} + b_0 z^{-4}) \\ &= z^4 H(z) \end{aligned}$$

一般のMに対して同じスタイルを導くと、式（7.9.4）は一般化に対して容易に証明される。

線形位相フィルタの相補特性は、図7.18の極-ゼロプロットにおけるゼロ点の特異なパターンに対する応答である。単位円上にないゼロは4重（quadruple）として発生する。さらに、これらの4重は、BPFの通過帯域を作るための応答である。単位円上のゼロ点は、複素共役対でなければならないまた、これらのゼロ点は主にフィルタの阻止帯域を作るために応答するため、対で発生する。

これらの性質は線形位相フィルタのための一般化に対しても真であることを示すことができる。

$b_k = b_{M-k}$、$k = 0, 1, ..., M$であるとき、もしz_0が$H(z)$のゼロ点であるならば、それの共役であり、逆数であり、共役逆数である。つまり、$\{z_0, z_0^*, 1/z_0, 1/z_0^*\}$は、全て$H(z)$のゼロである。

共役のゼロ点は、$H(z)$の係数でもあるフィルタ係数が実であることから含まれている。したがって、$H(z)$の全てのゼロ点は複素共役対としてを発生しなければならない。逆特性はフィルタ係数が対称であるので真である。式（7.9.4）を使用し、z_0が$H(z)$のゼロであると仮定すると、

$$H(1/z_0) = z_0^M H(z_0) = 0$$

$H(z_0) = 0$であるから、$H(1/z_0) = 0$となる。大方のFIRフィルタは対称な性質を使用して設計される。図7.18のゼロのパターンは代表的なものである。

7.10 要約と関連

FIRフィルタと一般的な有限長列のためのz-変換法はこの章において紹介した。z-変換はLTIシステムの操作を多項式と有理関数に関する単純な演算に変更する。これらのz-変換多項式の根は、非常に重要である。それは周波数応答のようなフィルタ特性は根配置から直接に推定されるからである。

また、離散時間信号とシステムに関する「表現の領域」の重要な概念をも紹介した。n-領域つまり時間領域、$\hat{\omega}$-領域つまり周波数領域そしてz-領域の3領域が存在する。これまでの処理には3つの異なる領域を用いて、最も困難な問題においてさえも一般には別の領域のひとつに切り替えることによりその問題を簡単化される。

付録Cの実験プロジェクトの中で、すでに第5章と第6章におけるFIRフィルタリングのトピックに関する4つを提供した。Lab C.5は正弦波波形のFIRフィルタリングを扱う。LabC.6は、1次差分とL-点平均器のような共通するフィルタを扱う。Lab C.7とC.8においては、FIRフィルタが実際的なシステムで使用される。つまり、Lab C.7でのタッチトーンデコーダ、Lab C.8での画像平滑化などである。これらのLabにおいて、z-変換に関する新たに習得した機能を用いると理解し易く実行するのが単純となる。

CD-ROMにはz-平面と周波数領域と時間領域の間の関係のいくつかの試行が含まれている。つまり、

1. FIRフィルタの周波数応答とインパルス応答がゼロ配置の移動するにつれてどのように変化するかを示す3つの領域の動画。いくつかの異なるフィルタが試される。
2. 周波数応答が配置されたz-平面と単位円の間の関係をアニメートする動画。
3. Craig Ulmerにより作成されたMATLABプログラム pez は3領域の調査を容易にしてくれる。pezのM-ファイルはコピーしMATLABの元で実行する。

前の章と同様に、読者らはCD-ROM上の大量の解答付き宿題を思い出されたい。

問題

7.1 重ね合わせの原理と時間遅延特性を使用して、次のような信号の z-変換を求めよ。

$$x_1[n] = \delta[n]$$
$$x_2[n] = \delta[n-1]$$
$$x_3[n] = \delta[n-7]$$
$$x_4[n] = 2\delta[n] - 3\delta[n-1] + 4\delta[n-3]$$

7.2 （7.3.1）と（7.3.4）の重ね合わせの原理と時間遅延特性を使用して、z-変換 $Y(z)$ を $X(z)$ の項で求めよ。ただし、$y[n] = x[n] - x[n-1]$ とする。また、途中で1階差分システム $H(z) = 1 - z^{-1}$ となることを示せ。

7.3 LTIシステムが次のようなシステム関数を持っていると仮定する。

$$H(z) = 1 + 5z^{-1} - 3z^{-2} + 2.5z^{-3} + 4z^{-8}$$

(a) システムの出力 $y[n]$ を入力 $x[n]$ で関係付ける差分方程式を求めよ。
(b) 入力が $x[n] = \delta[n]$ であるとき、出力列 $y[n]$ を求め、それをプロットせよ。

7.4 LTIシステムは次の差分方程式で記述される。

$$y[n] = \tfrac{1}{3}(x[n] + x[n-1] + x[n-2])$$

(a) このシステムのシステム関数 $H(z)$ を求めよ。
(b) z-平面上に、$H(z)$ の極とゼロをプロットせよ。
(c) $H(z)$ から、このシステムの周波数応答である $H(e^{j\hat{\omega}})$ の式を求めよ。
(d) この周波数応答(振幅と位相)を $-\pi \leq \hat{\omega} \leq \pi$ の範囲での周波数の関数としてスケッチせよ。
(e) もし入力が次式とするとき、その出力を求めよ。

$$x[n] = 4 + \cos[0.25\pi(n-1)] - 3\cos[(2\pi/3)n]$$

7.5 次のLTIシステムを考察せよ。

$$x[n] \longrightarrow \boxed{\begin{array}{c}\text{LTI System}\\H(z)\end{array}} \longrightarrow y[n]$$

LTIシステムのシステム関数は次式で与えられる。

$$H(z) = (1 - z^{-1})(1 - e^{j\pi/2}z^{-1})(1 - e^{-j\pi/2}z^{-1})(1 - 0.9e^{j\pi/3}z^{-1})(1 - 0.9e^{-j\pi/3}z^{-1})$$

(a) 入力$x[n]$と出力$y[n]$の関係を示す差分方程式を求めよ（ヒント：$H(z)$の因子の乗算）。
(b) $H(z)$の極とゼロを複素z-平面上にプロットせよ。
(c) もし入力が$x[n] = Ae^{j\phi}e^{j\hat{\omega}n}$の書式であるとき、$y[n] = 0$となる$-\pi \leq \hat{\omega} \leq \pi$の値はいくらか？

7.6 図7.19は、2つのLTIシステムの縦続接続を表す。つまり、1段システムの出力が2段システムの入力である。また、全出力は第2段システムの出力である。

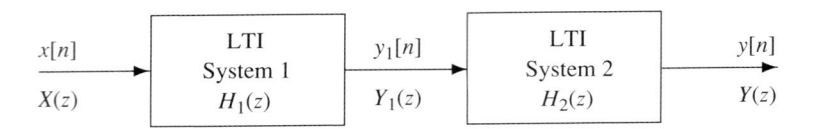

$$x[n], X(z) \longrightarrow \boxed{\begin{array}{c}\text{LTI}\\\text{System 1}\\H_1(z)\end{array}} \xrightarrow{y_1[n], Y_1(z)} \boxed{\begin{array}{c}\text{LTI}\\\text{System 2}\\H_2(z)\end{array}} \longrightarrow y[n], Y(z)$$

図7.19　2つのLTIシステムの縦続接続

(a) z-変換を使用して、全システムのシステム関数は$H(z) = H_2(z)H_1(z)$であることを示せ。ただし、$Y(z) = H(z)X(z)$とする。
(b) (a)の結果を使用して、このシステムの順序は重要でないことを示せ。つまり、図7.19と7.20のシステムへの同じ入力に対して、全出力は同じ（$w[n] = y[n]$）になることを示せ。

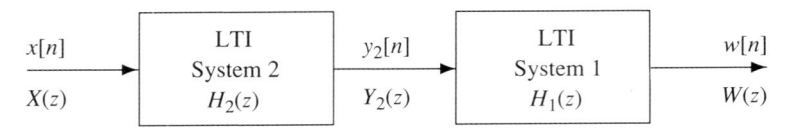

$$x[n], X(z) \longrightarrow \boxed{\begin{array}{c}\text{LTI}\\\text{System 2}\\H_2(z)\end{array}} \xrightarrow{y_2[n], Y_2(z)} \boxed{\begin{array}{c}\text{LTI}\\\text{System 1}\\H_1(z)\end{array}} \longrightarrow w[n], W(z)$$

図7.20　等価的な縦続システム

(c) System1は差分方程式、$y_1[n] = \frac{1}{3}(x[n] + x[n-1] + x[n-2])$で記述された3点移動平均であり、System2はシステム関数$H_2(z) = \frac{1}{3}(1 + z^{-1} + z^{-2})$で記述されると仮定する。全縦続接続システムのシステム関数を求めよ。
(d) 図7.19の$y[n]$を$x[n]$で関係付ける単一差分方程式を求めよ。2つの3点移動平均の縦続

接続は6点移動平均と同じになるか。「重み付き平均」との用語が好ましいのはなぜか。
(e) $H(z)$ の極とゼロを複素 z-平面上にプロットせよ。
(f) $H(z)$ から、周波数応答 $H(e^{j\hat{\omega}})$ の式を求めよ。また、全縦続接続システムの周波数応答の振幅を $-\pi \leq \hat{\omega} \leq \pi$ の範囲での周波数の関数としてスケッチせよ。

7.7 次の多項式を因数分解し、複素平面上にその根をプロットせよ。

$$P(z) = 1 + \tfrac{1}{2} z^{-1} + \tfrac{1}{2} z^{-2} + z^{-3}$$

MATLABにおいて、`roots`と`zplane`と呼ぶ関数を調べよ。

7.8 LTIフィルタは次の差分方程式で記述されている。

$$y[n] = \tfrac{1}{4} \{x[n] + x[n-1] + x[n-2] + x[n-3]\} = \tfrac{1}{4} \sum_{k=0}^{3} x[n-k]$$

(a) このシステムのインパルス応答である $h[n]$ を求めよ。
(b) このシステムのシステム関数 $H(z)$ を求めよ。
(c) $H(z)$ の極とゼロを複素 z-平面上にプロットせよ。ヒント：ユニティの L 次の根を思い出されたい。
(d) $H(z)$ から、このシステムの周波数応答 $H(e^{j\hat{\omega}})$ の式を求めよ。
(e) 周波数応答を周波数の関数としてスケッチせよ（あるいは、MATLABの`freqz()`を使用してこれをプロットせよ）。
(f) 入力が次式であるとき、

$$x[n] = 5 + 4\cos(0.2\pi n) + 3\cos(0.5\pi n + \pi/4) \quad -\infty < n < \infty$$

その出力の $y[n] = A + B\cos(\hat{\omega}_0 n + \phi_0)$ の書式による式を求めよ。

7.9 次の図中にあるダイアグラムは2つのLTIシステムの縦続接続を表している。つまり、第1システムの出力は第2システムの入力である。また、全体の出力は第2システムの出力である。

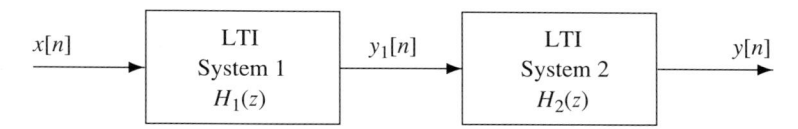

```
x[n] ──▶│ LTI      │ y₁[n] ──▶│ LTI      │──▶ y[n]
         │ System 1 │          │ System 2 │
         │ H₁(z)    │          │ H₂(z)    │
```

ダイアグラム中の2つのシステムは4点移動平均である。

(a) 全システムの周波数応答 $H(z) = H_1(z)H_2(z)$ を求めよ。
(b) $H(z)$ の極とゼロを z-平面上にプロットせよ。ヒント：$H(z)$ の極とゼロは $H_1(z)$ と $H_2(z)$ の結合した極とゼロである。
(c) $H(z)$ から、全体の縦続接続システムの周波数応答 $H(e^{j\hat{\omega}})$ の式を求めよ。
(d) 全縦続接続システムの周波数応答関数を $-\pi \leq \hat{\omega} \leq \pi$ の範囲でスケッチせよ。
(e) z-変換多項式の乗算を使用して、全縦続接続システムのインパルス応答 $h[n]$ を求めよ。

7.10 LTI システムが次式に等しいシステム関数を持っていると仮定する。

$$H(z) = 1 - 3z^{-2} + 2z^{-3} + 4z^{-6}$$

システムへの入力が次の列とする。

$$x[n] = 2\delta[n] + \delta[n-1] - 2\delta[n-2] + 4\delta[n-4]$$

(a) 出力を実際に計算することなく、上の情報から、次式が成立するような N_1 と N_2 の値を求めよ。

$$y[n] = 0 \qquad n < N_1 \text{ かつ } n > N_2$$

(b) z-変換と多項式乗算を使用して、列 $y[n] = x[n] * h[n]$ を求めよ。

7.11 次の MATLAB プログラムの目的は、conv 関数を使用して正弦波をフィルタすることである。

```
omega = pi/6;
nn = [ 0:29 ];
xn = cos( omega*nn - pi/4);
bb = [ 1 0 0 1 ];
yn = conv( bb, xn );
```

(a) FIR フィルタの $H(z)$ とゼロを求めよ。
(b) ベクトル yn に含まれている信号、$y[n]$ の式を求めよ。式が $n \geq 3$ に対して正確である必要があるので最初の数点を無視する。この式は $y[n]$ の振幅、位相、周波数に対して数値で与えるようにする。
(c) $n \geq 3$ に対して、出力がゼロであることが保証されるように、omega の値を示せ。

7.12 システムが次の演算子により定義されていると仮定する。

$$H(z) = (1 - z^{-1})(1 + z^{-2})(1 + z^{-1})$$

(a) このシステムの時間領域表現式を差分方程式の形で示せ。
(b) システムの周波数応答の式を記述せよ。
(c) $\hat{\omega}$に対する振幅応答と$\hat{\omega}$に対する位相応答に関する簡単な式を導出せよ。この式には、複素項や2乗根を含んでいない。
(d) このシステムはある入力信号をnullにできる。それは、どのような入力周波数$\hat{\omega}_0$が$x[n] = \cos(\hat{\omega}_0 n)$の応答をゼロにできるのか。
(e) システムへの入力が$x[n] = \cos(\pi n/3)$であるとき、その出力信号を次の形式で求めよ。

$$A\cos(\hat{\omega}_0 n + \phi)$$

この式の定数A、$\hat{\omega}_0$、ϕの数値を求めよ。

7.13 差分方程式（7.6.7）で定義されているシステムは、$A\cos(0.25\pi n + \phi)$の書式を持つ任意の正弦波をAおよびϕの特定の値に依存することなくnullになることを示せ。

7.14 LTIシステムが次のようなシステム関数を持っている。

$$H(z) = (1 + z^{-2})(1 - 4z^{-2}) = 1 - 2z^{-2} - 4z^{-4}$$

このシステムへの入力を次式で示す。

$$x[n] = 20 - 20\delta[n] + 20\cos(0.5\pi n + \pi/4) \qquad -\infty < n < \infty$$

上の入力信号に対応するシステムの出力$y[n]$を求めよ。すべてのnに対して成立するような$y[n]$の式を求めよ。

7.15 図7.21のC-to-Dコンバータへの入力を次の$x(t)$とする。

$$x(t) = 4 + \cos(250\pi t - \pi/4) - 3\cos[(2000\pi/3)t]$$

LTIシステムのシステム関数は、

$$H(z) = \frac{1}{3}(1 + z^{-1} + z^{-2})$$

である。もし、$f_s = 1000$ サンプル/sec とすると、D-to-C コンバータの出力 $y(t)$ の式を求めよ。

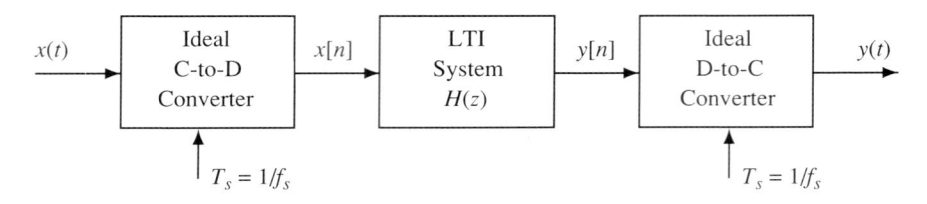

図7.21 離散時間フィルタを用いて実装された連続時間フィルタ

7.16 次の縦続接続システムを考察する。

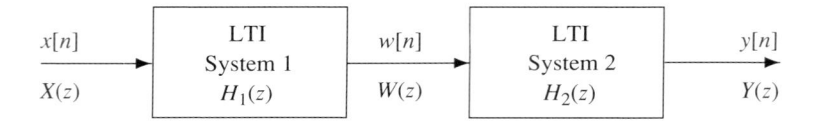

全システムのシステム関数は次式のように既知とする。

$$H(z) = (1 - z^{-2})(1 - 0.8e^{j\pi/4}z^{-1})(1 - 0.8e^{-j\pi/4}z^{-1})(1 + z^{-2})$$

(a) $H(z)$ の極とゼロを求めよ。次に、それらを複素 z-平面上にプロットせよ。
(b) 次式が成立するように、2つのシステム関数 $H_1(z)$ と $H_2(z)$ を求めることができる。
　(1) 全縦続接続システムがあるシステム関数 $H(z)$ を取る。
　(2) $w[n] = x[n] - x[n-4]$ として、$H_1(z)$、$H_2(z)$ を求めよ。
(c) (b)の答えに対して、$y[n]$ を $w[n]$ に関係付ける差分方程式を求めよ。

7.17 7.9節において、対称な FIR フィルタは特別な特性を持っていることを示した。ここでは $k = 0, 1, ..., M$ のとき、$b_k = -b_{M-k}$ となるような非対称な場合いを考察する。ここでは次のような特別な例を考察する。

$$H(z) = b_0 + b_1 z^{-1} - b_1 z^{-3} - b_0 z^{-4}$$

ただし、$b_2 = -b_2 = 0$ とする。

(a) この例に対して、

$$H(e^{j\hat{\omega}}) = [2b_0 \sin(2\hat{\omega}) + 2b_1 \sin(\hat{\omega})]e^{j(\pi/2 - j\hat{\omega}2)}$$

となることを示せ。

(b) $H(1/z) = -z^2 H(z)$ となることを示せ。

(c) 偶数と奇数の任意のMに対する結果を一般化せよ。

7.18 次の図は2つのLTIシステムの縦続接続を示す。

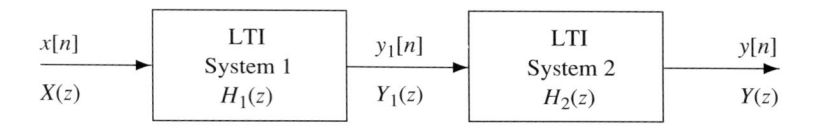

```
x[n] →  LTI       y₁[n] →  LTI       y[n]
X(z)   System 1   Y₁(z)   System 2   Y(z)
       H₁(z)              H₂(z)
```

(a) System1とSystem2はいずれも次式のようなsquare pulseインパルス応答を持っていると仮定する。

$$h_1[n] = h_2[n] = \delta[n] + \delta[n-1] + \delta[n-2] + \delta[n-3]$$

これら2つのシステムのシステム関数$H_1(z)$と$H_2(z)$を求めよ。

(b) z-変換を用いて、全システムのシステム関数$H(z)$を求めよ。

(c) 多項式乗算を使用して、全システムのインパルス応答$h[n]$を求めよ。

(d) 縦続接続システムの$y[n]$を$x[n]$に関係付ける単一の差分方程式を導出せよ。

(e) 4倍でサブサンプルした信号の線形補間を実行するために、この結果がどのように使用されるのかを示せ。(a)-(d)における結果に基づく完全な手続きを示せ。

(f) $H_1(z) = H_2(z)$は次式のように表現されることを示せ。

$$H_1(z) = H_2(z) = \frac{1 - z^{-4}}{1 - z^{-1}}$$

(g) $H(z)$を求め、それの極とゼロとを複素z-平面にプロットせよ。

(h) 2つのシステムの周波数応答は次式であることを示せ。

$$H_1(e^{j\hat{\omega}}) = H_2(e^{j\hat{\omega}}) = \frac{\sin(2\hat{\omega})}{\sin(\hat{\omega}/2)} e^{-j3\hat{\omega}/2}$$

(i) (g)の$H(z)$から、周波数応答$H(e^{j\hat{\omega}})$の式を求めよ。また、全縦続接続システムの周波数

応答の振幅を $-\pi \leq \hat{\omega} \leq \pi$ の区間での周波数の関数としてスケッチせよ。ヒント：$H(e^{j\hat{\omega}}) = H_2(e^{j\hat{\omega}}) H_1(e^{j\hat{\omega}}) = [H_1(e^{j\hat{\omega}})]^2 = [H_2(e^{j\hat{\omega}})]^2$。

第8章 IIR-フィルタ

　この章では無限区間インパルス応答を持つ新たな種類のLTIシステムを紹介する。この種のシステムはしばしば無限インパルス応答（IIR:infinite-impulse-response）システム、つまり、IIRフィルタとも呼ばれる。FIRフィルタとの比較のため、IIRデジタルフィルタは、現在の出力の計算に入力信号と同時に以前に計算された出力値を含んでいる。出力は入力に組み込まれるためにフィードバックされるので、これらのシステムは一般的な種類のフィードバックシステム（feedback system）の例である。計算的な観点から、出力サンプルは以前に計算された出力値に対して計算される。再帰フィルタの用語は、このようなフィルタに対して使用される。

　FIRフィルタのz-変換システム関数は、z-平面の非ゼロ配置において、極とゼロ点の両方を持つ有理関数である。FIRの場合と同じく、IIRフィルタの重要な性質の中の多くの識見は、極-ゼロ表現から直接に入手できることを示す。

　まず、1次IIRシステムを用いてこの章を開始する。これは、前の出力サンプルだけの帰還を含んでいる理由から最も簡単な事例である。このシステムのインパルス応答は無限の反復を示す作図で明らかにする。次に、周波数応答とz-変換はこの種のフィルタに対して展開する。この事例の3領域間の表現関係を示した後で2次フィルタを考察する。このフィルタは、振動的挙動を提示する他の多くの自然現象と同じく、音声合成器を発生する共振モデルに使用可能であるとの理由からとりわけ重要である。2次の場合の周波数応答は、帯域幅と中心周波数の定義へ導く狭帯域特性を提示する。両者はフィルタのフィードバック係数の適切な選択により制御される。1次と2次の事例で啓発される解析と識見は、高次システムに対して容易に一般化される。

第8章 IIRフィルタ

8.1 一般化IIR差分方程式

FIRフィルタはきわめて有益であり、かつ、多くのすばらしい性質を持っているが、この種のフィルタは、最も一般的な種類のLTIシステムではない。それは、出力 $y[n]$ が入力信号 $x[n]$ の有限区間からだけ形成されるからである。有限量の計算で実現可能な最も一般的な種類のデジタルフィルタは、出力が入力のみで形成されるのではなく、以前に計算された出力からも形成されることである。この種のデジタルフィルタの定義は、次のような差分方程式である。

$$y[n] = \sum_{\ell=1}^{N} a_\ell y[n-\ell] + \sum_{k=0}^{M} b_k x[n-k] \tag{8.1.1}$$

フィルタ係数は、$\{b_k\}$ と $\{a_\ell\}$ の2組から構成される。次の簡単な例で明らかにするように係数 $\{a_\ell\}$ はフィードバック係数と呼ばれる。また、$\{b_k\}$ はフィードフォワード係数と呼ばれる。$N + M + 1$ 個の係数は再帰差分方程式 (8.1.1) を定義するために必要である。

もし、係数 $\{a_\ell\}$ がすべてゼロであるならば、差分方程式 (8.1.1) はFIRシステムの差分方程式に縮小される。確かに、式 (8.1.1) は、有限な計算量で実現可能である最も一般的な種類のLTIシステムを定義することを力説してきた。つまり、FIRシステムは特別な事例である。FIRシステムを議論してきたとき、このシステムの「次数」として M を引用してきた。この場合、M は差分方程式における遅延項の数であり、また、多項式システム関数の次数である。IIRシステムにおいては、遅延項の数の大きさとして M と N の両方がある。また、IIRシステムのシステム関数は M 次多項式と N 次多項式との比である。つまり、IIRシステムの次数にはある曖昧さが存在する。一般に、IIRシステムの次数であり、フィードバック項の数である N を定義する。

例8.1 式 (8.1.1) で与えられた一般形式に取り組む代わりに、$M = N = 1$ である1次の事例を考察せよ。

$$y[n] = a_1 y[n-1] + b_0 x[n] + b_1 x[n-1] \tag{8.1.2}$$

図8.1に示されているこの差分方程式のブロック図表現は、信号 $v[n] = b_0 x[n] + b_1 x[n-1]$ が図の左半分で計算され、次に、出力 $y[n]$ を得るために、遅延出力から $a_1 y[n-1]$ が計算され $v[n]$ にこれを加えることで「ループが閉じる」ように構成されている。この図は明らかに、フィードフォワードの項とフィードバックの項がブロック図内のシグナルフローの方向を記述していることを示している。

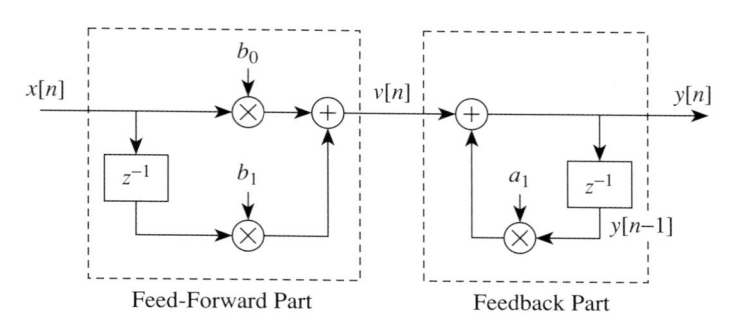

図8.1 ひとつのフィードバック係数a_1と2つのフィードフォワード係数b_0とb_1を示めしている1次IIRシステム。

式（8.1.2）で定義され、また、図8.1で図示されたシステムの簡単化バージョンの学習から始めよう。これは、時間領域、周波数領域、z-領域という3領域におけるそれぞれのフィルタ特性を含んでいる。このフィルタは時間-領域差分方程式（8.1.2）で定義されているから、入力から出力を計算するために差分方程式がどのように使用されるかを調べる。また、フィードバックが無限区間のインパルス応答に対しどのように寄与するかを示す。

8.2 時間−領域応答

差分方程式がIIRシステムの実現にどのように使用されるかを示すために、数値的事例から始める。式（8.1.2）のフィルタ係数は$a_1 = 0.8$、$b_0 = 5$、$b_1 = 0$であると仮定する。

$$y[n] = 0.8y[n-1] + 5x[n] \tag{8.2.1}$$

また、入力信号は次のように仮定する。

$$x[n] = 2\delta[n] - 3\delta[n-1] + 2\delta[n-3] \tag{8.2.2}$$

言い換えると、入力の全区間は図8.2に示すように4サンプルである。

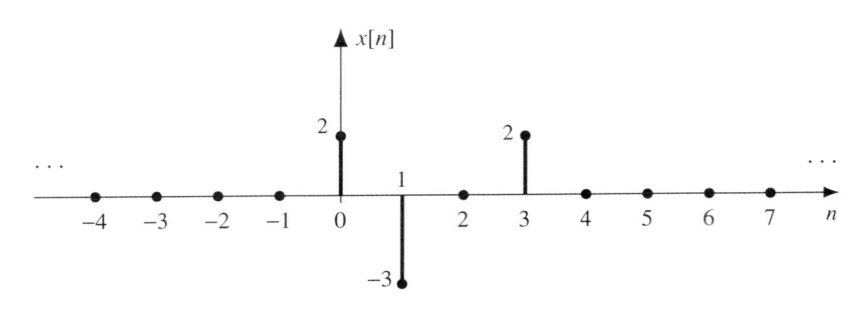

図8.2　再帰差分方程式の入力信号

　出力列値は正規の順序で計算するのが論理的である。つまり、列のプロットに示す左から右へと計算する。さらに、入力は、$n = 0$以前はゼロであるから、$n = 0$が出力の開始時間という仮定は自然である。つまり、差分方程式（8.2.1）の出力を$n = 0, 1, 2, 3...$の順で計算するものと考える。たとえば、$x[0]$の値は2であるので、$n = 0$における式（8.2.1）を計算すると、次式を得る。

$$y[0] = 0.8y[0 - 1] + 5x[0] = 0.8y[-1] + 5(2) \tag{8.2.3}$$

　ここで直ちに問題に遭遇する。$n = -1$における$y[n]$の値は未知である。これは、出力の計算をどこから開始しても同じような問題を常に持っているので重要な問題である。n-軸に沿って任意の点において、ひとつ前の時間$n - 1$での出力を知る必要がある。もし、$y[n - 1]$の値が既知であれば、時間nにおける出力信号の次の値を計算するために差分方程式を使用することができる。このプロセスが1度開始すると、差分方程式の反復により無制限に続けることができる。解は次の2つの仮定を要求する。これはいずれも初期停止（initial rest）条件と呼ばれる。

初期停止条件

1. 入力はある開始時間n_0以前をゼロであると仮定する。つまり、$n < n_0$に対して、$x[n] = 0$。このような入力を突然に適用されると呼ばれる。
2. 出力も同じく、信号の開始時間以前をゼロと仮定する。つまり、$n < n_0$に対して、$y[n] = 0$。もし、出力が突然に適用される入力の適用以前はゼロであるならば、そのシステムは初期停止であると言う。

　これらの条件はとりわけ制限的ではない。特に、実時間システムの場合、入力に新しいサンプルが取り込まれるたびに新しい出力が計算されなければならない。実時間システムにおいて、現在の出力サンプルの計算は入力や出力の未来値のサンプルを含んではならないと言う意味において、もちろん因果的でなければならない。さらに、いかなる実際のデバイスでも演算をはじめて開始する時

間を持っている。必要なことは、はじめにゼロと設定しておくべき遅延出力サンプルを含むメモリがある[注1]。

初期停止の仮定を用いて、$n < 0$に対して$y[n] = 0$と置く。そこで、$y[0]$を次のように評価できる。

$$y[0] = 0.8y[-1] + 5(2) = 0.8(0) + 5(2) = 10$$

再帰を一度開始すると、入力信号と前の出力が既知であるので、それ以後の値を簡単に導くことができる。つまり、

$$y[1] = 0.8y[0] + 5x[1] = 0.8(10) + 5(-3) = -7$$
$$y[2] = 0.8y[1] + 5x[2] = 0.8(-7) + 5(0) = -5.6$$
$$y[3] = 0.8y[2] + 5x[3] = 0.8(-5.6) + 5(2) = 5.52$$
$$y[4] = 0.8y[3] + 5x[4] = 0.8(5.52) + 5(0) = 4.416$$
$$y[5] = 0.8y[4] + 5x[5] = 0.8(4.416) + 5(0) = 3.5328$$
$$y[6] = 0.8y[5] + 5x[6] = 0.8(3.5328) + 5(0) = 2.8262$$
$$\vdots \qquad \vdots$$

この出力列は$n = 7$までを図8.3にプロットされている。

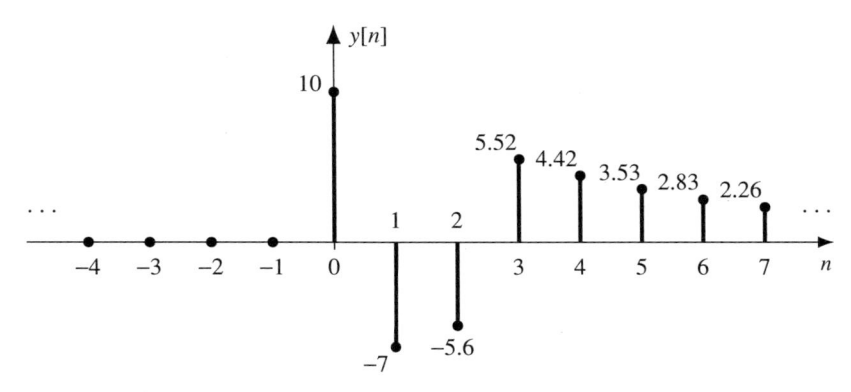

図8.3　図8.2の入力に対する式（8.2.3）の再帰的差分方程式からの出力。$n > 3$に対して、列は$(0.8)^n$に比例している。それは入力信号は$n = 3$で終了するからである。

図8.3において注意すべき大切な特徴のひとつは、入力が終了した（$n > 3$）後の出力信号の構成

[注1]：コンピュータのメモリに格納されているサンプルデータをデジタルフィルタに適用する場合には、因果条件は要求されない。しかし、一般的に、その出力は入力サンプル時の順番と同じく計算される。差分方程式は数列の後ろ方向に繰り返されるが、これには「初期条件」の別の定義を要求する。

である。nのこの範囲における、差分方程式は、

$$y[n] = 0.8y[n-1] \qquad n > 3$$

つまり、連続項の比が一定である。出力信号は$a_1 = 0.8$で決まる比により指数関数的に減少する。したがって、$y[3]$の値が既知でさえあれば$y[n]$の残りの列に対して、これを閉じた書式表現で次のように記述できる。

$$y[n] = y[3](0.8)^{n-3} \qquad n \geq 3$$

8.2.1 IIRフィルタの線形性と時不変性

式（8.1.1）の一般的なIIR差分方程式に適用するとき、初期停止条件は、差分方程式を反復することにより実現されるシステムが線形で時不変であることを補償するのに十分である。フィードバック項が（5.5.3節で示した）FIRよりも複雑であることを明らかにするとしても、突然適用される入力と初期停止条件に対して重ね合わせの原理は、差分方程式が入力と出力サンプルの線形結合だけを含んでいる故に保持される。さらに、初期停止条件は常に、突然に適用される入力の開始前に適用されるので、時不変性も保持されている。

練習8.1 差分方程式（8.2.1）への入力は$x_1[n] = 10x[n-4]$であると仮定する。ただし、$x[n]$は式（8.2.2）と図8.2で与えられる。初期停止の仮定を使用して、$n = 0, 1, ..., 11$に対する$y_1[n]$なる出力を計算するために反復を使用する。図8.3にプロットされた出力と自分の結果とを比較してみよ。また、このシステムが線形で時不変であるように動作することを検証しなさい。

8.2.2　1次IIRシステムのインパルス応答

第5章では、単位インパルス列の応答が線形時不変システムの完全な特徴を表わしていることを示した。$x[n] = \delta[n]$としたとき、$h[n]$で記述される出力信号はインパルス応答の定義である。これ以外の全ての入力信号は、重みと遅延インパルスの重ね合わせとして記述されるので、全ての入力信号に対する出力は、インパルス応答$h[n]$の重みとシフトされたバージョンから構成される。つまり、初期停止条件を持つ再帰差分方程式はLTIシステムであるから、その出力は常に、次のコンボリューション和として表される。

$$y[n] = \sum_{k=-\infty}^{\infty} x[k]h[n-k] \qquad (8.2.4)$$

したがって、再帰差分方程式をそれ自身のインパルス応答で特徴付けるのは興味深い。

8.2 時間-領域応答

IIRシステムのインパルス応答の性質を示すために、$b_1 = 0$を持つ1次再帰差分方程式を考察する。

$$y[n] = a_1 y[n-1] + b_0 x[n] \qquad (8.2.5)$$

定義により、差分方程式、

$$h[n] = a_1 h[n-1] + b_0 \delta[n] \qquad (8.2.6)$$

は、全てのnの値に対してインパルス応答$h[n]$を満足しなければならない。パラメータa_1とb_0の項でインパルス応答のための一般的な式が構成される。それには数個の値表を簡単に構成し、次に一般な式を書き下す。次の表は計算に含む列を示している。

n	$n < 0$	0	1	2	3	4	…
$\delta[n]$	0	1	0	0	0	0	…
$h[n-1]$	0	0	b_0	$b_0(a_1)$	$b_0(a_1)^2$	$b_0(a_1)^3$	…
$h[n]$	0	b_0	$b_0(a_1)$	$b_0(a_1)^2$	$b_0(a_1)^3$	$b_0(a_1)^4$	…

この表から、式は、

$$h[n] = \begin{cases} b_0(a_1)^n & n \geq 0 \\ 0 & n < 0 \end{cases} \qquad (8.2.7)$$

単位ステップ列の定義は、

$$u[n] = \begin{cases} 1 & n \geq 0 \\ 0 & n < 0 \end{cases} \qquad (8.2.8)$$

であるから、式(8.2.7)は次の形式で表現される。

$$h[n] = b_0(a_1)^n u[n] \qquad (8.2.9)$$

ただし、$(a_1)n$と$u[n]$との乗算は、$n<0$と$n \geq 0$の条件の簡潔な表現を提供している。

例8.2 $a_1 = 0.8$、$b_0 = 5$を持つ式(8.2.1)の例に対して、インパルス応答は、

$$h[n] = 5(0.8)^n u[n] = \begin{cases} 5(0.8)^n & n \geq 0 \\ 0 & n < 0 \end{cases} \qquad (8.2.10)$$

これは式 (8.2.1) のシステムのインパルス応答である。　　　　　　　　　　　　◇

練習 8.2 解 (8.2.7) を差分方程式 (8.2.6) に代入し、この差分方程式が全ての n 値に対して満足することを確かめよ。

練習 8.3 次の 1 次システムのインパルス応答を求めよ。

$$y[n] = 0.5y[n-1] + 5x[n-7]$$

このシステムは $n < 0$ に対して「停止状態」にあると仮定する。結果の信号 $h[n]$ を n の関数としてプロットする。インパルス応答の非ゼロ位置が開始する場所に注意を払うこと。

以上より一般的な問題は、入力信号のシフトしたバージョンが差分方程式にも含まれているとき、1 次システムのインパルス応答を発見することである。つまり、

$$y[n] = a_1 y[n-1] + b_0 x[n] + b_1 x[n-1]$$

このシステムは線形時不変であるので、そのインパルス応答は次のような 2 つの項の和として考えることができることを示す。

$$h[n] = b_0 (a_1)^n u[n] + b_1 (a_1)^{n-1} u[n-1] = \begin{cases} 0 & n < 0 \\ b_0 & n = 0 \\ (b_0 + b_1 a_1^{-1})(a_1)^n & n \geq 1 \end{cases}$$

このインパルス応答は、a_1 だけに依存した速度で指数関数的に減衰することに注意されたい。

練習 8.4 次の 1 次システムのインパルス応答を求めよ。

$$y[n] = -0.5y[n-1] - 4x[n] + 5x[n-1]$$

結果のインパルス応答 $h[n]$ を n の関数としてプロットせよ。

8.2.3　有限長入力の応答

　有限長入力に対して、そのコンボリューション和は FIR システムや IIR システムの何れに対しても計算は容易である。いま、有限長入力列は、$n < N_1$、$n > N_2$ に対して $x[n] = 0$ であるから、

$$x[n] = \sum_{k=N_1}^{N_2} x[k]\delta[n-k]$$

となる。これに対応する出力は、

$$y[n] = \sum_{k=N_1}^{N_2} x[k]h[n-k]$$

となることは、式（8.2.4）から導かれる。

例 8.3 例として、差分方程式（8.2.1）で定義された LTI システムを再度考察する。式のインパルス応答は例8.2に $h[n] = 5(0.8)^n u[n]$ となることが示されている。式（8.2.2）と図8.2の入力に対して、

$$x[n] = 2\delta[n] - 3\delta[n-1] + 2\delta[n-3]$$

これは、次のように見ることができる。

$$\begin{aligned} y[n] &= 2h[n] - 3h[n-1] + 2h[n-3] \\ &= 10(0.8)^n u[n] - 15(0.8)^{n-1} u[n-1] + 10(0.8)^{n-3} u[n-3] \end{aligned}$$

この式を指定された時間指標に対して評価するために、個別の項が非ゼロにおいて、異なる領域に注意する必要がある。これを実行すると、次式を得る。

$$y[n] = \begin{cases} 0 & n < 0 \\ 10 & n = 0 \\ 10(0.8) - 15 = -7 & n = 1 \\ 10(0.8)^2 - 15(0.8) = -5.6 & n = 2 \\ 10(0.8)^3 - 15(0.8)^2 + 10 = 5.52 & n = 3 \\ 10(0.8)^n - 15(0.8)^{n-1} + 10(0.8)^{n-3} = 5.52(0.8)^{n-3} & n > 3 \end{cases}$$

差分方程式（p.256）を反復することによって得られる出力の比較は、スケールとシフトが調整されたインパルス応答の重ね合わせにより、前と同じような出力列が求められたことを示している。◇

例8.3は、IIR システムに関する2つの重要なポイントを示している。

1. 初期停止条件は、入力列が開始するまで出力列は開始しないことを補償する。
2. フィードバックのために、インパルス応答は範囲内で無限である。また、スケールとシフト調整されたインパルス応答である有限長入力列に対する出力は範囲内において無限であ

る。これはFIRの場合と対照的である。有限長入力は常に有限長出力列を生成する。

練習8.5 次の1次システムのインパルス応答を求めよ。

$$y[n] = -0.5y[n-1] + 5x[n]$$

また、これを次の入力信号に基づく出力を得るために使用する。

$$x[n] = \begin{cases} 0 & n < 1 \\ 3 & n = 1 \\ -2 & n = 2 \\ 0 & n = 3 \\ 3 & n = 4 \\ -1 & n = 5 \\ 0 & n > 5 \end{cases}$$

それぞれがシフトされたインパルス応答である4つの項の和の公式を求めよ。「停止」初期条件を仮定する。結果の信号$y[n]$を、$0 \leq n \leq 10$におけるnの関数としてプロットせよ。

8.2.4 1次再帰システムのステップ応答

　入力信号が無限長であるとき、差分方程式を使用したIIRシステムの出力計算はFIRシステムの計算より困難ではない。出力サンプルを希望するだけの長さで、差分方程式を反復し続けるだけである。FIRの場合、差分方程式とコンボリューション和は同じである。IIRの場合、それは真ではない。コンボリューションを使用した出力計算は、実際には、簡単な公式が入力とインパルス応答の両方に対して存在するような場合だけである。つまり、一般的に、IIRフィルタは差分方程式を繰り返すことにより実現される。単位ステップ入力に対する1次IIRシステムの応答計算は、比較的簡単な反復である。

　再度、次式で定義されるシステムを仮定する。

$$y[n] = a_1 y[n-1] + b_0 x[n]$$

また、その入力は次式で与えられる単位ステップ列と仮定する。

$$u[n] = \begin{cases} 1 & n \geq 0 \\ 0 & n < 0 \end{cases} \tag{8.2.11}$$

差分方程式はある時間でひとつの出力列サンプルの作成を反復する。はじめの数個の値を、以下の表に示す。読者が計算を理解するのを確かめるためこの表を使用する。

n	$x[n]$	$y[n]$
$n < 0$	0	0
0	1	b_0
1	1	$b_0 + b_0(a_1)$
2	1	$b_0 + b_0(a_1) + b_0(a_1)^2$
3	1	$b_0(1 + a_1 + a_1^2 + a_1^3)$
4	1	$b_0(1 + a_1 + a_1^2 + a_1^3 + a_1^4)$
⋮	1	⋮

表の値から、$y[n]$のための一般化公式は、

$$y[n] = b_0(1 + a_1 + a_1^2 + \ldots + a_1^n) = b_0 \sum_{k=0}^{n} a_1^k$$

であることを調べるのは困難ではない。少しの乗算を使用すると、列$y[n]$における一般項のための簡単な閉じた形式の表現を得ることができる。このために、次の公式を思い出す必要がある。

$$\sum_{k=0}^{L} r^k = \begin{cases} \dfrac{1-r^{L+1}}{1-r} & r \neq 1 \\ L+1 & r = 1 \end{cases} \quad (8.2.12)$$

これは幾何級数の最初のL + 1項の和に対する式である。この事実をふまえて、$y[n]$の式は次のように簡単になる。

$$y[n] = b_0 \frac{1 - a_1^{n+1}}{1 - a_1} \qquad n \geq 0, \quad \text{if } a_1 \neq 1 \quad (8.2.13)$$

3つの場合に分けることができる。$|a_1| > 1$、$|a_1| < 1$、$|a_1| = 1$の3つである。さらに、これらの場合の調査で2つの種類の挙動を明らかにする。

1. $|a_1| > 1$のとき、分子のa_1^{n+1}の項が優勢であり、$y[n]$の値は際限なく大きくなる。これは不安定（unstable）条件と呼ばれる。普通はこの状態を避ける。安定性に関して8.4.2と8.8節においてもう少し述べる。

2. $|a_1| < 1$のとき、項a_1^{n+1}は$n \to \infty$となるにつれてゼロに減衰する。この場合のシステムは安定（stable）である。したがって、$n \to \infty$のとき$y[n]$の極限値を見つけることができる。つまり、

$$\lim_{n\to\infty} y[n] = \lim_{n\to\infty} b_0 \frac{1-a_1^{n+1}}{1-a_1} = \frac{b_0}{1-a_1}$$

3. $|a_1| = 1$ のとき、無限大の出力をとるかもしれない。しかし、常にそうとは限らない。例として、$a_1 = 1$ のとき、$n \geq 0$ に対して、$y[n] = (n+1)b_0$ を得る、出力 $y[n]$ は $n \to \infty$ になるにつれて大きくなる。一方、$a_1 = -1$ のとき、出力は交互に発生する。つまり、n が偶なら $y[n] = b_0$ となり、n が奇なら $y[n] = 0$ となる。

図8.4の MATLAB プロットは、次のフィルタに対するステップ応答を示している。

$$y[n] = 0.8y[n-1] + 5x[n]$$

上限値は25であることに注意されたい。これはフィルタ係数から計算される。

$$\lim_{n\to\infty} y[n] = \frac{b_0}{1-a_1} = \frac{5}{1-0.8} = 25$$

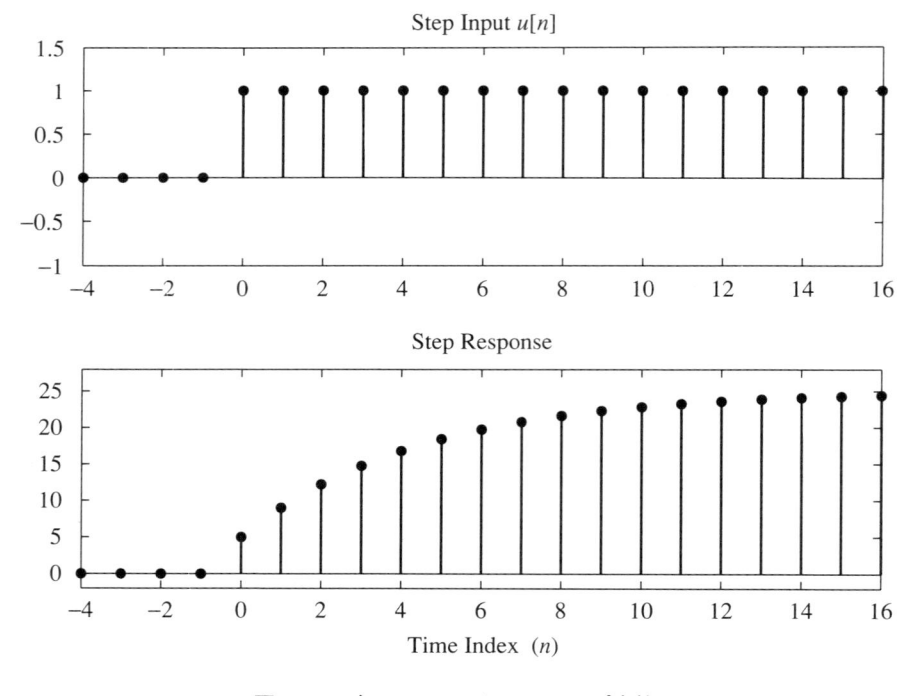

図8.4　1次IIRフィルタのステップ応答

ここでは、コンボリューション和によるステップ応答を計算する。

$$y[n] = x[n] * h[n] = \sum_{k=-\infty}^{\infty} x[k]h[n-k] \tag{8.2.14}$$

入力とインパルス応答の2つは、無限区間であるから、計算を実行するのは困難であるかもしれない。しかしながら、入力と出力は公式 $x[n] = u[n]$ と $h[n] = b_0(a_1)^n u[n]$ で与えられるという事実から結果が得られる。これらの式を式 (8.2.14) に代入すると次式を得る。

$$y[n] = \sum_{k=-\infty}^{\infty} u[k]b_0(a_1)^{n-k}u[n-k]$$

和の内側にある $u[k]$ と $u[n-k]$ の項は、$k < 0$ に対して $u[k] = 0$ であり、$n-k < 0$（つまり、$n < k$）に対して $u[n-k] = 0$ であるので、和の限界を変更する。最終結果は、

$$y[n] = \begin{cases} 0 & \text{for } n < 0 \\ \sum_{k=0}^{n} b_0(a_1)^{n-k} & \text{for } n \geq 0 \end{cases}$$

式 (8.2.12) を使用すると、$n \geq 0$ に対するステップ応答を次のように記述できる。

$$\begin{aligned} y[n] &= \sum_{k=0}^{n} b_0(a_1)^{n-k} = b_0(a_1)^n \sum_{k=0}^{n} (a_1)^{-k} \\ &= b_0(a_1)^n \frac{1-(1/a_1)^{n+1}}{1-(1/a_1)} = b_0 \frac{1-(a_1)^{n+1}}{1-(a_1)} \end{aligned} \tag{8.2.15}$$

これは、差分方程式を反復で計算したステップ応答の式 (8.2.13) に等しい。この場合、入力とインパルス応答の特別な性質のゆえに、閉じた書式表現で到達することも可能であることに注意されたい。一般に、閉じた書式の結果を得ることは困難であり、不可能でさえある。しかし、出力のサンプルごとの計算をするために差分方程式の反復を常に使用することが可能である。

8.3　IIRフィルタのシステム関数

第7章では、システム関数がシステムのインパルス応答の z-変換であり、また、システム関数と周波数応答とが密接に関係付けられるような FIR の場合を示した。さらに、次のような結果をも示した。

---

n-領域のコンボリューションは z-領域の乗算に対応している。

$$y[n] = h[n] * x[n] \quad \Longleftrightarrow \quad Y(z) = H(z)X(z)$$

これはIIRの場合にも真である。FIRフィルタのシステム関数は常に多項式であるが、差分方程式がフィードバックを持つときには、システム関数$H(z)$は2つの多項式の比となる。多項式の比は有理(rational)関数と呼ばれる。この節においては、1次IIRシステムの例のためのシステム関数を定義する。また、そのシステム関数、インパルス応答、差分方程式がどのように関係しているかを示す。

8.3.1　一般的な1次式の場合

フィードバックを持つ1次差分方程式の一般的な書式は、

$$y[n] = a_1 y[n-1] + b_0 x[n] + b_1 x[n-1] \tag{8.3.1}$$

この式は全てのn値に対して満足しなければならないので、次式を得るため式の両辺のz-変換をとる。つまり、

$$Y(z) = a_1 z^{-1} Y(z) + b_0 X(z) + b_1 z^{-1} X(z)$$

式の両辺から$a_1 z^{-1} Y(z)$の項を引き算すると、次のような式が導かれる。

$$Y(z) - a_1 z^{-1} Y(z) = b_0 X(z) + b_1 z^{-1} X(z)$$
$$(1 - a_1 z^{-1}) Y(z) = (b_0 + b_1 z^{-1}) X(z)$$

このシステムはLTIシステムであるから、$Y(z) = H(z)X(z)$も真でなければならない。ここで、$H(z)$はLTIシステムのシステム関数である。$H(z) = Y(z)/X(z)$のための式を解くと、次式を得る。

$$H(z) = \frac{Y(z)}{X(z)} = \frac{b_0 + b_1 z^{-1}}{1 - a_1 z^{-1}} = \frac{B(z)}{A(z)} \tag{8.3.2}$$

つまり、1次IIRシステムの$H(z)$は2つの多項式の比であることが分かる。分子多項式$B(z)$は入力信号$x[n]$とその遅延に乗算する重み係数$\{b_k\}$で決定される。分子多項式$A(z)$は、フィードバック係数$\{a_\ell\}$で定義される。この対応が一般的に正しいことは、$H(z)$の公式を導出する解析から明らかである。確かに、任意次数のIIRシステムに対して次の文は真である。

IIRシステムのシステム関数の分子多項式の係数は、差分方程式のフィードフォワード項の係数である。分母多項式に対して、定数項は1であり、残り係数は負のフィードバック係数である。

8.3 IIRフィルタのシステム関数

MATLABにおいて、filter関数は次の書式に従っている。

$$yy=\text{filter(bb,aa,xx)}$$

これは、IIRフィルタを実現する。ただし、ベクトル bb と aa は、それぞれ分子と分母のフィルタ係数を保持している。

例 8.4 次のフィードバックフィルタ、

$$y[n] = 0.5y[n-1] - 3x[n] + 2x[n-1]$$

は、MATLABでは、

$$yy = \text{filter([-3,2],[1,-0.5],xx)}$$

として実現される。ただし、xx と yy はそれぞれ入力信号ベクトルと出力信号ベクトルである。ベクトル aa は、多項式 $A(z)$ の第2要素のための $-a_1$ を持っていることに注意されたい。$y[n]$ と乗算するフィルタ係数は1である。それは aa の第1要素は常に1だからである。　　　　◇

練習 8.6 次のフィードバックフィルタのシステム関数（つまり、z-変換）を求めよ。

$$y[n] = 0.5y[n-1] - 3x[n] + 2x[n-1]$$

練習 8.7 次のMATLAB文で実現されるシステム関数を決定せよ。

$$yy = \text{filter(5,[1,0.8],xx)}$$

8.3.2 システム関数とブロック図構成

これまで見てきたように、システム関数は、差分方程式とシステム関数の間の行き来を容易にしてくれる差分方程式の係数を表示する。この節において、別の差分方程式を導出するのが可能であることを示す。また、システム関数を簡単に操作することにより、別の実現を可能にする。

8.3.2.1 直接 I 形構成

システム関数とブロック図の間の関係を示すため、図8.1のブロック図に戻ることにする。これを図8.5に再掲する。図8.5のブロック図は、システムを実現するために使用される差分方程式の図的表現と言う理由から、実現構成（implementation structure）、あるいは、普通には、単に構成

（structure）と呼ばれている。

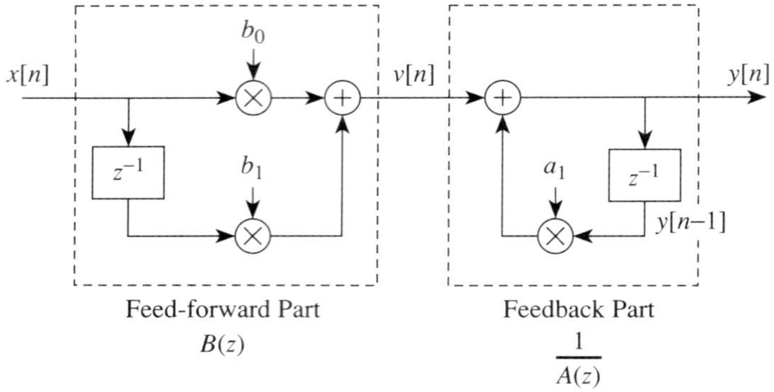

図8.5 直接Ⅰ形構成におけるひとつのフィードバック係数a_1と2つのフィードフォワードb_0、b_1を示す1次IIRシステム。

2つのz-変換システム関数の積は2つのシステムの縦続接続に対応していることを思い出されたい。1次フィードバックフィルタのシステム関数はFIRの因子とIIRの因子に因数分解できる。つまり、

$$H(z) = \frac{b_0 + b_1 z^{-1}}{1 - a_1 z^{-1}} = \left(\frac{1}{1 - a_1 z^{-1}}\right)(b_0 + b_1 z^{-1}) = \left(\frac{1}{A(z)}\right) \cdot B(z)$$

この代数演算から求められる結論は、$H(z)$の正しい実現は次の差分方程式対となることである。

$$v[n] = b_0 x[n] + b_1 x[n-1] \tag{8.3.3}$$
$$y[n] = a_1 y[n-1] + v[n] \tag{8.3.4}$$

多項式$B(z)$はブロック図のフィードフォワード部分のシステム関数であり、また、$1/A(z)$はシステムを完結するフィードバック部分のシステム関数であることを図8.5は示している。この方法で実現されるシステムは、変数z^{-1}の多項式として分子と分母を記述する以外に別の操作をすることなく、システム関数から直接にブロック図に移動できるので直接Ⅰ形実現と呼ばれている。

8.3.2.2 直接Ⅱ形構成

LTI縦続接続システムに対して、全システム応答を変更することなくシステムの次数を変更できることが知られている。言い換えると、

8.3 IIRフィルタのシステム関数

$$H(z) = \left(\frac{1}{A(z)}\right) \cdot B(z) = B(z) \cdot \left(\frac{1}{A(z)}\right)$$

これまで構築してきた対応を使用すると、図8.6で示すブロック図が導かれる。これは、フィードバック部分の出力とフィードフォワード部分の入力への新たな中間変数 $w[n]$ を定義したことに注意されたい。つまり、ブロック図は等価なシステムの実現が

$$w[n] = a_1 w[n-1] + x[n] \tag{8.3.5}$$
$$y[n] = b_0 w[n] + b_1 w[n-1] \tag{8.3.6}$$

であることを示している。

再度、図8.6と $H(z)$ の間の直接的で単純な対応が存在するので、実現は、次のシステム関数を持つ1次IIRシステムの直接Ⅱ形実現と呼ばれる。

$$H(z) = \frac{b_0 + b_1 z^{-1}}{1 - a_1 z^{-1}}$$

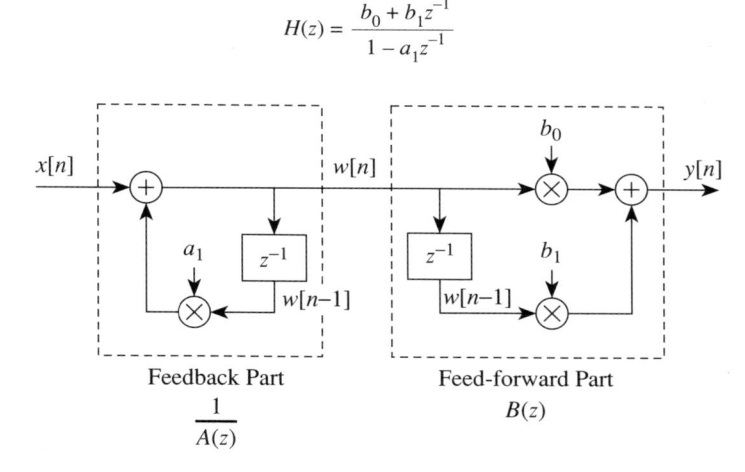

図8.6　ひとつのフィードバック係数 a_1 と2つのフィードフォワード係数 b_0、b_1 を示す1次IIRシステム。これが**直接Ⅱ形構成**である。

図8.6のブロック図表現は価値ある識見へと導いてくれる。それぞれの単位遅延オペレータへの入力は同じ信号 $w[n]$ であることに注意されたい。つまり、2つの遅延演算は必要でない。これを図8.7に示すように、1つの遅延にすることができる。遅延演算はコンピュータ内のメモリで実現されるので、図8.7の実現は図8.6の実現のメモリより少なくてすむ。しかしながら、この2つのブロック図は差分方程式（8.3.5）と（8.3.6）を表していることに注意されたい。

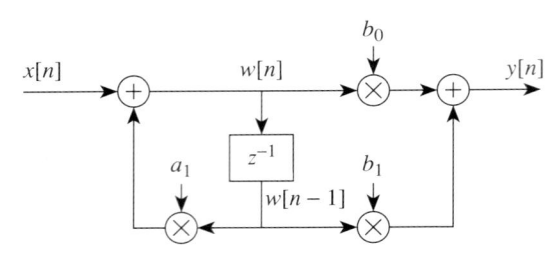

図8.7 直接Ⅱ形構成による1次IIRシステム。これは、2つの遅延がひとつに併合されたことを除き図8.6と同じである。

練習8.8 次の縦続差分方程式のz-変換システム関数を求めよ。

$$w[n] = -0.5w[n-1] + 7x[n]$$
$$y[n] = 2w[n] - 4w[n-1]$$

このシステムのブロック図を直接Ⅰ形と直接Ⅱ形の2つで描きなさい。

8.3.2.3 転置形構成

図8.7のようなブロック図に関して幾分驚くような事実は、もしブロック図が次のような変換を行った場合、つまり、

1. 全ての矢印は、値や位置を変更せず、乗算器に対して逆にする。
2. 全ての分岐点は加算点、全ての加算点は分岐点とする。
3. 入力と出力を交換する。

全システムはオリジナルシステムと同一のシステム関数を持っていることである。ここでは証明をしないが、紹介したこの種類のブロック図は真である。しかしながら、これまでの簡単な1次システムに対して、このことが真であることを検証するためにz-変換を使用することができる。

図8.8のシグナルフロー図で与えられたフィードバック構成は、図8.7で示した直接Ⅱ形構成の転置（transposed）形である。実際の差分方程式を導出するために、シグナルフロー図で定義された式を記述する必要がある。次の2つのルールに従うならば、これを実行するための通常の手続きが存在する。

1. 変数名を全ての遅延要素の入力に付ける。$v[n]$は図8.8で使用される。遅延の出力は明らかに$v[n-1]$である。
2. 全ての加算ノードにおいて式を書く。この場合には2つの式がある。

$$y[n] = b_0 x[n] + v[n-1] \tag{8.3.7}$$
$$v[n] = b_1 x[n] + a_1 y[n] \tag{8.3.8}$$

シグナルフロー図は実際の計算を明らかにするので、式（8.3.7）と（8.3.8）は時間ステップnにおいて3つの乗算と2つの加算を要求している。式（8.3.7）は最初に実行される。それは$y[n]$が式（8.3.8）で必要とされるからである。

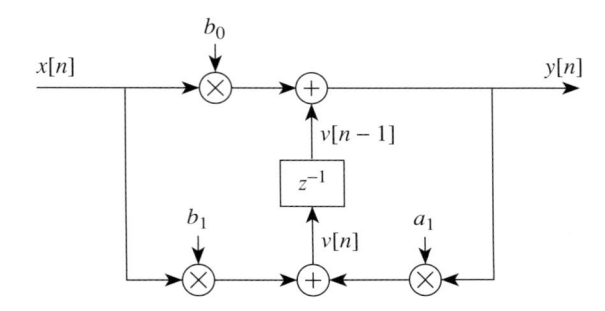

図8.8　転置直接Ⅱ形構成として一般的な1次IIRフィルタのための計算構成。

フィードバックのために、これらの式を変数消去により別の形式のひとつに変更することは不可能である。しかしながら、ここでは、正しいシステム関数を持っていることを検証するために、z-変換領域でこれらの2つの式を再度結合する。まず、それぞれの差分方程式のz-変換をとる。

$$Y(z) = b_0 X(z) + z^{-1} V(z)$$
$$V(z) = b_1 X(z) + a_1 Y(z)$$

ここで、第2式を第1式に代入して$V(z)$を消去する。

$$Y(z) = b_0 X(z) + z^{-1}(b_1 X(z) + a_1 Y(z))$$
$$(1 - a_1 z^{-1}) Y(z) = (b_0 + b_1 z^{-1}) X(z)$$

すると、次式を得る。

$$H(z) = \frac{Y(z)}{X(z)} = \frac{b_0 + b_1 z^{-1}}{1 - a_1 z^{-1}}$$

つまり、これらは同じシステム関数を持っているので、式（8.3.7）と（8.3.8）は直接Ⅰ形の（8.3.3）と（8.3.4）、および、直接Ⅱ形の（8.3.5）と（8.3.6）に等価である。

　同じシステム関数に対しこれらの異なる実現に関心があるのはなぜか？　ある入力から同じ出力

を正確に計算するために、同じ数の乗算と加算を使用する。しかしながら、これはその演算が完全である時だけ真である。有限精度（たとえば、16ビットワード）での計算であるので、各計算は丸め誤差を含んでいる。各実現は僅かに異なって動作することを意味する。実際に、ハードウェアの高品質デジタルフィルタの実現には丸め誤差とオーバフローを制御するために正しい手法を要求される。

8.3.3 インパルス応答の関係

8.3.1節の解析において、システム関数はIIRシステムのインパルス応答のz-変換であることを暗黙に仮定している。これは真であるが、これまでは、FIRの場合に真であることを明らかにしてきた。IIRの場合、無限長列のz-変換を得ることが必要がある。このような列の例として、$h[n] = a^n u[n]$を考察する。式（7.3.7）からz-変換の定義を適用すると、次のように書ける。

$$H(z) = \sum_{n=0}^{\infty} a^n z^{-n} = \sum_{n=0}^{\infty} (az^{-1})^n$$

これは、連続した項の比がaz^{-1}であるような幾何級数の全項の和である。つまり、$|az^{-1}| < 1$であるとき、和は有限となる、また、事実、閉じた形式表現で与えられることが分かる。

$$H(z) = \sum_{n=0}^{\infty} a^n z^{-n} = \frac{1}{1-az^{-1}}$$

無限和が閉形式表現に等しくなる条件は、$|a| < z$である。この条件を満足する複素平面のzの値は、収束領域（region of convergence）と呼ばれる。前の解析から、次のような非常に重要なz-変換対を宣言できる。

$$a^n u[n] \quad \Longleftrightarrow \quad \frac{1}{1-az^{-1}} \tag{8.3.9}$$

この章において、この結果を使用する多くのチャンスがある。

例8.5 この結果の使用例として、8.2.2節において、システム、

$$y[n] = a_1 y[n-1] + b_0 x[n] + b_1 x[n-1] \tag{8.3.10}$$

のインパルス応答が、

$$h[n] = b_0(a_1)^n u[n] + b_1(a_1)^{n-1} u[n-1] \tag{8.3.11}$$

であることをくり返し示してきた。つまり、z-変換の線形性の性質、z-変換の遅延の性質と（8.3.9）の結果を使用すると、このシステムのシステム関数は、

$$H(z) = b_0\left(\frac{1}{1-a_1 z^{-1}}\right) + b_1 z^{-1}\left(\frac{1}{1-a_1 z^{-1}}\right) = \frac{b_0 + b_1 z^{-1}}{1-a_1 z^{-1}} \tag{8.3.12}$$

となる。これは、差分方程式のz-変換をとり、$H(z) = Y(z)/X(z)$を解くことにより、以前に求めたものである。　◇

8.3.4　この手法の要約

　この節において、いくつかの重要な解析技法を示した。差分方程式（8.3.10）から直接にシステム関数（8.3.12）への移行も可能であることを見てきた。また、簡単な例において、システム関数（8.3.12）から、差分方程式を反復する長いプロセスを持たないシステムのインパルス応答（8.3.11）へ直接移行する「逆z-変換を取る」ことが可能であることも見てきた。一般にこれを実行することが可能であることを示す。つまり、z-変換を式（8.3.9）の右辺のような項の和に置き換えることに基づいて逆z-変換を処理する。高次システムにも適用可能であるこの技法を展開する前に、z-変換に関するいくつかのより重要な点とIIRシステムとの関係を示すため1次IIRシステムに焦点を絞ることにする。

8.4　極とゼロ点

　z-変換システム関数に関する興味ある事実は、分子と分母の多項式は根を持っていることである。複素z-平面上でのこれらの根配置は、システムを特徴付けるのには非常に重要である。差分方程式との対応を促すためにz^{-1}でシステム関数を記述したいが、z^{-1}の多項式をzの関数で記述する方が根の発見には有効である。もし、分子と分母にzを乗算すると、次式を得る。

$$H(z) = \frac{b_0 - b_1 z^{-1}}{1 - a_1 z^{-1}} = \frac{b_0 z + b_1}{z - a_1}$$

この形式での、分子と分母の多項式の根を求めることは容易である。分子多項式は次の根を持っている。つまり、

$$b_0 z + b_1 = 0 \quad \Longrightarrow \quad z = -\frac{b_1}{b_0} \quad \text{（ゼロ点）}$$

また、分母は次の根を持っている。

$$z - a_1 = 0 \quad \Longrightarrow \quad z = a_1 \quad (\text{極})$$

もし，$H(z)$ を全複素 z-平面における z の関数として考察するならば，分子の根は関数 $H(z)$ のゼロである．つまり，

$$H(z)\big|_{z=-(b_1/b_0)} = 0$$

分母の根は，関数 $H(z)$ が，

$$H(z)\big|_{z=a_1} \to \infty$$

となる z-平面上の位置であることを思い出されたい．この位置 ($z = a_1$) はシステム関数 $H(z)$ の「極」と呼ばれる．

練習 8.9 次の z-変換システム関数の極とゼロ点を求めよ．

$$H(z) = \frac{3 + 4z^{-1}}{1 + 0.5z^{-1}}$$

練習 8.10 次のフィードバックフィルタの z-変換に対して，

$$y[n] = 0.5y[n-1] - x[n] + 3x[n-1]$$

極とゼロ点の配置を決定せよ．

8.4.1 原点と無限における極とゼロ点

分子多項式と分母多項式が異なる数の係数を持っているとき，$z = 0$ においてゼロか極のいずれかをとる．システム関数が分子多項式のみを持つ FIR システムは，多項式のゼロ点の数に等しい $z = 0$ における極数を持っていることを，第7章において見てきた．もし，$z = 0$ と同様に，$z = \infty$ における極とゼロ点の全てを数えるならば，「極の数はゼロ点の数に等しい」と断言できる．そこで次の例を考察する．

例 8.6 次のフィードバックフィルタの z-変換は，

$$y[n] = 0.5y[n-1] + 2x[n]$$

次式のようになることが容易に導かれる。

$$H(z) = \frac{2}{1 - 0.5z^{-1}}$$

$H(z)$ を次のように z の正の累乗で表現すると、

$$H(z) = \frac{2z}{z - 0.5}$$

$z = 0.5$ においてひとつの極と $z = 0$ においてゼロ点をもつことが分かる。　◇

例8.7 次のフィードバックフィルタ

$$y[n] = 0.5y[n-1] + 3x[n-1]$$

の z-変換に対して、$H(z)$ は次のように記述できる。

$$H(z) = \frac{3z^{-1}}{1 - 0.5z^{-1}} = \frac{3}{z - 0.5}$$

このシステムは $z = 0.5$ においてひとつの極を持っている。もし、$z \to \infty$ において $H(z)$ の極限を持つならば、$H(z) \to 0$ を得る。つまり、$z = \infty$ においてひとつのゼロを持っている。　◇

例8.6と8.7における2つの例は、$z = \infty$ においてゼロ点を数えるならば、正確にひとつの極とひとつのゼロ点を持っている。

練習8.11 次のフィードバックフィルタのシステム関数 $H(z)$ を決定せよ。

$$y[n] = 0.5y[n-1] + 3x[n-2]$$

$H(z)$ は、$z = 0.5$ と同様に $z = 0$ においても極を持つことを示せ。さらに、$z \to \infty$ という極限をとることにより $z = \infty$ において2つのゼロ点を持っていることを示せ。

8.4.2 極配置と安定性

1次フィルタの極配置はインパルス応答の形状を決定する。8.3.3節において、

$$H(z) = b_0 \left(\frac{1}{1 - a_1 z^{-1}}\right) + b_1 z^{-1} \left(\frac{1}{1 - a_1 z^{-1}}\right)$$

$$= \frac{b_0 + b_1 z^{-1}}{1 - a_1 z^{-1}} = \frac{b_0(z + b_1/b_0)}{(z - a_1)}$$

このシステム関数は、次のようなインパルス応答を持っている。

$$h[n] = b_0(a_1)^n u[n] + b_1(a_1)^{n-1} u[n-1] = \begin{cases} 0 & \text{for } n < 0 \\ b_0 & \text{for } n = 0 \\ (b_0 + b_1 a_1^{-1}) a_1^n & \text{for } n \geq 1 \end{cases}$$

つまり、$z = a_1$ で単一の極を持つIIRシステムは、$n > 1$ のとき、a_1^n に比例するインパルス応答を持っている。もし、$|a_1| < 1$ ならば、インパルス応答は $n \to \infty$ において減少することが分かる。他方、もし、$|a_1| \geq 1$ ならば、インパルス応答は消滅しない。もし $|a_1| > 1$ ならば、これは際限なく大きくなる。システム関数の極は $z = a_1$ にあるので、極の配置は、インパルス応答が減少か増加の何れかを知らせてくれることが分かる。明らかに、インパルス応答が減少することを希望している。それはインパルス応答の指数的増加は、たとえ入力サンプルが有限長であっても際限ない出力を発生するからである。入力が束縛されているとき、束縛された出力を生ずるシステムは安定なシステム (stable system) と呼ばれる。もし、$|a_1| < 1$ ならば、システム関数の極は z-平面の単位円の内側にある。その結果として、議論してきたIIRシステムの場合、一般に次のことは真である。つまり、

> もしシステム関数の全ての極が厳密に z-平面の単位円の内側に存在するならば、初期停止条件を持つ因果的LTI IIRシステムは、安定である。

つまり、システムの安定性はシステム関数の極とゼロ点の z-平面のプロットから一目でわかる。

例8.8 システム関数が、

$$H(z) = \frac{1 - 2z^{-1}}{1 - 0.8z^{-1}} = \frac{z - 2}{z - 0.8}$$

であるシステムは、$z = 2$ でゼロを、また、$z = 0.8$ で極を持っている。したがって、このシステムは安定である。単位円の外側にあるようなゼロの配置はシステムの安定性に何も影響しない。ゼロは、極で定義されたIIRシステムと縦続されたFIRシステムに対応していることを思い出されたい。FIRシステムは常に安定であるから安定性はシステム関数の極だけで決定されることに驚くことはない。

◇

練習 8.12 LTI IIR システムは次のシステム関数を持っている。

$$H(z) = \frac{2 + 2z^{-1}}{1 - 1.25z^{-1}}$$

z-平面の極とゼロ点をプロットせよ。また、このシステムが安定かそうでないかを述べよ。

8.5 IIR フィルタの周波数応答

第6章の周波数応答 $\mathcal{H}(\hat{\omega})$ の概念について、LTI システムへの複素指数関数入力により得られた振幅と位相の変化を決定する複素関数として紹介した。つまり、$x[n] = e^{j\hat{\omega}n}$ なるとき、

$$y[n] = \mathcal{H}(\hat{\omega})e^{j\hat{\omega}n} \qquad (8.5.1)$$

を得る。第7章においては、FIRシステムの周波数応答は、次のようにシステム関数に関連していることを示した。

$$\mathcal{H}(\hat{\omega}) = H(e^{j\hat{\omega}}) = H(z)\big|_{z = e^{j\hat{\omega}}} \qquad (8.5.2)$$

システム関数と周波数応答のこのような関係は、IIRシステムにおいても成立する。しかしながら周波数応答が存在し、かつ式 (8.5.2) で与えられるためには、システムが安定でなければならないという規定を加える必要がある。この安定性の条件は一般的な条件である。しかし全てのFIRシステムは安定であるため、これまでは安定性に気を付ける必要が無かった。

一般的な1次IIRシステムに対するシステム関数は次の形式を持っていることを思い出されたい。

$$H(z) = \frac{b_0 + b_1 z^{-1}}{1 - a_1 z^{-1}}$$

ただし、システム関数の収束領域は、$|a_1 z^{-1}| < 1$、あるいは、$|a_1| < |z|$ である。もし、$z = e^{j\hat{\omega}}$ に対する $H(z)$ を評価したいのであれば、単位円上の z 値は収束領域に存在しなければならない。つまり、z-変換の収束領域内に存在する $|z| = 1$ が要求される。これは $|a_1| < 1$ であることを意味しており、1次システムの安定性のための条件であることを8.4.2節において示したものである。8.8節においては、周波数応答になぜ安定性が要求されるかついての別の解釈を示す。1次の場合の安定性を仮定すると、次のような周波数応答の式が得られる。

$$H(e^{j\hat{\omega}}) = H(z)\big|_{z = e^{j\hat{\omega}}} = \frac{b_0 + b_1 e^{-j\hat{\omega}}}{1 - a_1 e^{-j\hat{\omega}}} \qquad (8.5.3)$$

簡単な評価として、式（8.5.3）が周期2πを持つ周期関数であることを確かめる。これは離散時間システムの周波数応答に関する場合で常にそうである。

周波数応答$H(e^{j\hat{\omega}})$は周波数$\hat{\omega}$の複素関数であることを思いだされたい。式（8.5.3）を周波数の関数としての振幅と位相という2つの別々の実の式に変形できる。振幅応答に対して、まず、振幅の2乗を計算するのが便利である。次は、必要に応じて2乗根を求める。

2乗振幅は式（8.5.3）の複素数$H(e^{j\hat{\omega}})$とその共役（H^*と記す）との積として定式化される。1次の例に対して、

$$\begin{aligned}|H(e^{j\hat{\omega}})|^2 &= H(e^{j\hat{\omega}})H^*(e^{j\hat{\omega}})\\ &= \frac{b_0+b_1 e^{-j\hat{\omega}}}{1-a_1 e^{-j\hat{\omega}}} \cdot \frac{b_0^*+b_1^* e^{+j\hat{\omega}}}{1-a_1^* e^{+j\hat{\omega}}}\\ &= \frac{|b_0|^2+|b_1|^2+b_0 b_1^* e^{+j\hat{\omega}}+b_0^* b_1 e^{-j\hat{\omega}}}{1+|a_1|^2-a_1^* e^{+j\hat{\omega}}-a_1 e^{-j\hat{\omega}}}\\ &= \frac{|b_0|^2+|b_1|^2+2\Re\{b_0^* b_1 e^{-j\hat{\omega}}\}}{1+|a_1|^2-2\Re\{a_1 e^{-j\hat{\omega}}\}}\end{aligned}$$

この導出は、フィルタ係数が実であるという仮定をしていない。もし係数が実であれば、さらに簡単化される。

$$|H(e^{j\hat{\omega}})|^2 = \frac{|b_0|^2+|b_1|^2+2b_0 b_1 \cos(\hat{\omega})}{1+|a_1|^2-2a_1 \cos(\hat{\omega})}$$

$|H(e^{j\hat{\omega}})|$の形状を可視化するために上式を使用することは困難だという理由からあまり教育的ではない。しかしながら、この式は周波数応答を評価し、プロットするためのプログラムを記述するのに使用される。位相応答の方はもう少し複雑である。逆正接（arctangent）は、分子と分母の角度を求めるのに使用される。次に、これら2つの位相の差がとられる。フィルタ係数が実のときの位相は、次式となる。

$$\phi(\hat{\omega}) = \tan^{-1}\left(\frac{-b_1 \sin\hat{\omega}}{b_0+b_1 \cos\hat{\omega}}\right) - \tan^{-1}\left(\frac{a_1 \sin\hat{\omega}}{1-a_1 \cos\hat{\omega}}\right)$$

この式は複雑であり、この式から直接に識見を得ることはできない。後節において、式に頼ること無く周波数応答の近似的なプロットを作成するために関係式（8.5.2）を用い、システム関数の極とゼロ点を一緒に使用することにする。

8.5.1　MATLABを使用した周波数応答

周波数応答は多くの信号処理ソフトウェアパッケージにより容易に計算され、プロットが可能である。たとえば、MATLABの場合、関数`freqz`はまさにこの目的のために提供されている。周波

数応答は $\hat{\omega}$ 領域において、等間隔にわたって評価され、次に、それの大きさと位相がプロットされる。MATLABにおける関数 abs と angle は、複素ベクトルの各要素の大きさと角度を抽出してくれる。

例 8.9 次の例を考察する。

$$y[n] = 0.8y[n-1] + 2x[n] + 2x[n-1]$$

MATLABでフィルタ係数を決定するために、$y[n]$ に関する全ての項を式の左辺に置く、また、$x[n]$ に関する項を右辺に置く。つまり、

$$y[n] - 0.8y[n-1] = 2x[n] + 2x[n-1]$$

次に、フィルタ係数を読み取り、ベクトル aa と bb を決定する。つまり、

```
aa=[1,-0.8]   bb=[2,2]
```

ベクトル aa と bb は、filter 関数のための書式と同じである。freqz を実行すると、第3引数で定義されたベクトル [-6:0.03:6] に対応する周波数応答の値を含む401点のベクトル HH が生成される。

```
HH=freqz( bb,aa,[-6:0.03:6] );
```

大きさと位相のプロットは、図8.9に示されている。周波数範囲 $-6 < \hat{\omega} < +6$ は、$H(e^{j\hat{\omega}})$ の 2π の周期性を明らかにするために示した。

第8章 IIR フィルタ

Magnitude Response / Phase Response のグラフ

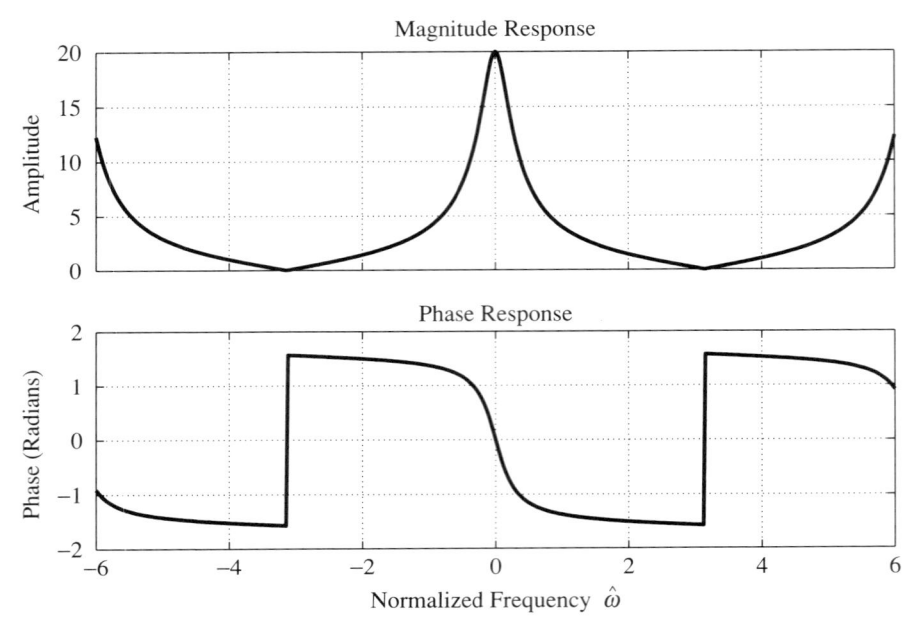

図8.9 1次フィードバックフィルタの周波数応答（振幅と位相）。
極は $z = 0.8$、分子は $z = -1$ にゼロ点を持っている。

◇

この例において、極とゼロ点との関係と周波数応答の形状を求めることができる。このシステムの場合のシステム関数は、

$$H(z) = \frac{2 + 2z^{-1}}{1 - 0.8z^{-1}}$$

これは、$z = 0.8$ に極を持ち、$z = -1$ にゼロ点を持っている。$z = -1$ の点は、$z = -1 = e^{j\pi} = e^{j\hat{\omega}}|_{\hat{\omega}=\pi}$ であることから $\hat{\omega} = \pi$ と同じである。つまり、$H(z)$ は $z = -1$ でゼロとなるので、$H(e^{j\hat{\omega}})$ は $\hat{\omega} = \pi$ で値ゼロをとる。同様に、$z = 0.8$ での極は $\hat{\omega} = 0$ 近くの周波数応答に影響する。$H(z)$ は $z = 0.8$ で大きくなるので、単位円上の近くの点は大きな値をとるはずである。単位円に最も近い点は $z = e^{j0} = 1$ にある。この場合、式から直接に周波数応答を計算することができ、次の値を得る。

$$H(e^{j\hat{\omega}})\Big|_{\hat{\omega}=0} = H(z)\Big|_{z=1} = \frac{2 + 2z^{-1}}{1 - 0.8z^{-1}}\Big|_{z=1} = \frac{2+2}{1-0.8} = \frac{4}{0.2} = 20$$

8.5.2 システム関数の3次元プロット

$H(e^{j\hat{\omega}})$ と $H(z)$ の極-ゼロ配置の関係は、まず、$H(z)$ の3次元プロットを作成し、次に、周波数応

答より明示する。$H(e^{j\hat{\omega}})$の周波数応答は、$H(z)$の値を単位円に沿って選択することで得られる。つまり、$\hat{\omega}$が$-\pi$から$+\pi$へ移動するとき、$z = e^{j\hat{\omega}}$の式は単位円になる。

この節では、次のシステム関数を使用する。

$$H(z) = \frac{1}{1 - 0.8z^{-1}}$$

これで、システム関数とその周波数応答との関係を明らかにする。図8.10と8.11は、z-平面上の領域 $[-1.4, 1.4] \times [-1.4, 1.4]$における$H(z)$の振幅と位相のプロットである。図8.10の振幅プロットにおいて、（$z = 0.8$での）極はその近傍で非常に大きな値をとるような大きなピークが観測される。極の正確な位置においては、$H(z) \to \infty$となるが、図8.10中の格子はその点（$z = 0.8$そのもの）を含んではいない。それゆえ、このプロットは有限スケール内に留まっている。図8.11の位相応答もまた、$z = 0.8$の点に単位円上の最も近い点$z = 1$、つまり、$\hat{\omega} = 0$において最も急激な変化をする。

周波数応答$H(e^{j\hat{\omega}})$は、図8.10と図8.11で示す単位円に沿って、z-変換の値を選択することにより得られる。$\hat{\omega}$に対する$H(e^{j\hat{\omega}})$のプロットは、図8.12に示す。周波数応答の形状は、図8.10における$z = 0.8$での極が$H(e^{j\hat{\omega}})$を$z = 1$と同じである$\hat{\omega} = 0$近傍の領域を持ち上げることを理解することにより、極配置で説明可能である。単位円の値は、$\hat{\omega}$が$-\pi$から$+\pi$まで移動するにつれて$H(z)$の上昇と下降を追従する。

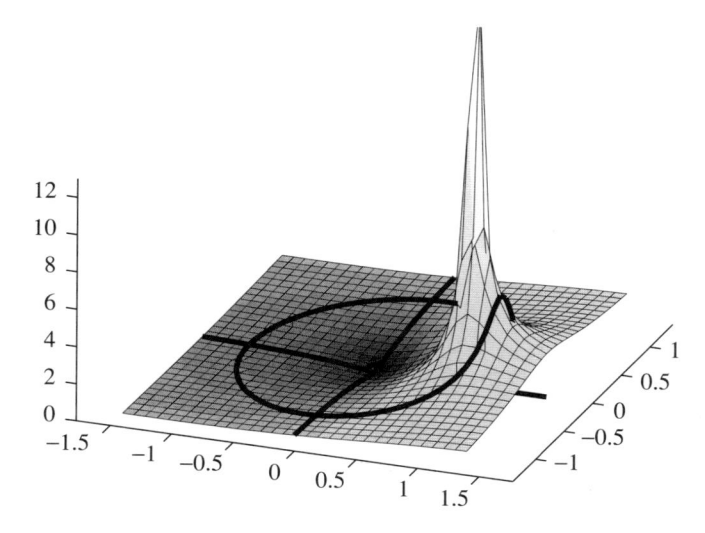

図8.10 単位円を含むz-平面領域で評価されたz-変換。単位円に沿う値は、周波数応答（振幅）が評価される黒い線で示されている。視点は第4限象から、$z = 1$の点は右にある。この1次フィルタは$z = 0.8$に極と$z = 0$にゼロを持っている。

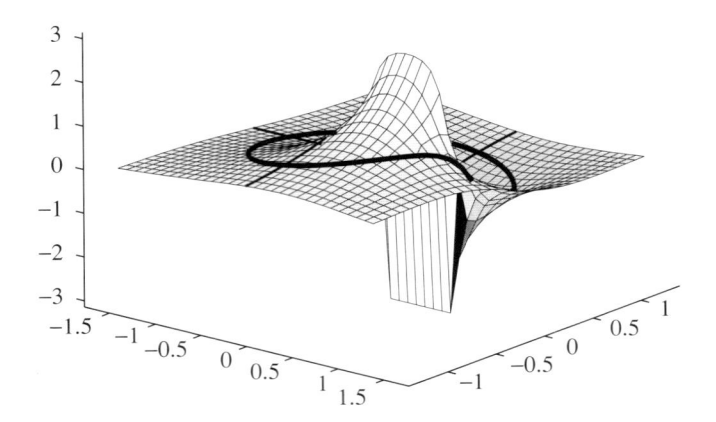

図8.11 単位円を含むz-平面領域で評価された$H(z)$の位相。視点は第4限象で、$z = 1$は右にある。

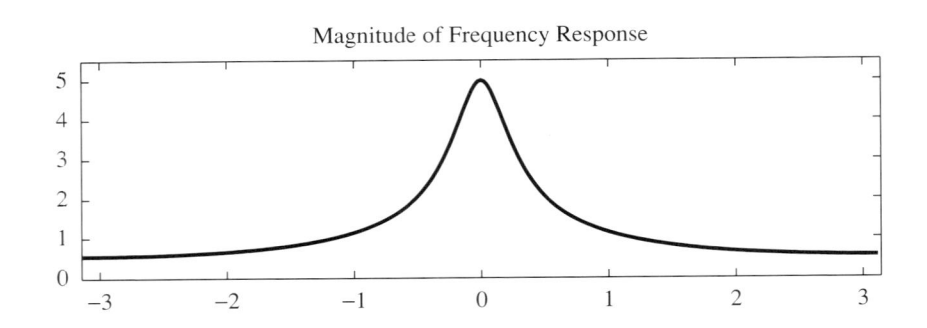

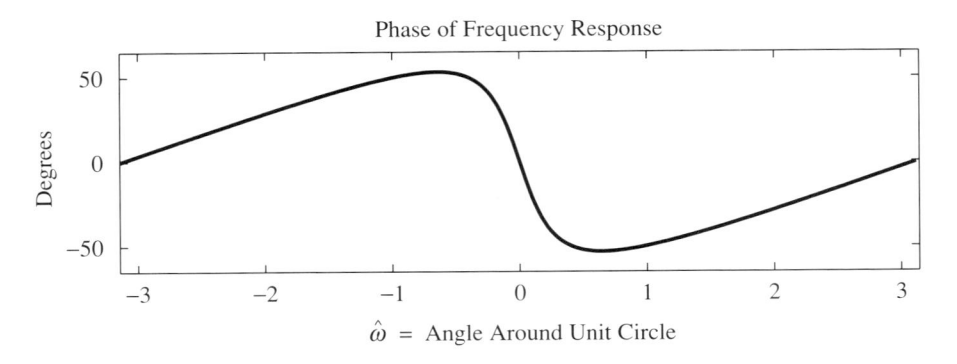

図8.12 1次フィードバックフィルタの周波数応答（振幅と位相）。極は$z = 0.8$であり、分子は$z = 0$でゼロを持っている。これらはz-平面の単位円に沿う$H(z)$の値である。

8.6 3つの領域

これまで調べてきた解析ツールの使用を示すために、一般的な2次の場合を考察する。n、z、$\hat{\omega}$ の3つの領域は、図8.13に示されている。IIRデジタルフィルタのための式は、フィードバック差分方程式である。つまり、2次の場合、

$$y[n] = a_1 y[n-1] + a_2 y[n-2] + b_0 x[n] + b_1 x[n-1] + b_2 x[n-2]$$

である。この式は、入力信号から出力信号を計算するにはフィルタ係数$\{a_1, a_2, b_0, b_1, b_2\}$の使用を反復するアルゴリズムを提供している。これはインパルス応答$h[n]$をも定義している。

1次の場合示した手続きに従うと、z-変換システム関数をフィルタ係数から直接に、次の式を得ることができる。

$$H(z) = \frac{b_0 + b_1 z^{-1} + b_2 z^{-2}}{1 - a_1 z^{-1} - a_2 z^{-2}}$$

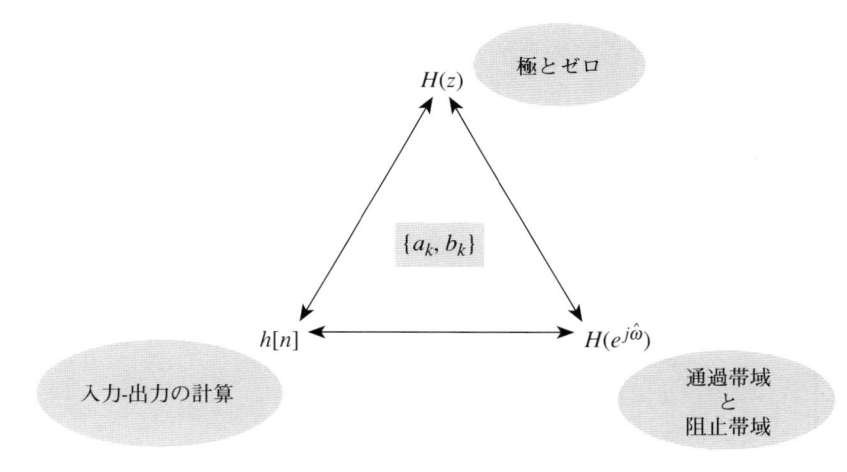

図8.13　n-、z-、$\hat{\omega}$-領域間の関係、フィルタ係数$\{a_k, b_k\}$は中心的役割を演ずる。

また、周波数応答は次のように得られる。

$$H(e^{j\hat{\omega}}) = \frac{b_0 + b_1 e^{-j\hat{\omega}} + b_2 e^{-j2\hat{\omega}}}{1 - a_1 e^{-j\hat{\omega}} - a_2 e^{-j2\hat{\omega}}}$$

システム関数は多項式の比であるから、$H(z)$の極とゼロ点はフィルタを完全に決定するパラメータの組を構成している。

最後に、周波数応答の通過帯域と阻止帯域の形状は、単位円に関する極とゼロ点の配置に強く依存している。また、インパルス応答の特性は極に関係付けられる。一般的な場合の最後の点に関しては、$H(z)$から$h[n]$を直接に得るための技法であるツールを開発する必要がある。z-変換とそれに対応する列に適用するこのプロセスは、逆z-変換（inverse z-transform）と呼ばれる。この逆z-変換は8.7節で述べる。

8.7 逆z-変換とその応用

これまで、1次IIRシステムに対して3領域がどのように関係付けられるかを見てきた。1次システムに対して紹介してきた多くの概念は、簡単な方法で高次システムに拡張可能である。しかしながら、システム関数からのインパルス応答を見つけることは、1次の場合に対してこれまで行ってきたことの理解し易い拡張ではない。複数の極を持つシステムに適用できるz-変換の逆を行うためのプロセスを作る必要がある。このプロセスは逆z-変換と呼ばれる。この節においては、一般的な有理z-変換に対する逆を見つける方法を示す。いくつかの例でこのプロセスを明らかにする。ここで述べる技法は、2次や高次システムのインパルス応答を決定するために使用可能である。

8.7.1　1次システムのステップ応答

8.2.4節においては、反復とコンボリューションにより1次システムのステップ応答を計算した。ここでは、同じ目的に対してz-変換がどのように使用されるのかを示す。そこで、システム関数が

$$H(z) = \frac{b_0 + b_1 z^{-1}}{1 - a_1 z^{-1}}$$

であるようなシステムを考察する。このシステムの出力のz-変換は$Y(z) = H(z)X(z)$であることを思い出されたい。ある入力$x[n]$に対する出力を求めるためのアプローチを以下に示す。

1. 入力信号$x[n]$のz-変換$X(z)$を求める。
2. $Y(z)$を得るために、$X(z)$に$H(z)$を乗算する。
3. 出力$y[n]$を得るために$Y(z)$の逆z-変換を求める。

もし$X(z)$を求めることが可能で、また、必要な逆変換を実行可能であるならば、この手続きは実行され、反復とコンボリューションの演算を避けることができる。この節の目的は、ステップ3のための一般的な手続きを導出することである。

ステップ応答の場合、入力$x[n] = u[n]$はより一般的な列$a^n u[n]$の特別な場合、つまり、$a = 1$の場合である。したがって、式（8.3.9）から$x[n] = u[n]$のz-変換は、

$$X(z) = \frac{1}{1-z^{-1}}$$

であり、その出力 $Y(z)$ は、

$$Y(z) = H(z)X(z) = \frac{b_0 + b_1 z^{-1}}{(1-a_1 z^{-1})(1-z^{-1})} = \frac{b_0 + b_1 z^{-1}}{1-(1+a_1)z^{-1} + a_1 z^{-2}} \tag{8.7.1}$$

ここでは、逆変換により n-領域に戻る必要がある。通常のアプローチでは、z-変換対の表を使用して、表中の答を引くことである。第7章と本章の前半での議論では、このような表の簡単なバージョンを示した。これまで発展させてきた z-変換に関する知識の要約は、表8.1に示されている。これよりも大規模な表を作成できるとしても、表8.1で構成した結果は本書での目的に対しては十分である。

SHORT TABLE OF z-TRANSFORMS		
$x[n]$	$\iff$	$X(z)$
1. $ax_1[n] + bx_2[n]$	$\iff$	$aX_1(z) + bX_2(z)$
2. $x[n-n_0]$	$\iff$	$z^{-n_0} X(z)$
3. $y[n] = x[n] * h[n]$	$\iff$	$Y(z) = H(z)X(z)$
4. $\delta[n]$	$\iff$	1
5. $\delta[n-n_0]$	$\iff$	z^{-n_0}
6. $a^n u[n]$	$\iff$	$\dfrac{1}{1-az^{-1}}$

表8.1 重要な z-変換特性と対の要約

ここで、式 (8.7.1) の $Y(z)$ で与えられた $y[n]$ を求める問題に戻ることにする。これを使用する技法は、$Y(z)$ の部分分数展開[注2]に基づいている。この技法は有理関数 $Y(z)$ をより単純な有理関数の和として表現可能であるという結果に基づいている。つまり、

$$Y(z) = H(z)X(z) = \frac{b_0 + b_1 z^{-1}}{(1-a_1 z^{-1})(1-z^{-1})} = \frac{A}{1-a_1 z^{-1}} + \frac{B}{1-z^{-1}} \tag{8.7.2}$$

もし右辺の式が共通分母で結合されると、その結果の有理関数の分子は $b_0 + b_1 z^{-1}$ に等しくなるので、A と B を求めることができる。2つの分子を等しくして、2つの未知数 A と B に対して2つの式

---

*注2:部分分数展開は、普通、ある型の積分を評価するための計算において使用される代数的分解である。

が得られる。しかしながら、もっと素早い方法がある。希望する A と B を求めるためのシステマティックな手続きは、この例の場合、まず、

$$Y(z)(1-a_1 z^{-1}) = \frac{b_0 + b_1 z^{-1}}{(1-z^{-1})} = A + \frac{B(1-a_1 z^{-1})}{1-z^{-1}}$$

と置く。次に、A を分離するために $z = a_1$ で計算する。つまり、

$$Y(z)(1-a_1 z^{-1})\bigg|_{z=a_1} = \frac{b_0 + b_1 z^{-1}}{(1-z^{-1})}\bigg|_{z=a_1} = A + \frac{B(1-a_1 z^{-1})}{1-z^{-1}}\bigg|_{z=a_1} = A$$

この結果より、

$$A = Y(z)(1-a_1 z^{-1})\bigg|_{z=a_1} = \frac{b_0 + b_1 a_1^{-1}}{1-a_1^{-1}}$$

が簡単に求まる。同様に、B を求めることができる。

$$B = Y(z)(1-z^{-1})\bigg|_{z=1} = \frac{b_0 + b_1}{1-a_1}$$

ここで、z-変換の重ね合わせの理(表8.1の1)と指数 z-変換対(表8.1の6)を使用すると、希望する答えが次のように求まる。

$$y[n] = \left(\frac{b_0 + b_1 a_1^{-1}}{1-a_1^{-1}}\right) a_1^n u[n] + \left(\frac{b_0 + b_1}{1-a_1}\right) u[n]$$

これを計算すると、次のようになる。

$$y[n] = \left(\frac{(b_0 + b_1) - (b_0 a_1 + b_1) a_1^n}{1-a_1}\right) u[n] \tag{8.7.3}$$

もし、(8.7.3) に $b_1 = 0$ の値を代入すると、

$$y[n] = b_0 \left(\frac{1-a_1^{n+1}}{1-a_1}\right) u[n]$$

を得る。これは、8.2.4節における差分方程式(8.2.13)の反復とコンボリューション(8.2.15)に

より求めた結果と同じである。

この例より、任意の有理数z-変換のための逆z-変換を実行するために、数少ない基本z-変換対を一緒に使用して、z-変換の基本的特性を使用するための枠組みを構築できた。この手続きを次の節で要約する。

8.7.2　逆z-変換のための一般的手続き

$X(z)$はN次の分母とM次の分子の有理数z-変換であるとする。$M<N$と仮定し、次の手続きにより$X(z)$に対応した列$x[n]$を求めることができる。

逆z-変換のための手続き（$M<N$）

1. $H(z)$の分母多項式を因数分解して、$(1-p_k z^{-1})$の形式で極因数を表現する。ただし、$k=1,2,...,N$

2. $H(z)$の部分分数展開を各項の和にする。

$$H(z) = \sum_{k=1}^{N} \frac{A_k}{1-p_k z^{-1}} \qquad A_k = H(z)(1-p_k z^{-1})\big|_{z=p_k}$$

3. 答えを次のように記述する。

$$h[n] = \sum_{k=1}^{N} A_k (p_k)^n u[n]$$

この手続きは、もし極p_kが異っていれば、常に動作する。多重極はこのプロセスを複雑にしてしまうが、システマティックに扱うことは可能できる。ここでは重複の無い極の場合に限定する。さらに、この手続きは、システム関数にではなく有理数z-変換の逆に適用できる。2つの例を用いて、この手続きの使用を示す。

例8.10　z-変換を次のように置く。

$$X(z) = \frac{1-2.1z^{-1}}{1-0.3z^{-1}-0.4z^{-2}} = \frac{1-2.1z^{-1}}{(1+0.5z^{-1})(1-0.8z^{-1})}$$

$X(z)$を次の形式に記述する。

$$X(z) = \frac{A}{1+0.5z^{-1}} + \frac{B}{1-0.8z^{-1}}$$

部分分数展開の手続きを続けると、次式を得る。

$$A = X(z)\,(1+0.5z^{-1})\big|_{z=-0.5} = \frac{1-2.1z^{-1}}{1-0.8z^{-1}}\bigg|_{z=-0.5} = \frac{1+4.2}{1+1.6} = 2$$

$$B = X(z)\,(1-0.8z^{-1})\big|_{z=0.8} = \frac{1-2.1z^{-1}}{1+0.5z^{-1}}\bigg|_{z=0.8} = \frac{1-2.1/0.8}{1+0.5/0.8} = -1$$

したがって、

$$X(z) = \frac{2}{1+0.5z^{-1}} - \frac{1}{1-0.8z^{-1}} \tag{8.7.4}$$

また、

$$x[n] = 2(-0.5)^n u[n] - (0.8)^n u[n]$$

$z = p_1 = -0.5$ と $z = p_2 = 0.8$ における極は、p_k^n の形式で $x[n]$ の項に出現することに注意されたい。

◇

例8.10において、分子の次数は $M = 1$、分母の次数は $N = 2$ である。これは、部分分数展開が $M < N$ であるような有理関数に対してだけ機能する故に、重要である。次の例は、なぜこのようになるのか、また、これを複雑に扱う方法を示す。

例8.11 いま、$Y(z)$ を次のように置く。

$$Y(z) = \frac{2-2.4z^{-1}-0.4z^{-2}}{1-0.3z^{-1}-0.4z^{-2}} = \frac{2-2.4z^{-1}-0.4z^{-2}}{(1+0.5z^{-1})(1-0.8z^{-1})}$$

部分分数展開に定数項を加えなければならない。そうしないと、部分分数を共通分母でまとめるとき、分子に $-0.4z^{-2}$ の項を作ることができない。つまり、$Y(z)$ に対して次のような形式を仮定しなければならない。

$$Y(z) = \frac{A}{1+0.5z^{-1}} + \frac{B}{1-0.8z^{-1}} + C$$

では、この定数 C をどのようにして決定するのか。ひとつの方法は分母多項式で分子多項式を除算し、剰余次数が分母次数よりも小さくなるまで繰り返す。この場合、多項式除算は次の通りである。

$$-0.4z^{-2} - 0.3z^{-1} + 1 \overline{\left) \begin{array}{l} 1 \\ -0.4z^{-2} - 2.4z^{-1} + 2 \\ \underline{-0.4z^{-2} - 0.3z^{-1} + 1} \\ \phantom{-0.4z^{-2}} -2.1z^{-1} + 1 \end{array} \right.}$$

つまり、剰余 $(1 - 2.1z^{-1})$ を分母（因数分解された形式で）の上に配置すると、$Y(z)$ を有理数部分プラス1として記述できる。つまり、

$$Y(z) = \frac{1 - 2.1z^{-1}}{(1 + 0.5z^{-1})(1 - 0.8z^{-1})} + 1$$

を得る。次のステップは $Y(z)$ の有理数部分に部分分数展開を適用する。有理数部分は例8.10の式 (8.7.40) の $X(z)$ に等しいことから、結果は、その例と同じになる。つまり、$Y(z)$ は、

$$Y(z) = \frac{2}{1 + 0.5z^{-1}} - \frac{1}{1 - 0.8z^{-1}} + 1$$

したがって、表8.1から、次式を得る。

$$y[n] = 2(-0.5)^n u[n] - (0.8)^n u[n] + \delta[n]$$

時間領域での列は p_k^n の形式の項を持っている。システム関数の定数項はインパルスを発生し、これは $n = 0$ においてのみ非ゼロである（表8.1の4）。

◇

8.8 定常状態応答と安定性

安定システムは、「出力が増加」しないシステムである。この直感的な表現は、入力が制限（$|x[n]| < M_x$）[注3] されているかぎり安定システムの出力は常に制限されている（$|y[n]| < M_y$）ことを明らかにできる。

安定性、周波数応答、正弦波定常応答に関する重要な点を確かめるために、8.7節において発展させた逆z-変換法が使用できる。これを示すため、次式で記述されたLTIシステムを考察する。

$$y[n] = a_1 y[n-1] + b_0 x[n]$$

これまでの議論から、このシステムのシステム関数は次式となる。

---

*注3：安定性のためのこの条件は、有界入力、有界出力安定性と呼ばれる。定数 Mx と My は異なる値でもよい。

$$H(z) = \frac{b_0}{1 - a_1 z^{-1}}$$

また、そのインパルス応答は、

$$h[n] = b_0 \, a_1^n \, u[n]$$

である。これの周波数応答は、

$$H(e^{j\hat{\omega}}) = H(z)\big|_{z = e^{j\hat{\omega}}} = \frac{b_0}{1 - a_1 e^{-j\hat{\omega}}}$$

となる。しかし、これは、システムが安定（$|a_1| < 1$）である場合のみ真である。この節の目的は、安定性の概念を定義することであり、$n = 0$において適用される正弦波への応答に関する影響を調べることにある。

複素指数関数入力に対するシステムの出力は次式となることを8.5節の式（8.5.1）、（8.5.3）から思い出されたい。

$$y[n] = H(e^{j\hat{\omega}_0}) e^{j\hat{\omega}_0 n} = \left(\frac{b_0}{1 - a_1 e^{-j\hat{\omega}_0}} \right) e^{j\hat{\omega}_0 n} \quad -\infty < n < \infty$$

複素指数関数入力が、現存する全てのnに代わって、突然に適用されるとどうなるのか？　これまで扱ってきたz-変換ツールは、このような問題の解決を容易にさせてくれる。確かに、z-変換は列が有限長列か突然適用される指数の何れかであるような状態に対して合致する。周波数$\hat{\omega}_0$を持つ突然適用される複素指数関数列に対して、つまり、

$$x[n] = e^{j\hat{\omega}_0 n} u[n]$$

に対して、これのz-変換は表8.1の6から次式のようになる。

$$X(z) = \frac{1}{1 - e^{-j\hat{\omega}_0} z^{-1}}$$

また、LTIシステムの出力のz-変換は、

$$Y(z) = H(z) X(z) = \left(\frac{b_0}{1 - a_1 z^{-1}} \right) \left(\frac{1}{1 - e^{-j\hat{\omega}_0} z^{-1}} \right) = \frac{b_0}{(1 - a_1 z^{-1})(1 - e^{-j\hat{\omega}_0} z^{-1})}$$

部分分数展開の技法を用いると、簡単に次式を得る。

$$Y(z) = \frac{\left(\frac{b_0 a_1}{a_1 - e^{j\hat{\omega}_0}}\right)}{1 - a_1 z^{-1}} + \frac{\left(\frac{b_0}{1 - a_1 e^{-j\hat{\omega}_0}}\right)}{1 - e^{j\hat{\omega}_0} z^{-1}}$$

したがって、突然適用された複素指数関数列による出力は、

$$y[n] = \left(\frac{b_0 a_1}{a_1 - e^{-j\hat{\omega}_0}}\right)(a_1)^n u[n] + \left(\frac{b_0}{1 - a_1 e^{-j\hat{\omega}_0}}\right)e^{j\hat{\omega}_0 n} u[n] \qquad (8.8.1)$$

となる。

式 (8.8.1) は出力が2つの項からなることを示している。ひとつの項は、$z = a_1$ における極によってだけ決定される指数列 a_1^n に比例している。もし、$|a_1| < 1$ であれば、この項は n の増加と共に消滅する。この場合を過渡成分と呼ばれる。第2の項は入力複素指数関数信号に比例する。比例項の定数は、突然適用される複素正弦波の周波数において評価されるシステムの周波数応答 $H(e^{j\hat{\omega}_0})$ である。この複素指数関数成分は、出力の正弦波定常状態の成分である。

$H(z)$ の極配置は、出力を正弦波定常状態となるようにさせたい場合に重要である。明らかに、もし、$|a_1| < 1$ であるとき、このシステムは安定であり、極は単位円の内側に存在する。この条件のために、指数 a_1^n は減衰し、大きな n に対する極限値は、

$$y[n] \;\to\; \left(\frac{b_0}{1 - a_1 e^{-j\hat{\omega}_0}}\right) e^{j\hat{\omega}_0 n} = H(e^{j\hat{\omega}_0}) e^{j\hat{\omega}_0 n}$$

となる。他方、$|a_1| \geq 1$ ならば、a_1^n の比例項は n の増加と共に大きくなり、やがて出力を支配する。次の例は特別な数値的例証である。

例8.12 もし $b_0 = 5$、$a_1 = -0.8$、$\hat{\omega}_0 = 2\pi/10$ であるとき、過渡成分は、

$$y_t[n] = \left(\frac{-4}{-0.8 - e^{j0.2\pi}}\right)(-0.8)^n u[n] = 2.3351 e^{-j0.3502}(-0.8)^n u[n]$$
$$= 2.1933(-0.8)^n u[n] - j0.8012\,(-0.8)^n u[n]$$

同様に、定常状態成分は、

$$y_{ss}[n] = \left(\frac{5}{1 + 0.8 e^{-j0.2\pi}}\right) e^{j0.2\pi n} u[n] = 2.9188\, e^{j0.2781} e^{j0.2\pi n} u[n]$$
$$= 2.9188 \cos\left(\tfrac{2\pi}{10} n + 0.2781\right) u[n] + j2.9188 \sin\left(\tfrac{2\pi}{10} n + 0.2781\right) u[n]$$

図8.14は、（上）全出力の実部、（中）過渡成分、（下）定常状態を示す。この信号は、複素指数関数が適用されたとき、すべて $n = 0$ から開始する。過渡成分は振動しているが、次第に小さくなっていることに注意されたい。これは定常状態成分がついには全出力に等しくなることを示している。図8.14において、$y_{ss}[n]$ と $y[n]$ は $n > 15$ になると等しく見える。　　◇

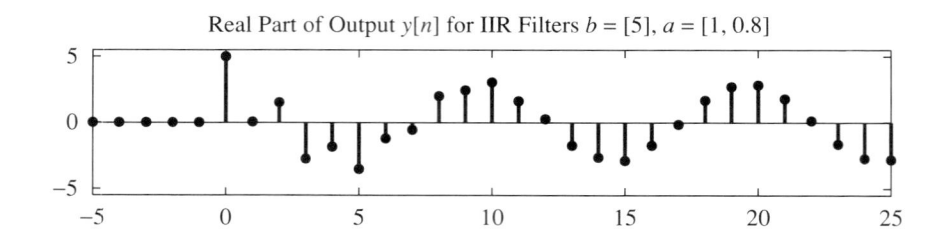

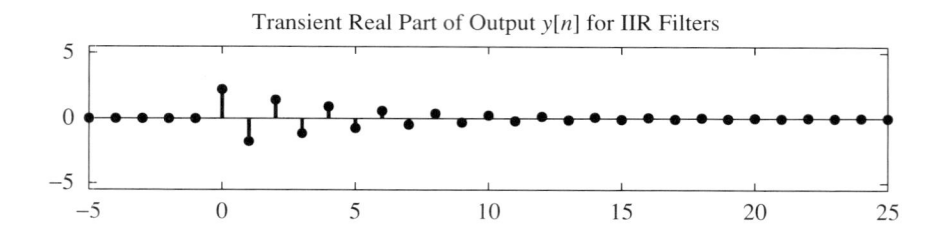

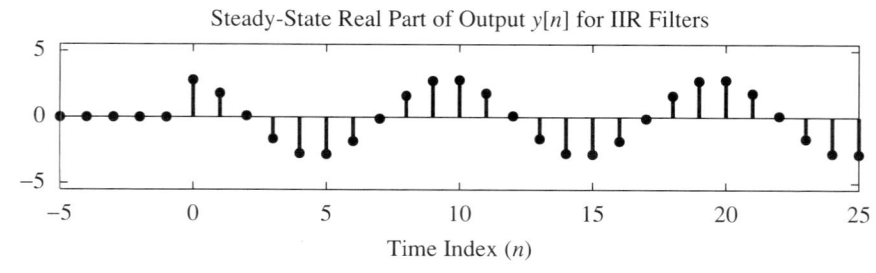

図8.14　IIRシステムの過渡応答と定常状態応答の図。下図は複素指数関数成分（定常状態応答）であり、中図は減衰過渡成分。上図は全出力である。

他方、もし、極が $z = 1.1$ に存在するならばシステムは不安定となり、その出力は図8.15に示すように「だんだんと増加」する。この場合、出力には、最後にはこれが主となり、また際限なく大きくなる $(1.1)^n$ の項を含んでいる。

この例と高次システム関数を持つシステムの間の1つの相違は、全出力が $H(e^{j\hat{\omega}_0})e^{j\hat{\omega}_0 n}u[n]$ の項のよう

にシステム関数のそれぞれの極に対応する指数因子を含んでいることが、例8.12の結果より一般化される。つまり、突然適用される指数入力列 $x[n] = e^{j\hat{\omega}_0 n}$ に対して、N 次IIRシステムの出力は常に次の形式となる。

$$y[n] = \sum_{k=1}^{N} A_k (p_k)^n u[n] + H(e^{j\hat{\omega}_0}) e^{j\hat{\omega}_0 n} u[n]$$

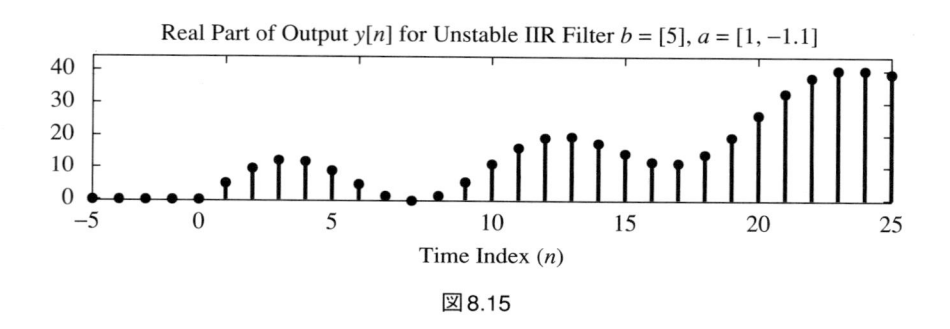

Real Part of Output $y[n]$ for Unstable IIR Filter $b = [5]$, $a = [1, -1.1]$

図8.15

ただし、p_k はシステム関数の極である。したがって、システム関数の極が全て単位円の内側に厳密に存在するならば、全応答において正弦波定常状態は存在し、支配的となる。これは、全ての信号がある有限時間において開始点を持たなければならないような実際的な設定において、有効な周波数応答の概念である。

8.9 2次フィルタ

ここでは、2つのフィードバック係数、a_1 と a_2 を持つフィルタに注意を向けることにする。一般的な差分方程式 (8.1.1) は次のような2次差分方程式となる。

$$y[n] = a_1 y[n-1] + a_2 y[n-2] + b_0 x[n] + b_1 x[n-1] + b_2 x[n-2] \tag{8.9.1}$$

MATLAB GUI: PeZ

前と同じく、時間領域、周波数領域、z-領域の3つの領域における2次フィルタ (8.9.1) の特性を述べることができる。これまで、システム関数の極とゼロ点は時間応答と周波数応答の2つの様相に対し非常に多くの洞察力を与えてくれることを明らかにして来たので、ここでも z-変換領域から調べる。

8.9.1 2次フィルタの z-変換

1次の場合の8.3.1節で導出したアプローチを使用する。各遅延を z^{-1} で置き換え（表8.1の2）、ま

た入力信号と出力信号をそれぞれのz-変換で置き換えることにより、2次差分方程式（8.9.1）のz-変換を得ることができる。つまり、

$$Y(z) = a_1 z^{-1} Y(z) + a_2 z^{-2} Y(z) + b_0 X(z) + b_1 z^{-1} X(z) + b_2 z^{-2} X(z)$$

z-変換領域において、入力-出力関係は$Y(z) = H(z)X(z)$であるので、$Y(z)/X(z)$を求めることで$H(z)$を解くことができる。2次フィルタに対して次式を得る。

$$Y(z) - a_1 z^{-1} Y(z) - a_2 z^{-2} Y(z) = b_0 X(z) + b_1 z^{-1} X(x) + b_2 z^{-2} X(z)$$
$$(1 - a_1 z^{-1} - a_2 z^{-2}) Y(z) = (b_0 + b_1 z^{-1} + b_2 z^{-2}) X(z)$$

これより$H(z)$を次のように解くことができる。

$$H(z) = \frac{Y(z)}{X(z)} = \frac{b_0 + b_1 z^{-1} + b_2 z^{-2}}{1 - a_1 z^{-1} - a_2 z^{-2}} \tag{8.9.2}$$

つまり、IIRフィルタのシステム関数$H(z)$は2つの2次多項式の比である。ここで分子多項式はフィードフォワード係数$\{b_k\}$に依存し、分母多項式はフィードバック係数$\{a_\ell\}$に依存している。例8.13の問題を解く場合には、フィルタ係数を差分方程式から読み取り、その係数を$H(z)$のz-変換式に直接代入することにより得ることができる。

練習8.13 次のIIRフィルタのシステム関数$H(z)$を求めよ。

$$y[n] = 0.5y[n-1] + 0.3y[n-2] - x[n] + 3x[n-1] - 2x[n-2]$$

同じく、システム関数が与えられている時、差分方程式に書き下すのは簡単である。

練習8.14 次のシステム関数において、

$$H(z) = \frac{1 + 2z^{-1} + z^{-2}}{1 - 0.8z^{-1} + 0.64z^{-2}}$$

入力$x[n]$を出力$y[n]$に関係付ける差分方程式に書き下せ。

例8.13 $H(z)$と差分方程式の間の関係は、高次フィルタに一般化される。もし次の4次システムが与えられたとき、

$$H(z) = \frac{1 - 3z^{-2}}{1 - 0.8z^{-1} + 0.6z^{-3} + 0.3z^{-4}}$$

これに対応する差分方程式は、

$$y[n] = 0.8y[n-1] - 0.6y[n-3] - 0.3y[n-4] + x[n] - 3x[n-2]$$

前と同様に、フィードバック係数$\{a_k\}$の符号変化に注意されたい。　　　◇

8.9.2　2次IIRシステムの構成

　差分方程式（8.9.1）は、入力から出力列を計算するためのアルゴリズムと考えることができる。また、別の計算順序も可能である。z-変換は多項式演算による別の構成を導出するのに便利である。式（8.9.2）の$H(z)$によって定義されたシステムを実現する2つの異なる計算順序を図8.16に示す。

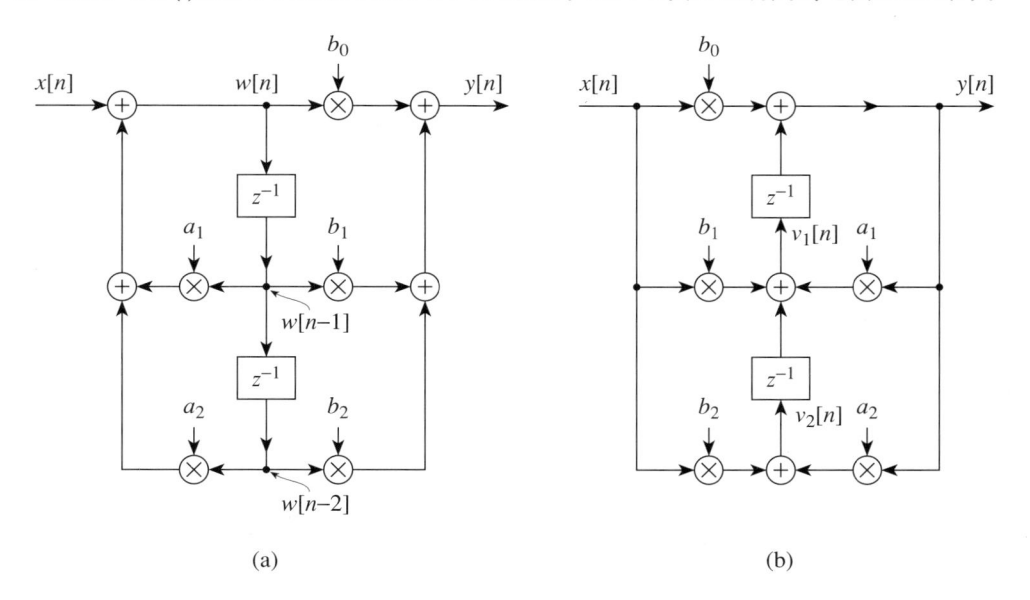

図8.16　2次再帰フィルタのための異なる計算構成。(a) 直接II形（DF-II）、(b) 転置直接II形（TDF-II）

　図8.16のそれぞれのブロック図が正しいシステム関数であることを確かめるためには、加算点における構成の式を記述し、内部変数を消去する必要がある。図8.16 (a) の直接II法の場合における加算ノードの式は、

$$y[n] = b_0 w[n] + b_1 w[n-1] + b_2 w[n-2]$$
$$w[n] = x[n] + a_1 w[n-1] + a_2 w[n-2] \tag{8.9.3}$$

z-変換領域で作業するのでなければ、これらの2つの式の$w[n]$を消去するのは不可能である。これに対応するz-変換の式は、

$$Y(z) = b_0 W(z) + b_1 z^{-1} W(z) + b_2 z^{-2} W(z)$$
$$W(z) = X(z) + a_1 z^{-1} W(z) + a_2 z^{-2} W(z)$$

であり、これは次式のように再構成される。

$$Y(z) = (b_0 + b_1 z^{-1} + b_2 z^{-2}) W(z)$$
$$X(z) = (1 - a_1 z^{-1} - a_2 z^{-2}) W(z)$$

システム関数$H(z)$は$Y(z)$と$X(z)$の比であるから、次式を得る。

$$H(z) = \frac{Y(z)}{X(z)} = \frac{b_0 + b_1 z^{-1} + b_2 z^{-2}}{1 - a_1 z^{-1} - a_2 z^{-2}}$$

つまり、差分方程式(8.9.3)の対を実現する図8.16(a)の直接II形(DF-II)は、単一の差分方程式(8.9.1)で定義されたシステムに等しいことを明らかにした。

転置直接II形(図8.16(b))は同じように動作する。ブロック図の差分方程式は、

$$y[n] = b_0 x[n] + v_1[n-1]$$
$$v_1[n] = b_1 x[n] + a_1 y[n] + v_2[n-1] \tag{8.9.4}$$
$$v_2[n] = b_2 x[n] + a_2 y[n]$$

これら3つの式のz-変換を取ると次式を得る。

$$Y(z) = b_0 X(z) + z^{-1} V_1(z)$$
$$V_1(z) = b_1 X(z) + a_1 Y(z) + z^{-1} V_2(z)$$
$$V_2(z) = b_2 X(z) + a_2 Y(z)$$

これらの式を用いると、$V1(z)$と$V2(z)$が削除される。つまり、

$$Y(z) = b_0 X(z) + z^{-1}(b_1 X(z) + a_1 Y(z) + z^{-1} V_2(z))$$
$$Y(z) = b_0 X(z) + z^{-1}(b_1 X(z) + a_1 Y(z) + z^{-1}(b_2 X(z) + a_2 Y(z)))$$

さらに、$X(z)$ の項を右辺に移動し、$Y(z)$ の項を左辺に移動すると、

$$(1 - a_1 z^{-1} - a_2 z^{-2}) Y(z) = (b_0 + b_1 z^{-1} + b_2 z^{-2}) X(z)$$

除算により次式を得る。

$$H(z) = \frac{Y(z)}{X(z)} = \frac{b_0 + b_1 z^{-1} + b_2 z^{-2}}{1 - a_1 z^{-1} - a_2 z^{-2}}$$

転置直接II形（TDF-II）は（8.9.1）の基本的な直接I形差分方程式のシステム関数に等価であることを示した。上の2つの例は異なる構成に対応した多項式の操作における z-変換アプローチに威力があることを示した。

理論上、(8.9.2) で与えられるシステム関数を持つシステムは、式 (8.9.1)、(8.9.3)、(8.9.4) の反復で実現できる。たとえば、MATLAB関数 filter はTDF-IIを使用する。しかし前にも注意したように、異なるブロック図構成を持つ理由は、式 (8.9.1)、(8.9.3) と (8.9.4) で定義された計算順序が異なるからである。ハードウェア実現における、異なる構成は異なる動作をする。とくに、丸め誤差が構造的に戻されるような固定小数点演算を使用するときはなおさらである。MATLABのような倍精度浮動少数点演算の場合は少し異なる。

練習8.15 式 (8.9.1) で定義された直接I形の差分方程式のブロック図を描け。また、図8.16の別のブロック図と比較せよ。

8.9.3 極とゼロ点

$H(z)$ の極とゼロ点を求めることは、多項式を z^{-1} ではなく z の関数として書き直すならば、さほど困難でない。つまり、一般的な2次有理数の z-変換は、分母と分子に z^2 を乗算すると、

$$H(z) = \frac{b_0 + b_1 z^{-1} + b_2 z^{-2}}{1 - a_1 z^{-1} - a_2 z^{-2}} = \frac{b_0 z^2 + b_1 z + b_2}{z^2 - a_1 z - a_2}$$

となる。代数学から次のような多項式の重要な特性を思い出されたい。

実の多項式の特性

N 次の多項式は N 個の根を持つ。もし、多項式の全ての係数が実であるなら、それぞれの根は実数、あるいは、複素共役対でなければならない。

したがって、2次の場合、分子と分母の多項式はそれぞれ2個の根を持っている。これには2つの可能性がある。2つの根がお互い複素共役対である。または共に実数である。ここでは分母の根に集中的に考察する。しかし、分子に対しても同じ結果となる。2次の2つの極は、

$$\frac{a_1 \pm \sqrt{a_1^2 + 4a_2}}{2}$$

となる。$a_1^2 + 4a_2 > 0$ なるとき、2つの極は実数である。$a_1^2 + 4a_2 = 0$ のときは、共通の実数である。しかし $a_1^2 + 4a_2 < 0$ のとき、2乗根は虚数となり、次の値を持つ複素共役対をとる。

$$p_1 = \tfrac{1}{2} a_1 + j \tfrac{1}{2} \sqrt{-a_1^2 - 4a_2} \qquad p_2 = \tfrac{1}{2} a_1 - j \tfrac{1}{2} \sqrt{-a_1^2 - 4a_2}$$

極形式において、複素極は $p_1 = re^{j\theta}$、$p_2 = re^{-j\theta}$ と表せる。ただし、径 r は、

$$r = \sqrt{(\tfrac{1}{2} a_1)^2 + \tfrac{1}{4}(-a_1^2 - 4a_2)} = \sqrt{\tfrac{1}{4} a_1^2 - \tfrac{1}{4} a_1^2 - a_2} = \sqrt{-a_2}$$

また、角度 θ は次式を満足する。

$$r \cos \theta = \tfrac{1}{2} a_1 \quad \Rightarrow \quad \theta = \cos^{-1}\left(\frac{a_1}{2\sqrt{-a_2}}\right)$$

例8.14 次の $H(z)$ は2つの極とゼロ点を持っている。

$$H(z) = \frac{2 + 2z^{-1}}{1 - z^{-1} + z^{-2}} = 2 \frac{z^2 + z}{z^2 - z + 1}$$

極 $\{p_1, p_2\}$ とゼロ $\{z_1, z_2\}$ は、

$$p_1 = \tfrac{1}{2} + j \tfrac{1}{2} \sqrt{3} = e^{j\pi/3}$$
$$p_2 = \tfrac{1}{2} - j \tfrac{1}{2} \sqrt{3} = e^{-j\pi/3}$$
$$z_1 = 0$$
$$z_2 = -1$$

システム関数は、因数分解された形式を次のいずれかで記述できる。

$$H(z) = \frac{2z(z+1)}{(z-e^{j\pi/3})(z-e^{-j\pi/3})} = \frac{2(1+z^{-1})}{(1-e^{j\pi/3}z^{-1})(1-e^{-j\pi/3}z^{-1})}$$

分子にはz^{-2}の項が無いことから、原点でひとつのゼロを持っている。これまでの慣例として、z-平面内にこれらの配置をプロットする。極配置には×印を付け、ゼロには○印を付ける。図8.17を参照されたい。 ◇

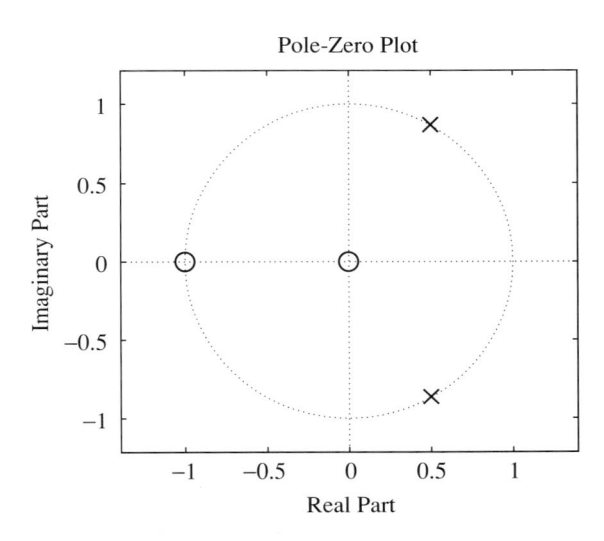

図8.17　$H(z) = \dfrac{2+2z^{-1}}{1-z^{-1}+z^{-2}}$ を持つシステムの極-ゼロのプロット。単位円は参照に示す。

8.9.4　2次IIRシステムのインパルス応答

これまでは、次式のような2次フィルタのための一般的なz-変換システムを導出した。

$$H(z) = \frac{B(z)}{A(z)} = \frac{b_0 + b_1 z^{-1} + b_2 z^{-2}}{1 - a_1 z^{-1} - a_2 z^{-2}} \tag{8.9.5}$$

また、分子多項式$A(z)$は2次フィルタの極を決定する2つの根を持っている。8.7節で示した部分分数展開技法を使用すると、システム関数（8.9.5）は次式のように表現できる。

$$H(z) = (-b_2/a_2) + \frac{A_1}{1 - p_1 z^{-1}} + \frac{A_2}{1 - p_2 z^{-1}}$$

ただし、A_1 と A_2 は、$A_k = H(z)(1 - p_k z^{-1})|_{z=p_k}$ により計算される。したがって、インパルス応答は次式となる。

$$h[n] = (-b_2/a_2)\delta[n] + A_1(p_1)^n u[n] + A_2(p_2)^n u[n]$$

したがって、極は2つとも実数あるいは、複素共役対かもしれない。次に、これら2つの場合について調べる。

8.9.4.1 実数極

p_1 と p_2 が実数ならば、インパルス応答は p_k^n の形式の2つの実数指数で構成される。この例を以下に示す。

例8.14 次式を仮定する。

$$H(z) = \frac{1}{1 - \frac{5}{6}z^{-1} - \frac{1}{6}z^{-2}} = \frac{1}{(1 - \frac{1}{2}z^{-1})(1 - \frac{1}{3}z^{-1})} \tag{8.9.6}$$

極は $z = \frac{1}{2}$ と $z = \frac{1}{3}$ に存在し、$z = 0$ には2つのゼロが存在する。$H(z)$ の極とゼロ点は図8.18に図示されている。$H(z)$ からフィルタ係数を求め、次の差分方程式を記述できる。

$$y[n] = \frac{5}{6}y[n-1] - \frac{1}{6}y[n-2] + x[n] \tag{8.9.7}$$

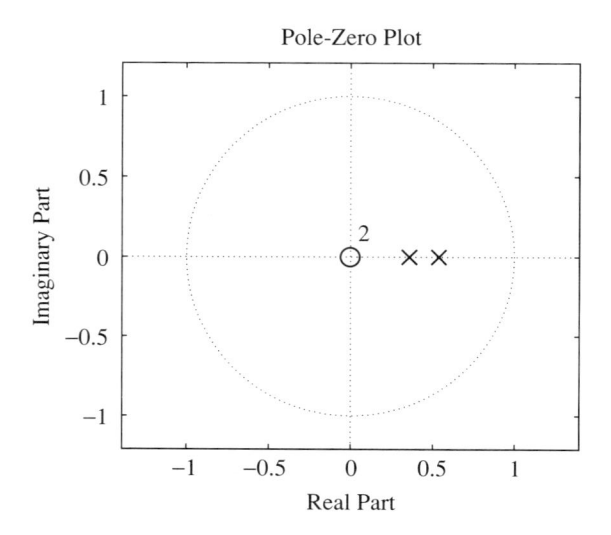

図8.18 例8.15のシステムに対する極-ゼロの図。極は $z = \frac{1}{2}$ と $z = \frac{1}{3}$ であり、$z = 0$ には2つのゼロが存在する。

これは任意の入力とそれに対応する出力に対して満足する必要がある。とくに、インパルス応答は次の差分方程式を満足する。

$$h[n] = \tfrac{5}{6} h[n-1] - \tfrac{1}{6} h[n-2] + \delta[n] \tag{8.9.8}$$

これは、もしインパルスが最初に非ゼロになる $n = 0$ より前のインパルス応答列の値である $h[-1]$ と $h[-2]$ の値が分かれば、$h[n]$ の計算を反復することができる。これらの値は初期停止条件により与えられる、これは $h[-1] = 0$、$h[-2] = 0$ を意味する。次の表はインパルス応答の数少ない値の計算を示す。

n	$n < 0$	0	1	2	3	4	...
$x[n]$	0	1	0	0	0	0	0
$h[n-2]$	0	0	0	1	$\tfrac{5}{6}$	$\tfrac{19}{36}$	...
$h[n-1]$	0	0	1	$\tfrac{5}{6}$	$\tfrac{19}{36}$	$\tfrac{65}{216}$	...
$h[n]$	0	1	$\tfrac{5}{6}$	$\tfrac{19}{36}$	$\tfrac{65}{216}$	$\tfrac{211}{1296}$	...

簡単な1次の場合と比較すると、インパルス応答列の一般的な n 項を推定することは非常に困難である。幸運にも、一般的な公式を得るためには逆 z-変換技法が期待できる。式（8.9.6）に部分分数展開を適用すると、次式を得る。

$$H(z) = \frac{3}{1 - \tfrac{1}{2} z^{-1}} - \frac{2}{1 - \tfrac{1}{3} z^{-1}}$$

これより、次式を得る。

$$h[n] = 3(\tfrac{1}{2})^n u[n] - 2(\tfrac{1}{3})^n u[n] = \begin{cases} 3(\tfrac{1}{2})^n - 2(\tfrac{1}{3})^n & \text{for } n \geq 0 \\ 0 & \text{for } n < 0 \end{cases}$$

2つの極は単位円の内側にあるので、インパルス応答は n が大きくなるにつれ減少する。つまり、このシステムは安定である。 ◇

練習 8.16 次の2次システムのインパスル応答を求めよ。

$$y[n] = \tfrac{1}{4} y[n-2] + 5x[n] - 4x[n-1]$$

この信号 $h[n]$ を n に対してプロットせよ。

8.9.5 複素極

2次差分方程式の係数a_1とa_2は、$H(z)$の極が複素数であると同じと仮定する。極を次のような極形式で表現すると、

$$p_1 = re^{j\theta} \qquad p_2 = re^{-j\theta} = p_1^*$$

パラメータrとθの項で分母多項式を書き直すのが便利である。基本代数は因数分解形式から始め、多項式係数を導くことができる。

$$\begin{aligned} A(z) &= (1 - p_1 z^{-1})(1 - p_2 z^{-1}) \\ &= (1 - r e^{j\theta} z^{-1})(1 - r e^{-j\theta} z^{-1}) \\ &= 1 - (r e^{j\theta} + r e^{-j\theta}) z^{-1} + r^2 z^{-2} \\ &= 1 - (2r \cos\theta) z^{-1} + r^2 z^{-2} \end{aligned} \qquad (8.9.9)$$

したがって、システム関数は、

$$H(z) = \frac{b_0 + b_1 z^{-1} + b_2 z^{-2}}{(1 - re^{j\theta} z^{-1})(1 - re^{-j\theta} z^{-1})} = \frac{b_0 + b_1 z^{-1} + b_2 z^{-2}}{1 - 2r \cos\theta \, z^{-1} + r^2 z^{-2}} \qquad (8.9.10)$$

2つのフィードバックフィルタ係数を、

$$a_1 = 2r \cos\theta \qquad a_2 = -r^2 \qquad (8.9.11)$$

とおくことができるので、対応する差分方程式は、

$$y[n] = (2r \cos\theta) y[n-1] - r^2 y[n-2] + b_0 x[n] + b_1 x[n-1] + b_2 x[n-2] \qquad (8.9.12)$$

このパラメータ化は、極が差分方程式 (8.9.12) のフィードバック項をどのように決定するかを直接調べることができるので、重要である。たとえば、もし、極の角度を変更したいのであれば、係数a_1を調べる。最後に、式 (8.9.11) は複素共役根の特別な場合に対してだけ検証されることが必要である。極(p_1, p_2)が2つとも実数であるとき、フィルタ係数は、

$$a_1 = p_1 + p_2 \qquad a_2 = p_1 p_2$$

である。

例8.16 次のシステムを考察する。

$$y[n] = y[n-1] - y[n-2] + 2x[n] + 2x[n-1] \tag{8.9.13}$$

このシステム関数は、

$$H(z) = \frac{2 + 2z^{-1}}{1 - z^{-1} + z^{-2}} = \frac{2(1 + z^{-1})}{(1 - e^{j\pi/3}z^{-1})(1 - e^{-j\pi/3}z^{-1})} \tag{8.9.14}$$

である。$H(z)$の極-ゼロプロットは図8.17に示されている。部分分数展開技法を使用すると、$H(z)$を次の形式に書き直せる。

$$H(z) = \frac{\left(\frac{2 + 2e^{-j\pi/3}}{1 - e^{-j2\pi/3}}\right)}{1 - e^{j\pi/3}z^{-1}} + \frac{\left(\frac{2 + 2e^{j\pi/3}}{1 - e^{j2\pi/3}}\right)}{1 - e^{-j\pi/3}z^{-1}}$$

$$= \frac{2e^{-j\pi/3}}{1 - e^{j\pi/3}z^{-1}} + \frac{2e^{j\pi/3}}{1 - e^{-j\pi/3}z^{-1}}$$

$h[n]$は、

$$h[n] = 2e^{-j\pi/3}e^{j(\pi/3)}u[n] + 2e^{j\pi/3}e^{-j(\pi/3)n}u[n]$$
$$= 4\cos\left(\frac{2\pi}{6}(n-1)\right)u[n]$$

となる。周波数$\pm\pi/3$を持つ2つの複素指数関数は余弦波形を構成するために結合される。インパルス応答は図8.19にプロットされている。

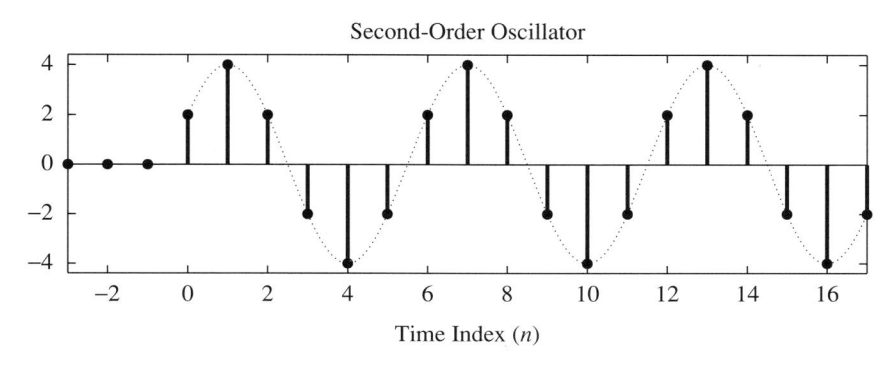

図8.19 $A(z) = 1 - z^{-1} + z^{-2}$を持つシステムのインパルス応答

◇

例8.16のシステムに関する重要な論点は、インパルスが入力されると純粋な正弦波を発生することである。このようなシステムは正弦波発振器の例である。インパルスからの単一入力サンプルが入力された後で、システムは周波数 $\hat{\omega}_0 = 2\pi(\frac{1}{6})$ の正弦波を作るため無限に繰り返される。この周波数は極の角度に対応している。1次フィルタ（か全て実数の極を持つフィルタ）は $(p)^n$ にしたがって減衰だけか（増加だけ）となる。あるいは $(-1)^n$ に従って振動をする。しかし、2次システムは異なる周期で振動する。これは、音声、音楽やその他の音のような物理信号をモデリングするときに重要である。

連続的な正弦波出力を作るために、システムは z-平面内の単位円上[注4]、つまり $r = 1$ の上に極を持つ必要があることに注意されたい。しかも、極の角度は正弦波出力の角周波数に正確に等しいことにも注意されたい。つまり、$a_2 = -1$ に固定したままにしておく時、差分方程式（8.9.12）の a_1 係数を調整することにより正弦波発振器の周波数応答が制御される。

例8.17 異なる周波数を持つ発振器の例として、指定した極配置を持つ差分方程式を決定するために式（8.9.12）を使用することができる。図8.20に示すように、$r = 1$、$\theta = \pi/2$ とすると、$a_1 = 2r\cos\theta = 0$ と $a_2 = -r^2 = -1$ を得る。

$$y[n] = -y[n-2] + x[n] \tag{8.9.15}$$

このシステムのシステム関数は、

$$H(z) = \frac{1}{1 + z^{-2}}$$

$$= \frac{1}{(1 - e^{j\pi/2}z^{-1})(1 - e^{-j\pi/2}z^{-1})} = \frac{\frac{1}{2}}{1 - e^{j\pi/2}z^{-1}} + \frac{\frac{1}{2}}{1 - e^{-j\pi/2}z^{-1}}$$

逆 z-変換は $h[n]$ のための一般式を与える。

$$h[n] = \tfrac{1}{2} e^{j(\pi/2)n}u[n] + \tfrac{1}{2} e^{-j(\pi/2)n}u[n] = \begin{cases} \cos(2\pi(\tfrac{1}{4})n) & n \geq 0 \\ 0 & n \geq 0 \end{cases} \tag{8.9.16}$$

再度、インパルス応答の余弦項の周波数は極の角度 $\pi/2 = 2\pi(\frac{1}{4})$ に等しい。　◇

[注4]：厳密に言えば、単位円上に極を持つシステムは不安定である。つまり、ある入力に対しては大きくなり、インパルス入力に対してはそうならない。

8.9 2次フィルタ

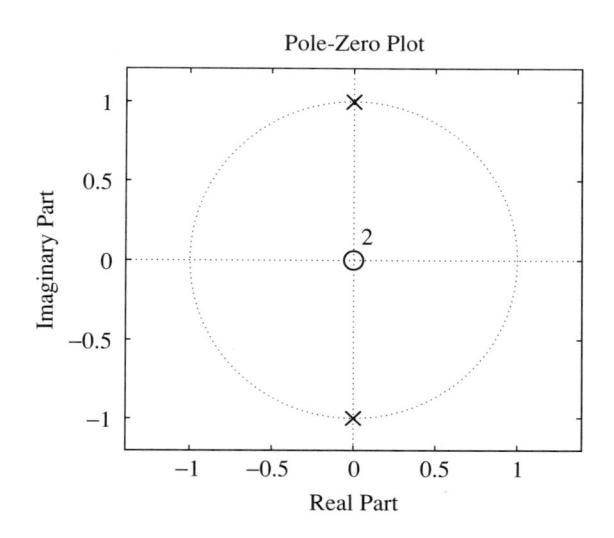

図8.20 $H(z) = \dfrac{1}{1+z^{-2}}$ をもつシステムのための極-ゼロのプロット。単位円は参照として示す。

2次システムの複素共役極が単位円上に存在しているならば、その出力は正弦波的に振動し、ゼロに減衰することはない。もし極が単位円の外側に存在する場合、出力は指数関数的に大きくなる。反対に、極が単位円の内側に存在すると、出力は指数関数的にゼロに減衰する。

例8.18 安定なシステムの例として、もし、図8.21に示すように、$r = \frac{1}{2}$、$\theta = \pi/3$ とするとき、$a_1 = 2r\cos\theta = 2\left(\frac{1}{2}\right)\left(\frac{1}{2}\right) = \frac{1}{2}$、$a_2 = -r^2 = -\left(\frac{1}{2}\right)^2 = -\frac{1}{4}$ であり、差分方程式 (8.9.12) は次式となる。

$$y[n] = \tfrac{1}{2} y[n-1] - \tfrac{1}{4} y[n-2] + x[n] \tag{8.9.17}$$

このシステムのシステム関数は、

$$H(z) = \frac{1}{1 - \tfrac{1}{2}z^{-1} + \tfrac{1}{4}z^{-2}} = \frac{\frac{e^{-j\pi/6}}{\sqrt{3}}}{1 - \tfrac{1}{2}e^{j\pi/3}z^{-1}} + \frac{\frac{e^{j\pi/6}}{\sqrt{3}}}{1 - \tfrac{1}{2}e^{-j\pi/3}z^{-1}}$$

また、$h[n]$ に対する一般的な式は、

$$h[n] = \frac{2}{\sqrt{3}} \left(\tfrac{1}{2}\right)^n \cos\left(2\pi\left(\tfrac{1}{6}\right)n - \tfrac{\pi}{6}\right)u[n] \tag{8.9.18}$$

この場合、$h[n]$ の一般的な式は、$\left(\frac{1}{2}\right)^n$ の減衰に周期6の周期余弦波を乗算したものである。インパルス応答 (8.9.18) の余弦項の周波数は極の角度、$\pi/3 = 2\pi/6$ である。他方、減衰項は極の半径、

$r^n = \left(\frac{1}{2}\right)^n$ により制御される。　　　　◇

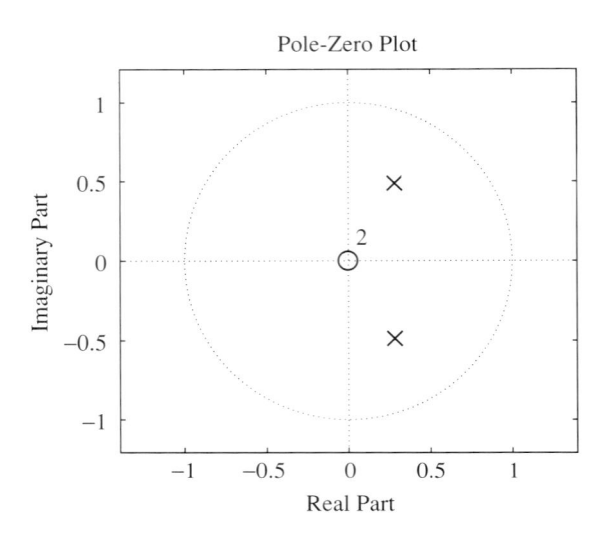

図8.21　$H(z) = \dfrac{1}{1 - \frac{1}{2}z^{-1} + \frac{1}{4}z^{-2}}$ を持つシステムの極-ゼロプロット。単位円は参照として示す。

8.10　2次IIRフィルタの周波数応答

安定なシステムの周波数応答はz-変換と次式で関係付けられているので、

$$H(e^{j\hat{\omega}}) = H(z)\big|_{z=e^{j\hat{\omega}}}$$

2次システムの周波数応答のための式を得る。

$$H(e^{j\hat{\omega}}) = \frac{b_0 + b_1 e^{-j\hat{\omega}} + b_2 e^{-j2\hat{\omega}}}{1 - a_1 e^{-j\hat{\omega}} - a_2 e^{-j2\hat{\omega}}} \tag{8.10.1}$$

式 (8.10.1) は $e^{-j\hat{\omega}}$ と $e^{-j2\hat{\omega}}$ とを含んでいるので、$H(e^{j\hat{\omega}})$ は 2π の周期を持つ周期関数であることを保証している。

周波数応答の2乗振幅は、複素数$H(e^{j\hat{\omega}})$とそれの共役（H^*と記す）との乗算により求められる。一般式で話しを進めるよりは、この種の式を示すための特別な数値例を取り上げる。

例8.19　システム関数が、

$$H(z) = \frac{1 - z^{-2}}{1 - 0.9z^{-1} + 0.81z^{-2}}$$

であるような場合を考察する。2乗振幅は、$H(e^{j\hat{\omega}})H^*(e^{j\hat{\omega}})$の分子と分母の項の全てを乗算し、逆オイラーの公式を適用する項を集合することで導出される。

$$\begin{aligned}
|H(e^{j\hat{\omega}})|^2 &= H(e^{j\hat{\omega}})H^*(e^{j\hat{\omega}}) \\
&= \frac{1 - e^{-j2\hat{\omega}}}{1 - 0.9e^{-j\hat{\omega}} + 0.81e^{-j2\hat{\omega}}} \cdot \frac{1 - e^{j2\hat{\omega}}}{1 - 0.9e^{j\hat{\omega}} + 0.81e^{j2\hat{\omega}}} \\
&= \frac{2 + 2\cos(2\hat{\omega})}{2.4661 - 3.258\cos\hat{\omega} + 1.62\cos(2\hat{\omega})}
\end{aligned}$$

この式は、余弦関数の項で完全に表現される故に有用である。この手続きは一般的であるので、同じような式が任意のIIRフィルタに対しても導出される。余弦関数は偶関数であるから、任意2乗振幅関数は常に偶であると言える。つまり、

$$|H(e^{-j\hat{\omega}})|^2 = |H(e^{j\hat{\omega}})|^2$$

位相応答はもう少し複雑である。もし、逆正接関数が分子と分母の角度を得るために使用されるならば、2つの位相は減算されなければならない。この例におけるフィルタ係数は実数であり、その位相は、

$$\phi(\hat{\omega}) = \tan^{-1}\left(\frac{\sin(2\hat{\omega})}{1 - \cos(2\hat{\omega})}\right) - \tan^{-1}\left(\frac{0.9\sin\hat{\omega} - 0.81\sin(2\hat{\omega})}{1 - 0.9\cos\hat{\omega} + 0.81\cos(2\hat{\omega})}\right)$$

これは$\hat{\omega}$の奇関数である。 ◇

　この例で得られた式は余りにも複雑であるので、多くの直接的な洞察力を示す必要がある。この後の節において、このような式を用いることなく周波数応答の適切なプロットを構成するため、システム関数の極とゼロ点の使い方を調べることにする。

8.10.1　MATLABによる周波数応答

　MATLABのようなコンピュータプログラムが使用可能ならば、大変な計算や手作業によるプロットは普通は必要ない。MATLAB関数`freqz`はこの目的のために提供されている。周波数応答は$\hat{\omega}$領域の格子点ごとに計算される。次いで、その大きさと位相がプロットされる。MATLABにおいて、関数`abs`と`angle`は複素ベクトルの振幅と角度を算出する。

例8.20 例8.19で紹介したシステム、

$$y[n] = 0.9y[n-1] - 0.81y[n-2] + x[n] - x[n-2]$$

MATLABでフィルタ係数を決定するためには、$y[n]$の項をすべて式の左辺に置き、他方には$x[n]$の項を置く。つまり、

$$y[n] - 0.9y[n-1] + 0.81y[n-2] = x[n] - x[n-2]$$

次に、フィルタ係数を読み取り、ベクトルaaとbbを決定する。

```
aa=[1,-0.9,0.81]       、bb=[1,0,-1]
```

freqzを呼び出すことにより、第2引数、[-6:(pi/100):6]で指定された周波数ベクトルに対応した周波数応答を含むベクトルHHが作られる。

```
HH = freqz(bb,aa,[-6:(pi/100):6]);
```

結果の振幅と位相のプロットを図8.22に示す。周波数範囲 $-6 \leq \hat{\omega} \leq +6$は、$H(e^{j\hat{\omega}})$の周期が分かりやすいように示した。普通は区間、$-\pi \leq \hat{\omega} \leq +\pi$、つまり、$-0.5 < \hat{f} \leq 0.5$だけが示される。

この例における、極とゼロ点及び周波数応答の形状との関係を見つける。この$H(z)$の場合、

$$H(z) = \frac{1 - z^{-2}}{1 - 0.9z^{-1} + 0.81z^{-2}}$$

これは、$z = 0.9 e^{\pm j\hat{\omega}/3}$における極と$z = +1$、$z = -1$でゼロを持っている。$z = -1$は$z = e^{j\pi}$と同じであるから、$z = -1$において$H(z) = 0$となるゆえ、$H(e^{j\hat{\omega}})$は$\hat{\omega} = \pi$でゼロとなるといえる。極は$\pm\pi/3$の角度を持っている、それゆえ、極は$\hat{\omega} = \pm\pi/3$付近での周波数応答に影響する。$H(z)$は$z = 0.9e^{\pm j\hat{\omega}/3}$において大きくなるので、単位円上の近傍点 ($z = e^{\pm j\hat{\omega}/3}$) は大きな値となる。この例の場合、次式を得るために式から直接周波数応答が計算できる。

$$H(e^{j\hat{\omega}})\big|_{\hat{\omega}=\pi/3} = H(z)\big|_{z=e^{j\pi/3}}$$

$$= \frac{1-z^{-2}}{1-0.9z^{-1}+0.81z^{-2}}\bigg|_{z=e^{j\pi/3}}$$

$$= \frac{1-(-\frac{1}{2}-j\frac{1}{2}\sqrt{3})}{1-0.9(\frac{1}{2}-j\frac{1}{2}\sqrt{3})+0.81(-\frac{1}{2}-j\frac{1}{2}\sqrt{3})}$$

$$= \frac{|1.5+j0.5(\sqrt{3})|}{|0.145+j0.045(\sqrt{3})|} = 10.522$$

周波数応答の振幅値は、真の最大値に良く近似している。正しくは $\hat{\omega} = 0.334\pi$ で生ずる。　　◇

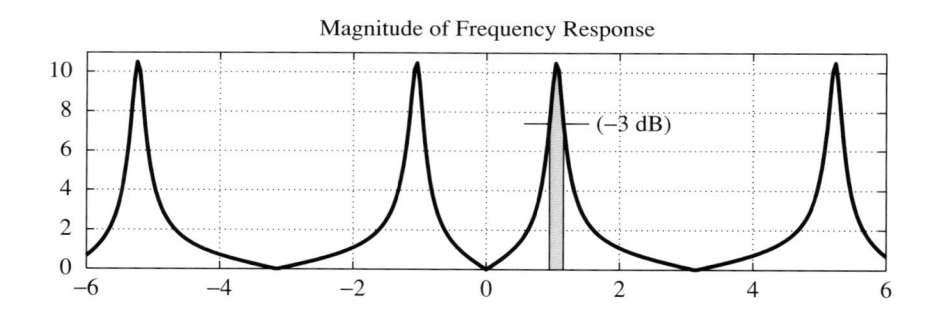

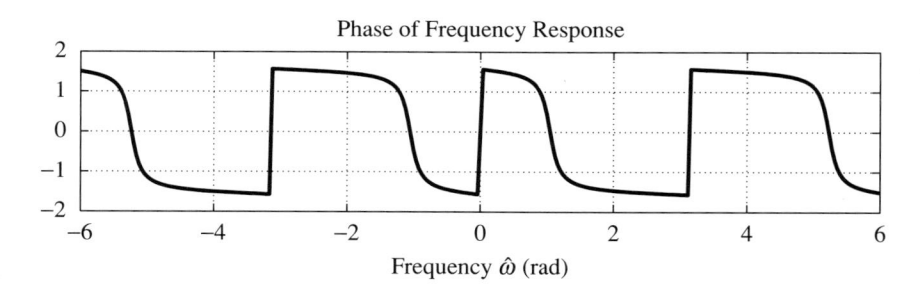

図8.22　2次フィードバックフィルタの周波数応答（振幅と位相）。極は $z = 0.9e^{\pm j\pi/3}$ にある。また、分子は $z = 1$ と $z = -1$ においてゼロがある。グレー領域は $\hat{\omega} = \pi/3$ でのピーク値近傍を3-dB帯域幅を示している。

8.10.2　3-dB帯域幅

　図8.22の周波数応答のピーク幅は帯域幅と呼ばれている。$|H(e^{j\hat{\omega}})|$ のプロット上のある標準的な点で計測されねばならない。最も共通な慣例は3-dBを使用することである。これは次のように計算される。

$|H(e^{j\hat{\omega}})|$ のピーク値を見つけ、次に、周波数応答が $(1/\sqrt{2})H_{\text{peak}}$ の値となるようなピークの両側に最も近い周波数を求める。3-dB幅はこれら2つの周波数間の差 $\Delta\hat{\omega}$ である。

図8.22において、真のピーク値は $\hat{\omega} = 0.334\pi$ のときで10.526であるので、$|H(e^{j\hat{\omega}})| = (1/\sqrt{2})H_{\text{peak}} = (0.707)(10.526) = 7.443$ の2つの点を探索する。これらは $\hat{\omega} = 0.302\pi$ と $\hat{\omega} = 0.369\pi$ であるので、帯域幅は $\Delta\hat{\omega} = 0.067\pi = 2\pi(0.0335) = 0.2105$ rad となる。

3-dB帯域幅の計算はコンピュータプログラムで効果的に実行できるが、「包絡」計算を素早く得ることが可能な近似公式を保有することも有効である。狭いピーク幅を持つ2次の場合の特別な近似は次式で与えられる。

$$\Delta(\hat{\omega}) \approx 2\frac{|1-r|}{\sqrt{r}} \qquad (8.10.2)$$

これは、単位円からの極の距離、$|1-r|$ が帯域幅を制御することを示している[注5]。図8.22において、帯域幅 (8.10.2) は次の値となる。

$$\Delta(\hat{\omega}) = 2\frac{1-0.9}{0.95} = \frac{0.2}{0.95} \approx 0.2108 \text{ rad}$$

つまりこの場合の近似は良い。他方、極は単位円の近くにある（半径 = 0.9）。

8.10.3　システム関数の3次元プロット

周波数応答 $H(e^{j\hat{\omega}})$ は単位円上で評価されるシステム関数であるから、図8.23に示すように3次元プロットを用いた z-領域と $\hat{\omega}$-領域の間の関係を表示することができる。

図8.23は単位円の内側、外側と円上の場所におけるシステム関数 $H(z)$ のプロットである。極、$0.85e^{\pm j\pi/2}$ に位置するピーク値は $\hat{\omega} = \pm\pi/2$ 近くでの周波数応答の動作を決定する。もし極が単位円の近くに移動すると、そのときの周波数応答は大きく、かつ狭いピークとなる。$z = \pm 1$ の位置にあるゼロは $\hat{\omega} = 0, \pi$ での単位円上に配置される谷部分を作る。

極とゼロ点から直接に $|H(e^{j\hat{\omega}})|$ の値を推定できる。これは $H(z)$ を次式のように記述することで機械的に実現される。

---

*注5：帯域幅に関するこの近似式は、極がお互いに分離しているときにだけ良く一致する。たとえば、2次システムの2つの極の角度が小さいとき、この近似はずれてしまう。

8.10 2次IIRフィルタの周波数応答

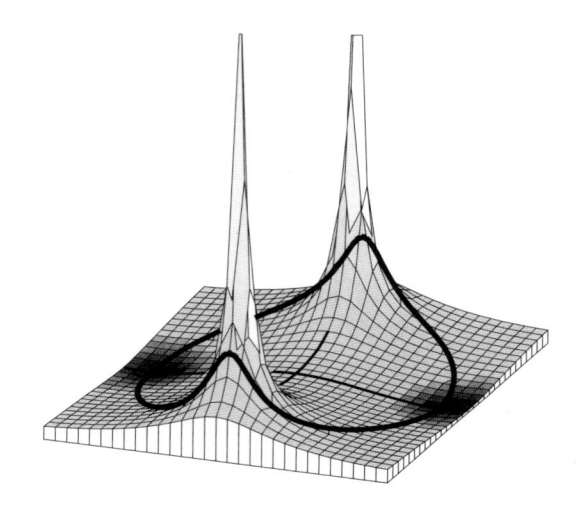

図8.23 単位円を含むz-平面の領域において評価されるz-変換。視点は第4象限からであり、z = 1 は右手にある。単位円に沿っての値は2次フィードバックフィルタの周波数応答である。極は $z = 0.85e^{\pm j\pi/2}$ であり、分子は $z = \pm 1$ にゼロを持っている。

$$H(z) = G \frac{(z-z_1)(z-z_2)}{(z-p_1)(z-p_2)}$$

ここで、z_1 と z_2 は2次フィルタのゼロであり、p_1 と p_2 は極である。パラメータ G は因数分解された利得項である。次に、周波数応答の振幅は、

$$|H(e^{j\hat{\omega}})| = G \frac{|e^{j\hat{\omega}} - z_1||e^{j\hat{\omega}} - z_2|}{|e^{j\hat{\omega}} - p_1||e^{j\hat{\omega}} - p_2|} \tag{8.10.3}$$

である。式 (8.10.3) には簡単な幾何学的解釈がある。$|e^{j\hat{\omega}} - z_i|$ と $|e^{j\hat{\omega}} - p_i|$ のそれぞれの項は、図8.24に示すように、ゼロ z_i と極 p_i から単位円の位置 $e^{j\hat{\omega}}$ までのベクトル距離である。周波数応答は、ゼロ点までのベクトル長の積と極までのベクトル長の積との比である。いま、単位円を移動すると、これらのベクトル長は変化する。もし、ゼロ点の上に来ると、ある分子の長さがゼロとなり、その周波数において $|H(e^{j\hat{\omega}})| = 0$ となる。また、極に近付くと、ある分母の長さは非常に小さくなり、$|H(e^{j\hat{\omega}})|$ はその周波数において大きくなる。

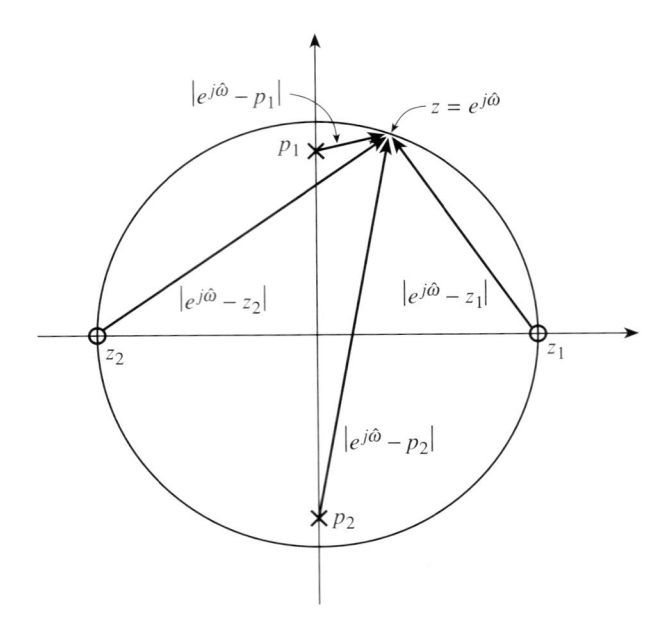

図8.24 極とゼロ点からのベクトル長の積を使用することによる単位円（$z = e^{j\hat{\omega}}$）上で評価される z-変換。

このような幾何学的な推論は、図8.23において、$\hat{\omega} = \pi/2$ の時の $H(e^{j\hat{\omega}})$ の振幅の計算に適用する。ベクトル長はゼロ点および極から点 $z = e^{j\pi/2}$、つまり、$z = j$ までのベクトル長を求めることから始める。ゼロ点からのベクトル長が極からベクトル長で除算され、次式を得る。

$$|H(e^{j\pi/2})| = |H(j)| = \frac{|j-1||j+1|}{|j-0.85j||j-(-0.85j)|} = \frac{2}{0.15 \times 1.85} = 7.207$$

ここで、利得 G は 1 と仮定している。

8.11 IIR 低域通過フィルタの例

1次 IIR フィルタと 2次 IIR フィルタは有効であり、簡単な例を提供している。しかし、多くの場合は、高次の IIR フィルタを使用する。理由は平坦な通過帯域と阻止帯域、また、より鋭い過渡領域を持つような周波数応答を実現可能だからである。MATLAB の Signal Processing Toolbox にある butter、cheby1、cheby2、ellip 関数は、指定された周波数選択特性を持つフィルタを設計するために使用される。例として、次のようなシステム関数を持つシステムを考察する。

8.11 IIR低域通過フィルタの例

$$H(z) = \frac{0.0798(1 + z^{-1} + z^{-2} + z^{-3})}{1 - 1.556z^{-1} + 1.272z^{-2} - 0.398z^{-3}} \tag{8.11.1}$$

$$= \frac{0.0798(1 + z^{-1})(1 - e^{j\pi/2}z^{-1})(1 - e^{-j\pi/2}z^{-1})}{(1 - 0.556z^{-1})(1 - 0.846e^{j0.3\pi}z^{-1})(1 - 0.846e^{-j0.3\pi}z^{-1})} \tag{8.11.2}$$

$$= -\frac{1}{5} + \frac{0.62}{1 - .556z^{-1}} + \frac{0.17e^{j0.96\pi}}{1 - .846e^{j0.3\pi}z^{-1}} + \frac{0.17e^{-j0.96\pi}}{1 - .846e^{j0.3\pi}z^{-1}} \tag{8.11.3}$$

このシステムは低域通過楕円（elliptic）形フィルタの例である。フィルタの分子と分母の係数はMATLAB関数ellipを使用して得たものである。上の3つの異なる形式はそれぞれ有効である。つまり、式（8.11.1）はフィルタ係数を確認するため、式（8.11.2）は極-ゼロプロットと周波数応答をスケッチするため、式（8.11.3）はインパルス応答を求めるためにそれぞれが有効である*[注6]。図8.25はこのフィルタの極とゼロ点を示している。全てのゼロ点が単位円上にあり、極は単位円の僅かに内側に存在することに注意されたい。これらは安定なシステムのためには必要なことである。

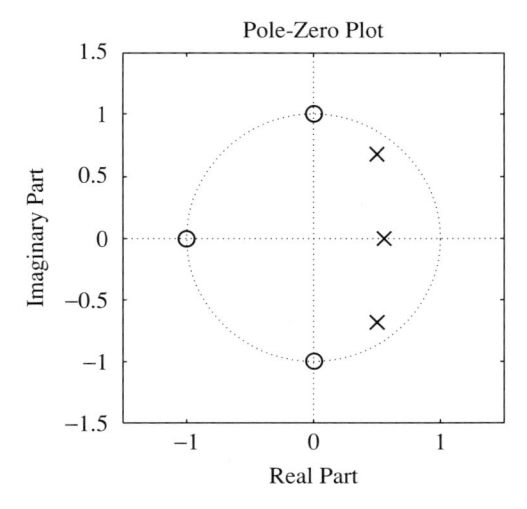

図8.25 3次IIRフィルタ（8.11.2）のための極-ゼロプロット

例8.17 式（8.11.1）から、このシステムを実現するための差分方程式（直接。形式）を求める。

このシステム関数はMATLAB関数 `freqz` の使用により、単位円上に対応して計算された。この結果のプロットは図8.26に示されている。周波数応答は極の近くで大きく、ゼロ点の回りでは小さ

---

*注6：多項式の因数分解と部分分数展開の実行は、MATLAB関数 `roots` と `residuez` を使用して実行される。

いことに注意されたい。特に、周波数応答の通過帯域は、$|\hat{\omega}| \leq 2\pi(0.15)$である。これは$\pm 0.3\pi$の角度での極に対応している。$H(z)$のゼロ点は、$\hat{\omega} = \pm 0.5\pi$、$\hat{\omega} = \pi$の角度にあり、しかも、単位円上に存在するので、周波数応答は、この$\hat{\omega} = \pm 0.5\pi$と$\hat{\omega} = \pi$において正確なゼロである。

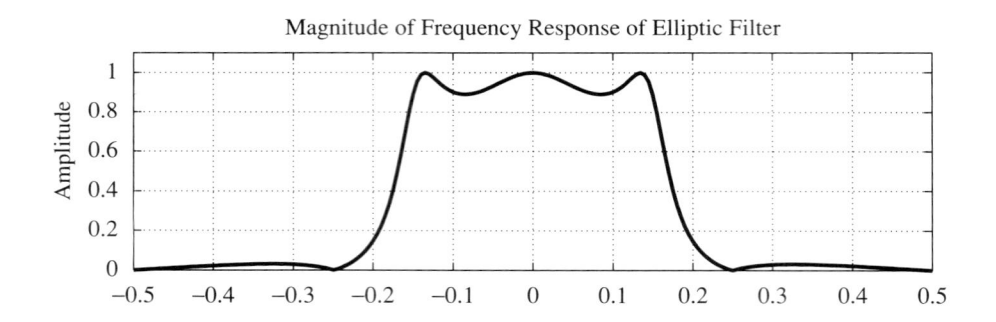

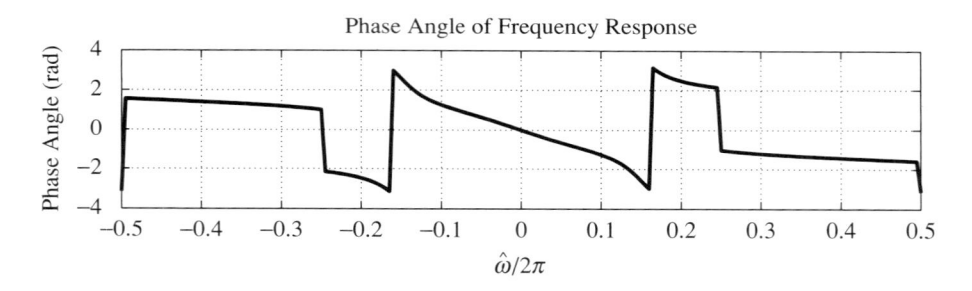

図8.26　3次IIRフィルタのための周波数応答（振幅と位相）

例8.18　式（8.11.1）か（8.11.2）から、$\hat{\omega} = 0$のときの周波数応答の値を求めよ。

最後に、図8.27はこのシステムのインパルス応答を示す。この応答は、2つの複素共役対が角度$\pm 0.3\pi$と半径0.846に存在するので、nの増加とともに振動しつつ、減衰していることに注意されたい。包絡線の減衰は$(0.846)^n$である。

例8.19　式（8.11.3）の部分分数形式を使用して、フィルタのインパルス応答の式を求めよ。ヒント：逆z変換を使用する。

この節で述べた楕円フィルタの例は、実際のIIR低域通過フィルタの簡単な例である。高次フィルタはさらに良好な周波数選択フィルタ特性を提供してくれる。

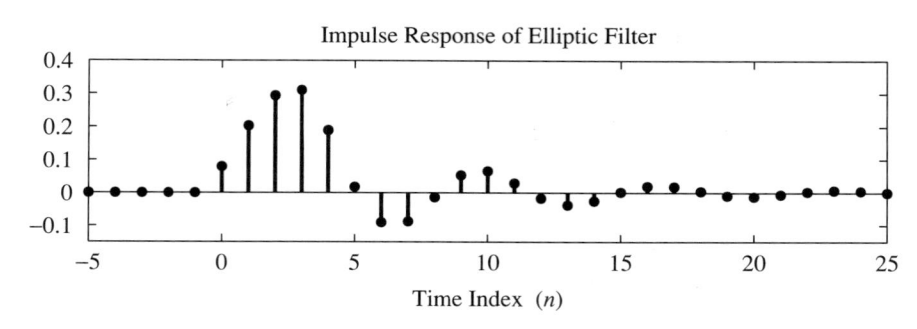

図 8.27 3次 IIR フィルタのインパルス応答

8.12 要約と関連

　この章では極を持つフィルタの z-変換法に沿っていくつかの IIR フィルタを紹介した。z-変換はインパルス応答、周波数応答、システム構成に関する問題を多項式と有理関数の演算に変更する。システム関数 $H(z)$ の極は IIR フィルタの最も重要な要素である。周波数応答の形状やインパルス応答の特性は極配置から速やかに推定されるからである。

　「表現領域」の重要な概念にも重点を置いてきた。n-領域（時間領域）、$\hat{\omega}$-領域（周波数領域）、z-領域はあるシステムの特性を考察するための3つの領域が提供している。信号の z-変換から信号を構成するために逆 z-変換の導入により領域間を関係付けることができる。結果として、コンボリューションのような難しい問題でさえ、最も便利な領域（z）で作業をすることにより、また、元の領域（n）へ変換することにより、簡単化される。

　Lab C.10 は IIR フィルタが中心である。この Lab は PeZ と呼ばれる MATLAB ユーザインターフィースツールを使用する。PeZ は3つの領域の対話的作業を支援する。PeZ ツールは広範囲な力量を持っている。つまり、これはユーザに LTI システムの複数画面、極 - ゼロ領域、周波数応答とインパルス応答を提供する。これと同様な機能は多くの商用ソフトウェアパッケージ、たとえば、MATLAB の sptool などがある。

　CD-ROM には、z-平面と周波数領域と時間領域に関する次のようなデモを含んでいる。つまり、

1. IIR フィルタの周波数応答とインパルス応答が極配置の変化とともにどのように変換するかを示す「3領域」の動画。
2. 周波数応答に対応した z-平面と単位円との関係をアニメートした動画。

　読者らは、復習と練習とに役立つ、CD-ROM 内の数多くの解答付き宿題が含まれていることを思い出されたい。

第8章 IIRフィルタ

問題

8.1 次の2次システムのインパルス応答を求めよ。

$$y[n] = \sqrt{2}\, y[n-1] - y[n-2] + x[n]$$

答えを、$n < 0$の場合と$n \geq 0$の場合に分け、それぞれの式として示せ。ただし、システムはすべてのnの範囲で収束する。

8.2 次の2次システムのインパルス応答を求めることにより、Fibonacci数列のための一般式を明らかにせよ。

$$y[n] = y[n-1] + y[n-2] + x[n]$$

8.3 次のようなフィードバックフィルタに対して、極とゼロ点の配置を示せ。また、その位置をz-平面上にプロットせよ。

$$y[n] = \tfrac{1}{2} y[n-1] + \tfrac{1}{3} y[n-2] - x[n] + 3x[n-1] - 2x[n-2]$$

$$y[n] = \tfrac{1}{2} y[n-1] - \tfrac{1}{3} y[n-2] - x[n] + 3x[n-1] + 2x[n-2]$$

第2式の場合は、$y[n-2]$と$x[n-2]$の符号だけが変化している。2つの結果を比較せよ。

8.4 この問題において、多項式の分母と分子の大きさは異なっているので、$z = 0$あるいは$z = \infty$において、ゼロ点(あるいは極)とすべきである。次のフィルタの極とゼロ点を求めよ。

$$y[n] = \tfrac{1}{2} y[n-1] - \tfrac{1}{3} y[n-2] - x[n]$$

$$y[n] = \tfrac{1}{2} y[n-1] - \tfrac{1}{3} y[n-2] - x[n-2]$$

$$y[n] = \tfrac{1}{2} y[n-1] - \tfrac{1}{3} y[n-2] - x[n-4]$$

極とゼロの配置をz-平面上にプロットせよ。これらすべての場合において、極とゼロの数は、$z = \infty$、あるいは、$z = 0$において、ゼロ(あるいは、極)と置くことにより、等しいことを明らかにせよ。

8.5 次の差分方程式で定義された IIR フィルタを与えられている。

$$y[n] = -\frac{1}{2}y[n-1] + x[n]$$

(a) システム関数 $H(z)$ を求めよ。それの極とゼロはいくらか？
(b) このシステムへの入力は 3 つの連続したインパルスであるとき、つまり、

$$x[n] = \begin{cases} +1 & n = 0, 1, 2 \text{ のとき} \\ 0 & n < 0, n \geq 3 \end{cases}$$

出力信号 $y[n]$ の関数書式を求めよ。出力信号 $y[n]$ が $n < 0$ においてゼロであると仮定する。
ヒント：線形性を使用し、出力は、システムのインパルス応答に関係付けられた 3 項の和として求める。1 次 IIR フィルタのインパルス応答の書式は $n \geq 0$ に対して $b_0 a^n$ であることを思い出されたい。

8.6 線形次不変フィルタは次のような差分方程式で記述される。

$$y[n] = -0.8y[n-1] + 0.8x[n] + x[n-1]$$

(a) このシステムに対するシステム関数 $H(z)$ を求めよ。$H(z)$ を z^{-1} の多項式の比として表せ（z の負の累乗）。また、z の正の多項式の比としても表現せよ。
(b) $H(z)$ の極とゼロとを z-平面上にプロットせよ。
(c) $H(z)$ から、このシステムの周波数応答である $H(e^{j\hat{\omega}})$ の式を求めよ。
(d) すべての $\hat{\omega}$ に対して $|H(e^{j\hat{\omega}})| = 1$ となることを示せ。

8.7 差分方程式で定義された IIR フィルタが次式のように与えられているとき。

$$y[n] = -y[n-5] + x[n]$$

(a) システム関数 $H(z)$ を求めよ。このシステムにはいくつの極を持っているか。
(b) 極位置を計算しプロットせよ。
(c) システムへの入力が次のような 2 点パルス信号であるとき、

$$x[n] = \begin{cases} +1 & n = 0, 1, 2 \text{ のとき} \\ 0 & n \neq 0, 1 \text{ のとき} \end{cases}$$

一般形のプロットを描けるような出力信号 $y[n]$ を求めよ。出力信号は $n < 0$ に対してゼロで

あると仮定する。

(d) 出力信号は $n > 0$ に対して周期的である。その周期を求めよ。

8.8 IIRフィルタの差分方程式が次のように定義されているとき、

$$y[n] = -0.9y[n-6] + x[n]$$

(a) システムの z-変換システム関数を求めよ。
(b) システムの極を求めよ。また、それらの位置を z-平面上にプロットせよ。

8.9 IIRフィルタの差分方程式が次のように定義されているとき、

$$y[n] = -\frac{1}{2} y[n-1] + x[n]$$

(a) システム関数 $H(z)$ を求めよ。それの極とゼロはいくらか？
(b) このシステムへの入力は、

$$x[n] = \delta[n] + \delta[n-1] + \delta[n-2]$$

であるとき、これの出力信号 $y[n]$ を求めよ。$n < 0$ に対して $y[n]$ はゼロであると仮定する。

8.10 次式に対する逆 z-変換を求めよ。

(a) $H_a(z) = \dfrac{1 - z^{-1}}{1 + 0.77z^{-1}}$

(b) $H_b(z) = \dfrac{1 + 0.8z^{-1}}{1 - 0.9z^{-1}}$

(c) $H_c(z) = \dfrac{z^{-2}}{1 - 0.9z^{-1}}$

(d) $H_d(z) = 1 - z^{-1} + 2z^{-3} - 3z^{-4}$

8.11 次式の逆 z-変換を求めよ。

(a) $X_a(z) = \dfrac{1 - z^{-1}}{1 - \frac{1}{6}z^{-1} - \frac{1}{6}z^{-2}}$

(b) $X_b(z) = \dfrac{1 + z^{-2}}{1 + 0.9z^{-1} + 0.81z^{-2}}$

(c) $X_c(z) = \dfrac{1 + z^{-1}}{1 - 0.1z^{-1} - 0.72z^{-2}}$

8.12 次の差分方程式で定義されたIIRフィルタが与えられているとき、

$$y[n] = \tfrac{1}{2}y[n-1] + x[n]$$

(a) システムへの入力が単位ステップ列$u[n]$であるとき、出力信号$y[n]$の関数書式を求めよ。これには逆z-変換法を使用せよ。出力信号$y[n]$が$n < 0$に対してゼロであると仮定する。

(b) $x[n]$は$n = 0$から開始する複素指数関数であるとき、

$$x[n] = e^{j(\pi/4)n} u[n]$$

その出力を求めよ。

(c) (b)から、応答の定常状態成分を識別せよ。また、その振幅と位相を周波数応答の$\hat{\omega} = \pi/4$での値と比較せよ。

8.13 下図に示すそれぞれの極-ゼロプロットにおいて、次のシステム（これらは$H(z)$あるいは差分方程式のいずれかで指定される）のどれが極-ゼロプロットに一致するかを求めよ。

S_1 :　$y[n] = 0.77y[n-1] + x[n] + x[n-1]$

S_2 :　$y[n] = 0.77y[n-1] + 0.77x[n] - x[n-1]$

S_3 :　$H(z) = \dfrac{1 - z^{-1}}{1 + 0.77z^{-1}}$

S_4 :　$H(z) = 1 - z^{-1} + z^{-2} - z^{-3} + z^{-4} - z^{-5}$

S_5 :　$y[n] = \displaystyle\sum_{k=0}^{7} x[n-k]$

S_6 :　$H(z) = 3 - 3z^{-1}$

S_7 :　$y[n] = x[n] + x[n-1] + x[n-2] + x[n-3] + x[n-4] + x[n-5]$

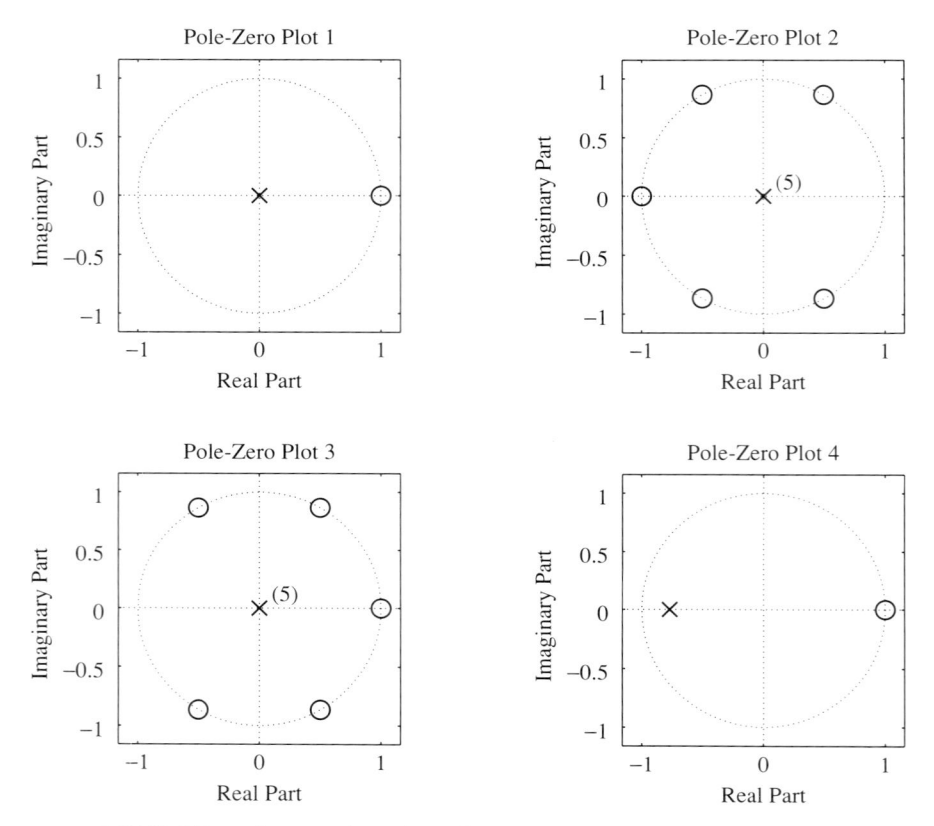

Pole-Zero Plot 1

Pole-Zero Plot 2

Pole-Zero Plot 3

Pole-Zero Plot 4

8.14 周波数応答のプロット (A - F) に対して、次のシステムのどれがどの周波数応答に一致するかを示せ。各プロットの周波数軸は $-\pi \leq \hat{\omega} \leq \pi$ の範囲である。

S_1 : $y[n] = 0.77y[n-1] + x[n] + x[n-1]$

S_2 : $y[n] = 0.77y[n-1] + 0.77x[n] - x[n-1]$

S_3 : $H(z) = \dfrac{1 - z^{-1}}{1 + 0.77z^{-1}}$

S_4 : $H(z) = 1 - z^{-1} + z^{-2} - z^{-3} + z^{-4} - z^{-5}$

S_5 : $y[n] = \displaystyle\sum_{k=0}^{7} x[n-k]$

S_6 : $H(z) = 3 - 3z^{-1}$

S_7 : $y[n] = x[n] + x[n-1] + x[n-2] + x[n-3] + x[n-4] + x[n-5]$

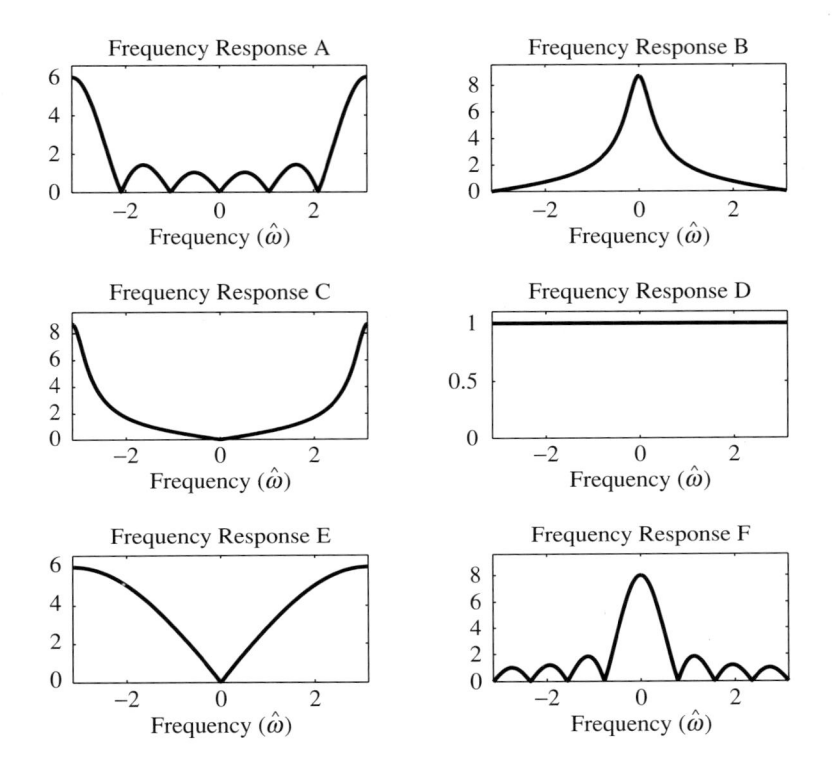

Frequency Response A

Frequency Response B

Frequency Response C

Frequency Response D

Frequency Response E

Frequency Response F

8.15 線形時不変フィルタは次のような差分方程式で記述されている。

$$y[n] = 0.8y[n-1] - 0.8x[n] + x[n-1]$$

(a) このシステムのシステム関数 $H(z)$ を求めよ。$H(z)$ を z^{-1} による多項式の比、また、z による多項式の比として表現せよ。

(b) $H(z)$ の極とゼロを z-平面上にプロットせよ。

(c) $H(z)$ から、このシステムの周波数応答である $H(e^{j\hat{\omega}})$ の式を求めよ。

(d) 全 $\hat{\omega}$ に対する $|H(e^{j\hat{\omega}})|^2 = 1$ となることを示せ。

(e) もしシステムへの入力が、

$$x[n] = 4 + \cos[(\pi/4)n] - 3\cos[(2\pi/3)n]$$

であるとき、出力 $y[n]$ の書式に関して、詳しい計算をすることなくどのように説明するのか。

8.16 周波数応答（A - E）を正しい極-ゼロプロット（PZ 1 - 6）に一致させよ。極は×で表示されており、ゼロ点は○で表示されている。

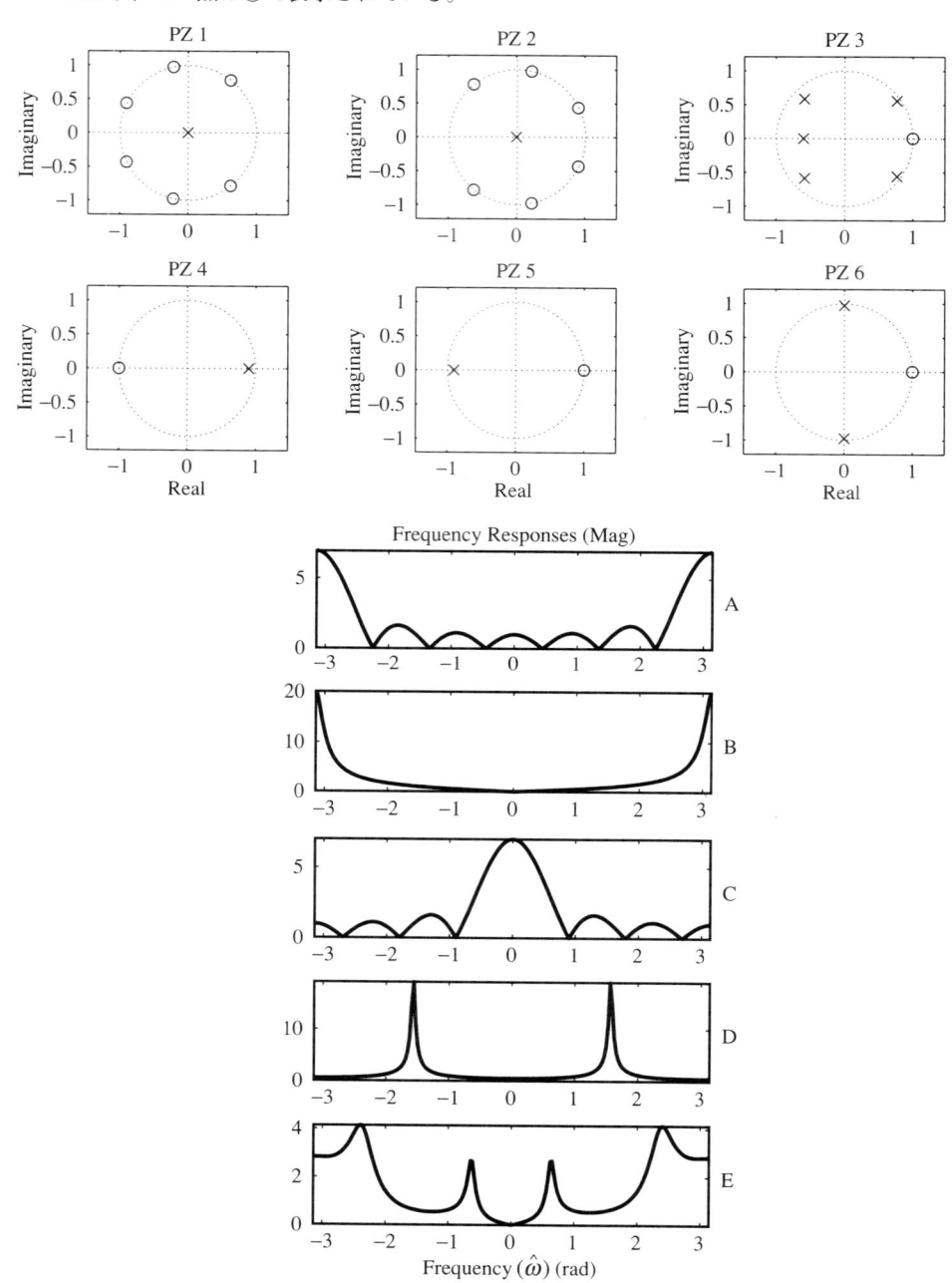

8.17 インパルス応答（J - N）を正しい極-ゼロプロット（PZ 1 - 6）に一致させよ。極は×で表示され、ゼロ点は○で表示されている。

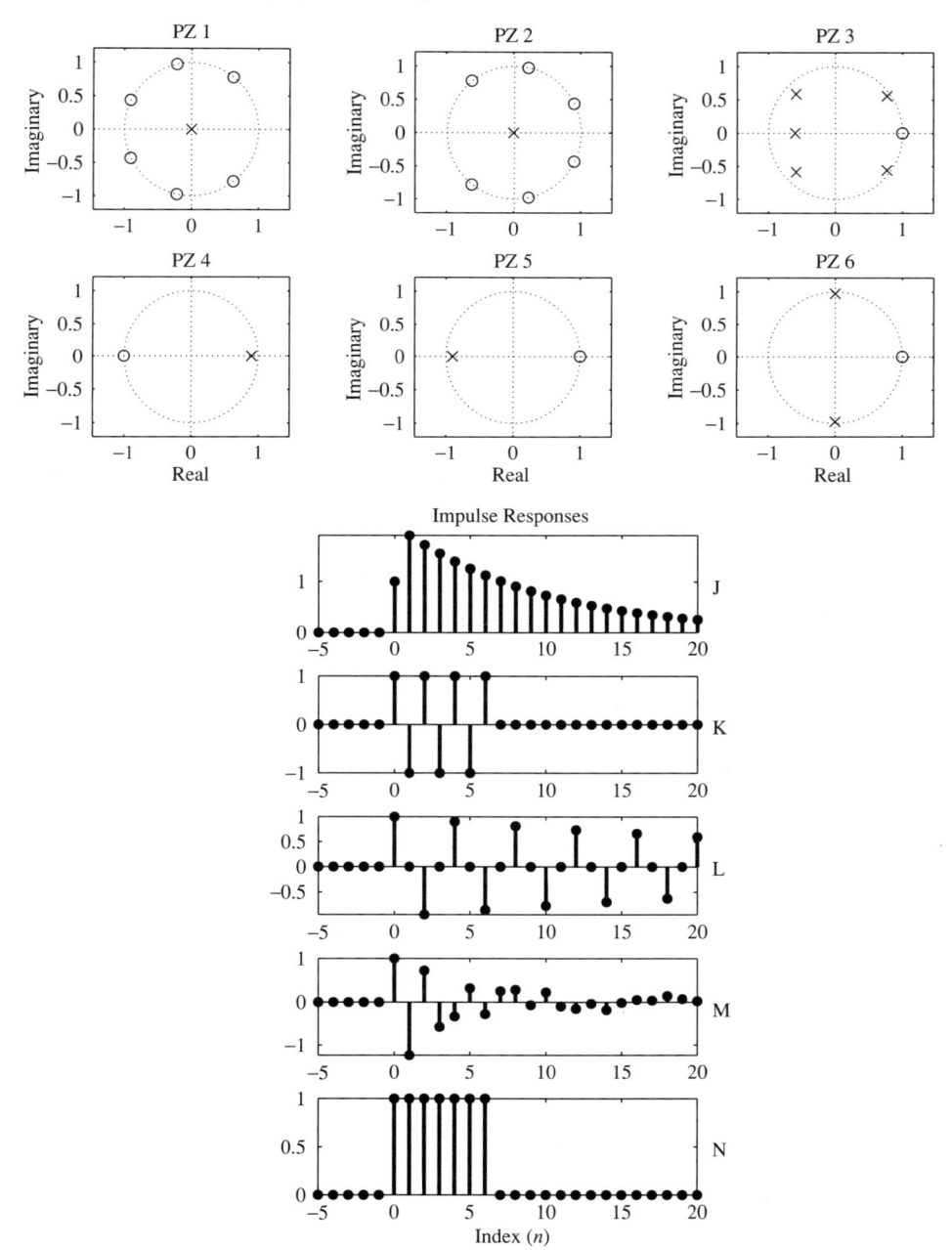

8.18 以下に示す線形時不変システムのシステム関数は次に式で与えられている。

$$H(z) = \frac{(1-z^{-1})(1-e^{j\pi/2}z^{-1})(1-e^{-j\pi/2}z^{-1})}{(1-0.9e^{j2\pi/3}z^{-1})(1-0.9e^{-j2\pi/3}z^{-1})}$$

$x[n]$ → LTI System $H(z)$ → $y[n]$

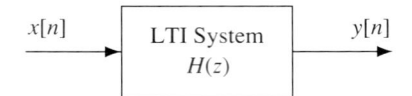

(a) 入力 $x[n]$ と出力 $y[n]$ の関係を示す差分方程式を記述せよ。

(b) $H(z)$ の極とゼロを複素 z-平面上にプロットせよ。ヒント：$H(z)$ を z^{-1} ではなく z の因数として表現する。

(c) もし、入力が $x[n] = A\ e^{j\phi}e^{j\hat{\omega}n}$ の書式とすると、$y[n] = 0$ となるのは $-\pi \leq \hat{\omega} \leq \pi$ のいくらの値か。

8.19 以下のシステムの C-to-D コンバータへの入力は、

$$x(t) = 4 + \cos(500\pi t) - 3\cos[(2000\pi/3)t]$$

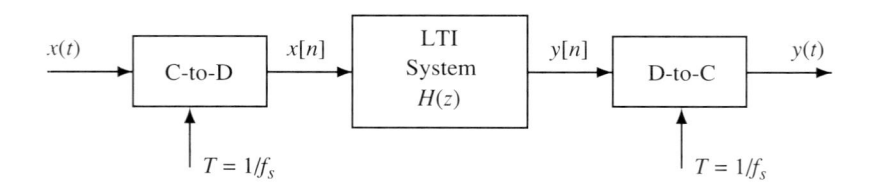

$x(t)$ → C-to-D ($T = 1/f_s$) → $x[n]$ → LTI System $H(z)$ → $y[n]$ → D-to-C ($T = 1/f_s$) → $y(t)$

LTI システムのシステム関数は

$$H(z) = \frac{(1-z^{-1})(1-e^{j\pi/2}z^{-1})(1-e^{-j\pi/2}z^{-1})}{(1-0.9e^{j2\pi/3}z^{-1})(1-0.9e^{-j2\pi/3}z^{-1})}$$

もし $f_s = 1000$ サンプル／秒であるなら、D-to-C コンバータの出力である $y(t)$ の式を求めよ。

8.20 z-変換システム関数が次式であるようなシステムに関して次の質問に答えよ。

$$H(z) = \frac{1-0.8z^{-1}}{1-0.9z^{-1}}$$

(a) $H(z)$ の極とゼロを求めよ。

(b) このフィルタの入力と出力を関係づける差分方程式を導出せよ。

(c) 周波数応答の2乗された振幅、$|H(e^{j\hat{\omega}})|^2$のための簡単な式を導出せよ。

(d) このフィルタは低域通過フィルタか高域通過フィルタかという質問に対する答えとして$H(z)$の極とゼロで説明せよ。

8.21 図8.28の図は2つの線形時不変システムの縦続接続を示している。つまり、第1システムの出力が第2システムの入力であり、全体の出力は第2システムの出力である。

```
x[n]  →  ┌─────────┐  y₁[n]  →  ┌─────────┐  y[n]  →
         │  LTI    │             │  LTI    │
X(z)     │System 1 │   Y₁(z)     │System 2 │   Y(z)
         │  H₁(z)  │             │  H₂(z)  │
         └─────────┘             └─────────┘
```

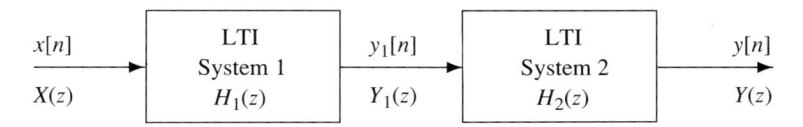

図8.28 2つのLTIシステムの周族接続

(a) z-変換を使用して、$x[n]$から$y[n]$までの全体システムのシステム関数が、$Y(z) = H(z)X(z)$となることから、$H(z) = H_1(z)H_2(z)$となることを示せ。

(b) System 1は差分方程式$y_1[n] = x[n] + (\frac{5}{6})x[n-1]$で記述されたFIRフィルタであり、System 2システム関数$H_2(z) = 1 - 2z^{-1} + z^{-2}$で記述されていると仮定する。このときの全縦続接続システムのシステム関数をもとめよ。

(c) (b)のシステムにおいて、図8.28の$y[n]$を$x[n]$に関係付ける単一の差分方程式を求めよ。

(d) (b)のシステムにおいて、$H(z)$の極とゼロを複素z-平面上にプロットせよ。

(e) 出力信号がたえず入力信号に等しくなることを保証する$H(z)$の条件を導出せよ。

(f) System 1が差分方程式$y_1[n] = x[n] + (\frac{5}{6})x[n-1]$であるとき、縦続接続の出力が常に入力に等しくなるようなシステム関数$H_2(z)$を求めよ。言い換えれば、$H_1(z)$のフィルタ動作を打ち消すような$H_2(z)$を求めることである。これは逆コンボリューションと呼ばれる。$H_2(z)$が$H_1(z)$の逆(inverse)である。

(g) いま、$H_1(z)$が一般的なFIRフィルタを表していると仮定する。もし$H_2(z)$は安定であり、$H_1(z)$に対する因果的逆フィルタであるならば、$H_1(z)$に関するどのような条件が保持される必要があるか。

8.22 次式を使用して離散時間信号を定義する。

$$y[n] = (0.99)^n \cos(2\pi(0.123)n + \phi)$$

(a) nに対する$y[n]$をスケッチせよ。nの範囲は$0 \leq n \leq 20$とする。

(b) $y[n]$を合成するようなIIRフィルタを設計せよ。その答えを数値の係数を持つ差分方程

式の形式で示せ。この合成は差分方程式の初めにインパルス入力を使用する（ゼロ初期条件を持っている）ことにより作成されると仮定している。

第9章
スペクトル解析

　この章はスペクトル解析の基本的な考え方を紹介する。解析は、1組の信号値$x[n]$からスペクトル表現の計算を意味している。現実の信号$x[n]$は、音声や音楽のようなデジタル録音された信号である。したがって、信号のスペクトルを導出するためにデジタル計算機を使用する。最もよく知られた解析法は高速フーリエ変換（fast Fourier Transform: FFT）である。これはスペクトル解析のための効果的な計算ツールである。この章の主な到達点は、読者らがFFT計算の出力を理解し、信号の「真」のスペクトル内容にどのようにして関係付けるかを理解できるように、スペクトル解析の本質的な考え方を示すことにある。

　第2の到達点は、時間-周波数解析と呼ばれる手法について、その基本的な考え方を示すことにある。時間-周波数解析のひとつの方法として、数多くの短時間FFTを実行することにより、非常に長い信号を解析する。これは、スペクトログラム（spectrogram）と呼ばれ単一グレースケールの画像に組み立てる。結果の画像は、局部周波数応答スペクトルが時間とともにどのように変化するかをスペクトル解析者に示す。スペクトログラムを正しく理解するには、アドバンスレベルでの学習が要求されるが、ここでは、次の2つの観点を示す。つまり、読者らは時間-周波数スペクトル解析の能力だけでなくその限界を評価すること、また、先の学習のための動機付けを提供することである。

　周波数スペクトルは、信号が複素指数関数信号でどのように構成されているかを知らせてくれる。第3章で周波数スペクトルを議論したときは、合成（synthesis）に集中していた。いろいろな複雑な信号は、異なる振幅と位相を持つ少数の複素指数関数による寄与の和で合成される。スペクトル表現の概念により、LTIシステムの周波数応答$H(e^{j\hat{\omega}_0})$を求めることができる。これは、$e^{j\hat{\omega}_0 n}$の形の入力信号が出力$H(e^{j\hat{\omega}_0})\,e^{j\hat{\omega}_0 n}$を生成するを教えてくれる。重ね合わせの原理により、周波数

応答がスペクトル成分を個別に扱うので、フィルタの出力は入力信号の各スペクトル成分に基づく寄与を和により計算されるという考えに導いてくれる。

信号の構成が未知であるとき、複素指数関数成分の和として信号を適切に表現する理論、および、これらのスペクトル成分の振幅と位相の計算方法が必要である。たとえば、もし、音声波形をサンプルする場合、正弦波の重み付き加算で再構成できるだろうか。もし、可能ならば、波形を表現するためのより簡単な方法がある。理由は隠れたスペクトル内容を明らかにしたからである。幸運にも、ほとんど全ての信号は複素指数関数信号の重ね合わせとして表現可能である。これは1807年にFourier[注1]により示された。また、彼の結果は信号とシステムの現代の理論の多くの基本となっている。数学的複雑さは本書での目的からそれてしまうので、Fourier解析の本質的な表現は試みないことにする。その代わり、離散時間信号が周波数スペクトルを決定するために解析されるような実際的なアプローチをする。ついで、この解析がFIRフィルタリングやFFTによってどのように計算されるかを明らかにする。

9.1 入門と復習

スペクトル解析の基本的な考えは、信号$x[n]$の数値からスペクトル成分の値を計算するシステムを作成することである。このための計算方法の大体の形式を記述することが、ここでの最初の仕事である。

9.1.1 周波数スペクトルの再吟味

信号の周波数スペクトルは、信号を複素指数関数信号の加法結合として表現するのに要求される情報である。それぞれの複素指数関数は振幅（A_k）、位相（ϕ_k）、周波数（$\hat{\omega}_k$）を持っている。実の信号を複素指数関数の和として表現するための一般的な形式は、

$$x[n] = X_0 + \sum_{k=1}^{N} \left(X_k e^{j\hat{\omega}_k n} + X_k^* e^{-j\hat{\omega}_k n} \right) \tag{9.1.1}$$

ただし、$X_k = A_k e^{j\phi_k}$、$0 < \hat{\omega}_k \leq \pi$である[注2]。図9.1は$N = 3$のときの周波数対複素振幅$X_k$の図的表現である。等価な式は、

$$x[n] = X_0 + \sum_{k=1}^{N} 2\Re e\left\{ X_k e^{j\hat{\omega}_k n} \right\} = X_0 + \sum_{k=1}^{N} 2A_k \cos(\hat{\omega}_k n + \phi_k)$$

これは、正と負の周波数を組み合わせることにより式（9.1.1）から得られる。

[注1]：Grattan-Guiness, Joseph Fourier, 1768-1830, The MIT Press, Cambridge, MA, 1972.

[注2]：第3章での定義と2だけ異なる複素フェーザXkの定義を使用したことに注意されたい。これは離散フーリエ変換の標準的な定義に合わせるため必要である。

9.1 入門と復習

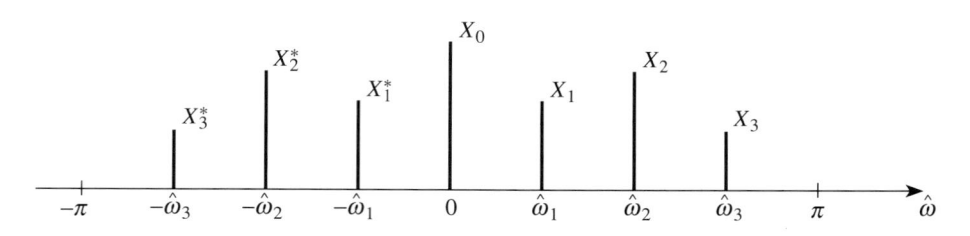

```
                    X_0
            X_2*          
       X_1*         X_1    X_2
  X_3*                          X_3
───┼────┼────┼────┼────┼────┼────┼───→
  -π  -ω̂_3 -ω̂_2 -ω̂_1  0  ω̂_1  ω̂_2  ω̂_3  π   ω̂
```

図9.1 周波数範囲 $-\pi < \hat{\omega} \leq \pi$ における実の信号のスペクトル

式 (9.1.1) は、振幅 X_0 の DC 成分と、周波数 $\hat{\omega}_k$ に対応する複素指数関数成分、および、複素振幅 X_k の和として信号を表現している。$x[n]$ は実数であると仮定しているので、X_0 は実数であり、また、$\hat{\omega} = -\hat{\omega}_k$ の周波数における複素振幅成分は、周波数 $\hat{\omega} = \hat{\omega}_k$ における複素振幅成分の複素共役でなければならない。この対称性が図9.1に示されており、これは、3つの非ゼロ周波数 ($N = 3$) と $\hat{\omega} = 0$ における DC 成分を持つスペクトルの図的表現である。

離散時間信号に対して、全ての周波数は、通常、$-\pi$ と $+\pi$ の間に存在すると仮定している。しかしながら、もし負の周波数範囲 $-\pi \leq \hat{\omega}_k < 0$ を正のエイリアス周波数である $\pi \leq 2\pi - \hat{\omega}_k < 2\pi$ に移動すると、等価なプロットを、正の周波数のみで構成できる。この変換は、n が整数であるとき $e^{j2\pi n} = 1$ となるので、次の式から直接に導かれる。

$$e^{-j\hat{\omega}_k n} = e^{j2\pi n} e^{-j\hat{\omega}_k n} = e^{j(2\pi - \hat{\omega}_k)n}$$

言い換えれば、正のエイリアス周波数 $2\pi - \hat{\omega}_k$ は、負の周波数 $-\hat{\omega}_k$ との見分けはつかない。図9.1に等しいが正の周波数 $0 \leq -\hat{\omega} < 2\pi$ のみが使用されるスペクトルを図9.2に示す。スペクトルのこの形式は高速フーリエ変換アルゴリズムを議論するときに有用であることが分かる。

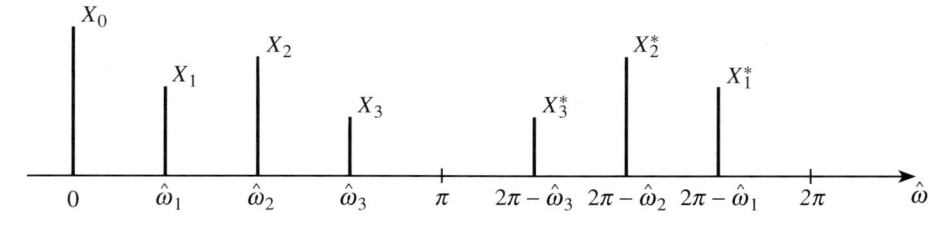

```
 X_0
       X_1
              X_2                       X_2*
                     X_3         X_3*          X_1*
──┼────┼────┼────┼────┼────┼────┼────┼────┼───→
  0   ω̂_1  ω̂_2  ω̂_3  π  2π-ω̂_3 2π-ω̂_2 2π-ω̂_1 2π   ω̂
```

図9.2 正の周波数だけを使用した実の信号のスペクトル。周波数範囲は $0 \leq \hat{\omega} < 2\pi$ である。

9.1.2 スペクトルアナライザー

スペクトル解析のシステムは、信号中の各スペクトル成分の周波数、振幅、位相を抽出しなければならない。周波数選択のステップは、最も困難な部分である。それゆえ、ここでは、図9.3に示

すように、スペクトルアナライザーのための2部分構成を提案する。図9.3においては、周波数が最初に計算される。次いで、個別のチャンネルがそれぞれのスペクトル成分のために使用される。第kチャンネルは周波数$\hat{\omega}_k$に対するスペクトル値の振幅と位相を抽出する。第kチャンネルの可能な実現方法は、$\hat{\omega} = \hat{\omega}_k$に中心を持つ帯域通過フィルタを使用することである。

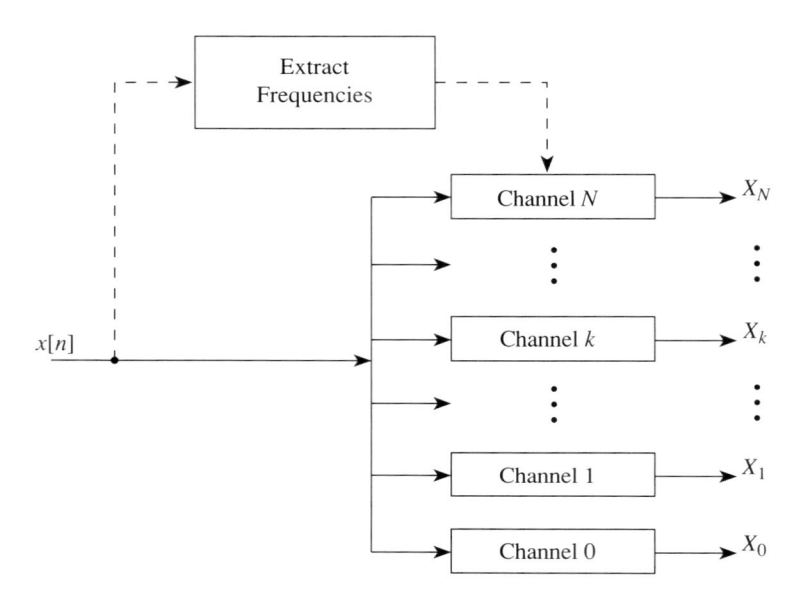

図9.3　周波数抽出アルゴリズムとそれに続く各周波数成分のための個別チャンネルを含むデジタル・スペクトル解析システム。記法X_kは式（9.1.1）で定義されている。ここで、X_kは$\hat{\omega} = \hat{\omega}_k$のときの複素振幅である。

周波数抽出ステップが本質的である。しかしながら、図9.3の最適周波数抽出を計算するためのアルゴリズムは比較的に複雑であり、本書のような入門書の範囲を超えている。ここでは信号の最良な周波数を計算することはしないが、解析チャンネルのための周波数を選択しなければならない。ここでのアプローチは信号と独立に、時間前に周波数を取り出しておくことである。有限数のチャンネル（$N+1$）が存在するので、明らかな選択は、等間隔の周波数

$$\hat{\omega}_k = \frac{2\pi}{N} k \qquad k = 0, 1, 2, 3, \ldots, N \qquad (9.1.2)$$

で、2πの周波数範囲をカバーすることである。この方法は、信号の内容に関する先見的知識を何も仮定しない。よく使用される別の方法は、周波数の対数的な間隔である。解析が数オクターブにまたがって実行されねばならない時に、$\hat{\omega}_{k+1} / \hat{\omega}_k$を一定にする。人間の聴感のような物理的シス

テムは、周波数間隔が一定比をもつスペクトル解析としてモデル化される。

信号の正確な周波数成分が未知であっても、ここでは、信号を近似するために等間隔の周波数を使用する。ひとつの簡単なアプローチとして、大量の固定周波数、つまり式 (9.1.2) の N の非常に大きな数から開始する。次に、どの周波数成分が大きな振幅を持っているかを求めるためにスペクトル解析チャンネルの出力を調査する。もし、これらの大きな成分を残しそれ以外の成分を捨てるならば、そのスペクトルは近似的表現である。しかし、固定周波数を用いると、振幅と位相の計算は簡単なフィルタ構成に縮小できる。つまり、FFT に変更できる。

いかなる数学的な公式も使用することなくスペクトル解析に関して説明することには限界がある。前の章で明らかにした知識を動員してこの問題にアプローチする。

9.2 フィルタリングによるスペクトル解析

この章の主題は、信号値 $x[n]$ からスペクトル値 X_k を計算することである。この節では、スペクトル解析の計算にフィルタリングの観点を適用する。それはこれまでに周波数応答の知識を構築してきたからである。スペクトル解析（図9.3）のそれぞれのチャンネルは、次に示す2つの仕事を行う。第1は関心ある周波数を分離すること、第2はその周波数の複素振幅を計算することである。関心ある周波数を分離する仕事は、狭い通過帯域を持つ帯域通過フィルタ（BPF）に理想的には対応している。$x[n]$ がその BPF を通過すると、その出力の振幅と位相を計測できる。各チャンネルの個別の BFP を設計するよりはむしろ、ここでは、全ての周波数が同一フィルタを共用するスペクトルの周波数シフト（frequency-shifting）特性を紹介する。

9.2.1 周波数シフト

第3章において振幅変調の議論をしたように、もし、複素指数関数信号が異なる複素指数関数信号と乗算されるとその信号の周波数はシフトする。たとえば、いま式 (9.1.1) で与えられた信号 $x[n]$ に複素指数関数信号 $e^{-j\hat{\omega}_s n}$ が乗算されるとしよう。複素指数関数信号 $e^{-j\hat{\omega}_s n}$ は信号 $x[n]$ 変調 (modulate) される。$x[n]\,e^{-j\hat{\omega}_s n}$ のプロセスは振幅変調と呼ばれる。新たな信号は、

$$\begin{aligned}
x_{\hat{\omega}_s}[n] &= x[n]e^{-j\hat{\omega}_s n} \\
&= \left[X_0 + \sum_{k=1}^{N}\left(X_k e^{j\hat{\omega}_k n} + X_k^* e^{-j\hat{\omega}_k n}\right)\right]e^{-j\hat{\omega}_s n} \\
&= X_0 e^{-j\hat{\omega}_s n} + \sum_{k=1}^{N}\left(X_k e^{j(\hat{\omega}_k - \hat{\omega}_s)n} + X_k^* e^{-j(\hat{\omega}_k + \hat{\omega}_s)n}\right)
\end{aligned} \tag{9.2.1}$$

$x_{\hat{\omega}_s}[n]$ の周波数が $x[n]$ を $\hat{\omega}_s$ だけ左にシフトしたことは、この式から明らかである。$\hat{\omega}_s = \hat{\omega}_1$ という特別な場合を図9.4に示す。図9.1から信号 $x[n]$ の全体のスペクトルは $\hat{\omega}_s$ だけ左に移動した。つまり、周波数 $\pm\hat{\omega}_k$ におけるオリジナルのスペクトル成分は $\pm\hat{\omega}_k - \hat{\omega}_s$ の位置にシフトした。周波数シフト $\hat{\omega}_s$

が $\hat{\omega}_1$ に等しいとき、$\hat{\omega}_1$ のオリジナルの成分はゼロ周波数に移動する。また、オリジナルのDC成分は $-\hat{\omega}_1$ に移動する。9.2.2節では、ある既知の $\hat{\omega}_k$ で X_k を計測するという事実を使用する。

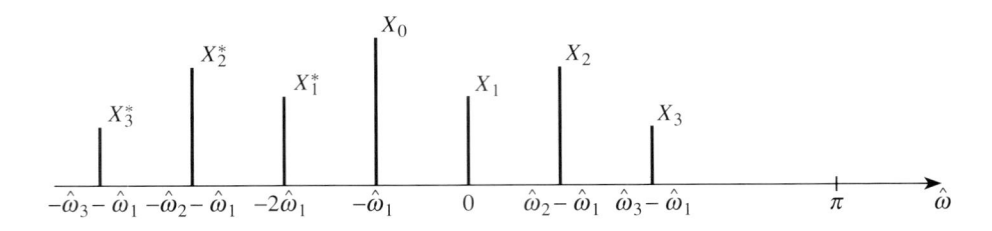

図9.4 周波数シフト $\hat{\omega}_s$ は $\hat{\omega}_1$ に等しい場合の周波数-シフトのスペクトル図

練習9.1 図9.4に示すシフトされたスペクトルを求めよ。図9.2と同じような正の周波数だけを使用してプロットせよ。ここで $\hat{\omega}_1 = 0.1\pi$、$\hat{\omega}_2 = 0.4\pi$、$\hat{\omega}_3 = 0.8\pi$ と仮定した。周波数位置の全てにラベル付けせよ。$\hat{\omega}_1 = 0.35\pi$、$\hat{\omega}_2 = 0.7\pi$、$\hat{\omega}_3 = 0.8\pi$ に対して求めよ。

9.2.2 平均値の計測

式 (9.1.1) で定義された信号は、ひとつの定数成分 (X_0) を含んでいる。残りの周波数はゼロ以上の振動成分である。$x[n]$ の平均値は X_0、つまり $\hat{\omega} = 0$ でのDC成分に等しい。この平均値は、$x[n]$ を他の周波数成分の全てを阻止する低域通過フィルタ（LPF）に通すことにより抽出される。LPFの周波数応答は、$\hat{\omega} = 0$ においては1、また、それ以外の周波数 $\hat{\omega}_k$ においては0でなければならない。

練習9.2 いま、$x[n]$ は、$\hat{\omega}_1 = 0.25\pi$、$\hat{\omega}_2 = 0.5\pi$、$\hat{\omega}_3 = 0.75\pi$ および、$X_0 = 3$ のDC成分からなるスペクトルをもっていると仮定する。この信号を処理するために、係数 $\{b_k\} = \{\frac{1}{8}, \frac{1}{8}, \frac{1}{8}, \frac{1}{8}, \frac{1}{8}, \frac{1}{8}, \frac{1}{8}, \frac{1}{8}\}$ を持つ8点FIRフィルタを使用する。出力は全ての n に対して $y[n] = 3$ であることを明らかにせよ。さらに、$H(e^{j\hat{\omega}})$ が低域通過フィルタであることを明らかにするために、$\hat{\omega}$ に対する $|H(e^{j\hat{\omega}})|$ をプロットせよ。

9.2.3 チャンネルフィルタ

周波数シフトは特定の周波数成分をゼロ周波数に変換するために使用されるという事実は便利である。それは $\hat{\omega} = 0$ での計測は低域通過フィルタを用いて信号の平均値を求めることに等しい。低域通過フィルタはシフトされたスペクトルのDC成分を抽出するとき、$x[n]$ のシフトされたひとつのスペクトル成分の複素振幅を実際に計測する。これを実行するためのシステムを図9.5に図示する。これは低域通過フィルタが平均値だけを計測するのではなく、その他の競合する全ての正弦波成分の出力をヌルにすることである。

9.2 フィルタリングによるスペクトル解析

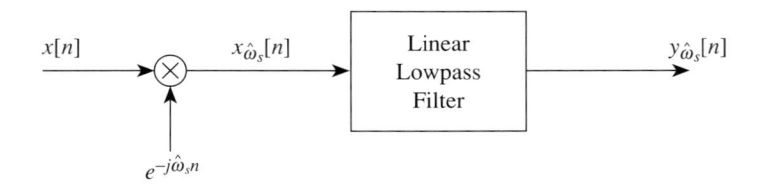

```
x[n] ───▶⊗───x_{ω̂_s}[n]──▶┌─────────┐──y_{ω̂_s}[n]─▶
         ▲                │ Linear  │
         │                │ Lowpass │
         │                │ Filter  │
    e^{-jω̂_s n}           └─────────┘
```

図9.5 周波数シフトに基づく、周波数$\hat{\omega} = \hat{\omega}_s$における複素指数関数成分の振幅を計測するシステム

図9.5のシステムの動作は、2つの余弦信号の簡単な場合に対して求める。

$$\begin{aligned} x[n] &= X_0 + 2A_1\cos(\hat{\omega}_1 n + \phi_1) + 2A_2\cos(\hat{\omega}_2 n + \phi_2) \\ &= X_0 + X_1 e^{j\hat{\omega}_1 n} + X_1^* e^{-j\hat{\omega}_1 n} + X_2 e^{j\hat{\omega}_2 n} + X_2^* e^{-j\hat{\omega}_2 n} \end{aligned}$$

もし、周波数シフトを$\hat{\omega}_s = \hat{\omega}_1$にすると、低域通過フィルタへの入力は、

$$x_{\hat{\omega}_1}[n] = x[n]e^{-j\hat{\omega}_1 n} = X_0 e^{-j\hat{\omega}_1 n} + X_1 + X_1^* e^{-j2\hat{\omega}_1 n} + X_2 e^{j(\hat{\omega}_2 - \hat{\omega}_1)n} + X_2^* e^{-j(\hat{\omega}_2 + \hat{\omega}_1)n}$$

この場合、振幅変調の結果は、新たなDC成分X_1と周波数$-\hat{\omega}_1$、$-2\hat{\omega}_1$、$\hat{\omega}_2 - \hat{\omega}_1$、$-(\hat{\omega}_2 + \hat{\omega}_1)$における干渉成分の和を作成することである。フィルタの周波数応答$H(e^{j\hat{\omega}})$は、線形フィルタの出力の簡単な式を与える。つまり、

$$\begin{aligned} y_{\hat{\omega}_1}[n] = &H(e^{-j\hat{\omega}_1})X_0 e^{-j\hat{\omega}_1 n} + (He^{j0})X_1 + H(e^{-j2\hat{\omega}_1})X_1^* e^{-j2\hat{\omega}_1 n} \\ & + H(e^{j(\hat{\omega}_2 - \hat{\omega}_1)})X_2 e^{j(\hat{\omega}_2 - \hat{\omega}_1)n} + H(e^{-j(\hat{\omega}_2 + \hat{\omega}_1)})X_2^* e^{-j(\hat{\omega}_2 + \hat{\omega}_1)n} \end{aligned} \tag{9.2.2}$$

式(9.2.2)から、もし、$H(e^{j0}) \neq 0$、また、$\hat{\omega} = -\hat{\omega}_1$、$-2\hat{\omega}_1$、$\hat{\omega}_2 - \hat{\omega}_1$、$-(\hat{\omega}_2 + \hat{\omega}_1)$での$H(e^{j\hat{\omega}}) = 0$であるならば、その出力$y_{\hat{\omega}_1}[n]$は計測しようとしている複素定数$X_1$に比例した定数である。言い換えると、図9.5のシステムは、もし、フィルタの周波数応答がシフトされた周波数以外の全ての場所でゼロであるならば、周波数$\hat{\omega}_1$におけるスペクトル成分を取り出すことができる。この奇策は、これらのシフトされる周波数が存在する場所に関する知識を持たずに低域通過フィルタの設計をするということである。

図9.6は、LPFとシフトされたスペクトルとの乗算を可視化するためのひとつの方法である。図9.6において、狭い低域通過フィルタの通過帯域は、通過帯域が$-\hat{\omega}_c < \hat{\omega} < \hat{\omega}_c$の区間で一定な理想フィルタとして描かれている。理想的な阻止帯域は$|\hat{\omega}| > \hat{\omega}_c$の領域でゼロである。このような理想LPFは、もし$\hat{\omega}_c$を図9.6の$\hat{\omega}_2 - \hat{\omega}_1$の最少周波数間隔より小さくできるならば、$\hat{\omega} = 0$での成分を抜き取り、$\hat{\omega}_c$以上の不要な成分の全てを除去できる。

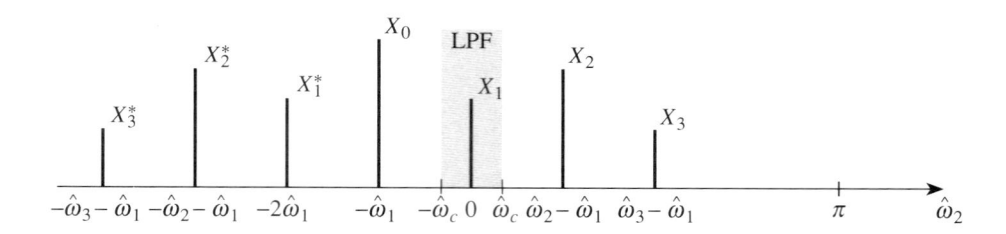

図9.6 　網掛けの領域は$\hat{\omega} = 0$における周波数シフトスペクトル成分を取り出すための理想LPFの通過帯域を示す。

　上で議論した簡単な例よりもさらに多くのスペクトル成分をもつ信号$x[n]$の場合にはどうであろうか。まず第一に、図9.5の変調器は、信号中に存在する既知の（あるいは、推定される）周波数にシステマティックに調節される。第2に、低域通過フィルタの周波数応答は、それぞれの周波数シフトに応じて変更されるかもしれない。それは不要なシフト周波数が変調後に異なる位置に移動し、そのフィルタがそれらの周波数の信号をゼロにするからである。もし、このような2つの問題が解決されるならば、全周波数スペクトルの計測が可能である。しかし不幸にして、この考えの一般的なアプリケーションには、少なくとも次のような2つの主要な問題が存在する。

1. 信号中にどのような周波数が存在するかを予め知る必要がある。
2. 図9.5における低域通過フィルタの周波数応答は$\hat{\omega} = 0$を除く全ての周波数帯域でゼロでなければならない。

　第1の問題に対するひとつの解は、0からπの間の全ての可能な周波数を試みることである。理論的には、無限個の周波数において計測が可能である。これは、信号とシステムの数学的解析における有用なツールであるフーリエ変換の数学的な定義へと導いてくれる。しかしながら、実際には有限個の周波数、たとえば、等間隔に取った集合だけを計算することで十分であると思われる。

　第2の問題は第1の問題に関係している。もし、スペクトルを全周波数に対して計測したとすると、$\hat{\omega} = 0$を除く全周波数において利得がゼロとなるフィルタが必要である。そのようなフィルタは数学的には定義可能であるが、ハードウェアやソフトウェア上は実現不可能である。

　つまり、スペクトル解析は、理論解だけの困難な問題であるように思われる。これは、幸いにもそのようなケースではない。次の9.3節において、移動加算フィルタのような実際的なフィルタが、注目している周期信号に対して正確なスペクトル計測をどのように提供しているかを紹介する。

9.3 周期信号のスペクトル解析

スペクトル解析には通常、近似を含んでいるが、ここでは、完全な仕事が実行可能であるひとつの事例を示す。この節においては、入力が周期信号であるときに完全に動作するようなスペクトル解析のための式を導出する。これと同じアプローチは、非周期信号のようなケースに対しても使用されるが、解析には近似誤差が含まれる。

9.3.1 周期信号

周期信号はシフト特性により定義される。つまり、

$$x[n-N] = x[n], \quad \text{全ての } n \text{ に対し}$$

ここで、パラメータ N は周期である。言い換えれば、$x[n]$ は N サンプルだけ遅れると、全く同じ信号となる。複素指数関数は N に等しい周期を持つ周期信号であるが、その周波数は $2\pi/N$ の整数倍でなければならない。これは次のような解析から証明される。

$$e^{j\hat{\omega}_0(n-N)} = e^{j\hat{\omega}_0 n}$$
$$e^{j\hat{\omega}_0 n} e^{-j\hat{\omega}_0 N} = e^{j\hat{\omega}_0 n}$$

最後の式は、

$$e^{-j\hat{\omega}_0 N} = 1 = e^{-j2\pi k}$$

となることを要求している。ただし、k は整数である。指数部を等しくおくと、$\hat{\omega}_0 N = 2\pi k$ となる。そこで、任意の周期複素指数関数は、

$$e^{j\hat{\omega}_0 n} = e^{j(2\pi k/N)n}$$

のように表現される。

一度、周期が指定されると、k の値を変更することにより、異なる複素指数関数信号を作成できる。しかしながら、実際には N 個の異なる周波数だけが存在する。つまり、

$$e^{j(2\pi(k+N)/N)n} = e^{j(2\pi k/N)n} e^{j2\pi n} = e^{j(2\pi k/N)n}$$

そこで、$k = 0, 1, 2, ..., N-1$ の範囲に k を限定してもよい。

9.3.2 周期信号のスペクトル

ここでは、一般的な周期離散時間信号のためのスペクトル表現を書き下す準備をする。もし、$x[n]$ が N に等しい周期を持っている場合、そのスペクトルには同一周期の複素指数関数だけを含むことができる。そこで、複素指数関数の和による周期 $x[n]$ の一般的な表現は、

$$x[n] = \sum_{k=0}^{N-1} X_k e^{j(2\pi k/N)n} \tag{9.3.1}$$

和の範囲は 0 から $N-1$ である。それは複素指数関数は N 個の異なる周波数しか持っていないからである。周波数はすべて、基本周波数 $2\pi/N$ の倍数である。係数 X_k は $x[n]$ のスペクトルにおける k 番目の周波数成分の複素振幅である。

この時点で、離散フーリエ変換（DFT）として知られている操作に対する標準的公式の表記法に話を進める。このような新たな表記法では、式 (9.3.1) の X_k を $X[k]/N$ で置換し書き換える。

$$x[n] = \frac{1}{N} \sum_{k=0}^{N-1} X[k] e^{j(2\pi k/N)n} \tag{9.3.2}$$

ここでスケーリング定数 $1/N$ を含んでいることと、係数 $X[k]$ を指標化するための [ ] 表記の方を選び下付きを削除したことに注意されたい。後で、式 (9.3.2) は逆離散フーリエ変換の標準的な定義に一致することを示す。

式 (9.3.2) で定義された信号は、周期 N の周期信号である。これを、式 (9.3.2) の n に対して $n-N$ で置換することにより明らかとなる。つまり、k が整数であるとき、$e^{-j2\pi k} = 1$ であるので、

$$x[n-N] = \frac{1}{N} \sum_{k=0}^{N-1} X[k] e^{j(2\pi k/N)(n-N)}$$
$$= \frac{1}{N} \sum_{k=0}^{N-1} X[k] e^{j(2\pi k/N)n} e^{-j2\pi k} = x[n]$$

となる。式 (9.3.2) で定義された信号は、正の周波数範囲において等間隔の周波数 $(2\pi/N)k$ を持っている。つまり、

$$0 < k \leq N/2 \text{ に対して } 0 < (2\pi/N)k \leq \pi$$
$$N/2 < k < N-1 \text{ に対して } \pi < (2\pi/N)k < 2\pi$$

指標 $k = N-1$ は、正の周波数 $\hat{\omega} = 2\pi(N-1)/N = 2\pi(1-1/N)$ に対応しているにも関わらず、負の周波数 $\hat{\omega} = -(2\pi/N)$ の正のエイリアス周波数でもある。同様に、$k = N-2$ は $\hat{\omega} = -(4\pi/N)$ の正のエイリアス周波数である。このようなエイリアシング関係の例は図9.1と図9.2を参照されたい。いま、実数

の信号$x[n]$があるとき、そのスペクトルは対称であるので、DFT係数は次のような制約を満足していると結論付けることができる。つまり、$X[N-1] = X^*[1]$、$X[N-2] = X^*[2]$、一般に$X[N-k] = X^*[k]$、$k = 0, 1, ..., N-1$となる。

例9.1 式（9.3.2）の表現は、周期Nを持つ周期離散-時間信号に適用する一般的な式である。これらの信号は係数$X[k]$の選択で異なったものとなる。数値例として次の信号を考察する。

$$x[n] = 8 + 10\sin((2\pi/10)n) = 8 - j5e^{j(2\pi/10)n} + j5e^{-j(2\pi/10)n} \tag{9.3.3}$$

これを図9.7に示す。この信号は周期$N = 10$の持つ周期信号である。正の周波数だけの項で表現される同様な信号は、

$$x[n] = 8 - j5e^{j(2\pi/10)n} + j5e^{j(2\pi/10)9n}$$

この信号の周波数スペクトルを図9.9（a）に示す。 ◇

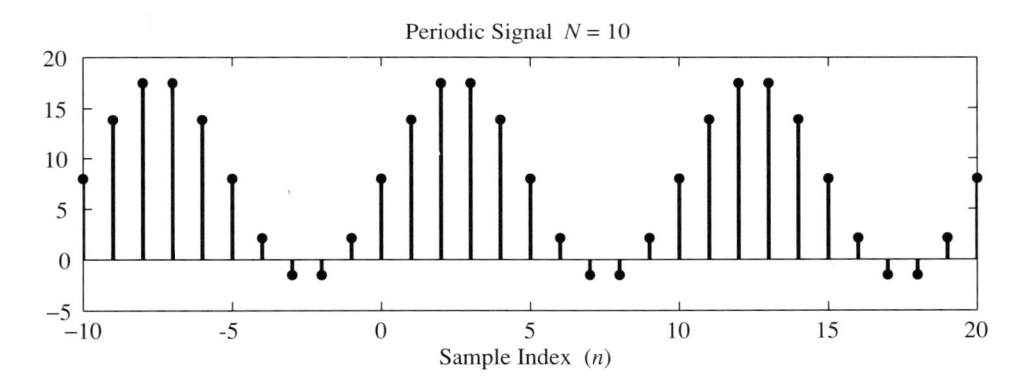

Periodic Signal $N = 10$

図9.7　周期10を持つ周期信号の波形

9.3.3 移動和のフィルタ

6.7節と7.7節では、移動平均や移動和を計算するFIRフィルタの例を示した。2つのフィルタは大変シンプルであり、それぞれは図9.5において必要なフィルタリングの仕事である。ここでは、差分方程式で定義されるL点移動和線形フィルタを使用する*[注3]。

---

*注3：移動平均フィルタは、出力の計算に含まれるLサンプル個を平均するための$1/L$因子を持っている。

$$y[n] = \sum_{\ell=0}^{L-1} x[n-\ell] \tag{9.3.4}$$

式 (9.3.4) のフィルタ係数はすべて1に等しいので、移動和フィルタの周波数特性は、

$$H(e^{j\hat{\omega}}) = \sum_{m=0}^{L-1} e^{-j\hat{\omega}m} = \frac{\sin(\hat{\omega}L/2)}{\sin(\hat{\omega}/2)} e^{-j\hat{\omega}(L-1)/2} \tag{9.3.5}$$

$L = 10$ に対する $|H(e^{j\hat{\omega}})|$ のプロットは、図 9.9 (b) にシフトされたスペクトル（ドット線）と共に図示する。式 (9.3.5) と図 9.9 (b) の周波数応答プロットは、$H(e^{j\hat{\omega}})$ の2つの重要な特性を与える。

・ $H(e^{j0}) = L$ より、移動和フィルタの DC 利得は L である。
・ $k = 1, 2, ..., L-1$ において、$H(e^{j2\pi k/L}) = 0$ となり、$H(e^{j\hat{\omega}})$ のヌル値は、$2\pi/L$ の倍数で等間隔に存在する。

$H(e^{j\hat{\omega}})$ のゼロが $\hat{\omega} = 2\pi k/L$ ごとに等間隔になっているという事実は、解析信号の周波数が等間隔であるような信号のスペクトル解析に対して移動和フィルタが非常にうまく動作することを暗示している。これまで見てきたものは周期信号のケースであったので、図 9.9 (b) に示すヌル特性は、もしフィルタ長 L が $x[n]$ の周期 N に等しい移動和フィルタを使用するならば、動作する。

9.3.4 移動和フィルタリングを使用したスペクトル解析

もし、N-点移動和フィルタが図 9.5 において低域通過フィルタとして使用されると、図 9.8 に示すシステムが得られる。乗算器の出力信号、

$$x_k[n] = x[n] \, e^{-j(2\pi k/N)n}$$

は、$(2\pi k/N)$ だけ周波数シフトされる。

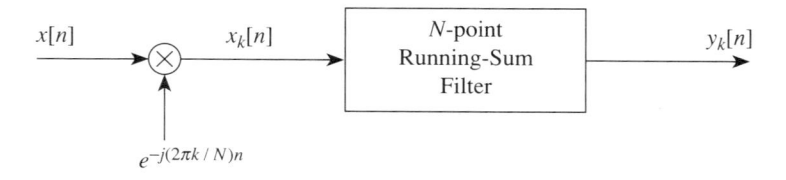

図 9.8 周波数 $2\pi k/N$ における複素指数関数成分の振幅と位相を計測するシステム。出力は、入力が周期 N を持つ周期信号であるときは一定信号となる。

9.3 周期信号のスペクトル解析

図9.9 (b) は、フィルタ長が入力信号の周期に一致するとき、つまり、(9.3.3) の例で $L = N = 10$ の場合、移動和フィルタがスペクトル解析でどのように動作するかを示す。図9.9 (b) のドット線は、$x[n]$ と $e^{-j(2\pi/10)n}$ の乗算で得られた $x_1[n]$ のシフトされたスペクトルを示す。周波数 $(2\pi/10)$ における $x[n]$ のスペクトル成分は、フィルタの利得が10であるゼロ周波数にシフトされる。また、残り2つのスペクトル成分は、フィルタがヌルである周波数にシフトされる。フィルタの出力は、常に $\hat{\omega} = 0$ でたったひとつのスペクトル線を含むため複素定数となる。$k = 1$ の場合、出力信号は定数値 $-j50$ となる。これは周波数 $2\pi/10$ においてスペクトル成分の複素振幅値の10倍である。もし、値 $X[1] = -j50$ を $N = 10$ の式 (9.3.2) に置き換えるならば、適当なスペクトル成分 $-j5e^{j(2\pi/10)n}$ が合成される。これ以外のスペクトル成分は、変調指数関数の k の値を変更することにより抽出される。$k = 9$ と $k = 0$ を除いては、すべてゼロとなる。スペクトル成分 $X[N-1] = X[9]$ は、共役対称 ($X[N-1] = X^*[1]$) の理由から既知である。係数 $X[0]$ は周波数をシフトすることなく移動和により直接に取り出される。その理由は低域通過フィルタが $H(e^{\pm j2\pi/10}) = 0$ を満足するからである。

前の例で示したように、図9.8のシステムは、周期 N を持つ周期信号に対して正しい結果を与える。事実、第 k チャンネルの出力は一定の $X[k]$ である。$y_k[n]$ が $X[k]$ に等しいことを証明するために、周波数 $(2\pi k/N)$ の複素指数関数の和として入力信号を表現する*注4。

$$x[n] = \frac{1}{N}\sum_{\ell=0}^{N-1} X[\ell]e^{j(2\pi/N)\ell n} \qquad (9.3.6)$$

乗算の後に、次式を得る。

$$x_k[n] = \frac{1}{N}\sum_{\ell=0}^{N-1} X[\ell]e^{j(2\pi/N)\ell n}e^{-j(2\pi/N)kn}$$

次に、$y_k[n]$ は、$x_k[n]$ の各スペクトル成分と移動和フィルタの周波数応答の適切な値との乗算から得ることができる。その結果の式は、

$$y_k[n] = \frac{1}{N}\sum_{\ell=0}^{N-1} H(e^{j2\pi(\ell-k)/N})X[\ell]e^{j(2\pi/N)(\ell-k)n}$$

$$= \frac{1}{N}H(e^{j0})X[k] + \frac{1}{N}\sum_{\substack{\ell=0 \\ \ell \neq k}}^{N-1} H(e^{j2\pi(\ell-k)/N})X[\ell]e^{j(2\pi/N)(\ell-k)n}$$

---

*注4: (9.3.6) において k と混乱しないように、ダミーの和指標 ℓ を使用する。図9.8では、一般的な周波数指標を指している。

第9章 スペクトル解析

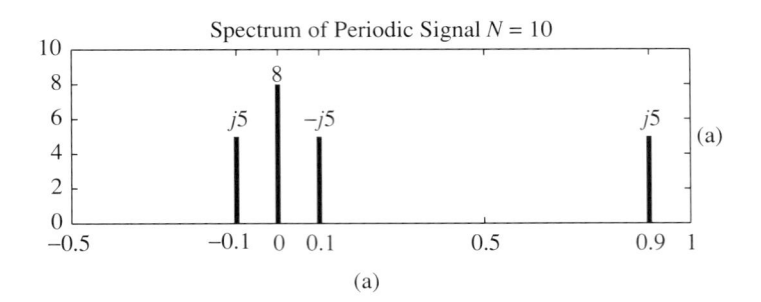

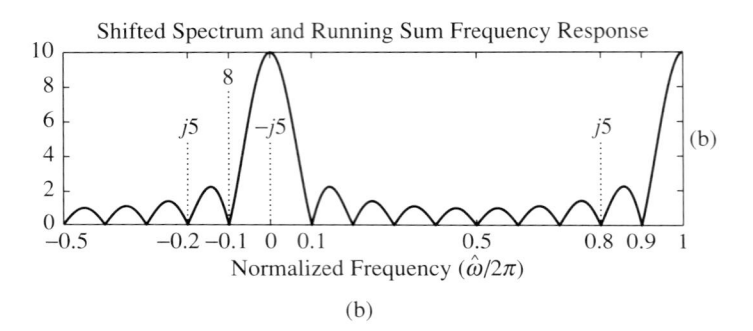

図9.9 (a) 図9.7の周期信号の周波数スペクトル。(b) $z\pi(1/10)$ だけ左シフトした周波数スペクトル（ドット線）と10点移動和フィルタの周波数応答（実線）

となる。$k = \ell$ のとき、その項の指数がゼロとなり、和項から飛び出した一定項を得る。N 点移動和フィルタの周波数応答は、$H(e^{j0}) = N$、および $(\ell - k) \neq 0$ のときはいつでも $H(e^{j2\pi(\ell - k)/N}) = 0$ となる性質を持っているので、式 (9.3.6) で表現された周期入力信号に対する出力は、次のように一定となることが導かれる。

$$y_k[n] = X[k] \quad \text{全ての } n \text{ に対して} \tag{9.3.7}$$

もし、移動和出力 (9.3.4) のための式に複素指数関数乗算子とを結び付けるならば、次式を得る。

$$y_k[n] = \sum_{\ell=0}^{N-1} x_k[n-\ell] = \sum_{m=n-N+1}^{n} x_k[m]$$
$$= \sum_{m=n-N+1}^{n} x[m] e^{-j(2\pi/N)km} \tag{9.3.8}$$

出力が一定であることは分かっているので、$X[k]$ の値を得るために、任意のある時間指標における図9.8における $y_k[n]$ を計算することができる。いま、この時間を $n = N - 1$ とするならば、標準的な

計算式を得るために、式 (9.3.7) と式 (9.3.8) を等しく置くことができる。

$$X[k] = \sum_{m=0}^{N-1} x[m] e^{-j(2\pi/N)km} \qquad k = 0, 1, 2, \ldots, N-1 \qquad (9.3.9)$$

この式は、それぞれのスペクトル成分 $X[k]$ が、1周期の和で求められることを示している。任意の区間で動作するが、ここでは基本区間 $0 \leq m \leq N-1$ を選ぶ。

図9.10は線形フィルタリングに基づくスペクトル解析で使用される N チャンネルの完全なブロック図である。各チャンネルはひとつのスペクトル係数を作るための変調フィルタの組で構成される。この構成は普通フィルタバンク（filter bank）と呼ばれる。各フィルタは連続出力ストリームを作成するが、ここでは入力が周期 N を持つ周期信号であるときには、たったひとつの値を必要としている。それは各チャンネルフィルタの出力が一定だからである。

9.3.5 DFT：離散フーリエ変換

これまでの議論では、次式のような離散フーリエ変換、DFT（discrete Fourier transform）と呼ばれる有名な変換の解析と合成の式を導出するための回り道をしてきた。

$$x[n] = \frac{1}{N} \sum_{k=0}^{N-1} X[k] e^{j(2\pi/N)kn} \qquad n = 0, 1, 2, \ldots, N-1 \qquad (9.3.10)$$

$$X[k] = \sum_{n=0}^{N-1} x[n] e^{-j(2\pi/N)kn} \qquad k = 0, 1, 2, \ldots, N-1 \qquad (9.3.11)$$

式 (9.3.11) はDFTであり、式 (9.3.10) は逆DFT、つまりIDFTである。式 (9.3.11) は信号からスペクトルを計算するための解析式であり、式 (9.3.10) はそのスペクトルからの信号を再合成するために使用される合成式である[注5]。この分析と合成の対になっている式は、周期 N を持つ任意周期信号の離散時間信号に対して成立する。我々が周期信号に対する正確な式を得られる理由は、入力周期と移動和フィルタのインパルス応答の長さが同じだからである。つまり、このフィルタは常に、出力が計算される時間に関係なく、入力 $x_k[n]$ の正確な1周期の和を取る。

これを強調するため、非常に重要なアイディアを以下のように示す。

図9.10のフィルタバンクの実現は、それぞれの異なる k の値に対してDFT分析の公式 (9.3.11) を評価するのに等価である。

---

*注5：我々が n を式 (9.3.11) ではダミーの和指標、式 (9.3.10) では独立変数のように使用していることに注意されたい。また、k に対してはその逆であり、これは式 (9.3.10) のダミー変数である。このことは普通何ら問題ではないが、式 (9.3.6) の場合において、別のダミー指標を使うことは可能である。

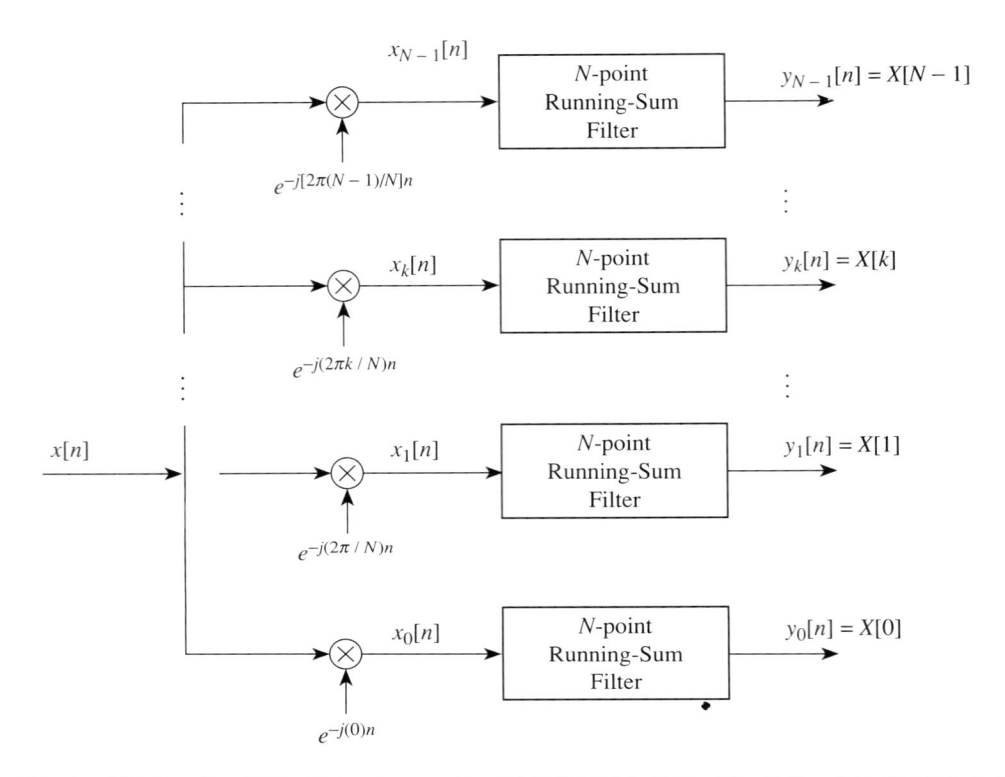

図9.10 離散フーリエ変換 $x[k]$, $k = 0, 1, ..., N-1$ を計算するための、フィルタ・バンクスペクトル解析システム

この等価性の結言は、計算にはDFTを使用するが、解釈や洞察にはフィルタバンクを使用すると言える。このDFTの計算には非常に効果的なアルゴリズムである高速フーリエ変換（FFT）を考慮するのが正しい。

9.3.6 DFTの例

DFTは時間領域の信号を周波数領域への変換に適用される。この節では、同一信号を3つの例で示す。

例9.2 第1の例は、特別な周波数を持つ複素指数関数の場合を考察する。そこで、信号 $x_1[n]$ は次のように定義されているとする。

$$x_1[n] = e^{j(2\pi k_0/N)n} \qquad n = 0, 1, 2, \ldots, N-1$$

この周波数は$2\pi/N$の整数倍である。$x[n]$のN-点DFTは、

$$X_1[k] = \sum_{n=0}^{N-1} x_1[n] e^{-j(2\pi/N)kn}$$

$$= \sum_{n=0}^{N-1} e^{j(2\pi k_0/N)n} e^{-j(2\pi/N)kn}$$

$$= \sum_{n=0}^{N-1} e^{-j(2\pi/N)(k-k_0)n}$$

$$= 1 + e^{-j(2\pi/N)(k-k_0)} + e^{-j(2\pi/N)(k-k_0)2} + \ldots + e^{-j(2\pi/N)(k-k_0)(N-1)}$$

$$= \frac{1 - e^{-j(2\pi/N)(k-k_0)N}}{1 - e^{-j(2\pi/N)(k-k_0)}}$$

最後の式の分子は全てのkに対して$1-1=0$となる。しかしながら、$k=k_0$のとき、分母もまたゼロとなる。$k=k_0$に対して、直接にDFT和を計算するとNとなる。したがって、DFTのコンパクトな数学的式は次のようになる。

$$X_1[k] = N\delta[k - k_0]$$

つまり、$k = k_0$における調整されたインパルス（scaled impulse）である。◇

例9.3 第2の例は例9.2を簡単にしたものである。つまり、$x_2[n] = \cos(2\pi k_0 n/N)$のDFTを計算する。余弦関数は2つの複素指数関数の和として表現されるので、

$$x_2[n] = \cos(2\pi k_0 n/N) = \tfrac{1}{2} e^{j(2\pi k_0/N)n} + \tfrac{1}{2} e^{-j(2\pi k_0/N)n}$$

それぞれの指数関数のDFTを求め、それらの結果の和をとる。このアプローチは、z-変換に類似して、DFTが線形演算という事実を利用する。答えは、

$$X_2[k] = \tfrac{1}{2} N\delta[k - k_0] + \tfrac{1}{2} N\delta[k - (-k_0)]$$

あるいは、等価的に、

$$X_2[k] = \tfrac{1}{2} N\delta[k - k_0] + \tfrac{1}{2} N\delta[k + k_0]$$

◇

例9.4 第3の例は、$2\pi/N$の倍数でない周波数を持つ複素指数関数関数とする。

$$x_3[n] = e^{j(\hat{\omega}_0 n + \phi)} \qquad n = 0, 1, 2, ..., N-1$$

$x[n]$ の N 点 DFT は、

$$\begin{aligned}
X_3[k] &= \sum_{n=0}^{N-1} e^{j(\hat{\omega}_0 n + \phi)} e^{-j(2\pi/N)kn} \\
&= e^{j\phi} \sum_{n=0}^{N-1} e^{-j(2\pi k/N - \hat{\omega}_0)n} \\
&= e^{j\phi} \left(e^{-j(0)} + e^{-j(2\pi k/N - \hat{\omega}_0)} + \ldots + e^{-j(2\pi k/N - \hat{\omega}_0)(N-1)} \right) \\
&= e^{j\phi} \frac{1 - e^{-j(2\pi k/N - \hat{\omega}_0)N}}{1 - e^{-j(2\pi k/N - \hat{\omega}_0)}}
\end{aligned}$$

この結果の計算において、$x_3[n]$ は周期 N を持つ周期的ではないという事実を無視したことに注意されたい。

もし、指数を $\theta = (2\pi k/N - \hat{\omega}_0)$ とおくと、上の最後の式は、分子から $e^{-j\theta N/2}$ と分母からは $e^{-j\theta/2}$ の因数分解により幾分簡単にされる。演算の2ステップの後、最終結果は、

$$X_3[k] = e^{j\phi} e^{-j(2\pi k/N - \hat{\omega}_0)(N-1)/2} \frac{\sin((2\pi k/N - \hat{\omega}_0) N/2)}{\sin((2\pi k/N - \hat{\omega}_0)/2)}$$

この結果から、$N = 16$, $\hat{\omega}_0 = 9\pi/32 = 2\pi/N(2.25)$ として図9.11に示したように $|X_3[k]|$ は Dirichlet 関数のサンプルを構成していると言える*[注6]。Dirichlet 関数の振幅の包絡は、サンプルが得られた場所をはっきりするようにプロットされている。包絡の最大値は2.25であることに注意されたい。第1の例と比べると、DFT値のいずれもが正確なゼロではない。 ◇

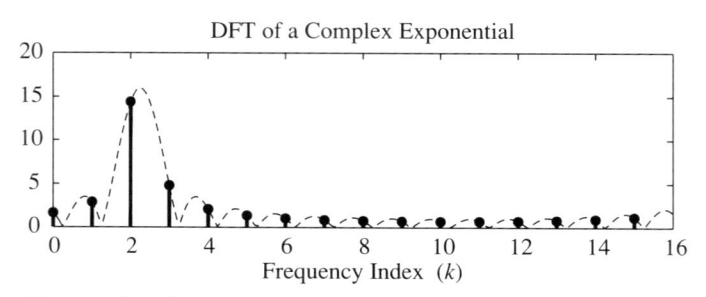

図9.11 複素指数関数の周波数が $2\pi/N$ の倍数でないときのDFT

---

*注6：Dirichlet関数の定義に関しては6.7節を参照されたい。

例9.2の信号$x_1[n]$は、例9.4における$\hat{\omega}_0 = 2\pi k_0/N$のときの$x_3[n]$の特別なケースである。つまり、$X_1[k]$の式は、$\hat{\omega}_0 = 2\pi k_0/N$における$X_3[k]$を計算からも得られる。図9.11と比べると、$X_1[k]$のDFTは非常に単純であることが分かる。それはDirichlet関数包絡のサンプリングは、Dirichlet関数のピークとゼロにおいて正確に出現するからである。ピーク値はNであり、それはDFTにおいて唯一の非ゼロ値である。

以前の例において$x_1[n]$と$x_3[n]$の重要な相違がひとつある。$x_1[n]$は周期がNの周期信号である。他方、$x_3[n]$は、その周波数がマジック値のひとつである$2\pi k_0/N$でなければ周期的ではく、またNに等しい周期で反復しないのである。DFTの合成式は常に、Nに等しい周期を持つ周期信号を与える。したがって、スペクトラム$X_3[k]$から$x_3[n]$を再構成するための合成式を使用することは、範囲$n = 0, 1, 2, \ldots, N-1$において$x_3[n]$の正しい値を与えるが、その範囲以外の値は拡張された周期となり、Nに等しい周期を持つように$x_3[n]$を強制的に再構成する。これを図9.12に示す。

これらの例はDFT総和の式を用いて動作する代数的な複雑さを示している。幸いに、このような解析は、ほとんどのDFTは数値的に計算されるのでめったに使用されない。次の節において、FFTアルゴリズムの基本的な考えを示す。これはDFTのための非常に効果的な計算方法である。

9.3.7 高速フーリエ変換（FFT）

DFT（9.3.11）とIDFT総和の式（9.3.10）は、時間領域においてN個を数列取り、周波数領域においてN個の複素数を作成するための計算方法とみなすことができる。式（9.3.11）は、それぞれのkの値に対して、N個の和である。$X[k]$のひとつの値を計算するために、N回の乗算と$N-1$回の加算を必要とする。もし、$X[k]$の係数の全てを計算するために必要な演算操作を数えると、その総数はN^2回の複素乗算と$N^2 - N$回の複素加算回数となる。

デジタル信号処理の分野において、最も重要な発見のひとつは、高速フーリエ変換（fast Fourier transform：FFT）である[注7]。これは、N^2ではなく$N \log_2 N$に比例した演算回数で、式（9.3.11）と式（9.3.11）を計算するためのアルゴリズムである。Nが2の累乗であるとき、FFTは、ほぼ$(N/2)\log_2 N$の複素演算回数で係数$X[k]$の組を計算する。$N \log_2 N$の挙動は、大きなNに対して重要度が増加してくる。たとえば、もし、$N = 1024$ならば、FFTは、係数$X[k]$の組を式（9.3.11）の直接的な計算で要求される$N^2 = 1{,}048{,}576$回ではなく、$(N/2)\log_2 N = 5120$回の複素乗算で実行される。このアルゴリズムは、DFTの長さNが2の累乗であるとき、最も良く動作する。また、もしNが多くの小さな整数因子を持っているならば、効率的に動作する。他方、Nが素数であるとき、FFTはDFT和の直接的な計算に対して何も寄与するところがない。いろいろなバリエーションのFFTアルゴリズムは、ほとんどのコンピュータ言語や多くのマシンで広く使用可能である。MATLABの場合、そのコマンドは fft である。MATLABで多くの別のスペクトル解析関数において

[注7]：J. W. Cooley and J. W. Tukey, "An Algorithm for the machine Computation of Complex Fourier Series," Mathematics of Computation, vol.19, pp.297-301, April 1965。FFTの基本的な考え方は19世紀初頭にGaussらにより示されている。

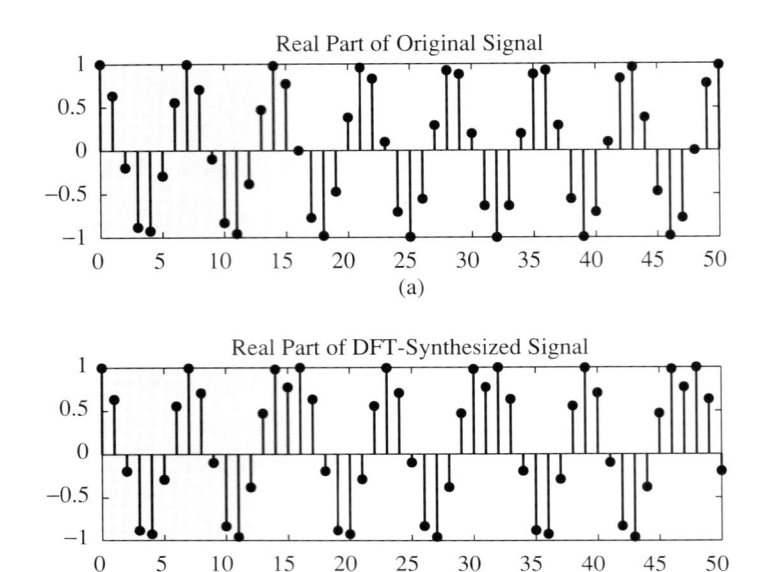

図9.12 (a) 非周期信号、(b) 16-点DFTによる合成は、入力が周期的でない時でさえ、16に等しい周期を持った周期結果を作成する。影の領域は、$0 \leq n \leq 15$ の範囲において、これら2つは等しいが、DFT合成の周期拡張は、決して反復することのないオリジナル信号の残部を作成することはできない (a)。

も、それらの仕事の一部を実行するためには fft が呼び出される。

最後に、図9.10と式 (9.3.11) のDFT式を再度考察する。これらの2つは等価であることを強調しておく。FFTアルゴリズムの存在は、スペクトル値を計算するときには式 (9.3.11) の選択を意味している。しかしながら、図9.10はスペクトル解析の結果を解釈する時に極端に有用であることが分かる。

FFTに関する詳細とその導出は、この章の9.8節で示す。

9.4 サンプルされた周期信号のスペクトル解析

FFTアルゴリズムは離散-時間 (周期) 信号のスペクトルを効率的に計算するための方法である。他方、記録された信号は原信号を連続-時間信号として持っているので、周波数内容は連続-時間領域において理解される。DFTを使用する場合には、図9.13に示すように、連続-時間信号 $x_c(t)$ を最初にC-to-D変換器を用いてサンプルしなければならない。次に、問題点は、$x_c(t)$ の「真」の周波数内容と、サンプリングの後で $x[n]$ のDFTで計算される周波数内容とを関係付けることである。

9.4 サンプルされた周期信号のスペクトル解析

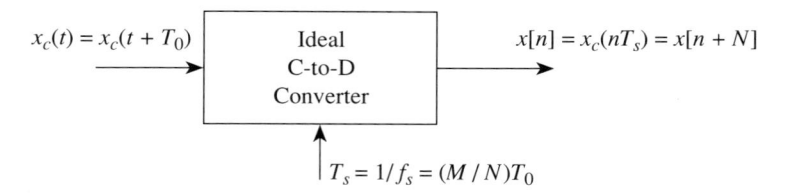

```
x_c(t) = x_c(t + T_0)  →  [Ideal C-to-D Converter]  →  x[n] = x_c(nT_s) = x[n + N]
                              ↑
                         T_s = 1/f_s = (M/N)T_0
```

図9.13 周期 $N = M(f_s/f_0)$ を持つ周期離散-時間信号を得るための周期連続-時間信号のサンプリング。

これまでに理解されてきたDFTは周期信号にのみ適用されるので、まずは周期連続-時間信号をサンプリングすることにより得られた離散-時間周期信号の解析を考察する。連続-時間信号の周期に対するサンプリング周期T_sとの比は、$x[n]$の周期信号を得ようとするならば任意ではない。それは、$x[n]$の周期は整数でなければならないからである。図9.13の特別な条件を導出するために、全てのtにおいて、$x_c(t + T_0) = x_c(t)$ となるような連続時間周期信号を考察する。もし、$x_c(t)$が速度 $f_s = 1/T_s$ でサンプルされ、かつ、周期離散-時間信号を希望するならば、その時は次のような式を満足する必要がある。

$$x[n] = x_c(nT_s) = x_c(nT_s + T_0)$$
$$x[n] = x[n + N] = x_c(nT_s + NT_s)$$

T_0に対する明らかな選択は $T_0 = NT_s$ である。ただしNは整数である。このケースにおいて、$x[n]$の1周期は$x_c(t)$の1周期に対応している。しかし、これは唯一の可能性ではなく、$x[n]$の1周期が$x_c(t)$の2周期、あるいは、3周期のように対応しているかもしれない。このような一般的な条件を、

$$MT_0 = NT_s$$

と表現できる。ただし、Mは$x[n]$の1周期に対応する$x_c(t)$の周期の整数値である。これを変形すると、次式を得る。

$$\frac{T_0}{T_s} = \frac{N}{M}$$

これは、基本周期とサンプリング周期との比は有理数でなければならない。もし、T_0/T_sが非有理数であると、数例$x[n]$は、たとえ連続-時間入力が周期であっても決して周期とはならない。

離散-時間信号の周期がNとなるように構築されると、長さがNのDFT計算からその信号のスペクトルが計算される。例として次の周期信号を考察する。

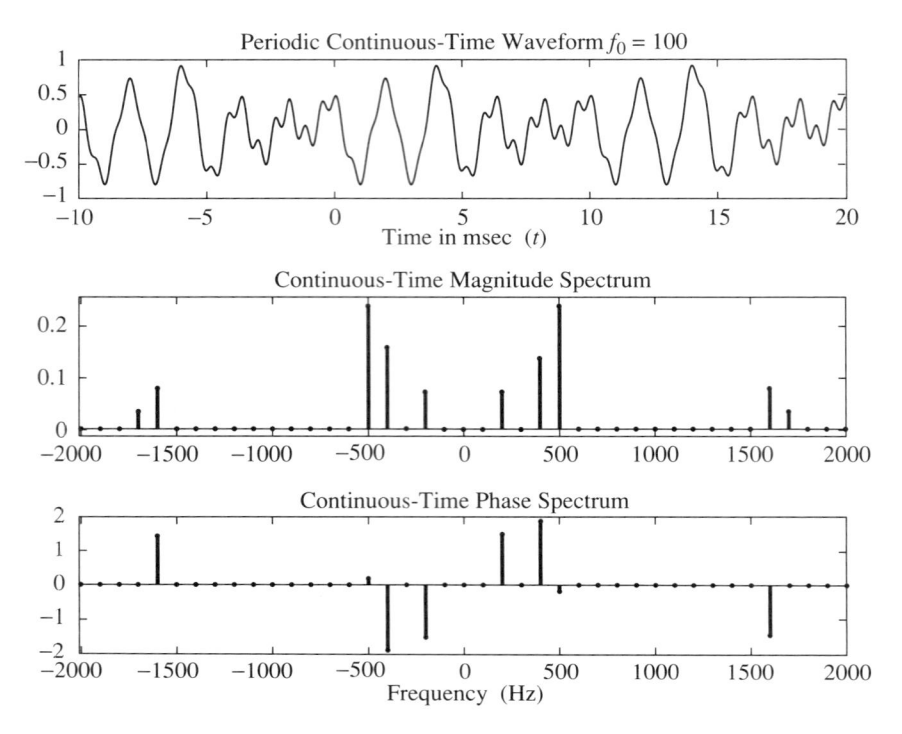

図9.14 基本周波数100Hzを持つ周期的連続-時間信号の波形とスペクトル

$$x_c(t) = 0.0472 \cos(2\pi(200)t + 1.5077) + 0.1362 \cos(2\pi(400)t + 1.8769)$$
$$+ 0.4884 \cos(2\pi(500)t - 0.1852) + 0.2942 \cos(2\pi(1600)t - 1.4488)$$
$$+ 0.1223 \cos(2\pi(1700)t) \tag{9.4.1}$$

この信号の波形は図9.14（上）にプロットされている。この図からは $x_c(t)$ の基本周期は $T_0 = 10$ msec であることがわかる。このように、式（9.4.1）より $x_c(t)$ の全ての周波数が $2\pi(100)$ の整数倍であることが明らかである。この信号の基本周波数は $f_0 = 100Hz$ である。この信号の振幅スペクトルは図9.14の中央にプロットされている。また、位相スペクトルは同図下部にプロットされている。これら2つは、連続-時間繰り返し周波数 $f = \omega/2\pi$ としてプロットされている。$100Hz$ にスペクトル成分が存在しないにも関わらず、周波数はすべて $100Hz$ の倍数であることが確かめられる。波形は実数であるので、負の周波数での位相は対応する正の周波数成分の位相角の負となることにも注意されたい。つまり、負周波数の複素振幅は対応する正周波数た複素振幅の複素共役である。

サンプリング定理はサンプリング周期の選択に関して付加的な制約を課すことに注意されたい。エイリアシングを避けるためには、$x(t)$ 中に存在する最高周波数の2倍以上の $f_s = 1/T_s$ を指定しなけ

ればならない。このケースでは$f_s > 2(1700)$を要求しているが、Nの都合のよい値を与える3400サンプル/sec以上のサンプリング周波数を選ぶことは自由である。たとえば、もし、信号$x_c(t)$が$f_s =$ 4000サンプル/sec（$T_s = 0.25$msec）のサンプリング速度でサンプルされたとすると、対応する離散-時間信号は図9.15（上）に示すものである。列$x[n]$の周期は$N = T_0/T_s = f_s/f_0 = 4000/100 = 40$サンプルであることに注意されたい。もし、図9.15上図の$x[n]$の一周期を40-点DFT（9.3.11）に使用するならば、図9.15（中、下）に示す40個のスペクトル係数$X[k]$が得られる。これらの40個のスペクトル係数はIDFT（9.3.10）の合成式の列$x[n]$を表わしている。

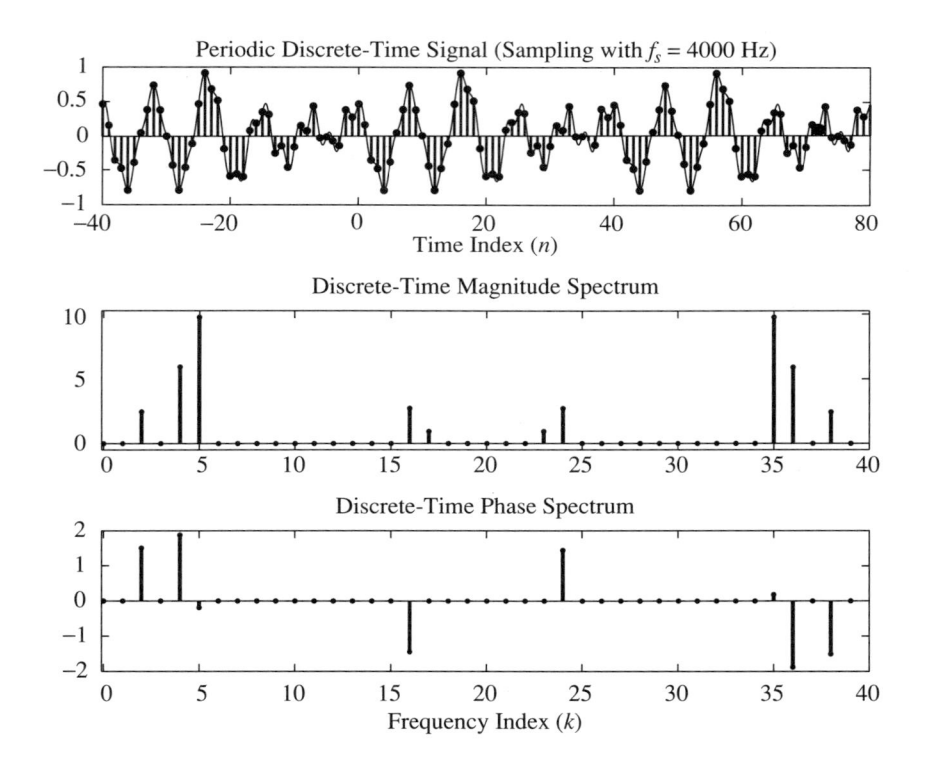

図9.15 サンプリング速度、$f_s = 4000$ サンプル/secを持つ図9.14の波形をサンプリングすることで得られる周期列信号とそれに対応する離散スペクトル$X[k]$。

図9.14と9.15とを結び付けることが重要である。離散-時間列のスペクトルには、$k=0$から$k=39$までの指標が付けられているが、それぞれの指標kは連続-時間周波数[Hz]にも対応している。$X[k]$の非ゼロ値は、連続-時間信号中に実際に存在する周波数成分に対応している。連続-時間周波数ωと離散-時間周波数$\hat{\omega}$との間の関係は、

$$\hat{\omega} = \omega T_s$$

であることを思い出されたい。たとえば、連続-時間信号の周波数 $\omega = 2\pi(400)$ は、離散-時間信号では $\hat{\omega} = 2\pi(400)/4000 = 2\pi(4/40)$ に対応している。また、式 (9.3.10) 中の指標 $k = 4$ に対応している。しかも、図9.14の負の周波数は図9.15における正のエイリアス周波数においても明らかであることが観測される。特別な例として、連続-時間信号の $-400Hz$ は離散-時間信号においては $\hat{\omega} = 2\pi + 2\pi(-400)/4000 = 2\pi(40-4)/40$ に対応している。また、式 (9.3.10) 中の指標 $k = 36$ に対応している。

練習9.3 アナログ周波数 ω を正確な周波数指標 k に変換する式を導出せよ。ここで、T_s は既知であり、$|\omega| < \pi/T_s$、つまり、エイリアシングはないと仮定する。しかも、DFTの長さ N も既知と仮定する。

9.5 非周期的信号のスペクトル解析

もし、離散-時間信号が周期的であるならば、そのスペクトルはDFTを用いて正確に計算されることを見てきた。これはエレガントな結論であるにも関わらず、実際的な関心事のほとんどの場合、周期信号ではない。普通は、数分間から数時間もの間サンプルされて得られた非常に長い列が記録されている。たとえば、オーディオ信号をサンプリング速度44.1kHzでサンプルするとき、ステレオ音楽の1時間は、$44100 \times 2 \times 60 \times 60 = 317,52,000$ サンプル数で表現される。この長い列を無限長として扱うかもしれないが、FFT計算においては良くない。長い列を周期として扱うこともできるが、長い記録は正確に周期的であることはなく、たとえ、正確に周期的な短時区間を含むとしても周期的ではない。

それに代わり、DFT解析を有限長信号に適用する。ここでは、どの様な記録をも長さに関係なく、有限長であるとして扱う。しかし、これは膨大な長さのFFTへと導くことになる。44.1kHzでのオーディオ信号の約1時間の間に、2の最小累乗のFFTは $2^{28} = 268,435,456$/チャンネルとなる。これより良いアプローチは、長い信号を小さなセグメントに分割して、各セグメントごとにFFTで解析することである。非常に長い記録には、スペクトル内容が変化しない短いパッセージを多分に含んでいるので、自然なセグメント長が存在すると思われるからである。確かに、音楽をこのような方法で考えたことはすでに見てきた。この節では、DFTがどのようにして有限長信号に適用されるかを学習する。また、有限長信号とDFTのための周期信号の間の関係をも明確にする。ここでの到達点は、有限長信号に適用されたときDFT法の限界を理解すること、また、この解析が近似的スペクトル表現をどのように与えるのかを学習する。

9.5.1 有限長信号のスペクトル解析

DFTをどのようにして有限長信号に適用するのだろうか。式 (9.3.11) は単に範囲0から$N-1$までの和であるので、この式を再利用できないだろうか。有限長列のためのDFT技法を正しく使用するためのひとつの方法は、有限長信号からの周期信号の構成に関して考えることである。次に、9.3.4節の技法は人工的な周期信号のための正確なスペクトル解析を提供する。有限長区間を反復することにより周期列を構成することが可能である。数学的に、$n<0$、$n\geq L$に対して$x[n]=0$であると仮定する。つまり、$x[n]$はL個の非ゼロサンプルである。周期がNである信号$\tilde{x}[n]$の作成が保証されている次の反復の式を使用する。

$$\tilde{x}[n] = \sum_{r=-\infty}^{\infty} x[n+rN]$$

解析に際しては1周期のみを使用するので、現実には、信号$\tilde{x}[n]$を作成する必要はないことに注意されたい。しかしながら、DFT計算においてこのような周期信号の暗黙の存在を認めることは重要である。明らかに、もし、$N\geq L$の場合、$0\leq n\leq N-1$の範囲では$\tilde{x}[n]=x[n]$となる。つまり、$\tilde{x}[n]$の1周期は、$x[n]$に等しいのである。$\tilde{x}[n]$は周期的であるから、ここで、N-点DFT (9.3.11) を$\tilde{x}[n]$の1周期に適用できる。

$$X[k] = \sum_{n=0}^{N-1} \tilde{x}[n]\, e^{-j(2\pi/N)kn} \qquad k=0,1,2,\ldots,N-1$$

しかし、$\tilde{x}[n]$の周期は事実$x[n]$であるので、非ゼロ区間、$n=0,1,2,\ldots,L-1$における$x[n]$に対してDFTを直接に使用したかのように、同一の複素数列が得られる。

$$X[k] = \sum_{n=0}^{N-1} x[n]\, e^{-j(2\pi/N)kn} = \sum_{n=0}^{L-1} x[n]\, e^{-j(2\pi/N)kn} \qquad (9.5.1)$$

式 (9.5.1) の上限を$N-1$から$L-1$に変更することは、もし、$L<N$であれば、$L\leq n\leq N-1$において$x[n]=0$であるので許される。

FFTスペクトル解析の計算

もし、信号にゼロを埋め込むと、長さLの信号のスペクトルはN-点DFTで計算される。つまり、N-点FFTを計算するに先立って、$x[n]$の非ゼロサンプルに$N-L$個のゼロサンプルを追加することで、信号長をLからNに増やす必要がある。MATLAB関数の*fft*は、デフォルトとしてこの様な機能を持っている。もし、L個の要素を持つベクトル*xx*を作成する場合、FFT長を指定することもできる。つまり、XX=fft(xx,512)のとき、$N=512$である。もし$L<512$ならば、ベクトル*xx*は自動的にゼロが埋め込まれる。

DFT の値 $X[k]$ は逆 DFT（9.3.10）を使用して離散-時間信号を再構成するために使用されるときはいつも、どのような結果になるだろうか。IDFT の式（9.3.10）は、周期信号 $\tilde{x}[n]$ を常に再構成できる周期信号に戻される。

$$\frac{1}{N}\sum_{k=0}^{N-1} X[k]e^{j(2\pi/N)kn} = \tilde{x}[n] = \sum_{r=-\infty}^{\infty} x[n+rN] \tag{9.5.2}$$

ここでは、$N \geq L$ を選んでいるので、もちろん、

$$x[n] = \begin{cases} \tilde{x}[n] & 0, 1, 2, \ldots, N-1 \\ 0 & \text{その他} \end{cases}$$

が成立しているので、$\tilde{x}[n]$ から $x[n]$ を得ることができる。言い換えると、区間、$0 \leq n \leq N-1$ に対してのみ式（9.5.2）の和を計算すべきであり、この区間以外での値は無視すべきである。

前述の議論の他に自然と発生してくる質問は、「ある有限長列に対して使用するのに最適な N 値はいくらか？」ということである。この質問に簡単に答えることは不可能である。明らかに、$N \geq L$ となる任意の N の選択は、オリジナルの有限長列が式（9.5.2）を使用し、そのスペクトルから復元可能であることを保証している。しかし、$N = L$ より大きな DFT 長を使用することの理由は存在するのだろうか？ 例として、次のような有限長列を考察する。

$$x[n] = \begin{cases} 0.5[1-\cos(2\pi n/L)] & 0 \leq n \leq L-1 \\ 0 & \text{その他} \end{cases} \tag{9.5.3}$$

図 9.16 は $L = 20$ に対する式（9.5.3）の数列を示す。これは周期 $N = 40$ を周期的に反復している。$N = 40$ のとき、[ゼロが埋め込まれている] $x[n]$ の非ゼロ部分に 20 個のゼロサンプルを広げたものである。図 9.16 の下部に示されているように、この周期は $N = 40$ であるから、信号を表現するための 40 個のスペクトル成分を持っている。少しの値だけが大きく、それらの約半分は実際にゼロであることに注意されたい。もし、N の値が 50 に増やした場合、$L = 20$、$N = 50$ に対して図 9.17 に示すように、$x[n]$ のコピーはさらに遠くに離されている。$N = 50$ の周期を用いると、信号を表現するには 50 個のスペクトル成分を必要とするが、$0 \leq k \leq 4$、$45 < k < 50$ における値だけは大きく見える。

9.5 非周期的信号のスペクトル解析

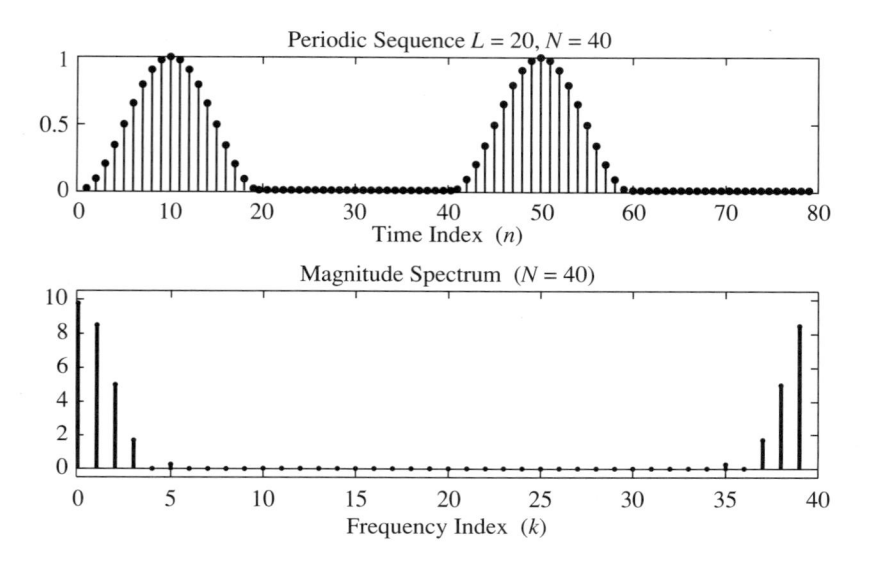

図9.16　$N = 40$ の周期を用いた有限長列のスペクトル解析（振幅特性だけを表示）

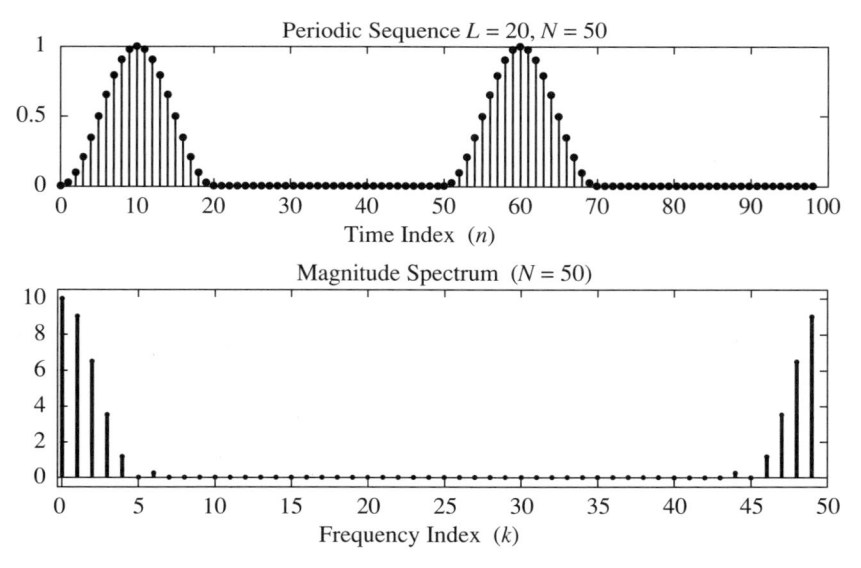

図9.17　$N = 50$ を用いた有限長列のスペクトル解析。振幅特性 $|X[k]|$ は 20 点信号に 30 個のゼロが埋め込まれたときの 50 点 DFT である。

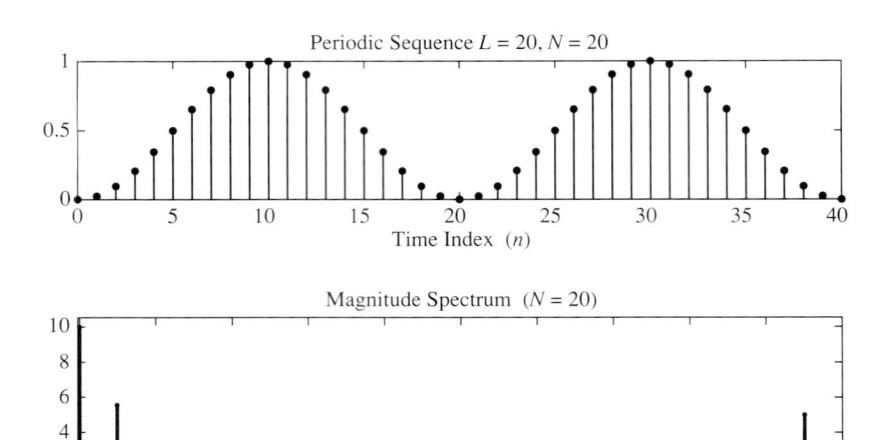

図9.18　$N = 20$ の DFT 長による有限長列 ($N = 20$) のスペクトル解析

しかしながら、もし、式（9.5.1）における N の値を小さくして、$x[n]$ の複製との距離をさらに近くに移動すると、両者間にある全てのゼロを削除できる。これは、$L = 20$、$N = 20$ に対して図9.18に示されている。図9.18の下図は、周期信号の振幅スペクトルである。これは $k = 0, 1, 19$ において3つの非ゼロ成分を持っているだけである。このケースにおいて、$x[n]$ の周期的反復は全ての n に対して $0.5[1 - \cos(2\pi n/20)]$ に等しくなるので、式（9.5.1）が3つの成分、つまり、DC成分と $\hat{\omega} = +2\pi/20$、$-2\pi/20$（これは $\hat{\omega} = 2\pi - 2\pi/20 = 2\pi(19)/20$ と同じ）の周波数における複素指数関数成分で正確な表現を与えることに驚くべきではない。

9.5.2　周波数サンプリング

N を変更すると、スペクトル表現は幾分違ってみえるが、実際には、全く同じものである。図9.16と図9.18とをくわしく比較調査すると、図9.18に示された20個のスペクトル成分は、図9.16の $N = 40$ のスペクトル成分に等しい。さらに、図9.16, 9.17と図9.18の全ては、類似した形状と見なされる。それぞれの場合のスペクトルはゼロ埋め込みされた信号に対して FFT で計算されたものであり、計算は同じ L 個のデータ値に基づいている。計算式は、

$$X[k] = \sum_{n=0}^{L-1} x[n] e^{-j(2\pi k/N)n} \qquad k = 0, 1, 2, \ldots, N-1$$

であり、$L = 20$ と異なる N 値を使用する。N の値が変化したとき、周波数 $\hat{\omega}_k = (2\pi/N)k$ の異なる組

を使用する。このような観測は次のような一般的特性へと導く。

DFTの周波数サンプリング特性

N点DFTは次式で計算される。

$$X(e^{j\hat{\omega}}) = \sum_{n=0}^{L-1} x[n] e^{-j\hat{\omega}n}$$

ただし、周波数$\omega_k = (2\pi/N)k$、$k = 0, 1, 2, ..., N-1$、つまり$X[k] = X(e^{j(2\pi/N)k})$。

周波数間隔はNの値を変更することで確認できる。図9.19は$N = 120$に対する結果を示している。ただし、関数$X(e^{j\hat{\omega}})$への収束を確かめるには、十分な周波数サンプル数を期待している。

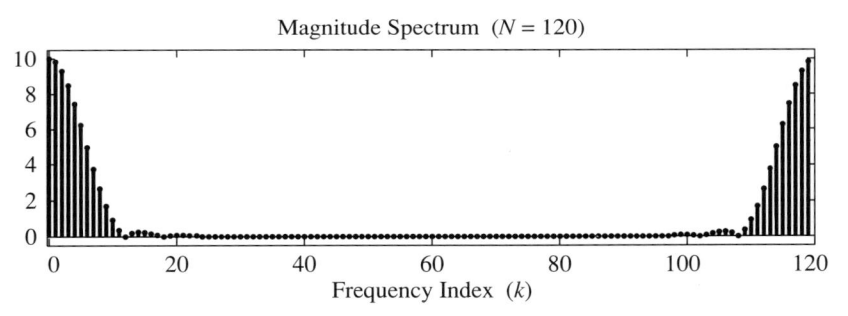

Magnitude Spectrum ($N = 120$)

図9.19 120点DFT（つまり$N = 120$）を使用した有限長列（$L = 20$）のスペクトル解析。

もし、Nを十分大きくした場合には、関数$X(e^{j\hat{\omega}})$の点と点の間が一層近い点となる。図9.20は$N = 1024$を使用した結果を示す。このケースでは、それぞれの点の垂直線があまりにも狭くて独立した線としては見えないほど込み入っているので、ここでは、連続的なプロットとして描いた[*注8]。全ての実際的な目的に対して、周波数間隔$2\pi/1024$を持つ$|X(e^{j\hat{\omega}})|$の評価には、この関数をプロットするための連続曲線を適用した。したがって、図9.20の周波数軸にラベル付けするには、$0 \leq k \leq N-1$の範囲のkに代わって、$0 \leq \hat{\omega} < 2\pi$の範囲にある$\hat{\omega}$を使用するのが妥当である。$N \to \infty$とすると、周波数成分間の間隔は無限に小さくなり、実際にはその極限をとる。周波数サンプルは$X[k] = X(e^{j2\pi k/N})$であるので、$N \to \infty$のとき、$X(e^{j2\pi k/N}) \to X(e^{j\hat{\omega}})$となる。これで、連続変数$\hat{\omega}$の連続関数$X(e^{j\hat{\omega}})$が得られる。

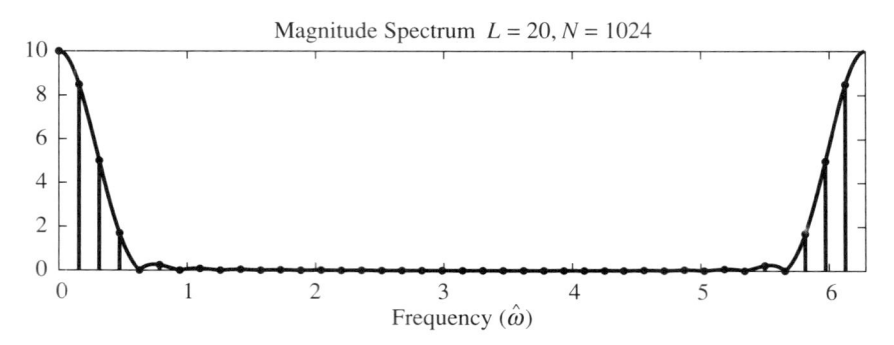

Magnitude Spectrum $L = 20, N = 1024$

図9.20 DFT長さNの大きな値はスペクトルの高密度のサンプリングを与える。この結果は$\hat{\omega}$の関数$X(e^{j\hat{\omega}})$に収斂する。図中の$\hat{\omega} = 2\pi k/40$における周波数サンプルは、40点DFTと連続関数$X(e^{j\hat{\omega}})$の関係を説明するために図示した。

図9.20の$X(e^{j\hat{\omega}})$の重ね合わせは、以前、図9.16（下）をプロットしたと同じ、$N = 40$のときの振幅スペクトルである。もし、$N = 40$のときの$X[k]$の値を$X_{40}[k]$として表すと、$\hat{\omega} = 2\pi k/40$において$|X_{40}[k]| = |X(e^{j\hat{\omega}})|$が計算される。同じように、$|X_{20}[k]|$の値は、$\hat{\omega} = 2\pi k/20$でサンプルされる。これは図9.16の$k = 2$のスペクトル成分が図9.18の$k = 1$のスペクトル成分になぜ等しいかの説明である。この2つはいずれも同じ式をサンプリングしている。つまり、図9.18のスペクトル値は$k = 0, 1, 2, ..., 18$に対しての$X_{20}[k] = X(e^{j2\pi k/20})$であり、他方、図9.16のスペクトル値は$k = 0, 1, 2, ..., 39$に対する$X_{40}[k] = X(e^{j2\pi k/40})$である。周波数サンプリング特性は、同一周波数に正確に対応している。たとえば、$2\pi/20 = 2\pi(2)/40$となる。

図9.18と図9.16に関するひとつの質問は、20個のスペクトル成分の場合、たった3つの非ゼロ成分で表現されるが、$N = 40$のケースでは、多くの追加された非ゼロスペクトル成分を持っている。なぜ、このような余分な成分を必要とするのか。ひとつの答えは、$N = 20$の場合の周波数サンプルがたまたま$X(e^{j\hat{\omega}})$のゼロ点に置かれているからである。これは、このような特別な信号で幸運であった。これより良い説明は、追加スペクトル成分は、20個のゼロサンプルで40個の周期信号を作成するために$x[n]$の$L = 20$サンプルに追加されるとき、時間領域における隙間を埋めるために必要だということである。

9.5.3 周波数応答のサンプル

FFTスペクトル解析の便利なアプリケーションのひとつは、FIRフィルタの周波数応答を計算することである。インパルス応答$h[n]$が有限長Lであるならば、その周波数応答は次のようになる。

$$H(e^{j\hat{\omega}}) = \sum_{n=0}^{L-1} h[n]e^{-j\hat{\omega}n} \tag{9.5.4}$$

9.5 非周期的信号のスペクトル解析

もし、ゼロを埋め込んだ $h[n]$ の N-点 DFT を計算するならば、区間 $0 \leq \hat{\omega} < 2\pi$ において N 個の等間隔な周波数における式 (9.5.4) が計算される。次式を得る。

$$H[k] = \sum_{n=0}^{L-1} h[n] e^{-j(2\pi/N)kn} = H(e^{j2\pi k/N}) \quad k = 0, 1, 2, \ldots, N-1 \tag{9.5.5}$$

式 (9.5.5) において何をするのか。これまでの議論で、有限長列 $h[n]$ の FFT スペクトルが得られるが、FIR システムの周波数応答の式 (9.5.4) のサンプルも得られる。もし、十分大きな N を使用すると、フィルタ周波数応答の滑らかな曲線が描ける。

例9.5 式 (9.5.3) の列は、次のような FIR フィルタのインパルス応答であると仮定する。

$$h[n] = \begin{cases} 0.5\,[1 - \cos(2\pi n/L)] & 0 \leq n \leq L-1 \\ 0 & \text{その他} \end{cases} \tag{9.5.6}$$

このようなインパルス応答を持つフィルタは Hann フィルタと呼ばれる。図 9.21 は、$L = 20$ と $L = 40$ の長さの 2 つの Hann フィルタにおける周波数応答振幅のプロットを示す。周波数応答は、$N = 1024$ での式 (9.5.5) を使用して得られたものである。この図において、通過帯域は、周波数特性が大きくなる $\hat{\omega} = 0$ 付近にあり、また、阻止帯域は周波数応答値が比較的小さな範囲 $4\pi/L < \hat{\omega} < \pi$ であることから、この Hann フィルタは低域通過フィルタであることを示している。$\pi < \hat{\omega} < 2\pi$ の範囲に混乱すべきでない。これは事実には、周波数応答の負の周波数区間である。

2 つの異なる長さを比較すると、周波数応答は L の増加とともに $\hat{\omega} = 0$ 付近に集中してくるのが分かる。Hann フィルタの $H(e^{j\hat{\omega}})$ の最初のゼロは $\hat{\omega} = 4\pi/L$ に出現することが観測される。つまり、長さ L が 20 から 40 に増加することは通過帯域幅が 1/2 にカットされる（その振幅は 2 倍となる）。

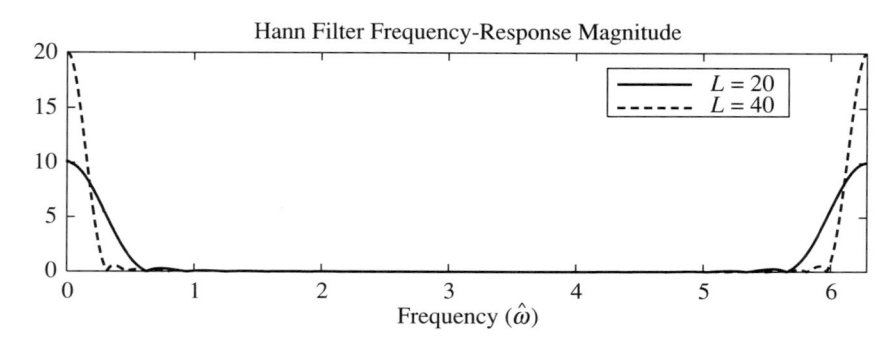

図9.21　2 つの Hann フィルタの周波数応答：長さ $L = 20$（実線）、長さ $L = 40$（ダッシュ線）

9.5.4 連続非周期信号のスペクトル解析

信号が周期的でも有限長でもないとき、周期信号に対してまず導出し、次に、有限長信号で使用するように調整されたDFTスペクトル表現を使用することができる。これがどのように実行されるかを調べるためには、図9.10のフィルタバンクシステムに戻りその構成を総括するのが有効である。図9.22は、図9.10のフィルタバンクシステムの一般化されたバージョンを示している。ここで、N-点移動和フィルタは、インパルス応答$h[n]$を持つ一般化されたLTI低域通過フィルタと置換される。

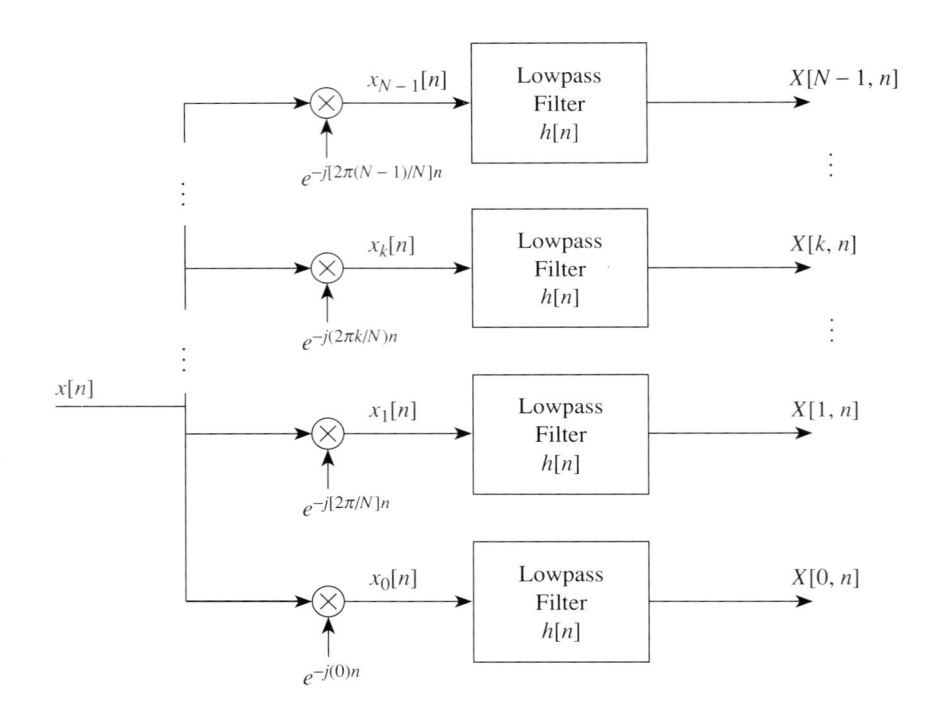

図9.22 周波数$\hat{\omega} = 2\pi k/N$、$k = 0, 1, ..., N-1$のための時間依存スペクトル$X[k, n]$を計算するための一般化フィルタバンクシステム。通常、低域通過フィルタはFIRフィルタである。

図9.22のフィルタバンクシステムは変調器とフィルタの組である。フィルタの集合出力を入力信号のスペクトルと考えているのである。個別の変調フィルタの組はフィルタバンクのチャンネル (channel) と呼ばれており、k番目のチャンネルは$\hat{\omega}_k = 2\pi k/N$における解析周波数を持っている。もし、各フィルタのインパルス応答$h[n]$は長さLを持っているならば、kチャンネルの低域通過フィルタブロックの出力は、

$$X[k, n] = \sum_{m=n-L+1}^{n} h[n-m]x[m]e^{-j(2\pi/N)km} \quad k = 0, 1, 2, \ldots, N-1 \quad (9.5.7)$$

となる。たとえば、ひとつの可能性は $h[n]$ のための 9.5.1 節の Hann フィルタを使用することである。式 (9.5.7) と図 9.22 は、$X[k, n]$ が確かに 2 つの変数、つまり周波数 ($\hat{\omega} = 2\pi k/N$) と時間 (n) の関数であることを示している。式 (9.5.7) を注意深く調査すると、特別な周波数指標 $k = k_0$ に対して、入力信号 $x[n]$ が次のような信号を作るために複素指数関数 $e^{-j(2\pi/N)k_0 n}$ を変調することが分る。

$$x_{k_0}[n] = x[n]e^{-j(2\pi/N)k_0 n}$$

次に、出力 $X[k_0, n]$ を作るため低域通過フィルタで濾波する。このようなステップは $N = 100$ と $k_0 = 4$ の場合を、図 9.23 に示す。上図は音声信号 $x[m]$ の 201 サンプルを示している。信号が周期的であるように見えるが、良く見ると正確には反復していない。中図は、第 4 チャンネルにおける複素指数関数 $e^{-j(2\pi/100)4m}$ の実部を示している。図 9.23 の下図は積 $x_4[m] = x[m]e^{-j(2\pi/100)4m}$ の実部であり、これは低域通過フィルタへの入力である。

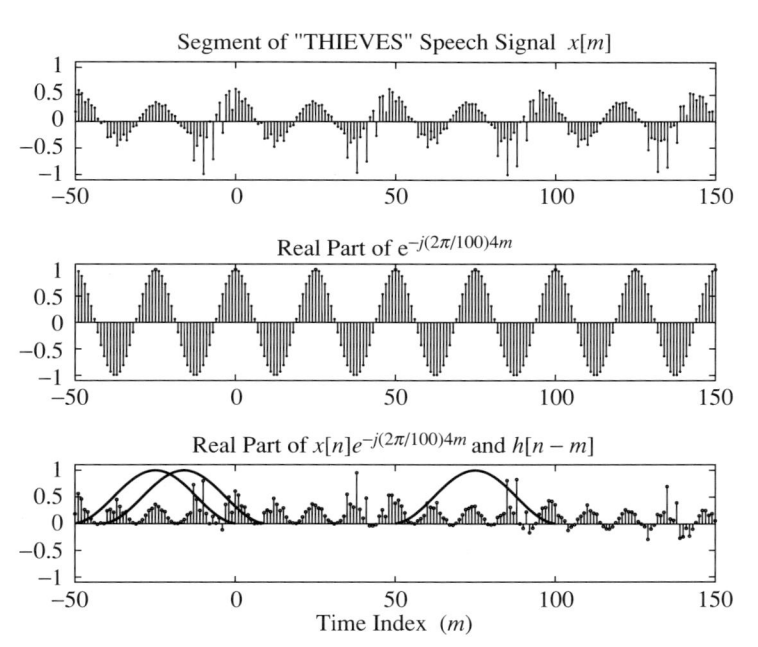

図 9.23　音声信号での時変化するスペクトルのひとつのチャンネルの計算結果。また、下図は低域通過フィルタリングを実行する移動する Hann 窓を示している。

図9.23の下図は、パラメータnのいくつかの異なる値、たとえば、$n = 0, 10, 100$におけるmの関数である、$L = 51$点Hannフィルタインパルス応答$h[n - m]$を示す。プロットはmの関数であるから、そのインパルス応答$h[n - m]$は実際には反転されるが、Hannフィルタは対称であるので目立たない。しかも、Hannフィルタのインパルス応答は離散であるため、変調された離散時間信号$x_4[n]$との混乱を避けるため連続的に示した。時間nの出力$X[4, n]$は、$h[n - m]$の後ろにある$x_4[n]$のサンプルとインパルス応答との乗算を行い、次に、式 (9.5.7) に従って積の和をとり求めることができる。第4チャンネルの最終出力は時間nの関数となる。

nが増加するにつれて、Hannフィルタ$h[n-m]$は右へ移動し、移動とともに異なる51点を包含する。信号$x_4[n]$の51点のみがその時点で式 (9.5.7) の和項に取り込まれることから、関数$h[n - m]$は、51点のみが時間nでの和を取るために"観測される"ので移動窓（sliding window）と呼ばれる。移動窓は右へ移動し、その移動にともなって$x_4[m]$の51点区間を分離する。最少移動量は1サンプルであり、$h[n + 1 - m]$は$h[n - m]$の50サンプルと重なる。

SLIDING FFT SPECTROGRAM

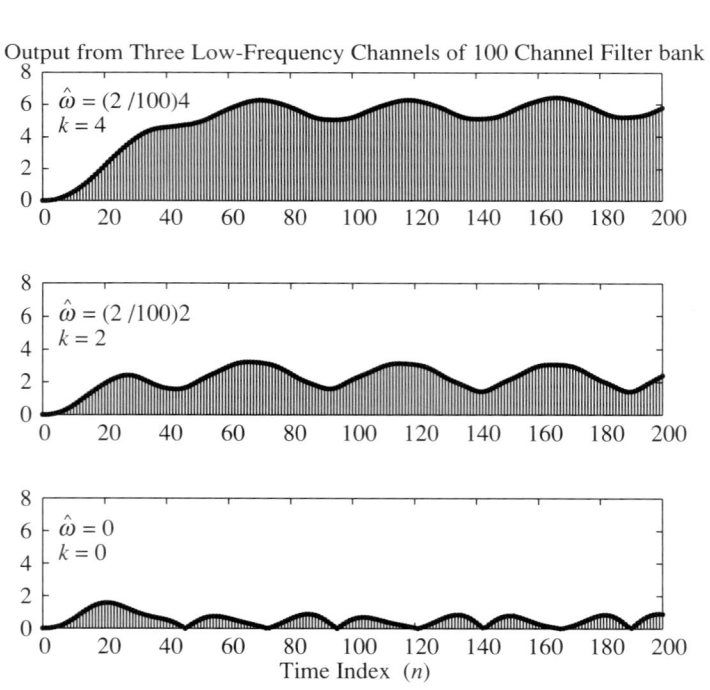

図9.24 図9.23の音声入力信号のための100チャンネルフィルタバンクの中から3つのチャンネル出力。解析周波数は$\hat{\omega} = 0, (2\pi/100) 2, (2\pi/100) 4$であり、低域通過フィルタは長さ51のHannフィルタである。

図9.24は、図9.23からの音声信号を処理するときの3つのチャンネル（$k = 0, 2, 4$）に対し、時間

n に対する出力振幅を表している。これら3つの各出力は、各チャンネルの低域通過フィルタが狭い通過帯域であることから非常に滑らかである。この出力が非常に滑らかであるので、全ての n に対して出力を計算するまでもない。それに代わり、いくつかの値を飛ばすことができ、そのときの出力の基本形状は保持されている。出力を飛ばすことは、窓を1サンプル以上移動することと等価である。

ここでは別の実験を行い、フィルタバンクが異なる周波数でどのように応答するかを示す。そのためのテスト信号は、ステップ的に変化する周波数の正弦波である。3つの50点区間を含む入力信号を作る。第1区間 ($0 \leq n \leq 50$) は周波数 $\hat{\omega} = 0$、第2区間は $\hat{\omega} = 2\pi(4/100)$、第3区間は $\hat{\omega} = 2\pi(8/100)$ とする。図9.25には、100チャンネルフィルタバンクのうち、3つのチャンネル ($k = 0, 4, 8$) からの出力信号を示す。解析周波数は $\hat{\omega} = 0, 2\pi(4/100), 2\pi(8/100)$ であるので、テスト信号は、それらの周波数がひとつのチャンネルから次のチャンネルへジャンプするに完全に解析されるはずである。

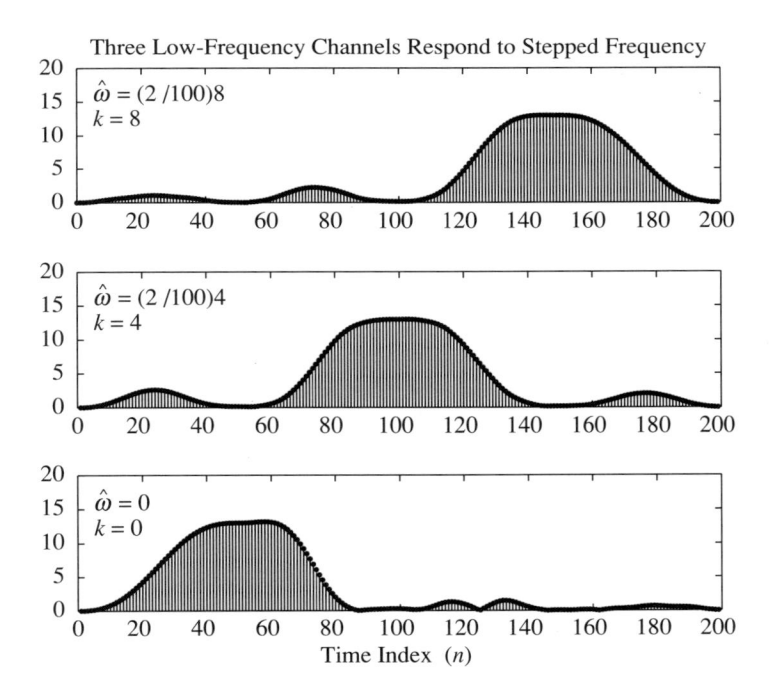

図9.25 周波数ステップ入力信号の100チャンネルフィルタバンクの中の3つのチャンネルの応答。信号の周波数は、$n = 0, 50, 100$ から開始点に対応して $\hat{\omega} = 0, (2\pi/100)4, (2\pi/100)8$ である。

信号がある周波数を含んでいるとき、図9.25の各チャンネルは最良の応答をすることに注意されたい。しかし、そこには近接チャンネル干渉がいくぶん存在することにも注意されたい。これは、低域通過フィルタが完全でないという事実によるものである。つまり、フィルタの阻止域利得は小さいとはいえ、ゼロではないのである。したがって、近接周波数の正弦波のとき、隣に位置するチャンネルは僅かに応答する。チャンネル応答は、そのチャンネルの低域通過フィルタが25サンプル遅延を持った長さ51点-Hannフィルタのために時間シフトする。

このフィルタバンク構成は、信号が非常に長く、また、フィルタのインパルス応答も長いような場合の特徴を明らかにできる。以前の議論より、ある任意周波数のスペクトル成分を計測するための理想的フィルタは、$\hat{\omega} = 0$を除く全周波数において$H(e^{j\hat{\omega}}) = 0$であるような無限に狭い低域通過フィルタである。図9.21に示すように、Hannフィルタは$L \to \infty$となるとき、つまり、インパルス応答が無限長になるとき、このような状態に近似する。したがって、理論的には非常に長い信号のスペクトルが計算可能であるが、そのような信号の全サンプルを収集するには非常に長い時間を要し、希望する結果を得るために式（9.5.7）を使用して巨大な計算量を実行しなければならない。これは大きな（有限の）長さに対して実行されるが、これは必要でもなく、また希望するものでもない。

それに代わり、短い時間区間における周波数を計測するための、「局所スペクトル」を計算するのがかなり有効である。フィルタバンク構成は、図9.25のステップ周波数の例で見たように、これを正確に実行する。次節では、長い列を短い有限長区間に分割し、次に、それらの短い区間のスペクトルを決定するためFFTを使用した「時間-依存スペクトル」を定義する。最後に、FFT法はフィルタバンクに等価であることを明らかにする。

9.6 スペクトログラム

図9.22と式（9.5.7）のフィルタバンクを別の方法で解釈することができる。もし、$n = n_0$に時間指標を固定すると、$X[k, n_0]$の組は、

$$X[k, n_0] = \sum_{m=n_0-L+1}^{n_0} h[n_0-m]x[m]e^{-j(2\pi/N)km} \quad k = 0, 1, 2, \ldots, N-1 \tag{9.6.1}$$

となる。これをkに対してプロットすると、$X[k, n_0]$は、「時間n_0における周波数スペクトル」と呼ばれ希望するものである。次の2つの見方をすると、式（9.6.1）は、DFT（9.3.11）に非常に類似して観測される。第1に、$L = N$とすると、その和は複素指数関数の1周期を取る。第2に、新しい関数$w[n]$を$h[n]$の別バージョンとして定義する。つまり、

$$w[n] = h[-n] \tag{9.6.2}$$

この関数$w[n]$は窓（window）と呼ばれる。これらの2つの定義を用いて、次式を得る。

$$X[k, n_0] = \sum_{m=n_0-N+1}^{n_0} (w[m-n_0]x[m])e^{-j(2\pi/N)km} \quad k = 0, 1, 2, \ldots, N-1 \tag{9.6.3}$$

式（9.6.3）の、$X[k, n_0]$は、移動窓の内部に存在する$x[m]$の短い区間のDFTスペクトルそのものである。列$w[m - x_0]x[m]$は（窓の長さがLであるから）有限長列であり、また、それ故、9.5.1節の全ての結果は$X[k, n_0]$の解釈に適用される。式（9.6.3）に必要な計算はDFTと同じであるので、$w[m - n_0]x[m]$のN-点FFTを使用することもできる。図9.26はFFTを使用するためのブロックダイアグラムを示している。

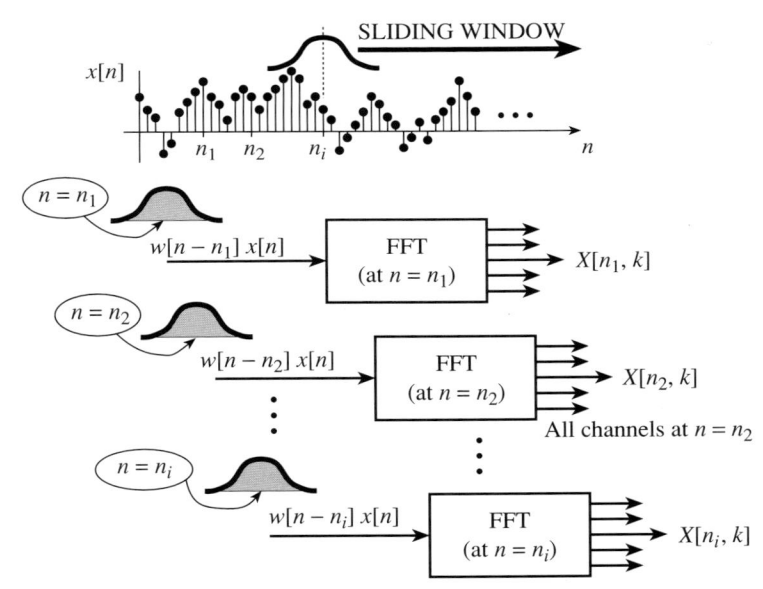

図9.26 連続したデータブロックのFFTを使用するデジタルスペクトル解析。各FFTの第k出力はスペクトル解析器の信号チャンネルからの出力信号に対応している。

移動式FFTかフィルタバンクの解釈を用いると、$X[k, n]$が2次元の列であるように観測される。kは（$\hat{\omega}_k = 2\pi k/N$が第$k$チャンネルの解析周波数であるので）周波数を表し、また、nは時間を表している。結果は時間と周波数の両方の関数であるので、各時間において異なる局部スペクトルが存在するので、ひとつのスペクトルに描くことはできない。このような複雑さを扱うために、3次元グラフィックス表示が必要となる。これは透視プロット、等高プロット、あるいは、グレイスケール画像を使用してkとnの両方の関数として$|X[k, n]|$（あるいは、$\log|X[k, n]|$）をプロットするこ

とである。ここで提案する形式はスペクトログラム（spectrogram）であり、これは点(k, n)におけるグレイレベルが$|X[k, n]|$や$\log|X[k, n]|$に比例するようなグレイスケール画像のことである。ただし、大きな値は黒く、小さな値は白く表示する。スペクトログラムの例は図9.27,図9.31,図9.32で観測される。これの水平軸は時間、垂直軸はゼロ周波数から開始する周波数である。図9.10のフィルタバンクは、チャンネル周波数が下端ゼロから上端の最高周波数$2\pi(N-1)/N$まで増加するように描かれている。実際の信号に対するスペクトログラム画像においては、$0 \leq k \leq N/2$に対応するチャンネルだけが使用される。

9.6.1 MATLABによるスペクトログラム

スペクトログラムは、窓掛けされた信号区間の多くのFFTを実行することにより計算されるので、MATLABは計算を実行し画像を表示するための理想的な環境である。MATLABコマンドは、

```
[B,F,T] = specgram(xx、NFFT,Fs,window,Novelap)
```

ここで、Bは複素スペクトログラム値を含む2次元配列、Fは全解析周波数のベクトル、Tは移動窓位置の時間値を含むベクトルである。入力は信号xx、FFT長NFFT、サンプリング周波数Fs、窓係数window、オーバーラップする点数の窓移動量Noverlapである。窓スキップ量は NFFT - Noverlap であることに注意されたい。オーバラップは窓長より小さくしなければならないが、length(window)-1に等しいNoverlap を選択すると、窓スキップが1となるため多くの不必要な計算が発生する。最終画像がどの程度滑らかにするかに依存して、窓長を50%から80%の間でオーバーラップするのが普通である。詳しいことはMATLABのhelp specgramを参照されたい[注9]。

スペクトル画像は次の方法で表示される。

```
imagesc( T,F, abs(B) )
axis xy, colormap(1-gray)
```

(1-gray)のカラーマップは印刷のために有効な負のグレイスケールである。しかし、コンピュータスクリーンではカラー、たとえばcolormap(jet)などを使用するのが好ましい。最後に、小さな振幅成分を観測できるようにするためには、imagescの対数振幅スケールを使用する方が便利である。

[注9]：DSP Firstのツールボックスで提供されている関数spectgrは、MATLAB Signal Processingツールボックスの一部に入っているspecgramと等価である。

9.6.2 サンプル周期信号のスペクトログラム

スペクトログラムの使用を説明するために、テスト信号として9.4節からの周期信号（9.4.1）式を使用する。この信号には、f_0 = 100Hzでの基本周波数の倍数からなる5つの高調波周波数を含んでいる。9.4節での議論のように、サンプリング速度が4000サンプル/secであるとき、サンプリング（9.4.1）からの得られる数列は40サンプルの周期である。もし、式（9.6.3）で使用した窓長はL = 80でFFT長もN = 80であるとき、次式が得られる。

$$X[k, n] = \sum_{m=n-79}^{n} x[m]e^{-j(2\pi/80)km} \qquad k = 0, 1, 2, \ldots, 79 \qquad (9.6.4)$$

結果のスペクトログラムを図9.27に示す。このグレイスケール画像は5つの一定の水平線を示している。これらのスペクトル成分は異なる強度を持っているが、それ以外のスペクトル成分はない。この方法により画像の何を見るのか。9.3.4節の周期信号の議論から、入力信号は周期的であり、移動和フィルタのインパルス応答は信号の正確な2周期にまたがっているので、$X[k, n]$が時間次元に沿っては変化しないことを示している。

さらに、9.4節の議論から、非ゼロスペクトル成分はk = 4, 8, 10, 32, 34に存在するだけであることを示している。

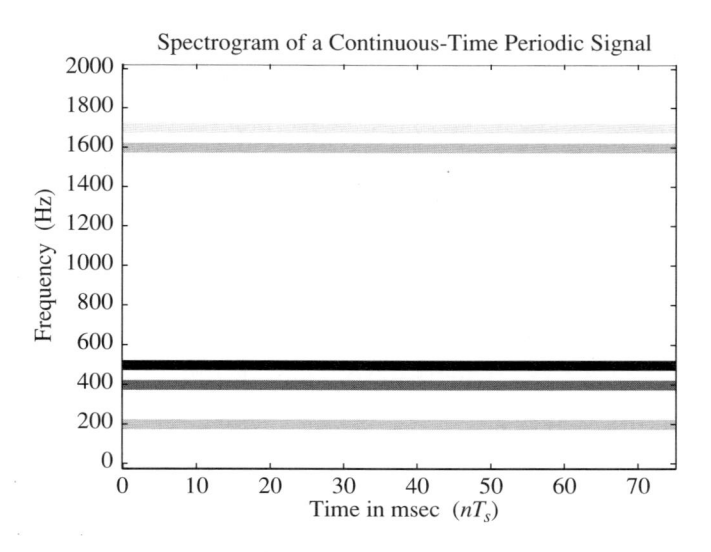

図9.27 式（9.4.1）で定義されたサンプル周期信号のスペクトログラム：ただし、f_s = 4000サンプル/secとf_0 = 100Hzである。第2、第4、第5、第16、第17高調波が示されている。チャンネルフィルタは、このフィルタは長さが2周期に正確に等しい80点移動和である。

図9.27における周波数軸は、連続時間の反復周波数変数fで校正されている。fと周波数指標kとの関係を導出するために、$\hat{\omega} = 2\pi k/N$と（サンプッリング定理から）$\hat{\omega} = 2\pi(f/f_s)$であることを思い出されたい。これら2つの式を等しいとすると、次式を得る。

$$f = (k/N)f_s \qquad (9.6.5)$$

これにより、周波数軸をHzで目盛ることができる。(9.6.5)に周波数指標$0 \leq k \leq N/2$を適用すると、普通は実の信号を表示する周波数範囲である連続時間周波数、$0 \leq f \leq f_s/2$が得られる。負の周波数スペクトル成分は実信号の振幅スペクトル$|X[k, n]|$の対称性から推論される。したがって、図9.27において、垂直軸上には、わずか41の離散点が存在する。5つの周波数成分は$k = 4, 8, 10, 32, 34$に対応する$(k/80)4000$である。このようなkの値に対してプロットされたスペクトル線の幅は、MATLABの画像表示関数の結果である。これは、垂直に、41ピクセル以上のより大きな画像を表示するために拡大する*注10。ここでは$L = 80$を選択したので、2つのスペクトル成分はお互い離れているので5つのスペクトル成分のグレイスケール振幅を観測できる。

9.6.3 スペクトログラムの解像度

スペクトルグラムを導出した以前の議論において、2つの等価な見方としてフィルタバンク構成と移動窓FFTの2つを示した。スペクトル解析の計算には、フィルタ長（L）が有限であり、また、解析周波数の数（N）が有限であることが要求されることを示した。通常、スペクトログラム解析の性能は、周波数か時間のいずれかの分解能に関するステートメントに帰着する。分解能を制御するキーパラメータは$h[n]$とその長さLである。フィルタバンクの解釈において、$h[n]$はチャンネルフィルタのインパルス応答である。FFTの観点から、$h[n] = w[-n]$はFFTに先立って使用される窓の形状である。ここではフィルタバンクの解釈を使用するので、$h[n]$を"インパルス応答"と呼ぶ。

分解能（Resolution）は、接近した間隔をもつ成分を処理するとき、システムの応答を決定することにより計測される。たとえば、周波数分解能を計測するために、2つの周波数がf_0とf_1である正弦波信号の和である入力信号を使用する。周波数分解は最小距離$|f_0 - f_1|$であり、2つの正弦波はスペクトル解析器で検出可能である。同じく、有限長信号の始めか終わりをはっきりとした検出を計測することにより、時間分解能を決定できる。この議論の目的において、検出とはスペクトログラム画像内の2つが観測可能であることを意味する。

フィルタバンク構成（図9.22）において、各チャンネルはFIR低域通過フィルタを使用し、そのフィルタの周波数応答が分解能を決定する。フィルタバンクは、個別のスペクトル成分が低域通過フィルタの通過帯域にシフトした周波数であるという原理で動作している。一方、これ以外の成分

---

*注10：グレースケールでは、ゼロ振幅を表すためには白を、また、最大振幅を示すには黒を使用する。このスケールは印刷で絵の白を作るように選択されている。CRTモニターの場合、このスケールを反転するか、カラーを使用するのが良いかもしれない。

はフィルタの阻止域に存在する。接近した間隔の周波数成分は、LPFの通過帯域が周波数間隔より狭いことを要求している。それゆえ、LPFの通過帯域が狭くなればなるほど周波数分解能が良くなるという結論になる。通過帯域幅は主にインパルス応答 $h[n]$ の長さで制御される。たとえば、Hann フィルタ（図9.21）は、約 $2\pi(4/L)$ の通過帯域幅を持っているので、周波数分解能を改善するには L を長くすべきである。

L を増やすつまり、時間分解能が十分になる所で停止する。L が大きいと短い時間区間でのイベントや変化は長いインパルス応答により平均化され失われてしまう。第6章においては、低域通過フィルタで平滑化された画像の形状における現象として見たものである。同様な平滑化はLPFを通過させたパルスの終点において発生する。したがって、フーリエスペクトル解析の基本的な束縛を表わしている。つまり、

> 良好な時間分解能と良好な周波数分解能はスペクトログラムにおいて同時には得られないのである。

このステートメントは不確定性の原理（uncertainty principle）と呼ばれる。物理におけるHeisenbergの不確定性の原理と等価である。それは位置とモーメントの2つの量に関するフーリエの関係に当てはまる。

9.6.3.1 分解能の実験

スペクトログラムの分解能をテストするためには、簡単な実験が必要である。このテストは時間と周波数の両方を観測するのが困難である信号を解析することである。テストには2つの成分を含む信号を使う。第1の信号は、全データ区間に渡って存在する960Hzの一定のトーンである。また、第2の信号は1000Hzの周波数を持つ短時信号である。その開始時間と終了時間は200msから400msまでである。このようなスペクトログラムの理想的な形式が図9.28に描かれている。このテストの目標は、第2信号の開始時間と終了時間をその周波数と同時に分解することである。フィルタバンクの議論において、周波数分解能はチャンネルの低域通過フィルタの帯域幅により決定されることが分かっている。Hann フィルタを使用すると、この帯域幅は約 $4\pi/L$ であるので、周波数分解能は、

$$\text{周波数分解能} \approx \frac{2}{L} f_s \text{ Hz} \tag{9.6.6}$$

である。周波数スケーリングの関係式（9.6.5）は分解能の表現に Hz を使用している。

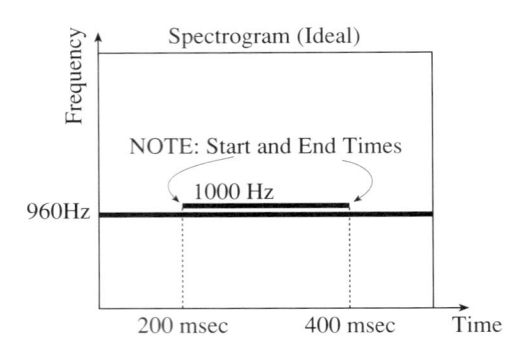

```
                    Spectrogram (Ideal)
         Frequency

                     NOTE: Start and End Times
                         1000 Hz
            960Hz

                    200 msec    400 msec    Time
```

図9.28　デジタルスペクトル解析のための分解能試験。異なる区間と異なる周波数を持つ2つの正弦波を含む理想的なスペクトル

もう一方において、時間分解能はフィルタの長さに直接に比例する。FIRフィルタはフィルタ長内の全ての点の重み平均を計算するので、不鮮明さの原因となる。もし、$t = t_0$ で信号が開始するならば、Hannフィルタは $t = t_0 - (L/4)T_s$ から $t = t_0 + (L/4)T_s$ までの区間において不鮮明となる。それゆえ、開始時間の曖昧さは、

$$時間分解能 \approx \frac{L}{2} T_s \text{ sec} \tag{9.6.7}$$

時間と周波数分解能とのトレードオフは、$L = 512$ と $L = 128$ のケースに対して、それぞれ図9.29 (a) と (b) で観測される。式 (9.6.6) と (9.6.7) からの分解能は、次表のようになる。

長さ	周波数分解能	時間分解能
512	15Hz	0.064sec
128	60Hz	0.016sec

長い窓 ($L = 512$) の周波数分解能は2つの信号を分解するのに十分である。しかし、信号の端点での曖昧さをもたらす。これは図9.29 (a) に示すように、開始点と終了点の正確な計算を妨げている。一方、図9.29 (b) における短い窓 ($L = 128$) は信号の端点を捕らえているが、2つの周波数を分解することには失敗している。このような時間-周波数のトレードオフは、常に、同一帯域幅を持ち等間隔のフィルタを持つフィルタバンク解析に相当するスペクトログラムにおいて出現する[注11]。

---

*注11：この分解能の例で提案された問題への1つのアプローチをwavelet解析と呼んでいる。この解析は非一様な時間間隔と周波数可変帯域幅を持つフィルタに依存している。

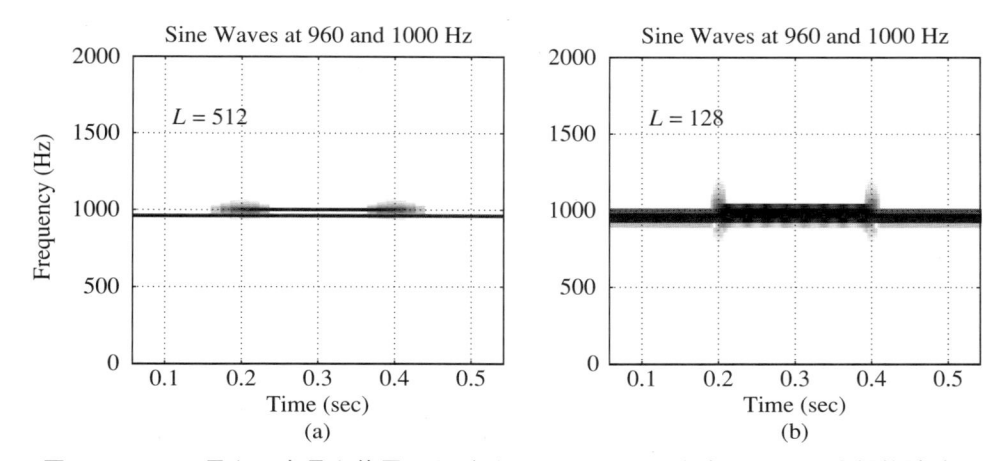

図9.29 2つの異なる窓長を使用したデジタルスペクトル解析のための分解能試験。(a) $L = 512$、$f_s = 4000Hz$ で128msecに相当、(b) $L = 128$、つまり32msec。FFT長 N は L に等しい。

9.6.4 楽音スケールによるスペクトログラム

スペクトログラムが我々の直感に一致するようなケースは、第3章でも議論したように、音楽楽器音の解析にある。音楽のスコア（図9.30）は、スペクトログラム中に見られる「時間-周波数」画像に対応した記法を採用している。楽譜は、演奏されるトーンの周波数、トーンの持続時間、それが演奏される時間を表している。したがって、音楽表記法は、振幅を表すためのグレイスケールでのコード化を使用できないにも関わらず、理想的なスペクトログラムであると言うことができる。

図9.30 ベートベンの「エリーゼのために」の楽譜。

音楽の楽節の簡単な例として、純粋なトーン（つまり、正弦波）を使用したスケールを合成することができる。連続して演奏された8個の音はスケールを生成する。もし、このスケールがCメジャであるならば、音はC、D、E、F、G、A、B、Cである。これらは次表で与えられる周波数を持っている。

中央C	D	E	F	G	A	B	C
262Hz	294	330	349	392	440	494	523

合成スケールのスペクトログラムを図9.31に示す。演奏されたそれぞれの音を簡単に識別できる。それにも関わらず、音と音の間の過渡部分に幾分の不明瞭さがある。この不明瞭は、スペクトル解析の窓長が2つの音に同時にまたがるほど長いことに起因する。窓長を短くすることは、各音の端点近くでより鋭い端を与えることである。このとき、それぞれの音に対してより太いスペクトル線となる。

実際のピアノは、図9.31にあるCメージャのスケールのために使用された正弦波よりもかなり複雑な構成を持つ音を発する。ピアノの鍵盤は演奏されるとき3本の弦をたたき、これらの弦の複雑な振動がその楽器からの心地よいサウンドを作る。それらの音の周波数スペクトルがかなり集中しているゆえに、スペクトログラムはそれらの音の複雑な構造を明らかにする。図9.32はベートベンの「エリーゼのために」の開始の数小節のスペクトログラムである。この場合、ある1時点ではひとつのキーだけが演奏されていても、スペクトログラムではかなり複雑になっているが明らかである。事実、ここでは演奏された主音が確認される。さらに、この音の第2、第3高調波も観測される。また、時には、主音より低い周波数の「低調波」さえ観測される。

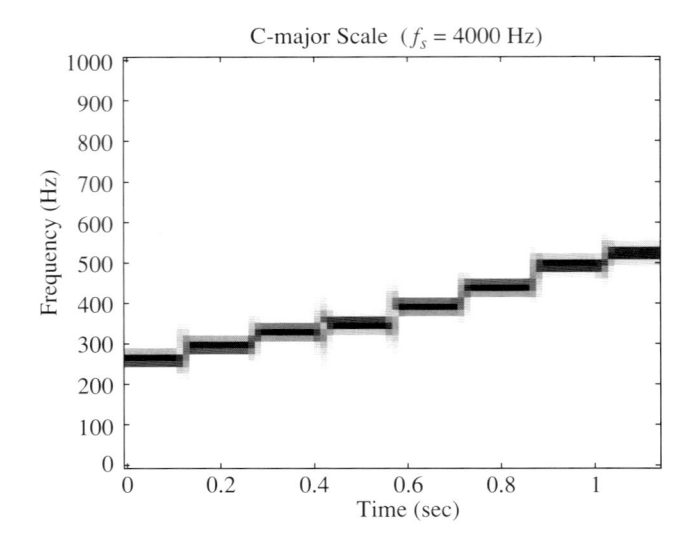

図9.31 正弦波で構成されている人工的なピアノスケールのスペクトログラム。チャンネルLPFのフィルタ長は$L = 256$であり、サンプリング速度は$f_s = 4000$Hzである。

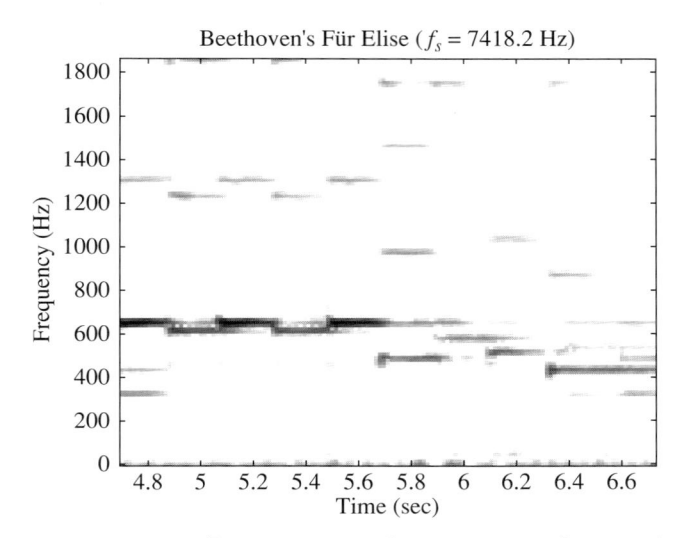

Beethoven's Für Elise (f_s = 7418.2 Hz)

図9.32 ピアノで演奏された「エリーゼために」のスペクトログラム。ピアノで作り出された複雑なサウンドにより実際の音の周波数の2倍に位置する高調波に注意されたい。窓長は L = 256、FFT長は N = 256、サンプリング周波数 f_s = 7418.2Hz である。

これら2つの例は、スペクトログラムが自動音楽楽譜作成プログラムを行うのに有効なツールであることを示唆している。スペクトログラムの大きなピーク値を発見するという解析が可能ならば、そのプログラムはスペクトログラムを読み、演奏された音の周波数と持続時間とを決定できる。

9.6.5 音声信号のスペクトログラム

別の例として、図9.33には音声信号を示す。これは f_s = 8000サンプル/secの速さでサンプルされたものである。時間領域でのプロットは、5つの波形行からなるストリップ形式で与えられている。各行には800サンプル個であり、時間は100msecである。第2行の開始は第1行の最後のサンプルの次のサンプルである。このプロットは連続波形のように描かれているが、各行の800個の個別サンプルはプロットスケール上で非常に近くに配置されている。

音声は、母音のような（声帯を振動して形成される）有声音と、"s"、"sh"、"f"のような無声音とを繰り返すいろいろな音列から構成されることが分かる。図9.33の波形は"thieves who"の発生に対応しているので、図より、有声音と無声音の区間が識別される。"thieves"中の母音"ie"は時間区間として $0 \leq t \leq 200$msec を占めている、他方、無声音の"s"は、$300 \leq t \leq 360$ の区間に発見される。"who"の母音は、終わり近くの $390 \leq t \leq 500$ に存在する。母音信号は大きく、ほぼ周期的な信号である。他方の無声音は小さくランダム構造のように見える。これらの音は信号中の主要な事柄であるが、全体としての波形は時間とともにゆっくりと変化し、20から80msecの区間においては比較的変化しない。それゆえ、信号のスペクトル特性もゆっくりと変化するので、スペクトログラムは音声信号の特性の変化を可視化するための非常に貴重なツールを提供している。

Waveform of "THIEVES WHO" Speech Signal

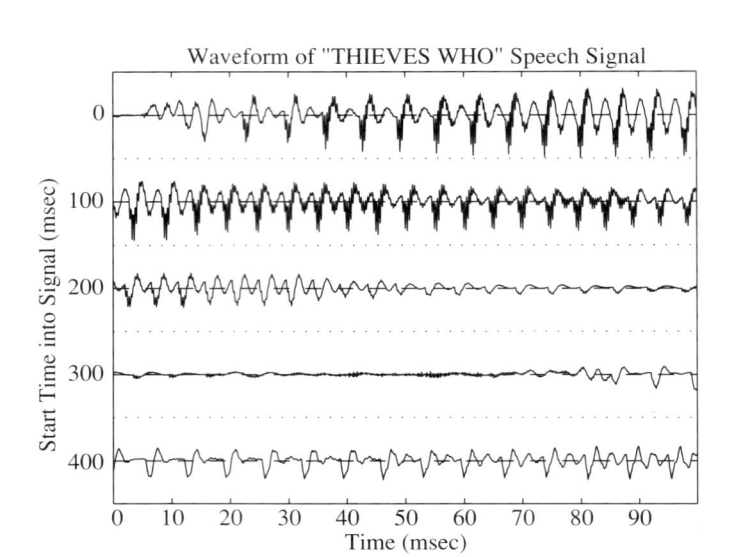

図9.33　音声信号の波形。各行は800サンプルで構成されている。

　図9.33の音声信号のスペクトログラムは $L = 250$ の場合を図9.34に示されている。この画像は、$h[n]$ が250点Hannフィルタインパルス応答（9.5.3）であり、FFT長が $N = 400$ としたときの、式（9.5.7）の $|X[k, n]|$ のプロットである。このようなプロットが有効であるためには、次の点を理解しなければならない。つまり、これが実行される方法を調べ、また、時間波形の見地から画像の色々な特徴と時間変化周波数スペクトルの構成を解釈できる理由を理解しなければならない。図9.33の波形プロットの初めの3つの行において、母音波形は何か等間隔な時間ごとに発生するパルスで構成されている。確かに、もし20msecから30msecの長さだけを見ることに限定すると、その波形は一般的にその区間においてほとんど周期的であるように観測される。時間変化スペクトル $|X[k, n]|$ の計算において、窓長は $L = 250$ である。これは時間間隔 $250/8000 = 31.25$ msecに対応する。窓が波形に沿って移動するにつれて、長さ31.25msecの異なる区分が解析される。パルスが鋭く変化し、その位置が時間とともに変化するとき、移動窓の区間のスペクトル特性が得られる。これは図9.34にはっきりと認められる。黒いバーは等間隔の周波数成分を示し、垂直（周波数）方向の区間は対応する時間において「基本周波数」に依存している。

これらのバーは一緒に変化している。それぞれの区間は「基本周波数」が増加（より長い周期）するときに増加する。逆に基本周波数の減少は区間も減少する。2つの母音領域、$0 \leq t \leq 200$msec と $390 \leq t \leq 500$ msecには、この構造が出現している。しかし、バーの間隔は最後の110msecの区間では少し狭くなっている。

9.6 スペクトログラム

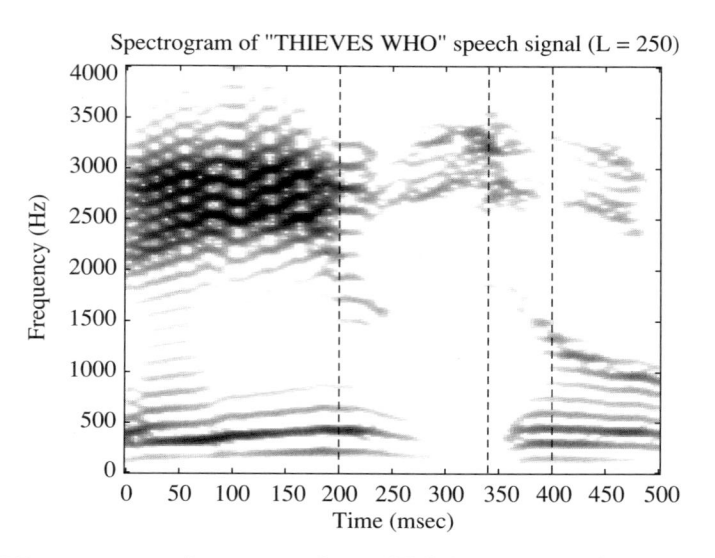

Spectrogram of "THIEVES WHO" speech signal (L = 250)

図9.34 音声信号のスペクトログラム。サンプリング周波数 f_s = 8000Hz、窓長L = 250 (31.25msec)、時間 nT_s = 200, 340, 400 におけるスペクトルの断面を図9.35に示した。

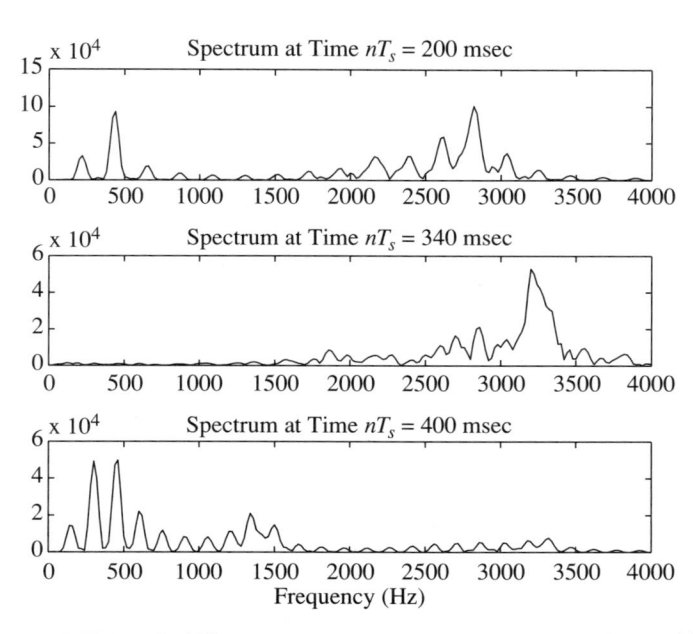

Spectrum at Time nT_s = 200 msec

Spectrum at Time nT_s = 340 msec

Spectrum at Time nT_s = 400 msec

図9.35 図9.34から取られた時間、nT_s = 200, 340, 400msecにおけるスペクトル片 (L = 250)。

図9.33に戻って、時間300msecから360msecの区間において、無声音の時間波形は振幅が減少しており、その波形は周期的でなくなっている。これに相応して、図9.34のスペクトログラムの時

間300msecから360msec区間において、画像は次第に薄らぎ、正規の構造は消えて、スペクトル成分のほとんどは3000Hz付近の高い周波数である。

　スペクトログラムの移動窓の解釈において、図9.34の画像はスペクトル片をグレイで表示された振幅で次々と積み上げたものである。図9.34において、ドットの垂線は3つの「スペクトル片」の位置を示している。図9.35はこれを抽出したプロットである。200msecと400msecでの2つのスペクトルは、周期信号に予期される一般的な特性を持っている。つまり、等間隔の周波数に多くが集中している。図（上）のt = 200のピークは、図（下）のt = 400のピークよりもかなり広く分布していることに注意されたい。200msecと400msecにおける時間波形を比べると、それぞれ200msecの場所での基本周期の方が400msecでのそれよりもかなり短いことを示している。つまり、200msec時点でのスペクトルのピークが400msec時点でのそれより一層離れている。図（中）t = 340でのスペクトルは、大方のエネルギーが比較的高い周波数部に集中している無声音である。

　音声信号のスペクトログラムの解釈における重要点は、窓の時間区間において、そのときの波形が「周期的に観測される」ことである。言い換えると、窓内に波形だけが与えられると、その窓の外の波形に関しては何も言うことができない。窓以外では周期的な連続波、また、ゼロとすることもできる。あるいは、その特性を変更し、音声信号であるようにもできる。つまり、窓の長さと形状は時間連続な音声信号のような信号のスペクトル解析では重要な因子である。

　窓が信号の極部的な周期より短いと仮定する。このような場合、局部周期を計測するために、窓内に十分な信号は存在しない。それに代わり、窓区間内の信号を有限長信号として考えるのがより適切である。つまり、もし窓が短ければ、十分に異なるスペクトログラムとして期待できる。これを図9.36に示す。この図は、$h[n]$がL = 50のHannフィルタインパルス応答であり、その周波数応答がN = 400の長さのFFTで評価されたケースに対して、図9.33の音声波形のスペクトログラムを示す。図9.34の垂直方向における詳細は図9.36では示されていないことに注意されたい。細長く波打ったバーは広いバーにとって変えられた。言い換えると、このスペクトログラムの詳細はもはや分解されない。この点は図9.37で示すように、200,340,400msecの時点で得られたスペクトル片で明らかにしている。図9.37での周波数ピークは、それに対応する図9.35のピークよりも広がっている。しかも、図9.36の画像は、黒と白とを繰り返す垂直片を構成しているように見えることに注意されたい。これは、窓長が短いために、ある時点ではパルスの高い振幅位置をカバーし、その後低い振幅部分をカバーしていると言う事実に基づいている。つまり、スペクトルは時間の大きさに沿って明るくなったり、暗くなったりするように観測される。

9.6 スペクトログラム

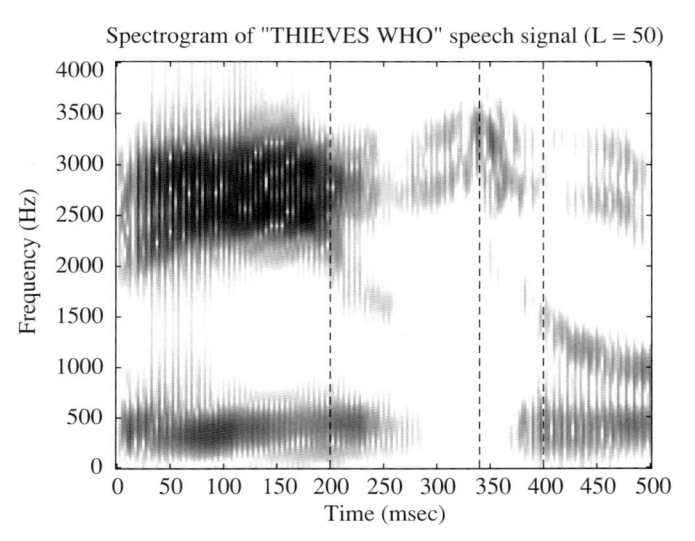

図 9.36　音声信号のスペクトログラム。サンプリング周波数 f_s = 8000Hz、窓長 L = 50（6.25msec）。時間 nT_s = 200, 340, 400msec でのスペクトル片は図 9.37 に個別に示されている。

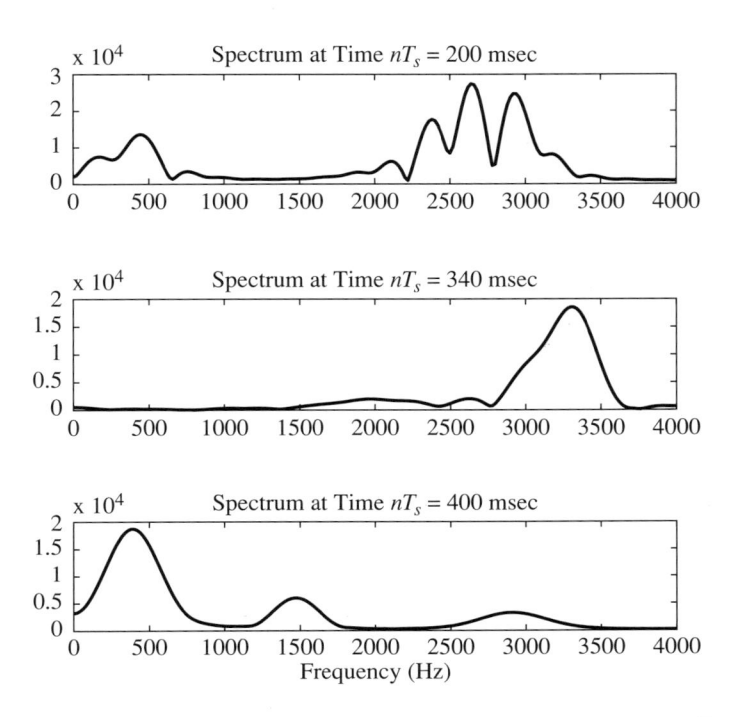

図 9.37　図 9.36 から求めた、時間 nT_s = 200, 340, 400msec におけるスペクトル片（L = 50）。

この議論を結論付けるために、ここでは、「音声信号の全4000サンプルのスペクトルは何に見えるか」との質問に答える。$N = 4000$のFFT長は現在の計算機においては何ら問題がないので、入力にこれら全数を使用し、$N = 4000$として式（9.3.11）を評価する。この結果を図9.38に示す。この場合、単一の計算されたスペクトルである。図9.38は、$k = 0, 1, ..., 2000$のときの、2001個の個別離散時間周波数$f_k = 2k$ を示している。この範囲は$0 \leq f \leq 4000$Hzの範囲における連続時間周波数に対応している。図9.38は図9.35と図9.37のスペクトル片に関して類似している。しかし、これは一層詳細であり、周期信号を特徴付ける規則的な間隔の周波数を持っていない。これは、信号が全4000サンプル区間において周期的でないことによる。大きく広がったピークは、その信号の周波数の集中度を示している。しかし、それがこのプロットから推論される全てである。つまり、これまでは、音声信号の長時スペクトルか短時スペクトルのいずれかを得ることを試みてきた。この選択は多くの要因で決定されるが、短時間依存スペクトルは、長時間スペクトルに隠されている音声信号に関する多くの扱いを表すことは明らかである。

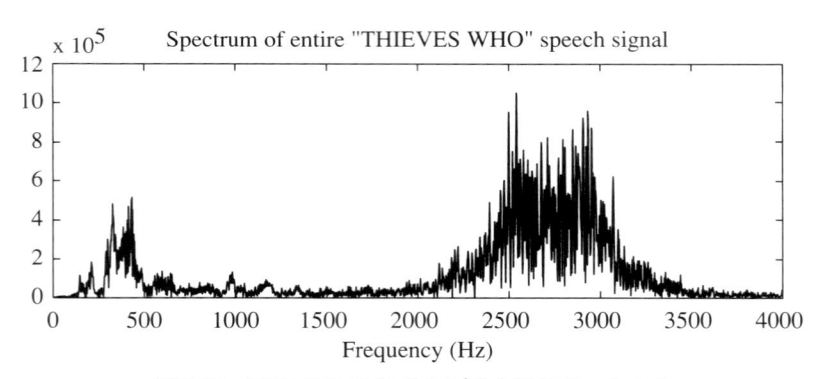

図9.38　図9.22の4000サンプル全数のスペクトル

9.7　フィルタされた音声

　最後の例として、音声信号に適用される低域通過フィルタリングはスペクトログラムの全ての高周波成分を削除することに等価であることを示す。低域通過フィルタに対してLTIシステムを使用する。このシステムのインパルス応答は図9.39（上）にプロットされている。また、これの周波数応答（振幅応答）は同図（下）に示されている。もし、図9.33の音声信号がこのフィルタへの入力であるならば、「高い周波数はこのフィルタにより除去される」ことを期待する。図9.40は、入力が図9.33の音声信号としたときの出力信号である。これら2つの波形を注意深く比較すると、（1）出力は入力よりやや遅れている。また、（2）出力は入力よりも滑らかである。フィルタは25サンプルの遅れ、また、高い周波数は波形が急激に変化することから、これら2つの結果が期待される。明らかに、このフィルタは高い周波数を除去している。

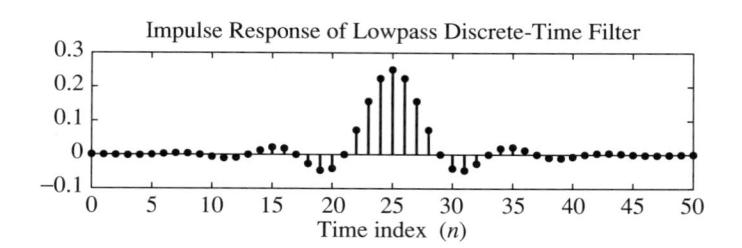

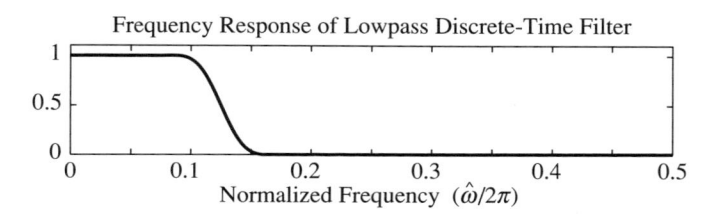

図9.39　低域通過離散時間フィルタのインパルス応答と周波数応答

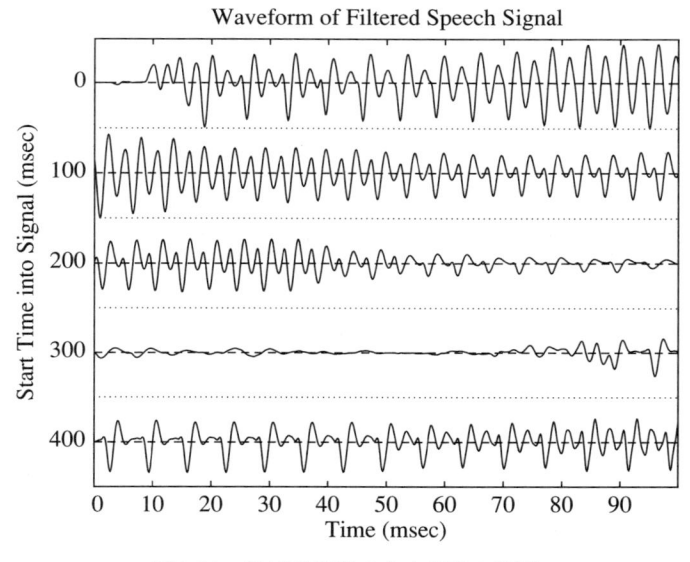

図9.40　低域通過後の音声信号の波形

　これは図9.41のスペクトログラムにより確かめられる。ここで、1000Hz以上の全ての成分は、スペクトルから除去されている。他方、1000Hz以下の成分は、図9.34と図9.41のスペクトログラムで同様に出現している。これは考えている低域通過フィルタリングと良く一致している。つまり、離散時間フィルタの「遮断周波数」が約$\hat{\omega}_c = \pi/4$であり、これは連続時間周波数での$\omega_c = \hat{\omega}_c f_s =$

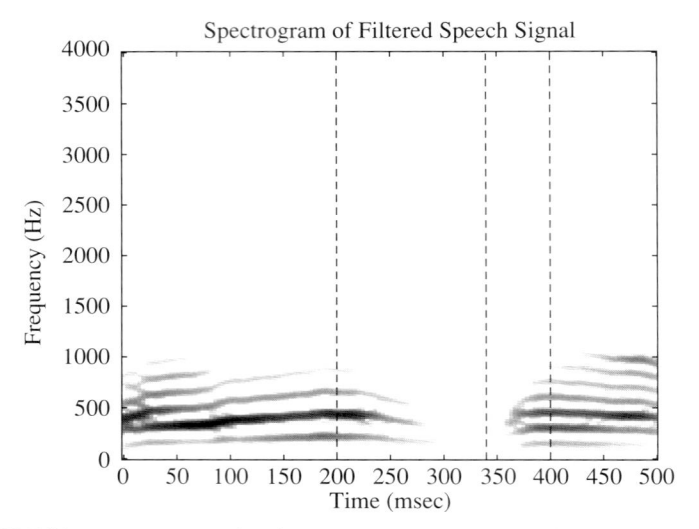

図9.41 低域通過フィルタされた音声信号のスペクトログラム。窓長は $L = 250$、サンプリング周波数 $f_s = 8000\text{Hz}$。

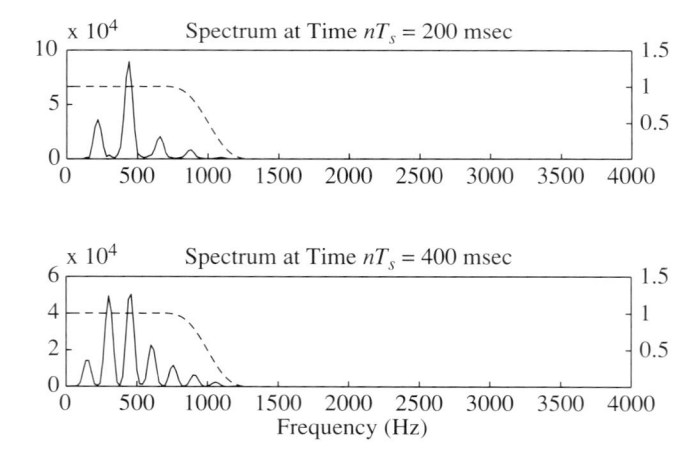

図9.42 図9.41から取り出された時間 $nT_s = 200$ と 400 におけるスペクトル片（$L = 250$）。

$(\pi/4)8000 = 2\pi(1000)$ に対応しているからである。図9.42に示された時間 $t = 200$ と 400msecでの詳細なスペクトル片は我々の結論でもある。図中の実線はそれぞれの時間における局部スペクトルを、また、ドット線は離散時間フィルタの周波数応答で、それに対応した連続時間周波数の関数としての振幅（スケールは右片に表示）をプロットしたことに注意されたい。図9.35（中）に対応する時

間 $t = 340$ でのスペクトル片には、音声信号は無声音の1000Hz以下においてほとんどエネルギーを持たないので、実質的にゼロであることから何も表示されていない。

9.8 高速フーリエ変換（FFT）

この節の記事はオプションである。FFTはスペクトル解析を行うための最も重要なアルゴリズムであり、計算プログラムであることから詳細に示す。

9.8.1 FFTの導出

9.3.7節において、DFTを計算するための効果的なアルゴリズムとしてFFTを議論した。この節では、FFTを導出する基本的な分割統治手法を示す。この導出から、$(N/2)\log_2 N$倍に比例した時間で実行するようなFFTプログラムを記述することが可能である。ここで、Nは2の累乗という仮定があるので、分解を再帰的に実行できる。そのようなアルゴリズムはradix-2アルゴリズムと呼ばれる。

DFT加算（9.3.11）とIDFT加算（9.3.10）は本質的に同じで、DFTの指数関数中の負符号と逆DFTの$1/N$の因子だけが異なる。したがって、ここではDFTの計算に集中する。DFTのために記述されたプログラムは、IDFTの計算に対しては複素指数関数の符号の変更と最終値に$1/N$を乗算するように変更する。DFT加算は2つの組に分割され、$x[n]$の偶数指標値に対する加算と奇数指標値に対する加算に分けられる。

$$X[k] = \text{DFT}_N\{x[n]\} \tag{9.8.1}$$

$$= \sum_{n=0}^{N-1} x[n] e^{-j(2\pi/N)kn} \tag{9.8.2}$$

$$= x[0]e^{-j0} + x[2]e^{-j(2\pi/N)2k} + \ldots + x[N-2]e^{-j(2\pi/N)k(N-2)}$$
$$+ x[1]e^{-j(2\pi/N)k} + x[3]e^{-j(2\pi/N)3k} + \ldots + x[N-1]e^{-j(2\pi/N)k(N-1)} \tag{9.8.3}$$

$$X[k] = \sum_{\ell=0}^{N/2-1} x[2\ell]e^{-j(2\pi/N)k(2\ell)} + \sum_{\ell=0}^{N/2-1} x[2\ell+1]e^{-j(2\pi/N)k(2\ell+1)} \tag{9.8.4}$$

この時点で、次の2つの賢いステップが必要である。まず第1に、第2項の総和中の指数関数は2つの指数関数の積に分割し、ℓに依存しない項に因数分解する。第2に、指数（2ℓ）の因数2を$2\pi/N$の分母のNに関係付ける。

$$X[k] = \sum_{\ell=0}^{N/2-1} x[2\ell]e^{-j(2\pi/N)k(2\ell)} + e^{-j(2\pi/N)k} \sum_{\ell=0}^{N/2-1} x[2\ell+1]e^{-j(2\pi/N)k(2\ell)}$$

$$X[k] = \sum_{\ell=0}^{N/2-1} x[2\ell]e^{-j(2\pi/(N/2))k\ell} + e^{-j(2\pi/N)k} \sum_{\ell=0}^{N/2-1} x[2\ell+1]e^{-j(2\pi/(N/2))k\ell}$$

ここで正しい形式を得た。それぞれの総和は、長さ$N/2$のDFTであるので、次のように記述できる。

$$X[k] = \text{DFT}_{N/2}\{x[2\ell]\} + e^{-j(2\pi/N)k} \text{DFT}_{N/2}\{x[2\ell+1]\} \tag{9.8.5}$$

2つの小さなDFTから$X[k]$を再構成するための式（9.8.5）は、ひとつの隠れた特徴を持っている。上式は$k = 0, 1, 2, ..., N - 1$に対して計算される。$N/2$点DFTは、$N/2$個の要素を含む出力ベクトルを出力する。つまり、奇数の指標点DFTは次式となる。

$$X^o_{N/2}[k] = \text{DFT}_{N/2}\{x[2\ell+1]\} \qquad k = 0, 1, 2, ..., N/2 - 1$$

それゆえ、$k \geq N/2$に対して、$X[k]$を計算するためには、次のような情報を必要とする。次式を確かめることは容易である。

$$X^o_{N/2}[k + N/2] = X^o_{N/2}[k]$$

また、偶数の指標点DFTに対しても同様に、式（9.8.5）の和を実行する前に$N/2$点DFTの結果を周期的に拡張する必要がある。これには何ら追加的な計算を必要としない。

　式（9.8.5）の分解は完全なFFTアルゴリズムを説明するのに十分である。つまり、2つの小さなDFTを計算し、奇数指標DFT出力に指数関数因子$e^{-j(2\pi/N)k}$を乗算する。再帰的な分解の3レベルが観測できる図9.43を参照されたい。もし、再帰的構成が適用されると、2つの$N/2$点DFTは4つの$N/4$点DFTに分解され、さらに、これらを8個の$N/8$点DFTに分解される。もしNが2の累乗ならば、分解は$\log_2 N - 1$回繰り返し、やがて、DFT長が2に等しくなる点に到達する。2点DFTに対する計算は平凡でさえある。

$$X_2[0] = x_2[0] + x_2[1]$$

$$X_2[1] = x_2[0] + e^{-j2\pi/2} x_2[1] = x_2[0] - x_2[1]$$

2点DFTの2つの出力は、2つの入力の和と差である。

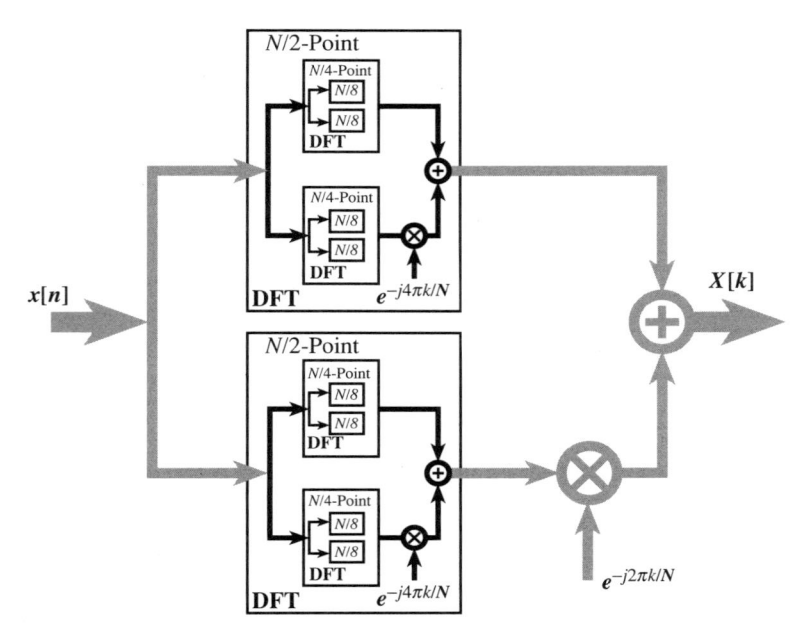

図9.43　$N = 2^v$ に対する radix-2 FFT アルゴリズムのブロック図。図中の線幅は処理される
　　　　データ量に比例している。たとえば、それぞれの $N/4$ 点 DFT は、$N/4$ 要素を含む
　　　　データベクトルに変換する。

9.8.1.1　FFT演算回数

　これまでの導出は少し不完全であるが、2点DFTを使用するFFTプログラムを記述するための基本的考えと基本演算子としての複素指数関数は包含されている。しかしながら、FFTに関する重要な点はプログラムを記述する方法ではなく、むしろ、計算を遂行するに必要な演算の数である。これが最初に発表されたとき、FFTは人々が問題をどのように考えるかに関して非常なインパクトを与えた。それは周波数領域が数値的に利用可能であることを示したからである。スペクトル解析は、非常に長い信号に対してさえ機械的計算となっている。時間領域の方が自然であるように思われるフィルタリングのような演算でさえも、非常に長いFIRフィルタに対して周波数領域ではかなり効果的に実行される。

　FFTを計算するのに必要な演算数は簡単な式で表現される。演算数を数えるためアルゴリズムの構造に関して十分に述べてきた。演算回数は次の通りである。つまり、N点DFTは（9.8.5）で見てきたように、2つの$N/2$点DFTとこれに続くN回の複素乗算、N回複素加算である[注12]。つまり、

---

*注12：実際には $e^{-j2\pi(N/2)N} = -1$ であるので、複素乗算の数は $N/2$ に減少できる。

$$\mu_c(N) = 2\mu_c(N/2) + N \qquad \alpha_c(N) = 2\alpha_c(N/2) + N$$

ただし、$\mu_c(N)$ は長さ N の DFT のための複素乗算の数であり、$\alpha_c(N)$ は複素加算の数である。この式は $N = 2, 4, 8, ...$ に対して順次計算される。ただし $\mu_c(2) = 0$、$\alpha_c(2) = 2$ である。表9.1は、2の累乗をもついくつかの変換長に対する演算数の一覧である。式は、表より次のように導出される。

$$\mu_c(N) = N(\log_2 N - 1) \qquad \alpha_c(N) = N \log_2 N$$

複素数演算は、最後には実数どうしの積と和を実行するので、演算数を実数の加算と実数の乗算に変換するのが有効である。複素加算は2つの実数加算を要求するが、複素乗算では4つの実数乗算と2つの実数加算に等価である。したがって、表9.1は、さらに、これら2つのカラムを追加する。

N	$\mu_c(N)$	$\alpha_c(N)$	$\mu_r(N)$	$\alpha_r(N)$	$4N^2$
2	0	2	0	4	16
4	4	8	16	16	64
8	16	24	64	48	256
16	48	64	192	128	1024
32	128	160	512	320	4096
64	320	384	1280	768	16384
128	768	896	3072	1792	65536
256	1792	2048	7168	4096	262144
⋮	⋮	⋮	⋮	⋮	⋮

表9.1 N が2の累乗であるとき、radix-2のFFTに対する演算回数。$\mu_c(N)$ が $4N^2$ よりいかに小さいかに注意。

演算数の最下行は、総数が $N \log_2 N$ に比例しているものである。表9.1に対する正確な式は、次式となる。

$$\mu_r(N) = 4N(\log_2 N - 1) \qquad \alpha_r(N) = 2N(\log_2 N - 1) + 2N = 2N \log_2 N$$

上式は、実数乗算と実数加算の回数である。複素指数関数における対称性は、計算量の減少に利用できるので、このような回数でもわずかに大きい。

9.9 要約と関連

　この章では、スペクトル解析の基本的な理解と、離散時間信号の時間周波数表現の概念に対する理解の構築を試みてきた。簡単な例から開始し、フィルタリングの基本概念を通して、信号を構成している複素指数関数成分の複素振幅を如何に計測できるかを示した。次に、周期信号に対してスペクトル解析手法を一般化し、DFT として広く知られている方法を導出した。有限長信号と音声や音楽のような連続信号とに対して DFT を試した。最後に、スペクトログラムを定義し、その特性の理解を助けるための、図 9.22 のフィルタバンク構成と図 9.26 の移動窓 FFT という 2 つの解釈を示した。いくつかの例において、スペクトルにおける分解能のトレードオフを示すために音声と音楽のスペクトログラムを示した。

　9.7 節の例は、周波数スペクトルの概念が幅広い有効性を持っていることの十分な証である。これは、任意の信号に関する LTI システムの効果を、そのシステムの周波数応答により表現されると考えることを意味している。「信号は 4kHz の帯域幅を持っている」、あるいは、「高い周波数はフィルタにより強調される」のように言うことができる。確かに、これは驚く結論ではない。このような議論をしなくとも、技術者以外の多くの人にとっても、ハイファイセット、ラウドスピーカ、ヘッドホーン、また、我々自身の耳における周波数応答に関しては十分な考えを持っている。このように有用な概念の周波数応答を構成することとして、任意の信号は複素指数関数信号の（多分、無限に多くの）和として考えられるということである。この章は多くに例といくつかの式を用いてこのことを試みてきた。フーリエ解析や周波数スペクトルの概念に関してさらに学ぶ必要があるが、このように無限に興味深い主題のエッセンスはこの中に含まれている。

　この章のためのデモとプロジェクトは第 3 章から共通に入っているので、読者らは、これらの以前のデモンレーションを調べるべきであろう。新しいラボラトリ・プロジェクトは付録 C と CD-ROM に示す。LabC.11 は、学生達に、レコーディングから歌のための楽譜を記述する音楽解析プログラムの開発を要求している。スペクトログラムは、基本的には音楽の時間周波数表現を得るために使用される。また、ピーク値取得アルゴリズムと編集プログラムは、現実の音に対応したスペクトルのピークを発見するように記述する必要がある。このプロジェクトは、Lab C.3 の逆と考えることができる。さらに、Lab C.7 には、タッチトーン電話のような正弦波信号で動作するいくつかの実践的なシステムを含んでいる。Lab の文章は CD-ROM にもある。

　CD-ROM はスペクトログラムに関係した次のような 3 つのデモンストレーションを含んでいる。

SPECTROGRAMS AND SOUNDS: WIDEBAND FM

1. スペクトログラムの計算は、移動窓 FFT が信号を通すことを示した動画により示した。
2. チャープ信号のスペクトログラムは、FFT の窓長が見たり聞くことのできるスペクトログラム画像にどうように影響するかを示す。このチャープの場合、周波数の変化速度は、周波数が窓区間内で如何に早く変化するかに依存して、スペクトログラム画像に影響する。それは聞く音にも影響する。理由は人間の聴覚システムが色々な（既知の）帯域幅を持つ

フィルタバンクとしてモデル化されているからである。

3. 音楽記法とスペクトログラムの関係を表現したMATLABのグラフィックユーザインターフェイス。

最後に、読者らは、CD-ROMに入っている大量の解答付き宿題を思い出されたい。これは復習や練習としても使用可能である。

問題

9.1 離散時間信号$x[n]$は複素指数関数信号の和であると仮定する。つまり、

$$x[n] = 3 + 2e^{j0.2\pi n} + 2e^{-j0.2\pi n} - 7je^{j0.7\pi n} + 7je^{-j0.7\pi n}$$

(a) 正の周波数だけを使用して$x[n]$のスペクトルをプロットせよ。

(b) $x_b[n] = x[n]e^{j0.4\pi n}$と仮定する。正の周波数のみを使用して$x_b[n]$のスペクトルをプロットせよ。

(c) $x_c[n] = x[n](-1)^n x[n]$と仮定する。正の周波数のみを使用して、$x_c[n]$のスペクトルをプロットせよ。

9.2 次のような10点DFTを求めよ。

(a) $x_0[n] = \begin{cases} 1 & n = 0 \\ 0 & n = 1, 2, \ldots, 9 \end{cases}$

(b) $x_1[n] = 1 \quad n = 0, 1, 2, \ldots, 9$

(c) $x_2[n] = \begin{cases} 1 & n = 4 \\ 0 & n \neq 4 \end{cases}$

(d) $x_3[n] = e^{j2\pi n/5} \quad n = 0, 1, 2, \ldots, 9$

9.3 次式の10点逆DFT（IDFT）を求めよ。

(a) $X_a[k] = \begin{cases} 1 & k = 0 \\ 0 & k = 1, 2, \ldots, 9 \end{cases}$

(b) $X_b[k] = 1 \quad k = 0, 1, 2, \ldots, 9$

(c) $X_c[k] = \begin{cases} 1 & k = 3, 7 \\ 0 & k = 0, 1, 2, 3, 4, 5, 6, 8, 9 \end{cases}$

(d) $X_d[k] = \cos(2\pi k/5) \qquad k = 0, 1, 2, \ldots, 9$

9.4 次式の12点DFTを求めよ。

(a) $y_0[n] = \begin{cases} 1 & n = 0, 1, 2, 3 \\ 0 & n = 4, 5, \ldots, 11 \end{cases}$

(b) $y_1[n] = \begin{cases} 1 & n = 0, 2, 4, 6, 8, 10 \\ 0 & n = 1, 3, 5, 7, 9, 11 \end{cases}$

(c) $y_2[n] = \begin{cases} e^{j2\pi n/5} & n = 0, 1, 2, 3, 4 \\ 0 & n = 5, 6, 7, 8, 9, 10, 11 \end{cases}$

9.5 複素指数関数 $e^{j2\pi kn/N}$ の直交特性を証明せよ。

$$\sum_{n=0}^{N-1} e^{j2\pi \ell n/N} e^{-j2\pi kn/N} = \begin{cases} N & \ell = k \bmod N \\ 0 & \ell \neq k \bmod N \end{cases}$$

ただし、記法 $\ell = k \bmod N$ は、ℓ が $k, k \pm N, k \pm 2N, \ldots$ に等しくなることを意味する。この特性は、複素指数関数が同一周期 N を持っているときだけ正しい。

9.6 $x[n]$ が $\hat{\omega}_1 = 0.25\pi$、$\hat{\omega}_2 = 0.5\pi$、$\hat{\omega}_3 = 0.75\pi$ での周波数成分および $X_0 = 3$ のDC値のスペクトルであると仮定する。8点移動和FIRフィルタの係数 $\{b_k\} = \{1, 1, 1, 1, 1, 1, 1, 1\}$ を用いてこの信号を処理せよ。出力はすべての n に対して $y[n] = 24$ であることを示せ。$\hat{\omega}$ に対する $|H(e^{j\hat{\omega}})|$ のプロットからの値を用いて、計算を簡単化せよ。

9.7 次の入力信号に対する12点移動和フィルタの応答を求めよ。

(a) $x[n] = \delta[n]$
(b) $x[n] = e^{j\pi n/4} \qquad$ すべての n
(c) $x[n] = \cos(\pi n/4) \qquad n \geq 0$
(d) $x[n] = e^{j\pi n/4} \qquad 0 \leq n < 20$

周波数応答 $H(e^{j\hat{\omega}})$ に関する知識を利用して、計算を簡単にしなさい。

9.8 連続-時間信号 $x(t)$ は次のようないくつかの正弦波部分からなると仮定する。

$$x[t] = \begin{cases} \cos(2\pi(600)t) & 0 \leq t < 0.5 \\ \sin(2\pi(1100)t) & 0.3 \leq t < 0.7 \\ \cos(2\pi(500)t) & 0.4 \leq t < 1.2 \\ \cos(2\pi(700)t - \pi/4) & 0.4 \leq t < 0.45 \\ \sin(2\pi(800)t) & 0.35 \leq t < 1.0 \end{cases}$$

(a) 信号を f_s = 8000Hzでサンプルするとき、定義された信号に対応する理想的なスペクトログラムをスケッチせよ。

(b) 信号を f_s = 8000Hzでサンプルするとき、FFT長を N = 256とし、Hann窓長を L = 256としたときに得られる実際のスペクトログラムをスケッチせよ。MATLABによる正確なスペクトログラムの計算をすることなく概略を示せ。

9.9 C-メージャのスケールは窓長 L = 256を使用した図9.31にあるスペクトログラムで示す解析結果である。もし窓長を L = 100とした場合に得られるスペクトログラムをスケッチせよ。このスケッチが図9.31とどの様に異なるかを説明せよ。

9.10 音声信号はMATLABの`specgram`関数に以下のようなパラメータを使用して解析されたと仮定する。つまり、窓長 L = 100のHann窓、FFT長 N = 256、80点のオーバーラップを持つパラメータとする。解析結果のスペクトログラム画像の分解能を求めよ。

(a) 周波数分解能（Hz)を求めよ。
(b) 時間分解能（sec）を求めよ。

9.11 フィルタバンクシステムの分解能は各チャンネルで使用される低域通過フィルタの周波数応答で決定される。いま連続-時間信号を f_s = 10,000Hz でサンプルし、250Hz の周波数分解能としたいものと仮定する。

(a) もしチャネルのLPFにHannフィルタを使用する場合、要求されるフィルタ長 L はいくらか。この L の最小値を推定せよ。
(b) 要求される分解能を満たすようなHann FIRフィルタを設計せよ。この低域通過フィルタはその周波数応答（振幅）をプロットすることで十分であることを確かめよ。

付録 A 複素数

複素数の基本操作はこの付録で復習する。複素数の組み合わせのための代数ルールを復習し、次に、幾何学的視点からベクトル図を描くことで、これらの演算を可視化する。このような幾何学的視点は複素数が信号を表現するのにどのように使用されるかを理解する要である。とくに、次に示す複素数に関する3つの重要な考えを扱うことにする。

- 簡単な代数ルール：複素数（$z = x + jy$）の演算は実数と全く同じルールである。j^2は-1で置き換えられる*[注1]。
- 三角法の削除：複素指数$z = r e^{j\theta} = \cos\theta + j\sin\theta$のためのオイラーの公式は三角亘等式と複素数の簡単な代数演算との関係を明らかにする。
- ベクトルによる表現：2次元平面における原点から点(x, y)までを描くベクトルは、$z = x + jy$に等価である。zの代数ルールは、ベクトル演算の基本ルールである。しかしながら、さらに重要なことは、ベクトル図から得られる可視化である。

初めの2つのアイディアは$z = x + jy$の代数の性質に関係し、残りは信号の表現としての役割に関するものである。代数操作の技法は重要であるが、表現のために複素数の使用は特に重要である。電気工学において複素数は便利に使用されている。正弦波を表現するとき、信号を簡単に操作できるからである。つまり、（差分方程式の解であるような）正弦波の問題は、(1) 代数の簡単なルールにより解決され、(2) ベクトル幾何で可視化可能な複素数問題に変換される。これの重要点は、複

---

*注1：数学と物理学では記号iを使用する。電気技術者達は電気回路の電流に対して記号iを保留しておきたいのである。

素数の世界に問題を抽象化するような高次に考えることである。結局は、多くの複雑な問題を代数へと縮小するフーリエ変換やラプラス変換のように、「変換」の概念である。もし、読者が高等学校代数レベルに熟練していれば、信号とシステムの学習は有効である。もしそうでなければ、この付録の注意深い学習が助けとなる。

以上のような洞察力が得られると、計算の基礎レベルの仕事に時折戻る必要もある。複素数の操作をしなければならないとき、電卓が有効であろう、とりわけ、組み込み複素数演算機能をもつ電卓が有効である。自分の電卓でこの機能を如何に使用するかを学んでおくことは価値がある。しかしながら、いくつかの計算は手動でおこなうことが重要である。それにより、自分の電卓が何を実行しているかを理解できるようになるからである。

最後に、複素数（complex numbers）を「complex」と呼ぶことはよくない。大方の学生はそれを複雑なものと理解するからである。しかし、これらのエレガントな数学的な特性は多くの計算を簡単にする。

A.1　はじめに

複素数系は実数系の拡張である。複素数は、次のような式を解法するのに必要である。

$$z^2 = -1 \tag{A.1.1}$$

記号 j は、$\sqrt{-1}$ を表すのに導入された。式（A.1.1）は2つの解、$z = \pm j$ を持っている。さらに、一般的に、複素数は2次式の2つの根を解くのに使用される。

$$az^2 + bz + c = 0$$

これは、2次公式に従って、次の2つの解を得る。

$$z = \frac{-b \pm \sqrt{b^2 - 4ac}}{2a}$$

判別式（$b^2 - 4ac$）が負である時はいつでも、その解は複素数で表現される。たとえば、

$$z^2 + 6z + 25 = 0$$

は、$\sqrt{b^2 - 4ac} = \sqrt{36 - 4(25)} = \sqrt{-64} = \pm j8$　であるので、解は、$z = -3 \pm j4$ となる。

A.2 複素数の表記法

複素数を表現にはいくつかの異なる数学的な表記法が使用される。2つの基本形は極形式と直交形式である。これらの間を素早くかつ簡単に変換できるようにしておくことは大切である。

A.2.1 直交形式

直交形式において、次のような表記はいずれも同一複素数の定義である。

$$\begin{aligned} z &= (x, y) \\ &= x + jy \\ &= \Re e\{z\} + j\Im m\{z\} \end{aligned}$$

順序対 (x, y) は2次元平面上の1点と考える*[注2]。

複素数をベクトルとして描くことができる。そのベクトルの末尾は原点であり、先端は点 (x, y) である。この場合の x はベクトルの水平軸にあり、y は垂直軸にある。いくつかの例を図A.1に示す。複素数 $z = 2 + j5$ は点 $(2, 5)$ に表されている。これは第1象限に存在する。また、$z = 4 - j3$ は第4象限の位置 $(4, -3)$ に存在する。

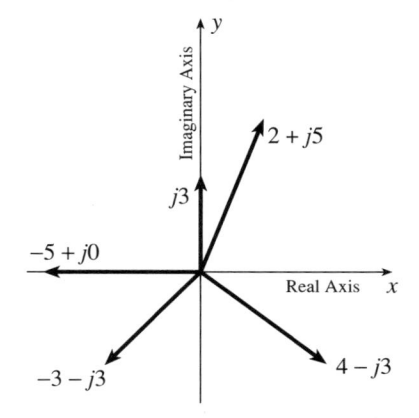

図A.1　2次元「複素平面」のベクトルとしてプロットされた複素数。$Z = x + jy$ は複素平面状で、原点から座標 (x, y) の点へのベクトルとして表現される。

複素数表記 $z = x + jy$ は2次元平面上の点 (x, y) を表しているので、数 j は $(0, 1)$ を表す。これは、図A.2に示すように、原点から $(0, 1)$ への垂直ベクトルとして描かれる。したがって、5のような実数と j との乗算は、水平軸上の点から垂直軸上の点へと変換する。つまり $j(5 + j0) = 0 + j5$ である。

---

*注2：これは、ある電卓で複素数を入力するときに使用される記法でもある。

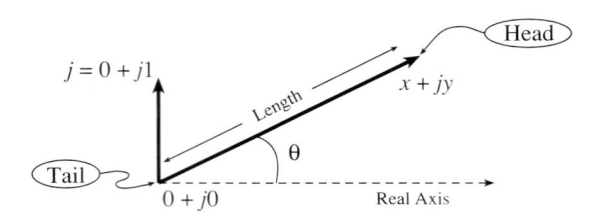

図A.2　原点から(x, y)へのベクトルとして表現された複素数

　直交形式はカーテシアン形式（Cartesian form）とも呼ばれている。水平座標xは実軸と呼ばれ、垂直座標yは虚軸と呼ばれる。演算子$\mathfrak{Re}\{z\}$と$\mathfrak{Im}\{z\}$は、$z = x + jy$の実部と虚部を取り出すために提供されている。

$$x = \mathfrak{Re}\{z\}$$
$$y = \mathfrak{Im}\{z\}$$

A.2.2　極形式

　極形式において、ベクトルは、図A.2と図A.4で示すように、その長さ（r）と方向（θ）で定義される。したがって、時折、次のような記法を使用する。

$$z \longleftrightarrow r\angle\theta$$

いくつかの例を図.A.3に示す。方向 θ は度で与えられる。角度は正のx軸から計られ、正あるいは負とおくことができる。しかしながら、一般には$-180° < \theta \leq 180°$に存在するように、角度の主値（principal value）を指定する。これは、360°の整数倍がその角度からの減算あるいは、加算により結果が$-180°$と$+180°$の間に収まることを要求している。つまり、ベクトル$3\angle -80°$は$3\angle 280°$の主値である。

A.2.3　変換：直角座標と極座標

　極形式と直角形式の両者は、共に、複素数を表現するために使用される。正弦波信号表現に対して、広く知られる極形式は、2つの表現形式間を素早く、しかも、正確に変換される必要がある。図A.4を参照すると、ベクトルのxとy座標は、次式で得られる。

$$x = r \cos \theta$$
$$y = r \sin \theta \tag{A.2.1}$$

したがって、zの正しい式は、

A.2 複素数の表記法

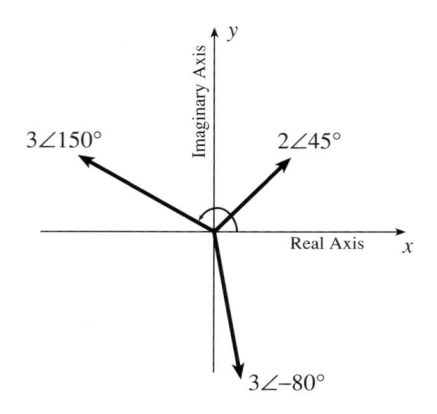

$$z = r\cos\theta + jr\sin\theta$$

図A.3 ベクトル表現の長さ（r）と方向（θ）に関してプロットされたいくつかの複素数。角度は常に正の実軸に対して計られる。その単位は普通、ラジアンであるが、ここでは度（°）で示した。

例A.1 図A.3には、3つの複素数がある。

$$2\angle 45° \longleftrightarrow z = \sqrt{2} + j\sqrt{2}$$

$$3\angle 150° \longleftrightarrow z = -\frac{3\sqrt{3}}{2} + j\frac{3}{2}$$

$$3\angle -80° \longleftrightarrow z = 0.521 - j2.954$$

(x, y)から$r\angle\theta$への変換は少し難しい。図A.4から、式は、

$$r = \sqrt{x^2 + y^2} \quad \text{（長さ）} \tag{A.2.2}$$

$$\theta = \arctan(y/x) \quad \text{（方向）} \tag{A.2.3}$$

逆正接（arctangent）は、4象限での解である。また、角度は普通、θ度（°）よりもラジアンで指定される。

練習A.1 この時点で、読者は図A.1で示した5つの複素数を極形式に変換せよ。解答は順不同で $3\angle 90°$、$5\angle -36.87°$、$4.243\angle 225°$、$5.385\angle 68.2°$、$5\angle 180°$。

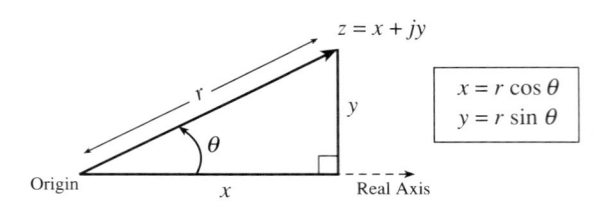

図A.4　(x, y)をrとθに関係付けるための基本三角形

A.3において、2つの極形式を導入する。

$$z = re^{j\theta}$$
$$= |z| e^{j \arg z}$$

$|z| = r = \sqrt{x^2 + y^2}$ はベクトルの大きさ（magnitude）と $\arg z = \theta = \arctan(y/x)$ は（°ではなく）ラジアンで表わした位相である。オイラーの公式に基づく指数関数記法は、代数表現で使用されるとき、指数関数の標準的な規則が適用されるという利点を持っている。

A.2.4　第2、あるいは、第3象限における問題

$\arctan(y/x)$の角度 θ のための式（A.2.3）において、実部が負であるような場合（図A.5）は、特に注意深く使用されねばならない。たとえば、複素数$z = -3 + j4$は、角度を得るために$\arctan(-4/3)$の計算が要求される。同様な計算は$z = 3 - j4$の場合にも必要である。$-4/3$の逆正接は-0.95rad、これは約$-53°$であり、$z = 3 - j4$に対する正しい角度である。しかしながら、$z = -3 + j4$の場合、このベクトルは第2象限に存在し、角度は$90° \leq \theta \leq 180°$を満足しなければならない。この場合、正しい角度は$\pi - 0.95 = 2.2$radである。つまり、$180° - 53° = 127°$である。

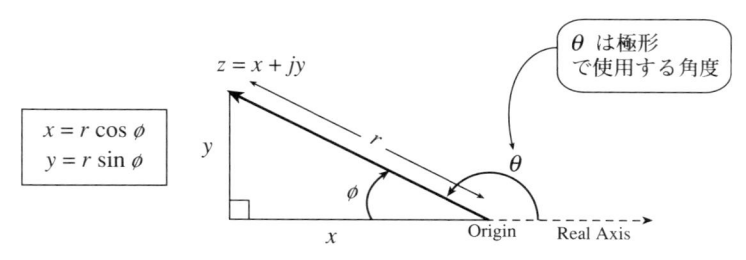

図A.5　第2象限において、内角ϕはxとyから簡単に計算されるが、極形式にとっての正しい角度ではなく、正の実軸に関する外角θを要求しているのである。

A.3 オイラーの公式

極形式から直角形式(A.2.1)への変換には次の公式がある。

$$e^{j\theta} = \cos\theta + j\sin\theta \tag{A.3.1}$$

式(A.3.1)は複素指数関数$e^{j\theta}$の定義である。これは、角度θのとき長さが1である、$1\angle\theta$に等しい。級数に基づくオイラー公式の証明は、第2章の問題2.4で示した。図A.6には、$re^{j\theta}$に等価な$r\angle\theta$を示す。

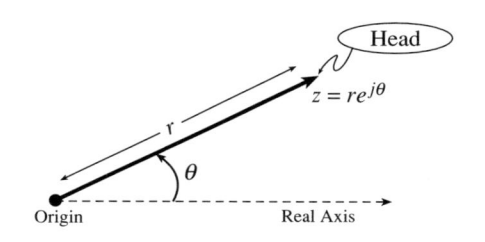

図A.6 指数表記で表現された複素数のための極形式

この発見は指数則が$e^{j\theta}$に適用されることである。オイラーの公式(A.3.1)は非常に重要であるので、これを即座に思い出されたい。特に、逆オイラー公式(A.3.2)と(A.3.3)は、記憶にとどめておくべきであろう。

例A.2 いくつかの例を示す。

$$(90°): \quad e^{j\pi/2} = \cos(\pi/2) + j\sin(\pi/2) = 0 + j1 = j \quad \longleftrightarrow \quad 1\angle\pi/2$$

$$(180°): \quad e^{j\pi} = \cos(\pi) + j\sin(\pi) = -1 + j0 = -1 \quad \longleftrightarrow \quad 1\angle\pi$$

$$(45°): \quad e^{j\pi/4} = \cos(\pi/4) + j\sin(\pi/4) = \frac{1}{\sqrt{2}} + j\frac{1}{\sqrt{2}} \quad \longleftrightarrow \quad 1\angle\pi/4$$

$$(60°): \quad e^{j\pi/3} = \cos(\pi/3) + j\sin(\pi/3) = \frac{1}{2} + j\frac{1}{2}\sqrt{3} \quad \longleftrightarrow \quad 1\angle\pi/3$$

◇

例A.3 図A.3に戻り、3つの複素数が次のように記述される。

$$2\angle 45° \quad \longleftrightarrow \quad z = 2e^{j\pi/4}$$

$$3\angle 150° \quad \longleftrightarrow \quad z = 3e^{j5\pi/6}$$

$$3\angle -80° \quad \longleftrightarrow \quad z = 3e^{-j4\pi/9} = 3e^{-j1.396}$$

◇

−1.396のような数は可視化するのが困難である。それは、角度を度（°）で考えてきたからである。指数で使用される角度をπの有理数で表現するのが助けとなるかもしれない。たとえば、−1.396 = −(1.396π)/π = −0.444π(rad)となる。これを適用することは良い習慣である。それは度とラジアンの変換を簡単に行えるからである。もしθがラジアンで与えられるなら、その変換は、

$$\theta \times \left(\frac{180}{\pi}\right) = 方向(°)$$

A.3.1 逆オイラー公式

オイラー公式（A.3.1）は余弦（Cos）部と正弦（Sin）部とをそれぞれに求められる。結果は逆オイラー関係式と呼ばれる。

$$\cos\theta = \frac{e^{j\theta} + e^{-j\theta}}{2} \tag{A.3.2}$$

$$\sin\theta = \frac{e^{j\theta} - e^{-j\theta}}{2j} \tag{A.3.3}$$

$\cos(-\theta) = \cos(\theta)$、$\sin(-\theta) = -\sin(\theta)$とおくと、$\sin\theta$は、次のように証明される。

$$\begin{aligned} e^{-j\theta} &= \cos(-\theta) + j\sin(-\theta) \\ &= \cos\theta - j\sin\theta \\ e^{+j\theta} &= \cos\theta + j\sin\theta \\ \Longrightarrow e^{j\theta} - e^{-j\theta} &= 2j\sin\theta \\ \Longrightarrow \sin\theta &= \frac{e^{j\theta} - e^{-j\theta}}{2j} \end{aligned}$$

A.4 複素数のための代数ルール

複素数のための基本的な代数演算は、記号jが$j^2 = -1$を満足する特別なトークンとして扱うかぎりにおいて、普通の代数演算に従う。直角形式では、これらのルールのすべてが比較的に分かりやすい。5つの基本ルールがある。

$$\begin{aligned} (加算)\quad z_1 + z_2 &= (x_1 + jy_1) + (x_2 + jy_2) \\ &= (x_1 + x_2) + j(y_1 + y_2) \\ (減算)\quad z_1 - z_2 &= (x_1 + jy_1) - (x_2 + jy_2) \\ &= (x_1 - x_2) + j(y_1 - y_2) \\ (乗算)\quad z_1 \times z_2 &= (x_1 + jy_1) \times (x_2 + jy_2) \end{aligned}$$

$$z_1 z_2 = x_1 x_2 + j^2 y_1 y_2 + j x_1 y_2 + j x_2 y_1$$
$$= (x_1 x_2 - y_1 y_2) + j(x_1 y_2 + j x_2 y_1)$$

（複素共役）
$$z_1^* = (x_1 + j y_1)^*$$
$$= x_1 - j y_1$$

（除算）
$$z_1 \div z_2 = (x_1 + j y_1) / (x_2 + j y_2)$$
$$\frac{z_1}{z_2} = \frac{z_1 z_2^*}{z_2 z_2^*} = \frac{z_1 z_2^*}{|z_2|^2}$$
$$= \frac{(x_1 + j y_1)(x_2 - j y_2)}{x_2^2 + y_2^2}$$
$$= \frac{(x_1 x_2 + y_1 y_2) + j(x_2 y_1 - x_1 y_2)}{x_2^2 + y_2^2}$$

加算と減算は、実部および虚部の加算か減算だけを必要とするので、易しい。他方、極形式での和（あるいは差）は r と θ に関して直接的に実行することはできない。それに代わり、直角形式への中間的な変換が必要となる。それに比べ、直角座標で込み入っているような乗算と除算の演算は極形式において簡単な操作となる。乗算の場合は振幅を乗算し、角度を加算する。除算では振幅を除算し、角度を減算する。極形式の複素共役は角度の符号を置き換えるだけである。

（乗算）
$$z_1 \times z_2 = r_1 e^{j\theta_1} \times r_2 e^{j\theta_2}$$
$$= (r_1 r_2) e^{j(\theta_1 + \theta_2)}$$

（複素共役）
$$z_1^* = (r_1 e^{j\theta_1})^*$$
$$= r_1 e^{-j\theta_1}$$

（除算）
$$z_1 \div z_2 = \frac{r_1 e^{j\theta_1}}{r_2 e^{j\theta_2}}$$
$$= \frac{r_1}{r_2} e^{j(\theta_1 - \theta_2)}$$

練習A.2 複素数 z の逆数、つまり双対は、$z^{-1} z = 1$ となる z^{-1} である。逆に共通する間違いは、x と y を別々に逆数をとることで、$z = x + jy$ を逆にすることである。これが間違いであることを示すために、$z = 4 + j3$ と $w = \frac{1}{4} + j\frac{1}{3}$ の特別な場合をとる。$wz \neq 1$ であるので、w は z の逆数ではないことを示す。次に、z の正しい逆数を求める。

2つの複素数を加算し最終回答を極形式で表現するとき、極形式では困難なことがある。直角形式への中間的変換が実行される必要がある。ここでは、極形式で複素数を加算する方法を示す。

1. 極形式から開始する。

$$z_3 = z_1 \pm z_2 = r_1 e^{j\theta_1} \pm r_2 e^{j\theta_2}$$

2. z_1、z_2 をカーテシアン形式に変換、

$$z_3 = (r_1 \cos \theta_1 + j r_1 \sin \theta_1) \pm (r_2 \cos \theta_2 + j r_2 \sin \theta_2)$$

3. カーテシアン形式での加算を実行

$$z_3 = (r_1 \cos \theta_1 \pm r_2 \cos \theta_2) + j(r_1 \sin \theta_1 \pm r_2 \sin \theta_2)$$

4. z_3 の実部と虚部に等しいとおく。

$$x_3 = \Re e\{z_3\} = r_1 \cos \theta_1 \pm r_2 \cos \theta_2$$
$$y_3 = \Im m\{z_3\} = r_1 \sin \theta_1 \pm r_2 \sin \theta_2$$

5. 式(A.2.2)と式(A.2.3)を使用して元の極形式に変換する。

$$z_3 = x_3 + j y_3 \quad \longleftrightarrow \quad z_3 = r_3 e^{j\theta_3}$$

もし、極形式と直角形式との変換を行う電卓を持っている場合、それの使い方を学習されたい。それにより、手計算での時間を節約できるだけでなく、はるかに正確でもある。大方の科学技術計算の電卓は2つの表記法を使用できる機能を持っているので、変換はユーザーにとって分かりやすい。

例A.4 ここに、極形式で与えられた2つの複素数を加算する数値例を示す。

$$z_3 = 7e^{j4\pi/7} + 5e^{-j5\pi/11}$$
$$z_3 = (-1.558 + j6.824) + (0.712 - j4.949)$$
$$z_3 = -0.846 + j1.875$$
$$z_3 = 2.057\, e^{j1.995} = 2.057\, e^{j0.635\pi} = 2.057\angle 114.3°$$

注意：角度が指数部に現れた時の単位は、ラジアン（rad）である。 ◇

A.4.1 練習

複素数の計算を練習するために、次の例を試してみよ。

練習A.3 次の加算と乗算を行う。その結果をプロットせよ。

$$z_4 = 5e^{j4\pi/5} + 7e^{-j5\pi/7}$$
$$z_5 = 5e^{j4\pi/5} \times 7e^{-j5\pi/7}$$

答えは、$z_4 = -8.41 - j\,2.534 = 8.783\,e^{-j0.907\pi}$、$z_5 = 35\,e^{j3\pi/35}$

練習A.4 複素共役をとる場合の簡単なルールは、j項の全ての符号を変換することである。次式の実行せよ。

$$(3 - j\,4)^* = ?$$
$$(j(1-j))^* = ?$$
$$(e^{j\pi/2})^* = ?$$

練習A.5 次の等式は真であることを証明せよ。

$$\mathfrak{Re}\{z\} = (z + z^*)/2$$
$$\mathfrak{Im}\{z\} = (z - z^*)/2j$$
$$|z|^2 = zz^*$$

多くのドリル問題はMATLABプログラム`zdrill.m`を使用することで作成できる。これはそれぞれの複素演算のための質問に問い合わせるGUIである。また、解を表すベクトルをプロットする。`zdrill`には初心者レベルと高等レベルの両方がある。

A.5 複素演算の幾何学的視点

複素数演算を可視化するための機能を開発することは重要である。これは、(x, y)平面におる数を、$x = \mathfrak{Re}\{z\}$, $y = \mathfrak{Im}\{z\}$として表示するベクトルをプロットすることにより実現される。この要点は図A.2で示したように、複素数$z = x + jy$はその末尾を原点に、先端を(x, y)点に持つベクトルとすることである。

A.5.1 加算の幾何表示

複素加算、$z_3 = z_1 + z_2$ において、z_1 と z_2 は、原点にそれぞれの末尾を持つベクトルとして表示する。和 z_3 はベクトル加算の結果であり、次のようにして構成される（図A.7参照）。

1. z_2 の先端に z_1 のコピーの末尾を描く。これを表示ベクトル $\hat{z}_1$ と呼ぶ。
2. 原点から $\hat{z}_1$ の先端へのベクトルを描く。このベクトルは和 z_3 である。

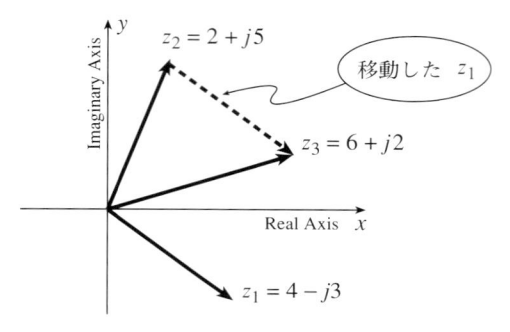

図 A.7　複素数加算 $z_3 = z_1 + z_2$ の図的構成

加算のこの方法は、多くのベクトルに一般化できる。図A.8には次の4つの複素数の加算結果を示す。

$$(1+j) + (-1+j) + (-1-j) + (1-j)$$

ただし、これの解はゼロである。

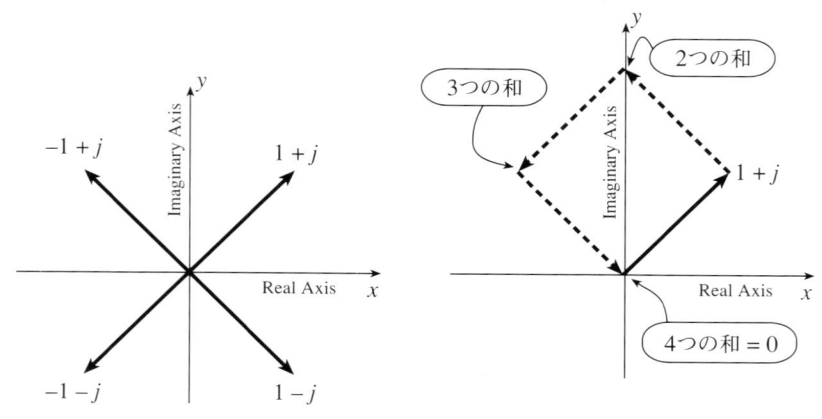

図 A.8　「head-to-tail」図的手法を使用した4つのベクトル $\{1+j, 1-j, -1+j, -1-j\}$ の加算

A.5.2 減算の図的表示

減算の可視化は、三角形の2辺を z_1, z_2 で構成する、次に、ベクトル $z_2 - z_1$ の末尾が z_1 の先頭にくるように配置し、これを第3の辺とする。これを図A.9に示す。ここで、$z_2 - z_1$ と $z_1 - z_2$ はともに三角形の第3の辺であることに注意されたい。これらは同じ長さであるが、反対向きである。減算を行うには3つの注意がある。

1. $z_3 = z_2 + (-z_1)$ であるから、この解を得るには、$(-z_1)$ を z_2 に加算する。この和を図A.9に示す。また、これは図A.7の加算の可視化に等価である。
2. $z_2 = z_1 + z_3$ であるので、差ベクトルの置換えバージョンは z_1 に末尾、z_2 に先頭をとるベクトルとして描かれる。
3. つまり、三角形の3つの点は、z_1、z_2 それに原点で定義される。三角形の各辺は z_1、z_2、$z_2 - z_1$ である。

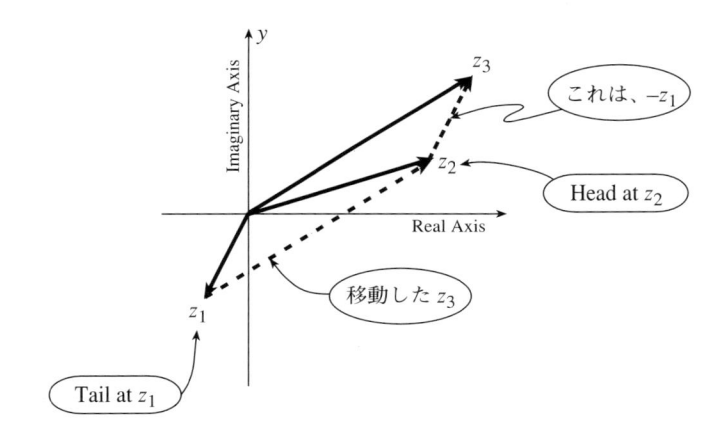

図A.9 減算の幾何表示。z_1 と z_2 で形成された三角形は、第3の辺として $z_3 = z_2 - z_1$ の置換えバージョンからなる。

練習A.6 次の不等式を証明せよ。

$$|z_2 - z_1| \leq |z_1| + |z_2|$$

2辺を2乗する代数法か、"2点間の最短距離は直線である" という直感的なアイディアに基づく幾何学手法のいずれかを使用する。

A.5.3 乗算の図的表示

振幅を乗算し、角度を加算する極形式に関する乗算を示すのがベストである。ベクトル z_3 の積を描くためには、$|z_2|$ が1より大きいかどうかを決定しなければならない。図A.10では、$|z_2| > 1$ であると仮定する。

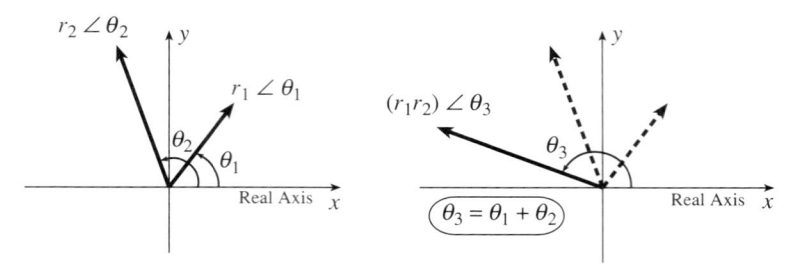

図A.10 複素乗算 $z_3 = z_1 z_2$ の図的表示

特別なケースは $|z_2| = 1$ のときである。大きさには、変更がなく、$(z_2 = e^{j\pi_2})$ の乗算は回転をもたらす。図A.11は $z_2 = j$、つまり、$\pi/2$ か $90°$ だけ回転を与えるようなケースである。それは $j = e^{j\pi/2}$ だからである。

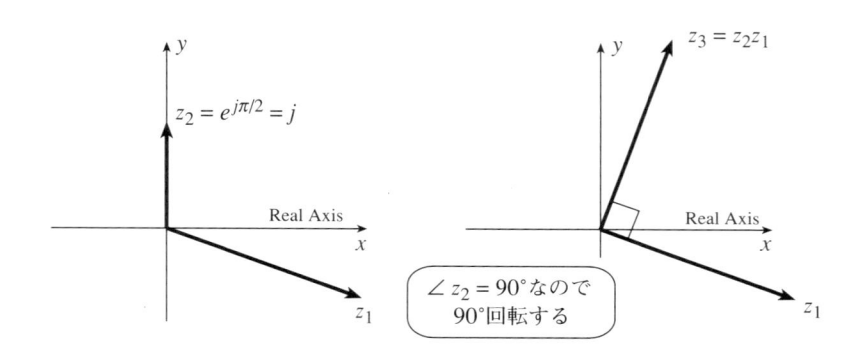

図A.11 複素乗算は $|z_2| = 1$ であるとき、回転する。$z_2 = j$ の場合は、$90°$ 回転する。

A.5.4 除算の図的表示

除算は、角度の差をとり大きさを除算することを除いては、乗算の可視化に非常に類似している（図A.12）。

$$z_3 = \frac{z_1}{z_2} = \frac{r_1}{r_2} e^{j(\theta_1 - \theta_2)}$$

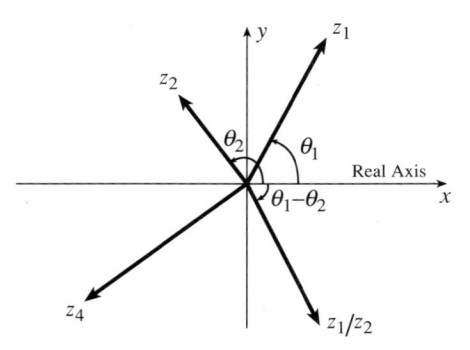

図A.12　複素数の除算 $z_3 = z_1/z_2$ の図的表示。角度は差をとることに注意。

練習A.7　図A.12のように、2つの複素数 z_4, z_2 が与えられているとする。ただし、これらの角度は90°とし、z_4 の振幅は z_2 の振幅の2倍とする。このとき、z_4/z_2 を求めよ。

A.5.5　逆数の図的表示

これは $z_1 = 1$ に対する除算の特別なケースであるので、角度の符号を反転し、振幅の逆数をとる。つまり、

$$z^{-1} = \frac{1}{z} = \frac{1}{r}e^{-j\theta}$$

逆数の例として図A.13を参照されたい。

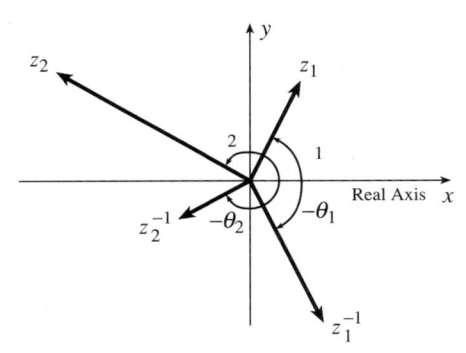

図.A.13　複素数の逆 $1/z$ の図的構成。ここでは、$|z_1| < 1$、$|z_2| > 1$ とする。

A.5.6 複素共役の図的表示

この場合、角度の符号を反転する。これは水平軸に関してベクトルを反転する効果を持っている。ベクトルの長さは同じである。

$$z^* = x - jy = r\,e^{-j\theta}$$

図A.14は複素共役の幾何学的解釈の2つの例を示す。

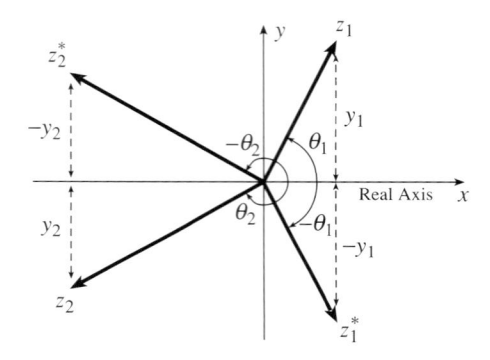

図A.14 複素共役 z^* の図的構成：虚数部の符号が反転。ベクトルは実軸に関して反転。z_1 は反転し下へ、z_2 は反転し上へ換わる。

練習A.8 次の事実を証明せよ。

$$\frac{1}{z^*} = \frac{1}{r}\,e^{j\theta}$$

$z = 1 + j$ の例をプロットせよ。また、$1/z$ と z^* をもプロットせよ。

A.6 累乗と根

複素数の整数累乗は次のような方法で定義される。

$$z^N = (re^{j\theta})^N = r^N\,e^{jN\theta}$$

言い換えると、指数の規則はここでも適用されるので、角度 θ は N 倍され、振幅は N の累乗となる。図A.15には次のような列を示す。

$$\{z^{\ell}\} = \{z^0, z^1, z^2, z^3, \ldots\}$$

角度は、1定量、ここでは丁度π/6radごとに変化する。zの大きさは、1より小さいので、連続的な累乗は、原点に向って螺旋的に変化する。もし、$|z|>1$なら、各点は外側に向って螺旋変化する。又、$|z|=1$なら、累乗z^Nの全ての点は、単位円上にある。次式の有名な亘等式はDoMoivreの公式である。

$$(\cos\theta + j\sin\theta)^N = \cos N\theta + j\sin N\theta$$

表面上は困難な三角亘等式の証明は、もし$e^{jN\theta}$に対するEulerの公式（A.3.1）を利用するならば、実際には平凡である。

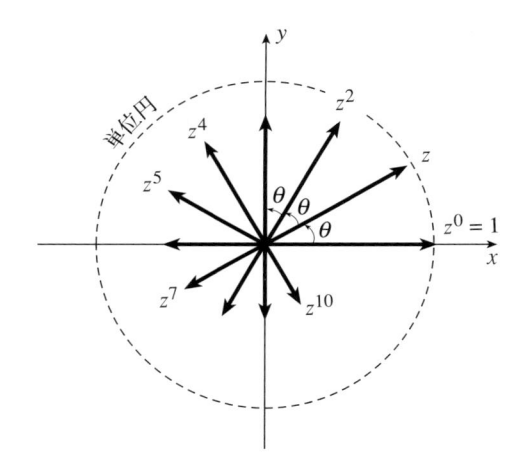

図A.15　$\ell = 0, 1, 2, \ldots, 10$に対する累乗$z^\ell$の列。$|z| = 0.9 < 1$であるから、ベクトルは原点に向かって螺旋状に変化する。連続的な累乗間の角度変化は一定であり、$\theta = \arg z = \pi/6$である。

A.6.1 ユニティの根

驚くような数として、次の方程式を解く必要がある。

$$z^N = 1 \tag{A.6.1}$$

ただし、Nは整数。ひとつの解は$z=1$である。しかし、他にも数多くの解が存在する。式（A.6.1）はN個の根を持つ必要があるN次多項式$z^N - 1$の全ての根を発見することに等価である。全ての解は、

$$z = e^{j2\pi\ell/N} \qquad \ell = 0, 1, 2, \ldots, N-1$$

で与えられることが分かる。これはユニティのN次根と呼ばれる。図A.16に示すように、これらのN個の解は単位円の回りに等間隔に配置した値である。それらの角度間隔は$2\pi/N$である。

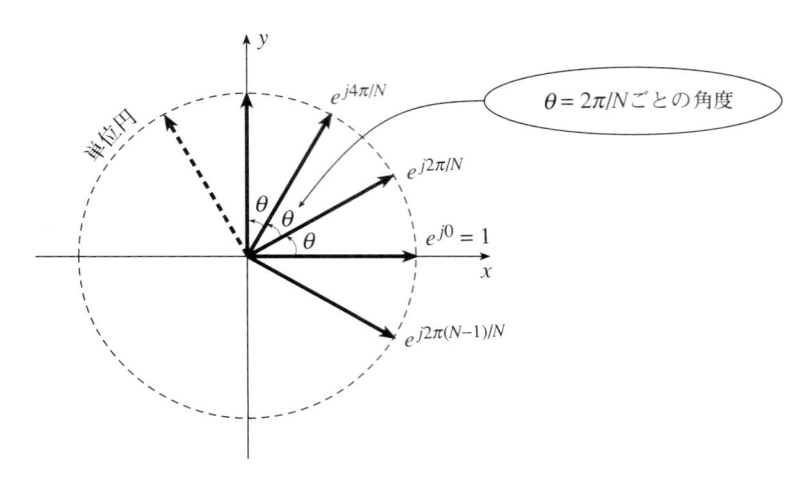

図A.16 ユニティ（$N = 12$）のN次根の図的表示。これは$z^N = 1$の解である。ここにはN個の異なる根が存在する。

A.6.1.1 複数根を求めるための手続き

式（A.6.1）の解はユニティのN次根であることが分かっているので、複数根をとる式を解法するために構造的アプローチを記述する。一般的なものとしては、

$$z^N = c$$

がある。ただし、cは複素定数$c = |c|e^{j\phi}$である。

1. z^Nを$r^N e^{jN\theta}$と書く。

2. cを$|c|e^{j\phi}e^{j2\pi\ell}$と書く。ただし$\ell$は整数。$c = 1$であるとき数1を、

$$1 = e^{j2\pi\ell} \qquad \ell = 0, \pm 1, \pm 2, \ldots$$

と書くことに注意されたい。

3. 両辺を等しいとおく。次に、振幅と角度はそれぞれに対して解く。

$$r^N e^{jN\theta} = |c| e^{j\phi} e^{j2\pi\ell}$$

4. 振幅は正の数$|c|$の正のN次根である。

$$r = |c|^{1/N}$$

5. N個の異なる解が存在することから、角度には興味ある情報が含まれている。

$$N\theta = \phi + 2\pi\ell \qquad \ell = 0, 1, \ldots, N-1$$

$$\theta = \frac{\phi + 2\pi\ell}{N}$$

$$\theta = \frac{\phi}{N} + \frac{2\pi\ell}{N}$$

6. つまり、N個の異なる解は全て同じ大きさを持っているが、それらの角度は相互に$2\pi/N$の差を持ち、等間隔である。

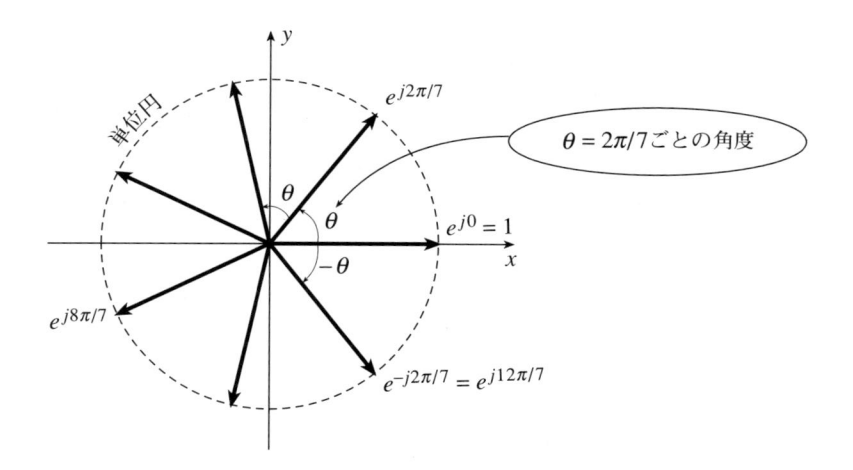

図A.17 ユニティの7次根の図的表示。$e^{j2\pi\ell/7}$の列は7の周期で反復することに注意されたい。

例A.5 上の手続きを用いて $z^7 = 1$ の解を求める。

$$r^7 e^{j7\theta} = e^{j2\pi\ell}$$
$$\Rightarrow r = 1$$
$$\Rightarrow 7\theta = 2\pi\ell$$
$$\theta = \frac{2\pi}{7}\ell \quad \ell = 0, 1, 2, 3, 4, 5, 6$$

したがって、これらの解は、図A.17に示すように、単位円の回りに等間隔に配置される。この場合、解はユニティの7次根と呼ばれる。 ◇

練習A.10 次の式を解け。

$$z^5 = -1$$

$-1 = e^{j\pi}$ を使用する。また、全ての解をプロットせよ。

A.7 要約と関連

　この付録は複素数の簡単な復習と2次元複素平面におけるベクトルとしての可視化を示した。このことはほとんどの学生が高等代数で見てきたかもしれないが、複素表記により多く慣れることである。付録C.1での最初の2つのLabは複素数の色々な側面を扱う。そのMATLABをも紹介する。LabC.1は、複素数のベクトル表示と、カーテシアン形式と極形式との変換のための多くのMATLABを含んでいる（zprint）。

　このLabに加え、MATLABGUI（グラフィカルユーザーインターフェイス）を記述する。これはここで学習したいろいろな複素演算である加算、減算、乗算、除算、逆数、複素共役のためのドリルを作成する。GUIのスクリーンを図A.8に示す。この問題は、MATLABのための他のdspfirstソフトウェアとともに、CDからインストールされる。CD-ROM上のreadme.txtファイルには異なるプラットフォームのためのインストールプロセスが示されてある。

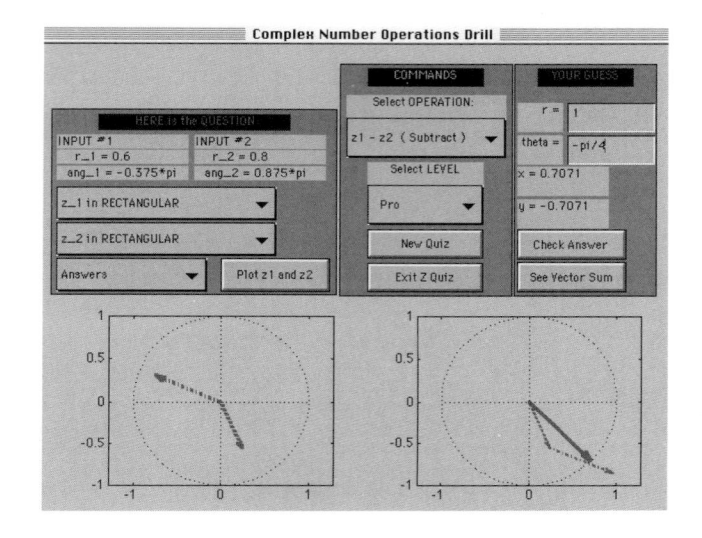

図A.18 複素数演算の練習のためのMATLAB GUI `zdrill`

問題

A.1 次の式を極形式に変換せよ。

(a) $z = 0 + j2$ (c) $z = -3 - j4$
(b) $z = (-1, 1)$ (d) $z = (0, -1)$

A.2 次の式を直角形式に変換せよ。

(a) $z = \sqrt{2}\, e^{j(3\pi/4)}$ (c) $z = 3e^{-j(\pi/2)}$
(b) $z = 1.6 \angle (\pi/6)$ (d) $z = 7 \angle (7\pi)$

A.3 次の式の答を直角形式に表すことにより求めよ。

(a) j^3 (c) j^{2n} (n an integer)
(b) $e^{j(\pi + 2\pi m)}$ (m an integer)   (d) $j^{1/2}$ (find two answes)

A.4 次の複素数式を簡単化せよ。

- (a) $3e^{j2\pi/3} - 4e^{-j\pi/6}$
- (b) $(\sqrt{2} - j2)^8$
- (c) $(\sqrt{2} - j2)^{1/2}$
- (d) $\Im m\{je^{-j\pi/3}\}$
- (e) $(\sqrt{2} - j2)^{-1}$

答は、カーテシアン形式と極形式で示せ。

A.5 各例を計算し、その答えを直角形式と極形式で示せ。（ここで、$z_1 = -4 + j3$、$z_2 = 1 - j$ とする）

- (a) z_1^*
- (b) z_2^2
- (c) $z_1 + z_2^*$
- (d) jz_2
- (e) $z_1^{-1} = 1/z_1$
- (f) z_1/z_2
- (g) e^{z_2}
- (h) $z_1 z_1^*$
- (i) $z_1 z_2$

A.6 次の複素数の和を簡単にせよ。

$$z = e^{j9\pi/3} + e^{-j5\pi/8} + e^{j13\pi/8}$$

z の数値解を極形式で示せ。又、3つのベクトルとその和のベクトル図を描け。

A.7 次の複素式を簡単にせよ。答を極形式で示せ。
答を簡単な数値形式にする。

- (a) $z = -3 + j4$ のとき、$1/z$ を計算せよ
- (b) $z = -2 + j2$ のとき、z^5 を計算せよ
- (c) $z = -5 + j13$ のとき、$|z|^2$ を計算せよ
- (d) $z = -2 + j5$ のとき、$\Re e\{ze^{-j\pi/2}\}$ を計算せよ

A.8 z に関する次の方程式を解け。

$$z^4 = j$$

全ての可能な答を求めよ。又、その答を極形式で表現せよ。

A.9 $z_0 = e^{j2\pi/N}$ のとき、$z_0^{N-1} = 1/z_0$ となることを証明せよ。

A.10 $(-j)^{1/2}$ を計算し、その結果をプロットせよ。

付録 B MATLABのプログラミング

MATLABは付録Cのラボラトリ練習において広く使用される。この付録ではMATLABの概要といくつかの機能について述べる。文法や基本的なコマンドに関する豊富な情報がすでに使用可能であるので、ここではプログラミング問題に焦点を絞る[注1]。MATLABは多くのオンラインヘルプシステムを持っている。事実、この付録を読むための理想的方法はMATLABを実行させておき、helpを必要なときはいつでも使用することである。また、例は実行され変更できる。

MATLAB（Matrix Laboratory）は数値解析や計算のための環境である。これは、LINPACKやEISPACKプロジェクトからの数値解法ルーチン集合へのインターフェイスとして始まった。しかし、今日では、Mathworks, Incの商品である。MATLABは信号処理、線形代数やその他の数学計算を実行するための多くの組込み関数を含む強力なプログラミング環境を包含している。しかも、言語はMATLABのための付加的な関数を含むツールボックスに拡張されている。たとえば、本書に同封されているCD-ROMには、ラボラトリ練習で必要な関数のツールボックスを含んでいる。ツールボックスはMATLABディレクトリ内の別々のディレクトリに格納されている。ラボラトリ練習を実行する前に、DSP Firstツールボックスをインストールするには、CD-ROMの指示に従っていただきたい。

MATLABには拡張性があるので、ユーザーは、組込み関数が重要な仕事に失敗するときはいつも新たな関数を記述できる便利さを持っている。新たな関数とスクリプトを作成するたに必要なプログラミングは、ユーザーがC、PASCAL、FORTRANなどに慣れていれば、さほど困難ではない。この付録ではプログラミングを目的とした簡単なMATLABの概要を示す。

[注1]：有用な参考書として、"D. Hanselman and B. Littlefield, Mastering MATLAB:A Comprehensive Tutorial and Reference, Prentice Hall, Upper Saddle River, NJ, 1996." がある。

B.1　MATLAB HELP

MATLABはhelpコマンドを使用してアクセスできるオンラインヘルプシステムを提供している。たとえば、関数filterに関する情報を得るには、コマンドプロンプトに続いて次のコマンド行を入力する。

```
>> help filter
```

コマンドプロンプトは、コマンド窓で、>>で表示される。helpコマンドは、コマンド窓にテキスト情報を出力する。helpはカテゴリに対しても使用可能である。たとえば、help punctは、MATLABの文法で使用されるような句読点（punctuation）を要約する。MATLABの最近のバージョンにおいて、helpシステムはWebブラウザで与えられる。バージョン5において、コマンドhelpdeskとhelpwinはこのインターフェイスである。

初心者のための有効なコマンドはintroである。これはMATLAB言語の基本概念をカバーしている。しかも、MATLABの色々な機能を説明する多くのデモンストレーションプログラムがある。これらはコマンドdemoで開始することができる。

最後に、もしその他のチュートリアルを探索するならば、そのいくつかをWeb上から自由に使用できる。

あるコマンドに関して自信がなければ、helpを使用する。

B.2　マトリックス演算と変数

MATLABの基本的な変数のタイプはマトリックスである[注2]。変数を宣言するためには、MATLABプロンプトにおいて、それに値を代入する。たとえば、

```
>> M = [1 2 6; 5 2 1]
   M =
       1 2 6
       5 2 1
```

マトリックスの定義には長い式か多くの項目を含んでいるとき、非常に長いMATLABコマンドは、

---

*注2：これはVersion 4の唯一の型である。しかし、Version 5では従来からのプログラミング言語で現れる多くのデータ型を提供している。この付録ではこれらVersion 5での拡張には触れないことにする。

継続するための行の最後に（...）を配置することにより、2行に分けることができる。たとえば、

```
P  =   [ 1,2,4,6,8 ] + [ pi,4,exp(1),0,-1 ] + ...
       [ cos(0.1*pi), sin(pi/3), tan(3), atan(2), sqrt(pi) ];
```

もし、式の後ろにセミコロン（;）を置くならば、その結果はスクリーンに出力されない。これは非常に大きなマトリクスを扱うときに極めて有効である。

マトリクスの大きさは、sizeオペレータで得ることができる。

```
>> Msize =  size(M)
   Msize =
          2  3
```

したがって、行数と列数とを保存しておくために別々の変数に代入する必要はない。マトリクス変数の2つの特別なタイプである、スカラーとベクトルに注意されたい。スカラはひとつの要素だけを持つマトリクスであり、その大きさは1×1である。ベクトルはひとつの行か列を持つマトリクスである。DSP Firstのラボラトリ練習において、信号はしばしば、ベクトルとして格納される。

マトリクス変数の個別の要素は、行指標と列指標を指定することによりアクセスされる。たとえば、

```
>> M13 =   M(1,3)
   M13 =
          6
```

サブマトリクスは、B.2.1節で述べるようにコロンオペレータを使用することにより同じ方法でアクセスされる。

B.2.1 コロンオペレータ

コロンオペレータ（:）は指標配列の作成、均等なスペース値のベクトルの作成、サブマトリクスのアクセスを行うのに有効である。colon機能の詳細な説明には、`help colon`を使用されたい。

コロンの記法は、指標範囲が開始、間隔、終点を指定することにより作成されるという考えに基づいている。したがって、数の正常に配置されたベクトルは、次のようになる。

$$\mathtt{iii = start:skip:end}$$

ここで、`skip`パラメータが無い時には、既定値の増分は1である。このカウントはFORTTANの

DOループで使用される記法に類似している。しかしながら、MATLABではマトリクス指標との組み合わせにより1ステップをとる。9×8のマトリクスに対して、A(2,3)はAの2行3列に位置するスカラ要素である。4×3サブマトリクスは、A(2:5,1:3)を用いて取り出すことができる。コロンはワイルドカードとしても動作する。たとえば、A(2,:)は2行のことである。後方への指標にはベクトルを反転すればよい。たとえば、長さ9のベクトルに対して、x(9:-1:1)となる。最後に、あるマトリクス内の全てのリストを用いて動作させる必要が発生することがある。それには、A(:)は、全てが連結されたAの列である72×1の列ベクトルとなる。これはマトリクスの再構成の例である。マトリクスAのより一般的な再構成は、reshape(A,M,N)関数で実現される。たとえば、9×8マトリクスAは、Anew=reshape(A,12,6)を用いて12×6マトリクスに再構成される。

B.2.2　マトリクスと配列オペレータ

MATLABの基本演算はマトリクス演算である。つまり、A*Bはマトリクス乗算を意味する。これは次節でのべる。

B.2.2.1　マトリクス乗算の復習

マトリクス乗算ABの演算は、2つのマトリクスの次元が同じ場合だけ実行可能である。つまり、Aの列数はBの行数に等しくなければならない。たとえば、5×8マトリクスは、5×3となる結果ABを得るために、8×3マトリクスを乗算する。一般に、Aが$m \times n$であり、Bは$n \times p$であるとき、その積ABは$m \times p$となる。普通マトリクス乗算は可換性ではない。つまり$AB \neq BA$である。もし$p \neq m$なら、その積BAは定義されないが、BAが定義されるときでさえ、可換性は特別な場合にだけ適用されることが分かる。

積マトリクスの各要素は、内積で計算される。積マトリクスの第1要素を得るために、$C = AB$はAの第1行を取り出し、次にBの第1列の各要素との積をとり、最後にその和をとる。たとえば、

$$A = \begin{bmatrix} a_{1,1} & a_{1,2} & a_{1,3} \\ a_{2,1} & a_{2,2} & a_{2,3} \end{bmatrix} \qquad B = \begin{bmatrix} b_{1,1} & b_{1,2} \\ b_{2,1} & b_{2,2} \\ b_{3,1} & b_{3,2} \end{bmatrix}$$

$C = AB$の第1要素は、

$$c_{1,1} = a_{1,1} b_{1,1} + a_{1,2} b_{2,1} + a_{1,3} b_{3,1}$$

これは、事実、Aの第1行とBの第1列との内積になっている。同様にして、$c_{2,1}$はAの第2行とBの第1列と内積を取ることで得られる。また、$c_{1,2}$、$c_{2,2}$も同様にして求められる。最終結果は、

$$C = \begin{bmatrix} c_{1,1} & c_{1,2} \\ c_{2,1} & c_{2,2} \end{bmatrix}$$
$$= \begin{bmatrix} a_{1,1}b_{1,1} + a_{1,2}b_{2,1} + a_{1,3}b_{3,1} & a_{1,1}b_{1,2} + a_{1,2}b_{2,2} + a_{1,3}b_{3,2} \\ a_{2,1}b_{1,1} + a_{2,2}b_{2,1} + a_{2,3}b_{3,1} & a_{2,1}b_{1,2} + a_{2,2}b_{2,2} + a_{2,3}b_{3,2} \end{bmatrix} \tag{B.2.1}$$

マトリックス乗算の特別な場合として、場合は外積（outer product）と内積（inner product）がある。外積のマトリックスを得るには、列ベクトルを行ベクトルに乗算する。もし、ベクトルのひとつがすべて1であるならば、次のような反復結果を得る。

$$\begin{bmatrix} a_1 \\ a_2 \\ a_3 \end{bmatrix} \begin{bmatrix} 1 & 1 & 1 & 1 \end{bmatrix} = \begin{bmatrix} a_1 & a_1 & a_1 & a_1 \\ a_2 & a_2 & a_2 & a_2 \\ a_3 & a_3 & a_3 & a_3 \end{bmatrix}$$

行ベクトルがすべて1であるとき、列ベクトルを4回繰り返す。

内積において、行ベクトルは列ベクトルに乗算される。その結果はスカラーとなる。もし、ベクトルのひとつがすべて1であるなら、もう一方のベクトルの要素の和をとる。

$$\begin{bmatrix} a_1 & a_2 & a_3 & a_4 \end{bmatrix} \begin{bmatrix} 1 \\ 1 \\ 1 \\ 1 \end{bmatrix} = a_1 + a_2 + a_3 + a_4$$

B.2.2.2　ポイント配列演算

もし、2つの配列間のポイント乗算を行う場合、いくつかの混乱が発生する。ポイント同士の場合、マトリックスの要素対要素の乗算を希望しているので、マトリックスは同一次元で正確に同じ大きさでなければならない。たとえば、2つの5×8マトリックスはポイント乗算が可能であるが、2つの5×8マトリックス間のマトリックス乗算を実行することは不可能である。MATLABにおけるポイント乗算を得るには、「ポイント-スター」演算子A ．＊ Bを使用する。たとえば、AとBが3×2の大きさであれば、

$$D = A .* B = \begin{bmatrix} d_{1,1} & d_{1,2} \\ d_{2,1} & d_{2,2} \\ d_{3,1} & d_{3,2} \end{bmatrix} = \begin{bmatrix} a_{1,1}b_{1,1} & a_{1,2}b_{1,2} \\ a_{2,1}b_{2,1} & a_{2,2}b_{2,2} \\ a_{3,1}b_{3,1} & a_{3,2}b_{3,2} \end{bmatrix}$$

ここで、$d_{i,j} = a_{i,j} b_{i,j}$である。このような乗算を配列乗算と呼ぶ。配列乗算は可換的であることに注意されたい。それはD = B.*Aの計算結果と同じくなるからである。

MATLABにおける一般的なルールは「ポイント（.）」は他の演算子と一緒に使用されるとき、その演算子の通常のマトリックス定義をポイント定義に変更されることである。つまり、ポイント除算

は./で、ポイント累乗は.^となる。たとえば、xx=(0.9).^(0:49)は、$n = 0,1,2,...,49$のとき、$(0.9)^n$に等しい値をとるベクトルを作る。

B.3 プロットとグラフィックス

MATLABには、2次元x-yプロット、3次元プロット、画像表示を作るための機能がある。DSP Firstラボラトリ練習で使用される2つの最も共通するプロット関数は、plotとstemである。plotとstemの両方に対する呼び出し文法は2つのベクトルを取る。そのひとつはx軸の点に対するベクトルで他方は、y軸に対するベクトルである*[注3]。plot(x,y)は、データ点間を直線で結ばれたプロットを作る。

$$\{(x(1),y(1)),(x(2),y(2)),...,(x(N),y(N))\}$$

これを、図B.1の上図で示す。stem(x,y)を用いた同じような呼び出しは、図B.1の下図に同一データの「lollipop」を作成する。MATLABには、いろいろなプロットオプションがある。それらは、バージョン4においては、help plotxy、help plotxyz、help grahicsがあり、バージョン5ではhelp graph2d、help graph3d、help specgraphを使用して学習できる。

B.3.1 図窓

MATLABがプロットをするときはいつも、その図を図窓 (figure window) に出力する。ユーザーは複数の図窓をオープンすることもできるが、それらのひとつだけはアクティブ (active) 窓と考える。コマンド窓で実行されたプロットコマンドは、グラフィック出力をアクティブ窓に出力する。コマンドfigure(n)は、数値nで参照される新たな図窓をポップアップする。あるいは、それがすでに存在している場合にはその窓をアクディブにする。窓属性(大きさ、位置、色、など)に対する制御は、プロット窓の初期化を実行するこのfigureコマンドで行う。

B.3.2 複数プロット

窓の複数プロットはsubplot関数で実行される。この関数は実際のプロットを行うものではなく、単に窓をタイル状に分割するだけである。図窓を3×2タイル状に設定するためには、subplot(3,2,tile_number)を使用する。たとえば、subplot(3,2,3)は次からのplotを第3タイルに向ける。これは第2行の左側を指す。図B.1のグラフはsubplot(2,1,1)とsubplot(2,1,2)で実行されたものである。

---

*注3：引数をたった1つだけ与えると、plot(y)はその1つの引数をy軸として使用する。また、x軸は1：

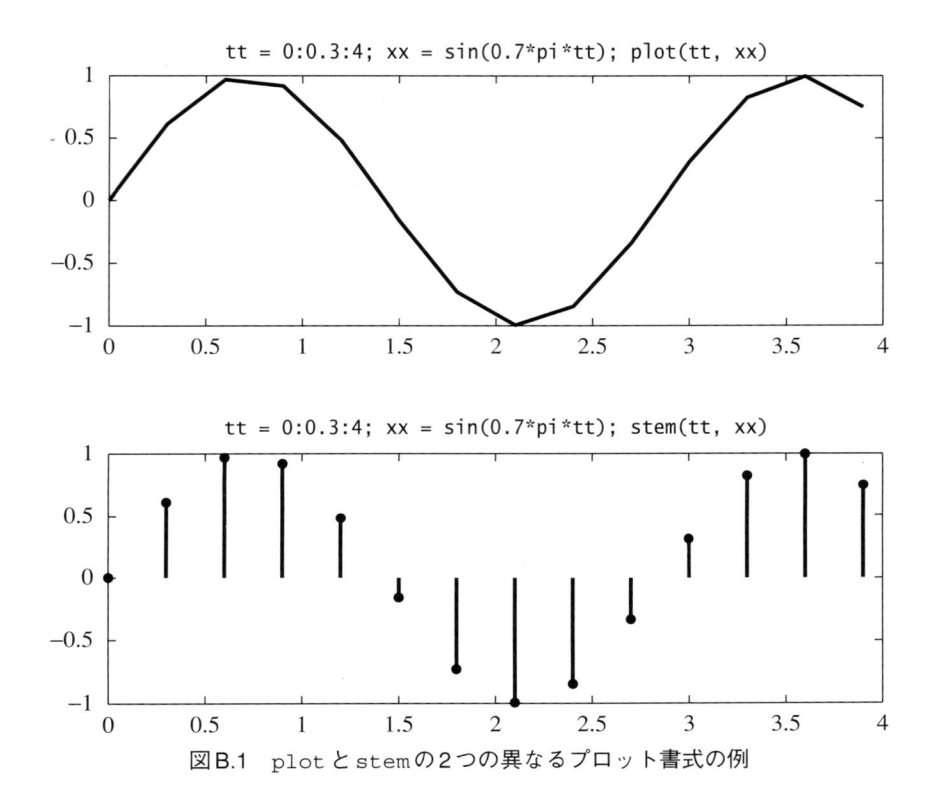

図B.1 plotとstemの2つの異なるプロット書式の例

B.3.3 印刷とグラフの格納

プロットとグラフィックスは、printコマンドを使用して、プリンタへ出力するかファイルへ格納する。カレント図窓をデフォルトプリンタに転送するためには、引数を持たないprintとタイプすればよい。プロットをファイルに格納するためには、デバイス書式とファイル名とを指定しなければならない。デバイス書式はグラフィックスコマンドを格納するためには、どの言語を使用するかを指定する。たとえば、ドキュメント中にファイルを包含するために有効な書式はEPS（Encapsulated PostScript）である。これは次のようにして作成される。

```
>> print -deps myplot.eps
```

postscript書式は、そのプロットが後で印刷されるために保存しておくとき便利である。使用可能なファイル書式、サポートとされているプリンタ、その他のオプションの全てのリストのためにはhelp printを参照されたい。

B.4 プログラミング構成

MATLABは、関数呼び出しの列を入れ子にできる「関数型プログラミング」のパラダイムをサポートしている。次の式を考察する。これはMATLABコード1行で実現できる。

$$\sum_{n=1}^{L} \log(|x_n|)$$

MATLABの等価な式では、

```
sum( log( abs(x) ) )
```

ただしxは要素x_nを含むベクトルである。この例は最も効果的な形式でのMATLABを示している。つまり、個別の関数はその出力を得るように結合されている。効果的なMATLABコードを記述するには、ベクトル化された小さな関数を作成するようなプログラミングスタイルを要求している。ループは避けるべきである。このループを避ける主な方法はできるかぎりツールボックスの関数の呼び出しを使用することである。

B.4.1 MATLABの組込み関数

多くのMATLAB関数は、配列をあたかもスカラーに関する演算と同様に易しく実行する。たとえば、xが配列であるとき、その`cos(x)`はxのそれぞれの要素のcosを含む配列をxと同じ大きさだけ戻す。つまり、

$$\texttt{cos(x)} = \begin{bmatrix} \cos(x_{1,1}) & \cos(x_{1,2}) & \cdots & \cos(x_{1,n}) \\ \cos(x_{2,1}) & \cos(x_{2,2}) & \cdots & \cos(x_{2,n}) \\ \vdots & \vdots & \vdots & \vdots \\ \cos(x_{m,1}) & \cos(x_{m,2}) & \cdots & \cos(x_{m,n}) \end{bmatrix}$$

ここでは、`cos(x)`はcos関数を各配列要素に適用する場合であっても、ループが必要ないことに気付く。最も優れた機能はこのようなポイント規則に従う。ある例として、ポイント指数に対するマトリクス指数(`expm`)のように、この特性を示すために重要である。

$$\texttt{exp(A)} = \begin{bmatrix} \exp(a_{1,1}) & \exp(a_{1,2}) & \cdots & \exp(a_{1,n}) \\ \exp(a_{2,1}) & \exp(a_{2,2}) & \cdots & \exp(a_{2,n}) \\ \vdots & \vdots & \vdots & \vdots \\ \exp(a_{m,1}) & \exp(a_{m,2}) & \cdots & \exp(a_{m,n}) \end{bmatrix}$$

B.4.2 プログラムの流れ

プログラムの流れは、MATLABにおいて、if文、whileループ、forループで制御可能である。MATLABのバージョン5ではswitch文も使用できる。これらは他の高級言語のそれと同じである。これらのプログラム構成の記述と例はMATLABのhelpコマンドで見ることができる。

B.5 MATLAB スクリプト

MATLABのプロンプトから入力できる多くの式は、テキストファイルに格納され、スクリプトとして実行される。テキストファイルは、PC上のnotepadやUNIXのvi、あるいは、MacintoshやWindowsプラットフォーム上の組み込みMATLABエディタなどのような通常のASCIIエディタで作成される。ファイル拡張子は.mでなければならない。また、スクリプトはファイル名（拡張子があってもなくてもよい）をタイプすることによりMATLABで簡単に実行される。これらのプログラムは通常M-ファイルと呼ばれる。その例を示す。

```
tt = 0:0.3:4;
xx = sin(0.7*pi*tt);
subplot(2,1,1)
plot( tt, xx )
title('tt = 0:0.3:4; xx = sin(0.7*pi*tt)'); plot( tt,xx)
subplot(2,1,2)
stem( tt, xx )
title('tt = 0:0.3:4; xx = sin(0.7*pi*tt)' ); stem( tt,xx)
```

これらのコマンドはファイル名plotstem.mに格納されているならば、コマンドプロンプト上でplotstemとタイプすると、このファイルが実行される。すると、全部で8個のコマンドは、あたかもコマンドプロンプトでタイプしたかのように実行される。この結果は図B.1に表示したように2つのプロットである。

B.6 MATLAB関数の記述

ユーザーは自分の関数を記述し、MATLAB環境にそれを加えことができる。これらの関数は別のタイプのM-ファイルであり、ASCIIファイルとしてテキストエディタで作成される。M-ファイルの最初の語は、このファイルが引数を持つ関数として扱うようにMATLABに指示するためのキーワードfunctionとしなければならない。functionと同じ行は、関数の入力と出力を指定する呼び出しのテンプレートである。M-ファイルのファイル名は.mで終わり、そのファイル名はMATLABの新たなコマンド名ともなる。たとえば、次のファイルを考察する。これはベクトルから残りL個

の要素を取り出す。

```
function y = foo( x, L )
%FOO     get last L points of x
%  usage:
%         y = foo( x, L )
%  where:
%         x = input vector
%         L = number of points to get
%         y = output vector
N = length(x)
if( L > N )
   error(' input vector too short')
end
y = x((N-L+1):N);
```

もし、このファイルをfoo.mとすると、演算はMATLABコマンド行から次のようなタイプ入力で起動する。

```
aa = foo( (1:2:37), 7 );
```

出力はベクトル（1：2：37）の最後の7個の要素である。つまり、

```
aa=[ 25 27 29 31 33 35 37 ]
```

B.6.1　clip関数の作成

ほとんどの関数は標準的な書式に従って記述される。ここでは、2つの入力引数（信号ベクトルとスカラー閾値を指す）をとり、出力信号ベクトルを戻すclip function M-ファイルを考察する。ユーザーは次の文を含むASCIIファイルclip.mを作成するためにエディタを使用する。
このM-ファイルclip.mを4つの要素に分割する。

1. 入力-出力の定義：関数M-ファイルではファイルの先頭に語functionを置く。同じ行のfunctionに続く情報は、その関数がどのように呼び出されるか、また、どの引数が渡されるかの宣言である。関数の名前はM-ファイルの名前に一致させるべきである。もし、これが混乱していると、MATLABコマンド環境に知らせるディスク上のM-ファイルの名前で

B.6 MATLAB関数の記述

```
function  y = clip( x, Limit )
%CLIP     saturate mag of x[n] at Limit
%     when |x[n]| > Limit, make |x[n]| = Limit
%
%  usage:  y = clip( x, Limit )
%
%     x    - input signal vector
%  Limit   - limiting value
%     y    - output vector after clipping

[nrows ncols] = size(x);

if( ncols ~= 1 & nrows ~= 1 )        %-- NEITHER
   error('CLIP: input not a vector')
end
Lx = max([nrows ncols]);             %-- Length

for n=1:Lx                %-- Loop over entire vector
   if( abs(x(n)) > Limit )
      x(n) = sign(x(n))*Limit;       %-- saturate
   end                   Preserve the sign of x(n)
end
y = x;                    %-- copy to output vector
```

関数の初めにあるこれらのコメント行は、help clip で出力される

先ず、xのマトリクスの大きさを出力する

入力は、行か列ベクトルとする

xはローカルであるので、ワークスペースに悪い影響を与えることなく、xを変更できる

出力ベクトルの作成

図B.2　MATLAB関数の説明

ある。

　入力引数は関数名に続く括弧内に列記される。各入力はマトリクスである。出力引数（これもマトリクス）は等号(=)の左側に置かれる。出力引数リストを角括弧で囲むならば、複数出力引数も使用可能である。たとえば、`size(x)`関数は行数と列数とを別々の出力変数にして戻すことに注意されたい。最後に、出力を戻すための明示的なコマンドが存在しないことを考察する。その代わり、MATLABは関数が終了したとき出力マトリクス内に値を入力して戻す。`clip`の場合、関数の最終行は、クリップされたベクトルをyに代入するので、クリップされたベクトルが戻される。MATLABは`return`と呼ばれるコマンドを持っているが、これは関数を脱出するだけで、引数をとることはない。

　関数M-ファイルとスクリプトM-ファイルの間の本質的な相違はダミー変数とパーマネント変数である。MATLABは、関数が引数のローカルコピーを作成するように「call by value」を使用する。これらのローカル変数は、関数が終了すると消失する。たとえば、次の文は入力ベクトルwwからクリップされたベクトルwwclipedを作成する。

```
>> wwclipped = clip(ww,0.9999);
```

配列wwとwwclippedはMATLABワークスペースにおいてパーマネント変数である。clip内で作成されたテンポラリ配列（たとえばy、nrows、ncols、Lxやi）は、clipが走行中だけ存在し、終わると削除される。さらに、これらの変数名はclip.mでローカル変数である。名前xはワークスペース内でパーマネント変数名として使用される。このような考えはC、FORTRAN、PASCALのような高級計算機言語を経験している者にとって慣れておくべきものである。

2. 自己ドキュメンテーション：%符号で始まる行はコメント行である。関数内のこれらの最初のグループは、M-ファイルの自動的な自己ドキュメントを作るためにMATLABのhelp機能により使用される。つまり、help clipをタイプすると、M-ファイルからのコメント行はhelp情報としてスクリーン上に出力される。clip.mで示された書式は、関数名の命名、呼び出しシーケンス、簡単な説明、そして入力と出力引数の定義の規約に従う。

3. 大きさとエラーのチェック：関数は演算されるベクトルやマトリクスの大きさを決定すべきである。この情報は入力引数とは別に渡されることはないが、size関数で知ることができる。clip関数の場合、関数にベクトル演算を制限させたいが、行（$1 \times L$）か列（$L \times 1$）のいずれかを希望する。したがって、変数nrowsかncolsのいずれかは、1でなければならない。もしそうでなければ、この関数を脱出関数errorで終了する。これはコマンド行にメッセージを出力してから、その関数を脱出する。

4. 実際の関数演算：clip関数の場合、実際のクリッピングはforループで実行される。これは、xベクトルの各要素に対して、その大きさを閾値Limitと比較する。負数の場合、クリップ値は-Limitに設定され、sign(x(n))が乗算される。これは、Limitが正数として渡されることを仮定している。事実、これはerror-checkingフェーズでテストされる。clipのこのような特別な実装は、forループにとって非常に非効率である。B.7.1節において、高速化のために、このプログラムのベクトル化方法を示す。

B.6.2　MATLABのM-ファイルのデバッキング

MATLABは対話型環境であるので、デバッキングはワークスペース内の変数を確かめることにより実現される。MATLABのバージョン4および5は、ブレークポイントをサポートするシンボリックデバッガーを持っている。異なる関数が同じ変数名を使用できるので、変数を調べるとき、ローカルコンテキストの足跡をたどることは重要である。いくつかの有用なデバッキングコマンドをここに示す。その他はhelp debugで検索されたい。

- dbstopは、M-ファイルにブレークポイントを設定するために使用される。これは、M-ファイルを実行する前にdbstop if errorと入力することにより、エラーが発生したときユーザーにプロンプトを示すことができる。関数内の変数を調べ、しかもワークスペースを呼び出す（dbup）ことを可能とする。
- dbstepは、M-ファイルを順次実行し、各行が実行される度にプロンプトを返す。
- dbcontは、正規のプログラムの実行を保存しておく。あるいは、エラーがあれば、MATLABコマンドプロンプトを返す。
- dbquitは、デバッグモードを終了し、MATLABコマンドプロンプトへ戻す。
- keyboardは、プログラム実行を一時停止とするようにM-ファイル中に記述できる。そのとき、コマンド行プロンプトではないことを示すために、書式k>のMATLABプロンプトとなる。

B.7 プログラミングTIPS

この節では、MATLABプログラミングの速習に役立つ多少のプログラミングTIPSを示す。多くのアイディアやTIPSに対して、typeコマンドを使用してMATLABのツールボックス内のいくつかの関数M-ファイルを列記する。たとえば、

```
type angle
type conv
type trapz
```

他のプログラマのスタイルのコピーは、計算機言語に対する自分の知識を向上させるためには常に有効な方法である。次のようなヒントにおいて、記述された良いMATLABコードに含まれている最も重要な点のいくつかを議論する。これらのコメントは、読者がMATLABの多くの経験をするにつれて、益々有益となるであろう。

B.7.1 ループを避ける

MATLABはインタープリタ言語であるから、ある共通なプログラミング手法は本質的に非効率である。その主なものは全マトリクスやベクトルに対して簡単な演算を実行するためにforループを使用することである。できる限り、ユーザーは、ループを記述するかわりに希望する結果を得るようなベクトル関数を発見するべきである（あるいは、2-3のベクトル関数を入れ子構成にする）。たとえば、演算がマトリクスの全ての要素の和を取るような場合、sumを呼び出すことと、FORTRANコードのようにループを記述することの相違は驚くほどである。ループはMATLABのイ

ンタープリト性質に従って信じがたいほどゆっくりしている。次のマトリクス和をとる次の3つの方法を考察する。

2重のループはマトリクスの全てを指すのに必要である

```
[Nrows, Ncols] = size(x);
xsum = 0.0;
for m = 1:Nrows
   for n = 1:Ncols
      xsum = xsum + x(m,n);
   end
end
```

sumは、列の和を得るように、マトリクスに動作する

```
xsum = sum( sum(x) );
```

x(:)は、マトリクスの全要素のベクトルである。

```
xsum = sum( x(:) );
```

図B.3 マトリクスの全要素の和をとるための3つの方法

第1の方法は、従来からのMATLABプログラミングである。残り2つの方法は、組み込み関数sumに関係している。この関数の引数はマトリクスかベクトルに依存して異なる性質を持っている（「operator overloading」と呼ばれる）。マトリクスとして動作するとき、sumは列の和を持つ行ベクトルにして戻す。行（あるいは列）ベクトルとして動作するとき、sumはスカラーである。第3の方法（最も効果的）では、マトリクスxをコロンオペレータを用いて列ベクトルに変換しsumを1回呼び出すだけである。

B.7.2　行、列の反復

しばしば、ベクトルをマトリクスの行あるいは列に置換えることにより、ベクトルからマトリクスを生成する必要が起こる。マトリクスが全部同じ値を持つようにするには、ones(M,N)とzeros(M,N)のような関数が使用される。しかし、等しい値の列を持つマトリクスを作成するために列ベクトルxを置換えるため、ループはB.2.2節で述べたように外積マトリクス乗算の使用によって避けることができる。次のMATLABコードの一部は11列に対する作業を実行する。

```
x = (12:-2:0)';   % prime indicates conjugate transpose
X = x*ones(1,11)
```

もし、xが長さLの列ベクトルであるならば、外積で作成されるマトリクスxは$L \times 11$である。この例では、$L = 7$である。MATLABは文字の大小を識別するので、変数xとXは異なる変数であることに注意されたい。ここでは、マトリクスを示すために大文字Xを使用した。

B.7.3　論理演算のベクトル化

If、elseの条件文を含むプログラムをベクトル化する必要が発生することがある。clip関数（図B.2）は、この種類のベクトル化を試みるために優れた機会を提供している。この関数のforループには論理テストを含んでいる、また、これはベクトル演算の候補には思われない。しかしながら、MATLABにおける 'greater than' のような関係演算子や論理演算子をマトリクスに適用する。たとえば、3×3マトリクスに適用されたテストより大きければ、1とゼロの3×3マトリクスを返す。

```
>> x= [ 1 2 -3; 3 -2 1; 4 0 -1 ]       % -- create a test matrix
   x= [ 1 2 -3
        3 -2 1
        4 0 -1 ]
>> mx = x > 0        %-- check the greater than condition
   mx = [ 1 1 0
          1 0 1
          1 0 0 ]
>> y = mx .* x       %-- pointwise multiply by masking matrix
   y = [ 1 2 0
         3 0 1
         4 0 0 ]
```

ゼロは条件がfalseの場合である。1は条件がtrueであることを示す。つまり、xをマスキングマトリクスmxとのポイント乗算を実行するとき、全ての負の要素がゼロとなる結果を得る。これら3つの命令文は全マトリクスに対しループを使用することなく処理される。

clip.mで実行される飽和演算はx内の大きな値の変更を要求するので、3つの配列乗算で全forループを実現できる。これは、ベクトルと同じようにマトリクスに対して動作するベクトル化された飽和演算子へと導く。

```
y = Limit*(x > Limit) - Limit*(x < -Limit) + x.*(abs(x) <= Limit);
```

3つの異なるマスキングマトリクスは、正の飽和、負の飽和、アクション無しの3つのケースを表

現するために必要である。更に、加算は、ここでは論理ORに対応している。この文を実行するために必要な算術演算は3N回の乗算と2N回の加算である。ただし、Nはxの全要素数である。ここで算術演算だけを数えるならば、この値は、実際にはclip.mのループよりももっと大きな働きをする。このベクトル化の文（命令）はたった一度だけインタプリートされる。これに反して、forループ内の3つの文は、N回インタプリトされなければならない。もし、2つの実装がetimeで実測されるならば、ベクトル化のバージョンの方は長いベクトルに対して一層高速になる。

B.7.4 インパルスの作成

他の簡単な例としてインパルス信号ベクトルを作成するには、次のような方法で得られる。

```
nn = [-10:25];
impulse = (nn==0);
```

この結果をstem(nn,impulse)でプロットするとよい。ある意味で、このコードの一部は、$n = 0$のときだけ存在するようなインパルスを定義した数学的な式の本質を捉えているので、完璧である。つまり、

$$\delta[n] = \begin{cases} 1 & n = 0 \\ 0 & n \neq 0 \end{cases}$$

B.7.5 find関数

マスキングのもうひとつの方法は、find関数を使用することである。これは必ずしも多くの効果はない。異なるアプローチを示すだけである。find関数は、条件がtrueであるベクトルの指標リストを決定する。たとえば、find(x>Limit)は、ベクトルがLimit値よりも大きくなる場所の指標シストを戻す。つまり次のように飽和を実行できる。

```
y = x;
jkl = find(y > Limit);
y( jkl ) =  Limit*ones(size(jkl))
jkl = find(y < -Limit);
y( jkl ) =  -Limit*ones(size(jkl));
```

ones関数は、jklの要素数と同じ大きさ持つ右辺側のベクトルを作成するために必要である。ベクトルに代入するスカラーはベクトルの各要素に代入されるので、バージョン5でのこれは不必要である。

B.7.6 ベクトル化

「forループを避ける」ことに、容易な道はない。アルゴリズムは、ベクトル形式にキャストしなければならないことを意味するからである。マトリクス-ベクトル表記はMATLABプログラムに併合されるならば、その結果のコードは一層高速に実行される。論理テストを持つループでさえ、もし、マスクが全ての可能な条件に対して作成されるならば、ベクトル化される。つまり、合理的な目標は次の言葉である。

「全てのforループを消しなさい」

B.7.7 プログラミングのスタイル

良いプログラミングスタイルを要約することのことわざがあるとするならば、多分次の文であろう。

May your function short and your variable names long.
— Anon

これはMATLABに対しても確かに真実である。各関数はひとつの目的を持っているはずである。これは、より複雑な演算を作るために、関数の組み合わせによるお互いを連結可能な短く単純なモジュールとする。多くのオプションや過多な出力を持つスーパー関数を作ろうとする誘惑は避けるべきである。

MATLABは長い変数名（32文字以上）を提供している。いろいろな記述名を得るためにこの機能の利点を使用するとよい。この方法で、コードを囲む多くのコメントが劇的に減少される。コメントは、コード内で使用される秘訣の情報や説明の補助に制限すべきである。

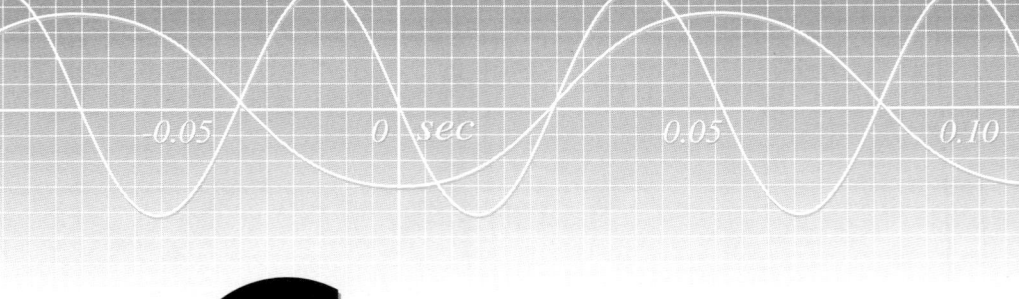

付録 C ラボラトリプロジェクト

　この付録には、11個の計算機ベースのラボラトリが含まれている。これらは、それぞれの章にほぼ対応している。それでもいくつかのケースにおいて、Labはいくつかの章からの概念を使用する。次の表はLab教材とそれぞれのLabに含まれている章の要約である。

Lab	Subject	Cross-Reference
1	MATLAB入門	付録B
2	複素指数入門	第2章、付録A
3	正弦波信号の合成	第3章
4	AMとFM正弦波信号	第3章
5	正弦波形のFIRフィルタリング	第5章
6	フィルタリングされたサンプル波形	第5、6章
7	いろいろな正弦波信号	第5、6章
8	画像のフィルタリングとエッヂ検出	第5章、6章
9	画像のサンプリングとズーム	第4、5、6、7章
10	z-, n-, $\hat{\omega}$-領域	第7、8章
11	音楽のトーン周波数の抽出	第9章

　Labの構成は次の通りである。

概要：各Labは学習と実装に関連した理論の簡単な復習から開始する。

ウォームアップ：ウォームアップの節では、Labの実装に必要なMATLAB関数を導入した簡単な練習からなる。各Labのウォームアップ練習は、指示されたLab時間内に解決すべきであり、学生らはエキスパートの質問を尋ねることができる。

練習：各Lab内の個別の作業は、いくつかのMATLABプログラミングとプロットを必要とする練習を含んでいる。全ての練習は本書で示した理論的な考えを確かめるように設計されている。さらに、音声、音楽、画像のような実際の信号をも含む色々な処理の事例を含んでいる。

プロジェクト：Lab中のあるケースでは、非常に大きく複雑であるので、練習と呼ぶには適正ではないような実装をも要求している。良い記述はプロジェクトである。音楽合成Lab、タッチトーンLab、音楽記述Labの場合、問題文は設計プロジェクトの文とほとんど同じであるので、学生らは、一般的な目的を満足するような作品を作成できるように、いくつかの柔軟性を持たせることである。さらに、いくつかの個別部品は全体のプロジェクト機能を正しく実現するために作成されなければならない。

これらのラボラトリ練習は、MATLABのバージョン4およびバージョン5のいずれでも作成可能である。学生バージョンでは、大方のケースで満足しているが、大きな信号や画像の処理に対しては満足していない。つまり、実際の信号のいくつかに対して学生バージョンでは計算不可能である。本書では、開発した関数を含むM-ファイルのパッケージをも提供している。

> ラボラトリ練習に取りかかる前に、DSP First Toolboxをインストールする必要がある。
> DSP First CD-ROM上の使い方を参照のこと。

C.1 ラボラトリ：MATLAB 入門

各Labのウォームアップの項は、指示されたLabセッション時間で完成しなけばならない。また、ラボラトリの指導員はシート内のInstructor Verification行に署名し、いま適切なステップにいるかどうかを確認しなければならない。Instructor Verificationシートはこの節の最後にある。

C.1.1　概要と到達点

MATLABは全部のLabにおいて広く使用される。この最初のLabの到達点はMATLABに慣れることと、MATLAB言語のいくつかの基本的な技法を構築することにある。より詳しい概要は「MATLABの使い方」を記した付録Bの記事を読まれたい。もし、言語のほとんどの網羅した詳細な説明を希望するならば、MATLABリファレンスマニュアルを参考にされたい。Webブラウジンターフェイスを用いたオンラインも使用可能でもある。

このLabの中心的な目標は、

1. 基本MATLABコマンドと文法を学習するためのヘルプシステムの使い方の学習
2. MATLABの関数とM-ファイルの記述法の学習
3. MATLABのための高度なプログラミング手法、たとえばベクトル化などの学習

である。

C.1.2　ウォームアップ

各Labは、このようなウォームアップ節からはじめる。ウォームアップには、通常、MATLABのコマンドを紹介するために簡単な練習がある。この最初のLabでは、MATLAB用の"DSP First Toolbox"がインストールされていることが確める。又、DSP First CD-ROM上の説明書を参照するとよい。そこで、自分のコンピュータ上のMATLABを起動し、Pathにdspfirstと呼ぶディレクトリ名を追加する。

C.1.2.1　基本コマンド

次の練習はMATLABのオリエンテーションである。
1. MATLABプロンプトでintroとタイプしたとき、MATLABのイントロダクションを観測する。この短いイントロダクションはMATLABの基本的な使用法のいくつかを示してくれる。
2. MATLABのヘルプ機能を探索する。これらのコマンドについて知るために、次のようなコマンドをタイプ入力する。

```
help
help plot
```

```
help colon
help ops
help punct
help zeros
help ones
lookfor filter    %<--- keyword search
```

表示される内容が画面に収まりきらないならば、`more on`コマンドを使って情報を画面に表示できる量で停止させることができる。

3. MATLABを電卓として使用する。次の文を試みよ。

```
pi*pi - 10
sin(pi/4)
ans ^ 2          %<--- 'ans' holds the last result
```

4. 変数名はMATLABに値やマトリクスを格納する。次の文を試みよ。

```
xx = sin( Pi/5 );
cos( pi/5 )      % <--- assigned to what?
yy = sqrt( 1 - xx*xx )
ans
```

5. 複素数はMATLAB*[注1]でも扱う。いくつかの基本演算の名前が、振幅のための`abs`のように、暗黙であることに注意されたい。次の文を試みよ。

```
zz = 3 + 4i
conj(zz)
abs(zz)
angle(zz)
real(zz)
imag(zz)
help zprint      % <--- requires DSP First Toolbox
```

---

*注1：複素数の復習は付録Aを参照されたい。

```
exp( sqrt(-1)*pi )
exp( j*[ pi/4 - pi/4])
```

6. プロットは、実数と複素数の両方に対してMATLABでは容易である。基本プロットコマンドは、ベクトルxxとベクトルyyをプロットする。次の文を試みよ。

```
xx = [-3 -1 0 1 3 ];
yy = xx.*xx -3*xx;
plot( xx,yy )
zz = xx + yy*sqrt(-1);
plot( zz )           % <--- complex values can be plotted
```

もし、ベクトルxx、yyおよびzzの値を表示したいのであれば、セミコロンを外す。help arithは演算xx.*xxがどのように動作するかを知るために使用する。これをマトリクス乗算と比較せよ。

あるコマンドを確認するときにはhelpを使用する。

C.1.2.2 MATLABの配列指標

1. コロン記法の考えを確認する。特に、次のMATLABコードの出力を説明せよ。

```
jkl = 2:4:17
jkl = 99: -1: 88
ttt = 2: (1/9) : 4
tpi = pi*[ 2 : (-1/9) : 0 ]
```

2. ベクトルから数を取り出したり、代入したりすることは非常に容易である。次の定義を考察せよ。

```
xx = [ ones(1,4), [2:2:11] , zeros(1,3)  ]
xx(3:7)
length(xx)
xx(2:2:length(xx))
```

上のコードの最後の3行からの戻り値を説明せよ。

3. 上の項において、ベクトルxxには12個の要素が含まれている。次の代入文の結果を観測せよ。

   ```
   xx(3:7) = pi*(1:5)
   ```

   奇数項の要素、(たとえば、xx(1)、xx(3),...) を定数-77で置換するような文を作成せよ。ただし、ベクトル指標とベクトル置換を使用する。

C.1.2.3 MATLABのスクリプトファイル

1. MATLABにおけるベクトルを試みる。ベクトルを数のリストと考える。次の文を試みよ。

   ```
   kset = -3:11;
   kset
   cos( pi*kset/4 )     % <--- comment: compute cosines
   ```

   最後の例はループを用いずにいろいろな余弦関数をどのように計算するかを説明せよ。%に続くテキストはコメントであり、省略してもよい。もし、第1行の最後にあるセミコロンを削除するならばksetの全ての要素がスクリーンに出力される。

2. ベクトル化はMATLABの本質的なプログラミング技法である。ループは、MATLABでも記述することができるが、これの実行は最も効果的な方法ではない。それゆえ、ループの使用は避けるべきである。それに代わり、ベクトル記法を使用する。たとえば、次のコードは正弦関数の値を計算するためにループを使用する。ループを使用することなくこの計算を書き直してみよ。

   ```
   xx = [ ];              % <--- initialize the xx vector to a null
   for k=0:7
       xx(k+1) = sin( k*pi/4 )    % <--- xx(0) wold fail.
   end
   x
   ```

3. 組み込みのMATLABエディタを使用するか、UNIXにおけるemacsのような外部エディタを使用して、次のような行を含むfuncky.mと呼ぶスクリプトファイルを作成せよ。

```
tt = -2 : 0.05 : 3;
xx = sin( 2*pi*0.789*tt);
plot( tt, xx ),grid on      % <--- plot a sinusoid
title('TEST PLOT of SINUSOID')
xlabel('TIME (sec)')
```

4. 自分のスクリプトをMATLABから走らせる。3項で作成されたファイルfunkyを走らせるために、次文を試みる。

```
funcky           %<--- will run the commands in the file
type funky       %<--- will type out the contents of funky.m to the
                          screen
which funky      %<--- will show directory containing funky.m
```

5. 正弦波の上に余弦波をプロットするように、自分のスクリプトに3行のコードを追加せよ。上の項3で作成したプロットに次式のプロットを追加するために、hold関数を使用する。

```
0.5*cos( 2*pi*0.789*tt )
```

MATLABで help hold を参照されたい。

C.1.2.4 MATLAB Demos

MATLABには多くのデモンストレーションファイルが存在する。メニューからMATLABデモをdemoとタイプし実行させよ。そして、基本的なMATLABコマンドとプロットの色々なdemoを探検して見よ。

C.1.2.5 MATLAB Sound

1. MATLABプロンプトでxpsoundとタイプ入力することにより、MATLABのsoundデモを走行させよ。もし、読者がMATLABデモ内の音を聴くことができないときは、自分のマシンのサウンドハードウェアを調べられたい。それぞれのコンピュータには多くの異なる種類が存在するので、システム構成のエキスパートかMATLABインストレーションのエキスパートに相談することが必要かもしれない。

2. ここで、MATLABにおける音（正弦波）を作成せよ。そして、それをsoundコマンドで聴いて見よ。音の周波数は2kHzでり、その持続時間1秒とする。次のコードは`mysound.m`と呼ぶファイルに格納しコマンドラインから実行せよ。

```
dur = 1.0;
fs = 8000;
tt = 0: (1/fs) : dur;
xx = sin( 2*pi*2000*tt );
sound( xx,fs )
```

サウンドハードウェアは数列xxのベクトルを、サンプリング速度と呼ばれる速さでサウンド波形に変換する。この場合、サンプリング速度は8000サンプル/秒であるが、この値はサウンドハードウェア能力に依存して使用される。ベクトルxxの長さはいくらか。このコマンドを使用するときのより詳細な情報を得るためには、soundのためのオンラインhelpで確認されたい。

Instructor Verification

C.1.2.6 関数

次のウオームアップ練習はMATLABでの関数の記述方法を示している。以下の各問題中にはマイナーなエラーが含まれているが、関数を記述する為の正しい構文と文法とを例示する。

1. 次の関数の間違いを発見せよ。

```
function xx = cosgen(f,dur)
%COSGEN   Function to generate a cosine wave
% usage:
%     xx = cosgen(f,dur)
%      f = desired frequency
%    dur = duration of the waveform in seconds
%
tt = [0:1/(20*f):dur];    % gives 20 samples per period
yy = cos(2*pi*f*tt);
```

2. 次の文の間違いを発見せよ。

```
function [sum,prod] = sumprod(x1,x2)
%SUMPROD Function to add and multiply two complex numbers
```

```
%   usage:
%      [sum,prod] = sumprod(x1,x2)
%        x1 = a complex number
%        x2 = another complex number
%       sum = sum of x1 and x2
%      prod = product of x1 and x2
%
sum = z1+z2;
prod = z1*z2;
```

3. MATLABコードの次のような行がどのように動作するかを説明せよ.

```
yy = ones(7,1) * rand(1,4);

xx = randn(1,3);
yy = xx(ones(6,1),:);
```

4. ループを使用しないで、次に示すものと同様なタスクを実行する関数を記述せよ。いくつかの賢い解法はB.2.2.1節を参照されたい。

```
function Z = expand(xx,ncol)
% EXPAND  Function to generate a matrix Z with identical
%         columns equal to an input vector xx
%  usage:
%       Z = expand(xx,ncol)
%      xx = the input vector containing one column for Z
%    ncol = the number of desired columns
%
xx = xx(:);      %-- makes the input vector x into a column vector
Z = zeros(length(xx),ncol);
for i=1:ncol
    Z(:, i) = xx;
end
```

C.1.2.7 ベクトル化

1. 次のようなMATLABコードの各行の結果を説明せよ。

    ```
    A = randn(6,3);
    A = A .* (A > 0);
    ```

2. forループを使用しないで、以下に示す関数と同様なタスクを実行する関数を記述せよ。項1の考え方や、B.7.1節も利用されたい。MATLAB論理演算子はhelp relopに要約されてある。

    ```
    function Z = replacez(A)
    %REPLACEZ   Function that replaces the negative elements
    %           of a matrix with the number 77
    %   usage:
    %         Z = replacez(A)
    %         A = input matrix whose negative elements are to
    %              be replaced with 77
    %
    [M,N] = size(A)
    for i=1:M
        for j=1:N
           if A(i,j) < 0
              Z(i,j) = 77;
           else
              Z(i,j) = A(i,j);
           end
        end
    end
    ```

C.1.3 練習：MATLABの使用

次の練習は自分の時間で完成させる。各設問の結果を簡単なLab報告書に含める。

C.1.3.1 MATLABを用いた正弦波の操作

次のような異なる振幅と位相をもつ2つの3000Hzの正弦波を作成する。

$$x_1(t) = A_1 \cos(2\pi(3000)t + \phi_1) \qquad x_2(t) = A_2 \cos(2\pi(3000)t + \phi_2)$$

1. 振幅の値を選択する。$A_1 = 13$、A_2にはユーザーの年齢を使用する。位相に対しては、ϕ_1はユーザーの電話番号の最後の2桁を使用する。また、ϕ_2は－30度とする。MATLABで計算するとき、度からラジアンに変換すべきである。
2. おおよそ3サイクルを表示するtの範囲に対する2つの信号のプロットを作成せよ。プロットは負の時間から開始するので、$t = 0$を含むことを確かめよ。また、波の1周期当たり少なくとも20サンプルをとるようにする。
3. 2つの信号$x_1(t)$と$x_2(t)$の位相は$t = 0$で正しいことを確認せよ。また、各信号は正しい最大振幅を持っていることも確かめよ。
4. 同じ窓にこれら2つのプロットを置くように3つのパネルをもつサブプロットを作るため、`subplot(3,1,1)`、`subplot(3,1,2)`を使用する。`help subplot`を参照する。
5. 第3の正弦波を和：$x_3(t) = x_1(t) + x_2(t)$を作成する。MATLABにおいて、これは各正弦波のサンプル値を保持しているベクトルの和をとることである。前の2つのプロットで使用したのと同じ時間範囲に対する$x_3(t)$のプロットを作成する。`subplot(3,1,3)`を使用し窓の第3パネルに出力する。
6. プロットから直接に$x_3(t)$の振幅と位相を観測する。Labレポートにおいて、振幅と位相はそれぞれのプロットに注釈を付けることによりどのように計測されたかを解説する。

C.1.4 ラボラトリ復習質問

一般に、Labの記事は、ラボラトリ課題で扱ってきたトピックスのよく進んだ理解を示すべきである。ここでは、このラボの目的（MATLABの基本的な操作知識）の理解度の査定に答えるため、少しの質問をする。もし、これらの質問にどのように答えるかを知らなければ、再度、Labに戻りMATLABを理解できるようにされたい（`help`と`lookfor`のコマンドを思い出されたい）

1. ベクトル（たとえば、数の1次元配列）の作成と操作にはMATLABにとっては如何に容易であるかを見てきた。たとえば、次の文を考察せよ。

    ```
    yy = 0:10;
    yy = zeros(1,25);
    yy = 1:0.25:5;
    ```

    (a) 0から10までを0.5刻みで得られるようなベクトルを作成するためには、MATLABコードの行をどのように変更するのか。
    (b) 100個のベクトルを作成するために、コード内の行をどのように変更するのか。

2. MATLABは複素数の操作に何ら問題のないことを学んだ。次の行を考察せよ。

$$yy = 3+5j$$

(a) 複素数yyの大きさを戻すようなMATLABを得るにはどうするのか。

(b) 複素数yyの位相を戻すようなMATLABを得るにはどうするのか。答の単位はなにか。

3. C.1.2.3節において、MATLABコードの複数行は、.m拡張子を持つファイルに格納されている。MATLABはそのファイル内で出現する順番にコードを実行する。次のexample.mファイルを考察せよ。

```
f = 200;
tt = [0:1/(20*f):1];
z = exp(j*2*pi*f*tt);
subplot(2,1,1)
plot(real(z))
title('Real part of exp(j*2*pi*200*tt)')
subplot(2,1,2)
plot(imag(z))
title('Imaginary part of exp(j*2*pi*200*tt)')
```

(a) MATLABプロンプトからこのファイルをどのようにして実行するのか。

(b) このファイルはexample.dogと銘々されたと仮定する。それでも走るだろうか。MATLABで動作させるためにはどのように変更するのか。

(c) M-ファイルが走ると仮定して、そのプロットはどのようになるだろうか。もし確認されなければ、コードを入力しそれを走らせよ。

C.1 ラボラトリ：MATLAB 入門

Lab 1
Instructor Verification Sheet

Staple this page to the end of your lab report[2]

Name:_____   Date:_____

Part C.1.2.2   Vector replacement using the colon operator:

Instructor Verification _____

Part C.1.2.3   Run the modified function funky from a file:

Instructor Verification _____

Part C.1.2.5   Use sound to play a 2kHz tone in MATLAB:

Instructor Verification _____

Part C.1.2.7   Modify replacez using vector logicals:

Instructor Verification _____

2) このページのように、Verification シートの例として1枚のみをここに示す。それぞれのLab.におけるインストラクタVerificationシートはCD-ROMに入っており、必要に応じて印刷されたい。

C.2 ラボラトリ：複素数入門

このラボラトリの到達点は複素数に慣れることと、正弦波信号を複素指数関数で表現するのに使用することに慣れることにある。

C.2.1 概要

複素指数関数を使用した正弦関数の操作は、三角問題を簡単な演算と代数に変換する。このLabにおいて、先ずは、複素指数信号と余弦波を追加するために必要な位相加法特性を述べる。次に、正弦波を組み合わせるときに必要となるベクトル加算を表す位相図のプロットにMATLABを使用する。複素数の概要を示した付録Aを参照。

C.2.1.1 MATLABにおける複素数

MATLABは複素数の式を計算するために使用され、また、結果をベクトル（つまりフェーザ図）として表示するのにも使用される。この目的のために、いくつかの新たな関数が記述され、DSP First CD-ROMで使用可能である。このツールボックスは新たなM-ファイルである zvect、zcat、ucplot、zcoords、zprint に関するhelpを実行することによりインストールされることを確かめよ。もし、入力が複素数のベクトルに構成されるならば、これらの各関数はいくつかの複素数を一度に表示（あるいは印刷）できる。次の例はひとつのグラフに5つのベクトル全部をプロットする。

```
zvect( [ 1+j, j, 3-4*j, exp(j*pi), exp(2i*pi/3) ] )
```

ここでは、MATLABの複素数演算子がある。

conj	共役複素数
abs	振幅
angle	角度（位相）ラジアン
real	実部
imag	虚部
i,j	predefined as $\sqrt{-1}$
x = 3+4i	添字 i は虚数定数
exp(j*theta)	複素指数 $e^{j\theta}$ のための関数

それぞれの関数は入力引数としてベクトル（かマトリクス）をとり、ベクトルの各要素に対して演算する。

最後に、複素数問題を作成し、ユーザーの答えをテストする`zdrill`と呼ぶ複素数ドリル問題がある。このドリルの作業時間をとること。これは複素演算を習得するための大いなる助けとなる。

C.2.1.2 複素指数関数を用いた正弦波の加算

正弦波は次のような形式で表現されることを思い出されたい。

$$x(t) = A\cos(2\pi f_0 t + \phi) = \Re e\{A\, e^{j\phi}\, e^{j2\pi f_0 t}\} \tag{C.2.1}$$

式（C.2.2）で与えられる余弦波の和を考察する。

$$x(t) = \sum_{k=1}^{N} A_k \cos(2\pi f_k t + \phi_k) \tag{C.2.2}$$

ここで、式中の各余弦波は異なる周波数f_kを持っている。

全ての周波数が等しいとき、つまり、$f_k = f_0$のときは、この式の和は単一の余弦波となる。三角恒等式を用いて簡単化することは困難であるが、複素指数関数で解法されるとき、複素数の代数和にすることができる。これは2.6.2節で示したフェーザ加算ルールである。余弦関数の複素指数関数表現（C.2.1）を用いたフェーザ加算ルールは、

$$x(t) = \Re e\left\{\sum_{k=1}^{N} X_k\, e^{j2\pi f_0 t}\right\} \tag{C.2.3}$$

$$= \Re e\left\{\left(\sum_{k=1}^{N} X_k\right) e^{j2\pi f_0 t}\right\} \tag{C.2.4}$$

$$= \Re e\{X_s\, e^{j2\pi f_0 t}\} \tag{C.2.5}$$

$$= A_s \cos(2\pi f_0 t + \phi_s) \tag{C.2.6}$$

ただし

$$X_k = A_k e^{j\phi_k} \tag{C.2.7}$$

と

$$X_s = \sum_{k=1}^{N} X_k = A_s e^{j\phi_s} \tag{C.2.8}$$

加算信号$x(t)$は単一の正弦波であり、その周期は$T_0 = 1/f_0$である。

C.2.1.3　高調波正弦波

$x(t)$ は余弦波の周波数 (f_k) が基本周波数 f_0 の整数倍であるような、つまり、

$$f_k = kf_0 \quad (高調波周波数)$$

N 個の余弦波形の和であるという重要な拡張性が存在する。式（C.2.2）で与えられる N 個の余弦波の和は、次のようになる。

$$x(t) = \sum_{k=1}^{N} A_k \cos(2\pi kf_0 t + \phi_k) = \Re e \left\{ \sum_{k=1}^{N} X_k \, e^{j2\pi kf_0 t} \right\} \tag{C.2.9}$$

この特別な信号 $x(t)$ は、周期 $T_0 = 1/f_0$ の周期性信号である。周波数 f_0 は基本周波数、また、T_0 は基本周期と呼ばれる。

C.2.2　ウォームアップ

C.2.2.1　複素数

複素数の理解を深めるために、次の問題に答えよ。

1. $z_1 = -1 + j0.3$、$z_2 = 0.8 + j0.7$ とする。これらを MATLAB に入力し、`zvect` を用いてプロットせよ。また、`zprint` で印刷する。
2. z_1 と z_2 の複素共役 $z*$ と逆数 $1/z$ を計算して結果をプロットする。MATLAB において、`help conj` を参照。`zprint` を用いて結果を数値的に表示する。
3. $z_1 + z_2$ を計算し、これらを表示する。ベクトルの和を示すのに `zcat` を使用する。また、数値的な結果を表示するために `zprint` を使用する。
4. $z_1 z_2$ と z_1/z_2 を計算しプロットする。z_1 と z_2 の角度が積と除算の角度をどのように決定するかを示すため、`zvect` プロット関数を使用する。数値結果の表示には `zprint` を使用する。
5. 複素数ドリル問題から 2、3 の問題を解く。プログラムを開始するには、`dspfirst` とタイプし、複素数ドリル（Complex Number Drill）を選択する。

C.2.2.2　M-ファイルによる正弦波合成

式（C.2.2）の形式で波形を合成する M-ファイルを記述せよ。ループを使用しない関数を記述せよ。マトリクス-ベクトル乗算は積和を計算することの利点を示せ。たとえば、

$$c = A*b \quad \Longrightarrow \quad c_n = \sum_{k=1}^{L} a_{nk} b_k \tag{C.2.10}$$

ここで、c_n はベクトル c の n 番目の要素を表し、a_{nk} はマトリクス A の n 行 k 列の要素である。b_k は

列ベクトルbのk番目の要素である。LはAの列数である。M-ファイルの最初の部分は次のようになる。

```
function    xx = sumcos(f, X, fs, dur)
%SUMCOS     Function to synthesize a sum of cosine waves
%  usage:
%    xx = sumcos(f, X,fs, dur)
%     f = vector of frequencies
%             (these could be negative or positive)
%     X = vector of complex exponentials: Amp*e^(j*phase)
%    fs = the sampleing rate in Hz
%   dur = total time duration of signal
%
%    Note: f and X must be the same length.
%          X(1) corresponds to frequency f(1),
%          X(2) corresponds to frequency f(2), etc
```

MATLAB文法length(f)は、ベクトルf中の要素数を返すので、周波数の数のための別の入力引数を必要としない。他方、プログラマーはfとXの長さが同じであることを確認するために、エラーチェック機能を提供すべきである。単一行でこの関数を（要求されないにも関わらず）実行することができる。いくつかのヒントとして、B.2.2.1節のマトリクス操作の復習を参照されたい。

周期波形の合成のためのM-ファイルを使用するため、希望する基本周波数の正数倍とするためには、周波数ベクトルのエントリを単に選択するだけである。次のようなテストを試み、結果を表示せよ。

```
xx = sumcos([20], [1], 200, 0.25);
xx = sumcos([20 40], [1 1/2], 200, 0.25);
xx = sumcos([20 40 60 80], [1 -1 1 -1], 200, 0.25);
```

Instructor Verification

C.2.3　練習：複素指数関数

C.2.3.1　複素指数関数を用いた正弦波の表現

MATLABにおいて、exp、real、imagのヘルプを参照されたい。

1. $A = 3$、$\phi = -0.4\pi$、$\omega_0 = 2\pi(1250)$ に対する信号、$x(t) = A\, e^{j(\omega_0 t + \phi)}$ を作成せよ。2、3 周期をカバーする t の範囲に設定する。
2. t に対する $x(t)$ の実部と、t に対する虚部をプロットせよ。同一窓に 2 つのプロットをするために subplot(2,1,1)、subplot(2,1,2) を使用する。
3. 実部と虚部は、正弦波であること、また、正しい周波数、位相、振幅を持っていることを確認せよ。

C.2.3.2 複素指数関数を使用した正弦波の加算の確認

次式のような振幅と位相を持った 4 つの正弦波を作成する。

$$x_1(t) = 5\cos(2\pi(15)t + 0.5\pi)$$
$$x_2(t) = 5\cos(2\pi(15)t - 0.25\pi)$$
$$x_3(t) = 5\cos(2\pi(15)t + 0.4\pi)$$
$$x_4(t) = 5\cos(2\pi(15)t - 0.9\pi)$$

1. 約 3 サイクル程度を表示する t の範囲で、4 つの信号全てをプロットをする。プロットは $t = 0$ における位相が計測されるように負の時間をも含んでいることを確かめよ。滑らかなプロットを得るために、波の 1 周期当たり少なくとも 20 サンプルを得るようにする[注2]。
2. 4 つの信号全ての位相は $t = 0$ において正しいことを確かめよ。また、それぞれの位相は正しい最大振幅を持っていることを確かめよ。同一ページ上にこれらのプロット全てを配置するように、6 パネル用 subplot を作成する subplot(3,2,i)、i=1,2,3,4 を使用する。
3. $x_5(t) = x_1(t) + x_2(t) + x_3(t) + x_4(t)$ を使用して合成周期信号を作成する。前のプロットで使用したと同様の時間範囲に対する $x_5(t)$ のプロットを作成せよ。この結果を subplot(3,1,3) を使用してパネル最下段左側に挿入せよ。
4. プロットから直接に $x_5(t)$ の振幅と位相を観測する。各自の Lab レポートには、この振幅と位相をどのようにして計測したかを示すために、プロットに満足いく注釈を入れよ。
5. 複素演算を実行する。正弦波 $x_i(t)$ に対応する複素振幅を作成する。つまり、

$$z_i = A_i\, e^{j\phi_i} \qquad i = 1, 2, 3, 4, 5$$

z_i の値を極形式とカーテシアン形式で示せ。
6. $z_5 = z_1 + z_2 + z_3 + z_4$ となることを確かめよ。これら 5 つの複素数をベクトルとしてプロットせよ。ウィームアップで説明したように MATLAB 関数 zvect、zcat、zprint を使用する。

[注2]：第 4 章のサンプリングをすでに学習しているならば、1 周期当たり 20 サンプルというこの要求は、重要なオーバーサンプリングであることが理解できるであろう。

7. z_5 の振幅と位相を $x_5(t)$ のプロットに関係付けよ。

C.2.4 周期波形

次のそれぞれの波形は、関数 sumcos の簡単な呼び出しで合成される。信号の特徴的な形状を観測するために短い区間をプロットする。

注意：ユーザーの信号中における最大周波数成分の少なくとも2倍のサンプリング速度（周波数）であることが重要である。これは第4章で議論したサンプリングに関する重要な事実であるが、このLabにおいては滑らかなプロットを得るような f_s の値を選択する（これにはいくつかの実験が必要かもしれない）。

1. sumcos M-ファイルに基本周波数 $f_0 = 25\text{Hz}$、$f_k = kf_0$ および、

$$X_k = \begin{cases} \dfrac{j4}{k\pi} & k\text{ は奇数} \\ 0 & k\text{ は偶数} \end{cases} \tag{C.2.11}$$

この波形の3周期を得るための期間を設定せよ。

（N は余弦波の数として）$N = 5, 10, 25$ の3つの異なる場合に対するプロットを作成せよ。これら3つの信号を一緒に表示するため3-パネル subplot を使用する。合成された波形の周期は基本周期とどのように関係付けられるかを説明せよ。

$N \to \infty$ となるとき、どの様になるかを示せ。どの様な波形のとき、プロットは収束するか。波形が簡単な形状に収束するのにも関わらず、それは完全ではない。$N \to \infty$ となるとき収束波形の持つ特有の特徴について述べよ。

2. 異なる係数に対するこれらの信号を聴くことは有益である。$f_0 = 1\text{kHz}$ を持つ項目1の合成波を反復し、$N = 1, 2, 3, 4, 5, 10$ の場合を試聴せよ。違いを聞き分けるには1秒の信号が必要である。sound(x,fs) を使用するとき、サンプリング周波数は、エイリアス効果を避けるために非常に高くすべきである（第4章で議論）。

3. 次の係数を試してみる。

$$X_k = \frac{j(-1)^k}{\pi k} \quad k = 1, 2, 3, \ldots \tag{C.2.12}$$

基本周波数に $f_0 = 25\text{Hz}$ を選ぶ。$N = 5, 10, 25$ の3つの場合に対する信号を算出し、これらの関数を3-パネル subplot に表示する。余弦波の和が $N \to \infty$ になると波形はどの様な形状に近似されるのか。合成波形の周期は基本周波数とどの様に関係しているかを説明せよ。

C.3 ラボラトリ：正弦波信号の合成

このLabは、正弦波を用いた音楽合成に関するプロジェクトである。いくつかの候補ピース（譜面）のひとつは、合成プログラムを実行するとき選択される。あるいは、シート音楽が可能な場合には、その他のピースが選択される。このプロジェクトは大きなプログラム努力を要求し、完全なLabレポートに文書化されるべきである。良いレポートには次のような項を含めるべきである。まず、カバーシート、コメント付きMATLABコード、アプローチの説明、結論、さらに自分がこの合成を実現したその他付加的な項からなる。プロジェクトは合成ピースの試聴よりその質が評価される。良いピースを判断する基準は本Lab記述の終わりに示す。その質を評価してくれるLabインストラクタによりリモートでアクセス可能なWebサイトの最終ピースを得るのが便利と思われる。

C.3.1 概要

次式の正弦波の特性は第2章と第3章において詳細に考察した。

$$x(t) = A \cos(\omega_0 t + \phi) \tag{C.3.1}$$

このLabでは使い方を示す。正弦波信号の和として作成される波形を合成する、次に、それらをサンプルし、最後に試聴のために再構成する。ここでは次の様な信号を合成するために基本的な正弦波（C.3.1）の組み合わせを使用する。

1. 特定周波数の正弦波をD-to-Aコンバータで演奏する。
2. "Für Elise"のピースの合成バージョンを作成する正弦波。
3. 他のピースは合成プロジェクトで使用される。このLabの記事とCD-ROMには4つのピース、つまり 'Jesu, Joy of Man's Deiring'、'Menuet in G'、'Beethoven's Fifth Symphony'、'Twinkle, Twinkle, Little Star' に関する情報を含んでいる。

このLabの第1の目的は、音楽音程間の関連、その周波数、正弦波を構築することである。第2の目的は試聴のための主観的な質を改善するために、その他の機能を合成に付加するように変更することである。このような変更をする学生らは、信号の特別な表現に関する多くを学習する動機付けとなるであろう。

C.3.2 ウォームアップ：音楽合成

このLabにおいて、正弦波と音楽信号はスピーカーを通して演奏される目的で作成される。したがって、変換は、コンピュータメモリに格納される数のデジタルサンプルから、スピーカーのために増幅されるであろう実際の電圧波形にするために必要であると言う事実を考察する必要がある。ピアノのキーボードのレイアウトは、それぞれのキーに対応した周波数の式を得るために検討

される。

C.3.2.1　D-to-A変換

デジタル／アナログ変換処理には多くの側面があるが、最も単純な形式の場合、我々がこの点に関して心配すべき唯一のことは、信号サンプル間の時間間隔（T_s）が使用するD-to-Aハードウェアの速度に対応していなければならないことである。MATLAB形式の場合、音出力は`sound(x,fs)`で実行される。もしマシーン上のハードウェアの機能がある程度以上であれば、可変のサンプリング速度をサポートしている。D-to-A変換速度の便利な選択は、秒当たり8000サンプルである。つまり、T_s = 1/8000秒。これ以外の良く使う選択は11,025Hzで、これはオーディオCDに使用される速度の1/4である。いずれの速度も、C.3.2.2で説明したように、サンプリング速度要求を十分に満たしている。事実、大方のピアノ音は比較的低い周波数であるので、低いサンプリング速度を使用しても良い。あるケースでは、ベクトルxを±1の間に収まるようにスケール変換をする必要がある[*注3]。

C.3.2.2　サンプリングの理論

第4章ではサンプリングを詳細に扱った、ここでは本質的な事実の要約を示す。信号サンプリングの理想的な処理と、その後、そのサンプル値からの信号再構成は図C.1に表示されている。この図は連続時間入力信号$x(t)$を示し、この信号はnを整数サンプル指標、T_sをサンプリング周期としたとき、サンプル列を作るための連続-離散コンバータ（C-to-D）によりサンプルされる。サンプリング速度は$f_s = 1/T_s$である。第4章で示したように、理想的な離散-連続コンバータは入力サンプルを取り出し、サンプル間の平滑曲線を補間する。サンプリング定理は、もし入力が正弦波の和の場合、出力$y(t)$は、サンプリング速度が入力信号中の最大周波数の2倍より大きいならば、$f_s > 2f_{max}$のとき入力$x(t)$に一致することを教えてくれる。

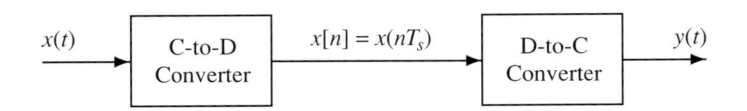

$x(t) \rightarrow$ [C-to-D Converter] $\rightarrow x[n] = x(nT_s) \rightarrow$ [D-to-C Converter] $\rightarrow y(t)$

図C.1　連続時間信号のサンプリングと再構成

多くのコンピュータは、組み込みのアナログ-デジタル（A-to-D）変換器とデジタル-アナログ（D-to-A）変換器（通常サウンドカードにある）を持っている。これらのハードウェアシステムは、C-to-DとD-to-C変換器の理想化された概念の物理的な実現である。このLabの目的に対して、それらは、完全に現実的であると仮定している。

---

*注3：MatlabのVersion 5の場合、このスケーリングを実行する関数には`soundsc(x,fs)`がある。

1. 理想的なC-to-D変換器は、連続時間信号のための式を求め、サンプル時間nT_sの信号を評価することを、MATLABで実現される。これは入力信号の完全な知識を仮定しているが、正弦波信号に対して、連続時間信号のための数学的式を持っている。

   初めに、$A = 100$、$\omega_0 = 2\pi(110)$、$\phi = 0$を持つ正弦波信号のサンプルのベクトルx1を計算せよ。サンプリング速度には8000サンプル/秒を使用し、2秒間の全サンプル数を計算する。MATLABの文tt=(0:0.01:3);は0から0.01の増分で3までの数ベクトルを作成するように呼び出すことは助けとなる。したがって、1秒当たり8000サンプルを得るために必要な時間増分を決定することだけが必要である*注4。

   sound( )を使用して、自分の計算機のD-to-Aコンバータに出力し、このベクトルを演奏してみよ。ここで、ハードウェアは$f_s = 8000$Hz（あるいは、$f_s = 11,025$Hz）をサポートしている。

2. ここでは、$A = 100$、$\omega_0 = 2\pi(1650)$、$\phi = \pi/3$の場合における正弦波信号のサンプルのベクトルx2を計算する。これらのサンプルから再構成された信号を試聴する。次のMATLAB文で定義された新しいベクトルに2つの信号（x1とx2は行ベクトルと仮定）を入れる。

   ```
   xx = [x1 zeros(1,2000) x2 ];
   ```

   この信号を試聴せよ。何が聞けたかを説明せよ。

3. 次に、再度ベクトルxxをD-to-Aコンバータに転送する。しかし、sound( )のサンプリング速度を2倍の16,000サンプル/秒とした。これはどの様に聞こえるか。xx中のサンプルを再計算しないで、ただ、D-to-Aコンバータに、サンプル速度が16,000サンプル/秒であることを指示するだけである。これの試聴について述べよ。信号の期間（du*ra*tion）とピッチ（pi*t*ch）がどのように変更されたかを述べよ。

C.3.2.3 ピアノ・キーボード

このLabのC.3.3節には、良く知られた楽譜の音合成がある*注5。ピアノ音を表現するために正弦波音を使用するので、ピアノキーボードの周波数配置（図C.2）への手短かな紹介が必要である。ピアノの場合、キーボードはオクターブごとに分割される。オクターブ音は下のオクターブ音の2倍の周波数になっている。たとえば、参照音は中音Cの上のAとする。この音は、その周波数が440Hzであることから、通常A-440（A5）と呼ばれている。各オクターブには12音あり（5つの黒

---

*注4：その他の速度は11,025サンプル/秒がある。この速度はオーディオCDプレーヤーで使用されている速度の1/4である。

*注5：もし楽譜を読んだことが無いとしても恐れてはいけない。このlabを実行するにはごくわずかの知識を必要としている。他方、読者がその知識を早急に習得しなければならないようなアプリケーション分野における仕事の経験は貴重である。多くの実際上の工学的な問題は信号処理におけるものであり、地球物理学、医学、レーダ、音声などのような多くの分野において幅広い応答がある。

鍵と7つの白鍵)、それらの音間の周波数比は一定である。つまり、この比は$2^{1/12}$でなければならない。中音CはA-440より9個下のキーであるので、その周波数は約261.6Hzである。詳細に関しては第3章の3.5節を参考にされたい。

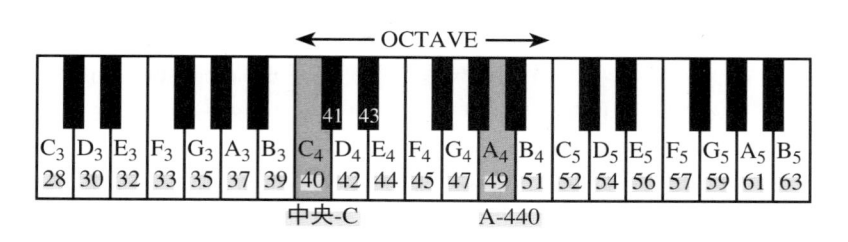

図C.2　ピアノキーボードの配置。キー番号は網掛けも文字である。
記号C_4は第4オクターブ中のCのキーを意味する。

楽譜はどの音が演奏されるか、また、それの対応する時間とを表している(2分音符は4分音符の2倍の長さであり、また、4分音符は8分音符の2倍である)。図C.3は音符に対応したピアノ上のキーを楽譜上にどのようの描くかを示す。

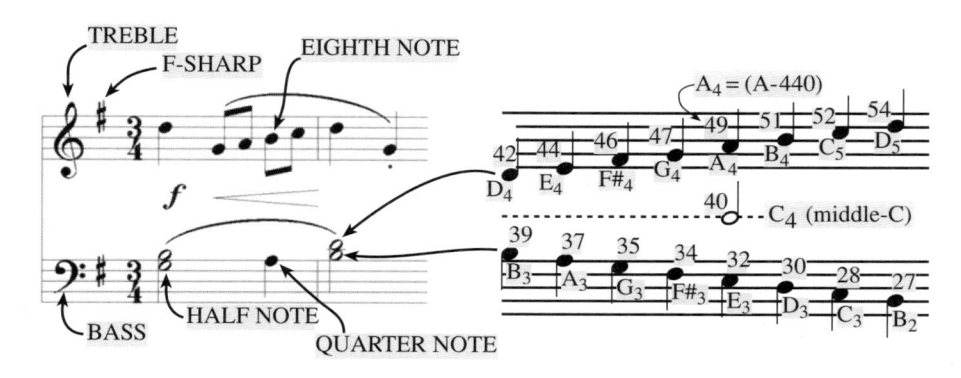

図C.3　楽譜は演奏される音の周波数を垂直位置に示した時間-周波数の図である。

これ以外の興味ある関係はコード(和音)として使用される第5音と第4音との比である。正確に言えば、第5音は基本周波数の1.5倍である。中音Cに対して、第5音はGであるが、Gの周波数は約392Hzであり、これは261.6の1.5倍に正確に等しいわけではない。それに非常に近いが$2^{1/12}$の比により得られた僅かのずれが、全体的にピアノ音に良い音を与えている。整音(tuning)のこのような機構は「equally tempered：均等調律」と呼ばれ、1760年代にドイツで紹介された。また、バッハの「The Well-Temperd Claviachord：平均律クラビアコード」が有名である。

ピアノの任意キーボード上の音周波数を計算するためには、比$2^{1/12}$を使用する。たとえば、中音C（キー番号43）の上のEフラットはA-440から6キーほど下であるので、その周波数は$f = 440 \times 2^{-6/12} = 440/\sqrt{2} \approx 311\text{Hz}$である。

1. A-440の上にある音E_5（キー番号56）を表現するために2秒間の正弦波を発生させる。T_sとf_sのための適切な値を選択する。f_sは、ユーザーが発生させる正弦波周波数の少なくとも2倍とする。しかも、T_sとf_sは、D-to-Aコンバータで演奏される音が正しく発生するような値としなければならない。

2. 希望する音がある時間発生するようなM-ファイルを記述せよ。自分のM-ファイルはnote.mと呼ばれる関数の形式としなければならない。Lab C.2で記述したsumcos関数を呼び出してもよい。ユーザー関数は次のようにする。

```
function tone = note(keynum,dur)
% NOTE   Produce a sinusoidal waveform corresponding to a
%        given piano key number
%
%  usage:   tone = note(keynum, dur)
%
%       tone  = the output sinusoidal waveform
%       keynum = the piano keyboard number of the desired note
%         dur  = the duration (in seconds) of the output note
%
fs = 8000;  %-- use 11025 Hz on PC/Mac, 8000 on UNIX
tt = 0: (1/fs):dur;
freq =
tone =
```

'freq ='の行において、そのキー番号に関する正弦波周波数を決定するために$2^{1/12}$に基づく式を使用する。まず、基準音（中音C、あるいはA-440が推奨）から開始して、この基準に基づいてその周波数を求める。'tone ='の行において、それに適した周波数と期間に対する実際の正弦波を発生する。

3. スケールを演奏するための、不完全なM-ファイルを示す。

```
%--- play_scale.m
%---
```

```
keys    =     [ 40 42 44 45 47 49 51 52 ];
%---NOTES: C D E F G A B C
%  key #40 is middle-C
%
dur = 0.25 * ones(1,length(keys));
fs  = 8000;         %-- use 11025 Hz on PC/Mac, 8000 on UNIX
xx  = zeros(1,sum(dur)*fs+1);
n1 = 1
for kk = 1 : length(keys)
    keynum = keys(kk);
    tone =                 % <=== FILL IN THIS LINE
    n2 = n1 + length(tone) - 1;
    xx(n1:n2) = xx(n1:n2) + tone;
    n1 = n2;
end
sound( xx, fs )
```

'tone =' の行において、以前に作成した関数note()を呼びだすことにより、keynumのための実際の正弦波を発生させる。ここで、play_scale.mのコードは、全スケールを保持するに十分なゼロ値を持つベクトルを作成し、それぞれの音をこのベクトルxxの適切な位置に加えることに注意されたい。

Instructor Verification

C.3.3 ラボラトリ：楽音の合成

楽音の可聴範囲は、楽譜中のそれぞれの音符に対応した既知の周波数からなる。ここでは、5つの異なる楽譜を示すが、自分の合成プログラムではその内のひとつだけを選択することとする。このプロジェクトを開始する前に、楽譜、キー番号、周波数間の既知の関係を理解しておくようにされたい。音楽の実際的な合成の処理は、次のステップに従う。

1. コンピュータのD-to-Aシステムによる演奏に使用されるサンプリング周波数を決定する。これは正弦波のサンプル間の時間T_sを指す。
2. 各音符に必要となる全時間長を決定する。
3. 各音符に対応した周波数（Hz）を決定する（ウォームアップで示したnote.m関数と図C.2からキー番号を使用する）。
4. 波形を正弦波の組み合わせとして合成する。これを、sound( )を使用して、コンピュー

タに組み込まれているスピーカやヘッドフォンで演奏する。

5. 和音は、和音中の各音に対応した正弦波を加えることにより合成される。これは、それぞれの音に対応した正弦波値のベクトル加算である。つまり、もし同一時間で演奏されているひとつ以上のメロディラインが存在する場合、各メロディに対応した別々の信号ベクトルを作成し、次にそれらを信号ベクトルに加算することで結合する。
6. ユーザーはそれぞれの音に対応した正しい信号であることを示すために、2、3個の正弦波の数周期分をプロットせよ。

C.3.3.1 楽音のスペクトログラム

楽譜は、ある歌が異なる周波数でどの様に作成され、また、それらがどの時点で演奏されるかを表している。このような表現は、その歌を合成している信号の時間-周波数表現であると考えれる。MATLABにおいて、信号それ自身から時間-周波数表現を計算することができる。これはスペクトログラムと呼ばれており、MATLAB関数 `specgram` で実現される*[注6]。ユーザーの音楽と周波数との関係の理解を助けるために、MATLAB GUIは、楽譜に沿ってスペクトログラムを可視化できる。しかも、このGUIは音符リストから音楽を合成する機能を持っているが、これらの音符は、キー番号ではなく、"標準的な" 楽譜で与えられる。さらなる詳細については、MATLABバージョン5でだけ実行される `musicgui.m` の `help` を参考にされたい。

C.3.3.2 Für Elise

Für EliseはBeethoven作曲による有名な小品である。はじめの部分の観測値が C.4 に示されている。さらに多くのピースはCD-ROM中にある。そこにはFür Eliseの全ページがある。

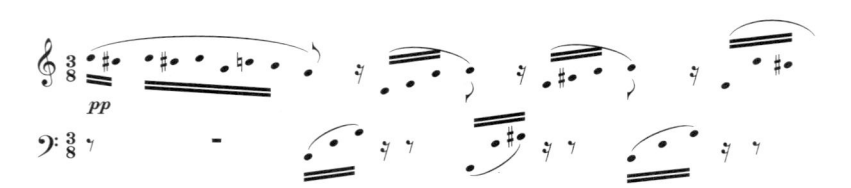

図C.4　BeethovenのFür Eliseのはじめの部分

Für Eliseで演奏される音符を決定せよ。ピースを再構築するためには、それぞれの音符をキー番号(図C.2)にマップし、次いで、合成正弦波にマップする。ショート形式(図C.4)かCD中にあるロング形式のいずれかを使用する。また、(UNIXでは) 8,000サンプル/秒か (それ以外のプラットフォームでは) 11,025サンプル/秒でサンプルされた正弦波を使用する。ここで、CD上のサンプルを試聴して、それぞれの音符に必要な時間長を推定せよ。もし、4分音符のある時間長 T_q を決定すると、残り全ての時間長は決定される。つまり、8分音は $\frac{1}{2}T_q$、16分音は $\frac{1}{4}T_q$、2分音は $2T_q$ と

---

*注6：DSP Firstツールボックスには、信号のスペクトログラムを計算する関数 `spectgr.m` がある。

なる。全ての音符に対する時間長を決定した後、ユーザーはなおも、合成された音楽の本質的な質を改善するために、時間の調整をする必要がある。さらに、音符間の短いポーズを付加することは、音楽家がひとつの音符から次の音符を作成する自然な移行を模擬するようにその音楽を改善する。

このプロジェクトを終了した後に、自分の合成結果の質を評価してみよ。もしこの作業に多くの時間的余裕があるならば、自分のプログラムに組み込めるその他の機能について考察してみよ。

C.3.3.3　音楽的なtweak（つま弾くの意）

音楽のパッセージは、その音が純粋な正弦波から作成されるので、人工的に音に類似している。したがって、いくつかの変更を施すことにより、音質を改善することができる。たとえば、それぞれの純音信号に対し、フェードインやフェードアウトするように包絡線$E(t)$を乗算することができる。

$$x(t) = E(t) \cos(2\pi f_0 t + \phi) \tag{C.3.2}$$

いま、ある包絡線が使用できるならば、速やかな「フェードイン」、および、ゆっくりと「フェードアウト」を行う。正弦波 $\sin(\pi t/\text{dur})$ の半サイクルのような包絡線形状は、十分に速やかな変化に対応できないため良くない。その結果、異なる持続時間の同時音は、同じ時間の先頭で出現することはない。包絡関数を定義するための標準的な方法は$E(t)$を4つの部分に分割することである。つまり、アタック（A）、ディレー（D）、サステン（S）、リリース（R）の4部分である。これらを合わせてADSRと呼ばれている。アタック部は前方縁で速やかに立ち上がる。ディレー部は短時間だけ小さくなる。サスティン部はおおよそ一定であり、リリース部は速やかにゼロへ戻る。図C.5はADSRプロファイルへの線形近似を示す。

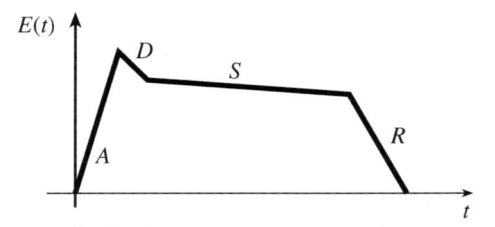

図C.5　包絡関数$E(t)$のためのADSRプロファイル

ユーザーの合成の質に影響するその他の事柄は、音符の相対的なタイミング、テンポの正しい長さ、適切な位置での休止、ある音を強調したり、また、別の音をソフトにするために相対的な振幅、高調波を含んでいる。実際のピアノ音は、第2、第3の高調波のような複数周波数成分を含んでいる。これまでに高調波について学習してきたので、このような変更は容易であるが、基本周波数成分の振巾より高調波の振幅を低く作成するように注意すべきである。どの音がベストであるかを試聴してみよ。

C.3.3.4 プログラミングのTIPS

note関数が振幅や持続時間などを表す付加的なパラメータを入力できるように変更したいことがある。また、これを変更して包絡線や高調波を付加できるようにもしたい。和音は、複数音の信号ベクトルを単に付加するようにコンピュータで作成可能である。

テストのために、Für Eliseの楽譜の値と時間長から構成されたベクトルを初期化するためのMATLABスクリプトが提供されている。これは自分でその全てをタイプすることの手助けとなり、時間長の値やその他の値を変更することは自由にできる。この fenotes.m と呼ばれるスクリプトには、低音と高音の2つを含んでいる。また、これはDSP First CD-ROMで使用可能である。

C.3.3.5 その他のピース：Jesu, Joy of Man's Desiring

C.3.3.2節で与えられたプロジェクト手法に従い、ここではBach作曲によるJoy of Man's Desiringのピースを適用せよ。先頭部分の一部が図C.6に示されている、読者らは、DSP First CD-ROMにリンクし合成した一部を試聴することができる。この歌の全てはCD-ROM上にある。そこではこの音楽の全ページが作成されてある。

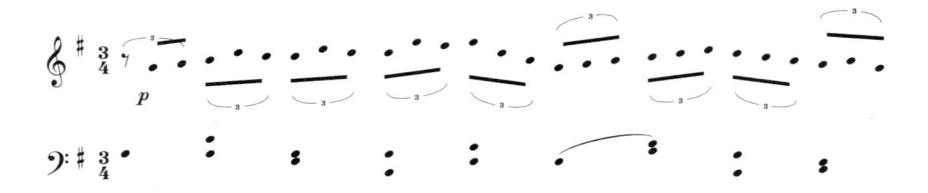

図C.6　Jesu, Joy of Man's Desiringの最初の測定値

C.3.3.6 その他のピース：Minuet in G

ここではBach作曲のMinuet in Gのピースを使用する。最初の測定値が図C.7に示されている。これもCD-ROMに連結して合成した一部を試聴できる。多くはCD-ROM上にある。そこには音楽の全ページがある。

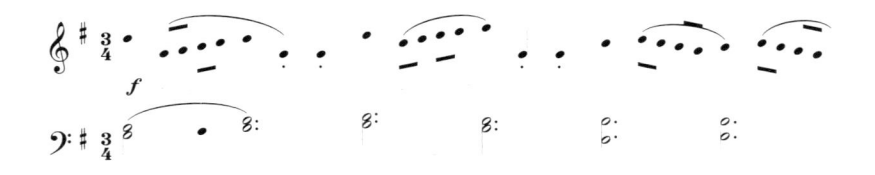

図C.7　Minuet in G の最初の部分測定値

C.3.3.7　その他のピース：Beethoven's Fifth Symphony

ここではBeethoven作曲のFifth Symphonyのテーマ部分を使用する。はじめの測定値が図C.8に示されている。読者は自分が合成した部分を試聴できる。この歌の残りはCD-ROM上にある。そこにはこの音楽の全ページがある。

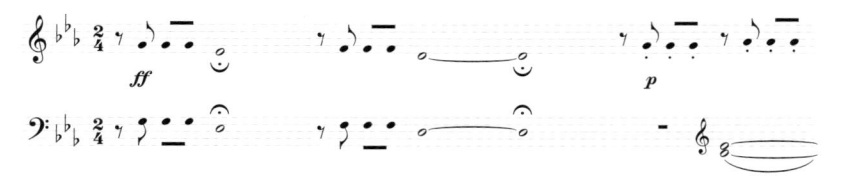

図C.8　Beethoven作曲Fifth Symphonyのはじめ部分の測定値

C.3.3.8　その他のピース：Twinkle, Twinkle, Li*tt*le S*t*ar

C.3.3.2節で示したプロジェクト記述に従い、ここではMozart作曲のTwinkle, Twinkle, Little Starのピースを使用する。それの最初の部分の測定値が図C.9に示されている。ユーザーはDFP Firstと連結して自分が合成した部分を試聴することができる。残り部分はCD-ROM上にある。そこにはこの音楽の全ページが作られている。

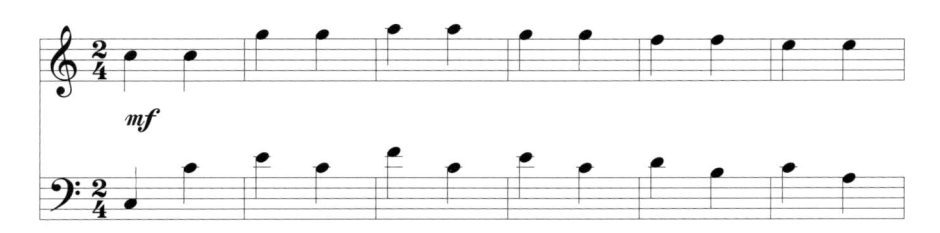

図C.9　Twinkle, Twinkle, Little Starの最初の部分測定値

C.3.4　音評価基準

ここでは音楽合成プロジェクトを評価するためのいくつかのガイドラインがある。

　　Does the file play notes?　All Notes ＿＿＿＿＿　Most＿＿＿＿　Treble only ＿＿＿＿＿

全体的な印象
　　　Excellent：楽しめる音質、高調波、包絡線などの特別な機能の使いやすさが良い。
　　　Good：低音と高音の音符が合成され、同期している。エラーは無い。1、2個の特別な機能を持つ。
　　　Average：基本的な正弦波合成、低音を含む。エラーは極わずかに発生。
　　　Poor：低音なし。高音と低音が同期してない。多くの誤り音がある。

C.4　ラボラトリ：AMとFMの正弦波信号

このLabでの到達点は、基本信号に関係付けられる一層複雑な信号を導入することである。周波数変調（FM）や振幅変調（AM）を実現するこれらの信号は、ラジオやテレビジョンのような通信システムにおいて広く使用されている。これはまた、楽器を模擬した興味ある音を作成することにも使用される。CD-ROM上には、いくつかの異なる条件に対する信号の事例として多くのデモが用意されている。

C.4.1　概要

次式（C.4.1）の正弦波形の特性は、

$$x(t) = A\cos(2\pi f_0 t + \phi) = \Re e\{Ae^{j\phi}e^{j2\pi f_0 t}\} \tag{C.4.1}$$

第2章、3章、Lab C.3で詳しく考察したものである。このLabでは、正弦波形だけでなく、正弦波の和から作成されるより複雑な信号、つまり、周波数が変化するような正弦波について調べることから始める。

C.4.1.1　振幅変調

もし複数正弦波をそれぞれ異なる周波数（f_k）で加算すると、次のような結果で表せる。

$$x(t) = \sum_{k=1}^{N} A_k \cos(2\pi f_k t + \phi_k) = \Re e\left\{\sum_{k=1}^{N} X_k e^{j2\pi f_k t}\right\} \tag{C.4.2}$$

ただし、$X_k = A_k e^{j\phi_k}$ は複素指数関数振幅である。f_k の選択は信号の特性を決定する。振幅変調の場合、2、3個の非常に近い周波数を選ぶ。第3章参照。

C.4.1.2　周波数変調信号

ここでは周波数が時間の関数であるような信号を考察する。一定周波数を持つ正弦波において（C.4.1）、余弦波の引数は複素指数関数の指数であるので、この信号の位相は指数関数（$2\pi f_0 t + \phi$）である。この位相関数は時間に対して線形に変化する。また、時間変化分は$2\pi f_0$である。これは余弦波の一定周波数（rad/sec）に等しい。

信号発生は時間偏移位相に伴うある種の信号に対して次のような表現式を採用することが可能である。

FM Synthesis

$$x(t) = A\cos(\psi(t)) = \Re e\{Ae^{j\psi(t)}\} \tag{C.4.3}$$

式（C.4.3）からの位相の時間偏移は次のような角周波数で与えられる。

$$\omega_i(t) = \frac{d}{dt}\psi(t) \quad \text{(rad/sec)}$$

しかし、ここではヘルツの単位を希望するので瞬時周波数を得るにはこれを2πで除算する。

$$f_i(t) = \frac{1}{2\pi}\frac{d}{dt}\psi(t) \quad \text{(Hz)} \tag{C.4.4}$$

C.4.1.3　チャープ（線形周波数掃引）

チャープ信号は、周波数の低い値から高い値へ線形に変化する正弦波である。このような信号の式は、(C.4.3) の $\psi(t)$ で定義された次のような2次式の位相を用いて複素指数関数信号を作成することで定義できる。

$$\psi(t) = 2\pi\mu t^2 + 2\pi f_0 t + \phi$$

$\psi(t)$の微分は、時間に対して線形に変化する瞬時周波数 (C.4.4) となる。つまり、

$$f_i(t) = 2\mu t + f_0$$

（ここで、もし、$\mu = 0$なら、一定周波数正弦波の場合であることに注意されたい。）
$f_i(t)$の傾きは2μに等しく、その切片はf_0となる。もし、信号が$t = 0$から開始するなら、そのときのf_0は開始周波数となる。時間変化する位相により生成された周波数変化は、周波数変調 (Frequency Modulation) と呼ばれる。また、このような信号はFM信号と呼ばれる。最後に、周波数の線形変化はサイレンや鳥の鳴き声に類似して可聴音を発生できることから、線形なFM信号は「チャープ」とも呼ばれる。

C.4.1.4　トピック：スペクトログラム

信号のスペクトルを考察することはしばしば有効である。信号のスペクトルは信号中に存在する周波数を表している。(C.4.1) における一定周波数正弦波の場合、そのスペクトルは2つの複素指数関数成分から成る。そのひとつはf_0、他方は$-f_0$である。さらに複雑な信号の場合のスペクトルはさらに複雑となる。FMの場合のスペクトルは時間変化するものと考えられる。信号の時間変化スペクトルを表現するひとつの方法はスペクトログラム（spectrogram）である（第3章3.5節を参照されたい）。

スペクトログラムは、短時区間信号中の周波数内容を推定することにより求められる。それぞれの区間ごとのスペクトルの振幅は周波数と時間に対応する2次元プロット上に強度、あるいは、カラーとしてプロットされる。

スペクトログラムに関する重要点を示す。

1. MATLABの関数specgramは、Lab C.3で説明したようにスペクトログラムを計算する。この関数とその引数に関する詳細を知るにはhelp specgramとタイプする*注7。
2. スペクトログラムは数値的に計算され、信号の時間変化にともなう周波数成分の推定を行う。信号の周波数成分を如何に正確に表現するかには理論上の限界が存在する。Lab C.11では、ピアノ音の周波数抽出のためにこのスペクトログラムを使用するとき、この問題を扱うこととする。

C.4.2 ウォームアップ

C.4.2.1 チャープ信号のMATLAB合成

1. 次のMatlabコードはチャープを合成する。

    ```
    fsamp = 8000;
    dt = 1/fsamp;
    dur = 1.8;
    tt = 0 : dt : dur;
    psi = 2*pi*(100 + 200*tt + 500*tt.*tt);
    xx = real( 7.7*exp(j*psi) );
    sound( xx, fsamp );
    ```

    このMATLABスクリプトにより合成される周波数範囲（Hz）を求めよ。時間に対する瞬時周波数を手でスケッチしてみよ。聴くことの可能な最小周波数と最大周波数はいくらか。期待する周波数成分が含まれていることを確かめるために信号を試聴してみよ。

    Instructor Verification

2. 項1で用意されたコードを使用して、次のコメントに従って「チャープ」信号を合成するMATLAB関数を記述せよ。

    ```
    function    xx = mychirp( f1,f2,dur,fsamp )
    %MYCHIRP    generate a linear-FM chirp signal
    %
    % usage:    xx = mychirp( f1, f2, dur, fsamp )
    %
    ```

---

*注7：DPS Firstツールボックスにはspecgramに代わって使用できるspectgrと呼ぶこれと等価な関数がある。

```
%       f1 = starting frequency
%       f2 = ending frequency
%       dur = total time duration
%     fsamp = sampling frequency (OPTIONAL: default is 8000)
%
if ( nargin < 4 )      %<-- Allow optional input argument
    fsamp = 8000;      %<-- Default sampling rate
end
```

項1のチャープの周波数範囲に一致したチャープ音を発生させよ。又、sound関数を使ってチャープ音を試聴してみよ。しかも、MATLAB関数 specgram(xx,[ ],fsamp) を使用してチャープのスペクトログラムを計算せよ。

C.4.3 ラボラトリA：チャープとビート

C.4.3.1 チャープの合成

自分のLabレポートには、チャープ信号を合成するためのMATLAB関数mychirpを使用せよ。それには、次のパラメータを使う。

1. fs = 8000HzのD-to-A変換を使い、全時間区間を3秒とする。
2. 瞬時周波数は15,000Hzから開始し、300Hzで終了する。

この信号を試聴してみよ。チャープの音に関する何らかのコメントを付ける。チャープダウンか、チャープアップか、あるいはその両方か。チャープ信号のスペクトログラムを作成せよ。自分が聴いて見たものの説明を手助けするために、サンプリング定理を使用せよ。

C.4.3.2 ビート音

第3章の3.2節において、僅かに異なる周波数を持つ2つの正弦波信号の和を持つ信号を解析した。つまり、

$$x(t) = A\cos(2\pi(f_c - f_\Delta)t) + B\cos(2\pi(f_c + f_\Delta)t) \tag{C.4.5}$$

ここでは、このような信号のサンプルを計算し、その結果を試聴する。

1. 式 (C.4.5) を実装したbeat.mと呼ぶM-ファイルを書く、その最初の部分を示す。

```
function            [xx,tt] = beat(A, B, fc, delt, fsamp, dur)
%BEAT       compute samples of the sum of two cosine waves
%   usage:
%      [xx, tt] = beat(A, B, fc, delf, fsamp, dur)
%             A = amplitude of lower frequency cosine
%             B = amplitude of higher frequency cosine
%            fc = center frequency
%          delf = frequency difference
%         fsamp = sampling rate
%           dur = total time duration in seconds
%            xx = output vector of samples
%--OPTIONAL Output:
%            tt = time vector corresponding to xx
```

レポートの一部として、M-ファイルのコピーを含めよ。読者は、この計算を実行するためにLab C.2に記述されたsumcos関数を呼び出すこともできる。この関数は時間ベクトルを生成することもできる。第2の出力ベクトルttを実行しないで、プロットのための十分便利なように選択することも可能である。ビート音の実験を手助けするために、beatconと呼ぶ新たなツールが作成されている。このユーザーインターフェイスコントローラは自作の関数beat.mを呼び出す。したがって、beatconを実行する前に、自作のM-ファイルがエラーフリーであることを確認しておくべきである。もし、正しく動作する関数beat.mを持っているならば、MATLABのプロンプトからbeatconとタイプすることによりこのツールを実行できる。これらの練習のため、異なるパラメータを変化させるためのボタンやスライダーの付いた小さなコントロールパネルがスクリーン上に出現する。beatconコントロールパネルを用いて実験されたい。この節の残り部分の練習を行うためにはこれを使用されたい。

2. A=10、B=10、fc=1000、delf=10、fsamp=8000、dur=1secの値を使用したbeatconに、項1で記述されたM-ファイルをテストせよ。結果の信号の最初の0.2秒間をプロットせよ。この波形を記述し、その正しさを説明せよ。「包絡線」の周期の測定値とこの包絡線の中にある高周波の周期とのプロットを作成せよ。
3. ここで、delfを10Hzとする。結果の信号をD-to-Aコンバータに送り、そして、その音を試聴してみよ(ユーザーが自動的にこれを実行するためbeatcon上にボタンがある)。項2でプロットされた波形と第3章での理論とに基づく音の性質について説明せよ。
4. 異なる周波数差f_Δに関して実験してみよ。

C.4.3.3 スペクトログラムの詳細（オプション）

ビート音はスペクトログラムの時間-周波数特性を明らかにするための興味ある方法を提案している。数学的な詳細のいくつかは本コースでの範囲を越えているが、信号中に（つまり、そのスペクトラム中に）どのような周波数が存在しているかに関する知識と、その周波数が時間とともにどのように変化するかに関する知識との間には、基本的なトレードオフが存在することを理解することは困難ではない。C.4.1.4節でも注意したように、スペクトログラムは、信号の短時区間に対する周波数成分を推定する。長い区間は最良な周波数分解能を与えるが、突然の周波数変化を捕らえるのは困難である。短時区間は周波数分解能は良くないが、良く周波数を捕らえることができる。（時間の）区間長と周波数分解能の間のトレードオフは物理学におけるHeisenburgの不確定性原理に等価である。スペクトログラムの詳細な議論は第9章とLab C.11にある。

ビート音信号は、振幅が時間と共に変化するような単一周波数信号として、あるいは、異なる周波数一定の2つの信号の和として観測することもできる。2つの見方はビート信号のスペクトログラムを発見するときの窓長の効果を評価するためには有効である。

1. 次のようなビート信号を作成しプロットせよ。
   (a) f_Δ = 32Hz
   (b) T_{dur} = 0.26sec
   (c) f_s = 8000Hz、あるいは11,025Hz
   (d) f_0 = 2000Hz

2. 次のコマンドを使用して窓長2048の時のスペクトログラムを求めよ。

   ```
   specgram(x,2048,fsamp); colormap(1-gray(256))
   ```

   観測結果を説明せよ。

3. 次のコマンドを使用して窓長16のときのスペクトログラムを求めよ。

   ```
   specgram(x,16,fsamp); colormap(1-gray(256))
   ```

観測結果を説明せよ。

C.4.4 ラボラトリ B：楽器音のFM合成

周波数変調（FM）は、ベル、木管楽器、ドラムなどのような音楽楽器を真似た興味ある音を作成するために使用することが可能である。このLabでの到達点は2，3のFM構成を実装しその結果を試聴することである。

FM信号は次の形式であることはすでに示した通りである。つまり、

$$x(t) = A\cos(\psi(t))$$

また、瞬時周波数（C.4.4）は$\psi(t)$の振動に従って変化する。$\psi(t)$が線形であるとき$x(t)$は一定周波数の正弦波であるが、$\psi(t)$が2次式であるとき、$x(t)$は周波数が時間とともに線形に変化する周波数を持つチャープ信号となる。FM音楽合成はさらに多くの興味ある$\psi(t)$を使用する。そのひとつが正弦波である。正弦的$\psi(t)$の微分もまた正弦的であるので、$x(t)$の瞬時周波数は正弦的に変化する。これは、変調周波数の適切な選択が多くの楽器でそうであるように基本周波数とその高調波のいくつかを生成することから、楽器音を合成するのに有効である。

FM音シンセサイザーのための一般的な式を次に示す。

$$x(t) = A(t)\cos(2\pi f_c t + I(t)\cos(2\pi f_m t + \phi_m) + \phi_c) \tag{C.4.6}$$

楽器音がゆっくりとフェードインするか速やかに消滅するような信号の振幅$A(t)$は、時間の関数である。このような関数は包絡線（envelope）と呼ばれる。パラメータf_cは搬送周波数(carrier)と呼ばれ、瞬時周波数に対して次のような式において一定である。

$$\begin{aligned} f_i(t) &= \frac{1}{2\pi}\frac{d}{dt}\psi(t) \\ &= \frac{1}{2\pi}\frac{d}{dt}(2\pi f_c t + I(t)\cos(2\pi f_m t + \phi_m) + \phi_c) \\ &= f_c - I(t)f_m\sin(2\pi f_m t + \phi_m) + \frac{1}{2\pi}\frac{dI}{dt}\cos(2\pi f_m t + \phi_m) \end{aligned} \tag{C.4.7}$$

定数f_cは周波数変調することなく作成される周波数である。パラメータf_mは変調周波数と呼ばれる。これは$f_i(t)$の発振速度を表す。パラメータϕ_mとϕ_cは任意の位相定数であり、通常これらは$-\pi/2$に設定され、$x(0) = 0$となる。

関数$I(t)$は（C.4.6）のこれ以外のFMパラメータよりもはっきりとした目的は持っていない。これは技術的には変調指数包絡線（modulation index envelope）と呼ばれる。これが何を行うのかを調べるために、瞬時周波数（C.4.7）の式を確かめる。大きさ$I(t)f_m$は、周波数の正弦波変化分を乗ずる。もし$I(t)$が定数であり、あるいは、$\frac{dI}{dt}$が比較的に小さければ、$I(t)f_m$は瞬時周波数がf_cからずれた最大量を与える。しかしながら、この値を越えると、$I(t)$を数学的な解析を用いずに$x(t)$で作成された音に関係付けることは困難である。

信号の学習において、周波数が変化する単一信号の代わりに、複数の一定周波数正弦波の和として$x(t)$を特徴付けたいことがある。この点に関して、次のようなコメントが適切である。つまり、「$I(t)$が小さいとき（たとえば$I \approx 1$）、搬送周波数（f_c）の小さな倍数は大きな振幅となり、また$I(t)$

が大きい時（$I > 4$）、搬送周波数の低倍と高倍の両方が高い振幅となる」。最終結果は、$I(t)$が楽器音の高調波成分（オーバートーンと呼ばれる）を変化させるのに使用される。$I(t)$が小さいとき、主に、低周波が作成される。$I(t)$が大きい時、より高い高調波周波数も作成される。$I(t)$は時間の関数であるから、高調波成分は時間とともに変化する。詳細については、Chowningの論文を参照にされたい*[注8]。

C.4.4.1 ベル型包絡線の発生

ここでは、一般的なFM合成の公式（C.4.6）を取り上げ、ベル音のケースに限定する。ベル型のための振幅包絡線$A(t)$と変調指数包絡$I(t)$は、いずれも減衰指数関数である。つまり、いずれも次の式となる。

$$y(t) = e^{-t/\tau} \tag{C.4.8}$$

ただし、τは指数関数の減衰速度を制御するパラメータである。ここで、$y(0) = 1$、$y(\tau) = 1/e$であるので、τは式（C.4.8）の信号が初期値より$1/e = 36.8\%$に減衰する時間であることに注意されたい。この理由より、パラメータτは時定数と呼ばれる。

（C.4.8）は、後でベル音の合成に使用するため、減衰指数関数を発生するようなMATLAB関数を記述する。ファイルの先頭部を以下に示す。

```
function yy = bellenv( tau, dur, fsamp )
%BELLENV produces envelope function for bell sounds
%
%     usage: yy = bellenv(tau, dur, fsamp);
%
%           where tau = time constant
%                 dur = duration of the envelope
%                 fsamp = sampling frequency
%           returns:
%                 yy = decaying exponetial envelope
%   note: produces exponetial decay for positive tau
```

関数はMATLABコードで2，3行である。第1行は`fsamp`と`dur`に基づく時間ベクトルを定義する。第2行は指数（C.4.8）を発生する。

---

*[注8]：John M.Chowning, "The Synthesis of Complex Audio Spectra by Means of Frequency Modulation," journal of the Audio Engineering Society, vol.21,no.7, Sept.1973, pp.526-534

ベルの振幅包絡線$A(t)$と変調指数包絡$I(t)$は、スケール因子次第では一致する

$$A(t) = A_0\, e^{-t/\tau} \qquad I(t) = I_0\, e^{-t/\tau}$$

ここで、`bellenv`関数はどちらかの包絡線を発生する。

C.4.4.2 ベル型のパラメータ

すでに、ベル型の振幅と変調指数包絡線とを用意できたので、ベルのための実際的な音信号が作成できる。周波数f_cとf_mはある数値とする。搬送周波数と変調周波数との比は、ある特定楽器の音を作成するには重要である。ベル型の場合、この比の最良の選択は1:2である。つまり、f_c = 110Hz、f_m = 220Hzとする。

ベル型の音を合成するため（C.4.6）を実現するM-ファイル`bell.m`を作成する。関数は、$A(t) = e^{-t/\tau}$（ここで、A_0 = 1と仮定）と$I(t) = I_0\, e^{-t/\tau}$を発生するために、`bellenv.m`を呼びだす。

```
function xx = bell(ff, Io, tau, dur, fsamp)
%BELL      produce a bell sound
%
%    usage:    xx = bell(ff, Io, tau, dur, fsamp )
%
%    where:    ff = frequency vector (containing fc and fm)
%              Io = scale factor for modulation index
%              tau = decay parameter for A(t) and I(t)
%              dur = duration (in sec.) of the ouput signal
%            fsamp = sampling rate
```

C.4.4.3 ベル音

表中のCASE1のパラメータを使用して`bell( )`関数を試してみよ。これを`sound()`関数、11,025Hzで演奏する*[注9]。この音はベルのようであるか。変調指数包絡線のスケーリングの値I_0 = 10は、特徴的な音を得るためである。後で、色々なベル音を得るため、異なる値でも実験することができる。

---

*注9：11,025Hzという高いサンプリング速度は、信号に多くの高調波を含む場合に使用される。低いf_sを使用しておれば、高周波のいくつかはエイリアスとなるかもしれない。読者が異なって聞こえるかどうかを確かめるために、低いf_s値で実験してみよ。たとえばf_s = 8000Hzとする。

CASE	f_c(Hz)	f_m(Hz)	I_0	τ(sec)	T_{dur}(sec)	f_s(Hz)
1	110	220	10	2	6	11,025
2	220	440	5	2	6	11,025
3	110	220	10	12	3	11,025
4	110	220	10	0.3	3	11,025
5	250	350	5	2	5	11,025
6	250	350	3	1	5	11,025

ベル音の周波数スペクトルは複雑であるがスペクトル線を含んでいる。これはスペクトログラムで観測される。これらの周波数の間には、ひとつのスペクトル線は、聴いているものの主なものである。これを、ベル音の周波数を呼ぶ。音周波数はf_cに等しいと推測できるが、真の解答を得るためには実験をしてみよ。それはf_mかもしれないし、それ以外の、たとえば、f_cとf_mの最大公約数である基本周波数かもしれない。

表中の各CASEに対して、次のことを実行する。

1. sound( )関数を使用して演奏し、その音を試聴する。
2. 演奏される「音」の基本周波数を計算する。正しい基本周波数を取得するため、試聴することにより、どのように確かめるかを説明する。
3. $I(t)$に従って変化する周波数成分をどのように聞こえるかを述べる。比較のため、時間t対$f_i(t)$をプロットする。
4. その信号のスペクトログラムを表示する。周波数成分がどのように変化するか、また、その変化は$I(t)$とどのように関係しているかを示す。スペクトログラムの高調波構造を示し、基本周波数f_0を計算する。
5. 全ての信号をプロットし、それと`bellenv`により発生する包絡線$A(t)$とを比較する。
6. 信号中央部の100から200サンプルをプロットし、それについて説明する。とくに周波数変化分について述べる。

Labレポートの作成では、次の2つのケースに対するプロットを示せ。そのひとつは最初の4つの内のひとつと残り2つからひとつを選択されたい。選択したそれら2つに対して書き上げること。

C.4.4.4 ベルに関するコメント

CASE3と4は減衰速度τの両極端な選択の場合である。CASE3の波形は3秒のコースを越えて大きく減衰することなく、高調波的に関係付けられた正弦波の和のような音である。CASE4のような「急激な」減衰速度の場合には、パーカッション風の音である。基本周波数f_0を変更すると、自

分が聴いている音に関し顕著な効果をもたらす。f_cとf_mの比を一定のまま変更することにより、ここでは1.2としてf_0の異なる値で試みよ。そこで、自分が聴いたものについて述べよ。

最後に、搬送周波数対変調周波数の異なる比を用いて試してみよ。たとえば、基本周波数をf_0 = 40Hz、搬送周波数対変調周波数比を5:7 を使用する。これと、これから少しずれた値について試してみよ。どちらのパラメータがあなたにとって良い音だろうか。

C.4.5　木管楽器

ベル音に換えて、このセクションでは同じFM合成の式（C.4.6）中の異なるどのパラメータがクラリネット音やその他の木管楽器音をもたらすかを示す。

C.4.5.1　木管楽器のための包絡線の作成

CD-ROM 上には、woodwenv関数がある。これはクラリネット音のための$A(t)$と$I(t)$包絡線の両方を作成するのに必要な関数である。このためのファイルの先頭部を以下に示す。

```
function   [y1, y2] = woodwenv(att, sus, rel, fsamp)
%WOODWENV    produce normalized amplitude and modulation
%            index function for woodwinds
%
%  usage:   [y1, y2] = woodwenv(att, sus, rel, fsamp);
%
%   where    att = attack TIME
%            sus = sustain TIME
%            rel = release TIME
%          fsamp = sampling frequency (Hz)
%  returns:
%     y1 = (NORMALIZED) amplitude envelope(A0 = 1)
%     y2 = (NORMALIZED) modulation index envelope(I0 = 1)
%
% NOTE: attack is exponential , sustain is constant,
%       release is exponential
```

woodwenvからの出力は、最大値が1、最小値は0となるように規格化されている。この関数が何を発生するかを調べるために次の文を試みられたい。

```
fsamp = 8000;
```

```
Ts = 1/fsamp;
tt = delta : Ts : 0.5;
[y1, y2] = woodwenv(0.1, 0.35, 0.05, fsamp);
subplot(2,1,1), plot(tt,y1), grid on
subplot(2,1,2), plot(tt,y2), grid on
```

C.4.5.2　クラリネット包絡線のスケーリング

woodwenvで作成される木管楽器の包絡は0から1の範囲に存在するので、いくつかのスケーリングはFM合成式（C.4.6）で有効となるようにする必要がある。この節においては、線形な再スケーリングの一般的なプロセスを考察する。もし、ここで規格化信号$y_{norm}(t)$で開始し、最大値がy_{max}、最小値がy_{min}をとる新しい信号を作成したいとき、1をy_{max}に、0をy_{min}に写像させる必要がある。次の線形写像を考える。

$$y_{new}(t) = \alpha \ y_{norm}(t) + \beta \tag{C.4.9}$$

$y_{new}(t)$のmaxとminは正しくなるように、αとβ、またy_{max}とy_{min}間の関係を決定する。

次の例（ここでは$\alpha = 5$、$\beta = 3$）を実行することにより、この考えをMATLABでテストする。

```
ynorm = 0.5 + 0.5*sin( pi*[0:0.01:1] );
subplot(2,1,1), plot(ynorm)
alpha = 5;    beta = 3;
ynew = alpha*ynorm + beta;         %<------ Linear re-scaling
subplot(2,1,1), plot(ynew)
max(ynorm), min(ynorm)             %<--- ECHO the values
max(ynew), min(ynew)
```

αが負ならば何が発生するのか。

式（C.4.9）を実現する短かな1行の関数を記述せよ。ユーザーの関数は次の形式とする。

```
function y = scale(data, alpha, beta)
```

C.4.5.3　クラリネット包絡線

クラリネット音に対して、振幅$A(t)$は何らのスケーリングをも必要としない。MATLAB関数soundはD-to-Aコンバータの最大範囲を自動的に変更する。つまり、$A(t)$はベクトルy1に等しい。図C.10に示すy1のプロットから、この包絡線は急激にある値に立ち上がり、その大きさを保持し、

次に急激に消滅するような音を発生することは明らかである。

しかしながら、変調指数包絡線 $I(t)$ は y2 には等しくない。$I(t)$ の範囲は図 C.10 に示すように、2 から 4 の間である。さらに、y2 が 0 のとき $I(t)$ を 4 と置き、y2 が 1 のとき $I(t)$ を 2 となるように反転する。このような情報を使用して、適当な α と β を求めよ。さらに、クラリネット音のための変調指数包絡線関数 $I(t)$ を作るための scale を使用しなさい。

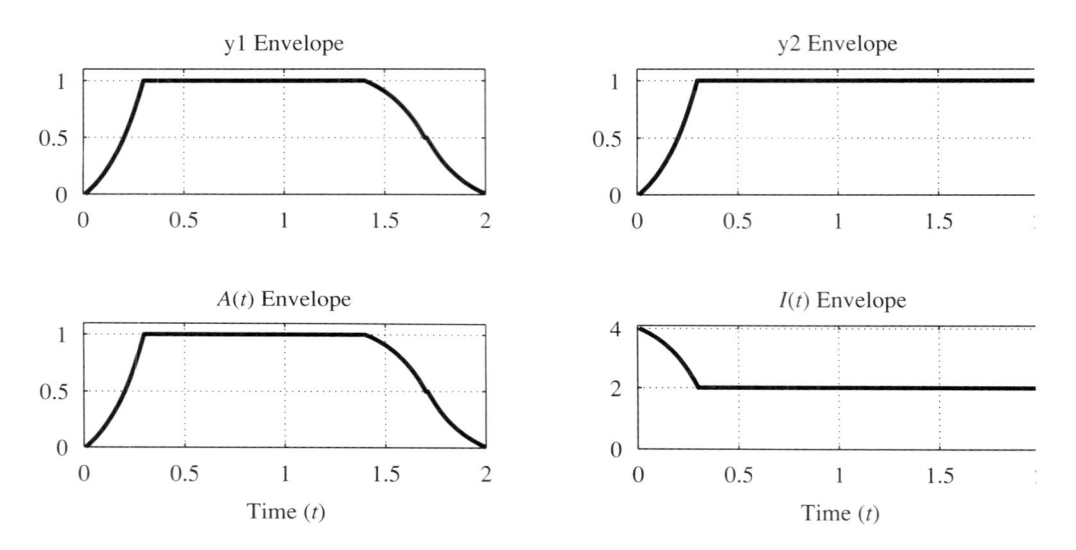

図 C.10 木管楽器のための包絡線。関数 $A(t)$ と $I(t)$ は woodwenv の出力であるスケーリング y1、y2 によって作られる。

C.4.5.4 クラリネットのためのパラメータ

これまで、FM 信号のための一般的な式、クラリネットための振幅包絡線、クラリネットのための変調指数包絡線を扱ってきた。クラリネットのための実際的な音信号を作成するために、我々は (C.4.6) における付加的なパラメータを確定する必要がある。搬送周波数と変調周波数との比は特別な楽器の音を作るのに重要である。クラリネットの場合、この比は 2:3 である。実際の音周波数は搬送周波数と変調周波数の最大公約数である。たとえば、f_c = 600Hz、f_m = 9000Hz を選ぶと、合成信号は f_0 = 300Hz の基本周波数を取る。

ここで、クラリネット音を合成するために FM 合成式 (C.4.6) を実現する簡単な M-ファイル clarinet.m を記述する。自分の関数は scale と woodwenv を使用して包絡線 $A(t)$ と $I(t)$ を発生させる。次にクラリネット信号の波形を計算する。この関数の先頭部を以下に示す。

```
function  yy = clarinet(f0, Aenv, Ienv, dur, fsamp)
```

```
%CLARINET   procude a clarinet note signal
%
%    usage:     yy = clarinet(f0, Aenv, Ienv, dur, fsamp)
%
%    where:     f0 = note frequency
%             Aenv = the array holding the A(t) envelope
%             Ienv = the array holding the I(t) envelope
%              dur = the amount of time the signal lasts
%            fsamp = the sampling rate
```

C.4.5.5 クラリネット音による実験

自作のclarinet( )関数を使用して、f_s = 8000か11,025Hzの場合の250Hzのクラリネット音を作成せよ。sound(xnote, fsamp)関数を用いてこれを演奏せよ。そのとき、その音はクリネットのように聞こえるか。その基本周波数は250Hzであることをどのようにして検証するのか。

変調指数$I(t)$がクラリネット音の時間に対する周波数成分にどのように影響するかを説明せよ。$I(t)$に従って変化する周波数成分がどのように聞こえるかを述べよ。また、比較のために、時間に対する瞬時周波数$f_i(t)$をプロットせよ。

全ての信号をプロットして、これと図C.10の振幅包絡関数y1と比較せよ。信号の中間部分から約100サンプルから200サンプルをプロットし、それが何にどのように見えるかを説明せよ。

最後に、他の音の周波数を合成せよ。たとえば、中音Cから始まる7つの連続音を含むC-majorによるスケール（Lab C.3で定義された）を作成せよ。

C.5 ラボラトリ：正弦波波形のFIRフィルタリング

このLabでの到達点はMATLABのFIRフィルタをどのように実装するかを学習することである。また、複素指数関数のような入力に対するFIRフィルタの応答を学習することである。さらに、線形性や時不変のような特性を学習するためにFIRフィルタを使用する。

C.5.1 フィルタリングの概要

このLabにおいては、入力信号$x[n]$を重み総和による次式のような出力信号$y[n]$に変換する離散時間システムのFIRフィルタを定義する。

$$y[n] = \sum_{k=0}^{M} b_k x[n-k] \tag{C.5.1}$$

式（C.5.1）は入力数列の適当な値から出力数列のn番目の値を計算するための規則である。フィルタ係数$\{b_k\}$は、フィルタの動作を決定する定数である。例として、システムからの出力が次式で与えられるようなシステムを考える。

$$\begin{aligned} y[n] &= \tfrac{1}{3} x[n] + \tfrac{1}{3} x[n-1] + \tfrac{1}{3} x[n-2] \\ &= \tfrac{1}{3} \{x[n] + x[n-1] + x[n-2]\} \end{aligned} \tag{C.5.2}$$

この式は、出力列のn番目の値が入力列$x[n]$のn番目の値とそれに続く2つの値$x[n-1]$と$x[n-2]$との平均値であることを表している。この例において、b_kとは$b_0 = \tfrac{1}{3}$, $b_1 = \tfrac{1}{3}$, $b_2 = \tfrac{1}{3}$である。

MATLABは（C.5.1）の演算を実現するための組み込み関数 `filter( )` を持っている。しかし、FIRフィルタリングの特別なケースに対して、`firfilt( )` と呼ぶ別のM-ファイルをも提供している。技術的なことを言えば、`firfilt`関数はコンボリューション（convolution）演算を行う。次のMATLAB文は（C.5.2）の3点平均化システムを実現する。

```
nn = 0:99;                    %<-- Time indices
xx = cos( 0.08*pi*nn );       %<-- Input signal
bb = [1/3 1/3 1/3];           %<-- Filter coefficients
yy = firfilt(bb, xx) ;        %<-- Compute the output
```

この場合、入力信号`xx`は余弦関数を含むベクトルである。一般に、ベクトル`bb`は式（C.5.1）で必要なフィルタ係数$\{b_k\}$を含む。これらは次のような`bb`ベクトルにロードされる。

```
bb = [b0, b1, b2, ... , bM]
```

MATLABにおいて、全ての数列はベクトルに格納されるので有限長である。たとえば、もし入力信号がLサンプルであるならば、普通はL非ゼロサンプルだけが格納され、Lサンプルのそれ以外の n に対して $x[n] = 0$ であると仮定する。つまり、この目的に合致させることなく、ゼロサンプルを格納すべきではない。もし、式（C.5.1）の有限長信号を処理する場合、出力列 $y[n]$ は $x[n]$ より M サンプルだけ長くなる。firfilt( ) が式（C.5.1）を実現するとき、次式が成立するのが分かる。

```
length(yy) = length(xx)+length(bb)-1
```

このLabでの実験では、FIRフィルタを実現するためには firfilt( ) を使用する。そして、フィルタ係数がデジタルフィルタリングアルゴリズムを如何に定義するかを理解することから開始する。さらに、このLabでは、フィルタが入力中の異なる周波数成分に対してどの様に応答するかを示すための例を紹介する。

C.5.1.1 FIRフィルタの周波数応答

複素正弦波入力 $e^{j\hat{\omega}n}$ のためのフィルタの出力、つまりフィルタ応答は周波数 $\hat{\omega}$ に依存する。フィルタは異なる周波数でどのように影響するかだけを述べることもある。これは周波数応答と呼ばれる。

たとえば、2点平均フィルタの周波数応答、

$$y[n] = \tfrac{1}{2} x[n] + \tfrac{1}{2} x[n-1]$$

は、入力に一般的な複素指数関数を使用することで求められる。すると次のような出力、つまり応答を観測できる。

$$x[n] = A\, e^{j\hat{\omega}n+\phi} \tag{C.5.3}$$

$$y[n] = \tfrac{1}{2} A\, e^{(j\hat{\omega}n+\phi)} + \tfrac{1}{2} A\, e^{(j\hat{\omega}(n-1)+\phi)} \tag{C.5.4}$$

$$= A\, e^{(j\hat{\omega}n+\phi)} \tfrac{1}{2} \left\{1 + e^{-j\hat{\omega}}\right\} \tag{C.5.5}$$

（C.5.5）には、オリジナルの入力項と $\hat{\omega}$ の関数項の2つの項がある。この第2の項は周波数応答であり、これは普通 $H(e^{j\hat{\omega}})$ のように表される*注10。

$$H(e^{j\hat{\omega}}) = \tfrac{1}{2} \left\{1 + e^{-j\hat{\omega}}\right\} \tag{C.5.6}$$

---

*注10：表記 $H(e^{j\hat{\omega}})$ は、後で、この表記法を z -変換に関係付けることとなる周波数応答の $\mathcal{H}(\hat{\omega})$ に代わって使用される。

周波数応答、$H(e^{j\hat{\omega}})$が$\hat{\omega}$の関数として決定されると、任意の複素指数関数に関するフィルタの効果は、対応する周波数における$H(e^{j\hat{\omega}})$を評価することにより決定することもできる。この結果は複素数であり、その位相は複素正弦波の位相シフト量を表し、その振幅は複素正弦波に適用される利得を表している。

一般的なFIR線形時間不変システムの周波数応答は、

$$H(e^{j\hat{\omega}}) = \sum_{k=0}^{M} b_k e^{-j\hat{\omega}k} \tag{C.5.7}$$

MATLABは、離散時間LTIシステムの周波数応答を計算するための組み込み関数をもっている。これは`freqz( )`と呼ばれている。次のMATLAB文は、2点平均システムの周波数応答の振幅(絶対値)を$-\pi \leq \hat{\omega} \leq \pi$の範囲にある$\hat{\omega}$の関数として計算し表示するために`freqz`の使い方を示している。

```
bb = [1, -1];      %<-- Filter Coefficients
ww = -pi:(pi/100):pi;
H = freqz(bb, 1, ww);
plot(ww, abs(H))
```

我々は周波数応答に対しては、いつも大文字の`H`を使用する。式(C.5.1)の形式のFIRフィルタに対して、`freqz`の第2引数は常に1としなければならない。

C.5.2 ウォームアップ

C.5.2.1 3点平均の周波数応答

第6章において、ある区間に渡る入力サンプルを平均するフィルタを示した。これらのフィルタを「移動平均」フィルタや「平滑器」と呼ぶ。また、次の形式をも示した。

$$y[n] = \frac{1}{L+1} \sum_{k=0}^{L-1} x[n-k] \tag{C.5.8}$$

1. 3点移動平均演算のための周波数応答は次式で与えられることを示せ。

$$H(e^{j\hat{\omega}}) = \frac{2\cos\hat{\omega} + 1}{3} e^{-j\hat{\omega}} \tag{C.5.9}$$

2. MATLABで(C.5.9)を直接に計算せよ。$\hat{\omega}$は、$-\pi$とπの間の400サンプルを含むベクトルを使用する。周波数応答は複素量であるから、プロットのためには、周波数応答の振幅と位相を抽出するために`abs()`と`angle()`とを使用する。$H(e^{j\hat{\omega}})$の実部と虚部とをプロット

することはあまり有益ではない。

3. 次のMATLAB文は$H(e^{j\hat{\omega}})$を数値的に計算する。また、$\hat{\omega}$に対する振幅と位相をプロットする。

```
bb = 1/3*ones(1,3);
ww = -pi:(pi/200):pi;
H = freqz( bb, 1, ww );
subplot(2,1,1);
plot( ww, abs(H) )      %<--- Magnitude
subplot(2,1,2);
plot( ww, angle(H) )    %<--- Phase
xlabel('NORMALIZED FREQUENCY')
```

関数 freqz はベクトル ww 内の全周波数に対する周波数応答を評価する。ここでは式（C.5.9）の式ではなく、式（C.5.7）の和を使用する。フィルタ係数はベクトル bb に代入されて使用される。この結果を項2と比較して見よ。

C.5.3　ラボラトリ：FIRフィルタ

この節ではフィルタが正弦波入力に対してどのような働きをするかを学習する。フィルタのパフォーマンスが入力周波数の関数として理解することから始める。

1. 式（C.5.1）形式のフィルタは、余弦波の振幅と位相を変更することが可能ではあるが、周波数は変更できない。
2. 余弦波の和の場合、このシステムは、それぞれの成分を独立に変更する。
3. フィルタは、余弦波の和のひとつの成分、あるいは複数成分を完全に削除できる。

C.5.3.1　余弦波のフィルタリング

ここでは、次式の離散時間正弦波のフィルタリングを考察する。

$$x[n] = A\cos(\hat{\omega}n + \phi) \qquad n = 0, 1, 2, \ldots, L-1 \qquad (C.5.10)$$

離散時間余弦波の離散時間周波数$\hat{\omega}$は、常に$0 \leq \hat{\omega} \leq \pi$を満足する。もし、離散時間正弦波が連続時間余弦波をサンプリングすることにより作られる場合、その離散時間信号の周波数は$\hat{\omega} = \omega T_s = 2\pi f/f_s$であり、これは第4章のサンプリングで議論したものである。

C.5.3.2　1階差分フィルタ

$A = 7$, $\phi = \pi/3$, $\hat{\omega} = 0.125\pi$を持つ離散時間余弦波の50サンプルを作成する。この信号をベクト

ル xx に格納する。次に、後続部分でこれを使用することもできる。ここでは、firfilt( )を使用し、信号 xx を入力とするフィルタを実現せよ。

$$y[n] = 5x[n] - 5x[n-1] \tag{C.5.11}$$

これは、利得5を持つ1階差分フィルタ（First Difference Filter）と呼ばれる。MATLAB の場合、firfilt において必要となるベクトル bb を定義しなければならない。

1. $y[n]$ と $x[n]$ のデータ長が同じでは無いことに注意されたい。フィルタされた信号の長さとは何か。なぜその長さなのか（もし、ヒントが必要ならば、C.5.1節を参照されたい）。
2. subplot を使用して、同一図の上に $x[n]$、$y[n]$ の2つの波形のうち、最初の50サンプルを表示せよ。離散時間信号をプロットするために stem 関数を使用するが、$0 \leq n \leq 49$ の範囲において走行させるために x 軸のラベルを付ける。
3. 時間領域中のプロットから直接に $x[n]$ の振幅と位相を確認されたい。
4. プロットから、最初のサンプル $y[0]$ を除き、数列 $y[n]$ は入力と同一周波数のスケールおよびシフトされた余弦波であることを観測せよ。最初のサンプルがそれ以外とはどうして異なるのかを説明せよ。
5. $y[n]$ の周波数、振幅、位相をプロットから直接に決定せよ。最初の出力点 $y[0]$ は無視する。
6. 相対的な振幅と位相を計算することにより、入力周波数におけるフィルタパフォーマンスを特徴付ける。たとえば、出力振幅と入力振幅の比と出力位相と入力位相との差を示す。
7. ユーザーが測定した結果とこのシステムのための第6章において述べた理論との比較のために、入力信号が複素指数関数 $x[n] = e^{j\hat{\omega}n}$ であるとき、出力の数学的表現式を導出せよ。この式から、振幅と位相が $x[n]$ に対していかほど変化するかを決定せよ。ただし、信号の周波数は $\hat{\omega} = 0.125\pi$ とする。

C.5.3.3　フィルタの線形性

1. C.5.3.2 から xx に2を乗算することにより、xa=2*xx を得る。(C.5.11) により得られる1階差分フィルタを用いて xa をフィルタリングすることにより信号 ya を作成する。C.5.3.2節で示した相対的な振幅と位相の計測を反復せよ。
2. ここで、離散時間信号に対応した新しい入力ベクトル xb を作成せよ。

$$x_b[n] = 8\cos(0.25\pi n)$$

次に、$y_b[n]$ を得るために1階差分演算子を使用してこの信号をフィルタする。続いて、これまでと同様にして相対的な振幅と位相計測を反復する。この場合、位相の計測は一周期当たりのサンプルが極わずかであることから、少しばかり手が込んでいるかもしれない。

出力 y_b の振幅、位相、周波数は入力に比べどのように変更されたかを記録せよ。

3. xa と xb の和である別の入力信号 xc を構成する。yc を得るためにフィルタに xc を通し、その yc をプロットする。そこで、yc と ya+yb のプロットとを比較せよ。それらは等しいか。自分が観測した違いを説明せよ。

C.5.3.4 フィルタの時不変性

次のような信号を得るために、入力ベクトル xx を 3 つの時間単位だけ時間シフトする。

$$x_s[n] = 7\cos(0.125\pi(n-3) + \pi/3) \qquad n = 0, 1, 2, 3, \ldots$$

また、$y_s[n]$ を得るために、1 階差分演算子を使用して $x_s[n]$ をフィルタする。ys と、入力信号が xx であるときの出力 yy とを比較せよ。ys と完全に並ぶように yy のシフト（サンプル数）を求めよ。

C.5.3.5 2つのシステムの従続接続

さらに複雑なシステムは単純な組立ブロックから構成される。このシステムにおいて（2乗器などの）非線形システムは FIR フィルタに従続接続される。

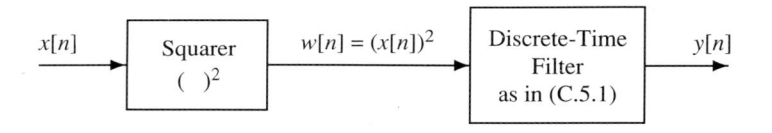

1. 第1に、このシステムは次の2つの方程式で記述されている。

$$w[n] = (x[n])^2 \qquad (2乗器)$$
$$y[n] = w[n] - w[n-1] \qquad (1階差分)$$

MATLAB 使用によるこのシステムを実現せよ。入力には C.5.3.2 節でのベクトル xx を使用する。MATLAB の場合、ベクトル xx の要素は、文 xx.*xx か xx.^2 のいずれかにより 2 乗計算される。

2. Subplot を用いた同一図中に、$x[n]$、$w[n]$、$y[n]$ の 3 つの波形をプロットせよ。
3. 3 つの信号スペクトルをプロットせよ[注11]。「2乗器」は非線形であり、$x[n]$ 中に存在しない周波数成分を含んでいることは $w[n]$ の周波数スペクトルから明らかである。
4. 「2乗器」の時間領域出力 $w[n]$ を観測せよ。2 乗演算により出てきた付加的な周波数を観測することができるか。

---

*注11：これは手で解析されるべきである。つまり、specgram や spectgr を使用してはいけない。

5. 信号として $w[n]$ を1階差分フィルタに通したとき何が発生するかを説明するために、線形の結果を使用する。ヒント：個別の周波数成分を別々に通してみる。
6. 図中の1階差分フィルタを次式の2次のFIRフィルタと交換する。

$$y_2[n] = w[n] - 2\cos(0.25\pi)w[n-1] + w[n-2] \tag{C.5.12}$$

新たな出力 $y_2[n]$ を得るために2乗器とフィルタリングを実現する。出力信号中にはどの周波数が存在するかを決定せよ。式（C.5.12）における $w[n] = e^{j0.25\pi n}$ のとき、$y_2[n]$ を計算することにより、また、式（C.5.12）で定義されたフィルタの時間周波数応答をプロットすることにより、この新しいフィルタは、ある周波数成分を削除することを説明する。さらに、$y_2[n]$ のスペクトルを描画せよ。

C.6 ラボラトリ：サンプルされた波形のフィルタリング

このLabでの実験においては、フィルタを実現するために`firfilt()`を使用する。また、平滑化や強調のフィルタ動作に対して、フィルタの周波数応答がどのように関係付けられているかを理解することから始める。ここではフィルタは異なる周波数成分の入力に対しどのように反応するかを調べることから始める。さらに、ユーザーはLTI sytemの従続接続が総合的な周波数応答を変更することなく最構成できることを確認する。

C.6.1 線形フィルタの概要

FIR（Finite Impulse Response）システムは次のような差分方程式で表現される。

$$y[n] = \sum_{k=0}^{M} b_k x[n-k] \tag{C.6.1}$$

式（C.6.1）は、入力列の値から出力列の第n番目の値を計算するための式である。式（C.6.1）は次のようなMATLAB文により実装されたLab C.5から呼びだされる。

```
yy = firfilt(bb, xx);
```

ただし、xxは入力サンプルのベクトルであり、ベクトルbbは、[b0,b1,b2, ... ,bM]のように格納された式（C.6.1）の係数b_kを含んでいるものと仮定している。このLabでの実験は、いくつかの興味ある信号に対するフィルタを実現するため、`firfilt()`をどのように使用するかを示すことにある。

一般的なFIR線形時不変システムの周波数応答を次式に示す[注12]、

$$H(e^{j\hat{\omega}}) = \sum_{k=0}^{M} b_k e^{-j\hat{\omega}k} \tag{C.6.2}$$

離散時間LTIシステムの周波数応答を計算するためには、MATLABの`freqz()`関数が使用可能であることを思い出されたい。次のようなMATLAB文が計算され、範囲$-\pi \leq \hat{\omega} \leq \pi$における$\hat{\omega}$の周波数として振幅（絶対値）と位相をプロットする。

```
bb = [1,-1];        %<--- Filter Coefficients
ww = -pi:(pi/100):pi;
H = freqz(bb, 1, ww);
subplot(2,1,1);
```

[注12]：表記$H(e^{j\hat{\omega}})$は、後で、この表記法をz-変換に関係付けることとなる周波数応答の$\mathcal{H}(\hat{\omega})$に代わって使用される。

```
plot(ww, abs(H))
subplot(2,1,2);
plot(ww, angle(H))
```

式（C.6.1）のFIRフィルタの場合、`freqz`の第2引数は常に1に設定されていなければならない。

C.6.2 ウォームアップ

まず、MATLABを起動し、次式でこのLabのためのデータをロードする。

`Load lab6dat`

lab6dat これは、複数のフィルタと信号を含むデータファイル`lab6dat.mat`をロードする。このデータファイル中の変数は次の通りである。

- `x1`： TVテストパターン画像からサンプルされた1走査線中に見られる階段的な信号。
- `xtv`： デジタル画像からの実際の走査線
- `x2`： 8000サンプル／秒でサンプルされた音声波形
- `h1`： （C.6.1）の形式のFIR離散時間フィルタの係数
- `h2`： 第2段FIRフィルタ

これらを次に示す実験において使用する。

C.6.2.1 離散時間フィルタの特性

1. 離散時間フィルタの周波数応答は常に、2πに等しい周期を持っている。周波数応答の定義をするに当たりこのことを説明する。次いで、周波数が$\hat{\omega}$と$\hat{\omega} + 2\pi$という2つの入力正弦波を考察する。つまり、

$$x_1[n] = e^{j\hat{\omega}n} \quad \text{と} \quad x_2[n] = e^{j(\hat{\omega} + 2\pi)n}$$

式（C.6.1）からの出力は一意的であることを証明せよ。

Instructor Verification

2. いくつものシステムが従続に接続されているとき（つまり、ひとつの出力が次の入力となるように接続されている）、個別の周波数特性を乗算することにより全周波数応答を計算することが可能である。式（C.6.2）により与えられる一般的なFIR線形時間不変システムのための周波数応答は、変数$e^{j\hat{\omega}}$の多項式で考察することができる。2つの周波数応答を乗算する。結局、2つの周波数応答の乗算は、2つの多項式の乗算だけになる。繰り返すと、次の2つの多項式を手で乗算して見よ。

$$x + 0.5x^2 - 2x^3 \quad \text{と} \quad 1 + x - 0.25x^3 \tag{C.6.3}$$

3. 数列の要素が上記2項の多項式係数であるような2つの数列をたたみ込むために、MATLABコマンド firfilt を使用する。多項式中の欠損している x の累乗に対して0の係数を使用することに注意されたい。自分の結果が前のステップで乗算された多項式の係数とを比較せよ。多項式係数の2つのベクトルのたたみ込みは多項式の乗算に等価であることを明らかにするため、firfilt に関するヘルプを一読されたい。
4. 3点平滑器と5点平滑器の従続接続の全周波数応答を求めるために多項式乗算を使用せよ。ヒント：係数に関する多項式乗算を行い、次に freqz( ) を使用して結果を評価する。

C.6.3 ラボラトリ：サンプリングとフィルタ

この Lab における実験は、サンプルされた信号の LTI フィルタリングに関するいくつかの重要な事実を確かめることにある。

- 式（C.6.1）の形式を持つフィルタは、任意信号の周波数スペクトルに対して興味ある方法で変更できる。
- 従続接続の LTI システムの順序は全応答に影響しない。
- 低域通過フィルタは、信号を「なめらか」にし、高域通過フィルタは信号を「ざらざら」にする。そこで、フィルタされた音声に関する試聴テストは、「布で覆ったような音：muffled」か「きびきびした音：crisper」のいずれかの音となる。

C.6.3.1 階段波信号のフィルタリング

この実験では、図 C.11 と図 C.12 に示すような2つのシステムを調査することである。これらの2つのシステムにおいて、「1階差分」と呼ばれているシステムは、次のような差分式により定義される。

$$y[n] = x[n] - x[n-1] \tag{C.6.4}$$

また、「5点平滑器」と呼ばれるシステムは次の式で定義される。

$$y[n] = \frac{1}{5} \sum_{k=0}^{4} x[n-k] \tag{C.6.5}$$

使用された最初のテスト信号は階段波である。この信号はそれぞれの区間は一定であるが、平坦な領域中における信号の一定値は異なる。

```
x₁[n] → [5-Point Averager] → v₁[n] → [First Difference] → y₁[n]
```

図C.11 第1従続接続システム：平滑化演算子の次に1階差分が来る。

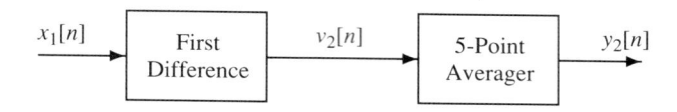

```
x₁[n] → [First Difference] → v₂[n] → [5-Point Averager] → y₂[n]
```

図C.12 第2従続接続システム：差分演算子の次に平滑が来る。

C.6.3.2 5点平滑器の実現

5点平滑器を実現するためにMATLAB関数 firfilt() を使用する（これはDSP First Toolboxに firfilt.m もある）。つまり v1 を計算する。

1. 2つのパネル subplot を使用して同一窓中に x1 と v1 とをプロットする。信号は異なる長さを持っているが、そのプロットは同一指標（インディクス）、つまり $n = 0$ から開始する。5点平滑化システムは入力信号をどのように変更するかという量的な記述を示す。入力信号と出力信号の間の時間シフトを推定せよ。この遅れをサンプル数で表現せよ。
2. 5点平滑器の周波数応答を計算するために freqz() を使用せよ。また、その振幅をラジアン表現での周波数の関数として、$-\pi \leq \hat{\omega} \leq \pi$ の範囲でプロットせよ。周波数-応答曲線の形状から、どの周波数領域がこのフィルタを通過するかを決定せよ。また、どの周波数が除去されるか。この周波数応答を時間-領域応答を定性的な記述に関係付けよ。
3. ラジアンでの周波数に対する位相応答をプロットせよ。位相応答の傾きを計測し、この傾きと、入力信号と出力信号との間の時間シフトとを比較せよ。

C.6.3.3 1階差分システムの実現

1. 2つのパネル subplot を使用して、同一窓中に x1 と v2 とをプロットせよ。
2. 1階差分システムが入力信号をどのように変化するかを定性的に記述せよ。v2のピーク値の場所はどこか。v2のピークが発生する場所での入力 x1 にはどのような性質があるか。
3. 1階差分の周波数応答を計算するために freqz() を使用せよ。次に、その振幅を周波数の関数として、$-\pi \leq \hat{\omega} \leq \pi$ の範囲でプロットせよ。周波数応答曲線の形状は、そのシステムが入力信号に対して実行したことに関する読者の解釈に一致しているか。1階差分は高域通過フィルタか、あるいは、低域通過フィルタであるかを示せ。

C.6.3.4 第1従続接続の実現（図C.11）

1. 5点平滑器の出力 v2 を最初に計算する、次に v1 を図C.11の1階差分システムへの入力とし

て使用するため出力 y1 を計算することにより、図 C.11 の全システムを実現せよ。MATLAB 関数 firfilt() を使用する。

2. 従続システムの周波数応答を計算するために freqz() を使用する。また、それの振幅と位相が周波数の関数として、$-\pi \leq \hat{\omega} \leq \pi$ の範囲でプロットせよ。

C.6.3.5 第2従続接続の実現（図C.12）

1. 1階差分の出力 v2 を計算し、次に出力 y2 を計算するため図 C.12 で示す5点平滑システムへの入力として v2 することにより、図 C.12 の全システムを実現せよ。MATLAB 関数 firfilt() を使用する。

2. 従続システムの周波数応答を計算せよ。freqz() を使用する。また、その振幅と位相を周波数の関数として、$-\pi \leq \hat{\omega} \leq \pi$ の範囲でプロットせよ。図 C.11 で計算された全周波数応答を比較せよ。

C.6.3.6 図C.11と図C.12のシステムを比較

MATLAB の文 sum((y1-y2).*(y1-y2)) を実行せよ。MATLAB により評価された数学的な式を記述せよ。この計算は2つの実現の間においてどのような誤差が計測されるかを議論せよ。次に、その結果との関係についても述べよ。

C.6.3.7 音声波形のフィルタリング

サンプルされた音声波形は、ファイル lab6dat.mat の変数 x2 に格納されている。フィルタ係数の2つの組は、h1 と h2 に格納されている（つまり、これらは2つの異なるフィルタのための b_k である）。フィルタ係数が h1 と h2 中にどのくらい含まれているかを知るには length を使用する。この実験において、音声信号に対するこれらのフィルタをテストする。

1. 音声信号を次の文を使用したフィルタ h1 でフィルタせよ。

    ```
    y1 = firfilt(h1, x2);
    inout(x2, y1, 3000, 1000, 3)
    ```

    M-ファイル inout( ) は2つの非常に長い信号を同一プロット上に表示する。これは、入力信号が第1行、第3行、第5行…を占め、他方、出力は第2、第4、第6行を占めるようにプロットを書式化する。詳細は help inout と入力する。

    入力信号と出力信号とを比較せよ。出力は入力信号よりも「荒っぽい」かあるいは、「滑らか」か。

2. h1 で定義されたシステムの周波数応答を $-\pi \leq \hat{\omega} \leq \pi$ の範囲の周波数の関数としてプロットするために freqz() を使用せよ。h1 はなぜ「低域通過フィルタ」と呼ばれるのか。

3. フィルタ係数のベクトルは長いので、h1 の stem プロットは、フィルタの性質を示すため

に有益である。係数の対称性を見つけるためにstemプロットを使用せよ。
4. 音声信号をフィルタh2でフィルタせよ。また、入力と次の文を使用して得た出力とをプロットせよ。

```
y2 = firfilt(h2,x2);
inout(x2, y2, 3000, 1000, 3)
```

入力と出力とを比較せよ。そして、その出力が入力より「荒っぽい」のか、あるいは、「滑らか」なのかを示しなさい。

5. 係数h2で定義されたシステムの周波数応答を$-\pi \leq \hat{\omega} \leq \pi$の範囲にある周波数の関数としてプロットするためにfreqz()を使用せよ。h2はなぜ「高域通過フィルタ」と呼ばれるのか。

6. h2のstemプロットを行い、係数の対称性を見つけよ。

7. 次の文を実行することにより、「A-B-C」の試聴比較をしなさい[注13]。

```
sound([x2; y1; y2], 8000)
```

オリジナル信号に対するフィルタされた出力との比較について論ぜよ。

8. 次の文を実行したとき、どのように聞こえるか。それはなぜか。

```
sound([x2; (y1+y2)],8000)
```

もし、次の2つの周波数応答を加えた場合、

$$H_1(e^{j\hat{\omega}}) + H_2(e^{j\hat{\omega}})$$

答えに何を期待するのか。

---

*注13：MATLABのVersion 5ではsoundsc()を使用する。

C.7 ラボラトリ：いろいろな正弦波信号

このLabでは正弦波信号が情報を伝達するために使用されるような2つの実際的なアプリケーションを紹介する。たとえば、タッチトーンダイアラーやラジオの振幅変調（AM）などである。これら2つの例において、FIRフィルタは、波形中にコード化されている情報を抽出するために使用される。

C.7.1 バックグランド

このLabは2つのパートからなっている。パートAは、電話をダイヤルするために使用される信号の発生と検出とを調べることであり、パートBでは、AMラジオで使用されるようなAM（振幅変調）波形の変調と復調に関することでる。

C.7.1.1 バックグランドA：電話のタッチトーンダイアリング*注14

電話のタッチトーンパッドは、電話のダイアルするために複数トーンの複合周波数（Dual Tone MultiFrequency（DTMF））を発生する。いずれかのキーが押されたとき、（図C.13に示す）そのキーに対応する行と列のトーン（音）が発生する。つまりこれが複合トーンである。例として、5のボタンを押すと770Hzと1336Hzの合成された音が一緒に発生する。

Frequencies	1209 Hz	1336 Hz	1477 Hz
697 Hz	1	2	3
770 Hz	4	5	6
852 Hz	7	8	9
941 Hz	*	0	#

図C.13　タッチトーンダイアリングのためのDTMFコード化テーブル。あるキーが押されると、それに対応する行と列のトーンが発生する。

図C.13の周波数は高調波を避けるように選ばれている。周波数は決して他の倍数とはなっていない。任意の2つの周波数間の差はどの周波数にも等しくはなく、また、2つの周波数の和もどの周波数にも等しくはないのである*注15。このことは、線路ひずみの元においてダイヤル信号中に含まれるダイヤルトーンを正確に検出することを容易にする。

C.7.1.2 DTMFデコーディング

DTMF信号をデコーディングするには次のようなステップがある。

---

*注14：タッチトーンはAT&Tの登録商標である。
*注15：詳しい情報は次のURLで知ることができる。http://www.shout.net/~wildixon

1. 信号を、個別キーの押下げを表す短い時間区分に分割する。
2. 個々の時間区分中に存在する成分がどの2つの周波数であるかを決定する。
3. 0〜9、#のどのボタンが押されたかを決定する。

簡単なFIRフィルタバンクを使用してDTMF信号をデコードすることが可能である。図C.14のフィルタバンクにおいて、個別フィルタはDTMF周波数のひとつだけを通し、それらの入力は全て同一DTMF信号であるようなフィルタを構成している。

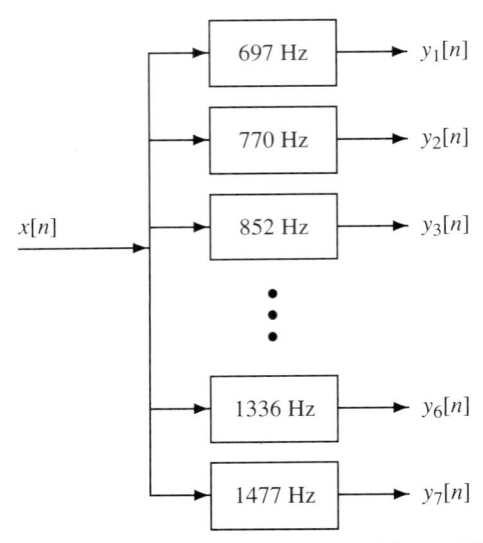

```
              ┌──→ [ 697 Hz ] ──→ y₁[n]
              ├──→ [ 770 Hz ] ──→ y₂[n]
 x[n] ────────┼──→ [ 852 Hz ] ──→ y₃[n]
              │       ⋮
              ├──→ [1336 Hz ] ──→ y₆[n]
              └──→ [1477 Hz ] ──→ y₇[n]
```

図C.14 図C.13に列記された7つのDTMF成分周波数に対応した周波数を通過する帯域通過フィルタを構成しているフィルタバンク

フィルタバンクへの入力はDTMF信号であるとき、2つのフィルタの出力は、他のものよりも大きい。この2つの対応する周波数は、DTMFコードを決定するために検出される。出力レベルの良い計測方法は、フィルタ出力の平均電力を知ることである。検出問題の詳細な議論についてはC.7.4節で示す。

C.7.1.3 バックグランドB：振幅変調（AM）

振幅変調はしばしば低周波成分を持つ信号を高周波伝播チャンネルを使用して伝送するために使用される。馴染みのある例はAMラジオである。AMラジオの場合、音声信号のような比較的低周波信号が約1MHz周波数程度のラジオ波で伝送される。

振幅変調は高周波信号（これは搬送波と呼ばれる）を低周波メッセージ信号$m(t)$に乗算することで実現される。

C.7 日常での正弦波信号

$$x(t) = (1 + m(t)) \cos(2\pi f_c t + \phi) \tag{C.7.1}$$

ここで、搬送波信号は上式の $\cos(2\pi f_c t + \phi)$ の項に対応している。メッセージ信号 $m(t)$ は非常に複雑であるとしても、AM の理解しやすい方法は、次の書式の AM 信号を解析することにより得られる。

$$x(t) = (1 + A\cos(2\pi f_m t)) \cos(2\pi f_c t) \tag{C.7.2}$$

つまり、メッセージ信号は余弦波、$m(t) = A\cos(2\pi f_m t)$ である。(C.7.2) の直接の展開形を次に示す。

$$x(t) = \cos(2\pi f_c t) + \frac{A}{2}\cos(2\pi(f_c + f_m)t) + \frac{A}{2}\cos(2\pi(f_c - f_m)t) \tag{C.7.3}$$

通信用語を用いると、$f = f_c \pm f_m$ の場所に存在する信号成分は側帯波（sideband）と呼ばれる。他方、f_c の周波数を持つ信号成分は搬送波（carrier）と呼ばれる。$f_c \gg f_m$ のとき、AM 信号のスペクトラムは図 C.15 に示されるように観測される。式 (C.7.3) の AM 信号は、搬送波の項が付加されたことを除けば、Lab C.4 と第 3 章で学んだビート信号に非常に類似している。

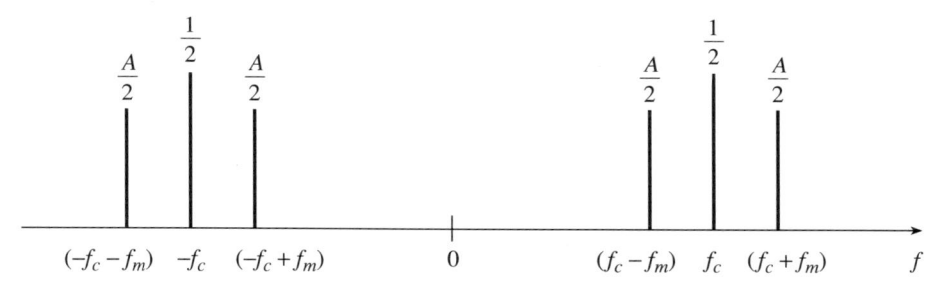

図 C.15 振幅変調（AM）トーンのスペクトラム

複雑なメッセージ信号でも解析可能である。もし、式 (C.7.2) の $m(t)$ が複数正弦波成分から構成されているなら、それらの成分は式 (C.7.3) の単一正弦波と同じように個別に周波数シフトされる。つまり、

$$x(t) = \left(1 + \sum_k A_k \cos(2\pi f_k t)\right) \cos(2\pi f_c t) \tag{C.7.4}$$

$$= \cos(2\pi f_c t) + \sum_k \frac{A_k}{2} \cos(2\pi(f_c - f_k)t) + \sum_k \frac{A_k}{2} \cos(2\pi(f_c + f_k)t)$$

したがって、側帯波に多くのスペクトル線を持つことになる。

C.7.1.4 AM復調

復調は、AMのように変調された信号からメッセージ波形を取り出すプロセスである。信号を復調するにはいろいろな方法があるが、ここでは2つの方法について述べる。このLabではLTIフィルタリングでのアプローチに焦点を当てるが、多くの良く知られたアプローチを比較のため最初に示す。

C.7.1.5 包絡線検出（ピーク値保持）

低価格のAMラジオは、AM復調のためにキャパシタ、抵抗、ダイオードを使用している（図C.16参照）。このアイディアは、おおよそAM波形のピーク値に追従するような波形を得ることである。AM信号の各正の半サイクルの期間中に、キャパシタがダイオードを介して充電される。次に、負の半サイクルの期間中、抵抗はキャパシタをゆっくりと放電し、復調される波形が変調波形のピーク値の減少とともに、包絡線に沿うよう追従する。このような復調を実現させるためのMATLAB関数の呼び出し書式は図C.17に示されている。

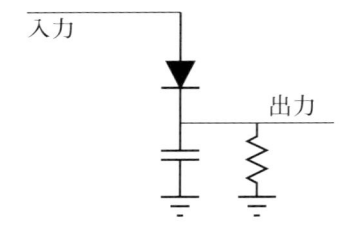

図C.16 AMラジオで使用されていたときの、簡単なキャパシタ、抵抗、ダイオード型のAM復調器

図C.16の単純な復調器からの出力波形の一部を図C.18に示す。図には、次式のAM信号から作られたメッセージ波形 $m(t) = 2\sin(2\pi(25)t)$ と371Hzの搬送波とが示されている。

$$x(t) = (1 + 0.4m(t))\cos(2\pi(371)t)$$

復調された信号は完全ではないが、DCレベル1との差をとるならば、メッセージ信号の正弦波形状に近似している。のこぎり波状に見えるのはRC回路の指数関数的な放電によるものである。

```
function dd = amdemod(xx,fc,fs,tau)
%
% where
%       xx = the input AM waveform to be demodulated
```

```
%        fc  = carrier frequency
%        fs  = sampling frequency
%        tau = time constant of the RC circuit normalized by fs
%              (OPTIONAL: default value is tau=0.97)
%        dd  = demodulated message waveform
```

図C.17　MATLAB関数 amdemod の引数。これは図C.16に示す簡単なキャパシタ、抵抗、ダイオードによる回路に基づくAM復調器をシミュレートする。

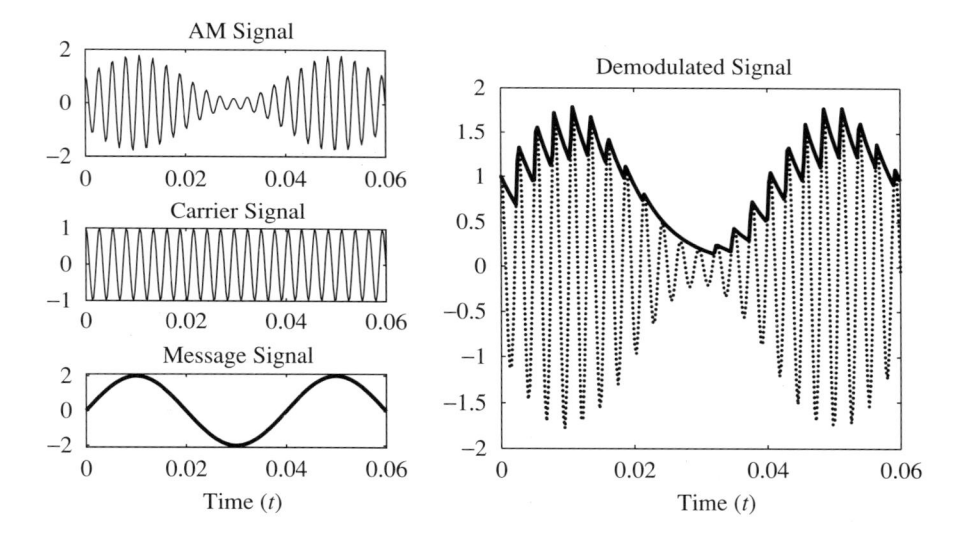

図C.18　$\tau = 0.96$ の時の、キャパシタ、抵抗、ダイオードによるAM復調器により得られた波形の拡大図。図中の黒いのこぎり波の線は復調器出力である。また、ドット線はAM波形の数サイクルを拡大したものである。

C.7.1.6　LTIフィルタ型復調器

変調された信号を変調してからフィルタリングすることによりメッセージ信号を復調することができる。これは今日的な商用ラジオで使用されている基本原理である。式 (C.7.2) のAM信号が与えられるとき、$x(t)$ に $\cos(2\pi f_c t)$ を乗算することによりメッセージ信号を分離することができる。つまり、

$$x(t)\cos(2\pi f_c t) = (1 + m(t)) \cos(2\pi f_c t) \cos(2\pi f_c t) \tag{C.7.5}$$

$$= (1 + m(t)) \left(\tfrac{1}{2} + \tfrac{1}{2} \cos(2\pi(2f_c)t) \right) \tag{C.7.6}$$

$$= \tfrac{1}{2} m(t) + \tfrac{1}{2} + \tfrac{1}{2}(1 + m(t))\cos(2\pi(2f_c)t) \qquad (C.7.7)$$

ここで、メッセージ信号は積項の外側に置くことができることに注意されたい。式（C.7.7）には削除されるべき2つの項がある。まず、$\tfrac{1}{2}$ は差を取るか無視できるDCオフセット値である。もう一方はフィルタリングにより削除される非常に高い周波数項 ($f = 2f_c$) である。$m(t)$ の $\tfrac{1}{2}$ 乗数のスケール因子は最終出力を2倍することで補正される

C.7.1.7 復調のためのノッチフィルタ

ノッチフィルタは復調プロセスの一部として使用される。ノッチフィルタは $\hat{\omega} = 0$ か $\hat{\omega} = \pi$ 以外のある周波数を完全に削除するためのフィルタである。ノッチフィルタを数少ない3つの係数で作成することができる。もし、$\hat{\omega}_{\text{not}}$ を希望ノッチ周波数とするとき、次のような長さ3のFIRフィルタは、

$$y[n] = x[n] - 2\cos(\hat{\omega}_{\text{not}})\, x[n-1] + x[n-2] \qquad (C.7.8)$$

その周波数応答において $\hat{\omega} = \hat{\omega}_{\text{not}}$ でゼロとなる。たとえば、$A\, e^{j\,0.5\pi n}$ の信号を完全に消去するように設計されたフィルタは次のような係数をとる。

$$b_0 = 1,\ b_1 = 2\cos(0.5\pi) = 0,\ b_2 = 1$$

しかしながら、我々の仕様は連続時間周波数の項を得ることにある。つまり、f_{not} でのスペクトル成分を除去する。そこで、サンプリングによる次のような周波数スケーリングを用いて離散時間周波数に変換する必要がある。

$$\hat{\omega}_{\text{not}} = 2\pi \frac{f_{\text{not}}}{f_s}$$

ただし、f_s はサンプリング周波数である。

C.7.2 ウォームアップA：DTMF合成

Instructor Verification

C.7.2.1 DTMFダイアル関数

図C.13で定義されたDTMFダイアラーを実現するように関数 `dtmfdial` を記述せよ。ヘルプコメントを含む `dtmfdial.m` の骨格は図C.19に示す。そこで、読者は次の機能を実現するようにコードを完成させよ。

1. 関数の入力は、1から10を各桁に（ただし10は0に）対応し、11は＊キーに、12は＃に対応するような1と12の間の範囲にある数ベクトルとする。
2. 出力は、8kHzでサンプルされたDTMFトーンを含むベクトルとする。トーンの長さは約0.5秒とする、静止期間は約0.1秒でトーン対を分離する。

```
function tones = dtmfdial(nums)
%DTMFDIAL    Create a vector of tones which will dial
%            a DTMF (Touch Tone) telephone system.
%
% usage: tones = dtmfdial(nums)
%     nums = vector of numbers ranging from 1 to 12
%     tones = vector containing the corresponding tones.
%
if (nargin < 1)
    error('DTMFDIAL requires one input');
end
fs = 8000;   %<-- This MUST be 8000, so dtmfdeco( ) will work.
      .
      .
```

図C.19 `dtmfdial.m`の骨格、DTMFホーンダイアラー

自分の関数は任意の電話番号をダイアルするために適切なトーン列を作成すべきである。電話ハンドセットで使用されるとき、自作関数の出力はその電話にダイアル可能となる。動作を確認するためには、`specgram`か（DSP First Toolboxにある）関数`dtmfchck`を使用しなければならない[注16]。

C.7.3 ウォームアップB：トーン振幅変調

1. 式（C.7.2）から式（C.7.3）を導出せよ。ヒント：余弦項をオイラーの等式を用いて複素指数関数の和として表現する。
2. 次の特性を用いてテスト用AM信号を作成せよ。
   (a) 搬送トーン`cc`は1200Hzの周波数、持続時間を1秒、8000Hzでのサンプル速度、位相は0度を持つものとする[注17]。
   (b) メッセージ信号`mm`は、振幅0.8で100Hzのトーンとする。
3. 変調された信号とメッセージ信号の最初の200点を同一プロット上にプロットせよ。これ

＊注16：MATLABで、phoneと呼ばれるデモは、DTMFシステムで作成された波形とスペクトルを表示する。

ら2つの信号に対して異なる色と線種を使用せよ（help plotを参照）。

4. メッセージ信号、搬送波信号および変調信号のスペクトルを次のようなコマンドを使用して比較せよ。

```
showspec(_, 8000);
```

C.7.4　ラボラトリA：DTMFデコーディング

DTMFデコーディングシステムは、個別周波数成分を分離するために帯域通過フィルタ、および、ある成分が存在するかしないかを判定するための検出器を必要とする。検出器はそれぞれの可能性に得点付け（スコアリング）しなければならない。また、最も類似した周波数がどれであるかを決定しなければならない。雑音と干渉が存在するような実際のシステムにおいて、このスコアリングのプロセスはシステム設計の重要な部分であるが、ここでは、デコーディングシステムにおける基本機能を理解するために雑音フリー信号についてだけ扱うことにする。

C.7.4.1　フィルタ設計

フィルタバンク（図C.14）において使用されたフィルタは、正弦波インパルス応答で構成された単純なタイプである。7.7節において、簡単な帯域通過フィルタ設計法は、フィルタのインパルス応答が次の形式を持つ有限長余弦波で表現される。

$$h[n] = \frac{2}{L} \cos\left(\frac{2\pi f_b n}{f_s}\right), \qquad 0 \leq n < L$$

ここで、Lはフィルタ長であり、f_sはサンプル周波数である。パラメータf_bは通過帯域の周波数位置を定義する、つまり、もし697Hzの成分を分離したいのであれば、$f_b = 697$とする。帯域通過フィルタの帯域幅はLにより制御される。Lの値が大きくなればなるほど帯域幅は一層狭くなる。

1. $L = 64$、$f_s = 8000$を用いて、770Hz成分に対する帯域通過フィルタh770を作成せよ。stem()関数を用いて2-パネルサブプロットの第1パネルにフィルタ係数をプロットせよ。
2. $L = 64$、$f_s = 8000$を用いて、1336Hz成分に対する帯域通過フィルタh1336を作成せよ。stem()関数を使用して2-パネルサブプロットの第2パネルにフィルタ係数をプロットせよ。
3. h770の周波数応答（振幅）をプロットするために、次のようなコマンドを使用する。

---

*注17：このlabでこれをカバーしてはいないけれども、搬送波の位相は、上で述べた復調を使用するとき、重要となる。とりわけ、復調音は搬送波と同一位相（と周波数）を持っている必要がある。この復調が搬送波音の位相を保持していることを確かめるは困難である。しかし、ここではそれらを含めないことにする。その代わり、搬送波と復調音の両方に対してゼロ位相を持つ余弦波関数を使用する。

```
fs = 8000;
ww = 0:(pi/256):pi;      %<--- only need positive freqs
ff = ww/(2*pi)*fs;
H = freqz(h770,1,ww);
plot(ff,abs(H)); grid on;
```

4. 上の項3のプロット上にDTMF周波数（697, 770, 852, 941, 1209, 1336, 1477Hz）のそれぞれの位置を示しなさい。ヒント：holdコマンドとstem()コマンドを使用する。

5. 帯域通過フィルタh770の選択性について述べよ。つまり、フィルタはひとつの成分を通過しその他の成分を除去することを説明するために周波数応答を使用せよ。そのフィルタの通過帯域は十分に狭いか。

6. h1336フィルタの振幅応答をプロットせよ。また、その通過帯域とh770フィルタのそれと比較せよ。

C.7.4.2 スコアリング関数

最後はデコーディングである。これは、個別トーンの存在の可否に関する2分岐判断を要求するプロセスである。信号検出を自動的に処理させるためには、異なる可能性を評価するscore関数を必要とする。

1. 図C.20で与えられた骨組みに基づいてdtmfscor関数を完成させよ。dtmfscor関数への入力信号xxは実際にはDTMF信号の短い区間長であると仮定している。それぞれの区分がひとつのキーに対応するように信号を分配する仕事は、dtmfscorを呼び出す前に別の関数により実行される。

2. FIR帯域通過フィルタの実現はconv関数を用いて実行されるが、firfiltを使用することもできる。畳み込み関数の実行時間はフィルタ長Lに比例する。したがって、フィルタ長Lは2つの競合した束縛を満足しなければならない。LはBPFの帯域幅が個別周波数を分離するために十分に狭くなるように、大きくとるべきである。しかし、それを余りにも大きくすることはプログラム実行を遅くする原因となる。

```
function ss = dtmfscor(xx, freq, L, fs)
%DTMFSCOR
%       ss = dtmfscor(xx, freq, L, [fs])
%   returns 1 (TRUE) if freq is present in xx
%           0 (FALSE) if freq is not present in xx.
%   xx = input DTMF signal
%   freq = test frequency
```

```
%       L = length of FIR bandpass filter
%      fs = sampling freq (DEFAULT is 8000)
%
%   The signal detection is done by filtering xx with a length-L
%   BPF, hh, squaring the output, and comparing with an arbitrary
%   set point based on the average power of xx.
%
if (nargin < 4), fs = 8000; end;
hh =          %<======== define the bandpass filter coeffs here
ss = (mean(conv(xx,hh).^2) > mean(xx.^2)/5);
```

図C.20 dtmfscor.m関数の骨格

2. dtmfscor.mの最後の行は次式とする。

```
ss = (mean(conv(xx,hh).^2) > mean(xx.^2)/5);
```

C.7.4.3 DTMFデコード関数

DTMFデコード関数dtmfdecoは、入力DTMF信号に基づいてどのキーが押されたかを決定するためにdtmfscorを使用する。図C.21中のこの関数の骨組みは、ヘルプコメントと図C.13からのトーン対の表を含んでいる。読者はどのキーが存在するかを決定する論理式を加えなければならない。

dtmfscor関数への入力信号xxは実際にはDTMF信号から短い区分であると仮定している。各区分がひとつのキーに対応するように信号を分解する仕事は、すでにdtmfdecoを呼び出す関数により実行されている。

dtmfdeco関数を記述するにはいくつかの方法があるが、12個全部の場合をテストするためには「if」文の過度な使用を避けるべきである。ヒント：このテストを2，3の文で実現するためにはMATLABベクトル論理を（help relop）を使用する。

```
function key = dtmfdeco(xx,fs)
  %DTMFDECO    key = dtmfdeco(xx,[fs])
  %   returns the key number corresponding to the DTMF waveform,
     xx.
  %    fs = sampling freq (DEFAULT = 8000 Hz if not specified.
```

```
%
if (nargin < 3), fs= 8000; end;
tone_pairs = ...
[ 697  697  697  770  770  770  852  852  852  941  941  941;
 1209 1336 1477 1209 1336 1477 1209 1336 1477 1336 1209 1477 ];
   .
   .
```

図C.21 dtmfdeco.mの骨組み

C.7.4.4 電話番号

DSP First CD-ROMで提供されている関数dtmfmainは、ユーザーが記述した3つのM-ファイル、つまり、dtmfdial.m、dtmfscor.m、dtmfdecod.m を含む全てのDTMFシステムを走らせる。もし、このプロジェクトをLabレポートに表すならば、dtmfmain関数は自分のプログラムの動作バージョンをデモンストレーションするために使用することも可能である。

dtmfmainを使用する例をここに示す。

```
>> dtmfmain( dtmfdial([1:12]) )
ans =
   1  2  3  4  5  6  7  8  9  10  11  12
```

この関数を正しく動作させるためには、全部で3つのM-ファイルにMATLABパスを通さなければならない。dtmfmainが個別信号区分を分解するには、トーン対間で短いポーズを持たせることが重要でもある。

C.7.5 ラボラトリB：AM波形検出

C.7.1.3で述べたように、AM波形検出、つまり、復調（demodulation）を実行するためにはいくつかの方法が存在する。低価格のAMラジオでは、変調波形の包絡線を復調するためにピーク追従の方法を使用している。さらに良い検出器では、再変調とフィルタリングの組合わせを使用する[注18]。これは、このLabで使用する方法でもある。

1. 次に示すフィルタ法により、C.7.1.3節のウォームアップで作成したAMのテスト信号を復調してみよ。

---

*注18：Labのウォームアップ節で使用した信号に、MATLABのdemod関数を使用してみてもよい。この関数はMATLAB Signal Processing Toolboxの一部である。

(a) AMテスト信号に式（C.7.7）で述べたような搬送波を乗算し、showspecコマンドを使用してスペクトラムを観測してみよ。このスペクトルのそれぞれのピークと式（C.7.7）の項とを関係付けよ。
(b) 高周波成分を2400Hzで除去するように設計された3項からなるノッチフィルタを作成せよ。これが正しく実行されたことを確かめるために、このノッチフィルタの周波数応答をプロットせよ。
(c) 上のステップ(a)で作成された積の信号を自作ノッチフィルタで濾波せよ。この結果はオリジナルのメッセージ信号に類似しているはずである。

2. AMテスト信号に対しamdemod関数を使用して復調せよ。これは図C.16と図C.17のピーク追従回路を実現するものである。これの最適な設定を求めるために減衰速度（amdemodの第4入力パラメータ）で実験してみよ。0.9近くのτの値が良い結果を与えるが、$\tau = 1.2$と$\tau = 0.4$に対する出力を求めよ。

3. 次のような信号から中間の200点のプロットを含む3パネルsubplotを作成せよ。
   (a) オリジナルのメッセージ信号
   (b) 上の項1にある復調された信号
   (c) 項2にある復調された信号
   2つの復調信号の品質を比べ、それらが時間領域においてオリジナルメッセージ信号をいかに追従しているかを判断せよ。

4. 次のコマンドを使用してメッセージ信号と2つの復調信号のスペクトルとを比較せよ。

```
showspec(_, 8000);
```

5. 最良の品質信号を作るために、このフィルタ手法がどのように変更可能であるかについて述べよ。ヒント：2400Hzにおける高周波成分が完全に実行されるかどうかを調べるため復調された信号のスペクトルを検査せよ。もしそうでない時は、その信号を項1の復調で使用された同一のノッチフィルタでフィルタせよ。これは多くの係数を持つ高次ノッチフィルタを使用することと等価であるか。

C.7.6　追加：音声による振幅変調

次のコマンドを使用して音声信号とその他のMATLABデータとをロードせよ。

```
load  lab7dat
```

このMATLABデータファイルには、次の3つの変数が含まれている。

cc：96kHzのサンプリング速度による24kHzでの搬送信号
mm：搬送信号と同じサンプリング速度での音声信号
ss：8kHzのオリジナルサンプリング速度での音声信号

1. 次のコマンドを使用し、ccとmmからの変調された信号aaを作成する。

$$aa = (1+mm).*cc;$$

2. 3パネルプロットを用いて、cc、mm、aaのスペクトルを表示せよ。それらの間にある関係を簡単に説明せよ。

3. 関数amdemodを使用して音声波形を復調せよ。復調される波形をddと呼ぶ。復調される波形のサンプリング速度は非常に速く、信号が必要とされているよりはるかに高いのである。ddの周波数成分はここではほとんど全てが4kHz以下であるから、ここではプレイバックのためには8kHzでサンプルしてもよい。これはddから12サンプルごとに取り出し、その残りを捨てることである。

$$ds = dd(1:12:length(dd));$$

4. このdsとssとを試聴されたい。どのように聞こえるかを説明せよ。

C.8　ラボラトリ：画像のフィルタリングとエッジ抽出

このLabにおいては、フィルタリングの応用のための信号のタイプとしてデジタル画像を紹介する。このLabは、画像の周波数成分の調査にともなう画像の低域通過フィルタと高域通過フィルタに関するプロジェクトである。さらに、エッジ検出の問題を紹介する。ここで線形フィルタと非線型フィルタの組合わせがこの問題の解決に使用される。

C.8.1　概要

C.8.1.1　デジタル画像

画像は、空間での点の水平軸（t_1）と垂直軸（t_2）を表す2つの連続変数の関数$x(t_1,t_2)$として表現することができる。白黒の画像に対する信号$x(t_1, t_2)$は2つの空間変数のスカラー関数であるが、カラー画像に対して、この関数は2変数のベクトル関数である*[注19]。動画像（TV）は2つの空間変数に時間変数を追加する。白黒画像は白と黒、グレーの濃淡を用いて表示されることから、グレースケール画像（gray-scale image）と呼ばれる。このLabではサンプルされたグレースケール静止画像のみを考察する。

サンプルされたグレースケール静止画は、次式の2次元配列として表現される。

$$x[m, n] = x[mT_1, nT_2] \quad 1 \leq m \leq M,\ 1 \leq n \leq N$$

MとNの代表値は256か512程度である。512×512の画像は、ほぼ標準的なTV画像と同程度の解像度を持っている。MATLABにおいて、画像をM行とN列で構成されたマトリックスとして表現する。(m, n)点におけるマトリックス要素は、サンプル値$x[m, n]$である。これはピクセル（絵要素の短縮形）と呼ばれる。MATLABにおいて$(1, 1)$におけるピクセルは画像の最上左端をさす。

写真やTV画像のような光画像の重要な特性は、その値が常に非負であり、振幅が有限ということである。つまり、

$$0 \leq x[m, n] \leq X_{max}$$

これは光画像が光の反射や放射の強さを計測することで形成されているからである。このような値は常に正の有限量でなければならない。コンピュータに格納されるとき、あるいは、モニターに表示されるとき、普通、$x[m, n]$の値は8ビット整数表現式が使用できるように調整される。8ビット整数を用いると、その最大値は$X_{max} = 2^8 - 1 = 255$であり、表示では256グレーレベルとなる。

---

*[注19]：たとえばRGBカラーシステムは、各空間位置にred、green、blueに対応する値を持った3つの要素ベクトルが必要である。

C.8.1.2 画像の表示

後で分かるように、グレースケールのモニター上での画像の正しい表示は扱いにくい。特に、ある処理が画像に対してなされた後の場合はなおさらである。ここでは、多くのこのような問題を扱うために DSP First Toolbox にある `show_img.m` 関数を提供する。しかし、これは次のような点に注意するならば有効である。

1. 全ての画像値は、表示の目的には非負でなければならない。フィルタリングは負値を導入することもできる、特に（高域通過フィルタなどで）差分が使用される場合はそうである。
2. 大方のグレースケール表示のための既定の書式は8ビットである、それゆえ、画像のピクセル値 $x[m, n]$ は範囲 $0 \leq x[m, n] \leq 255 = 2^8 - 1$ における整数である。
3. MATLAB関数 `max` と `min` は、画像中の最大値や最小値を求めるのに使用される。
4. 関数 `round`、`fix`、`floor` は、ピクセル値を整数に量子化するために使用される。
5. モニター上の実際の表示は、`show_img` 関数で作成される。画像の出現は、ピクセル値を「カラーマップ」に切り替えることもできる。ここでは、3つのプライマリカラー（`red`、`green`、`blue` のRGB）が等しく使用されるので、「グレーマップ」を得るのである。MATLABの場合、このグレーカラーマップは次のようにして作成される。

$$\mathtt{colormap(gray(256))}$$

ただし、3つの列がすべて等しい 256×3 マトリックスを得る。カラーマップ `gray(256)` は線形マッピングを作成するので、入力のそれぞれのピクセル値はその値に比例したスクリーン強度で描画される（ここでモニタはすでにキャリブレートされていると仮定している）。我々の実験では、非線形のカラーマッピングが複雑で特別なレベルに設定されており、それらを使用しないことにした。

6. 画像値が $[0, 255]$ の範囲外にあるとき、また、その画像が $[0, 255]$ の微少領域だけを占有するように調整されたとき、表示は劣悪な品質となるかもしれない。そこで、各ピクセル値がどの程度出現するかをプロットするために（これをヒストグラムと呼ぶ）、MATLAB関数 `hist` を使用してこの条件を解析することができる。これはいくつかの値が極端な場所でまれにしか使用されていないかどうかを示すものであり、したがって、後で取り除くことができる。

このヒストグラムに基づいて、表示する前にピクセル値を調整することができる。これには次の2つの異なる方法で実行される。

7. 画像のクリッピング：ピクセル値のいくつかが $[0, 255]$ の範囲外に存在し、スケーリングが

保存される必要があるとき、そのようなピクセル値をクリップする。負の全ての値はゼロに設定され、また、255以上の値もすべて255に設定される。関数clipはこのような作業を行う。

8. 画像の自動的な再スケーリング：これは次式のようなピクセル値の線形マッピングを要求している[注20]。

$$x_s[m, n] = \alpha x[m, n] + \beta$$

スケーリング定数 α と β は画像の最小値と最大値から導出されるので、全てのピクセル値は次式により再計算される。

$$x_s[m, n] = \left\lfloor 256 \frac{x[m, n] - x_{\min}}{x_{\max} - x_{\min}} \right\rfloor$$

だだし、$\lfloor x \rfloor$ はfloor関数であり、x以下かxに等しい最大整数をとる。

C.8.1.3 画像フィルタリング

1次元信号がフィルタ可能であったように、画像信号をフィルタすることが可能である。2次元信号（画像）のフィルタリングのひとつの方法は、まず1次元フィルタで各行をフィルタし、次に、その結果の列に対し1次元フィルタで次々とフィルタすることである。この方法がこのLabで行うアプローチである。

C.8.2　ウォームアップ：画像の表示

このLabで必要とされる画像は*.matファイルを使用する。拡張子.matを持つファイルは、MATLABフォーマットであり、loadコマンドでロードされる。これらのファイルのいくつかを発見するには、DSP First Toolbox中の、あるいは、toolbox/MATLAB/demosと呼ばれるMATLABディレクトリ中の*.matを探索されたい。画像ファイルは、lenna.mat、echart.mat、zone.matと命名されている。そこにはMATLABの別のdemoも存在する。デフォルトの大きさは普通256×256であるが、その他のバージョンではlenna_512.matのような名前を持つ512×512も使用可能である。ロードした後、その画像とその大きさを保持した変数名を知るためにMATLAB関数whosを使用できる。

MATLABには、コンピュータのCRT上に画像を表示するためのいくつかの関数があるが、このLabでは特別な関数show_img()を作成する。これは、これまでに音声やトーンなどを試聴するときに使用したsound()に視覚的に等価である。つまり、show_img()は、画像のためのD-to-Cコンバータである。この関数は、画像値のスケールを操作し、複数画像表示窓をオープンさせるも

[注20]：MATLAB関数 show_img はこのスケーリングを実行し、その画像を表示する。

のである。以下はshow_imgのヘルプ部分である。

```
function [ph] = show_img(img, figno, scaled, map)
%SHOW_IMG    display an image with possible scaling
% usage:  ph = show_img(img, figno, scaled, map)
%     img = input image
%     figno = figure number to use for the plot
%             if 0, re-use the same figure
%             if omitted, a new figure will be opened
% optional args:
%     scaled = 1 (TRUE) to do auto-scale (DEFAULT)
%              not equal to 1 (FALSE) to inhibit scaling
%     map = user-specified color map
%      ph = figure handle returned to caller
%----
```

入力パラメータfignoが指定されてなければ、新たな図がオープンされることに注意されたい。これは、subplotを使用して複数画像を一緒に表示しようとする場合、非常に重要である。subplotを使用は、1ページに4つの画像を簡単に表示できることから、複数画像の表示に好まれる方法である。

C.8.2.1 表示のテスト

　画像表示の理解を明らかにするために、すべての行が一様であるような簡単なテスト画像を作成せよ。

1. 水平線に50サンプルの周期を持つ離散時間正弦波のテスト画像（256×256）を作成せよ。行の指標は垂直軸であり、列の指標は水平軸であることに注意されたい。
2. 画像からひとつの行を取り出し、水平線は正弦的であることを確かめるためにプロットしてみよ。
3. 上の項1からのテスト画像を表示するためにshow_imgを使用する、また、読者が観測したグレースケールパターンを説明せよ。もし正弦波が+1と−1との間を変化するように作成した場合、スクリーン表示に適切な8ビット画像を作成するために使用したスケーリングについて説明せよ。この作業において、ゼロ表示に対応したグレーレベルとは何か。また−3に対してはどうか。
4. lenna.matからlenna画像をロードして表示せよ。コマンドload lennaは、サンプル

画像を配列 xx に代入する。

5. lenna 画像の 200 番目の列をプロットせよ。そこで最大値と最小値とを観測せよ。
6. lenna 画像の負値をピクセルの再スケーリングにより表示できるような方法を考察せよ。言い換えると、白と黒とが交換されるようにピクセル値を再マップする線形マッピングを導出せよ。

C.8.3 ラボラトリ：画像のフィルタリング

Lab C.5 と C.6 では、1 次元信号に適用される移動平均フィルタや 1 階差分フィルタのような 1 次元フィルタの実験をした。これらのフィルタは、画像の行（や列）を 1 次元信号として注目するならば、画像に対しても適用可能である。

C.8.3.1　1 次元フィルタリング

例として、ある画像の 50 番目の列は、$1 \leq n \leq N$ に対応した N-点列 xx[50,n] である。この列を conv 演算子を用いて 1 次元フィルタでフィルタできる。しかし、全画像をフィルタするにはどのようにするのか。この質問に答えることがこの Lab での目的である。

1. Load コマンドを使用して画像 echart.mat をロードする。次の文を用いて、画像最下位から 33 番目の行を抽出せよ。

   ```
   x1 = echart(256-33,:);
   ```

   7 点平滑器を用いてこの 1 次元信号をフィルタせよ。同じ図に 2 パネル subplot を使用して入力と出力の両方をプロットせよ。フィルタされた波形が入力信号より「滑らか」なのか「荒っぽい」のかを観測せよ。
2. この画像の 99 番目の列を抽出し、1 階差分でこれをフィルタせよ。比較のために入力と出力とをプロットせよ。再度、フィルタされた波形が入力信号より「滑らか」なのか「荒っぽい」のかを観測し、また、その状態を説明せよ。

C.8.3.2　画像のぼかし

C.8.3.1 の項 1 と項 2 から、すべての行をフィルタする M-ファイルを記述するために、for ループをどのように使用できるかを知ることができる。これはフィルタされた行で構成される新たな画像を作成する。

$$y_1[m, n] = \frac{1}{7} \sum_{\ell=0}^{6} x[m, n-\ell] \qquad , 1 \leq m \leq M$$

しかしながら、この画像 $y_1[m, n]$ は、水平方向にだけフィルタされる。列のフィルタリングには別

のforループを必要とする、最後に、次のような完全にフィルタされた画像を得ることができる。

$$y_2[m, n] = \frac{1}{7} \sum_{k=0}^{6} y_1[m-k, n] \qquad , 1 \le n \le N$$

この場合、画像$y_2[m, n]$は7点平滑器により両方向にフィルタされる。

　これらのフィルタリング演算には多くのconv計算を含んでいるので、処理は遅くなる。幸運にも、MATLABには、一回の呼び出しでこの作業全てを実行するような`conv2()`と呼ぶ組み込み関数がある。これは、行と列のフィルタリングよりもより一般的なフィルタリング操作を行う。しかし、これらの単純な1次元操作を実行できることから、このLabでは非常に有効である。

1. 7点平滑器を使用して画像を水平方向にフィルタするために、フィルタ係数の行ベクトルを作成し、次のように使用する。

    ```
    bh = ones(1,7)/7;
    y1 = conv2(xx, bh);
    ```

    言い換えれば、行ベクトルに格納されている7点平滑器のフィルタ係数`bh`は、水平方向にすべての行を`conv2()`にフィルタさせる。入力画像`xx`と出力画像`y1`を表示せよ。2つの画像を比較し、自分が見たものを定性的に説明せよ。出力画像から（下から）33行を抽出し（`y1(256-33,:)`）、これとC.8.3.1節の項1で得た出力とを比較せよ。

2. 画像`y2`を作るために、7点移動平滑器を用いて画像`y2`を垂直方向にフィルタせよ。これはフィルタ係数の列ベクトルを使用して`conv2`を呼び出すことで実行される。ここで自分が見たものを説明せよ。このような効果を以前、どこで、いつ見たことがあるかを示せ。

3. 21点移動平均に対して項1と項2を繰り返す場合、なにが起こるかを考えられるか。これを試してみよ。また、21点平滑フィルタと7点平滑フィルタの結果を比較せよ。どちらがオリジナル画像に対して大きな変化をもたらすか。

C.8.3.3　いろいろな画像フィルタ

1. `lenna`画像をMATLABにロードする。`show_img`コマンドを使用して画像を表示せよ。
2. `lenna`画像を次のようなフィルタでフィルタせよ。行と列の両方をフィルタすることに注意されたい。

    (a) `a1 = [1 1 1]/3;`
    (b) `a2 = ones(1,7)/7;`
    (c) `a3 = [1 -1];`

    　このフィルタの場合は、行だけをフィルタせよ。このフィルタは負値を扱うことに注意

されたい。結果の画像を表示する前に、[0,255]の範囲内に収まるようにスケール調整されなければならない。これは`show_img()`コマンドで自動的に実行される。

(d) `a4 = [-1 3 -1];`
このフィルタでは行だけをフィルタする。

(e) `a5 = [-1 1 1 1 -1];`

それぞれのフィルタの効果について述べよ。フェザーのような細部を持つ画像領域に特別な注意を払われたい。高域通過フィルタか低域通過フィルタの特徴を示すような代表的な画像を提示することにより、次の質問に答えよ。

- どのフィルタが低域通過フィルタであるか。
- 画像に対する低域通過フィルタの一般的な効果はなにか。
- 高域通過フィルタはどれか。

C.8.3.4　画像の周波数成分

フィルタは、画像の周波数成分を調査するために使用される。これまで見てきたことから、画像の低域通過フィルタリングは、ぼかしをもたらす。この節では、高域通過（あるいは、帯域通過）のフィルタリングは画像を「シャープ」にすることを明らかにする。C.8.3.5節において、高域通過フィルタを使用してエッジ検出のためのシステムを調査する。この練習において、テスト画像として`baboon.mat`を使用する。

1. このデモンストレーションを行うためには、なだらかな周波数応答のフィルタが必要である。この目的のために、FIRフィルタの係数$\{b_k\}$のための「ガウシアン」形状関数を使用する。まず、次のような低域通過フィルタの係数を必要とする。

$$b_k = \begin{cases} 1.1 & k = 10 \\ e^{-0.075(k-10)^2} & k = 0, 1, 2, \ldots 20, k \neq 10 \\ 0 & その他 \end{cases}$$

このフィルタに対するインパルス応答を`stem`でプロットせよ。そして、周波数応答の振幅をプロットせよ。これを2パネル`subplot`に入れる。ヒント：MATLABは指標を1から開始することを思い出されたい。b_kの式は1だけ調整する。

2. 帯域通過フィルタを次のような定義式で作成する。

$$\tilde{b}_k = \begin{cases} \cos(0.4\pi(k-10))e^{-0.13(k-10)^2} & k = 0, 1, 2, \ldots 20 \\ 0 & その他 \end{cases}$$

この場合、フィルタ係数 $\{\tilde{b}_k\}$ は、余弦関数が乗算されたガウシアンである。再度、イン

パルス応答をstemでプロットせよ。また、周波数応答の振幅をプロットせよ。これらを2パネルsubplotで同一ページに置く。このフィルタがなぜ帯域通過フィルタ（BPF）と呼ばれるかを説明せよ。

3. テスト画像をbaboon.matからロードせよ。この画像を項1のLPFを用いて行と列の両方に沿ってフィルタせよ。その結果を項5の$y[m, n]$としてセーブせよ。フィルタの効果を調べるためにその画像を表示せよ。$y[m, n]$の周波数成分は、大方低周波か、あるいは、高周波であるのかを決定せよ。

4. BPF $\{\tilde{b}_k\}$ を用いて行と列の両方に沿ってテスト画像をフィルタせよ。また、その結果を項5で使用する$v[m, n]$としてセーブせよ。$v[m, n]$の周波数成分は、大方低周波であるのか、また、高周波であるのかを示せ。ヒント：この画像を表示しようとする場合、CRTのために正の画像を得るように再スケールしなければならない負値を持っているという問題に遭遇する。さらに、コントラストは数少ない非常に大きな値か非常に小さな値により大きく抑圧されるので、結果の表示は、ほとんどグレーに見える。ピクセル値の分布をプロットするためには、histを使用せよ。また、ごくわずかの非常に大きな値と非常に小さな値を除去するためにその画像をクリップせよ。

5. 項3で$y[m, n]$のぼけた画像は、項4の帯域通過フィルタされた画像$v[m, n]$を付加することで改善される。図C.22に示すシステムは、次のような線形組み合わせを実現する。

$$(1 - \alpha) y[m, n] + \alpha v[m, n]$$

ここでαは有理数であり、$0 \leq \alpha \leq 1$である。αは、最終結果のいくつが帯域通過された画像からのものであるかを制御する。組み合わせができる限りオリジナルに近く見えるようにαの最適値を求めよ。その結果がなぜシャープに見えるかを説明せよ。

表示において、4パネルsubplot、つまり、subplot(2,2,*)を用いてひとつのページに4つの画像を一緒に描くことができる。subplotでshow_imgを使用するとき、同一図窓に表示するために第2引数を0に設定せよ（help show_imgを参照）。

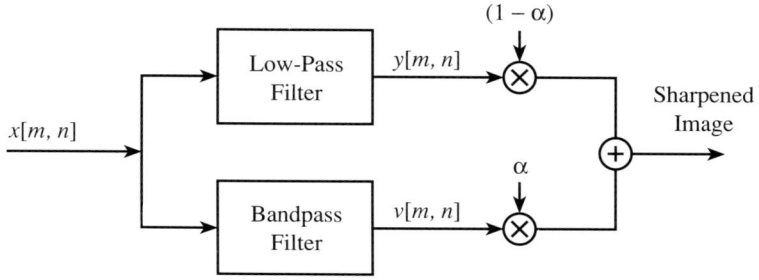

図C.22 画像の変化する低周波と高周波成分のためのテストの設定。パラメータαは0と1の間の値。

C.8.3.5 人工高周波の方法

"ぼかし復元"を実現するのは困難なプロセスである。しかし、C.8.3.4節の実験では次のような結論を導いた。

> 画像をシャープにするためには高周波情報を加える必要がある

したがって、実際的な「ぼかし復元」システムを設計するためには、このアイディアを使用することができる。画像 $v[m, n]$ はオリジナルの帯域通過フィルタリングから得られることから、C.8.3.4節の方法を直接使用することはできない。実際的な「ぼかし復元」問題において、ぼかした画像は、ぼかし復元システムへの入力として使用できる。しかしながら、ここでは、ぼかし画像からある高周波成分を求める必要がある。これを実行するための手続きのひとつは、図C.23に示した「人工高周波」の手法である。

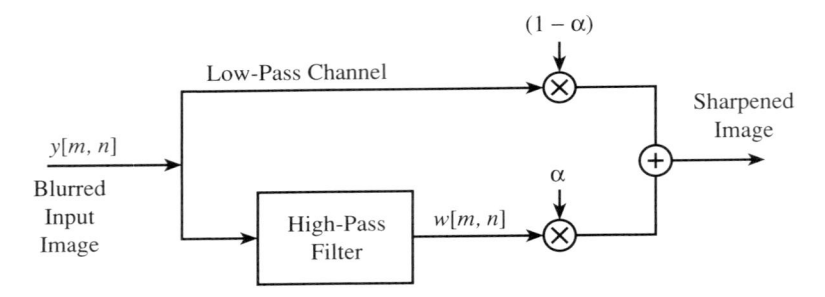

図C.23 Synthetic Highsの手法。画像の高周波成分は2階差分フィルタで作られる。

1. 2階差分フィルタで高域通過フィルタを構成する。

$$H(z) = (1 - z^{-1})^2$$

このフィルタの周波数応答をプロットせよ。

2. $w[m, n]$ を得るために、ぼかし画像 $y[m, n]$ を2階差分に通すことによりsynthetic-high画像を計算せよ。行と列の両方を処理しこれを確かめよ。

3. $w[m, n]$ の周波数成分は、オリジナル信号を従属接続されたぼかしフィルタ $\{b_k\}$ に通したあと、2階差分フィルタに通すことで構成されるものと考え、その成分について説明せよ。従属接続の周波数応答をプロットし、C.8.3.4から帯域通過フィルタ $\{\tilde{b}_k\}$ の周波数応答と比較せよ。

4. 人工高周波を用いたシャープニング: ここでは以前と同様に、次のような線形結合を使用する。

C.8 ラボラトリ：画像のフィルタリングとエッジ抽出

$$(1-\alpha)\, y[m,n] + \alpha\, w[m,n]$$

ただし、αは有理数で、$0 \leq \alpha \leq 1$の範囲にある。αの値は、目的のシャープニングのために付加される高周波成分の割合を制御する。

5. シャープニングされた結果を得るためにαの最良な値を求めよ。その処理がどのように動作するかを解説せよ。それが完全な処理ではないことを理解されたい。シャープニングされた画像とぼかし処理画像の例を示せ。

C.8.3.6 非線形フィルタ

このLabの前の節でも示したように、線形なFIRフィルタは、画像の再構成にも有効である。それらは画像を低域通過フィルタや高域通過フィルタに通しぼかしやシャープニングが可能である。しかしながら、その他の種類のフィルタでも画像処理には有効である。非線形フィルタは、出力画像の周波数成分が入力画像の周波数成分よりも劇的に変化させることができることから有効である。なを、これら2つは数学的にも、また、視覚的にも関係付けられる。たとえば、芸術家が写真を修整するとき、出力画像は入力と視覚的に関係付けられる。画像処理の共通する問題は、ある視覚的な関連に調和するような線形フィルタや非線形フィルタを発見することである。この節で提出されている問題は：画像中にある対象物の輪郭をコンピュータがどのようにトレースするか。これの良いソリューションは高域通過線形フィルタに続いて非線形な域値システムを使うことである。

C.8.3.7 画像中のエッジ

対象の輪郭は、普通は、色やグレーレベルの急激な変化で区分けされる。白い背景に対する黒い対象物体の輪郭は、その近傍が異なる色やグレーの影を持つような点の集合である。黒い点の右に白い点を持つような画像中の黒い点は、対象のエッジである。しかし、大方の画像では実線の黒と白の領域とを持ってはいない。

それぞれの領域内でのグレースケールの変化は、普通はなだらかではあるが、そのエッジは色の急激な変化をすることを仮定していることから、簡単な高域通過フィルタでエッジの検出ができると期待される。そこで、ある画像、たとえば、黒と白領域だけを持っているechartのような画像に1階差分フィルタを通して見よ。行と列の両方をフィルタせよ。その結果をグレースケール画像として表示せよ。このフィルタは垂直エッジと水平エッジに対してどうように動作するか。また、ある角度でのエッジに関してはどうか。これらを説明せよ。

C.8.3.8　slope：閾値

ここでは、色（あるいは、グレースケール）があるエッジで急激に変化するという仮定を期待しているならば、ここでなすべきことは対象点近傍が大きく異なる値をもつ場所（点）に印を付けることである。画像中の単一ピクセルの場所で、その値とその近傍とを比較することを意味している。もし、ある点と任意方向での次の点との差の絶対値がある閾値よりも大きいならば、そのピクセル

は多分にエッジである。図C.24（右）は、ある閾値を越えるピクセルは黒であるように2値化（白黒）された画像を示している。

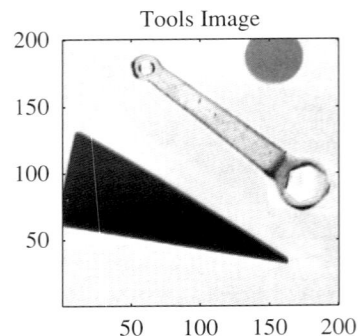

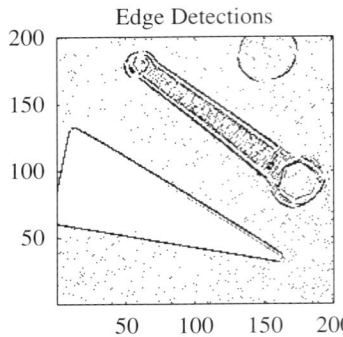

図C.24　200×200「Tools」グレースケール画像（左）に関するエッジ検出の2値化画像（右）。

　この閾値テストは、画像中のあらゆる点に対して適用されなければならないが、MATLABの場合には、ベクトルテストを全マトリクスに適用することは容易である。それゆえ、ここではピクセルとそれらの最近傍間の差の行列を作成し、次に全行列を閾値と比較する必要がある。

　この実行に最も簡単な方法は、1階差分フィルタを使うことである。水平1階差分フィルタを画像に適用することは、各点と残りの点との間の差の行列を作成するである。しかしながら、フィルタリング処理は余分な列を挿入する（help filter2を参照）。どの列が余分か。それは削除可能か。オリジナル画像と全く同一大きさの行列yhを作成することができる。その行列中の各点は、それに対応するオリジナル画像の点とそれ以外の点との差である。さらに、エッジ検出には垂直の1次差分（yv）を計算する必要がある。

　このようにして、オリジナル画像をyh(1,1) = xx(1,1)-xx(1,2)となるように整列するように調整された水平（yh）と垂直（yv）差分行列を得ることができる。最後のステップでは各絶対値を閾値と比較することである。MATLABの場合、a>b、a<bなどのような論理演算の結果はtrueなら1、falseなら0とする。論理演算a|bは、a or bを意味する。また、これはここでも有効である。次式のthrは閾値として、次の文は、

```
yy = (abs(yh)>thr) | (abs(yv)>thr);
```

オリジナル画像中の点がエッジ上に存在しない場所にはゼロ値を、また、エッジ上であれば1を入れた行列yyを作成する。show_imgを使用した8ビットスクリーン表示の場合、ユーザーはその出力を、その最大値と最少値が少なくとも200だけ離れているようにスケーリングすべきである。印刷の場合はカラーマップを、出力の大半が白になるように反転すべきである。

もし、閾値がゼロならば、同一のグレーレベルの点で囲まれないような任意の点に印が付けられる。これは色々な変化を持つカラー画像、たとえば、写真のような場合には非常に高感度である。もしこの閾値があまりにも高い場合、黒の背景色を持つグレーの対象のエッジには印が付加されないこともある。閾値は、このような演算に対して注意深く選択しなければならない。8ビット画像 lenna や echart の場合、最適値は8ビットから18ビットの間である。見た目にも良い結果を得るための閾値をテストしてみよ。これにより、lenna.mat 中の頭部、ハット、フェザーの外形を描いたラインを出力させることができる。

C.8.3.9 エッジ検出に関する非線形とは何か？

これまで使用してきた水平と垂直の1階差分フィルタは、LTIシステムであるが、論理演算は非線形である。閾値の比較は、画像のそれぞれのラインを「2乗波」関数に変換する。入力画像 xx の行94に沿って、出力画像 yy のその行をプロットせよ。エッジ検出は、低周波成分と高周波成分のどちらに対して高感度であるか。あるいは、そのいずれでもないのか。以上について説明せよ。

C.9 ラボラトリ：画像のサンプリングとズーミング

このLabにおいては、画像ズーミング問題に対してFIRフィルタリングの応用を考察する。ここで、低域通過フィルタは高品位ズーミングのために必要となる補間を実行するために使用される。ズーミング問題は基本的には第4章において扱ったD-to-A再構成問題と同じである。

C.9.1 概要

もし、Lab C.8をまだ済ませていなければ、先に、画像の表示と印刷に関する重要な情報のためのLabの節C.8.1.1を読まれたい。

C.9.2 ウォームアップ：線形補間

節C.9.3.2において、補間問題である画像ズーミングについて述べる。画像を処理する前に、ここでは、次のような1次元補間問題を考察する。

1. 非ゼロサンプル間に2つのゼロを持つデータサンプル列を作る。つまり、

    ```
    xss = zeros(1,19);
    samp = [1 3 -2 4 2 -1 -3];
    xss(1:3:19) = samp;
    ```

2. このデータ列を"三角"係数を持つFIRフィルタに通して処理せよ。

    ```
    coeffs = [1/3 , 2/3, 1, 2/3, 1/3];
    output = firfilt(xss,coeffs);
    ```

    `output`列とオリジナル列非ゼロサンプル（`xss`）との間の類似性に関して、何が観測されるのか。これら2つの列間の相対的なシフトに気が付いているか。サンプルの時間シフト長を計測せよ。三角FIRフィルタの出力は入力列の線形補間バージョンであることについて説明せよ。

3. 項2の`coeffs`で定義された"三角"フィルタのための差分式を示せ。次の入力列に対するフィルタ出力を手作業で計算せよ。

$$x[n] = \delta[n] + 0.5\delta[n-3] \tag{C.9.1}$$

$$= \begin{cases} 1, & n = 0 \\ 0.5, & n = 3 \\ 0, & その他 \end{cases} \tag{C.9.2}$$

C.9 ラボラトリ：画像のサンプリングとズーミング

この例題の実行は、MATLABを使用しないで行なうこと。その目的は、読者が差分式を作成したとき、線形補間出力がどのように作成されるかを正確に理解するためである。フィルタ係数がオリジナルデータサンプルとどのように配列されるかに注意をされたい。

Instructor Verification

要約として、線形補間には2つのステップがあることに注意されたい。その第1ステップはゼロ埋め込みであり、これは各サンプル間に挿入されたゼロ数が補間される数を決定する。第2のステップは、適切な三角係数を持つFIRフィルタリングである。

C.9.3 ラボラトリ：画像のサンプリング

コンピュータ上に格納された画像は、サンプルされた画像で、$M \times N$配列に格納されていなければならない。2次元空間でのサンプリング速度は、その画像がデジタル化（オリジナルが写真の場合、インチ当たりサンプル数）される時点で選択される。しかしながら、正規の方法によるサンプルを単に読み飛ばすことにより、一層低いサンプリング速度でシミュレートすることができる。もし、ひとつおきのサンプルが削除されたとき、そのサンプリング速度は半分になる。これはサブサンプリングやダウンサンプリングと呼ばれる。そこで、画像の行信号をベクトルx1で表現し、単に4つごとのサンプルを採用することにより、サンプリング速度を4分の1に減少することができる。MATLABの場合、これはコロン演算子で容易に行える。つまりxs = x1(1:4:length(x1))。ベクトルxsはx1の長さの4分の1である。

これとは別のサンプリング方法は、4番目のサンプルごとにとるが、その間にゼロを埋める。imsample()と呼ばれる以下のM-ファイルは画像のこのような方法でのサンプリングを実現する。たとえばxs = imsample(xx,4)。

1. 関数imsample.mがどのように動作するかを説明せよ。

```
function yy = imsample(xx, P)
%IMSAMPLE    Function for sub-sampling an image
% usage:   yy = imsample(xx,P)
%          xx = input image to be sampled
%           P = sub-sampling period (an integer like 2,3,etc)
%          yy = output image
%
[M,N] = size(xx);
S = zeros(M,N);
S(1:P:M,1:P:N) = ones(length(1: P: M), length(1: P: N);
```

```
yy = xx .* S;
```

2. 文 `xs=imsample(xx,4)` を実行せよ。また、`show_img()` を使用して画像 `xs` と `xx` とをプロットせよ。このプロットから、読者は `imsample()` がゼロに設定され、元のサンプル値が除去されたことを調べよ。値を保持しているサンプルはオリジナル空間位置に残ったままである。ゼロサンプルを含む場合、「サンプル画像」は、スクリーンに表示されたときと同じ大きさの空間を持っている。

3. ダウンサンプリングは、ある数のサンプルを取り除くので、画像の大きさは減少する。これは次のようにして実行される。

```
xp = xx(1:p:M,1:p:N);
```

ダウンサンプリングに内在するひとつの問題は、エイリアシングが発生することである。これは zone 画像や lenna 画像をドラマチックな様相に表示する。

　zone.mat 画像を 1/2 ダウンサンプリングを実行せよ。小さくダウンサンプルされた画像とオリジナル画像とを比較せよ[注21]。視覚的な相違はエイリアシングによるものである。これには、新しいピクセル値がダウンサンプリング処理により作成されたことに驚かれるかも知れない。読者が観測した可視的な相違について論述せよ。この変化とオリジナル画像中にある高周波成分とを関係付けることができるか。

　Lenna 画像を 1/2 にダウンサンプリングせよ。この画像は 1/2 へのダウンサンプリング過程による悪い影響は、比較的無いように思われることに注意されたい。Zone 画像とは対照的な Lenna 画像の周波数成分に関してどのように説明できるか。

C.9.3.1　画像の再構成

　画像がサンプルされたとき、ここでは欠損値を補間により埋め込む。画像の場合、これは第4章の例題で示した sin 波補間に類似している。この補間は D-to-A コンバータにおける再構成処理の一部である。ここでは "方形パルス"、"三角パルス"、やその他のパルス形状を使用する。

　次のような再構成の実験において、tools 画像や lenna 画像のいずれかを使用する。簡単な比較のために、オリジナル画像とフィルタされた再構成画像の全てとを異なる窓中のスクリーン上に配置するのが良い。

1. 最も簡単な補間は、ゼロ次保持（Zero Order Hold）を行うための方形パルスである。次

[注21]：エイリアシング表示の1つの困難さは、画像のピクセルを正確に表示すべきことである。これはほとんど起こらない。理由は、大方のモニターやプリンタでは、デバイスの分解能に一致させるために、画像の大きさを調整するという何らかの補間を行うからである。MATLAB の場合、DSP First Toolbox の一部である関数 trusize を使用して、これらの大きさの変更を無効にできる。

の文を用いて行円のサンプル間のギャップを埋める。

```
xs = imsample(xx,4);
bs = ones(1,4);          %--- Length-4 square pulse
yhold = conv2(xs,bs);    %--- 2-D FIR filtering (horizontally)
```

これを実行し、画像yholdを表示せよ。

2. 各列中の欠損値を埋めるためにyholdの列をフィルタせよ。また、その結果とオリジナル画像xxとを比較せよ。
3. 線形補間（linearluter palation）：ウォームアップにある線形補間に関して学んだことを使用して（4で）サブサンプルされた信号の行と列に関する線形補間を実行するFIRフィルタを決定せよ。このフィルタは、三角形状の係数$\{b_k\}$を保持している。また、そのフィルタ次数は$M=6$でなければならない。
4. MATLABのconv2関数を使用して線形補間演算を実行せよ。補間された出力ylinを呼び出す。ylinとオリジナル画像xx、および、項2の方形パルスで補間された画像とを比較せよ。これら2つの"再構成された"画像の視覚的な様子を説明せよ。
5. 項4で使用した線形補間の周波数応答を計算せよ。行に作用する1次元FIRフィルタを解析する。それの振幅（周波数）応答を、$-\pi \leq \hat{\omega} \leq \pi$の区間でプロットせよ。
6. 低域通過フィルタを使用した平滑処理：この時点で、補間は低域通過フィルタリングに非常に類似していると考えられる。この仮説を試すために、23点FIRフィルタを用いて行と列をフィルタすることによりサンプル画像の低域通過フィルタ版xs_filtを作成せよ。このフィルタの係数は変形された"sinc"の式で与えられる。

$$b_k = \frac{\sin(\pi(k-11)/4)}{\pi(k-11)/4} w_k \qquad k = 0, 1, 2, \ldots, 22$$

ここで、w_kは次式で与えられる。

$$w_k = 0.54 - 0.46 \cos\left(\frac{2\pi k}{22}\right) \qquad k = 0, 1, 2, \ldots, 22$$

sinc関数は、$k=11$とき不定となるので、MATLABはb_{11}を評価することの問題に注意されたい。読者は自分でb_{11}を計算されたい。また、これをベクトルb_k中の適切な位置に代入する。xs_filtをオリジナル画像と比較せよ。さらに、このFIRフィルタの周波数応答の振幅をプロットせよ。

C.9.3.2 画像のズーミング

画像のある部分をズーミングすることは、補間を要求することから、D-to-A再構成プロセスに非

常に類似している。C.9.3.1節で示した3つの補間システム（ゼロ次保持、線形補間、低域通過フィルタリング）は、4倍にズーミングするように適用される。

1. 興味ある部分が存在する画像の小さなパッチを取る（約50×50）（たとえば、`lenna`の目やフェザー部分）。大きな画像を作るためのいくつかの方法がある。ひとつの方法は、単純にピクセル値を反復することである。それは、50×50部分を200×200にズームするために、それぞれの方向に各ピクセル値を4回繰り返す。ピクセル値を反復することにより画像の拡大位置を表示せよ。
2. より大きな画像を作るためのもうひとつの方法は、すでに存在するサンプル値間にゼロを挿入する。言い換えると、行列の指標が4の倍数の行と列のデータ値を持つ200×200の画像を作らなければならない。これを1次元ベクトルに対するコードで以下に示す。

    ```
    L = length(xx);
    yy = zeros(1,4*L);
    yy(4:4:4*L) = xx;
    ```

    そこで、2次元マトリクスの行と列にゼロを挿入するような関数を記述できるように、この考えを一般化せよ。
3. この補間を実行するために、項2の画像をフィルタせよ。そのさい線形補間とsinc関数補間の2つを使用せよ。
4. ある大きさの細部を拡大したとき、画像の細部やエッジを保持するような3つのズーミング演算子の特性について説明せよ。"ズームした"画像の周波数成分を考慮して自分で観測し説明せよ。
5. MATLABのImage Processing Toolboxにはズームコマンドがある。この関数は`imzoom`と呼ばれる。もし、これは各自のシステムで使用可能であれば、どのような種類の補間が使用されているかを示せ。

C.10　ラボラトリ：z-領域、n-領域、$\hat{\omega}$-領域

C.10.1　Objective

このLabの目的は、z領域での$H(z)$の極とゼロ点配置、n領域でのインパルス応答$h[n]$、と$\hat{\omega}$領域での周波数応答$H(e^{j\hat{\omega}})$との関の直感的な理解を構築することである。PeZと呼ばれるグラフィカルユーザーインターフェイス（GUI）はこれら3つの領域に対する対話的な表現を実行するためにMATLABで記述されている*[注22]。

C.10.2　ウォームアップ

読者がDSP First ToolboxをインストールしたPeZ場合には、MATLABプロンプトから`dspfirst`とタイプすることによりPeZを実行せよ。次に、「Pole/Zeroプロッタ」を選択する。2、3個のボタンを持つ制御パネルと複素z平面中の単位円のプロットがポップアップする。z-平面中の極とゼロ点を選択的に配置するために、このPeZコントローラを使用することができる。次に、極-ゼロの配置がインパルス応答と周波数応答にどのように影響するかを観測せよ。もしプロットがマニュアルで更新する必要があれば、□□□□□□メニューの下にある□□□□□□ボタンをクリックせよ。

□□□□□□□□□□ボタンは、個別の極とゼロ点（対）がその周りを移動し、また、それに対応する$H(e^{j\hat{\omega}})$と$h[n]$が更新されるようなmodeにPeZを設定する。

マウスを使用しての極とゼロ点の正しい位置移動が困難である場合には実数部と虚数部への数値入力、あるいは、振幅と位相の入力として、□□□□□□□ボタンが提供されている（個別編集ウィンドウはユーザーがこれらの操作をするときに出現する）。しかしながらユーザーは極とゼロ点を編集する前に、マウスを使ってそのいずれかを最初に選択しなければならない。個々の極とゼロ点の削除は□□□□□□□□□をクリックすることで実行できる（再度、個別窓が出現する）。全ての極とゼロ点は□□□□□□メニューをクリックし、次に、`Poles`, `Zeros`あるいは、`All`を選択することで容易に削除される。PeZの完全なドキュメントはCD-ROM中にある。

Instructor Verification

C.10.3　ラボラトリ：z-、n-と$\hat{\omega}$-領域間の関係

次の練習問題に沿って作業を行い, その観測値をこのLabの最後にあるワークシート（Worksheet for Observations）に記録せよ。一般には次のようなノートを作る。$h[n]$は振動周期と遅延速度に関してどのように変化するのか。$H(e^{j\hat{\omega}})$はピーク位置と幅に関してどのように変化するのか。

---

*注22：PeZはCraig Ulmerにより作成された。

C.10.4 実数の極

1. PeZを使用して極を $z = 0.5$ に配置する。配置を正しく入力するには ☐ を使用することもできる。次の4つの項目に答えるための参考として、ここではプロットを使用する。
2. 原点の近くに極を移動する。極をクリックし、それを新しい位置にドラッグすることで実行できる。インパルス応答 $h[n]$ と周波数応答 $H(e^{j\hat{\omega}})$ の変化について論述せよ。
3. 極かゼロ点をPeZの ☐ の元で移動することもできる。このボックスがチェックされたとき、インパルス応答と周波数応答のプロットは、ユーザーが極点（あるいは、ゼロ点）を移動している間に即座に更新される。一度、このモードが設定されると、移動したい極（あるいは、ゼロ）をクリックし、それをゆっくりとドラッグする。第2の窓にあるプロットの更新に注目する。更新を停止するためにマウスボタンを解除する。そのモードが設定されているときは、別の極やゼロを削除することもできる。最後に、もしユーザーが遅いコンピュータで仕事をしている場合、その表示は少しギクシャクとなるかもしれない。実極を $z = \frac{1}{2}$ から $z = 1$ へゆっくりと移動してみよ。そして、インパルス応答 $h[n]$ や周波数応答 $H(e^{j\hat{\omega}})$ の変化を観測せよ。
4. 極を単位円上に正確に配置し、$h[n]$ と $H(e^{j\hat{\omega}})$ の変化を観測せよ。
5. 極を単位円の外に配置せよ。そのときの $h[n]$ と $H(e^{j\hat{\omega}})$ の変化を観測せよ。
6. システムの安定性を保証するために、極の配置に関して第8章で学んだことを思い出されたい。安定性により、システムの出力は、大きく膨らむことがないことを意味している。

C.10.5 複素極

多項式係数が実数であるとき、もし分母多項式 $A(z)$ は複素根を取るならば、それとの共役配置に第2の根を取る。たとえば、$z = \frac{1}{3} + j\frac{1}{2}$ にひとつの根があるとすると、もうひとつの根は $z = \frac{1}{3} - j\frac{1}{2}$ にある。

1. $A(z) = 1 + a_1 z^{-1} + a_2 z^{-2}$ の多項式係数のどのような性質が、その根が共役対となることを保証しているか。
2. すべての極とゼロをPeZから削除する。ここで、振幅を0.75、位相を45°を持つ極を配置せよ。次に、原点に2つのゼロを配置する。PeZは z-領域で複素共役極を自動的に配置することに注意されたい。
3. 分母 $A(z)$ と分子 $B(z) = b_0 + b_1 z^{-1} + b_2 z^{-2}$ のフィルタ係数を導出せよ。次のような関係式を使用する。

$$H(z) = \frac{B(z)}{A(z)} = G \frac{(1-z_1 z^{-1})(1-z_2 z^{-1})}{(1-p_1 z^{-1})(1-p_2 z^{-1})} \tag{C.10.1}$$

ただし、z_1とz_2はゼロ点、p_1とp_2は項2からの極点である（ここで、MATLABはconv関数を使用して多項式乗算が可能であることを思い出されたい）。後で使用するフィルタ係数を記録する。

4. 極の角度を変更する。まず極を90°回転し、次にそれを135°回転する。$h[n]$と$H(e^{j\hat{\omega}})$の変化を示せ。
5. 極の振幅を増加する。まず、0.9とし、次いで0.95に増やす。また、単位円の外側に移動する。このときの、$h[n]$と$H(e^{j\hat{\omega}})$の変化を示せ。

C.10.6 フィルタの設計

この節においては、希望する周波数応答を持つフィルタを作るため、極とゼロ点の配置にPeZを使用する。まず、特別なケースである程度の理解を得やすくするために、最初、極を全て原点に置き、ゼロは単位円上に置く。

1. PeZから極とゼロ点の全てをクリアする。そこで、$z = 0$に単一極を配置し、それのインパルス応答と周波数応答とを観測せよ。次に、原点にある極を別の場所に配置して、$h[n]$の変化と$H(e^{j\hat{\omega}})$の振幅位相とを注意深く観測せよ。最後に、第3の極を$z = 0$に配置する。そこで、このシステムのインパルス応答、振幅応答、位相応答に関して原点における極の効果についてどのような結論をだすことができるか。
2. PeZから全ての極とゼロ点をクリアせよ。そこで、次の位置にゼロを配置せよ。つまり、$z_1 = -1$, $z_2 = 0 - j$, $z_3 = 0 + j$ (z_2とz_3のような複素共役対は連続して入力されることを思い出されたい）。インパルス応答と周波数応答から判断すると、どの様な種類のフィルタが実装されているか。位相応答の傾きを計測（できるだけ正確に）せよ。

フィルタ設計は、ある特定のタスクを実行するように係数$\{a_k\}\{b_k\}$の選択をすることである。ここでのタスクは非常に狭い"ノッチ"特性を持つフィルタを作成することである。このフィルタは、ひとつの周波数成分を除去し、その他の成分を乱さないのに有用である。ノッチフィルタは、図C.25に示す2つの単純なフィルタの従続接続で合成される。

3. 図C.25に提示したそれぞれのフィルタを設計するために、PeZを用いてこれらの処理を行う。2つのフィルタは2次である。極とゼロ点を正確に入力するよう注意されたい。PeZは根配置と多項式係数の間の変換を行う。しかし、ここではMATLABコマンドrootsとpolyとを使用してこれを実行する。フィルタ係数を手で計算することによりその結果を直接に調べよ。ワークシートで提供される表中に自分のフィルタ係数を記録せよ。
4. 各フィルタの周波数応答が正しいことを確かめるために、freqz()を使用する。
5. フィルタを従続に接続するためにPeZを使用する。極とゼロ点を配置して、その周波数応

答を観測せよ。従続接続されたフィルタ $H(z)$ のフィルタ係数はいくらか。

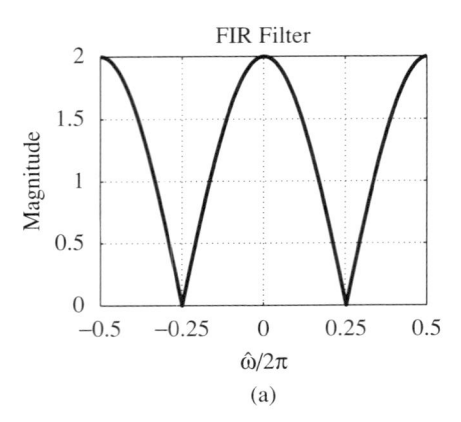

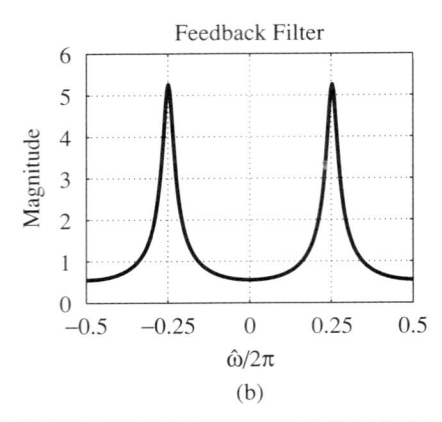

図C.25 2つのフィルタの振幅応答。これらの周波数応答に限りなく近いフィルタ係数を発見することの助けとしてPeZを使用する。(a) 2次FIRフィルタ、(b) 2次IIRフィルタ

6. 上の項5で設計した2つのフィルタの従続接続に対する周波数応答を決定するために `freqz()` を使用せよ。従続システムの周波数応答の振幅を、区間 $-\frac{1}{2} < \hat{\omega}/(2\pi) < \frac{1}{2}$ に対してプロットせよ。そして、自分のLabレポートのためのプロットを示せ。周波数応答振幅がノッチを持つ理由を簡単に説明せよ。また、$\hat{\omega} = 0$ と $\hat{\omega} = \pi$ における利得がなぜ同じになるかを説明せよ。

Worksheet for Observations

Name:_____   Date:_____

Implemented 3-point running sum with PeZ:_____

Part	Observations
C.10.4 (1)	$h[n]$ decays exponentially with no oscillations, $H(e^{j\hat{\omega}})$ has a hump at $\hat{\omega} = 0$
C.10.4 (2)	
C.10.4 (3)	
C.10.4 (4)	
C.10.4 (5)	
C.10.4 (6)	
C.10.5 (1)	
C.10.5 (2)	
C.10.5 (3)	
C.10.5 (4)	
C.10.5 (5)	
C.10.6 (1)	
C.10.6 (2)	

Part C.10.6 (3, 4, 5, 6)	ak	bk
bk		
Filter 1		
Filter 2		
Cascade of 1 and 2		

C.11 ラボラトリ：楽音の周波数抽出

このLabは、レコーディング（サンプルされた信号）の周波数成分を解析し楽譜を自動的に書き上げるためのシステムの実装を含む単一のプロジェクトである。この様なシステムの主たる要素は、スペクトログラムである。しかし、動作するようなシステムを作るためには、それ以外の処理要素が音に関する重要な情報を抽出するスペクトログラムの後で必要とされる。これらの付加的なブロックの設計は、スペクトログラムが実際には何を表しているかの深い理解へと自然に導く。

C.11.1 概要

第9章では、時間-周波数解析のための重要なツールとしてスペクトログラムを紹介した。ここでも、スペクトログラムの理解を助ける2つの観点、つまり、フィルタバンク構成と移動窓FFT構成とを示す。フィルタバンク的観点では、周波数分解能を説明するのに助けとなる。これはチャンネルフィルタの帯域幅に関係している。また、FFT的観点は計算について議論の際に有用となる。

音楽の信号に対して、スペクトログラムは2、3個のピーク値だけを持つ画像を作成する。これらのピーク値を求め、それらの周波数と間隔を求めることは、このLabでの主要項目である。楽譜に沿ってこのスペクトログラムを表示するためのMATLAB GUIは、実験に際し使用可能である。

Music GUI

使いやすいプロジェクトを作成するためには、いくつかの異なるテスト信号を通すことである。それには以下の要素を含める。

Recorded Songs

1. 特定周波数での正弦波
2. C-majorスケールでの正弦波
3. Twinkle, Twinkle, Little Starに合わせ音を作成した正弦波
4. Twinkle, Twinkle, Little Starのピアノ演奏
5. その他記録された音が処理に使用可能である。Jesu, Joy of Man's Desiring; Minuet in G; Beeethoven's Fifth Symphony; and Für Elise.

C.11.2 ウォームアップ：システムの要素

このウォームアップにおいて、複数のM-ファイルは、完全な処理連結を作るための必要であることを考察する。

C.11.2.1 スペクトログラムの計算

MATLABにおいて、スペクトログラムを計算するための関数はすでに用意されてある。しかし、Signal Processing Toolboxの一部であることから、常に使用できるわけではない。spectgr()と呼ぶ類似の関数はDSP First Toolboxの一部に含まれている。また、引数リストも同じようになっている。spectgrの呼び出し書式を下にしめす。

```
[B,T,F] = spectgr(xx, Nfft, fs, window, Noverlap)
```

これはMATLABのspecgram()関数で使用される書式に一致している。入力引数は次のように定義される。xxは入力信号、NfftはFFTのデータ長、fsはサンプリング周波数、windowは窓の係数を含む列ベクトル、また、Noverlapは連続区間のオーバーラップ部分のデータ点数である。

出力は、窓区間の時間位置におけるスペクトログラム行列B、とベクトルTである*[注23]。また、ベクトルFはスペクトログラム解析に対応したスケール化された周波数のリストである。ベクトルTとFはラベリングに有効である。この2つはサンプリング周波数（その単位はTでは秒、Fではヘルツ）に応じてスケール化される。スペクトログラムBは複素数値を含んでおり、その大きさは、length(F)に等しい列長（行の数の意）とlength(T)に等しい行長である。DSP First実装における呼び出しプログラムは、引数の全てを指定しなければならない。他方、MATLABの関数は呼び出しに引数の欠如を許すが、プログラムが多少複雑になる。

この節ではスペクトログラム計算におけるステップを示すが、プログラムは各自で記述されたい。計算のやりやすさ観点では、移動窓FFTの計算である。これの実装には、長さLの信号と、窓による区間との積をとり、スペクトログラム行列のひとつの列を作るためにゼロ-埋め込みN点FFTを計算する。次に、データ区間の開始点は、$L - N_{overlap}$だけ移動し、この処理が継続される。最後にデータが終了しスペクトログラムが計算される。

MATLABプログラムの場合、残りの信号をテストする為には、whileループを使用する必要がある。次の例は内側ループで必要なコードの全てを示す。

```
B = zeros( Nfft/2 + 1, num_segs );   %- Pre-allocate the matrix
L = length(window);    %-- assuming a user generated window
iseg = 0;
While( )                             %<==== FILL IN THE TEST CONDITION
  nstart = 1 + iseg*(L-Noverlap);
  xsegw = window .* xx( nstart:nstart+L-1 );    %-- xx is a column
  XX = fft( xsegw, Nfft );
  iseg = iseg + 1;
  B(:,iseg) = XX(1:Nfft/2+1);
end
```

スペクトログラム中の各ステップがどの様に計算されるかを説明せよ。開始前の区間の数

---

*[注23]：時間位置の定義には次のような慣例がある。(1) セグメントの開始点、(2) セグメントの中間点、(3) セグメントの終了点。中点選択は多分に意味があるが、このプロジェクトでは、相対時間だけが重要なことであるので実際には問題にならない。

num_segsを計算する方法を説明せよ。whileループの最後の行の目的を説明せよ。最後に、whileループを終了するために使用されるテスト文を決定せよ。

Instructor Verification

C.11.2.2 窓の作成

spectgrの呼び出しには長さLの窓が必要である。窓としては全てが1であるような方形窓（rectangular Window）である。しかし、最良の窓はHannフィルタである。方形窓は移動和フィルタに対応している。Hann窓の定義は次の通りである。

$$w[n] = \frac{1}{2} - \frac{1}{2}\cos\left(\frac{2\pi n}{L+1}\right) \qquad n = 1, 2, \ldots L \tag{C.11.1}$$

この定義にはいくつかのバリエーションがあるが、ここで示すものは、ゼロを取る終端点を省略してある。Hann窓を発生する関数を、列ベクトルで返すように記述しなさい。次に、spectgr関数を呼び出すときにこれを使用することができる。$L = 64$のときのHann窓をプロットせよ。

Instructor Verification

C.11.2.3 スペクトログラムの表示

spectgr出力の表示は、MATLABの関数imagescかDSP Firstの関数show_imgで実行される。コンピュータのモニター上で、スペクトログラム表示は、詳細部を強調するような傾向を持つようにカラーを使用することができる。しかし、従来の出力では、大きな値に黒を用いたグレースケール画像である。さらに、グレーレベルがBの振幅に比例するならば、小さな細部は失われることもあるので、30dBから40dBをカバーするような対数スケールに変換する（これを「log mag」と呼ぶ）ことには有利な点がある。最後に、MATLABのデフォルトでは、上左端に原点を持つ行列である。原点が下左端になるようにこの向きを変更するには、axis xyを使用する。次のコードの一部はこの種の表示を要約する。

```
if (LOG)          %-- assume LOG is a true/false variable
   B = 20*log10( abs(B) );    %-- ignore log(0)  warnings
   dBmax = 30;
   B = B - max(abs(B(:))) + dBmax;
   B = B.*(B>0);              %-- dB range is now 0 <= B <= dBmax.
else
   B = abs(B);
end
imagesc( T, F, B ); colormap(1-gray(256)) ; axis xy;
```

C.11.2.4 ピーク値の検出

スペクトログラム中のピークを視覚的に示すことは容易であるが、この同じピーク値を取り出すためのコンピュータプログラムを記述することは困難である。この処理の最初のステップは、単純に全てのピークを取り出すことである。次に、見当はずれのピークを除くようにプログラムを編集する。このピーク値取り出し関数は周波数軸に沿っての1次元取り出しを行う必要がある。それは、音楽のスペクトログラムの場合には一定の水平バイアスを持っているからである。つまり、音は、時間（水平）軸に沿って長い時間残るからである。もし、ピークを得るために行列 $B(k, \ell)$ の各列をスキャンするならば、その音がどこに存在するかを調べ、また、その音がどれだけ接続するかを決定するため、その近傍の列からピークをマージする。

1次元ピーク検出は関数 pkpick.m で実現できる。この関数の help コメントは以下の通りである。

```
function [peaks, locs] = pkpick( xx, thresh, number )
%PKPICK     pick out the peaks in a vector
%  Usage:     [peaks,locs] = pkpick( xx, thresh,  number )
%       peaks  : peak values
%       locs   : location of peaks (index within a column)
%       xx     : input data (if complex, operate on mag)
%       thresh : reject peaks below this level
%       number : max number of peaks to return
```

余弦波を作成し、そのピークを求めることにより、pkpick.m が期待どおり動作することをテストせよ。

Instructor Verification

ピーク検出での予期しない問題は、周波数軸の量子化である。ピーク検出関数は、実行可能な周波数の格子上の出力である。もし、これらの格子点間に存在するピーク位置を推定する必要がある場合には、補間が必要である。関数 pkinterp.m がそのような目的に使用できる。

C.11.3 写譜システムの設計

楽譜を自動的に記述するための完全なシステムは、非常に複雑であるので、ここではシステムを少し小さな、より管理しやすい部品へと規模を縮小することにする。

C.11.3.1 システムのブロック図

図C.26は、録音した音楽からその入力の楽譜を書くため、十分な情報を取り出すに必要となる主要なサブシステムである。これらのサブシステムは、それぞれ個別のMATLAB関数として実装する。

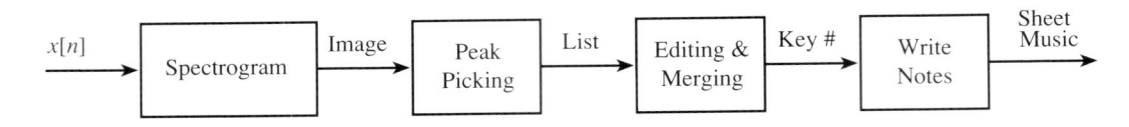

```
x[n] → [Spectrogram] →Image→ [Peak Picking] →List→ [Editing & Merging] →Key #→ [Write Notes] →Sheet Music
```

図C.26　写譜システムの主要部品のブロック図

C.11.3.2　スペクトログラム関数の記述

自分のスペクトログラム関数を記述するための基本として、上で示したコード部分を使用する。その関数に正弦波のスペクトログラムを計算させることによりテストせよ。表示は、正弦波周波数の場所にひとつの水平な線とする。

C.11.3.3　スペクトログラムのパラメータ

窓長：音を分離するために要求される周波数分解能を導出せよ。次に、それを使用して窓長を指定せよ。分解能は連続-時間周波数(Hz)から離散-時間周波数に変換する必要がある。

$$\hat{\omega} = 2\pi \frac{f}{f_s}$$

FFT長：効果的には2の累乗FFTを使用する。長いFFTは多くの周波数を得ることができ、また、ピークを補間するための格子点問題を減少させる。

オーバーラップ：音の持続期間を決定するに必要となる時間-期間を決定せよ。時間-期間が非常に狭くしたときには、注意が必要である。それは計算量が劇的に増加するからである。

C.11.3.4　ピーク検出と編集

ピーク検出演算は、比較的容易に実装できる。ただし、ピークの数と閾値は指定されなければならない。もし、閾値があまりにも低いと、位相の編集に多くの不要なピークを扱うはめになる。ピーク検出は、3つのリスト（周波数、時間、振幅）を作ることである。C.11.2.4で提供された関数 pkpick.m は、ひとつのベクトルに対するピークを求めるので、時間と周波数の両方の関数としてのピークを求めるように変更しなければならない。

編集は決定的な段階であり、また、特定することは最も困難である。調整のための1組のパラメータを用いた既知の計算であるスペクトログラムとは異なり、編集プロセスでは、多くの異なる形式を取ることができる。編集システムは、ピーク検出器で発生した周波数—時間—振幅の3つ組のリストを求め、常識的に導出されたルールに基づいてそれらの多くを消去しなければならない。次の事項について考察する。

1. 周波数：

(a) その周波数はピアノキーの許容可能な周波数のひとつにどの程度近いか。
(b) 高調波は消去されなければならないが、オクターブが演奏される場合があるので、第2高調波は許容されなければならない。さらに、歌の場合にバスとソプラノ部分があるとき、周波数はそれぞれの4倍か8倍となる。

2. 時間：
(a) ピーク期間を調べる。それが2分音符か4分音符であるか。これは、ピークが時間軸に沿ってマージされ追跡されることを要求する。
(b) その音のタイミングを考察する。音楽は2/4や4/4のような一定の速度を持っているので、その音は正規の時間で開始するものと予想する。
(c) 事実、興味ある別のプロジェクトでは、音楽の"ビート"を抽出することである。これは譜面の時間ベースを構築する助けとなる。また、ヘルプには、期待した期間に関するいくつか条件を設定する。
(d) トリル音や装飾音などの特別な効果を持つピースであっても最少期間が存在する。

3. 振幅：
(a) 最も強いピークを保持する。いくつ存在するか。
(b) もし時間領域で見た場合、"アタック"音が見つかるかも知れない。これは音の開始時点での鋭い立ち上がりである。アタックはその音の開始時間を識別する助けとなる。

C.11.3.5 楽譜の記述

編集プロセスの出力は、その音楽を決定するキー番号と持続期間の列である。ここでは、楽譜中にその音収めたMATLAB画像を作成するためのwrinotes.m関数を提供する。入力に必要なデータ構造を学習するためには、wrinotes.mのヘルプを参照されたい。

C.11.4 楽音抽出プログラムのテスト

このプロジェクトは比較的複雑である。テストは容易ではない。しかしながら、いくつかのテストファイルが簡単な場合から複雑な場合へ発展的に使用できる。次の4つのテストに関して自分のプログラムを実行させて見よ。

1. 特定周波数での正弦波
2. C-majorスケールでの正弦波
3. Twinkle, Twinkle, Little Starに合わせ音を作成した正弦波
4. Twinkle, Twinkle, Little Starのピアノ演奏

それぞれの場合において、どれが正しい答えかは分かっているので、楽譜記述の能力を評価できる。

ピアノ楽譜の全ては、11.025kHzでサンプルされている。これらは、隣りの音の干渉を減ずるためにペダルなしで演奏されたものである。それ故、論理的に簡単に編集可能にした。他方、歌の方

は、Jesu, joy of Man's Desiring; Minuet in G; Beethoven's Fifth Symphony; Für Elise などである。これらはいずれも困難で挑戦的でさえある。

　このLabの目的は図C.26で列記した主要な部品を含むシステムを動作させることを、思い出されたい。少数の簡単なテストでも、読者はスペクトログラムに関して、その強力さとその欠点とを十分に知ることができる。

付録 D CD紹介

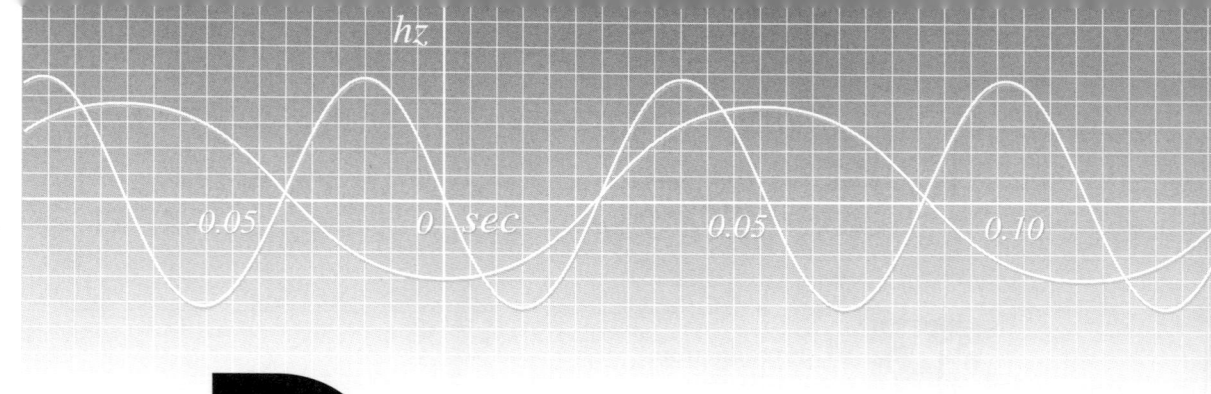

目次

章		Demos	Labs	Exercises	Homework
1	Introduction	■	■	■	■
2	Sinusoids	■	■	■	■
3	Spectrum Representation	■	■	■	■
4	Sampling and Aliasing	■	■	■	■
5	FIR Filters	■	■	■	■
6	Frequency Response of FIR Filters	■	■	■	■
7	Z-Transform	■	■	■	■
8	IIR-Filters	■	■	■	■
9	Spectrum Analysis	■	■	■	■
A	Complex Numbers	■	■	■	■

章

 ![DSP First]	**1. Introduction**	第1章では、信号とシステムを紹介する。
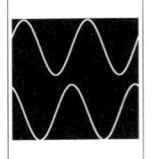 ![sine]	**2. Sinusoids**	第2章では、信号処理における最も基本的な波形として余弦波を紹介する。余弦波の周波数はオーディオ装置での試聴音を決定する。次に、複素指数関数を導入する。複素指数関数の実部は余弦関数であり、その虚部は正弦関数であるので、複素指数関数のプロットは一定長さAの回転ベクトルである。
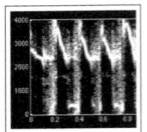 ![spectrum]	**3. Spectrum Representation**	第3章では、周波数成分に対する信号の図的表現を扱う。さらに、周波数の異なる正弦波信号の和として構成されるやや複雑な周期波形を合成する。
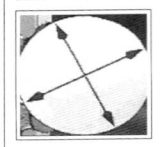 ![sampling]	**4. Smapling and Aliasing**	第4章では、アナログとデジタル領域間での信号の変換を学習する。サンプリングや信号の再構成に関する基本的なアイディアを紹介する。
 ![FIR]	**5. FIR Filters**	FIR（finite-impulse-response）フィルタを紹介する。これらのフィルタは入力から出力を形成するために移動重み付き平均をとるのに使用する。
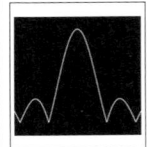 ![freq response]	**6. Frequency Response of FIR Filters**	FIRフィルタの周波数応答関数を紹介する。周波数に対する振幅と位相がこのフィルタを通したときの正弦波入力信号の応答を与える。
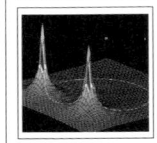 ![z-transform]	**7. Z-Transform**	z-変換を紹介する。この代数的手法では、線形システムの解析に多項式を導入する。
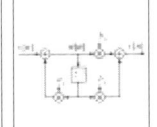 ![IIR]	**8. IIR Filters**	フィードバックフィルタを紹介する。これらのフィルタは無限長インパルス応答であるので、普通無限インパルス応答(IIR)と呼ばれる。これらのZ変換は極とゼロ点を含んでいるので、それらの周波数応答は、ヌル値を含むような場合、非常に鋭いピーク値を持つ。

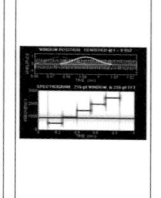

	9. Spectrum Analysis	フーリエ解析の基本的なアイディアを示す。時間信号からスペクトル成分をどのように計算するかを示す。フィルタバンクのアプローチは、周波数領域での値が異なる周波数でのエネルギーとして関係付けられることから使用される。計算にはFFT(Fast Fourier Transform)アルゴリズムを紹介する。最後に、その周波数成分が時間に対して変化するような信号の挙動を説明するためのスペクトログラムを使用する。
$e^{j\pi} = -1$	A. Complex Numbers	付録Aでは、複素数の基本操作を紹介する。複素数の代数ルールを復習する。次に、幾何学的表示は、いろいろな演算をベクトル図を描きながら説明するのに使用される。

Demo

1. Introduction

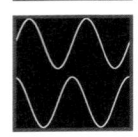

2. Sinusoids

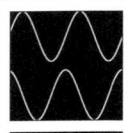	**Sinusoids**	ここでは式から周期信号（正弦波と余弦波）のプロットを紹介する。さらに、このチュートリアルでは周期波のプロットを与えるための式の書き方を紹介する。
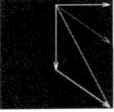	**Rotating Phasors**	ここでは回転するフェーザーの4つの動画がある。また、フェーザの実部が時間と共に正弦的に変化することを示す。そのうち、2つの動画は異なる周波数の回転フェーザが、ビート信号の様な複雑な波形を生み出すためどの様に相互作用しているかを示す。
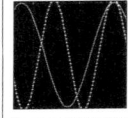	**Sine Drill**	これはMATLABのプログラムであり、正弦波のパラメータを計算するための各自の能力をテストする。
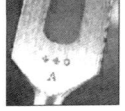	**Tuning Forks**	このDemoは、音叉の大きさと堅さが3つの異なる音叉により作られる音にどの様に影響するかを示す。
	**Clay Whistle**	これは2つの陶製ホイッスルにより作られたほぼ正弦波に近い波形を示すDemoである。

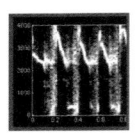

3. Spectrum Representation

	**FM Synthesis of Instrument Sounds**	このDemoでは、楽器音が周波数返答の原理を使用して合成されることの数学的な導出を与える。例の音は、ベル音やクラリネット音が入っている。
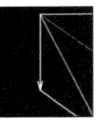	**Sounds and Spectrograms**	このDemoは、色々な音とそれらのスペクトログラムの間の関連性を示す。それぞれの音には単純な音、波形、実音楽と合成音楽やチャーブ信号などがある。

4. Sampling and Aliasing

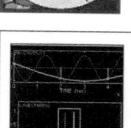	**Aliasing and Folding**	正弦波がNyquist速度以下でサンプルされたときのエイリアシングと保持の概念を示すいくつかの動画を示す。
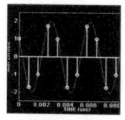	**Sampling and interpolation**	信号、再構成パルス、サンプリング速度などの異なる組み合わせによる再構成プロセスの事例を示す。
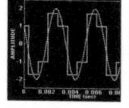	**Reconstruction**	再構成プロセスの説明を動画でしめす。
	**Strobe Movies**	この動画では、回転しているディスク上のパターンのエイリアシングを示すために、カムコーダ（秒当たり30フレーム）のストローブ機能を使用したサンプリングプロセスを示す。
	**Synthetic Strobe Movies**	ここでの動画は、回転しているディスクのストローブ/サンプリングの効果を示すためにMATLABで作成された。MATLABを用いて、ディスク上のスポークの前後への（エイリアシングによる）移動が追尾されるように、回転速度は正確に校正されている。

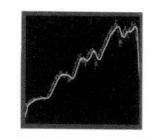

5. FIR Filters

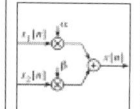	**Linearity Property**	このブロック図に示すDemoは、FIRフィルタの線形性を示す。詳しく見るには、任意のブロック、入力や出力をクリックする。
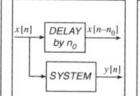	**Time-Invariance property**	このブロック図のDemoは、FIRフィルタにおける時不変の性質を示す。詳しく見るには、任意のブロック、入力や出力をクリックする。

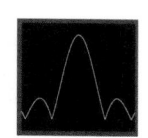

6. Frequency Response of FIR Filters

	Cascading FIR Filters	LTI FIRフィルタは画像の処理に使用されている。ここでは、低域通過フィルタ処理はぼかしを行い、他方、高域通過フィルタはエッジ強調を行うDemoを示す。
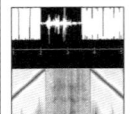	Introduction to FIR filters	FIRフィルタへの簡単な紹介と音声信号の音をどの様に変化するかを紹介する。

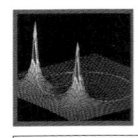

7. Z-Transform

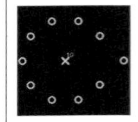	Three-Domains	極とゼロ点のZ変換領域と時間領域との間の関係。しかも、周波数領域は、個別のゼロ点やゼロ点の対が連続的に移動することをいくつかの動画で紹介する。
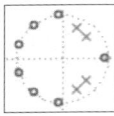	PeZ	極/ゼロ操作のためのMATLABツール。極とゼロ点はz-平面上の任意場所に配置できる。それに対応した時間領域(n)と周波数領域(omega)のプロットが表示される。ゼロ対(あるいは極対)をドラッグすると、インパルス応答と周波数応答が実時間で更新される。

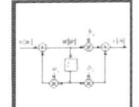

8. IIR Filters

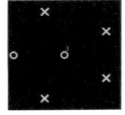	Three-Domains	極とゼロ点のZ変換領域と時間領域との間の関係。しかも、周波数領域は、個別のゼロやゼロの対が連続的に移動することをいくつかの動画で紹介する。
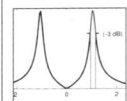	IIR Filtering	1次および2次IIR(infinite-length impulse response)フィルタの短いチュートリアル。このDemoは、異なるフィルタ係数を持ついろいろなIIRフィルタのための3つの領域でのプロットを示す。
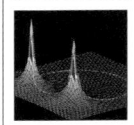	Z to Freq	システムの複素Z-平面と周波数応答の間の関係を示すDemoである。周波数応答は複素Z-平面の単位円上でH(z)を評価することにより得られる。

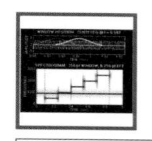

9. Spectrum Analysis

	**Music GUI**	音楽の作曲、正弦波合成音の試聴、歌のスペクトログラムの観測のためのMATLABグラフィカルユーザーインターフェイス。
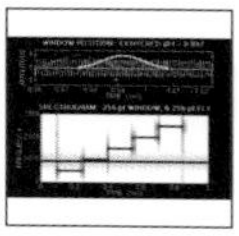	**Resolution of the Spectrogram**	スペクトログラムが移動窓FFTにより計算されるとき、そのスペクトログラムの時間と周波数分解能の間の本質的なトレードオフを動画で示す。

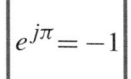

A. Complex Numbers

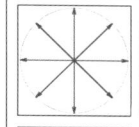	**Complex Numbers via Matlab**	複素数と複素指数関数がMATLABでどのように操作されるかの事例を示す。
	**Z Drill**	これは複素演算における自分の能力をテストするように設計されたMATLABのドリルプログラムである。これには、加算、減算、乗算、除算、複素共役、逆数の演算がある。

Labs

1. Introduction

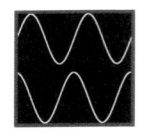

2. Sinusoids

Lab 1: Introduction to Matlab	このlabにおいてはMATLABの基本を紹介する。MATLABは、本テキストにおける多くの練習に対して補助を発見するであろうプログラミング環境である。
Lab 2: Introduction to Complex Exponentials	複素指数を使用した正弦波関数を扱うことは簡単な演算と代数への三角関数問題となる。このlabでは複素指数関数信号を示し、次いで、余弦波形を追加するのに必要なフェーザの追加特性を示す。正弦波を組み合わせるときに必要なベクトル加算を示すためのフェーザ図のプロットをするようにMATLABを使用する。

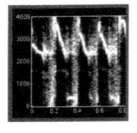

3. Spectrum Representation

Lab 3: Synthesis of Sinusoidal	このlabでは、周波数の異なる正弦波信号の和として構成されるような、複雑な正弦波波形を合成する。合成音はいくつかある歌の中のひとつである。
Lab 4: AM and FM Sinusoidal Signals	このlabでの目的は、基本正弦波に関連付けられたより複雑な信号を紹介することである。これらは、ラジオやテレビジョンで広く使用されている周波数変調と振幅変調を実現するような信号である。これらの信号はまた、音楽楽器に類似した興味ある音を作成するために使用することも可能である。

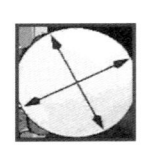

4. Sampling and Aliasing

5. FIR Filters

Lab 5: FIR Filtering of Sinusoidal Waveforms	このlabの到達点は、MATLABでFIRフィルタをどのように実現するかを学ぶ。次いで、複素指数関数のような入力によるFIRフィルタの応答をも学習する。さらに、FIRフィルタを使用して線形時不変のような特性を学ぶ。このlabにおいて、線形で時不変の概念を復習する。LTIと非線形システムの従続接続とを含む練習問題もある。

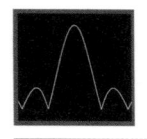

6. Frequency Response of FIR Filters

Lab 6: Filtering Sampled	このlabにおいては、フィルタの周波数応答が平滑化や強調化のためのフィルタの動作とどのように関係しているかを理解することから始める。さらに、LTIシステムの従続接続が全体の周波数応答を変更することなく順序入れ替えが可能であることを確かめる。
Lab 7: Everyday Sinusoidal Signal	このlabでは、正弦波信号が情報伝達に使用されるような2つの実際的なアプリケーションとして、タッチトーンダイアラーとラジオの振幅変調(AM)を紹介する。2つの事例において、FIRフィルタは波形にコード化されている情報を抽出するのに使用される。

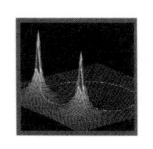

7. Z-Transform

Lab 10: The Z, n and Omega	(Pole/Zeroの短縮形) PeZと呼ぶMATLABツールを紹介し、これをフィルタの"設計"に使用する。FIRとフィードバックフィルタに関する興味ある特徴は、PeZを通して観測できる。
Lab 8: Filtering and Edge Detection of Images	画像の"周波数成分"について説明する。合成的で非線形なフィルタの手法を紹介する。エッジ検出と強調のための各種技法を示す。

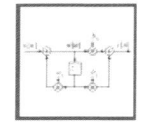

8. IIR Filters

Lab 9: Sampling and Zooming of Image	このlabにおけるFIRフィルタは、2D信号（画像）に適用される。異なる補間パルスが、画像の"ズーミング"において効果的に作られテストされる。

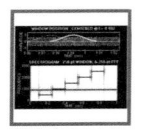

9. Spectrum Analysis

Lab 11: Extracting Frequencies of Musical Tones	このlabは、レコーディング（サンプルされた信号）の周波数成分を解析することにより音楽スコアを自動的に記述するためのシステムの実現を行うようなプロジェクトを作る。

$e^{j\pi} = -1$ **A. Complex Numbers**

索 引

数字

$1次IIRシステム	281
1次元プロット	189
1次元連続時間信号	3
2次IIRシステム	299
2次フィルタ	297
2次元離散変数信号	4
2次元連続変数信号	4
3-dB幅	314
3次元プロット	284, 418
3点移動平均処理	129

A

AM	54
A-440	10, 69
abs	311
AMラジオ放送	50, 54
angle	311
angle()	187

C

Cartesianform	23
conv()	135

D

D-to-C変換器	94
demo	414
DFT	345
DFTスペクトル	367
DFT加算	383
Domain	209

E

FFT	349, 383
FFTスペクトル解析	355

figure	418
filter	301
find	428
FIRフィルタ	121, 136
FIRフィルタリング	152
freqz	282, 311

H

Hannフィルタ	361
help	414

I

IDFT	345
IDFT加算	383
IIRシステム	258
IIRフィルタ	257
IIR低域通過フィルタ	316

L

L-点移動和フィルタ	236
LPF	336
LTI	140, 145
LTIFIRシステム	168
LTIシステム	145
LTIシステムの周波数応答	162
L点移動平均器	197

M

M-単位遅延	137
MATLAB関数	420

P

plot	418
plot()	21

S

skip	415
specgram	71, 368
stem	418

索引

T

TDF-II	301

V

v-領域間	227

Z

z-変換	210
z-変換対	211
z-変換表現	214
z-領域	227
zplane	230
zprint	35
z領域	209

ア

アナログ	83
アナログスペクトル	99
アナログ-デジタル（A/D）変換器	84
アンダーサンプル	92
安定性	293
安定なシステム	280
位相シフト	9, 15, 18
位相関数	74, 187
移動平均	123, 341
移動平均フィルタ	123
移動和	341
移動和フィルタ	235, 342
一般化IIR差分方程式	258
因果的（causal）フィルタ	125
因数分解	225
インパルス応答	148, 161, 170
エイリアス	88
エイリアス周波数	101
演算回数	385
オーバーサンプリング	90, 107
オイラー公式	397
オクターブ	69
遅れ	19
折返し（holding）周波数	89
音楽のスコア	373
音楽表記	68
音叉	10, 37
音叉の微分方程式	40
音声信号	3, 375, 376

カ

カーテシアン	394
カーテシアン座標	24
カーテシアン対	25
カーテシアン表記法	23
回転フェーザ	27, 28
可換演算	148
可換則	148
角周波数	9, 15
重ね合わせ	164
加算	399, 402
加算器	137
画素	189
画像	189
関数の作成	422
関数型プログラミング	420
規格化	90
規格化繰り返し周波数	90
ギプスの現象	63
基本周期	57
基本周波数	50, 57
逆DFT	345
逆z-変換	288
逆z変換操作	211
逆オイラー公式	30, 51
逆コンボリューション	226
逆数	405
逆正接	395
逆フィルタリング	226
共役対称	172
極	278, 301
極形式	24, 394
極-ゼロプロット	230
極点	229
極配置	279
虚数部	23
グレースケール画像	4
グレーレベル	189
結合則	149

減算	399, 403
高域通過フィルタ	176
高次FIRフィルタ	243
構成	271
合成	331
合成スケール	374
高速フーリエ変換	331, 349, 383
構築ブロックシステム	136
コロンオペレータ	415
コンボリューション	133, 145, 182
コンボリューションの和	133
コンボリューション和	147, 212

サ

サイクル	17
再構成	83, 107
再構成プロセス	94
最小サンプリング速度	87
最適周波数抽出	334
最適パルス形状	102
差周波数	51
差分方程式	124, 170, 258
サポート	123
三角パルス	105
三角恒等式	14
三角波	64
サンプラー	7
サンプリング	3
サンプリングの定理	83
サンプリング区間	21
サンプリング周期	3, 21
サンプリング定理	87, 110
サンプル点	22
時間−依存スペクトル	366
時間−周波数解析	331
時間−周波数ダイアグラム	71
時間−周波数2次元関数	71
時間−周波数変動	68
時間−領域差分方程式	259
時間シフト	18
時間遅延	197
時間の分離した（離散）点	84
時間波形	2
時間領域	209

シグナルフロー図	274
システム	5
システム関数	213
持続時間	68
実係数を持つ帯域通過フィルタ	241
実現構成	271
実数極	304
実数部	23
指標	211
時不変	141
シャープ	69
遮断周波数	381
シャノンのサンプリング定理	87, 109
周期	16
周期（sinusoids）波	9
周期時間	9
周期信号	339
周期的（sinusoidal）信号	9
収束領域	276
縦続接続	149, 180, 223
縦続接続LTIシステム	180
周波数	16
周波数応答	161, 173, 234, 282, 293, 311, 360
周波数応答関数	162, 170
周波数サンプリング	358
周波数シフト（frequency-shifting）特性	335
周波数スペクトル	366
周波数成分	336
周波数選択フィルタ特性	318
周波数掃引信号	72
周波数帯域	110
周波数抽出ステップ	334
周波数領域	209
周波数領域（frequency-domain）アプローチ	167
主値	187
出力の過渡部分	168
出力信号	5, 121
瞬時周波数	74
順序対	393
純粋な音	10
初期停止（initialrest）条件	260
除算	399
乗算	399
乗算器	136
信号	2

信号表現	5
振幅	9, 15, 404
振幅変調	50, 54, 335
振幅包絡線	52
水平スキャン線	189
スケール	70
ステップ周波数	70
ステップ正弦波	71
進み	19
ストローブ光	95
スペクトル	47, 56
スペクトルアナライザー	333
スペクトルのプロット	49
スペクトル解析	331
スペクトル成分	90
スペクトル線	56
スペクトログラム	331, 366
正規化された角周波数	85
正弦関数	12
正弦的時間信号	15
正弦波の乗算	51
正弦波の積	50
正弦波定常応答	293
正周波数	28
ゼロ位相シフト	19
ゼロ点	229, 278, 301
線型変換	216
線形	143
線形位相フィルタ	246
線形FM信号	74
線形時不変システム	140, 145, 161
線形補間	104
双曲線補間	105
双曲パルス	106
双曲パルス補間	106
走行平均	123

タ

帯域通過（bandpassfilter：BPF）フィルタ	235
帯域通過フィルタ	238
帯域幅	313
単位インパルス	130
単位インパルス応答	130
単位インパルス列	131
単位遅延	137
単位遅延オペレータ	218
単位遅延システム	132
単一複素回転フェーザ	28
単純な線形時不変システム	183
弾性係数	38
遅延	137
遅延システム	174
遅延補償移動平均フィルタ	154
チャープ	72
チャンネルフィルタ	336
中心周波数	51
直交形式	393
直接II形構成	272
直接I形構成	271
通過帯域	371
剛さ	38
低域通過フィルタ	188, 336
低域通過楕円（elliptic）形フィルタ	317
低域通過平均器	195
定常状態部分	169
手書き文字	190
デジタル	83
デバッキング	424
転置（transposed）形	274
転置形構成	274
転置直接II形	301
等価連続時間周波数応答	196
特性パルス波形	102
ドットを連結	83

ナ

ナイキスト（Nyquist）速度	87
入力信号	5, 121
ヌルフィルタ	232

ハ

バックワード平均	125
パターン	4
搬送周波数	54
搬送波	54
ビート音	50
ピアノ鍵盤	69

非因果的（noncausal）フィルタ	125
ピクセル	189
非周期（nonperiodic）波形	67
表記法	393
表現の領域	209
フーリエ解析	61
フーリエ級数	61
フーリエ合成	61
フーリエ積分	61
フィルタ	121
フィルタバンク	365
フェーザ	27, 47
フェーザの加算	31
複数プロット	418
複素回転フェーザ	36
複素共役	30, 399, 406
複素極	306
複素指数関数信号	23, 25, 162
複素振幅	27, 61
複素数	23, 32, 391
複素数演算	386
複素数乗算	27
複素数値関数	25
複素帯域通過フィルタ	240
複素フェーザ	28
複素平面	23
複素ベクトル	28
負周波数	28
フックの法則	38
フラット	69
ブラックボックス	6
ブロック図表記法	137
プリンタ	419
プロット	21, 418
分解能	370
平均化	123
平方システム	5
ベクトル	24
ベクトル化	427
ベクトル加算	402
変数	414
変調	55, 335
ポイント乗算	417
ポイント配列演算	417
方形波	62
方形パルス	103
包絡変動	53
補間	94

マ

マスキング	428
窓	367
マトリクス	426
マトリクス演算	416
マトリクス乗算	416
ミドルC	69

ヤ

有限長（finite-length）信号	123
有理z-変換	288
ユニティ	408
余弦関数	12
余弦信号	9
余弦信号波形	28

ラ

ラジアン	12
離散-連続（D-to-C）変換器	94
離散時間	83
離散時間（discrete-time）信号	84
離散時間システム	121
離散時間表現	3
離散フーリエ変換	345
理想的なC-to-Dコンバータ	7
理想的なD-to-C変換	109
理想的な連続-離散コンバータ	7
ループ	425
累乗	406
連続時間	83
連続時間信号	3
連続波	83
連続-離散（C-to-D）変換器	84

> ●本書の内容に関するご質問は、小社出版部宛まで必ず書面にてお送りください。
> 電話による内容のお問い合わせはご容赦ください。また、本書の範囲を超えるご質問につきましてはお答えできかねる場合もありますのであらかじめご承知おきください。

MatlabによるDSP入門
CD-ROM 1枚付き（ビニール袋入り）
2000年12月20日　初版第1刷発行

■著者	James H. McClellan, Ronald W. Schafer, Mark A. Yoder
■訳者	荒 實
■発行人	三輪 幸男
■編集人	鈴木 光治
■発行所	株式会社ピアソン・エデュケーション
	〒160-0023　東京都新宿区西新宿8-14-24 西新宿KFビル101
	出版営業部　電話（03）3365-9005
	出版編集部　電話（03）3365-9006
	FAX（03）3365-9009
■編集	嶋貫 健司
■DTPデザイン	株式会社あとらす二十一
■装幀	株式会社あとらす二十一（清原 一隆）
■印刷＋製本	図書印刷株式会社

Transration copyright © 2000 by Pearson Education Japan
DSP First — A Multimedia Approach
by James H. McClellan, Ronald W. Schafer, Mark A. Yoder
Copyright © 1998 by Prentice-Hall, Inc.
All rights reserved. No part of this book may be reproduced or transmitted in any form or by any means, electronic or mechanical, including photocopying, recording or by any information storage retrieval system, without permission from the Publisher.

本書の内容を、いかなる方法においても無断で複写、転載することは禁じられています。

Printed in Japan
ISBN4-89471-168-0